国家级一流本科专业建设成果教材

U0887957

同济大学本科教材出版专项基金资助出版

土壤与地下水环境风险控制和修复

（下册）

付融冰　编著

Environmental Risk Control and Remediation for Soil and Groundwater

化学工业出版社

·北京·

内容简介

《土壤与地下水环境风险控制和修复》是一本基于土壤与地下水环境治理现实需求，融合了土壤与地下水学科，全面介绍土壤与地下水环境基本概念、基本理论、管理制度、环境调查、风险评估、控制与修复等内容的教材和工具书。本书力求突出全面性、逻辑性、规律性、设计性、教学性的特点。

全书分为上、下两册，共 20 章。上册侧重于基本概念、理论、制度以及调查与评估，下册侧重于治理技术。上册共 7 章，内容分别为绪论、土壤与地下水环境系统、土壤与地下水污染物迁移转化基础理论、土壤与地下水中常见污染物及环境行为、土壤与地下水环境管理制度、土壤与地下水环境调查、土壤与地下水污染风险评估。下册共 13 章，内容分别为污染土壤与地下水治理基本原理、技术与策略，以及土壤整理与离场处置、固化/稳定化技术、土壤异位洗脱技术、原位抽出与气提修复技术、基于药剂注入的原位修复技术、热处理技术、生物修复技术、电动修复技术、监控自然衰减法、污染物迁移途径控制技术、地下水异位处理技术、场地异味控制与尾气处理技术。

本书可作为高等院校环境科学与工程、水文地质学、土壤学、地下水科学与工程、环境岩土工程及相关专业本科生和研究生教材，也可作为从事土壤与地下水环境调查、风险评估、治理修复等工作的技术人员、研究人员和管理人员的参考用书。

图书在版编目（CIP）数据

土壤与地下水环境风险控制和修复. 下册 / 付融冰编著. -- 北京 : 化学工业出版社, 2025. 9. --（国家级一流本科专业建设成果教材）. -- ISBN 978-7-122-48221-1

Ⅰ. X53；X523

中国国家版本馆 CIP 数据核字第 2025MJ5558 号

责任编辑：满悦芝　　文字编辑：贾羽茜　杨振美
责任校对：杜杏然　　装帧设计：张　辉

出版发行：化学工业出版社
（北京市东城区青年湖南街 13 号　邮政编码 100011）
印　　装：涿州市般润文化传播有限公司
787mm×1092mm　1/16　印张 26¾　字数 656 千字
2025 年 9 月北京第 1 版第 1 次印刷

购书咨询：010-64518888　　售后服务：010-64518899
网　　址：http://www.cip.com.cn
凡购买本书，如有缺损质量问题，本社销售中心负责调换。

定　　价：128.00 元

前　言

PREFACE

污染土壤与地下水的治理已经成为我国生态环境保护的重要战略和重大举措。经过十几年的研究和实践，我国土壤与地下水环境风险控制与修复的技术水平已经取得了长足的进步。土壤-地下水系统是一个多介质、多界面、多相态的复杂非均质系统，污染物进入其中后把多种介质和作用联系了起来，形成了多介质交互、多因素交织、多作用并行的非线性复杂过程，这个过程不同于在单一介质中的现象和规律，体现出了很强的复杂性和不确定性，而我们对复杂系统、复杂过程的研究和认识还很欠缺。这就是土壤与地下水治理的原理与技术都不复杂，但是一到实际工程中许多现象和结果就难以解释和预测的原因。这也说明了污染土壤与地下水的治理是一项实践性很强、未知规律很多的复杂工作，只有立足于解决实际问题，才能对关键科学与技术问题有准确的认识和把握，这也依赖于多学科知识的交叉融合与丰富的实践经验。由于我国在这方面的工作起步较晚，与国外发达国家相比技术水平仍然存在不小的差距。因此，当务之急是加快技术水平的提升与专业人才的培养。

长期以来，受学科划分的影响，污染土壤与地下水的修复分而治之，能融合土壤与地下水于一体的专业书籍较为缺乏，能适用于教学的专门教材更是少见。本书是作者在同济大学主讲污染土壤与地下水修复课程的基础上，结合作者多年的污染场地治理研究与工程实践成果，并参考大量国外相关研究成果编写而成。本书强调理论和工艺设计，力求突出以下特点。一是全面性，本书将土壤与地下水融于一体，从土壤-地下水系统的基础知识、污染物迁移转化的基本理论到管理制度、环境调查、风险评估、治理技术等，贯穿了场地治理的全过程，内容全面、系统；考虑到学科发展较晚，又是交叉学科，对知识点的讲解尽量详尽周到。二是逻辑性，本书在章节设计上尽量体现内容之间的逻辑关系，注重思维引导，在对技术讲解上，既考虑了技术出现先后的顺序，又对技术进行了共性分类，这一点有别于其他类似书籍。三是规律性，相较于土壤，地下水各类定律、公式相对成熟，而土壤比较复杂，规律性不强，量化难度也比较大；本书尽量将定性的知识提升到量化计算的层次，提升技术的规律性。四是设计性，本教材聚焦技术的工艺工法，对原位修复侧重系统的构成，异位修复侧重工艺流程，对每种技术尽量给出设计方法及设计参数，力求体现出较好的设计性和实用性。五是教学性，当前场地修复很多技术还依赖于工程经验和试错，这不利于教学；教学应侧重在对内容科学性和规律性的掌握上，让即便没有工程经验的学生也能进行初步的、大概的设计。本书突出规律性和设计性，并给出了大量例题和习题，提升了本书的教学性。

全书分上、下两册，共 20 章，上册 7 章，下册 13 章。全书由付融冰教授构思与编著，郭小品、乔俊莲、吴志根、王雪野、滕玮、邱宇平等参与了本书部分内容的资料收集与整理工作；付融冰绘制了其中图件并对全书做了审核与定稿。

感谢同济大学本科教材出版专项基金的资助！感谢国家重点研发专项（2023YFC3707700、2019YFC1805200）、上海市科技创新行动计划项目（20dz1204502）、国家自然科学基金项目（42377015）的支持！

由于本书涉及内容广泛，受编者水平所限，不当之处恳请同行专家、学者和广大读者指正。

付融冰

2024 年 7 月

于同济大学

目　录

CONTENTS

第 18 章 污染物迁移途径控制技术 326

第 19 章 地下水异位处理技术 368

第8章

污染土壤与地下水治理基本原理、技术与策略

8.1 概述

通过前面7章内容的学习，我们了解了土壤与地下水污染状况、土壤与地下水环境系统、污染物的迁移转化基础理论、常见的污染物及环境行为、土壤与地下水环境管理制度、土壤与地下水环境调查与污染风险评估等内容。从本章开始介绍污染土壤与地下水治理技术。

污染物进入地下后其污染风险不能被接受的情况下需要进行治理。尽管污染物在自然作用下其浓度会逐渐衰减，但这个过程太慢，不能满足场地快速用地要求，需要人为干预加快这个过程，即修复。随着人们对污染场地治理的认识和理念的变化，治理技术的发展经历了从最开始的彻底清除、异位修复到后来的原位修复和风险管控的过程。随着修复实践经验的增加以及理念认识的转变，技术发展逐渐融入了经济、社会等要素，从单一追求修复效果到同时考虑效果和经济性再到后来的经济、技术和可持续发展的统筹考虑。本章介绍污染土壤与地下水治理的基本原理、治理模式、技术分类、技术应用、技术筛选、绿色可持续修复以及治理策略等内容。

本书从第9章开始，对修复技术进行具体介绍，大体上按照技术发展的时间顺序同时考虑技术工艺的相似性对其进行归类统一介绍。

8.2 污染土壤与地下水治理基本原理

污染土壤与地下水治理的基本原理大体可以分为以下几类。

8.2.1 清除

清除是通过物理搬离的手段将污染物质以及含有污染物的介质从原来的位置清理出去的过程，包括固体、液体、盛于容器中的液体或半固体以及与土壤和地下水混于一体的混合物。例如，清挖场地中遗留的化学品、含有高浓度污染物的土壤，以及从地下抽提非水相液

体等。清除多用于对污染源的清理，技术形式为清挖和抽提。

8.2.2 分解/降解

分解是指通过化学氧化或还原等作用将污染物分解为无毒的形态，降解是指通过微生物的氧化和生物还原作用（如脱氯）将污染物降解为无毒的形态。这两个作用比较彻底时会将污染物分解/降解为二氧化碳和水等无毒、简单的物质。有时把这两个作用统称为破坏（destroy）。技术形式有化学氧化、化学还原、生物氧化、生物还原、焚烧等。

8.2.3 转化

转化是将污染物通过化学或生物的作用转化为其他形态的毒性更低或更稳定物质的过程，如六价铬和三价铬、五价砷和三价砷之间的转化。技术形式有还原稳定化和微生物转化。

8.2.4 分离

分离是将污染物从环境介质中脱离出来的过程，一般是物理作用，如将重金属或有机污染物从土壤或地下水中分离出来。技术形式有洗脱/淋洗、萃取、热脱附、吸附、电动力分离、植物吸收等。

8.2.5 挥发

挥发是通过气压差或者制造气相界面促进挥发性或半挥发性污染物从土壤、地下水或非水相液体中挥发出来的过程。技术形式有强化/气相抽提、空气注入、常温热解吸等。

8.2.6 固定

固定是利用固结材料将污染土壤形成具有一定尺寸和机械强度的块状密实体或利用化学添加剂改变土壤介质中污染物的赋存状态或化学组成从而降低其毒性、溶解性和迁移性的过程。技术形式主要是固化/稳定化技术以及植物固定技术。

8.2.7 阻断

阻断是切断污染物的迁移途径从而控制其污染风险的过程。例如对化学品或污染土壤的封存、污染地下水的阻隔、挥发性气体的阻断等。技术形式主要是阻隔墙、覆盖、可渗透反应墙等。

8.2.8 衰减

衰减是依靠自然发生的物理、化学和生物过程（包括稀释、扩散、挥发、氧化还原、生物降解、放射衰减等作用）使污染物的浓度、质量、体积、毒性及流动性降低，达到风险可接受水平的过程。其特点是不施加人为操作，仅靠自然的作用实现污染物的衰减。技术形式主要是监控自然衰减法。

8.3 污染土壤与地下水治理模式

治理模式（国际上称修复模式）是治理采用的方式，主要以污染源或污染介质是否脱离原来的位置进行区分。污染土壤与地下水治理的最初方法是清挖和抽提，因此异位修复与处置占据主导地位；后来原位修复和风险管控逐渐增多，特别是在经费不足或地块不急于利用的情况下，风险管控成为主要的风险控制方式。

8.3.1 异位修复与处置

异位修复（ex-situ remediation）是将受污染的土壤或地下水（以及非水相液体）挖掘或抽提出来，转移到其他场所或装置中进行处理或处置的方法。根据处理场所的位置，又可分为原地异位（on-situ）或异地异位（ex-situ）两种方式。

原地异位是将污染土壤或地下水从原来位置挖掘或抽提出来，仍在地块范围内的其他位置进行处理。异地异位是将污染土壤或地下水从原来位置挖掘或抽提出来，转移至地块外其他位置进行治理，有时也称离场处理。考虑到土壤和地下水资源问题，有时候会将处理过的土壤或地下水回填或回灌至原场地。

异位修复的主要优势是耗时短、修复比较彻底，而且可控性强，清挖和抽提状况可见，修复量可控，挖掘或抽提出的土壤和地下水一般在反应器中进行处理，过程可控，产生的副产物也能控制在处理工艺内。因此异位修复始终得到广泛应用。

8.3.2 原位风险管控与修复

（1）风险管控

风险管控是通过制度控制和工程管控的方式对污染土壤和地下水进行管控，从而控制污染风险的方法。

（2）原位修复

原位修复（in situ remediation）是不移动受污染的土壤或地下水，直接在发生污染的位置对其进行原地处理的方法。原位修复的优点是对污染场地的干扰和破坏小，成本较低，无须考虑挖掘和运输问题，能避免挥发性有机污染场地在开挖过程中的不利环境影响。原位修复适用于异位开挖有较大气味、污染太深异位修复代价太大（基坑支护费用高）、异位修复对周边建筑或生态环境造成较大影响、时间充足但费用不足等情况。

8.4 污染土壤与地下水治理技术分类

土壤与地下水治理技术有不同的分类方法，主要有按修复模式、按技术原理、按污染介质、按污染物清除程度、复合分类法、按污染物、按源—途径—受体、按成熟度等，本节仅对较为通行的前几种分类方法作介绍。

8.4.1 按修复模式分类

按照修复模式，可把技术分为原位修复技术和异位修复技术，原位和异位修复技术又可进一步按原理分为物理修复技术、化学修复技术和生物修复技术，或按介质分为原位土壤修复技术和原位地下水修复技术。

有些技术本身就隐含着是原位还是异位，因此名称中并没有原位或异位的字眼，如生物堆、水泥窑协同处置、空气注入、地下水循环井等技术。

8.4.2 按技术原理分类

按照技术原理可分为物理化学技术、生物技术和热处理技术。物理化学技术如空气喷射、淋洗/洗脱、固化/稳定化、化学氧化还原等，生物技术如生物堆、生物通风、堆肥法、泥浆生物法、植物修复等。热处理技术严格地讲其原理可归为物理和化学作用，如热脱附主要为物理作用，焚烧为化学作用。把热处理单列一类，是沿用了行业惯例，是基于它利用了热能的特点，过程中可能有物理反应也可能有化学反应，污染物可能是变成蒸气，也可能是直接被热能破坏成二氧化碳和水。

需要注意的是，大部分技术同时兼具几种作用机理，如既有物理化学的也有生物的，为了分类方便，往往以主要作用机理为判定依据进行分类。如空气喷射法，主要靠向地下水中注入空气使挥发性或半挥发性的污染物更快地挥发进入气相中，这是一个物理过程。但是空气喷射同时也增强了地下水的好氧环境，使得好氧微生物活性提高，增加了微生物降解的能力，空气喷射也成为一种强化微生物降解和气相抽提的手段，但物理作用是其主要作用，因此空气喷射整体上是一种物理修复技术。同样，生物通风、气相抽提、热脱附等都存在类似的情况。

8.4.3 按污染介质分类

按污染介质可分为土壤修复技术和地下水修复技术。由于场地中不仅仅有土壤和地下水两种介质，如场地中的沉积物以及遗留的污泥；填埋场地下水修复也涉及渗滤液的处理等，它们也是修复工程的一部分。因此，在技术分类时把土壤、沉积物、基岩和污泥归为一类，把地下水、地表水和渗滤液归为一类，但需注意，地表水和渗滤液的处理一般不称为修复，而称为废水处理。

8.4.4 按污染物清除程度分类

按照对介质中污染物的去除程度可分为修复技术和风险管控技术。国际上“修复”一词的概念比较宽泛，既包括修复技术又包括工程控制类措施。我国对“修复”与“管控”作了区分，成为两个并列的概念。把污染物从介质中完全或部分去除的技术称为修复技术；把控制污染物迁移或阻断污染物暴露途径，降低或消除污染物对人体健康和环境影响的技术称为管控技术，管控技术往往不能去除污染物。《污染地块风险管控与土壤修复效果评估技术导则（试行）》（HJ 25.5—2018）中把固化/稳定化、封顶、阻隔填埋、地下水阻隔墙、可渗透反应墙等作为风险管控技术，其他的为修复技术。

8.4.5 复合分类法

目前比较通行的是采用“修复模式+技术原理”的方式进行技术分类，如原位物理化学修复技术、异位物理化学修复技术、原位生物修复技术、异位生物修复技术等，具体技术种类如表 8.1 所示。

表 8.1 土壤和地下水治理技术种类

土壤、沉积物、基岩、污泥	对应章节	地下水、地表水和渗滤液	对应章节
异位物理化学修复		异位物理化学修复	
化学氧化还原		吸附	第 19 章
化学萃取		高级氧化	第 19 章
脱卤		抽出-处理	第 12 章
洗脱	第 11 章	抽提	第 12 章
固化/稳定化	第 10 章	离子交换	
原位物理化学修复		空气吹脱	第 19 章
化学氧化还原	第 13 章	过滤	
电动修复	第 16 章	絮凝/混凝/沉淀	
劈裂		原位物理化学修复	
淋洗	第 13 章	空气喷射	第 12 章
气相抽提	第 12 章	化学氧化还原	第 13 章
固化/稳定化	第 10 章	定向井(水平井)	
异位生物修复		热处理	第 14 章
生物堆	第 15 章	水力劈裂	
堆肥处理	第 15 章	可渗透反应墙	第 18 章
土耕法	第 15 章	井内曝气吹脱(循环井)	第 12 章
泥浆生物法	第 15 章	异位生物修复	
原位生物修复		生物反应器	第 15 章
生物通风	第 15 章	人工湿地	
增强生物修复	第 15 章	原位生物修复	
植物修复	第 15 章	强化生物降解	第 15 章
异位热处理		监控自然衰减	第 17 章
热气净化		植物修复	第 15 章
焚烧	第 14 章	阻断(风险管控技术)	
爆燃、明燃	第 14 章	物理阻隔	第 18 章
热裂解	第 14 章	深井灌注	
热脱附	第 14 章	水力控制	第 12 章
原位热处理			
热脱附	第 14 章		
阻断(风险管控技术)			

续表

土壤、沉积物、基岩、污泥	对应章节	地下水、地表水和渗滤液	对应章节
填埋覆盖	第 9 章		
原位阻隔	第 18 章		
其他处理处置			
挖掘、筛分	第 9 章		
离场处置、资源化	第 9 章		

注：改编自 FRTR（2018）。

8.5 修复技术应用情况

图 8.1 为 1982—2020 年美国超级基金项目中修复技术的使用情况。

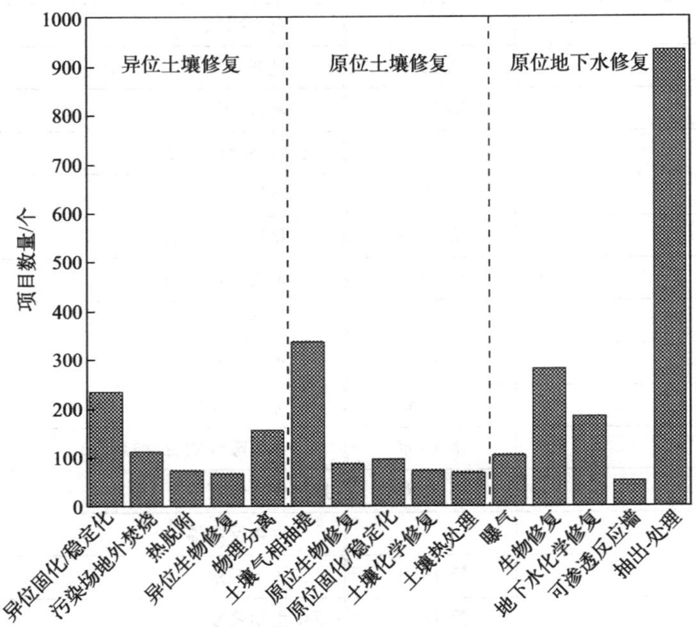

图 8.1　1982—2020 年美国超级基金项目中修复技术使用情况

从 1982 年到 2020 年，修复技术的应用比例经历了显著的变化，这与修复技术的进步、成本效益的考虑以及环保意识的增强息息相关。根据美国环保署修复技术应用年报，修复技术的应用比例经历了从以异位修复技术为主向原位修复技术逐渐占据主导地位的转变。随着环保意识的提升和技术的进步，绿色、低成本技术在修复项目中的比例不断增加，高能耗的传统方法的比例则大幅下降。

在 20 世纪 80 年代，异位修复技术如异位固化/稳定化和污染场地外焚烧是最常用的修复方法。这些技术通常用于快速清除严重污染的土壤，尤其是在无法原位处理的情况下。此时，修复的重点是通过异位处理快速清除污染物，占总修复项目的 60%以上。抽出-处理在这一时期占据地下水修复技术的主导地位，尤其适用于地下水污染的长期处理。尽管这一技术在清理初期效果明显，但由于其高能耗、运行时间长等问题，后续应用逐渐减少。1990

年后，土壤气相抽提成为最主要的原位土壤修复技术，用于挥发性有机污染场地。这一时期，原位修复技术占比上升，达到了总修复项目的 30%～40%。同时原位生物修复也开始被广泛接受，用于轻度污染的土壤和地下水。随着微生物修复技术的进步，这类低成本、低能耗的修复方法逐渐普及，尤其在低污染风险场地应用增加。进入 2000 年后，原位修复技术的应用进一步扩大，占总修复项目的 50%～70%。其中，土壤气相抽提和原位生物修复继续主导土壤修复项目，而地下水修复中生物修复和地下水化学修复逐渐占据更大比例。传统的抽出-处理比例进一步下降。

在我国，由于场地修复起步晚，修复技术的使用情况与美国不同。根据过去十余年的场地修复实践统计，阻隔技术、固化/稳定化、化学氧化、水泥窑、热脱附等是使用最多的技术。

8.6 修复技术筛选

由于地块特征差异性比较大，修复技术的适用性差异也很大，在一个场地有效的技术在另一个场地不一定有效，即便污染物类型和污染程度相近，但水文地质条件不同，所采用的技术可能完全不同。如何对修复技术进行筛选，通常需要通过修复可行性研究和修复技术筛选矩阵两个阶段工作进行确定。

8.6.1 修复可行性研究

修复可行性研究主要论证技术的可行性，为修复技术的性能评估、成本估算及工艺设计提供充足的数据信息，为选择可行的修复技术提供支持。修复可行性研究一般包括案例对比分析及实验室小试研究、中试研究等内容。

对于案例较多、成熟的修复技术，可通过案例相似性对比分析确定修复技术，可不开展实验室小试研究和中试研究。当缺乏足够信息进行技术评估时，需开展实验室小试研究。采集少量实际场地污染土壤或地下水，通过烧瓶、烧杯、柱子等小型反应器开展实验室批式实验，论证技术的可行性。小试研究规模小，费用低，可多批次、大量开展研究，测试修复技术效果。

中试研究是模拟修复技术实际应用时的效果，消除小试研究结果与实际工程之间的差异。因此，中试试验一般在现场进行，也有在实验室开展的，但是要求有足够的空间，中试装置的搭建等也比较费时费力。中试研究应尽量模拟实际工程时的操作条件，采用实际污染土壤或地下水以及工程设备，操作条件也与实际工程相一致。中试研究的规模应该具有工程意义，比如注入药剂或旋喷加药，中试研究应根据修复方案确定的注入点位空间构型，试验至少一个单元组。中试研究规模大、费用高，有时会合并到施工开始阶段进行。

8.6.2 修复技术筛选矩阵

联邦修复技术圆桌会议（Federal Remediation Technologies Roundtable，FRTR）创建了一个修复技术筛选矩阵（表 8.2），供场地修复技术人员参考使用。该表中筛选的因素有：

表 8.2　土壤和地下水修复技术筛选矩阵

常见的土壤和地下水修复技术	技术成熟度	修复技术组合	相对的整体成本和性能					技术可获取情况	非卤代VOCs	卤代VOCs	非卤代SVOCs	卤代SVOCs	燃料	无机物	放射性核素	爆炸物
			运行维护	投资成本	系统可靠性和可维护性	相对成本	修复时间									
土壤、沉积物、基岩和底泥																
原位生物修复																
生物通风	●	●	●	●	●	●	□	●	●	◆	●	○	●	○	◆	○
增强生物修复	●	●	○	□	□	●	□	●	●	●	●	◆	●	◆	◆	●
植物修复	●	●	●	●	○	●	○	□	□	□	□	◆	□	□	○	○
原位物理化学修复																
化学氧化	●	●	○	□	□	□	●	●	□	□	○	□	○	◆	○	□
土壤淋洗	●	●	○	□	□	□	□	●	●	●	□	□	□	●	○	○
土壤气相抽提	●	○	○	□	●	●	□	●	●	●	○	○	●	○	○	○
固化/稳定化	●	●	□	○	●	●	●	●	○	○	□	□	○	●	●	○
原位热修复:热修复	●	○	○	○	●	□	●	●	●	●	●	●	●	○	○	○
异位生物修复(包括挖土)																
生物堆	●	●	●	●	●	●	□	●	●	●	□	◆	●	◆	○	○
堆肥处理	●	●	●	●	●	●	□	●	□	□	□	◆	●	○	○	●
土耕法	●	●	●	●	●	●	□	●	□	□	●	□	●	○	○	◆
泥浆相生物修复	●	○	○	○	□	□	□	●	□	●	●	◆	●	◆	○	●
异位物理化学修复(包括挖土)																
化学萃取	●	○	○	○	□	□	□	●	□	□	●	●	□	●	□	○
化学氧化还原	●	□	□	○	●	□	●	●	□	□	□	□	□	●	○	□
脱卤	●	□	○	○	○	○	□	□	○	●	○	●	○	○	○	□

续表

常见的土壤和地下水修复技术	技术成熟度	修复技术组合	相对的整体成本和性能					技术可获取情况	非卤代VOCs	卤代VOCs	非卤代SVOCs	卤代SVOCs	燃料	无机物	放射性核素	爆炸物
			运行维护	投资成本	系统可靠性和可维护性	相对成本	修复时间									
洗脱	●	○	○	○	●	□	●	●	□	□	□	□	□	□	○	○
固化/稳定化	●	●	□	○	●	●	●	●	○	○	□	□	○	●	●	○
异位热修复(包括挖土)																
焚烧	●	●	○	○	□	○	●	●	●	●	●	●	●	○	○	●
热分解	●	●	○	○	○	○	●	●	□	□	●	●	□	○	○	○
热脱附	●	●	○	○	□	□	●	●	●	●	●	●	●	○	○	●
阻断:填埋苫盖强化-替代	●	●	□	○	●	●	○	●	□	□	□	□	□	□	○	□
其他:清挖、回收、场外处理	●	●	●	●	●	◆	●	●	□	□	□	□	□	□	○	□
地下水地表水和渗滤液																
原位生物修复																
强化生物修复	●	●	○	□	□	●	◆	●	●	◆	●	◆	●	◆	○	□
监控自然衰减	●	●	○	□	□	●	◆	●	●	□	□	□	●	○	○	○
植物修复	●	●	●	●	○	●	○	□	□	□	□	□	□	◆	○	○
原位物理化学修复																
曝气	●	●	●	●	●	●	●	●	●	□	□	□	●	○	○	○
生物泥浆井	●	□	●	●	□	●	□	●	□	□	●	●	●	□	○	○
化学氧化	●	●	□	○	□	□	□	●	□	□	○	□	○	◆	○	□
定向井(加强)	●	●	□	○	□	□	□	●	□	□	□	□	□	□	○	□
热修复	●	○	○	○	□	□	●	●	□	●	●	●	●	○	○	○
井内空气吹脱	●	□	□	○	□	□	○	●	□	□	□	○	□	○	○	○

续表

常见的土壤和地下水修复技术	技术成熟度	修复技术组合	相对的整体成本和性能					技术可获取情况	非卤代VOCs	卤代VOCs	非卤代SVOCs	卤代SVOCs	燃料	无机物	放射性核素	爆炸物
			运行维护	投资成本	系统可靠性和可维护性	相对成本	修复时间									
被动反应墙	●	●	□	○	●	□	○	●	●	●	●	●	□	◆	○	●
异位生物修复																
生物反应器	●	●	□	○	□	●	□	●	●	●	●	◆	●	○	○	●
人工湿地	●	●	□	○	◆	□	◆	○	□	□	□	◆	□	●	○	●
异位物理化学修复(假设泵送)																
吸附-吸收	●	●	○	□	□	○	○	●	□	□	□	□	○	●	◆	○
高级氧化法	●	□	○	○	□	□	○	●	●	●	●	●	●	◆	◆	●
空气吹脱(气提)	●	□	□	○	●	●	○	●	●	●	○	○	○	○	○	○
颗粒活性炭吸附、活性炭液相吸附	●	□	□	○	●	□	○	●	●	●	●	●	●	◆	○	◆
地下水抽出-处理	●	□	○	○	●	○	○	●	□	□	□	◆	□	□	○	□
阻断:物理阻隔	●	●	□	○	●	●	○	●	●	●	●	●	●	●		●
空气注入和尾气处理																
氧化作用	●	N/A	●	●	●	●	I/D	●	●	●	●	●	●	●	I/D	□
活性炭气相吸附	●	N/A	●	●	●	●	I/D	●	●	●	●	●	●	□	I/D	●

注：改编自 FRTR（2018）。●为高于平均水平；□为平均水平；○为低于平均水平；◆为有效性水平高度依赖于具体的污染物种类及应用；I/D 为数据不足；N/A 为不适用。

① 技术成熟度；

② 修复技术组合；

③ 整体成本和性能，包括运行维护、投资成本、系统可靠性和可维护性、相对成本、修复时间等；

④ 污染物类型，包括非卤代挥发性有机污染物（VOCs）、卤代 VOCs、非卤代半挥发性有机污染物（SVOCs）、卤代 SVOCs、燃料、无机物、放射性污染物和爆炸物，可处理性分为"高于平均水平"（中试或工程应用中有效）、"平均水平"（部分有效）、"低于平均水平"（未证明有效）。

8.7　绿色可持续修复

8.7.1　概念

传统的环境修复方法通常侧重于快速消除污染物，较少考虑对生态健康和社会、经济的影响。绿色和可持续修复（green and sustainable remediation，GSR）就是综合考虑了环境、经济和社会等多重因素而提出的一个更为全面和有效的综合性概念和解决方案，它要求在满足当前需求的同时，保护和提升未来世代的生存环境和生活质量。

GSR 的核心在于减少能耗、资源消耗以及最大程度地减少对环境的影响。它不仅仅关注消除污染，更强调在修复过程中实现生态恢复和可持续发展。随着全球对可持续发展理念的关注日益增加，GSR 的重要性和必要性愈加凸显。

GSR 中包含了"绿色"和"可持续"的概念。绿色修复和可持续修复虽然在目标上存在重叠，但它们的侧重点和实施策略各有不同。绿色修复主要集中在修复过程中的环境影响，强调通过选择低污染、低能耗的修复技术来减少对环境的直接损害。这种方法通常针对特定污染源，旨在通过有效的技术手段，迅速去除或降低污染物浓度。可持续修复则具有更广泛的视角，它关注的不仅仅是修复效果的短期实现，更强调对生态系统、社会结构和经济发展的长远影响。可持续修复的实施需要从整体出发，考虑修复活动对环境、经济和社会的多重影响。

总的来说，绿色修复可以被视为可持续修复的一部分，但可持续修复的目标更为宏观和全面。通过将两者结合起来，修复项目不仅能够实现污染去除，还能促进生态恢复和社区发展，从而为实现真正的可持续发展铺平道路（ITRC，2011）。

8.7.2　核心策略和要素

GSR 的主要策略包括（ITRC，2011）：

① 降低能耗，使用清洁能源。采用低能耗设备和可再生能源，可以显著降低修复过程中的碳排放足迹。例如，太阳能、风能等清洁能源的引入，不仅减少了对传统能源的依赖，还能降低修复项目的整体成本。此外，新兴的清洁技术，如纳米技术和绿色化学，也在修复领域展现出良好的应用前景。

② 采用自然和被动的修复技术。例如监控自然衰减法（MNA）允许污染物在自然条件下逐渐降解，生物修复和植物修复则利用自然生态过程来恢复受损环境。这些方法不仅成本

较低，且对生态系统的干扰较小。

③ 搭建工程修复与自然修复的桥梁。通过有效结合工程技术与生态恢复，不仅提高了修复的效率和效果，也为生态系统的健康与社区的可持续发展奠定了坚实基础。

同时，新兴修复技术的应用，不仅能够提高修复效率，还能促进相关行业的绿色转型。通过不断研发和推广清洁技术，修复行业可以在实现环境保护的同时，推动经济的可持续增长。

GSR 具体包括以下 5 个核心要素以及可用的实施方法（ITRC，2011）。

(1) 能耗最小化及可再生能源最大化

① 采用高效能设备，实现能耗的最小化。

② 利用现场可再生能源资源为设备提供电力，提升能源的使用效率。

③ 使用来自可再生资源的商业能源，减少对化石燃料的依赖，促进可持续发展。

(2) 空气污染物和温室气体排放最小化

① 积极减少温室气体的排放，减轻其对气候变化的影响。

② 降低空气污染物及扬尘的生成和扩散。

③ 通过高效使用重型机械并实施柴油排放减少计划，优化设备的环境性能。

④ 优先选择配备先进排放控制技术的机械，进一步降低排放水平。

⑤ 采用更清洁的燃料为机械和辅助设备供能，减少环境的负面影响。

⑥ 通过实施土壤改良和植被恢复等措施，增强现场固碳能力。

(3) 水耗及其对水资源影响的最小化

① 减少水资源的使用，防止自然水体的枯竭。

② 捕集、回收和储存水资源进行再利用，例如用于补给含水层或灌溉。

③ 在植被恢复过程中，优先选择本土物种，降低对水资源的需求。

④ 实施最佳管理实践，有效处理雨水，防止水体污染。

(4) 减少废物产生及材料回收

① 尽可能少地消耗原材料，降低资源的开采和加工需求。

② 减少废物的产生，推动可持续生产与消费模式。

③ 优先使用回收产品和本地材料，支持循环经济的构建。

④ 有效利用废物材料，例如将煤燃烧产品作为波特兰水泥的部分替代物用于生产混凝土。

⑤ 对材料、产品和基础设施进行分类，例如土壤、建筑和拆除废物，实施利用或回收措施。

(5) 保护土地及生态系统

① 通过销毁或移除污染源，使限制活动或使用的区域最小化。

② 减少不必要的土壤和栖息地的干扰或破坏，维护生态系统的完整性。

③ 降低噪声和人工照明对周围环境的影响，维护生态平衡。

8.8 污染土壤与地下水治理策略

8.8.1 全过程防治

土壤与地下水污染治理一般遵循“源头预防—过程控制—场地治理”的思路和原则，实施全过程防治。

8.8.1.1　源头预防

源头预防是从源头上防止污染场地的产生以及污染物排放进入土壤与地下水系统的过程，一般有两个层面的预防。一是基于城市规划的源头预防，是指基于城市自然地理环境、城市发展规模与目标定位、产业性质与体量等因素，对城市进行合理规划，尽量避免把工业园区、企业等布置在不合理的位置，以及减少城市规划频繁变动而导致污染地块的产生。二是基于工业企业设计的源头预防，是指建设企业时，做好污染预防措施，对生产工艺中容易出现污染物排放的各个环节设置防护措施，如围堰、隔离措施等。根据实践经验，良好的企业污染防护设计可以大大减少污染物进入土壤与地下水中的可能性。企业源头防护是土壤与地下水污染防治的前置性措施。

8.8.1.2　过程管控

地块污染是由企业生产造成的。过程管控是指在企业生产过程中防止污染物跑、冒、滴、漏以及规范处理处置产生的废水、废气、固废等。如对各类管道进行定期检测，防止化学品泄漏；将各类管线从地下式转换为地上式等。基于生产过程污染控制的源头预防是土壤与地下水污染防治的核心。

8.8.1.3　场地治理

对于已经造成污染的土壤与地下水，需要开展场地污染状况调查和风险评估，对风险不可接受的场地进行风险管控或修复。场地治理是土壤与地下水污染防治的最后一个环节。

8.8.2　多介质协同共治

污染场地治理相当一段时间内存在着“土治土、水治水”的局面，未充分考虑二者之间的关系。实际上，污染物在场地中存在固-液-气介质多相平衡关系，其中以固-液平衡关系最为重要。污染物进入土壤后，一部分被吸附在土壤颗粒中，一部分会溶解在水中或者以非水相的形式存在于土壤孔隙中。在相对固定的环境条件下，污染物在土壤及水中或非水相中存在着分配平衡关系；当环境条件发生变化时，这种平衡关系被打破，污染物开始新的平衡分配。如地下水超标土壤不超标时，即便地下水修复达标了，但污染物会继续从土壤中释放出来，由于土壤的标准比地下水的要宽松，因此即便少量释放也会导致地下水再次超标，也即所谓的“反弹”。因此，如果想要快速实现修复达标，污染土壤也需要采取修复措施。再如场地异味物质，由于人的嗅阈值较低，即便土壤修复达标了，但是挥发到大气中的污染物仍能被人闻到，由此引发投诉事件等。因此，污染场地治理需要统筹多介质之间的关系进行多介质协同治理。

8.8.3　多技术协同治理

每一种治理技术都有自身最合适的适用条件。大多数场地常常难以仅靠单一技术实现修复目标，往往采用多种技术联用。如物理-化学、物理-生物、化学-生物、物理-化学-生物法等，这些技术采用串联或并联的方式耦合，在各自的适用范围内发挥最优作用。技术组合有很多，在实际工程中，一般根据场地污染特征、水文地质条件、修复模式和技术成熟度等综合决定采用哪些技术组合。

对重金属污染土壤，可根据重金属的活性情况单独采用淋洗/洗脱和固化/稳定化技术或二者的结合。对挥发性有机污染土壤和地下水，可采用空气注入（针对地下水）和气相抽提（针对土壤）相结合，在后期再耦合化学法或微生物法；对非挥发性有机物可采用化学法结合微生物法。对重金属和有机物复合污染土壤，可采用淋洗/洗脱结合化学法或微生物法修复。对于有机污染物种类多、浓度高的复杂污染场地，可采用热脱附结合气相抽提或化学法修复。对污染地下水，根据渗透性情况可采用抽出-处理结合化学法或微生物法修复；对高渗透含水层，可采用循环井结合化学法或微生物法；当存有非水相液体（NAPL）时，可采用强化多相抽提结合化学法或微生物法修复。对以控制污染扩散为目的场地，可采用阻隔结合可渗透反应墙或原位反应带技术，或采用阻隔加源消除技术（抽出、清挖、化学法、微生物法）。

习题与思考题

1. 理解污染土壤与地下水治理的基本原理。
2. 分析异位和原位修复的使用场景和优缺点。
3. 如何对污染土壤与地下水治理进行技术分类？
4. 阐述修复技术应用发展情况与技术原理之间的关系。
5. 理解污染土壤与地下水治理原理与修复技术之间的区别和联系。
6. 修复可行性研究一般需要开展哪些工作？
7. 理解绿色可持续修复的概念。
8. 列出绿色可持续修复的 5 大核心要素。
9. 阐述污染土壤与地下水治理的原则。
10. 如何根据污染场地的情况确定修复技术策略？

参考文献

FRTR，2018. Remediation technologies screening matrix and reference guide，Version 4.0 [DB/OL]. https://www.frtr.gov/matrix2/top_page.html.

ITRC，2011. Green and sustainable remediation：a practical framework[M]. Washington：Interstate Technology & Regulatory Council，Green and Sustainable Remediation Team.

第9章

土壤整理与离场处置

9.1 概述

几乎所有的土壤异位修复及部分原位修复都需要对土壤进行整理，这些工作包括土壤挖掘（excavation）、填筑、水分调控、酸碱度调节、筛分和混合等。其中，对挖掘后的土壤进行场外处置（off-site disposal）是最早用于清理危险废物的常用方法，也是污染土壤清理的最早方法。

根据挖掘对象的空间分布以及场地工程地质与水文地质条件，还会涉及基坑降水和基坑支护，特别是土壤深层挖掘会对场地稳定性造成威胁，需要做基坑支护，深基坑支护的费用急剧增加。从含水层中挖出的土壤往往湿度较大，不利于后续处理，有时还需要进行水分调控；洗脱、氧化等修复后的土壤往往会导致酸碱度发生显著变化，需要调节到合理范围。场地土壤的组成差异往往较大，除了土壤外，还含有大块的石砾、建筑垃圾、植物残体及其他杂质，采取筛分进一步实现成分分离、减容和均匀化，对后续修复技术的成功实施是非常必要的。加药处理技术还涉及一个重要的土壤与修复材料或药剂混合的工艺，混合的均匀性对修复效果具有显著影响。

离场处置始终是污染土壤治理的重要方式，主要包括焚烧、填埋、用作建材、用于绿化以及其他资源化途径，由于填埋场的空间越来越有限，基于焚烧的协同处置已成为国内主要的土壤场外处置方式，这部分内容将在热处理技术章节介绍。

9.2 挖掘与填筑

挖掘指通过机械、人工等手段使土壤离开原来位置的过程，是实施异位修复技术的最初工序。挖掘作为传统的源头清除技术，是最直接、最方便的土壤处理方法。污染土壤的挖掘需包含全部污染源以及污染物迁移路线。

填筑是指将修复合格后的污染土壤或外来洁净土壤回填至原挖掘区域的过程，或用填埋、回填等方式修筑堤坝、坑塘、路基、土堆、人工岛等。对于多数修复工程来说，场地完成修复后要恢复至工程实施前的形貌状态，因此，挖掘修复后土壤的填筑工作也同样重要，填筑质量与土料土质、含水率、土料粒径、碾压作业程序等息息相关。

9.2.1 土的工程性质

土的工程性质主要包括土的可松性、压缩性和渗透性（渗透性参见第3章）。

9.2.1.1 土的可松性

土的可松性是指在自然状态下的土，经过开挖以后，原有的组织被破坏，其体积因松散而增大的性质。土的可松性程度用可松性系数表示，包括两个系数。

最初可松性系数：

$$K_p = V_2/V_1 \tag{9.1}$$

式中 K_p——最初可松性系数；

V_1——土在天然状态下的体积，m^3；

V_2——土在松散状态下的体积，m^3。

最终可松性系数：

$$K'_p = V_3/V_1 \tag{9.2}$$

式中 K'_p——最终可松性系数；

V_1——土在天然状态下的体积，m^3；

V_3——土经压实后的体积，m^3。

可松性与土方的平衡调配、场地平整、基坑开挖以及土方运输等土方量的计算都有着密切的关系。依据可松性系数可进行取土体积（天然方量 V_1）、运输方量（V_2）、压实方量（V_3）之间的换算以及松铺厚度与压实层厚之间的换算（松铺厚度/压实层厚$=V_2/V_3=K_s/K'_s$）。不同类型土壤的可松性系数如表9.1所示。

表9.1 不同类型土壤的可松性系数

土的类别	最初可松性系数 K_p	最终可松性系数 K'_p
一类：松软土（种植土除外） （植物性土、泥炭）	1.08～1.17 1.20～1.30	1.01～1.03 1.03～1.04
二类：普通土	1.14～1.28	1.02～1.05
三类：坚土	1.24～1.30	1.04～1.07
四类：砂砾坚土（泥灰岩、蛋白石除外） （泥灰岩、蛋白石）	1.26～1.32 1.33～1.37	1.06～1.09 1.11～1.15
五～七类：软石、次坚石、坚石	1.30～1.45	1.10～1.20
八类：特坚石	1.45～1.50	1.20～1.30

注：引自《土木工程施工手册（上）》。

9.2.1.2 土的压缩性

土的压缩性是指土受压时体积压缩变小的性质。一般认为，这主要是土中孔隙体积被压缩而引起的。常用压缩系数来反映土的压缩性的大小。土的压缩性直接影响地基的变形值。

不同类型土壤的压缩率参考值如表 9.2 所示。

土压缩率可用式（9.3）表示：

$$土压缩率=(\rho-\rho_d)/\rho_d\times100\% \tag{9.3}$$

式中 ρ——土压实后的干密度，g/cm^3；

ρ_d——原状土的干密度，g/cm^3。

也可以用式（9.4）表示：

$$土压缩率=(k\rho_{dmax}-\rho_d)/\rho_d\times100\% \tag{9.4}$$

式中 k——土的压实系数；

ρ_{dmax}——土的最大密实度时的干密度，g/cm^3。

表 9.2 不同类型土壤的压缩率

土的类别	土的压缩率/%	每立方米松散土压实后的体积/m^3
一～二类：种植土	20	0.8
一般土	10	0.9
砂土	5	0.5
三类：天然湿度黄土	12～17	0.85
一般土	5	0.95
干燥坚实黄土	5～7	0.94

注：引自《土木工程施工手册（上）》。

9.2.2 挖掘方法及影响因素

9.2.2.1 挖掘方法

挖掘方式根据是否采用动力机械，分为机械挖掘和人工挖掘。机械挖掘速度快，工程上一般以机械挖掘为主、人工挖掘为辅。机械挖掘需注意挖掘顺序及挖掘深度，并随时检查边坡状态；人工挖掘常用于修挖或机械挖掘难以操作的狭小区域土壤的开挖。

在土壤修复工程中挖掘主要分为全面开挖、分部位开挖、分层开挖和分段开挖等。全面开挖适用于开挖深度浅、范围小的工程项目；当开挖范围较大时，一般采用分部位开挖；当开挖深度较大时，则采用分层开挖；分段开挖则适用于长宽比较大的情况。

土壤挖掘的费用因其挖掘深度不同，变化幅度较大，一般来说挖深越大费用单价越高。

（1）场地挖掘

① 挖方边坡应根据土的物理力学性质（内摩擦角、黏聚力、含水量、密度等）确定，当地质条件良好、土质较均匀时，高度（H）在 10m 以内的边坡坡度可参考表 9.3 的建议值。

表 9.3 土质边坡坡率允许值

边坡土体类别	状态	坡率允许值(高：宽)	
		坡度小于 5m	坡度 5～10m
碎石土	密实	1：0.35～1：0.50	1：0.50～1：0.75
	中密	1：0.50～1：0.75	1：0.75～1：1.00
	稍密	1：0.75～1：1.00	1：1.00～1：1.25
黏性土	坚硬	1：0.75～1：1.00	1：1.00～1：1.25
	硬塑	1：1.00～1：1.25	1：1.25～1：1.50

② 对容易风化的岩石进行挖方时，其边坡坡度可参考表9.4。在开挖时，应对坡脚、坡面采取喷浆、抹面、嵌补等保护措施。

表 9.4　岩质边坡坡率允许值

边坡岩体类型	风化程度	坡率允许值(高：宽)		
		$H<8$m	8m$\leqslant H<$15m	15m$\leqslant H<$25m
Ⅰ类	微风化 中等风化	1：0.00～1：0.10 1：0.10～1：0.15	1：0.10～1：0.15 1：0.15～1：0.25	1：0.15～1：0.25 1：0.25～1：0.35
Ⅱ类	微风化 中等风化	1：0.10～1：0.15 1：0.15～1：0.25	1：0.15～1：0.25 1：0.25～1：0.35	1：0.25～1：0.35 1：0.35～1：0.50
Ⅲ类	微风化 中等风化	1：0.25～1：0.35 1：0.35～1：0.50	1：0.35～1：0.50 1：0.50～1：0.75	
Ⅳ类	微风化 中等风化	1：0.50～1：0.75 1：0.75～1：1.10	1：0.75～1：1.00	

（2）边坡挖掘

① 边坡开挖应沿等高线自上而下，分层、分段依次进行。在边坡上采取多台阶同时开挖时，上台阶比下台阶的开挖进深不少于30m，避免先挖坡脚而造成坡体失稳。

② 边坡台阶开挖应随时做成一定坡势，以利于排水。

（3）基坑（槽）和管沟挖掘

① 基坑（槽）或管沟的开挖，应有排水措施，防止地面水流入坑、沟内，以免边坡塌方或基土被破坏。

② 当地质条件良好，土质均匀且地下水位低于基坑（槽）或管沟底面标高时，挖方边坡可采用放坡不加支撑。当挖方深度在5m以内，不加支撑的边坡的最陡坡度应符合表9.5的规定。

表 9.5　深度在5m内的基坑（槽）、管沟边坡的最陡坡度（不加支撑）

土壤类型	坡率允许值(高：宽)		
	坡顶无荷载	坡顶有静载	坡顶有动载
中密的砂土	1：1.00	1：1.25	1：1.50
中密的碎石类土(充填物为砂土)	1：0.75	1：1.00	1：1.25
硬塑的粉土	1：0.67	1：0.75	1：1.00
中密的碎石类土(充填物为黏性土)	1：0.50	1：0.67	1：0.75
硬塑的粉质黏土、黏土	1：0.33	1：0.50	1：0.67
老黄土	1：0.10	1：0.25	1：0.33
软土(经井点降水后)	1：1.00	—	—

③ 采用机械开挖基坑（槽）和管沟时，为不破坏基底土的结构，应在基底标高以上预留一层采用人工清理。使用铲运机、推土机或多斗挖土机施工时，应保留20cm厚土层不挖；使用拉铲、正铲或反铲施工时，应保留30cm厚土层。如人工挖土后不能立即砌筑基础或铺设管道，可保留15～30cm厚土层不挖，待下一工序开始前挖除。

④ 在软土地区开挖基坑（槽）或管沟时，施工前必须做好地面排水和降低地下水位的

工作，在地下水位降至基底以下 0.5～1.0m 后，方可开挖。

(4) 非饱和带挖掘

非饱和带土壤位于潜水面以上，该层土壤开挖时不涉及地下水，无须考虑基坑降水。

非饱和带土壤的挖掘，可分为浅层挖掘（<5m）和深层挖掘（≥5m）。浅层土壤挖掘时，可采用放坡方式进行。如遇软土层等土性承载力较低的特殊地层，或地质条件、周围环境和地下管线复杂，或影响毗邻建筑（构筑）物安全时，可根据实际情况采取合适的基坑支护措施。深层土壤挖掘时，需采取基坑支护措施，并召开深基坑专项方案的专家论证会。

(5) 饱和带挖掘

饱和带土壤位于潜水面以下，该层土壤开挖涉及较多地下水，开挖时除了满足非饱和带土壤挖掘的相关要求外，还应考虑基坑降水措施。常用的基坑降水方法有明沟加集水井降水、轻型井点降水、电渗井点降水、管井井点降水、深井井点降水等。

由于污染土壤含有的污染物会对周围人群和环境会造成不利影响，挖掘或处置时需要遵循安全程序，对作业区域的大气进行监测，挖掘过程中的污染物蒸气可以用泡沫抑制剂或其他环保型材料加以抑制。

9.2.2.2　挖掘影响因素

挖掘在施工过程中会受诸多因素影响，主要包括：

(1) 自然条件因素

主要包括水文地质条件、气候条件等，同时需了解挖掘区域的地质状况、地基类型、土壤特性与地下水分布、流向等情况。

(2) 设计因素

挖掘设计时需考虑挖掘区域的深度、宽度与每层挖掘的厚度。

(3) 周边环境因素

当污染区域面积大、深度深，存在污染夹层情况时，应分区、分层逐步进行开挖，避免土壤超挖或少挖。当挖掘深度位于地下水水位以下时，需要进行降排水处理。当挖掘范围内或基坑周边存在保留建筑物时，需采取建筑物保护措施，并采取基坑支护措施，保证基坑和建筑物的安全稳定。

9.2.3　挖掘工程量计算

土壤挖掘工作会涉及土壤的三种主要存在状态：自然（原地）、松散（开挖后）和夯实。“自然方体积”指未经扰动的自然状态的土壤体积，“虚方体积”指自然方经过人力或机械开挖松动过的土方或堆置的土壤体积，“夯实后体积”指回填并经过压实后的土壤体积。三种状态工程量可用转换系数进行换算。

开挖体量（自然方体积）由地块调查和风险评估等确定，开挖体量的常用计算方法包括方格网法和断面法（如图 9.1 所示）。方格网法适用于地形较为平坦、面积较大的场地，断面法多用于地形起伏变化较大的地区。实际工作中方格网法使用较多。

9.2.3.1　方格网法

方格网法是根据已有地形图划分若干个方格网，如图 9.1 (a) 所示，方格边长可采用 20m×20m 或 40m×40m，各方格角点的施工高度按下式计算：

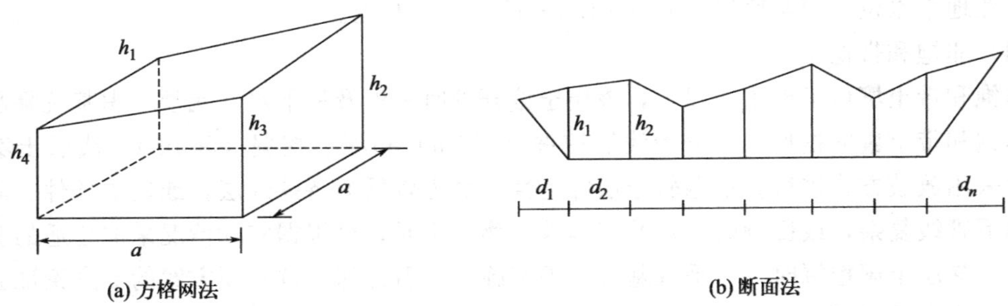

图 9.1　土方工程量计算方法

$$h_n = H_n - H'_n \tag{9.5}$$

式中　h_n——该角点的开挖高度，m；

H_n——该角点的设计标高，m；

H'_n——该角点的自然地面标高，m。

确定方格角点施工高度后，单个方格的土方量计算如下：

$$V = \frac{a^2}{4}(h_1 + h_2 + h_3 + h_4) \tag{9.6}$$

式中　V——开挖的土方量，m^3；

h_1、h_2、h_3、h_4——四个方格角点开挖高度，m。

9.2.3.2　断面法

断面法是沿场地选若干个相互平行的断面，一般利用地形图或实际测量确定，把每个断面划分为若干三角形和梯形，如图 9.1（b）所示。则相应三角形或梯形的面积为：

$$f_1 = \frac{h_1}{2}d_1; f_2 = \frac{h_1 + h_2}{2}d_2 \tag{9.7}$$

则某一断面面积为：

$$F_i = f_1 + f_2 + \cdots + f_n \tag{9.8}$$

则土方体积为：

$$V = \frac{F_1 + F_2}{2}L_1 + \frac{F_2 + F_3}{2}L_2 + \cdots + \frac{F_{m-1} + F_m}{2}L_{m-1} \tag{9.9}$$

式中　F_i——某断面面积；

L_i——相邻两断面的距离。

9.2.4　土壤填筑

土壤分层填筑时需保证填方的强度和稳定性，一般从最低处开始，由下向上分层、分类摊铺。

土壤填筑的主要控制指标包括含水率、填方边坡、密实度。

（1）含水率

填方含水率的大小，对土的回填压实效果有直接影响。在压（夯）实前应预先试验求出符合密实度要求条件下的最优含水率和最少压（夯）实遍数。一般而言，砂土的含水率 8%～12%、粉质黏土 12%～15%、粉土 16%～22%、黏土 19%～23%。一般来说，在特定的含水率要求范围内，回填土可以达到最稳定的压实度，而含水率过高或过低都会导致回填土难以压实。

土壤在回填前，应进行含水率测定，当含水率符合设计要求时可直接回填；当含水率偏低时，需要按照含水率要求的需水量进行洒水湿润，翻拌均匀后集中成堆。若不能及时使用，则在回填前仍需对含水率进行测定。

(2) 填方边坡

① 边坡坡度应根据填方高度、土的种类判断，通常黏土类和粉质黏土类的土壤填方高度为6～7m，边坡坡度为1∶1.5。

② 使用时间较长的临时性填方边坡坡度，当填方高度在10m以内时，可采用1∶1.5，高度超过10m，可做成折线形，上部为1∶1.5，下部采用1∶1.75。

(3) 密实度

填方的密实度要求和质量指标通常以压实系数λ_c表示。压实系数为土的实际干土密度ρ_d与最大干土密度ρ_{dmax}的比值。最大干土密度ρ_{dmax}是在最优含水量时，通过标准击实方法确定的。密实度一般要求根据工程结构性质、使用要求以及土的性质确定。压实填土的最大干密度ρ_{dmax}宜采用击实试验确定，当无试验资料时，可按下式计算：

$$\rho_{dmax}=\eta\frac{\rho_w d_s}{1+0.01w_{op}d_s} \quad (9.10)$$

式中 ρ_{dmax}——压实填土最大干密度；

η——经验系数，粉质黏土取0.96，粉土取0.97；

ρ_w——水的密度，g/cm^3；

d_s——土粒相对密度；

w_{op}——最优含水量，%，可按当地经验或按w_p+2（w_p为土的塑限），粉土取14%～18%。

9.2.5 施工机械

挖掘与填筑施工的设备选择取决于施工区域的面积、深度、原有构筑物的影响等因素，同时需综合考虑土壤的性质、作业用途、工程规模、场地情况等条件因素，一般分为开挖和压实两大类设备。除小型基坑（槽）、管沟或少量零星土方采用人工开挖外，较大量土方一般采用机械开挖，施工常用机械有：推土机、铲运机、挖掘机（包括正铲、反铲、拉铲、抓铲等）、装载机和各种碾压、夯实机械等。土壤挖掘中常用土方机械的特性及适用范围如表9.6所示。

表9.6 常用土方机械的特性及适用范围

名称	机械特征	作业特点	适用范围	辅助机械
推土机	操作灵活，运转方便，需要工作面小，可挖土送土，行驶速度快	1. 推平； 2. 运距80m内的堆土； 3. 开挖浅基坑； 4. 回填、压实； 5. 助铲； 6. 牵引	1. 找平表面，平整场地； 2. 短距离移挖作填、回填压实； 3. 开挖深度不大于1.5m的基坑； 4. 堆筑高1.5m内的路基堤坝	土壤挖运出需配备装土、运土设备；需用松土机预松土

续表

名称	机械特征	作业特点	适用范围	辅助机械
铲运机	操作简单灵活，不受地形限制，不需要其他机械配合能完成铲土、运土、卸土、压实等作业，行驶速度快	1. 大面积整平； 2. 开挖大型基坑； 3. 运距 500m 内的挖运土； 4. 填筑路基、堤坝； 5. 回填压实土方	1. 大面积场地整平； 2. 运距 100～800m 的挖运土	开挖坚硬土时需使用推土机助铲；需用松土机预松土
正铲挖掘机	装车轻便灵活，回转移位方便，能挖掘坚硬土层，易控制开挖尺寸，工作效率高	1. 开挖停机面以上土方； 2. 挖方高度 1.5m 以上； 3. 装车外运	1. 大型场地整平土方； 2. 大型管沟和基槽； 3. 独立基坑； 4. 边坡开挖	土方外运应配备自卸汽车；工作面应有推土机配合平土、集中土方
反铲挖掘机	操作灵活，挖土、卸土均在地面作业，不用开运输道	1. 开挖停机面以下土方； 2. 挖土深度随装置而定； 3. 可装车和甩土	1. 管沟和基槽； 2. 独立基坑； 3. 边坡开挖	土方外运应配备自卸汽车；工作面应有推土机配合
拉铲挖掘机	可挖深坑，挖掘半径及卸载半径大，操作灵活性较差	1. 开挖停机面以下土方； 2. 可装车和甩土； 3. 开挖断面误差较大	1. 管沟、基坑、槽； 2. 大量外借土方； 3. 填筑路基、堤坝； 4. 挖掘河床； 5. 不排水挖取土	土方外运需配备自卸汽车；配备推土机创造施工条件
抓铲挖掘机	钢绳牵拉、灵活性较差，工效不高，不能挖掘坚硬土	1. 开挖直井或沉井土方； 2. 装车和甩土； 3. 排水不良也能开挖	1. 深基坑、基槽； 2. 水中挖取土； 3. 桥基、桩孔挖土； 4. 散装材料装车	土方外运时，按运距配备自卸汽车
装载机	操作灵活，回转移位方便，可装卸土方和散料，行驶速度快，可进行松软表层土剥离、整平	1. 开挖停机面以上的土方； 2. 轮胎式只能装松散土方，履带式装普通土方	1. 外运多余土方； 2. 履带式改换挖斗时可用于开挖	土方外运需配备自卸汽车；作业面需经常用推土机平整，并推松土方

9.3 基坑降水

基坑降水的对象一般包括基坑开挖深度范围内的上层滞水、潜水，当开挖深度较大时，降水还涉及承压水。

当基坑周边设置了隔水帷幕，隔断基坑内外含水层之间的地下水水力联系时，一般采用坑内疏干降水，其类型为封闭型疏干降水，如图 9.2（a）所示。当基坑周边未设置隔水帷幕，采用大放坡开挖时，一般采用坑内与坑外疏干降水，其类型为敞开型疏干降水，如图 9.2（b）所示。当基坑周边隔水帷幕深度不足，仅部分隔断基坑内外含水层之间的地下水水力联系时，一般采用坑内疏干降水，其类型为半封闭型疏干降水，如图 9.2（c）所示。

常用疏干降排水方法一般包括明沟加集水井降水、轻型井点降水、电渗井点降水、管井降水［管材可采用钢管、混凝土管、聚氯乙烯（PVC）硬管等］、真空管井降水等。涉及承压水时，还需要考虑承压水减压降水，避免水土突涌。

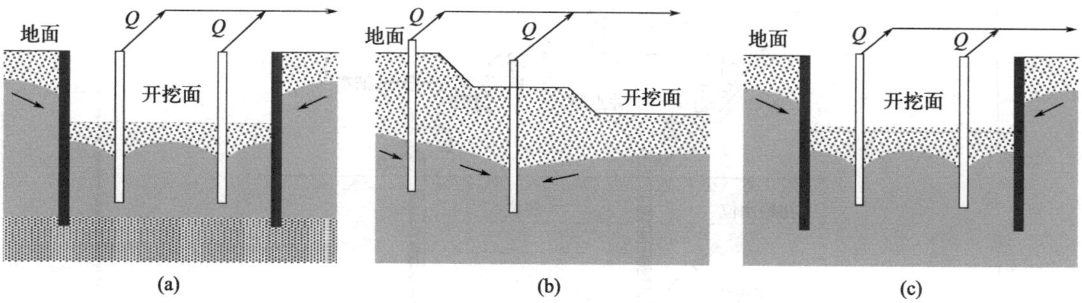

图 9.2 疏干降水类型示意图

9.3.1 明沟加集水井降水

明沟加集水井降水是基坑施工中最为常用的基坑降水方法，由排水沟、集水井、泄水管、输水管等组成排水系统，将地表水、渗漏水排泄至基坑外，如图 9.3 所示。在低水位地区或土壤渗透性较低的放坡工程中可单独使用，在高水位地区基坑边坡支护工程中，这种方法往往作为其他降水方法的辅助排降水措施，主要排出地下潜水、施工用水和雨水。

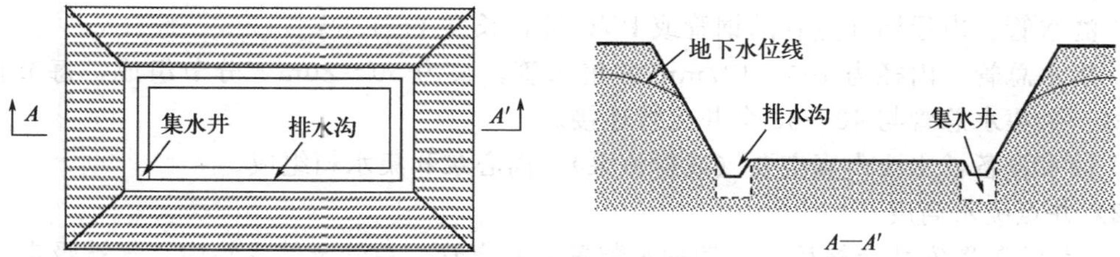

图 9.3 明沟加集水井排水

排水沟可挖成土沟，也可用砖砌；集水井壁可砌干砖，或用木板、竹片、钢管支撑加固；当基坑挖至设计标高时，集水井底宜铺约 0.3m 厚的碎石滤层。明沟和集水井应设置在基础范围以外、地下水流向的上游。根据经验，排水沟宜 30～50m 设置一口集水井。排水沟的深度和宽度应根据基坑排水量确定，但沟底宽不小于 0.3m，且应比挖土面低 30～50cm，坡度宜为 0.1%～0.5%。集水井的尺寸和数量应根据水量确定，深度应大于排水沟 0.5～1.0m。排水管道的直径应根据排水量确定，排水管的坡度不宜小于 0.5%。排水沟、集水井的截面应根据设计流量确定，设计排水流量可根据下式规定：

$$Q \leqslant V/1.5 \tag{9.11}$$

式中 Q——基坑涌水量，m^3/d；

V——排水沟、集水井的排水量，m^3/d。

9.3.2 轻型井点降水

轻型井点是沿基坑四周或一侧将直径较细的井管置入深于基底的含水层内，井管上部与总管连接，通过总管利用抽水设备将地下水从井管内不断抽出，使原有地下水位降低到基底以下，如图 9.4 所示。

该方法适用于降水不深、土层渗透系数较大的场合。当真空井点孔口至设计降水水位的深度不超过 6.0m 时，宜采用单级轻型井点；当深度大于 6.0m 且场地条件允许时，可采用多级轻型井点降水，多级井点上下级高差宜取 4.0～5.0m，但要求基坑四周外有足够的空间，以

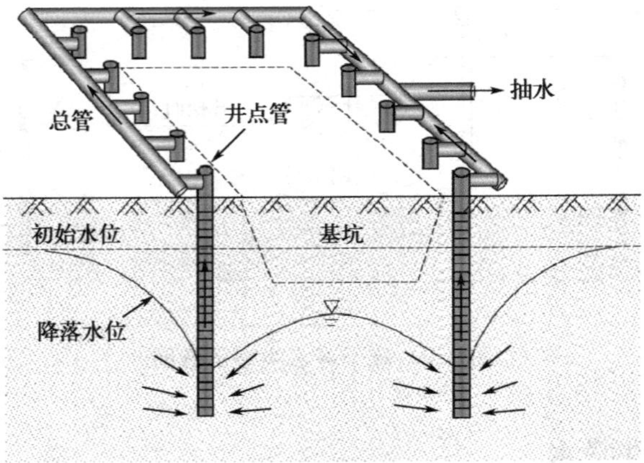

图 9.4　轻型井点降水示意图

便于放坡或挖槽。土层的渗透系数以 0.1～50m/d 为宜，当土层渗透系数偏小时，需要在井点管顶部用黏土封填并保证井点系统各连接部位的气密性，以提高整个井点系统的真空度。

(1) 轻型井点系统设备

① 井点管：直径为 38～50mm 的钢管或 PVC 管，长 5～8m，整根或分节组成。

② 滤水管：内径同井点管的钢管或 PVC 管，长度 1～1.5m。

③ 集水总管：内径为 100～127mm 的集水管，长为 50～80m，分节组成，每节长 4～6m，每一个集水总管与 40～60 个井点管连接。

④ 抽水设备：主要由真空泵（或射流泵）、离心泵和集水箱组成。

(2) 井点吸水高度

井点系统装置安装合格后，启动抽水装置，井点管、总管及储水箱内空气被吸走，形成一定的真空度，地下水由高压区向低压区方向流动，进入井点管内，经总管抽至储水箱，称为抽水。抽水井点吸水高度按下式计算：

$$H=\frac{H_v}{0.1}\times 10.3-\Delta h \tag{9.12}$$

式中　H_v——抽水装置所产生的真空度，MPa；

Δh——管路水头损失，一般取 0.3～0.5m。

(3) 轻型井点设计影响因素

井点降水受很多不确定因素的影响，如地层的不均匀性，各种参数计算公式假定的局限性，井点系统布置的不同，成孔方法、滤水管安装的不同，抽水设备能力、抽水时间长短不同等。因此，理论上的计算还不是很精确。在降水经验丰富的地区，往往不必进行计算，而是按惯用的井点布置经验实施。井点设计需要考虑以下影响因素：

① 含水层的厚度及顶、底板高度；

② 含水层渗透系数（抽水资料或经验值）；

③ 含水层的补给条件；

④ 地下水位标高和水位动态变化情况；

⑤ 基坑规格、位置、设计降深要求。

(4) 井点降水设计

① 设计降深：

$$s=(D-d_w)+s_w \tag{9.13}$$

式中　s——基坑中心处水位降深，m；

D——基坑开挖深度，m；

d_w——地下静水位埋深，m；

s_w——基坑中心处水位与基坑设计开挖面的距离，m。

② 基坑总出水量，按大井法计算：

$$Q=1.366K\frac{(2H-s)s}{\lg\left(\frac{R+r_0}{r_0}\right)} \tag{9.14}$$

式中　Q——基坑总出水量，m^3/d；

K——渗透系数，m/d；

R——井点系统的影响半径，m；

r_0——环形井点到基坑中心的距离，m。

R 宜通过试验或根据当地经验确定，当基坑侧壁安全等级为二、三级时，可按下列公式计算：

潜水含水层：　$R=2S\sqrt{KH}$

承压含水层：　$R=10S\sqrt{K}$

式中　S——基坑水位降深，m；

K——渗透系数，m/d；

H——含水层厚度，m。

③ 每根井点管的最大允许出水量：

$$q_{max}=120r_wL\sqrt[3]{k} \tag{9.15}$$

式中　q_{max}——单根井点管的最大允许出水量，m^3/d；

r_w——滤水管的半径，m；

L——滤水管的长度，m；

k——疏干层的地层渗透系数，m/d。

④ 井点管设计数量：

$$n\geqslant Q/q_{max} \tag{9.16}$$

式中　n——井点管数量；

Q——总设计降水量，m^3/d；

q_{max}——单根井点管的最大允许出水量，m^3/d。

⑤ 井点管的长度：

$$L=D+h_w+s+l_w+(1/a)r_q \tag{9.17}$$

式中　D——地面以上的井点管长度，m；

h_w——初始地下水位埋深，m；

l_w——滤水管长度，m；

r_q——井点管排距，m；

a——系数，单排井点取 4，双排或环形井点取 10。

9.3.3　电渗井点降水

电渗井点降水适用于渗透系数较小（0.1m/d）的细颗粒土，特别是淤泥和淤泥质黏土的降水。这些土的渗透系数较小，用一般井点很难达到降水目的，利用该方法向土中通直流电后，自由水以及被毛细管约束的水都能参与流动，渗透性可提高数十倍，大大缩短了降水时间，提高降水效果。

9.3.3.1 电渗井点降水系统

电渗井点一般与轻型井点或喷射井点结合使用，即利用轻型井点或者喷射井点管本身作为阴极，以金属棒（钢筋、钢管、铝棒等）作为阳极，通入直流电（采用直流发电机或直流电焊机）后，在电极上发生电解水的作用，阳极产生的 H^+ 向阴极移动，阴极产生的 OH^- 向阳极移动，由于 H^+ 的移动速度比 OH^- 快，整体上水从阳极向阴极移动，即电渗流，如图 9.5 所示。在电渗流与井点管内的真空双重作用下，驱动黏土中的水由井点管快速排出。

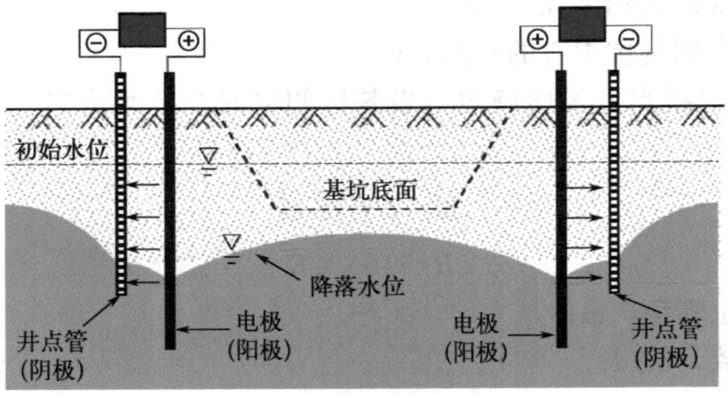

图 9.5 电渗井点降水管示意图

9.3.3.2 电渗井点降水设计

（1）基坑涌水量计算与井点布置

基坑涌水量的计算、井点布设与轻型井点降水和喷射井点降水相同。

（2）电极间距

电极间距，即井点管（阴极）与电极（阳极）之间的距离，可按下式确定：

$$L=1000V/(I\rho\varphi) \tag{9.18}$$

式中 L——井点管与电极之间的距离，m；

V——工作电压，一般为 40～110V；

I——电极深度内被输干土体单位面积上的电流，一般为 1～2A/m^2；

ρ——土的比电阻，Ω·cm，宜根据实际土层测定；

φ——电极系数，一般为 2～3。

（3）电渗功率

确定电渗功率常用的公式为：

$$N=VIF/1000, F=L_c h \tag{9.19}$$

式中 N——电渗功率，kW；

F——电渗幕面积，m^2；

L_0——井点系统周长，m；

h——阳极深度，m。

9.3.4 管井井点降水

降水管井习惯上简称为“管井”，与供水管井的简称相同，英美等国家一般称之为“深井（deep well）”或“水井（water well）”。管井是一种抽汲地下水的地下构筑物，泛指抽汲地下水的大直径抽水井，供水管井与降水管井均简称为管井，但两者的设计标准、目的均不相同，为区别起见，降水工程中采用的管井宜采用全称“降水管井”。

管井降水是在基坑内一定距离设置一口管井，每口管井单独用一台水泵（潜水泵、离心泵等）不断抽水降低地下水位。管井埋设的深度和距离，根据需要降水的面积、深度以及含水层的渗透系数等而定。管井井点具有排水量大、降水较深的优点，可代替多级轻型井点，适用于渗透系数大的砂砾层或含水层厚度大于 5.0m、地下水丰富的地层。

管井降水可用于以黏性土为主的松散弱含水层以及以砂质粉土、粉砂等为主的含水层中。对于以低渗透性黏性土为主的弱含水层中的疏干降水，为提高土层中的水力梯度、促进重力水的释放，一般可利用降水管井进行真空降水。在降水过程中，为保证疏干降水效果，一般要求真空管井内的真空度不小于 65.0kPa。真空管井疏干降水设计与普通管井疏干降水的方法相同。

9.3.4.1 管井降水系统

管井降水系统一般由管井、抽水泵（一般采用潜水泵、深井泵、深井潜水泵或真空深井泵等）、泵管、排水总管、排水设施等组成。管井由井孔、井管、过滤管、沉淀管、填砾层、止水封闭层等组成。钢管管井和混凝土管井示意图如图 9.6 所示。

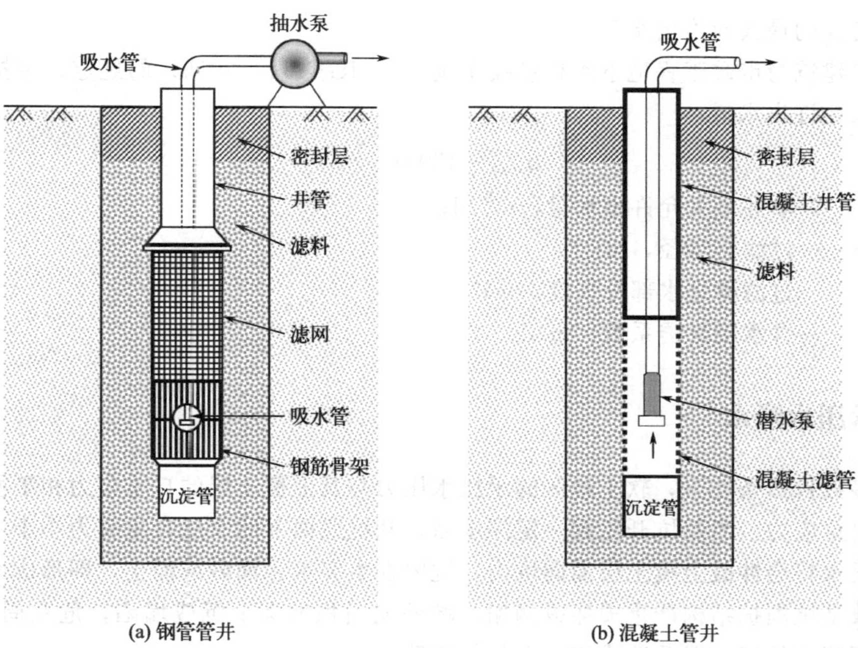

图 9.6 管井降水管示意图

9.3.4.2 管井降水设计

（1）管井数量

在以黏性土为主的松散弱含水层中，疏干降水管井数量一般按地区经验进行估算。如上海、天津地区的单井有效疏干降水面积一般为 200～300m^2，坑内疏干降水井总数约等于基坑开挖面积除以单井有效疏干降水面积。

在以砂质粉土、粉砂等为主的含水层中，考虑砂性土的易流动性及触变液化等特性，管井间距宜适当减小，以加强抽排水力度、有效减小土体的含水量。尽管砂性土的渗透系数相对较大，水位下降较快，但含水量的有效降低标准高于黏性土层，重力水的释放需要较高要求的降排水条件（降水时间以及抽水强度等），该类土层中的单井有效疏干降水面积一般以 120～180m^2 为宜。

除根据地区经验确定疏干降水管井数量以外，也可按以下经验公式确定。

封闭型疏干降水：

$$n=Q/(q_w t) \tag{9.20}$$

半封闭或敞开型：

$$n=Q/q_w \tag{9.21}$$

式中 Q——设计降水量，m^3/d；

n——管井数量，口；

q_w——单口管井的流量，m^3/d；

t——基坑开挖前的预降水时间，d。

（2）管井深度

管井深度与基坑开挖深度、场地水文地质条件、基坑围护结构的性质等密切相关。一般情况下，管井底部埋深一般大于基坑开挖深度 1m。具体深度应通过设计计算和论证确定。

（3）管井的最大允许出水量

根据《建筑与市政工程地下水控制技术规范》（JGJ 111—2016）的规定，可按下式计算管井的最大允许出水量：

$$q_{max}=120\pi rl\sqrt[3]{K} \tag{9.22}$$

式中 q_{max}——单井最大允许出水量，m^3/d；

r——过滤器半径，m；

l——过滤器进水部分长度，m；

K——含水层渗透系数，m/d。

9.3.5 承压水降水

在大多数自然条件下，软土地区的承压水压力与其上覆土层的自重应力相平衡或小于上覆土层的自重应力。当基坑开挖到一定深度后，基坑底面下的土层自重应力小于下伏承压水压力，承压水将会冲破上覆土层涌向坑内，坑内发生突水、涌砂或涌土，即形成所谓的基坑突涌，导致基坑围护结构严重损坏或倒塌、坑外大面积地面下沉或塌陷，危及周边建（构）筑物及地下管线的安全以及造成施工人员伤亡等。

（1）承压水抗突涌稳定计算

《建筑与市政工程地下水控制技术规范》（JGJ 111—2016）规定，承压水降水基坑开挖底板突涌稳定性按下列公式进行计算。基坑承压水抗突涌示意图如图 9.7 所示。

$$(h_s\gamma_s)/p_w\geqslant 1.1 \tag{9.23}$$

式中 γ_s——基坑开挖面至承压水层顶板之间土体的天然重度，kN/m^3；

h_s——基坑开挖面至承压水层顶板之间的距离，m；

p_w——承压含水层顶板处的水头压力值，kPa。

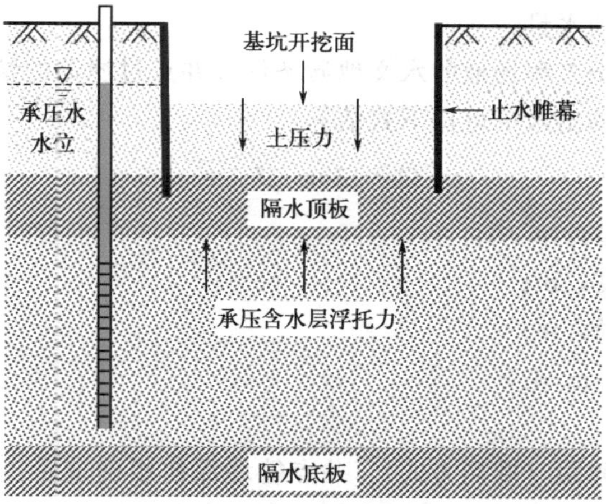

图 9.7 基坑承压水抗突涌示意图

(2) 承压水降水的类型

承压水的降水类型应考虑基坑围护形式、场地情况等因素，可采用坑内承压水降水和坑外承压水降水。坑内降水的降水井布置在坑内，而且过滤管的下部不超过基坑止水帷幕的深度。坑外降水的降水井布置在坑外，降水井的过滤器顶部必须在基坑止水帷幕以下。

坑内承压水降水相对于坑外降水而言，具有管井的数量相对较少，抽水对周边环境的变形影响较小等优点，但坑内降水影响基坑开挖施工和基础施工。承压水减压降水示意如图 9.8 所示。

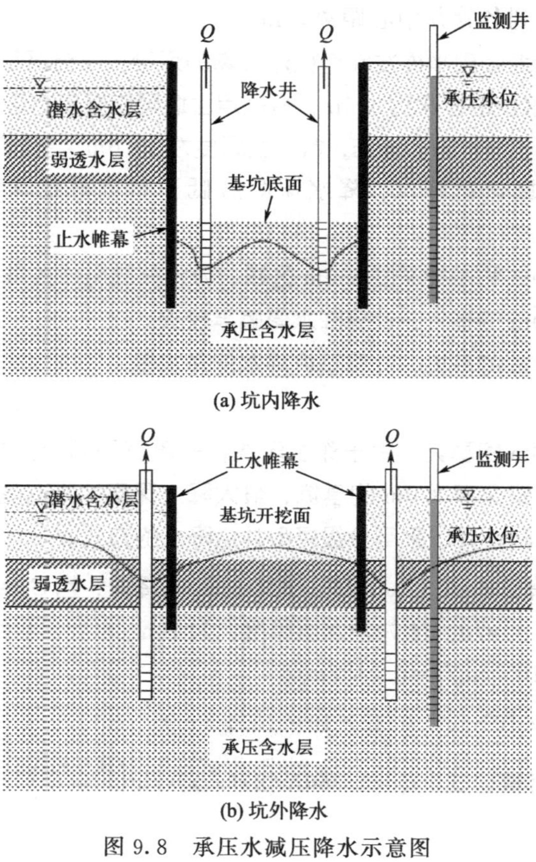

图 9.8 承压水减压降水示意图

(3) 单井最大允许涌水量

单井出水能力取决于工程场地的水文地质条件、井点过滤器的结构、成井工艺和设备能力等。承压水降水管井的出水量可按下式估算：

$$Q=130\pi r_{w}l\sqrt[3]{K} \tag{9.24}$$

式中 Q——单井涌水量，m^3/d；

l——过滤管长度，m；

r_w——过滤管半径，m；

K——渗透系数，m/d。

(4) 水位降深

在井点数量、井点间距（排列方式）、井点管埋深初步确定后，可根据以下公式预测基坑内抽水影响最小处的水位降深值 s：

$$s=\frac{0.366Q}{KM}\left[\lg R-\frac{1}{n}\lg(x_1x_2\cdots x_n)\right] \tag{9.25}$$

式中 s——水位降深值，m；

Q——基坑涌水量，m^3/d；

K——渗透系数，m/d；

M——含水层厚度，m；

R——影响半径，m；

n——管井总数，口；

$x_1x_2\cdots x_n$——计算点到各管井中心距离，m。

例题 9.1 某污染场地受到半挥发性有机污染物的污染，部分区域污染深度 4.0m，部分区域污染深度 8.0m，地下水水位埋深约 0.5m，拟采用土壤异位修复方法。开挖深度范围内土层以粉土为主，渗透系数约为 5.0×10^{-5}cm/s，含水层厚度为 10.0m，基坑等效半径均为 12m。土壤开挖前需要对拟开挖区域进行降水，降水深度应低于基坑开挖深度（即污染深度）以下 0.5m。问：

① 对于污染深度 4.0m 和污染深度 8.0m 区域，分别宜选用什么类型的降水方式？

② 对于开挖深度 4.0m 的基坑，计算降水影响半径 R。

③ 对于开挖深度 4.0m 的基坑，计算基坑降水的涌水量。

解：

① 对于污染深度 4.0m 的基坑，由于深度较浅，一般宜采用轻型井点降水方式，经济性和降水效果均较好；对于污染深度 8.0m 的基坑，最大降水深度 8.5m，由于深度较深，一般宜选用管井降水方式，有条件时也可以采用分级轻型井点降水的方式。

② 根据经验公式计算，$R=2S_d\sqrt{KH}$。式中，S_d 为降深，当 $S_d=4.5\text{m}<10\text{m}$ 时，取 $S_d=10\text{m}$；K 为土层渗透系数，m/d；H 为含水层厚度，为 10m。

渗透系数 $K=5.0\times10^{-5}\text{cm/s}=0.0432\text{m/d}$

降水影响半径 $R=2\times10\times\sqrt{0.0432\times10}=13.1$ (m)

③ 根据基坑涌水量计算公式：$Q=1.366K(2H-s)s/\lg\left(\frac{R+r_0}{r_0}\right)$

得：

$$Q=1.366\times 0.0432\times \frac{(2\times 10-4.5)\times 4.5}{\lg\left(1+\frac{13.1}{12}\right)}=12.9(m^3/d)$$

9.3.6 降水的收集与处理

在土壤修复工程中，基坑降排水中可能含有污染物，无法直接外排，需要进行收集处理。通常对收集后超标的基坑水归并到地下水抽出-处理系统进行处理。

9.4 地基稳定与基坑支护

9.4.1 地基稳定

地基稳定性是指地基岩土体在承受荷载条件下的沉降变形、深层滑动等对安全稳定的影响程度，主要受荷载、地理地质和地下水状况影响，主要的表征参数有容许承载力、安全系数等。土壤挖掘过程中的地基稳定，主要包括土壤稳定和土坡稳定两大类。

在挖掘过程中，当土体中产生的剪应力大于土体的抗剪强度时，土壤可能从高处滑落到低处，发生土壤滑动，导致土壤稳定性降低。当挖掘设备、构筑物、人员等靠近挖掘边缘时，容易受到滑动土壤的危害。

土坡滑动指土坡在一定范围内整体沿某一滑动面向下和向外移动而丧失其稳定性的现象。土坡失稳常常是在外界的不利因素影响下触发和加剧的，一般有以下几种原因。

① 土坡作用力发生变化：例如在坡顶堆放材料或建造建筑物使坡顶受荷，或由于打桩、车辆行驶、爆破、地震等引起的振动改变了原来的平衡状态。

② 土体抗剪强度的降低：例如土体中含水量或孔隙水压力的增加。

③ 静水力的作用：例如雨水或地表水流入土坡中的竖向裂缝，对土坡产生侧向压力从而促进土坡的滑动，因此黏性土坡发生裂缝常是影响土坡稳定的不利因素。

④ 地下水在土坝或基坑等边坡中渗流引起渗流力，影响土坡稳定。

9.4.2 基坑支护

基坑支护是指在基坑开挖时，为了保证边坡稳定，保护地下作业安全以及周围环境不受损害所采取的工程措施。

在实际应用中，需根据基坑周边环境、开挖深度、工程地质与水文地质、施工作业设备和施工季节等条件选择适合的支护结构类型，基坑支护结构的主要选型如表 9.7 所示。

表 9.7 基坑支护结构选型表

结构形式	图例	特点	适用条件
放坡	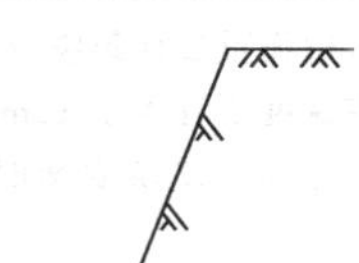	1. 通过控制边坡坡度来维持边坡的稳定性； 2. 造价低； 3. 施工速度快	1. 施工场地应满足放坡条件； 2. 邻近基坑边无重要建筑物或地下管线； 3. 可独立或与其他支护结构形式结合使用； 4. 当地下水位高于坡脚时，应采取降水措施； 5. 不宜用于流塑土层

续表

结构形式	图例	特点	适用条件
悬臂式排桩或地下连续墙	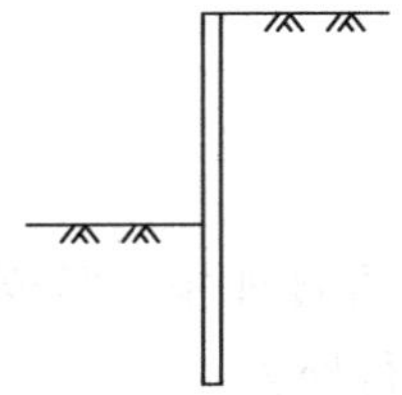	1. 依靠下部的嵌固深度维持自身的稳定； 2. 支护结构的水平位移较大； 3. 无支锚施工，工期较短	1. 基坑周围不具备放坡或施工重力式挡墙； 2. 邻近基坑边无重要建筑物或地下管线； 3. 在软土场地中开挖深度不宜大于5m； 4. 当地下水位高于基坑底面时，宜采用降水、排桩加截水帷幕或地下连续墙
内撑式排桩或地下连续墙	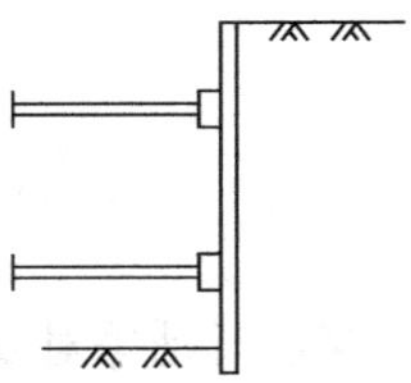	1. 深度较大的基坑； 2. 能有效控制基坑变形； 3. 不占用基坑周边地下空间； 4. 对土方开挖和主体工程施工有一定影响； 5. 拆换支撑施工较复杂	1. 基坑周围施工宽度狭小； 2. 基坑开挖深度大； 3. 邻近基坑边有建筑物或地下管线需要保护； 4. 对基坑边土体的水平位移控制要求严格； 5. 地层软弱、周围环境复杂而不宜采用锚杆的基坑
锚杆式排桩或地下连续墙	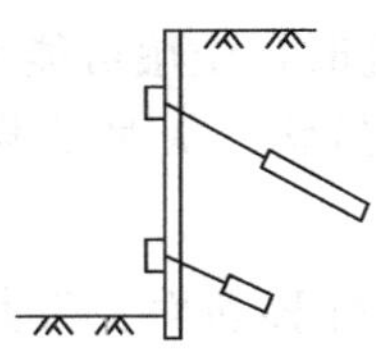	1. 抗力大，可用于开挖深度大的基坑； 2. 能有效控制基坑变形； 3. 无内支撑，方便主体工程施工，工期较短	1. 周围环境允许打设锚杆，锚固段地层较好； 2. 基坑开挖深度大； 3. 邻近基坑边有建筑物或地下管线需要保护； 4. 对基坑边土体的水平位移控制要求严格
水泥土墙	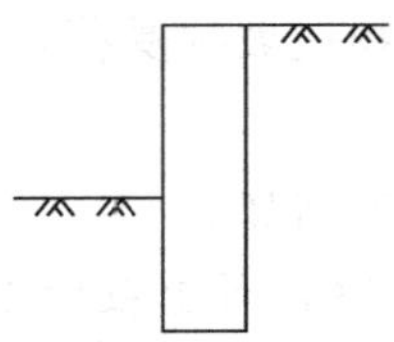	1. 依靠墙体自身重力抵抗土压力以保持基坑稳定； 2. 施工方便，造价低； 3. 具有截水作用	1. 基坑周围不具备放坡条件，但具备重力式挡墙的施工宽度； 2. 邻近基坑边无重要建筑物或地下管线； 3. 基坑开挖深度不宜大于6m； 4. 水泥土桩施工范围内地基土承载力特征值不大于150kPa
土钉支护	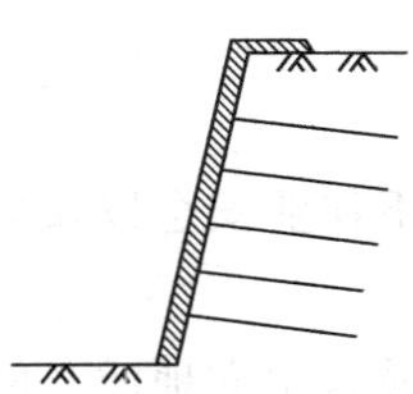	1. 利用土钉、面板与土形成复合土体，依靠复合土体类似于重力式挡土墙的作用进行挡土； 2. 造价低，施工速度快，工期短	1. 基坑周围地面施工场地狭小，地下可占用空间较大； 2. 邻近基坑边无重要建筑物、建筑深基础或地下管线； 3. 土质较好； 4. 基坑开挖深度不宜大于12m； 5. 当地下水位高于基坑底面时，应采用降水或截水措施； 6. 当支护变形需要严格控制在不良土体中施工时，可以联合使用其他支护技术，形成复合土钉支护
逆作拱墙	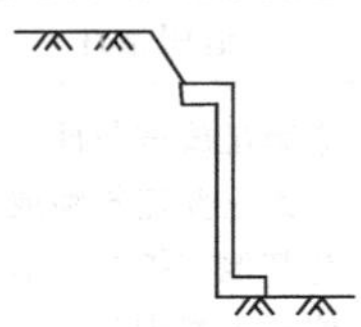	1. 受力合理； 2. 施工方便，工期短，造价低	1. 基坑周围施工场地适合拱墙布置，基坑平面形状较规则，接近圆形或椭圆形； 2. 邻近基坑边无重要建筑物或地下管线； 3. 基坑开挖深度不宜大于12m； 4. 当地下水位高于基坑底面时，应采用降水或截水措施

续表

结构形式	图例	特点	适用条件
沉井	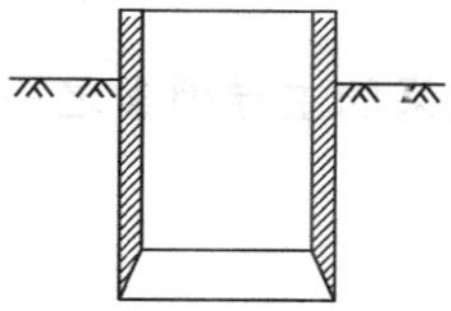	1. 施工占地面积小，挖土量小，刚度大； 2. 施工技术要求高	1. 地层比较均匀，无影响沉井下沉的大块石、漂石及障碍物； 2. 基坑形状比较规则，面积不宜太大； 3. 有准确、完整的工程地质和水文地质勘察资料
型钢水泥土搅拌桩（SMW）	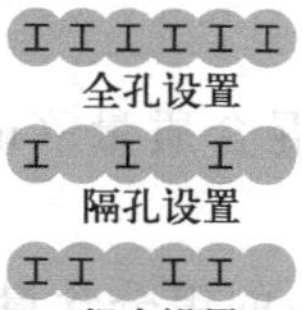	1. 以深层搅拌桩为截水结构，以 H 型钢为承力结构； 2. 截水性好，结构强度可靠	1. 适合应用深层搅拌桩的场地； 2. 基坑开挖深度可达 10m 以上
双排桩	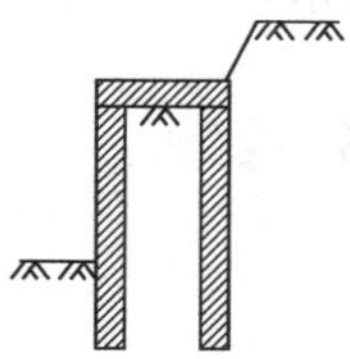	1. 由两排钢筋混凝土桩和冠梁组合而成； 2. 结构刚度较大	1. 土质较好； 2. 基坑开挖深度较大而又不采用锚杆或支撑

9.5 土壤水分调控

为了匹配后续的污染土壤处理处置环节，需要调节挖掘出的污染土壤的含水率。当后续处置采用热脱附技术时，含水率对修复效率和修复成本影响极大，一般需控制土壤含水率在20%以下；当采用化学氧化/还原处理污染土壤时，较大的含水率（>60%）能确保化学反应的充分进行；对于土壤固化/稳定化技术，宜将土壤含水率控制在40%以下。

当进行农田土壤改良时，可采用科学合理灌水排水，或采用不同耕作方式等手段，提高土壤透水蓄水能力。

9.6 土壤酸碱性调节

适宜的土壤酸碱性能显著提高修复效率，特别是化学反应的反应速率；此外，调节土壤酸碱性可以改变土壤理化性质，保证土壤的安全化利用。常见的酸性调理剂有硫酸、柠檬酸、醋酸、柠檬酸钠等，碱性调理剂有氢氧化钙、氢氧化钠、磷酸钠等。

9.7 土壤筛分

土壤筛分指的是将挖掘出的土壤根据粒径大小进行分级，土壤的粒径会影响土壤的水、热、气、养分等状况，不同粒径级别的土壤其污染物吸附量也有显著差别。常用的筛分设备包括滚筒筛分机、振动筛分机、筛分斗等，筛分的顺序一般为由初筛到粗筛再到细筛。

9.8 土壤混合

土壤混合是许多修复技术的重要工序，是影响土壤修复效果的主导因素之一，应用极为广泛。

9.8.1 土壤混合的概念

土壤混合的程度一般用混合均匀度（mixing evenness）与混合质量（mixing quality）表示。

混合均匀度是指物料中某种组分的分布程度，采用统计学中的组分含量变异系数来定义，变异系数越小混合效果就越好。混合均匀度的公式用下式表示：

$$\alpha=\sqrt{\sum_{i=1}^{n}(\varphi_i-\eta)^2\times\frac{m_i}{\sum_{i=1}^{n}m_i}}\times 100\% \tag{9.26}$$

$$\eta=\frac{\sum_{i=1}^{n}m_i\varphi_i}{\sum_{i=1}^{n}m_i}\times 100\%$$

式中 α——混合均匀度，%；

φ——样品中的药剂含量，%；

η——药剂平均含量，%；

m_i——样品的质量，kg。

混合质量是评价混合效果的一个指标，表示物料中某种组分混合前后混合均匀度的变化率，用下式表示：

$$M=\left(1-\frac{\alpha}{\alpha_0}\right)\times 100\% \tag{9.27}$$

式中 M——混合质量，%；

α_0——未混合前的初始混合均匀度，$\alpha_0=\sqrt{\eta(1-\eta)}$，%。

混合质量越大表示混合效果越好。需要说明的是，这两个概念可能与土壤修复行业中习惯的表达方式不太一致，土壤修复行业中习惯上说的混合度是指混合的均匀程度，数值越大（一般用%表示）混合效果越好，等同于混合质量，与此处的混合均匀度的含义正好相反。此处是参考了物料混合的相关文献，沿用现有学科基础作出的定义，需要注意它们的区别。

9.8.2 土壤混合的模式

土壤修复的模式决定了土壤混合的模式，一般分为异位土壤混合与原位土壤混合。异位土壤混合是将异位修复土壤挖掘出来后投入专用混合设备中与修复材料或药剂进行混合，一般是针对土层小于 5m 的浅层土壤，挖掘时基坑支护的费用相对不高，工程上多用筛分破碎斗和挖掘机进行作业。原位土壤混合又分为表层土壤加药混合与深层土壤加药混合。表层土壤（如农用地耕作层）加药混合，需混合的土层深度一般小于 40cm，多用翻耕机和挖掘机；深层土壤加药混合一般指混合深度大于 5m 的情况，往往需要原位加药，多用搅喷、旋喷等设备进行加药，加药后往往会使土层变得松软，影响地层稳定性，因此，深层加药施工需要做好支护以及加药后的场地防护。

9.8.3 土壤混合动力学及模型

土壤混合动力学是土壤科学与力学科学交叉的一个独特领域，它研究施加于土壤上的各式各样的作用力与土壤动态行为之间的规律性关系及其应用。

机械方面的土壤混合动力学着重于土壤-机器系统的技术研究与开发，属于快速施载并引起大变形和破坏后移动的各种机器作用于土壤、冻土、石块进行切屑、挖掘、钻削、爆破、推运、耕作或在其上行驶和拖曳等机械作业时，或是座机地基在机器作业时，土壤动态行为的普遍性规律。由于机器在土壤上的作业量大面广，机械领域的土壤混合动力学方面的系统性规律性知识对大量的耕作作业、土方施工、固定精密仪器或冲击钻探机械的基本结构设计，新技术、新机器的开发，以及作业过程中的节能降碳，具有重大意义。

由于土壤的机械组成与矿物成分变化范围大，固相/液相含量变化带来的物理力学特性变化往往达几倍至几十倍，而机械作业所包含的工艺元素的组合又往往错综复杂，常常使得严格详尽的解析演算结果无法得到有力推广。作者认为混合动力学模型应与实践紧密结合，分析的深度和精度应取决于实际需要和可能达到的水平。现阶段的土壤混合动力学研究与开发应从土壤本质、基本属性及各种性态行为机理入手，作为工程技术活动中正确判断的基础及指导。也正是土壤动态行为的复杂性，对某些土壤混合现象、过程或问题的描述、解析不完整、不精确，成为目前土壤混合动力学模型开发及工程运用的一个显著特征。

早期在计算机数值模拟理论和技术成熟之前一般采用降低计算精度的方式来解决问题，能使所得到的解较经验法更接近于实际情况，即将所测得的土壤参数拟合为曲线，结合局部的力学理论法分析，将其转化为机器工作部件的性能方程。显然，这种简单的求解方法只能在某些场合得出比较合理的结果，并没有充分反映机械部件与土壤混合过程全面的、真实的情况。这种分析方法结果的优劣，完全取决于实际体系与所采用的简化模型的相似程度。

近年来，将土壤混合过程中的力学特性简化为基本的物理模型，再构建相应的数学解析算法，开发得到专业的计算机模拟软件对土壤混合过程进行模拟研究。土壤混合动力学计算机求解方法以相似理论为基础，其基本要求是设计一个在所需要的方面与所研究的原型相似的仿真模型，在混合动力学物理模型基础上，构建诸如常数、变量、函数、方程、不等式等这样一些形式的数学模型，通过对数学模型的求解来掌握原型，并把求解结果运用到原型上，以此来达到掌握原型的运动规律，认识和理解土壤混合现象本质的目的。

离散单元法（discrete element method，DEM）是一种应用于散体力学研究领域的数值计算方法，可用于分析土壤颗粒混合系统的运动规律、颗粒单元之间及颗粒与机械装置之间的相互作用。目前，离散单元法已经被用于许多工业化设备的粉体加工过程研究，例如螺旋输送机和粉磨机等。此外，离散单元法也适用于模拟由于黏结力作用颗粒黏聚成团状的复杂现象、多分散系统中的分离现象以及非球形颗粒的运动特性。研究者们可以运用 DEM 模拟技术从宏观和微观的角度研究搅拌机中颗粒物料的混合过程，并得出颗粒混合运动过程的基本特性。总之，离散单元法在土壤混合模拟分析中的应用发展对于各种类型土壤混合设备设计开发具有一定的指导意义。

在离散单元法中，把组成离散物质（土壤）的颗粒（土壤颗粒）作为离散单元，单元之间的相互作用被看作一个以时间为参变量的动态过程，在这个过程中每个时刻的单元均处于力的平衡状态，通过追踪单个单元的运动，来计算单元在运动过程中所受的平衡力和位移。在大量离散单元组成的系统中，一般假定单元本身的变形远小于整个系统的变形，系统的变形主要是单元运动的结果。因此在离散单元法的计算中，并没有详细描述单元本身的变形，而是用单元之间的重叠代表单元的变形。

土壤内部水分的存在对于土壤动态行为变化的影响很大，工程和农田使用土壤中的水以非均匀、非连续形式分布，在土壤内部土壤颗粒空隙之间以摆动状态存在。这些摆动状态存在的水在土壤颗粒之间形成不连续的液桥，根据液桥模型，这些液桥会在土壤颗粒之间产生毛细管力和动态黏性力，这些力对于土壤内部土壤颗粒之间的力学关系存在重要影响。根据离散单元法理论，从土壤结构细观角度模拟并分析土壤的动态行为变化，应当充分考虑土壤内部水分对土壤颗粒力学相互作用的影响，建立能够反映真实土壤颗粒相互作用关系的细观接触力学模型。一般来说，当土壤含水量很低时，土壤颗粒之间的作用可视为弹性力学范畴；随着含水率的增加，当土壤呈现浆状时，属于牛顿流体范畴，混合比较容易；当含水率介于二者之间时，属于非牛顿流体，混合难度大，模拟难度也极大。这也是高含水黏性土壤的混合面临着很大难度的原因。

使用离散单元法进行土壤动态行为模拟分析时，细观模拟土壤需要通过细观尺度土壤颗粒之间的相互作用来反映宏观尺度土壤整体的动态力学特性。离散单元细观参数值的合理选择，是土壤离散单元细观模拟能否真实反映真实土壤动态行为的关键。与连续流体模型相比，这些值的确定是很困难的。当使用连续介质理论进行土壤的动态特性分析时，连续流体模型需要的输入参数（例如相关土壤的密度和黏性）可以通过相应土壤样本的实验测试直接获得。但是，土壤颗粒接触离散单元力学模型需要输入的细观参数，通常需要根据宏观参数与细观参数的尺度定律，根据实验室土壤实验中测定的相应宏观参数，通过反复执行离散单元模拟双轴试验来确定。

土壤颗粒体系模拟常用的是球形颗粒碰撞赫兹（Hertz）模型和 Mindlin-Deresidewicz 模型（孙其诚，2009），关键公式如下：

① 颗粒间的法向力和切向力根据相关文献（Zhou，1999；Zhou，2002）可进一步推导为：

$$F_{ij}^{n}=\left[\frac{2}{3}E\sqrt{\bar{R}}\delta_{n}^{1.5}-\gamma_{n}E\sqrt{\bar{R}}\ \sqrt{\delta_{n}}\,(V_{ij}\hat{n}_{ij})\right]\hat{n}_{ij} \tag{9.28}$$

$$F_{ij}^{s}=-sgn(\delta_{s})\mu_{s}\left|F_{ij}^{n}\right|\left[1-\left(1-\frac{\min(\delta_{s},\delta_{s,\max})}{\delta_{s,\max}}\right)^{1.5}\right] \tag{9.29}$$

式中，$E=Y(1-\nu^{2})$，Y 和 ν 分别代表颗粒 i 的杨氏模量以及泊松比；$\bar{R}=R_iR_j/(R_i+R_j)$，R_i 和 R_j 分别为颗粒 i 和 j 的半径；$\delta_{s,\max}=0.5\mu_s\delta_n(2-\nu)/(1-\nu)$，其中 μ_s 和 δ_n 是颗粒的滑动摩擦系数以及切向位移；$\hat{n}_{ij}$ 为由颗粒 j 的球心指向颗粒 i 球心的单位向量；γ_n 为颗粒的法向阻尼系数。

② 颗粒平动和转动方程遵循牛顿第二定律（Zhou，2002），分别为：

$$m_i\frac{\mathrm{d}v_i}{\mathrm{d}t}=\sum_{j}(F_{ij}^{n}+F_{ij}^{s})+m_i \tag{9.30}$$

$$I_i \frac{\mathrm{d}\omega_i}{\mathrm{d}t} = \sum_j (T_{ij} + M_{ij}) \tag{9.31}$$

式中　v_i、ω_i——颗粒的平动和转动速度；
m_i，I_i——颗粒的质量和转动惯量；
F_{ij}^n、F_{ij}^s——颗粒所受的法向力及切向力；
T_{ij}——颗粒 i 所受的扭矩；
M_{ij}——颗粒 i 所受的滚动摩擦转矩。

③ DEM 模拟方法中颗粒位置和速度采用蛙跳算法来进行迭代更新（Frenkel，2002）。蛙跳算法用 t 时刻的位置与（$t-\Delta t/2$）时刻的速度，以及 t 时刻颗粒的受力状况进行位置与速度的更新，公式如下：

$$v\left(t+\frac{\Delta t}{2}\right) = v\left(t-\frac{\Delta t}{2}\right) + \frac{F(t)}{m}\Delta t \tag{9.32}$$

$$r\left(t+\frac{\Delta t}{2}\right) = r(t) + v\left(t+\frac{\Delta t}{2}\right)\Delta t \tag{9.33}$$

式中　$v(t)$——颗粒在 t 时刻的速度；
$r(t)$——颗粒在 t 时刻的位置；
$F(t)$——颗粒在 t 时刻的作用力。

9.8.4　土壤混合效果评价方法

关于修复材料或药剂与土壤混合程度的评价目前还没有公认的成熟方法，工程上基本也无法对混合效果进行准确判断并给出量化的指标，这已成为制约修复行业的一个关键技术问题。

理论上，可以根据本节给出的混合均匀度和混合质量的定义，对药剂和土壤混合后，在混合物的不同位置取 n（n 根据混合的土壤方量确定，如 $n \geqslant 10$）份样品，分别称重。混匀度（α）和混合质量（M）按式（9.26）和式（9.27）进行计算。但是样品中的药剂往往无法分离进行称重，导致无法按照这两个公式计算。

为了进行土壤混合均匀度和混合质量的计算，作者研发了图像识别法，另外也可采用甲基紫示踪法进行评价。

9.8.4.1　图像识别法

图像识别法即数字图像处理技术，其处理流程包括图像采集、彩图的灰度化处理、图像的去噪处理、二值化处理、图像分割和目标参数特征提取与反馈等步骤。具体操作如下：

① 将药剂与土壤混匀之后，对混合后土堆中不同的截面进行图像采集，计算各个切面药剂占比情况进而推算药剂在立体空间的混匀情况。该方法的中心思想是分割药剂与土壤的色彩特征，对药剂进行提取，从而计算药剂在二维平面的占比情况。由于对药剂直接测定比较难，作者研究发现 1～2mm 粒径的彩砂示踪剂颗粒与药剂颗粒在土壤中的运动轨迹和分布规律大致相同，因此，应根据土壤的颜色选用对比度比较大的彩砂作为示踪剂进行特征提取。

② 采用稳定化施工设备将选定的绿色彩砂与土壤进行混合，然后在混拌土堆不同位置处整理一个平面的截面，拍摄若干组（不少于 10 组）相同面积的区域图像，如图 9.9 所示。

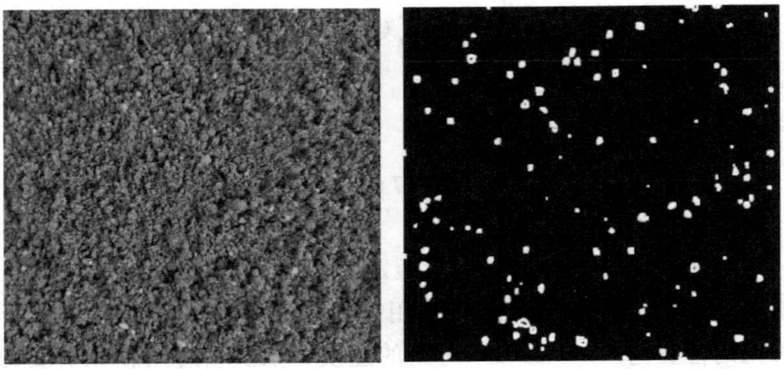

(a) 原图　　(b) 处理后图像

图 9.9　药剂与土壤混合后采集的剖面照片

③ 根据实际获取样品区域大小对所获二次处理图像进行区域划分处理，将其等分成 100 个或 1000 个格子（按照示踪颗粒在图像中的分布密度大小而定），通过统计示踪剂特征占取的像素总量，确定整图像素数量均值，对每一个格子进行特征像素数量计算评估，在设立的合理偏离范围内，则认为该格子内混有药剂，混匀格子数量加一，最终混匀格子数与总格数的比值即为所获混合均匀度（百分比）。

④ 将上述方法过程集成为一个土壤药剂混匀识别系统，现场拍摄的土壤-示踪剂混拌样品图片可利用此软件，导入后选择相关参数，随后即可获得混合质量结果，较为方便快捷。

9.8.4.2 甲基紫示踪法

以甲基紫色素作为示踪物，在土壤搅拌混合过程中添加一定比例的甲基紫，混合一定时间后取样，测定样品中甲基紫的含量，以同一反应器搅拌混合同一时间后土壤中不同取样点的样品中甲基紫含量的差异来反映土壤的混合均匀度。甲基紫示踪法的操作步骤如下：

① 将一定量的甲基紫混入土壤样品，添加比例为 0.01%，混合结束后，在混拌土样上中下层各取 3 个样，共计 9 个样，每个样品取 3g，分别放入 50mL 的小烧杯中，加入 10mL 无水乙醇进行充分搅拌，然后在烧杯上盖上保鲜膜保存。

② 20min 后将烧杯中溶液过滤，以无水乙醇作为空白调节零点，采用紫外分光光度计测定 590nm 波长下滤液的吸光度。

③ 以 9 个样测得的吸光度值计算样品的平均值 $\overline{X}$、标准差 S 和变异系数 CV 值。混合均匀度值以变异系数 CV 值表示，计算公式为：

$$CV=S/\overline{X}\times 100 \tag{9.34}$$

式中 S——标准差；

$\overline{X}$——平均值。

9.8.5 土壤混合装备

当前还比较缺乏混合效果优良的土壤混合设备，表 9.8 列举了一些混合装备。实际工程中，对表层土壤（如农用地）加药混合多用翻耕机和挖掘机，挖掘机的效果较差；对异位处理的土壤，多用筛分破碎铲斗和挖掘机；对深层土壤加药混合多用原位注入、搅喷、旋喷和地基稳定系统等装备。

表 9.8 土壤与药剂混合常用设备

序号	设备名称	功能	适用模式	使用频率和效果
1	筛分破碎铲斗	筛分、破碎、混合和搅拌	异位	常用，可用于土壤预处理，效率高，药剂混合质量较好
2	挖掘机	挖掘污染土壤、添加药剂、混合和平整	异位、原位	常用，效率高，药剂混合质量一般，搅拌次数不够效果较差
3	搅喷机	搅拌混合	深层原位	使用频率低，效率高，药剂混合质量较好
4	高压旋喷机	搅拌混合	深层原位	常用，效率一般，药剂混合质量较好
5	直推注药设备	搅拌混合	深层原位	使用频率低，在黏土中使用时药剂混合质量较差
6	螺旋搅拌机（单轴、双轴、三轴及多轴）	搅拌混合	深层原位	使用频率低，药剂混合质量较好
7	路基稳定系统	搅拌混合	浅层原位	浅层稳定化较常用，药剂混合质量较好
8	旋耕机	土壤破碎、混合、平整	表层原位	常用于混合深度小于 15cm 的场景，效率高，药剂混合质量一般
9	自走式混合破碎一体机	土壤破碎、混合、平整	表层原位	使用频低率，用于混合深度小于 40cm 的场景，作业效率高，药剂混合质量较好
10	土壤修复一体化设备	混合	异位	使用频率中等，集成化设备作业效率高，药剂混合质量好
11	搅拌机	混合和搅拌	异位	使用频率中等，一般为固定式且需与其他设备配合使用，效率较低，药剂混合质量较好
12	翻抛机	翻抛、混合	原位	使用频率中等，施工作业面较固定，效率高，药剂混合质量较好

9.9 土壤离场处置

离场处置指污染土壤或修复后土壤在经评估后符合相关标准的前提下，结合实际情况作为固废贮存或作为土壤资源再利用。离场处置根据后续处置的地点不同，分为原址处置和异址处置。为防范土壤在转移以及异地暂存过程中的二次污染，一般应遵循减量化、无害化、少转运等原则，修复后的土壤应当优先原址再利用。修复后土壤在再利用和转移过程中，要注重风险管控，确保环境安全。

我国近年来发布了多项关于离场处置的规范性文件。其中，《水泥窑协同处置固体废物污染控制标准》（GB 30485—2013）规定了水泥窑协同处置的设施技术要求、入窑废物特性要求、运行技术要求等；《一般工业固体废物贮存和填埋污染控制标准》（GB 18599—2020）则对一般工业固体废物贮存场、填埋场的选址、建设等过程提出了强制性环境保护要求。各省份也根据当地实际，颁布了一系列管理文件：北京市于 2015 年发布了《污染场地修复后土壤再利用环境评估导则》（DB11/T 1281—2015），规定了污染场地修复后土壤再利用环境评估的工作程序、方法、内容及要求；广东省于 2018 年发布了《广东省污染地块修复后土壤再利用技术指南（征求意见稿）》，对建筑用地回填用土、道路设施用土、绿地用土提出风险管控技术要点，是国内第一部系统阐释各种土壤离场处置方式的省级规范性文件。

针对土壤离场处置的再利用方式，国家层面仍未出台相关规范性文件，当前土壤离场处置的主要方式包括填埋、水泥窑/砖窑/其他炉窑（如陶粒窑）协同处置、用作路基材料、用作建材、用作绿化土等。其中水泥窑/砖窑/其他炉窑协同处置，本质上是热处理技术，在热处理章节另行介绍。

9.9.1 填埋

填埋是指按照工程理论及土工标准将固体废物掩埋覆盖，使污染介质与周围环境隔离的处置方法。通过将污染土壤或修复后的土壤置于防渗阻隔填埋场内，或通过敷设阻隔层阻断土壤中污染物迁移扩散的途径，使污染土壤与周边环境隔离，避免污染物与人体接触和随降水或地下水迁移进而对人体和周围环境造成危害。

填埋不宜用于污染物水溶性强或渗透性高的污染土壤，也不适用于地质活动频繁和地下水水位较高的地区。

9.9.1.1 填埋场系统

填埋系统一般包括以下几部分：土壤预处理系统、填埋场防渗阻隔系统、渗滤液收集系统、封场系统、排水系统、监测系统。填埋系统的关键技术参数或指标包括防渗阻隔效果、填埋的抗压强度、污染土壤的浸出浓度、土壤含水率等。

根据填埋场场区的地形、地质及水文条件，填埋废物的性质特征以及填埋场渗滤液收集系统、保护层和过滤层的不同组合，填埋场的水平防渗系统结构分为单层衬里、单复合衬里、双层衬里、双复合衬里，具体结构如图 9.10 和图 9.11 所示。一般填埋场采取防渗要求更为严格的双层衬里结构。

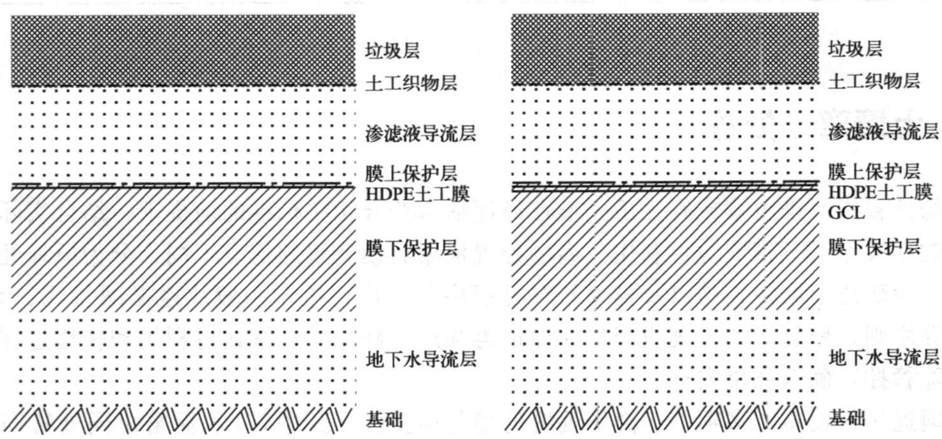

HDPE—高密度聚乙烯；GCL—膨润土防水毯

图 9.10 填埋场单层衬里系统示意图

9.9.1.2 一般固废填埋场与要求

对于不同级别的固体废物按照相关污染控制技术要求规定Ⅰ类和Ⅱ类进行处置。第Ⅰ类一般工业固体废物是指按照《固体废物 浸出毒性浸出方法 水平振荡法》(HJ 557—2010) 规定方法获得的浸出液中任何一种特征污染物浓度均未超过《污水综合排放标准》

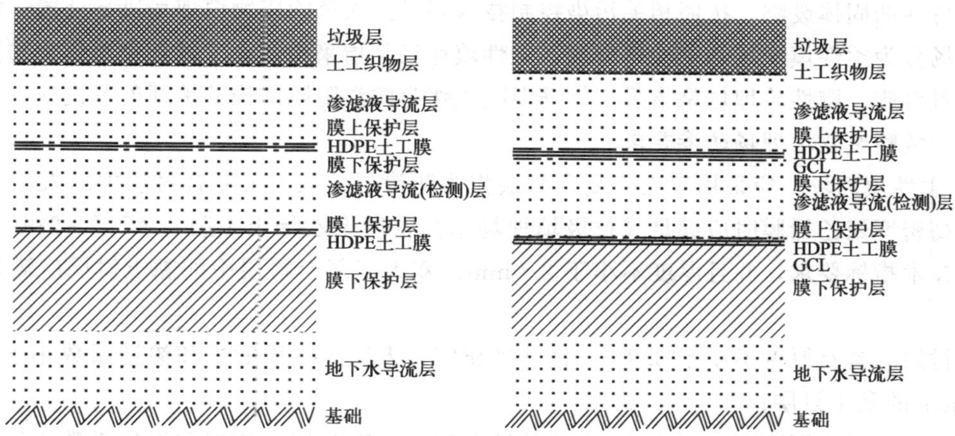

图 9.11　填埋场双层衬里系统示意图

(GB 8978—1996) 最高允许排放浓度（第二类污染物最高允许排放浓度按照一级标准执行)，且 pH 值在 6～9 范围之内的一般工业固体废物。若获得的浸出液中有一种或一种以上的特征污染物浓度超过最高允许排放浓度，则为第Ⅱ类一般工业固体废物。

(1) 一般固废填埋场类型与防渗要求

对应两类一般固体废物，有两类填埋场，其防渗要求如下。

① Ⅰ类场。当天然基础层饱和渗透系数不大于 1.0×10^{-5}cm/s，且厚度不小于 0.75m 时，可以采用天然基础层作为防渗衬层。当天然基础层不能满足上述防渗要求时，可采用改性压实黏土类衬层或具有同等以上隔水效力的其他材料防渗衬层，其防渗性能应至少相当于渗透系数为 1.0×10^{-5}cm/s 且厚度为 0.75m 的天然基础层。

② Ⅱ类场。应采用单人工复合衬层作为防渗衬层，并符合以下技术要求。

a. 人工合成材料应采用高密度聚乙烯膜，厚度不小于 1.5mm，并满足 GB/T 17643 规定的技术指标要求。采用其他人工合成材料的，其防渗性能至少相当于 1.5mm 高密度聚乙烯膜的防渗性能。

b. 黏土衬层厚度应不小于 0.75m，且经压实、人工改性等措施处理后的饱和渗透系数不应大于 1.0×10^{-7}cm/s。使用其他黏土类防渗衬层材料时，应具有同等以上隔水效力。

c. Ⅱ类场基础层表面应与地下水年最高水位保持 1.5m 以上的距离。当场区基础层表面与地下水年最高水位距离不足 1.5m 时，应建设地下水导排系统。地下水导排系统应确保Ⅱ类场运行期地下水水位维持在基础层表面 1.5m 以下。

(2) 一般固体废物填埋场入场要求

进入Ⅰ类场的一般工业固体废物（包括第Ⅱ类一般工业固体废物经处理后属于第Ⅰ类一般工业固体废物的）应同时满足有机质含量小于 2%（煤矸石除外），测定方法按照《固体废物　有机质的测定　灼烧减量法》(HJ 761—2015) 进行，水溶性盐总量小于 2%，测定方法按照《土壤检测　第 16 部分：土壤水溶性盐总量的测定》(NY/T 1121.16—2006) 进行。

进入Ⅱ类场的一般工业固体废物应同时满足有机质含量小于 5%（煤矸石除外），测定方法按照 HJ 761 进行，水溶性盐总量小于 5%，测定方法按照 NY/T 1121.16 进行。

9.9.1.3　危险废物填埋场与要求

对于列入国家危险废物名录或者根据国家规定的危险废物鉴别标准和鉴别方法认定的具

有危险特性的固体废物，按照相关污染控制技术要求送入危险废物填埋场进行处置。危险废物填埋场分为柔性填埋场和刚性填埋场。柔性填埋场是指采用双人工复合衬层作为防渗层的填埋处置设施。刚性填埋场是指采用钢筋混凝土作为防渗阻隔结构的填埋处置设施。

(1) 危险废物填埋场防渗要求

① 柔性填埋场。应采用双人工复合衬层作为防渗层。双人工复合衬层中的人工合成材料采用高密度聚乙烯膜时应满足《垃圾填埋场用高密度聚乙烯土工膜》（CJ/T 234—2006）规定的技术指标要求，并且厚度不小于 2.0mm。双人工复合衬层中的黏土衬层应满足下列条件：

主衬层应具有厚度不小于 0.3m，且其被压实、人工改性后的饱和渗透系数小于 1.0×10^{-7} cm/s 的黏土衬层；

次衬层应具有厚度不小于 0.5m，且其被压实、人工改性后的饱和渗透系数小于 1.0×10^{-7} cm/s 的黏土衬层；

每平方米黏土层高度差不得大于 2cm，黏土的细粒含量（粒径小于 0.075mm）应大于 20%，塑性指数应大于 10%，不应含有粒径大于 5mm 的尖锐颗粒物；

应设置两层人工复合衬层之间的渗漏检测层，它包括双人工复合衬层之间的导排介质、集排水管道和集水井，并应分区设置，检测层渗透系数应大于 0.1cm/s。

② 刚性填埋场。刚性填埋场钢筋混凝土的设计应符合《混凝土结构设计标准（2024 年版）》（GB/T 50010—2010）的相关规定，防水等级应符合《地下工程防水技术规范》（GB 50108—2008）一级防水标准；

钢筋混凝土与废物接触的面上应覆有防渗、防腐材料；

钢筋混凝土抗压强度不低于 25 N/mm^2，厚度不小于 35cm；

应设计成若干独立对称的填埋单元，每个填埋单元面积不得超过 $50m^2$ 且容积不得超过 $250m^3$；

填埋结构应设置雨棚，杜绝雨水进入；

在人工目视条件下能观察到填埋单元的破损和渗漏情况，并能及时进行修补。

(2) 危险废物填埋场入场要求

进入柔性填埋场的危险废物（除医疗废物、与衬层具有不相容性反应的废物、液态废物）应同时满足或经预处理后满足：根据《固体废物　浸出毒性浸出方法　硫酸硝酸法》（HJ/T 299—2007）制备的浸出液中有害成分浓度不超过允许填埋控制限值；根据《固体废物　腐蚀性测定　玻璃电极法》（GB/T 15555.12—1995）测得浸出液 pH 值在 7.0～12.0 之间；含水率低于 60%；水溶性盐总量小于 10%的废物，测定方法按照《土壤检测　第 16 部分：土壤水溶性盐总量的测定》（NY/T 1121.16—2006）进行；有机质含量小于 5%，测定方法按照 HJ 761 进行；不再具有反应性、易燃性。

进入刚性填埋场的危险废物（除医疗废物、与衬层具有不相容性反应的废物、液态废物）应满足不具有反应性、易燃性或经预处理后不再具有反应性、易燃性。砷含量大于 5% 的废物，应进入刚性填埋场处置，测定方法按照《固体废物　砷的测定　二乙基二硫代氨基甲酸银分光光度法》（GB/T 15555.3—1995）、《固体废物　汞、砷、硒、铋、锑的测定　微波消解/原子荧光法》（HJ 702）、《固体废物　金属元素的测定　电感耦合等离子体质谱法》（HJ 766—2015）进行。

9.9.2　用于路基材料

（1）道路系统结构

道路系统主要划分为面层、基层和底基层三个层次，由下至上依次铺设的各铺砌层如图 9.12 所示。离场土壤，一般多作为路基土及垫层的替代材料，而基层与面层由于工程设计要求较高，特别是快速路及主干路等交通等级较高的道路，不适宜采用离场土壤作为其上层材料。土壤作为路基材料再利用时，除了需要确保土壤各项环境指标达标以外，还需严格把控各项工程特性指标。

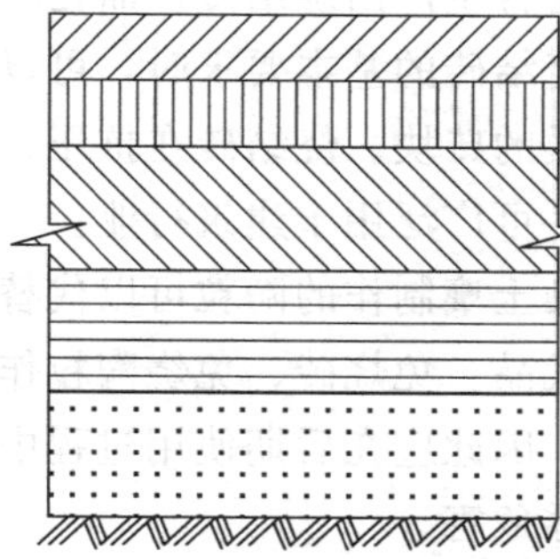

图 9.12　路面结构图

（2）用作路基材料的技术要求

用作路基材料是指修复后的土壤可替代大量的石灰、水泥、粉煤灰、碎石等传统筑路材料并将它作为路基等填土材料使用，具有使用方便、施工工艺简单的特点。在降低成本、保护环境的同时，还能够解决道路、桥梁等工程经常遇到的构筑物填筑材料短缺的问题。《城镇道路工程施工与质量验收规范》（CJJ 1—2008）要求对路基土进行天然含水量、液限、塑限、标准击实、承载力等测试，必要时还需做颗粒分析、有机质含量、易溶盐含量、冻膨胀和膨胀量等试验。

道路设施一般属于第二类用地，包括《城市用地分类与规划建设用地标准》（GB 50137—2011）规定的城市建设用地中的工业用地（M）、物流仓储用地（W）、商业服务业设施用地（B）、道路与交通设施用地（S）、公用设施用地（U）、公共管理与公共服务用地（A）（A33、A5、A6 除外）以及绿地与广场用地（G）（G1 中的社区公园或儿童公园用地除外）等，修复后土壤作为道路设施用土时，除了满足环境可接受性评估的要求外，再利用区还需满足以下风险管控技术要点。

① 禁止填方区在穿越水源保护区、农田等环境敏感区的道路下方。

② 穿过填方区的供水管线应做好保护措施，如采用防腐蚀防渗漏套管，填方区附近避免接触排水设施、水量控制设施等。

③ 固化/稳定化土壤除满足环境质量要求外，需同时满足道路工程要求［参照路基材料相关工程技术指南，如《城市道路工程设计规范（2016 年版）》（CJJ 37—2012）中将回弹模量作为路基设计主要指标］，方可再利用。当固化土作为土工材料再利用时，为了避免与周围水体（地下水和地表水）的直接接触，常采用不同的工程措施切断其与周围水体的直接接触途径。例如，当固化土作为路基填土再利用时，固化土可以作为路基基层、底基层填料使用，将其回填深度设定在地下水位以上。

9.9.3　用于建筑材料

（1）主要建材类型

建材化利用是指根据土壤特性，将其作为原料应用于地基、沥青、水泥、砌块等生产中。主要原理是利用建材化生产过程中的高温环境促使土壤中的有机污染物焚毁，重金属向稳定的氧化态转变。通常再利用途径包括制作生态水泥、制作砖材、制作陶粒等，此用途需全面分析产品的建材特性品质和环境安全性指标，符合建筑材料等行业标准要求和国家要求的，可用于建筑原材料等。

生态水泥是指利用各种固体废物，如工业废料、城市污泥、生活垃圾焚烧底渣等作为主要原料，经过一定的生产工艺制作而成的水泥，也叫作绿色水泥、环保水泥。

砖材的制作流程包括原料预处理、混合、成型、干燥、烧结和冷却，其中原料的物理性能决定能否生产出烧结砖，而化学成分对产品的性能具有间接影响。当原料中的化学成分不能满足烧结砖的基本要求时，可以添加一定量的辅助材料，使得原料的质量得到改善，生产出更优质的砖块。烧结砖在抗压、抗冻和抗酸碱等方面通过性能测试，符合普通烧结砖的国家标准，可广泛用于建筑行业。

污染土壤制作的陶粒可以代替砂石作为混凝土的骨料，也可以代替活性炭作为水处理材料的替代品。免烧砖、免烧陶粒作为一般建筑材料使用时，需要考虑产品中重金属长期稳定性问题。因此应在后期使用过程中，对浸出重金属的种类及浓度进行定期监测并记录，以使其达到零危害。

(2) 用作建材的技术要求

《水泥窑协同处置固体废物污染控制标准》(GB 30485—2013) 和《通用硅酸盐水泥》(GB 175—2023) 等标准对污染土壤建材化利用过程中应用材料、处理工艺、工程设施的安全利用指标提出了相关要求。其中，水泥的主要技术指标有：抗折及抗压强度、体积安定性、凝结时间、密度、细度及标准稠度含水量。

免烧砖各项物理性能需满足国家相关标准，其外观质量、强度等级、抗压强度、吸水率、浸出浓度等指标应达到标准值。制作免烧砖的材料中要含有一定量的松散颗粒，骨料良好的颗粒级配可以有效提高免烧砖的抗压强度，节约胶凝材料的用量，降低生产成本。

陶粒需满足《轻集料及其试验方法　第 1 部分：轻集料》(GB/T 17431.1—2010)，并应通过浸出浓度、颗粒强度、表观密度、1h 吸水率等方面的测试。

9.9.4 用于绿化土

(1) 绿化用土类型

绿化是修复后土壤再利用的途径之一。绿化种植土壤指用于种植花卉、草坪、地被、灌木、乔木、藤本等植物所使用的自然土壤或人工配制土壤。

绿地与广场用地一般分为两类：第一类是社区公园和儿童公园用地，除此之外的其他类型绿地为第二类。修复后土壤作为绿地用土时应根据不同的用地类型实施相应的工程管控。对于第一类用地，土壤回填的层顶宜至少距地面 1m，即上层应覆盖厚度至少为 1m 的清洁土壤，切断残留污染物向敏感受体暴露的途径。对于第二类用地，虽然人体接触土壤的风险较低，不需做特别的工程管控措施，但仍建议回填绿地上不得种植食用作物，避免污染物通过植物吸收及食用途径进入人体。

(2) 作绿化用土的技术要求

《绿化种植土壤》(CJ/T 340—2016) 对用于绿化种植土壤的重金属含量、有机质含量、pH、土层厚度和容重等进行了规定。绿化种植土壤还应满足如下要求。

① 具备常规土壤的外观，有一定疏松度、无明显可视杂物、常规土色、无明显异味。

② 绿化种植土壤有效土层应符合《园林绿化工程施工及验收规范》(CJJ 82—2012) 中

规定的相关土层厚度要求。

③ 除有地下空间、屋顶绿化等特殊地带，绿化种植土壤有效土层下应无大面积的不透水层，否则应打碎或钻孔，使土壤种植层和地下水能有效贯通。

④ 污泥、淤泥等不应直接作为绿化种植土壤，应清除建筑垃圾。

⑤ 花坛用土或用于种植对土壤病虫害敏感植物的绿化土壤，宜先将其进行消毒处理后再使用。

9.9.5　其他用途

其他土壤再利用途径主要指将修复后土壤用作生活垃圾填埋场的覆土。由于目前还没有填埋场覆土中污染物的浓度限制标准，通过环境可接受性评估后的土壤一般都可用作覆土再利用。在大部分情景下，垃圾填埋场远离人体活动范围，且其主要环境影响关注点为填埋废物的气味和渗滤液，对覆土的质量要求较宽松，一般只需要满足生活垃圾填埋场工程技术要求即可。

习题与思考题

1. 场地修复中污染土壤的方量是如何确定的?
2. 土壤挖掘是一种修复技术吗?
3. 基坑降水的方法有哪些? 污染场地的降水与岩土工程中的降水有什么区别?
4. 土壤挖掘时基坑支护的方法有哪些?
5. 什么情况下要对土壤进行水分调节，方法有哪些?
6. 试分析随着含水率的增加，土壤分布属于什么混合动力学状态。黏性高含水土壤混合的难度体现在哪儿?
7. 土壤筛分的目的是什么，实现方法有哪些?
8. 如何理解混合均匀度和混合质量，在工程实践中，如何测量修复药剂与土壤的混合均匀度?
9. 试分析药剂与土壤的混合程度对污染物与药剂反应的影响。
10. 污染土壤的资源化有哪些途径，在实际工作中面临什么困难?
11. 重金属污染土壤是否可以采用水泥窑协同处置技术处理?
12. 污染土壤及修复后土壤的资源化如何进行环境监管?

参考文献

全国高校建筑施工研究会，2009. 土木工程施工手册［M］. 北京：中国建材工业出版社.

国家质量监督检验检疫总局，等，2017. 地下水质量标准：GB/T 14848—2017[S]. 北京：中国标准出版社.

国家市场监督管理总局，等，2024. 水泥窑协同处置固体废物技术规范：GB 30760—2024[S]. 北京：中国标准出版社.

刘国彬，等，2009. 基坑工程手册[M]. 北京：中国建筑工业出版社.

生态保护部，等，2019. 危险废物填埋污染控制标准：GB 18598—2019[S]. 北京：中国环境出版集团.

环境保护部，2013. 固体废物处理处置工程技术导则：HJ 2035—2013[S]. 北京：中国环境科学出版社.

生态环境部，等，2020. 一般工业固体废物贮存和填埋污染控制标准：GB 18599—2020[S]. 北京：中国环境科学出版社.

孙其诚，等，2009. 颗粒物质力学导论[M]. 北京：科学出版社.

姚天强，等，2013. 基坑降水手册[M]. 北京：中国建筑工业出版社.

住房和城乡建设部，2016. 建筑与市政工程地下水控制技术规范：JGJ 111—2016[S]. 北京：中国建筑工业出版社.

ZHOU Y C，et al，1999. Rolling friction in the dynamic simulation of sandpile formation[J]. PHYSICA. Section A，269 (2)：536-553.

ZHOU Y C，et al，2002. An experimental and numerical study of the angle of repose of coarse spheres[J]. Powder Technology，125 (1)：45-54.

FRENKEL D，et al，2002. Understanding molecular simulation：from algorithms to applications[M]. Orlando：Academic Press.

第10章

固化/稳定化技术

10.1 概述

一般来说，对污染土壤的治理思路有两种，一是从土壤介质中去除污染物，二是在去除有困难的情况下进一步把污染物固定在土壤介质中。固化/稳定化（solidification/stabilization，S/S）就是一种将污染物固定在土壤或其他固体中的处理技术。固化/稳定化是通过物理或化学手段将有毒有害物质固定起来或者将污染物转化成化学性质不活泼的形态，从而降低污染物毒害程度和环境风险的一种修复技术。固化/稳定化包括固化和稳定化两个作用，它们的工作原理和作用特点有所不同，但由于两个过程可以同时存在，效果上也有相似之处，在实践中经常联合使用，因此将此类技术统称为固化/稳定化技术。

根据现有资料，固化/稳定化技术的概念可以追溯到公元前3000年，主要用于道路建设以及后来的港口加固中。该技术在废物处理中的应用始于20世纪50年代，当时使用尿素、甲醛和沥青等将低放射性废物加工成固体，便于运输和处置。该技术一直是美国用于控制危险废物的五大处理技术之一。20世纪80年代美国率先将固化/稳定化技术用于污染场地治理中，90年代在欧洲得到推广。2004年，英国环境局编制了《污染土壤稳定/固化处理技术导则》。根据美国超级基金项目的统计，截至2020年，利用该技术实施了335个项目，占比22.4%，在所有的土壤修复技术中排名第一。我国在前些年的使用比例也非常高，据统计，2018年我国所有场地治理项目中，固化/稳定化技术应用占比接近50%。近年来，由于把固化/稳定化认定为是一种风险管控技术，土地使用人往往不愿意把地块陷于后续比较麻烦的风险管控中，固化/稳定化的使用比例开始下降。

固化/稳定化技术主要应用于重金属污染土壤的治理中，少部分的有机污染场地如多环芳烃、农药污染土壤中也有应用。固化/稳定化不会从土壤中去除污染物，而是将污染物封存和固定在土壤固化体或土壤介质中，防止污染物淋滤溶出造成环境风险。因此，固化/稳定化是一种风险控制技术。由于不能去除污染物，由此也产生了一种担忧，就是固化/稳定化之后的土壤，在自然环境因素的影响下污染物是否再次溶出而造成不可接受的环境风险。事实上，固化体或稳定体中的污染物后期释放规律难以预测，长期释放研究也非常有限。因此，该技术的使用通常需要长期跟踪监测，其长效评估方法也是该技术当前面临的重要技术难题。

固化/稳定化可在异位或原位实施。异位处理是当污染土壤埋深不大时，将土壤挖掘出来在地面进行加药混合。当污染深度较大挖掘代价大时，采用原位加药混合处理，通常采用搅拌桩、旋喷等机械设备进行混合。相较于原位处理，异位处理占主导地位，但原位处理也开始受到重视。

相比于其他处理方法，固化/稳定化技术在很大程度上不仅能节约成本，而且能大大缩短处理时间。据美国环境保护署统计，固化/稳定化工程项目的平均运行时间约为 1.1 个月，每立方米平均成本在 194～264 美元之间，约占危险废物处理的 40%。固化/稳定化技术能单独用于处理污染土壤，也可联合其他风险管控技术处理复合污染土壤。从该技术的应用实践来看，国际上使用水硬性胶凝材料如硅酸盐水泥（波特兰水泥）与水反应形成固化体的方法应用最为广泛；我国很少使用固化技术处理污染土壤，大多采用稳定化技术。固化/稳定化处理完成后需要对固化/稳定化产物进行长期监测与维护。因此，其修复成本除取决于污染物属性与浓度、污染土壤类型、药剂用量、实施和运行费用等外，还包括长期监测与维护费用等。

本章主要介绍固化/稳定化技术的原理、固化/稳定化材料、技术要素、效果评价方法及标准、系统设计、效果评估与后期管理及技术适用性等。

10.2 定义

不同的文献对固化/稳定化的定义也不同，但总体上相差不大。固化处理是利用惰性材料（固化剂）与污染土壤完全混合，使其生成结构完整、具有一定尺寸和机械强度的块状密实体（固化体）的过程。稳定化处理是利用化学添加剂改变介质中污染物的赋存状况或化学性质，降低其毒性、溶解性和迁移性的工艺。固化处理的目的在于改变污染土壤的工程特性，即增加土壤的机械强度，减少土壤的可压缩性和渗透性，从而降低污染土壤处置和再利用过程中的环境与健康风险；稳定化处理的目的在于降低污染土壤中有毒有害组分的毒性(危害性)、溶解性和迁移性，即将污染物固定于支持介质或添加剂上，以此降低污染土壤处置和再利用过程中的环境与健康风险。固化降低污染物的物理有效性，稳定化则降低污染物的化学有效性。

10.3 固化/稳定化的原理

10.3.1 水合反应

水泥基材料主要是通过水合作用形成密实的固化体实现对污染物的包封，水合作用涉及硅酸三钙（C_3S 或 Ca_3SiO_5）、硅酸二钙（C_2S 或 β-Ca_2SiO_4）和水合硅酸钙凝胶（C-S-H）几个重要产物。

在硅酸盐水泥与水的混合过程中，碱的溶解及相应的初始热演化会在几分钟内发生。在此过程中，水化产物形成的半渗透膜覆盖在水泥颗粒的表面。随后是“休眠”或“诱导”期，在此期间，水合作用的速度明显受到限制。薄膜的破裂标志着主要水合期的开始。28 天后，约 65%的无水水泥已经反应；一年以后，水化完成超过 95%。硅酸盐水泥无水相与水的反应速率顺序一般为：

$$C_3A > C_3S > C_2S > C_4AF$$

然而，水泥的固化可分为四个阶段，包括一系列的重叠反应作为无水相水合物（Cocke et al.，1993）。

第一步：

$$C_3A + 3CS + 32H \longrightarrow C_6ASH_{32}$$

第二步：

$$2C_3S + 4H \longrightarrow C_3S_2H_3 + 3CH$$
$$2C_2S + 4H \longrightarrow C_3S_2H_3 + CH$$

第三步：

$$3C_3A + CH + 12H \longrightarrow C_4AH_{13}$$
$$C_4AF + 4CH + 22H \longrightarrow C_4AH_{14} + C_4FH_{13}$$

第四步：

$$2C_3A + C_6ASH_{32} + 4H \longrightarrow 3C_6ASH_{12}$$

水泥的无水组分与水反应的方式有两种，第一种是直接加入水分子，第二种涉及水的离子解离，严格地称为水解。这两种反应通常被称为水合作用。从上述水化阶段来看，C_3S 和 C_2S 的水化产物分别为微晶水合物 $C_3S_2H_3$（因其化学计量比可变，故称为 C-S-H）和 CH，通常称为硅酸盐。

当有过量的硫酸盐可用时，铝酸盐相 C_3A 水合物为钙矾石 C_6ASH_{32}。当硫酸盐被消耗时，C_6ASH_{12} 就形成了。铁氧体（C_4AF）会形成类似的水合物，但铁含量较高。

10.3.2 吸附作用

吸附是吸附剂与吸附质之间的相互作用，这个作用除了单纯的物理吸附外，往往还伴随着静电吸引、离子交换等作用，且它们之间往往难以区分，因此习惯上也把它们归为吸附作用的范畴。吸附是自然界中物质的一种普遍现象。

物理吸附的作用力是范德瓦耳斯力，是一种弱作用力，它不改变物质之间化学键的结构，具有可逆性，因此其固定机制并非是长效的，会随着环境条件变化吸附的污染物重新解吸释放出来。物理吸附性能与比表面积、孔径和孔隙度等指标有关，比表面积和孔隙度越大吸附能力越强。

静电相互作用是由材料表面与重金属离子之间的库仑力引起的，静电相互作用与材料表面的电荷性质、溶液 pH、离子浓度等有关。静电作用过程中没有形成电子转移或共享电子对，被吸附的重金属离子可与溶液中的其他离子相互置换，因此静电吸附作用是可逆的。静电作用高度依赖于土壤 pH 值，当 pH 值大于材料表面电荷密度为零时的 pH 值时，重金属阳离子被静电吸附；pH 还可改变材料表面电荷性质和重金属离子形态，进而影响材料对重金属离子的吸附。静电相互作用还体现在土壤胶体颗粒之间，胶体颗粒之间的引力和斥力作用决定胶体的分散和团聚现象。

土壤颗粒上吸附的阳离子被溶液中的其他阳离子置换取代的反应称为阳离子交换作用。吸附材料阳离子交换作用导致阳离子重金属在土壤中移动。不同吸附材料对土壤中不同离子的选择性交换顺序不同，表 10.1 列出了几种不同矿物和酸对土壤阳离子的选择性吸附顺序。

表 10.1 重金属在不同土壤中的吸附选择性

材料	选择性顺序
高岭石黏土(pH 3.5～6.0)	Pb>Ca>Cu>Mg>Zn>Cd
高岭石黏土(pH 5.5～7.5)	Cd>Zn>Ni
伊利石黏土(pH 3.5～6.0)	Pb>Cu>Zn>Ca>Cd>Mg
蒙脱石黏土(pH 3.5～6.0)	Ca>Pb>Cu>Mg>Cd>Zn
蒙脱石黏土(pH 5.5～7.5)	Cd=Zn>Ni
铝氧化物(非晶形)	Cd=Zn>Ni
锰氧化物	Cu>Zn
铁氧化物(非晶形)	Pb>Cu>Zn>Cd
针铁矿	Cu>Pb>Zn>Cd
富里酸(pH 5.0)	Cu>Pb>Zn
腐殖酸(pH 4.0～6.0)	Cu>Pb>Cd>Zn

注：引自 Yong，1996。

吸附动力学的模型已有大量研究，其中比较经典的是朗缪尔（Langmuir）、弗兰德里希（Freundlich）和 BET 吸附模型（见第 3.5.1.3 节）。

10.3.3 沉淀反应

沉淀是通过材料本身与污染物（主要是重金属）形成溶解度很小的物质从而形成沉淀而固定下来的过程。如修复材料汇中生成 OH^-、S^{2-}、PO_4^{3-}、CO_3^{2-}、SiO_4^{4-} 等阴离子，可与重金属形成不溶性沉淀物，如 $M(OH)_n$、MS、$M_3(PO_4)_2$、MCO_3、$MSiO_4$ 等。重金属与许多离子结合形成沉淀（如表 3.9 所示），其中主要的是 pH 值、硫化物、磷酸盐、碳酸盐等控制的沉淀。

10.3.3.1 pH 控制的沉淀

吸附材料自身溶解形成的 OH^- 与重金属离子结合生成氢氧化物，大多数重金属随着 pH 值的增加先形成氢氧化物沉淀，随着 OH^- 浓度增高，氢氧化物结合更多的 OH^- 形成配合物，溶解度变大，重金属又溶解于溶液中，如图 10.1 所示。因此，需要针对不同的重金属控制合适的 pH 值范围，实现最大程度的沉淀。

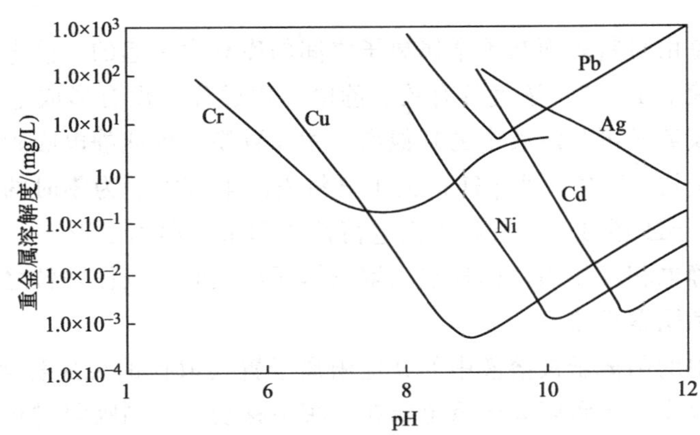

图 10.1 重金属在不同 pH 值下的溶解性

Griffin 和 Shrimp 对垃圾填埋场渗滤液中铅的沉淀研究发现，在 pH 值小于 6 时，主要以 Pb^{2+} 形式存在，其他形式相对不显著；pH 值在 6 以上时，形成氢氧化物沉淀（图 10.2）。

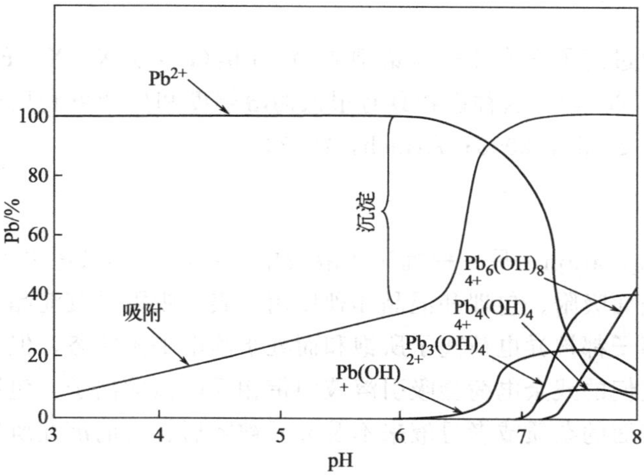

图 10.2 铅离子在不同 pH 值下的分布（Griffin et al.，1976）

McWhinney 和 Cocke 研究表明，Zn 和 Cd 稳定的废物会有氢氧化物或氧化物沉淀，而汞的物理封存是主要的。对于前两种金属，pH 依赖的沉淀在早期尤为重要，但在碳酸化作用下发生了变化。Mollah 等后来的研究使用电荷分散模型表明，Zn 和 Cd 不会形成锌酸钙和 Ca-Cd 氢氧化物，而是在 S/S 过程中被物理封埋。这些研究结论说明了固化/稳定化过程中污染物的复杂相互作用。

10.3.3.2 硫化物控制的沉淀

含硫吸附材料可以产生 S^{2-}，与重金属形成不溶性硫化物沉淀。重金属硫化物的溶度积一般很小，部分重金属的硫化物溶度积如表 10.2 所示。稳定化工程中常用的稳定剂为多硫化钙和 Na_2S。需要注意的是，由于硫的地球化学作用比较活跃，容易被微生物转化为硫酸盐而溶解，被沉淀的重金属有再次释放的风险，在实际工程中尤其需要注意这一点。

表 10.2 重金属的硫化物和磷酸盐的溶度积

硫化物		磷酸盐	
分子式	K_{sp}	分子式	K_{sp}
PbS	8.0×10^{-28}	$Pb_3(PO_4)_2$	1.0×10^{-54}
ZnS	1.6×10^{-24}	$Zn_3(PO_4)_2$	9.0×10^{-33}
NiS	3.2×10^{-19}	$Ni_3(PO_4)_2$	5.0×10^{-31}
CdS	7.9×10^{-27}	$Cd_3(PO_4)_2$	2.5×10^{-33}
CuS	6.3×10^{-36}	$Cu_3(PO_4)_2$	1.3×10^{-37}

10.3.3.3 磷酸盐控制的沉淀

许多重金属的磷酸盐是沉淀物，在较大的 pH 范围内溶解度都较小，如表 10.2 所示。磷酸盐沉淀主要受 pH 而非磷酸盐种类的影响，随着 pH 的升高，沉淀反应生成物的晶格结构逐渐变差。沉淀金属的迁移性能取决于 pH 值和形成的沉淀类型，如 $PbCO_3$（$K_{sp}=10^{-14}$）可以溶解在硝酸和乙酸中，而铅不能在正常 pH 范围内从 $Pb_5(PO_4)_3OH$（$K_{sp}=10^{-47}$）中释放出来。

含磷材料可以通过离子交换和磷氯铅型矿物［$Pb_5(PO_4)_3X$，X=F、Cl、Br、OH］等沉淀铅（Cao et al.，2004），这种矿物具有很低的溶解度和生物可利用性（Hettiarachchi et al.，2001；Scheckel et al.，2003；Arnich，2003）。

10.3.3.4 共沉淀

共沉淀（coprecipitation）是一种沉淀从溶液中析出时引起某些共存的可溶性物质一起沉淀的现象，包括表面吸附、包埋和混晶几种作用。表面吸附是沉淀晶格内部正负离子按照一定的顺序排列，离子都被异电荷离子所饱和而处于静电平衡状态，但沉淀表面棱角的离子电荷未达到平衡，它们的残余电荷会吸引溶液中带相反电荷的离子。包埋是由于沉淀形成速度快，吸附在沉淀表面的杂质或者母液来不及离开被随后长大的沉淀所覆盖，包藏在沉淀内部引起的共沉淀。

混晶是指某种离子与沉淀具有相同的晶格、电荷或者离子半径，该离子可以进入晶格排列引起的共沉淀，如硫酸钡与硫酸铅、氯化银与溴化银都可以形成混晶，这种混晶称为同性混晶。两者离子电荷不同但离子半径接近，可以生成固溶体。有杂质离子或者原子并不位于正常晶格的位置上，而是位于晶格空隙中，这种混晶称为异性混晶。

铁的氧化物形成时对 Cd、Pb、Cu、Zn 等都具有很好的共沉淀吸附作用。有研究表明，当 As 存在时，在羟基氢氧化铁上能形成 As-Zn 共沉物，对 Zn 的吸附可以提高一个数量级（Gräfe，2004）。利用氧化铁纳米粒子稳定 Cd 时发现，Fe 矿物表面的 Cd 和 Fe(Ⅱ) 在微生物和化学 Fe(Ⅱ) 氧化过程中可能发生共沉淀反应（Lin et al.，2019）。

10.3.4 氧化还原反应

氧化还原反应主导的沉淀是利用氧化还原反应引起重金属在不同价态之间转换，从而形成更难溶物质的过程。例如采用零价铁、$FeSO_4$、亚硫酸钠、亚硫酸氢钠等还原 Cr(Ⅵ) 为 Cr(Ⅲ)，而 Cr(Ⅲ) 在较低的 pH 值下就可形成铬的氧化物沉淀，从而降低了 Cr 的毒性和迁移性。Hou 等使用纳米零价铁的 30 天内，还原反应对 Cr 的固定起主导作用，这使更多的 Cr(Ⅵ) 被还原为 Cr(Ⅲ)（Hou et al.，2020）。Wang 等研究黄铁矿颗粒对 Cr(Ⅵ) 的固定机理发现，还原作用导致 66% 的 Cr 被固定在颗粒表面（Wang et al.，2019）。另有些研究将 As(Ⅲ) 氧化成 As(Ⅵ)，而 As(Ⅵ) 很容易与其他化学物质形成沉淀而固定下来。例如，Fan 等研究表明 As 的不稳定态含量和生物可给性降低，主要是因为纳米零价铁表面上的 Fe 被氧化成非晶态的 FeOOH，其能吸附 As，或与 As 发生共沉淀（Fan et al.，2020）。

10.3.5 配位反应

配位反应是稳定化材料与重金属离子之间通过形成配位键而使重金属结合在材料表面的反应。当中心金属阳离子以配位共价键与两个或两个以上的无机或有机基团结合时就会发生配位作用，具有这种能力的金属离子包括过渡金属和碱土金属。能够与金属离子配位的无机配体包括氢氧根、氯离子、硫酸盐和氰化物。无机配体与金属离子形成的配合物通常比有机配体形成的配合物弱。有机配体包括胺类和酚类等基团。配体由单个原子或分子组成，其中一个原子含有一对未成键的电子。如果一个配体包含一对以上的未成键电子，则被称为多齿配体。典型的例子是土壤有机质是多齿配体，因为它含有大量的 COO^- 和 OH^- 基团。因此，有机质含量高的土壤中有机质-金属配合物的形成是一个重要的土壤-污染物相互作用过程，在评估污染物的迁移时需要考虑。例如，腐殖酸已被证明能显著提高金属的结合能力。

多齿配体配合物通常比单齿配体的配合物更稳定。随着 pH 值的增加，金属配合物的稳定性增加，因为官能团的电离增加，从而增加了对复合物中保留的阳离子的吸引力。根据 Jones 和 Jarvis（1981）的研究，重金属配合物的稳定性顺序为 $Cu^{2+}>Fe^{2+}>Pb^{2+}>Ni^{2+}>Co^{2+}>Mn^{2+}>Zn^{2+}$，并且依赖于离子半径。在某些情况下，污染物与可移动离子之间的配位会产生比未配位污染物溶解性更强的化合物（McKinley，2001）。在其他情况下，有意、有选择性地使用螯合剂可以促进溶液中的金属沉淀和去除。另外，土壤和水体中的天然有机物常常与金属形成配合物，这取决于所得到化合物的溶解度，有助于金属的固定或迁移。

现有研究表明，含有化学物质或官能团的稳定剂能通过表面配位反应对污染土壤中重金属稳定性起重要作用。例如 Gao 等将油菜秸秆与正磷酸盐［$Ca(H_2PO_4)_2 \cdot H_2O$ 和 KH_2PO_4］进行共热解制备生物炭用作稳定剂，生物炭中正磷酸盐易与土壤中重金属发生配位反应，从而降低其活性和迁移性（Gao et al.，2020）。Fan 等采用硫醇改性稻草生物炭作为稳定剂，结果发现，生物炭主要通过表面配位反应对 Cd^{2+} 和 Pb^{2+} 进行选择性吸附（Fan et al.，2020a）。Kameda 等研发了一种以铁和石膏为主的金属吸附剂，其对 As 的稳定机理主要是 As 与水铁矿形成内球表面配合物（Kameda et al.，2017）。同样地，Wang 研究发现腐殖酸能显著提高蒙脱石对重金属的固定能力，是因为腐殖酸中的含氧官能团能促进其与重金属发生表面配位反应（Wang et al.，2020）。

10.3.6 微生物介导的转化反应

在探讨固化/稳定化机理时，过去不怎么关注由微生物转化引起的重金属固定现象。现在越来越多的研究显示了微生物介导的重金属的固定作用。

微生物诱导成矿是自然界中普遍存在的现象。矿化菌通过诱导矿化的方式固定重金属离子，其中碳酸盐矿化菌、硫酸盐还原菌及磷酸盐溶解菌可以直接促进金属矿物的形成，铁锰氧化菌生成的矿物间接吸附金属离子。在微生物矿化过程中，重金属能够同微生物矿化产物结合在一起，从游离态转变为非游离态，从而极大降低了重金属的迁移性。基于微生物代谢和调控的生物矿化作用可以将有效态重金属转化成结构稳定、不易活化的矿物晶体，实现对环境介质中金属离子的固定。

微生物诱导碳酸盐沉积利用微生物矿化过程中产生的碳酸根，会同金属离子发生沉淀反应，形成低溶解度的碳酸盐晶体，从而使游离态的有毒重金属转变为低毒性的重金属不溶物。碳酸盐矿化菌固定金属离子的方式分为直接和间接作用，多数碳酸盐矿化菌可以直接形成碳酸盐矿物（$PbCO_3$、$CdCO_3$、$ZnCO_3$、$CuCO_3$ 和 $SrCO_3$ 等）。另外，碳酸钙晶核生长过程中金属或类金属离子取代钙离子或阴离子（类质同象置换）形成共沉淀物或被方解石吸附形成复合体。

硫酸盐还原菌在厌氧条件下可以将 SO_4^{2-} 还原为 H_2S，进一步形成 S^{2-}，与游离重金属形成硫化物沉淀，硫化物溶度积很小，实现了重金属的稳定化。硫酸盐还原是自然环境中较为活跃的微生物过程。

解磷微生物将土壤矿物磷或有机磷中的磷酸根释放，与重金属结合形成磷酸盐沉淀，降低重金属在土壤环境中的移动性和生物可利用性，对重金属起到固定作用。溶磷菌分布在植物根际圈中，帮助植物吸收土壤中难溶性磷化物。溶磷菌产生的磷酸根可以与大部分重金属及类金属形成磷酸盐矿物，如可以将 Pb^{2+} 矿化形成 $Pb_9(PO_4)_6$。但解磷微生物对多种难溶性磷酸盐的溶解作用可以将含磷材料固定的重金属又重新释放出来。解磷细菌与磷矿粉的联合使用可以很好地实现重金属铅的固定。

铁还原菌可以将 Fe^{3+} 还原为 Fe^{2+}，Fe^{2+} 形成的水合物和氢氧化物沉积能有效吸附游离态重金属离子。

微生物介导的氧化/还原转化过程与化学材料结合更容易实现对重金属的稳定，这是利用了价态转化之后的重金属离子更容易与化学材料稳定结合的特点。如对 As(Ⅴ) 吸附效率高的材料对 As(Ⅲ) 作用较差，利用砷氧化菌的转化（如 $As^{3+} \rightarrow As^{5+}$），促进砷离子与吸附材料的稳定结合。As(Ⅴ) 可以与铁基材料结合，生成结晶型铁砷氧化物，如毒砂（FeAsS）、臭葱石（$FeAsO_4 \cdot 2H_2O$）等更稳定的矿物。

10.4 固化/稳定化材料

固化/稳定化材料即固化剂和稳定剂，有时也称添加剂、固化/稳定化药剂。材料的性能决定了污染物固化/稳定化的效果。常用的固化技术包括水泥固化、石灰/火山灰固化、塑性材料固化、有机聚合物固化、自胶结固化、熔融固化（玻璃固化）和陶瓷固化等。在固化/稳定化修复工程中，由于修复对象、修复需求等的不同，使用的固化/稳定化材料差异较大。按照固化/稳定化材料性质和作用机理的差异，一般分为固化剂和稳定剂两类。常见的固化剂（胶凝材料）包括无机黏合物质（如水泥、石灰等）、有机黏合剂（如沥青等热塑性材料）、热硬化有机聚合物（如酚醛塑料和环氧化物等）和玻璃质物质等。无机黏结剂通过水泥水化反应形成固化体。有机材料分为有机黏结剂和有机添加剂，分别通过黏结剂的固液态转变、添加剂的离子交换或配位作用固定或吸附土壤重金属。常见的稳定剂（有的文献称添加剂）包括硅酸盐、磷酸盐、硫化物、铁基材料、黏土矿物或上述材料的复合混配制品等。例如，黏土矿物材料比表面积大，结构层带电荷，通过吸附、配位和共沉淀作用降低土壤溶液中重金属离子浓度和活性。磷酸盐类材料通过诱导重金属吸附、沉淀和共沉淀作用降低土壤重金属活性。铁基材料包括零价 Fe、$FeSO_4$、铁氧化物等，一方面通过表面吸附、共沉淀途径固定土壤中重金属，另一方面通过氧化还原反应使土壤中一些变价重金属如 Cr(Ⅵ)、As^{3+} 氧化或还原为毒性和迁移性更小的 Cr^{3+}、As^{5+}。由于技术和费用等方面的原因，以水泥、石灰、粉煤灰等无机材料为添加剂的固化/稳定化应用最广泛，占项目数的 94%，美国超级基金项目统计显示，无机材料使用比例达 94%。

表 10.3 概述了几种无机固化/稳定剂处理重金属的研究与应用。

表 10.3 无机固化/稳定剂处理重金属污染土壤的案例研究及应用

稳定剂类型	实验类型	土壤类型	金属类型	稳定化效果
黏土矿物				
天然海泡石(SEP)	田间试验	水稻土	Cd	SEP改良的土壤中Cd可交换态含量明显降低，残渣态含量显著增加
天然海泡石(SEP)	盆栽试验	三种自然污染的土壤(HC、SY和TJ)和三种人工污染的土壤(RS、BS和PS)	Cd	①经SEP处理的土壤中TCLP-Cd含量分别下降了11.0%～28.1%(RS)、9.8%～22.5%(PS)、35.1%～49.6%(BS)、0.5%～12.0%(TJ)、19.8%～25.3%(SY)和0.6%～7.4%(HC)。②污染土壤中TCLP-Cd含量在第1年、第2年和第3年分别降低了7.7%～17.9%、5.6%～13.9%和7.5%～25.0%
天然海泡石(SEP)	盆栽试验	农业土壤	Cd	在添加量为0.5%的SEP改良土壤中，第1、2、4季 $CaCl_2$ 可提取Cd的有效态含量分别降至139μg/kg、98.8μg/kg和115μg/kg
海泡石(SEP)和巯基-海泡石(M-SEP)	盆栽试验	农业土壤	Cd	①M-SEP改良土壤中Cd的可交换态含量降低了42.8%～79.6%，而SEP处理对其影响不显著。②SEP和M-SEP处理均降低了二乙烯三胺五乙酸(DTPA)可提取的Cd的有效态含量
膨润土(Ben)	土壤培养	农业土壤	Cd	Ben的添加使Cd的碳酸盐结合态含量增加了0.66倍
有机膨润土(TMA-Ben和DTMA-Ben)	土壤培养	人工污染土壤	Cr、Cu、Zn、As、Cd、Hg	随着TMA-Ben和DTMA-Ben投加量的增加，重金属的浸出率增加
天然海泡石(SEP)、坡缕石(PAL)、巯基-坡缕石(M-PAL)和巯基-海泡石(M-SEP)	柱浸试验和老化试验	麦田土壤	Cd	①所有稳定化处理组的DTPA提取Cd的有效态含量分别是对照组的99.21%(PAL)、22.30%(M-PAL)、98.53%(SEP)和24.02%(M-SEP)。② PAL和SEP处理对Cd的化学形态无显著影响，M-PAL中Cd的可交换态和碳酸盐结合态含量降低，而M-SEP使Cd的Fe/Mn氧化物结合含量增加约5倍
坡缕石(PAL)和鸟粪石负载的坡缕石(S-PAL)	土壤培养	人工污染土壤	Cd、Pb和Cu	①稳定化处置土壤中 $CaCl_2$ 可提取的Cu、Pb、Cd的有效态含量分别为0.77mg/kg、0.24mg/kg、0.24mg/kg(10% S-PAL)和1.45mg/kg、0.32mg/kg、2.06mg/kg(10% PAL)。② 随着S-PAL和PAL的添加量从1%增加到10%，这些重金属的酸溶态含量降低
零价铁(ZVI)改性凹凸棒石(ATTP)黏土(ZVI-ATTP)	盆栽试验	郊区土壤	Cr、Cd和Pb	①ZVI-ATTP处理对Cd、Cr和Pb的固定效果优于ZVI和ATTP处理。②随着ZVI、ATTP和ZVI-ATTP添加量的增加，TCLP可浸出的重金属含量降低
蒙脱土(Mont)和腐殖酸改性的蒙脱土(HA-Mont)	间歇吸附试验和浸出试验	农业土壤	Cd和Hg	与对照组和Mont处理组相比，5%的HA-Mont使TCLP浸出的Cd和Hg含量分别降低了94.1%、93.0%和69.5%、65.9%
有机蒙脱石(TMA-Mont和HDTMA-Mont)	稳定化和浸出试验	人工污染土壤	Cr和Cd	对照组中，TCLP对污染土壤中Cr的浸出率保持在17.3%，而在HDTMA-Mont和TMA-Mont处理的土壤中，Cd的浸出率显著下降

续表

稳定剂类型	实验类型	土壤类型	金属类型	稳定化效果
石灰类材料				
石灰(LIM)	柱浸试验	农业土壤	Cd 和 Zn	①经过 26 年的模拟试验，LIM 处置的土壤中 Zn 的含量仅为对照组的 1.5 倍。②LIM 处理显著增加了黑麦草 Zn 和 Cd 的积累
石灰(LIM)	现场试验	农田土壤	Cd	①LIM 处理使土壤中 Cd 的有效态含量在四季度下降了 13%～18%。②LIM 处理使水稻 Cd 含量显著下降了 28.5%～56.2%
钛石膏(TG)	盆栽试验	田间土壤	Cd、Pb 和 As	①分蘖期，0.15%和 0.3%TG 对土壤 Cd 的有效态含量无显著影响，而使 Pb 和 As 的有效态含量分别降低了 61.9%、38.1%和 36.7%、38.0%。②TG 处理显著降低了糙米中 Cd、Pb 和 As 的含量
氧化钙(CaO)	稳定化试验	冶炼矿渣污染土壤	V	①随着 CaO 用量从 0%增加到 2%，V 污染土壤中 TCLP 可浸出 V 的含量由 18.79mg/L 下降到 0.21mg/L。②随着 CaO 用量的增加，稳定化效果迅速提高，在 CaO 添加量为 2%时，稳定效率达到 98.9%
硅酸盐类材料				
水热碳改性硅酸镁(HTC-MC)	稳定化试验	人工污染土壤	Cd	①当 HTC-MC 的施用量从 1%增加到 5%时，260d 后土壤中可提取态 Cd 含量由 6.71mg/kg 显著降低到 0.89mg/kg，稳定化效率约为 86.7%。②添加 5%HTC-MC 后，土壤中 TCLP 可提取态 Cd 的含量降低了 26.6%。③1%、3%和 5%HTC-MC 分别使土壤中 Cd 的酸溶态含量下降了 1%、5.5%和 10.3%
纳米二氧化硅(NNS)和巯基纳米二氧化硅(M-NNS)	稳定化试验	冶炼污染土壤	Cd 和 Pb	①NNS 和 M-NNS 处理土壤中 Pb 和 Cd 的最大稳定化效率分别为 99.12%和 98.23%，其有效态含量分别由 161.9mg/kg 降至 39.5mg/kg 和 0.74～0.29mg/kg。②随着巯基用量的增加，污染土壤中 Pb 和 Cd 的可交换态和碳酸盐结合态含量显著降低
硅酸钠(SS)	稳定化试验	麦田土壤	Cd	SS[Si∶Cd=2∶1(摩尔比)]处理使土壤水浸提取的 Cd 含量由 56.47mg/kg 降至 16.63mg/kg
偏硅酸钠(SM)	温室试验	人工污染土壤	Pb	800mg/kg Si 显著降低了污染土壤中 Pb 的可交换态含量和有效态含量
磷酸盐化合物				
羟基磷酸铁(IHP)	稳定化试验	矿山冶炼废水污染土壤	Cd、Pb 和 As	①DTPA 可提取的 Pb 和 Cd 含量和 $NaHCO_3$ 可提取的 As 的有效态含量分别达到 44%、44%和 55%。② 施用 IHP 后，Pb、Cd 和 As 的可交换态含量分别从 6.88%降至 6.07%，从 24.74%降至 11.01%，从 2.77%降至 0.34%
一种新型羟基磷灰石基黏结剂(SPC)	原位凝固/稳定化	铅锌冶炼场地	Cd、Pb 和 Zn	固化 41d 后，经 5%SPC 处理的土壤中 Pb、Zn、Cd 的 TCLP 浸出含量下降了 48%～62%，污染土壤中 Pb、Zn 和 Cd 的平均浸出含量分别降低了 54%、96%和 93%

续表

稳定剂类型	实验类型	土壤类型	金属类型	稳定化效果
羟基磷灰石(HAP)	吸附试验	试验性农田土壤	Pb	向土壤中添加0%～10%的HAP后,Pb的水溶态含量从24.9%下降到4.81%,弱酸溶态含量从43.24%下降到14.42%
磷矿(PR)	稳定化试验	冶炼污染土壤和人工污染土壤	Cd、Pb和Zn	①10% PR处理的土壤中Zn和Cd的浸出含量分别降低22%和26%,而PR的添加量为2%～10%时,Pb浸出浓度降低了36%～67%。② PR处理土壤中Pb、Zn和Cd的残渣态含量分别增加了18%～40%、9%～13%和14%～19%
纳米羟基磷灰石(HAP)	盆栽试验	Cu冶炼污染土壤	Cu和Zn	①污染土壤中Cu、Zn的有效态含量随纳米HAP含量的增加而降低。② 向污染土壤中添加1%、3%和5%纳米HAP颗粒时,Cu和Zn的酸溶态含量分别降低了9.3%、24.4%、35.7%和27.03%、35.81%、45.95%,平均浸出含量分别下降了27.0%、48.8%、62.8%和1.8%、22.9%、27.0%
天然磷矿(PR)	孵化试验	铜矿业污染土壤	Cd、Cu和Pb	①PR改良土壤中Pb、Cu、Cd的可交换态含量显著降低。② 4%PR处理后,Pb、Cu、Cd的浸出含量分别从4.60mg/L降至1.70mg/L,从24.83mg/L降至20.30mg/L,从1.76mg/L降至1.36mg/L
磷酸镁钙(CMP)和单过磷酸钙(SSP)	田间试验	废弃铅锌矿区	As	CMP和SSP处理土壤中As的水溶态含量显著增加
金属氧化物				
赤铁矿(HEM)	孵化试验	肥料生产厂和铜冶炼厂污染的农田土壤	Cd和Cu	①随着处理剂量的增加,$CaCl_2$可提取Cu和Cd的有效态含量显著降低。②HEM处理降低了污染土壤中Cu和Cd的交换态含量
非晶态氧化锰(AMO)	孵化试验	铅铜冶炼厂污染土壤	Cu和Pb	①经过62天的处理,AMO处理使Cu和Pb的交换态含量分别下降到对照的43%和13%。②AMO处理使$CaCl_2$可提取Cu的有效量下降到对照的8%,Pb含量低于0.001mg/L
赤铁矿(HEM)、氧化锰(MO)和一水硬铝石(DIA)	盆栽试验	人工污染土壤	As和Sb	①HEM、MO和DIA处理土壤中As可交换态含量分别下降35%、71%和39%,Sb则分别降低31%、49%和60%。② HEM、MO和DIA处理使土壤中DTPA可提取的重金属有效态含量分别下降43.8%、29.4%、64.7%和40.8%、68.0%和80.0%
氧化铁(FCO)	盆栽试验	砷污染土壤	As	①在0.5%的FCO处理下,As(Ⅴ)的比例下降幅度最大,降至25%。② 3个月后,0.5% FCO处理使土壤中As的可交换态和碳酸盐结合态含量降低了47.2%,有效态含量降至37.2μg/L
四种MgO产品(M33、M93、M359和M3322)	孵化试验	土壤洗涤残渣	Pb	①MgO处理后,污染土壤中Pb的TCLP浸出率显著降低到1.16%～2.12%。②在模拟100年后,M93、M395和M3322处理土壤中铅的淋溶浓度均高于调控水平,淋失率在3.13%～4.44%之间,而M33处理土壤的浸出铅含量低于调控水平。③MgO处理后,M33、M93、M359和M3322的Pb残留量分别从1.84%、25.2%、28.2%和23.8%显著提高到35.9%

续表

稳定剂类型	实验类型	土壤类型	金属类型	稳定化效果
KH_2PO_4-烧结氧化镁（KPM）	实验室研究	废弃的铅酸蓄电池厂	Pb	①随着 KPM 的添加量从 1%增加到 20%，Pb 的浸出率显著降低。②经 KPM 处理后，Pb 的酸溶态含量下降了 41%，还原态含量增加了 26%
Fe/Al 基材料				
红壤（RS）、海绵铁过滤器（SIF）和水处理污泥（WTS）	稳定化试验	富砷地下水污染的农业土壤	As	5%的施用量下，RS、WTS 和 SIF 处理污染土壤中 As 有效态含量分别达到 8.0%、5.1%和 2.9%
硫酸亚铁、工业副产品和矿渣	柱状浸出试验	射靶场土壤	Pb 和 Sb	①矿渣和 $FeSO_4$ 处理的土壤中 Sb 和 Pb 的浸出含量分别减少了 98.33%和 92.00%。②矿渣和 $FeSO_4$ 处理污染土壤中 Sb 和 Pb 分别降低了 90%和 98.5%
天然褐铁矿（Lim）	稳定化试验	砷污染土壤	As	①Lim 处理土壤中 $NaHCO_3$ 可提取 As 的有效态含量显著降低。②Lim 添加使污染土壤中 As 的 F1 比例显著降低
磁性微粒固体螯合剂（MSC）	盆栽试验	稻田（PS）、旱地（US）和旱田（RS）	Cd 和 Zn	①MSC 处理污染土壤中 DTPA 可提取 Cd 有效态含量在 PS、US 和 RS 中分别下降 49.9%、40.3%和 45.9%，而 MSC 处理对 Zn 有效态含量影响不大。②MSC 处置使 3 种土壤中 $CaCl_2$ 可提取的 Cd 和 Zn 的有效态含量分别下降 5.4%、8.4%、6.9%和 30.1%、23.3%、11.2%
尖晶石铁氧体（SF）	稳定化试验和柱状浸出试验	人工污染土壤	Cr	①SF 处理 Cr(Ⅵ)的稳定化效率达到 96.8%。② 当 SF 的添加量从 0.5g/L 增加到 2g/L 时，经 192h 处理后，Cr(Ⅵ)在 SF 改性土壤中的浸出率由 8.84%下降到 4.22%。③ 当 SF 用量为 2g/L 时，Cr(Ⅵ)的甘氨酸和乙二胺四乙酸（EDTA）的可萃取含量分别下降到 35.48%和 24.72%
零价铁（ZVI）和纳米零价铁（nZVI）	土壤改良	原锯木厂、木材浸渍场和前铜矿石转运站	Cr、Cu、Zn 和 As	①与 ZVI 处理相比，nZVI 处理污染土壤中 $CaCl_2$ 可提取的重金属含量分别为 7%～17%和 21%～37%。②ZVI 和 nZVI 的处理使土壤中 As 的可交换态含量分别从 9.7%降低到 8.0%和 2.9%，Cu 从 46.9%降低到 44.6%和 46.6%，Zn 从 51.9%降低到 45.8%和 31.4%

注：引自 Xu et al.，2021。

10.4.1 水泥类材料

水泥类材料是最常用的固化剂。按其主要水硬性物质名称分为：硅酸盐类水泥［包括硅酸盐水泥（国外通称的波特兰水泥）、普通硅酸盐水泥、矿渣硅酸盐水泥、火山灰质硅酸盐水泥、粉煤灰硅酸盐水泥和复合硅酸盐水泥］、铝酸盐水泥、硫铝酸盐水泥、铁铝酸盐水泥、氟铝酸盐水泥、磷酸盐水泥，以及以火山灰或潜在水硬性材料及其他活性材料为主要组分的水泥。其中以硅酸盐水泥最为常用。

硅酸盐类材料，例如硅酸盐水泥、硅酸钠、硅酸镁以及一些富含硅酸盐的钢渣、尾矿和炉渣等固体废物也可用于稳定化修复重金属污染土壤。硅酸盐类材料通过硅酸盐离子与重金属发生共沉淀反应，不仅能降低重金属的生物有效性，而且还能为作物的生长提供养分。目前，较多研究报道了硅酸盐类材料应用于污染土壤中重金属稳定化修复。例如，Ning 等报道了与对照处理相比，钢渣基硅肥由于提高了土壤 pH 值和有效硅含量，显著降低了水稻土中 Cd 的可交换态含量，减少了稻米中 Cd 的积累。Yuan 等研究发现改性硅酸镁（MS-C）引起土壤 pH 升高，MS-C 与重金属会同时发生水解和沉淀反应。Yang 等在 Cd 污染土壤中添加秸秆灰（SA）、粉煤灰（CFA）、高炉渣（BFS）和镍铁渣（FNS），发现在添加 10%的土壤中，由于无定形硅酸盐的引入，经 30d 稳定化处理后污染土壤中有效 Cd 含量分别从 4.12mg/kg 降低到 1.94mg/kg、1.92mg/kg、1.45mg/kg 和 1.53mg/kg。

10.4.2 石灰类材料

石灰类材料主要包括钙和镁的碳酸盐、氧化物、氢氧化物，常见的类型有水化富钙石灰、水化白云石石灰、生石灰和白云石生石灰，为白色或灰色块状，是一种碱性的非水硬性胶凝材料。石灰很早就用于土壤中重金属的稳定化。当石灰与污染土壤混合以后主要发生以下几种机理：一是化学反应，主要是增加土壤的 pH，促使土壤中重金属形成氢氧化物沉淀和碳酸盐沉淀；二是 Ca^{2+} 进入土壤后会与 Na^{+}、Mg^{2+}、K^{+} 进行阳离子交换，增加了阳离子交换量；三是添加石灰还会引起土壤表面负电荷增加，可提高吸附重金属的性能。石灰中的钙可与半径相似的元素发生同晶置换作用，使得重金属得到固定，如对镉具有较好的钝化固定作用，在我国镉污染水稻田中应用广泛。

由于多数重金属在碱性条件下生成沉淀而被固定，因此石灰的稳定化效果较好。但是也需要注意，添加量太大导致 pH 值过高时，OH^{-} 会与重金属元素形成配合物而溶解，部分重金属（如砷和钼）可形成活性更高的物质而溶出，在应用时需严格控制合适的 pH 值范围。石灰类对重金属的稳定效果高度依赖于 pH 值，因此，在环境发生变化如酸雨等影响下，pH 值发生改变，稳定化效果也相应随之改变。由于石灰存在这些局限性，因此往往不单独使用，而是开发以石灰类材料为基质的其他新型材料或与其他材料复配使用。

10.4.3 粉煤灰

粉煤灰是一种细粉状的材料，属于硅酸盐或铝硅酸盐体系，主要物相为玻璃体，化学成分以 SiO_2 和 Al_2O_3 为主，包含少量 Fe_2O_3 和 CaO 等。粉煤灰颗粒内部呈多孔结构，具有较高的孔隙率和比表面积，并含有大量的 Ca^{2+} 和 Mg^{2+}，易与重金属发生离子交换，且含有的 CO_3^{2-} 和 OH^- 也易与重金属生成沉淀，因而具有较强吸附能力和较高的活性。粉煤灰中的 SiO_2 和 Al_2O_3 等活性硅酸盐组分能在机械研磨和酸碱盐激发作用下遇水发生水化反应，生成水化硅（铝）酸钙等不同晶型产物，能将特定的重金属离子固定形成新的晶体结构，使其不易向环境中再次迁移，显著增强对污染土壤中重金属的稳定化能力。目前，已有较多学者对粉煤灰在重金属污染土壤修复过程中的应用开展了大量研究。例如，Zhang 等研究表明种植在粉煤灰处理后污染土壤的花椒中 As、Cd、Cr、Cu、Hg、Ni、Pb、Zn 分别降低了 27.6%、42.3%、16.7%、30.5%、23.1%、15.5%、33.2%和 38.1%。Gu 等研究报道了施用 40g/kg 粉煤灰后，污染土壤中 Cd、Pb、Cu 和 Zn 的有效态含量分别降低了 99.2%、99.5%、87.9%和 99.9%。同时发现盆栽和田间试验中水稻中重金属含量显著降低。

10.4.4 金属氧化物

金属氧化物，如镁、铝、铁、锰的氧化物等，具有较大的比表面积、优异的孔隙结构、丰富的表面活性官能团以及较高的吸附量，广泛用于处理污染土壤中 As、Pb、Sb、Cd 和 Cr 等重金属的固化/稳定化修复。氧化镁本身是一种具有缓冲作用的固化剂，其水化形成具有层状结构的氢氧化镁，会导致矿物晶格膨胀并促进裂隙愈合，可以增强固化的长期效果，因此也是许多固化剂的有效成分。金属氧化物的主要固化/稳定化机理有包封、吸附、沉淀等。

Michalkova 等用非晶态氧化锰（AMO）修复 As 污染土壤，发现非晶态氧化锰在 pH 值为 7 和 8 时，对 As(Ⅴ) 的吸附量最大，达到 1.79mmol/g。Ko 等采用电化学处理矿山废水的 3%无定形氧化铁（AMDS）修复 As 污染土壤，柱实验研究表明 A 柱中最终 TCLP 浸出的 As 浓度是 B 柱中的 14 倍。另外，氧化镁经水合反应后形成特殊的结构，水合产物具有化学吸附和物理包埋的作用。

10.4.5 黏土矿物材料

目前，研究发现如高岭土、蒙脱石、海泡石、膨润土、沸石等一些黏土矿物类材料具有吸附污染物的能力，而且对矿物材料进行改性或几种材料混合使用，能显著降低重金属的迁移能力。矿物材料修复土壤重金属污染具有成本低、操作简单、效果好、不易破坏生态环境以及能增强土壤自净能力等优点，是一种比较理想的重金属稳定化剂，在众多的盆栽和田间稳定化修复试验中得到了广泛的应用。例如，Zhu 等研究表明，在不淹水的条件下，海泡石的添加量为 10.0g/kg 时，污染黏粒和砂粒水稻土中 Cd 的有效态含量分别减少 0.85mg/kg 和 3.90mg/kg。Jing 等用废鸟粪石/硅藻土混合物（MAP@Dia）修复 Pb 污染土壤，发现 Pb 有效态含量在 MAP@Dia 处理的土壤中随着 MAP@Dia 的施用量和老化时间的增加而显著降低。

根据以往研究结果发现，许多黏土矿物对重金属的稳定机制主要包括阳离子交换、吸附、沉淀、配位和静电相互作用。例如，Yu 等观察到四甲基铵（TMA）和十二烷基三甲基铵（DTMA）改性膨润土对 Cu、Zn 和 Cd 的稳定效果低于未改性膨润土，推测这些金属阳离子不能与有机烷基铵阳离子有效地进行交换。Wang 等研究表明鸟粪石负载型坡缕石（S-PAL）对污染土壤中 Cu、Pb 和 Cd 的稳定化作用主要是由于磷酸盐基团可直接与这些金属反应生成金属磷酸盐沉淀。Yang等研究表明十六烷基三甲基铵（HDTMA）负载含量的增加导致Zeta电位的显著增加，这有效地促进了HDTMA改性蒙脱石通过静电引力吸附$HCrO_4^-$。Wang等研究发现与对照组相比，巯基-坡缕石（M-PAL）和巯基-海泡石（M-SEP）处理的污染土壤中Cd的浸出率显著降低，可能是因为M-PAL和M-SEP的表面官能团的Cd^{2+}和巯基之间的结合形成了内球配合物，而静电结合反应导致了外球配合物的形成。

10.4.6 磷基材料

磷酸盐类材料能直接与污染土壤中重金属发生诱导吸附、表面吸附和化学沉淀等多种形式，但主要是形成金属磷酸盐沉淀。用于修复重金属污染土壤的磷稳定剂较多，根据溶解度不同分为易溶（如磷酸二氢钾、三元过磷酸钙、磷酸氢二铵、磷酸氢二钠、磷酸等）、微溶（如磷酸钙、磷酸二氢钙）和难溶（如磷矿、羟基磷灰石）。可溶性磷基材料反应迅速，但酸性很强，易造成土壤变酸和富营养化，难溶性磷基材料则相反（Park et al.，2011；Cui et al.，2022）。目前，含磷物质主要用于对Pb的钝化，经磷酸盐诱导后，土壤中各种形态的铅将转化为更加稳定的磷酸铅，从而显著降低铅的生物可利用性。对Cd、Cu、Zn等也有一定稳定化效果。例如，Osborne等在两个地区Pb污染的土壤中添加含磷稳定剂，发现随着初始磷含量的增加，在某农场和黑岩沼泽区土壤中TCLP浸出的Pb浓度分别从10mg/kg和200mg/kg下降到3mg/kg和52mg/kg。Zhang等通过机械化学球磨试验研究了$Ca(H_2PO_4)_2$对污染土壤中Pb的稳定性，结果表明由于在球磨过程中，Pb和$Ca(H_2PO_4)_2$之间的机械化学反应会形成致密的沉淀物［$(Pb_3(PO_4)_2$和$Pb_xCa_{10-x}(PO_4)_6(OH)_2)$］。Liu等研究结果表明，与对照组相比，种植在纳米羟基磷灰石处理后污染土壤的马铃薯块茎中Cd含量分别降低了17.4%（Liu et al.，2018）。

例题10.1 羟基磷灰石能与Pb形成较稳定的$Pb_5(PO_4)_3Cl$沉淀，是高效稳定土壤中铅的环境友好材料，但其吸附阴离子型重金属的能力比较弱。某酸性（土壤pH约为2.0）污染场地土壤中含有高浓度的六价铬［土壤间隙水中Cr(Ⅵ)浓度约为10.0mg/L］，现拟选择一种廉价的稳定化材料对其进行稳定化。已知Pb能与高浓度的Cr(Ⅵ)结合形成$PbCrO_4$沉淀，可否利用这个反应，将已稳定化Pb(Ⅱ)的羟基磷灰石固废材料用于此场地土壤中Cr(Ⅵ)的进一步稳定化，以达到以废治污的目的？请通过实验室小试研究分析其可行性。

解：

(a) 分别将过量的$Pb_5(PO_4)_3Cl$和$PbCrO_4$化合物与pH=2.0的去离子水混合，充分静置后达到溶解平衡，测定溶液中释放出的Pb(Ⅱ)、PO_4^{3-}、Cl^-和Cr(Ⅵ)浓度如表10.4所示。

表10.4 在pH=2.0时溶液中的离子浓度 单位：mol/L

沉淀物	Pb(Ⅱ)	PO_4^{3-}	Cl^-	Cr(Ⅵ)
$Pb_5(PO_4)_3Cl$	5.39×10^{-4}	2.96×10^{-4}	1.55×10^{-4}	—
$PbCrO_4$	1.34×10^{-4}	—	—	9.11×10^{-5}

首先计算两种物质的溶度积，根据溶度积的计算公式有：

$$K_{sp}[Pb_5(PO_4)_3Cl]=[Pb^{2+}]^5[PO_4^{3-}]^3[Cl^-]=(5.39\times10^{-4})^5\times(2.96\times10^{-4})^3\times1.55\times10^{-4}=1.84\times10^{-31}$$

$$K_{sp}(PbCrO_4)=[Pb^{2+}][CrO_4^{2-}]=1.34\times10^{-4}\times9.11\times10^{-5}=1.22\times10^{-8}$$

计算得到 $Pb_5(PO_4)_3Cl$ 和 $PbCrO_4$ 的 K_{sp} 分别为 1.84×10^{-31} 和 1.22×10^{-8}，说明此 pH 条件下 $Pb_5(PO_4)_3Cl$ 比 $PbCrO_4$ 更稳定。理论上，K_{sp} 小的沉淀不会自发转化为 K_{sp} 大的沉淀。

(b) 但是，沉淀转化还与土壤污染物浓度有关。当土壤间隙水中与沉淀相关组分的离子活度积（ionic activity product，IAP）大于 K_{sp} 时，过饱和状态下的沉淀有可能析出。从表中可知，pH＝2.0 时 $Pb_5(PO_4)_3Cl$ 溶解释放的 Pb(Ⅱ) 浓度为 5.39×10^{-4}mol/L，此时土壤溶液中存在 10.0mg/L 的 Cr（Ⅵ）(相当于 1.92×10^{-4}mol/L CrO_4^{2-})，那么：

$$IAP(PbCrO_4)=[Pb^{2+}][CrO_4^{2-}]=5.39\times10^{-4}\times1.92\times10^{-4}=1.03\times10^{-7}$$

此时，$PbCrO_4$ 的 IAP（1.03×10^{-7}）大于 K_{sp}（1.22×10^{-8}），说明 $PbCrO_4$ 能够析出。因此，本研究中已稳定化铅的羟基磷灰石在与 pH＝2.0 的土壤中 Cr(Ⅵ) 接触后，能释放出足量的 Pb(Ⅱ)，与高浓度的 Cr(Ⅵ) 进一步结合，可以转化为 $PbCrO_4$ 沉淀。后续通过对沉淀物的 X 射线衍射（XRD）测试，结果显示在 pH＝2.0 条件下确实发生了沉淀转化。

10.4.7 铁基材料

铁基材料类型较多，已广泛应用于环境治理中。根据其结构特性主要分为四类：零价铁、（氢）氧化铁、多金属基材料和复合铁基材料（Tian et al.，2024）。近年来，零价铁已成为重金属稳定化修复备受关注的材料。零价铁有纳米零价铁、微米零价铁和铁屑等几种类型。纳米零价铁的直径在 1～100nm 范围内，其具有体积小、比表面积大、反应活性强等特点，因其高活性和处理效率而受到青睐。然而，纳米零价铁材料会出现表面钝化、颗粒团聚等现象，从而降低钝化重金属的能力。因此，很多研究人员通常会对其进行表面改性和负载改性等处理，以提升对重金属的稳定化效果。磁性氧化铁，如磁铁矿（γ-Fe_2O_3，Fe_3O_4）和赤铁矿（α-Fe_2O_3）能通过使用外部磁场进行简单处理来回收，它们成本低、易于制备，具有优良的修复性能，在降低土壤中重金属迁移性和毒性方面表现出了良好的稳定化作用。纳米级氧化铁具有高比表面积和体积、超顺磁性、低毒性、高化学稳定性和生物兼容性，易固定在其他吸附剂的表面，可增强重金属的修复效果。单金属基材料易团聚且催化活性低，这限制了其在环境修复中的实际应用。因此，开发低成本、高效率、环保和可回收的多金属基材料非常重要。双金属材料（例如 Fe-Cu、Fe-Co、Fe-Mn、Cu-Co 等）比单金属基材料更有效地去除污染物。例如，Fe-Cu 双金属纳米颗粒可以去除 Cr(Ⅵ)，而 Ni-Fe 碳酸酯氟磷灰石可以去除 Co^{2+}、Cu^{2+} 和 Zn^{2+}（Yang et al.，2021；Jiang et al.，2018）。近年来，较多学者研究纳米零价铁与其他材料的结合形成铁基复合材料，以提高重金属的稳定化效果。例如，Zhang 等研究发现添加 $CaCO_3$ 后，纳米零价铁颗粒的直径从 80nm 减小到 15nm，并将比表面积从 15.53m^2/g 增加到 31.40m^2/g，显著提高了 Pb 的固定效果（Zhang et al.，2019）。

10.4.8 碳基材料

石墨烯及其衍生物、碳纳米管、活性炭和生物炭等碳基材料常用于修复重金属污染。活性炭在水处理行业应用广泛，而生物炭常被用于污染土壤与地下水的修复中。生物炭具有较大的比表面积、微孔结构、碱性和活性官能团等优点。生物炭是由动物粪便、农业废弃物、竹子、作物残渣和生物固体等不同类型的生物质材料产生的多孔结构和富含碳的黑色固体。此外，很多研究表明在土壤中施用生物炭不仅能改善土壤结构，还能改善土壤理化和生物学特性，促进植物生长。例如，Xia 等采用了松木锯末制备的新型氨基官能化水炭（NH_2-

HCs）修复污染土壤，研究发现在5%的NH_2-HCs处理后污染土壤中Cu、Pb和Cd的酸溶态含量分别降低63.8%、24.7%和22.6%，并能促进植物的生长。此外，生物炭对重金属的固定效果主要受其类型、制备条件和性质的影响，例如原料类型、热解条件、碱性pH值、元素组成成分、微孔结构、表面积和表面官能团。表10.5列出了生物炭用于污染土壤中重金属稳定化修复的典型案例研究。

表10.5 生物炭处理重金属污染土壤的案例研究及应用

生物炭原料	热解温度和时间	实验类型	土壤类型	金属类型	重金属稳定化效果
杏仁(AB)和核桃棕色壳(WB)	AB和WB分别为500℃和400℃,2h	柱状浸出试验	人工污染土壤	Cr、Cd和Zn	①杏仁生物炭(AB)能更有效地稳定Zn,而核桃生物炭(WB)能有效降低Cd、Cr和Ni的迁移性。②AB比WB更有效地降低了重金属的可交换态含量
玉米秸秆(CB)和硬木(HB)	300℃,6h	盆栽试验	铜矿业污染土壤	Cd和Cu	①$CaCl_2$和TCLP提取试验结果表明,CB对污染土壤中重金属的稳定性能优于HB。②2～3年结束时,5%的生物炭使土壤中Cd和Cu的含量分别降低到对照组的38.8%、49.4%（CB）和69.4%、78.7%(HB)
猕猴桃修剪枝	550℃,2h	土壤老化	冶炼厂(FX)和采矿(TG)污染土壤	Cd、Pb和Zn	①生物炭的添加显著降低了污染土壤中TCLP浸出的含量。②土壤中Cd、Zn和Pb的交换态含量分别降低了11.05%、13.34%和24.65%,而TG土壤中Cd、Zn和Pb的可交换态含量分别下降了7.67%、22.79%和7.89%
生物质木屑	800℃,1h	土壤老化	采矿(GX)和冶炼厂(JX)污染的土壤	As	向GX和JX土壤中添加3%生物炭,As的生物可给性分别从21.0%提高到22.4%和从28.5%提高到33.2%
大豆秸秆(S-BC-700)	700℃,3h	土壤老化	军用射击场土壤	Cu和Pb	①S-BC-700处置土壤中TCLP可浸出的Pb和Cu的含量分别降低了88.08%和86.73%。②Pb的交换态含量下降幅度较大(>80%)
三种作物残基(WB、CP和PKS)	500℃,1h	土壤老化	农业土壤	Pb	①WB和CP处理显著降低了污染土壤中Pb的可交换态含量,而PKS添加对Pb的可交换态含量影响不大。②WB、CP和PKS处理使污染土壤中Pb可浸提含量分别下降了44.10%、18.90%和14.60%
蔬菜废物(V 500)	500℃,2h	土壤老化	开采受污染的稻田(RP)和旱地休闲田(UFA)	Pb	①V 500处理后,RP和UFA中Pb的可交换态含量分别下降了95.1%和98.9%。②V 500处理能有效降低CH_3COONH_4可提取Pb的有效态含量

续表

生物炭原料	热解温度和时间	实验类型	土壤类型	金属类型	重金属稳定化效果
甘蔗蔗渣(SC-BC)	500℃	土壤老化	铅锌冶炼污染土壤	Pb 和 As	①10%SC-BC 处理降低了土壤中 TCLP 浸出 Pb 和 As 的含量，低于美国环保署（EPA）的毒性水平。② 10%SC-BC 处理后，Pb 的可交换态含量下降了 68%，As 可交换态含量增加了 2.7%
厨余垃圾(KWB)、玉米秸秆(CSB)和花生壳(PHB)	400℃，2h	盆栽试验	郊区土壤	Pb	①KWB、CSB 和 PHB 处理使污染土壤中 TCLP 可浸出 Pb 的含量分别降低了 56.42% ～ 71.01%、48.24% ～ 64.35% 和 43.74% ～ 60.25%。②生物炭处置的土壤中 Pb 和 Cd 的残渣态含量增加，酸溶态含量降低
鸡粪(CMB)	500℃，2h	植物生长试验	冶炼污染土壤		5% CMB 可使 Cu 的可交换态含量降低 90%，根中 Cu 的含量下降到 40%
樟木片(WBC)、竹屑(BBC)、玉米秸秆(CSBC)和稻壳(RHBC)	550℃，2h	土壤老化	铜矿业污染土壤	Cd 和 Cu	①生物炭处理后，水稻土中 $CaCl_2$ 可提取 Cu 和 Cd 含量显著下降，而 As 含量有所增加。② 10% RHBC 和 CSBC 使 Cu 的酸溶态含量分别从 46.65%降至 33.43%和 26.46%
牛粪(DM-600)	600℃	土壤老化	矿业污染土壤	Pb 和 As	① DM-600 处置的土壤中的 NH_4OAC 可提取 Pb 含量下降了 85%，而 As 的含量增加了 270%左右。②与对照组相比，DM-600 处理后土壤中 Pb 的可交换态含量变化几乎不明显，而 As 的可交换含量增加

原始生物炭由于比表面积较小和孔隙率有限，有时无法满足污染土壤重金属修复效果的要求。为提升生物炭的吸附性能，学界针对生物炭的改性做了大量研究，以改善其物理化学和生物特性。生物炭的物理改性方法主要是蒸汽/气体活化、微波照射、球磨和磁化等。生物炭的化学改性能通过酸/碱/盐改性、氧化剂活化和纳米颗粒负载来实现。其中，酸洗利用弱酸或强酸来增加酸性官能团，并去除生物炭表面的杂质，而生物炭的碱洗增加了其比表面积和表面上的含氧官能团（Wang et al.，2019）。用高锰酸钾、过氧化氢和臭氧等氧化剂处理能显著增加生物炭的孔隙和比表面积，有助于提高重金属修复效率（Tomczyk et al.，2023）。壳聚糖、水凝胶、碳纳米管、氧化石墨烯、层状双氢氧化物、硫化铁和硫化锌纳米晶体等不同类型的功能性纳米颗粒能负载于生物炭，这也会显著提升重金属的固定效果（Amusat et al.，2023）。此外，生物炭的生物改性能通过用微生物或厌氧消化对原料生物质进行预处理，或在生物炭的外表面或内表面形成生物膜来实现，这能增强生物炭表面的孔隙分布，从而增强其对重金属的吸附能力（Li et al.，2020）。近年来，生物炭负载微生物进行土壤稳定化修复成为研究热点。例如，Tu 等研究发现经 70 天的土壤老化后，细菌菌株（NT-2）以 5% 的添加量负载于生物炭，使 Cd 和 Cu 的残渣态含量分别增加了 5.49% 和 11.54%。

10.4.9 硫基材料

多硫化钙（CaS_x）和硫化钠（Na_2S）可与金属离子形成金属硫化物沉淀。CaS_x 的 pH 值为碱性，可分解为 $S_2O_3^{2-}$、S 和 H_2S 等还原性较强的物质，对污染土壤中六价铬的处理效果尤为显著，其能在常温下与重金属离子迅速反应，生成不溶于水的沉淀物。虽然 Na_2S 长期有效性好，但易潮解生成有害气体 H_2S，在工程上较难大规模使用。一些学者采用 CaS_x 和 Na_2S 修复 Pb、Zn 和 Cr 污染土壤。例如，Yuan 等结合机械化学技术发现，CaS_x 和 Na_2S 的联合应用能有效地将 Cr(Ⅵ) 固定在污染土壤中。Zhang 等研究报道了 Na_2S 处理能显著降低 Zn 和 Pb 的有效态含量，并促进植物的生长。另外，有些学者研究发现黄铁矿（FeS_2）对 Pb、Zn 和 Cr 等重金属也有较好的稳定作用。例如，Lyu 等用 2.5mg/g 硫化铁（FeS）处理 Cr(Ⅵ) 污染土壤，发现反应时间从 3d 增加到 60d 后，TCLP 可浸出的 Cr(Ⅵ) 含量从 3.47mg/L 下降到 2.96mg/L。Li 等研究结果表明无定形黄铁矿（FeS_2）能有效修复 Cr(Ⅵ) 污染土壤，具体表现为 Cr 浸出性、生物可给性和生物有效性的明显下降。Wang 等研究发现污染土壤中 65%的 Cr(Ⅵ) 固定在活性黄铁矿（FeS_2）颗粒的表面。

10.4.10 有机螯合剂

有机螯合剂通过其自身基团上配体原子的孤对电子与重金属离子的外部空轨道之间形成配体键来稳定重金属，从而产生稳定的共价有机金属配合物（Zhang et al.，2023）。例如广泛使用的 EDTA 就是一种对重金属具有很强配位能力的有机螯合剂。有机螯合剂能将重金属转变为更稳定的形式，例如，Pb 从水溶性和碳酸盐结合状态转变为残渣态（Zhang et al.，2020）。近年来，有机聚合物基材料作为一种具有高水溶性、低成本和高强度等优点的修复材料备受关注。天然有机螯合聚合物长链上重要官能团以离子或共价键的形式与重金属离子反应，生成具有稳定交错空间网状结构的不溶性有机重金属螯合物，显著降低重金属迁移率（Yang et al.，2023）。例如，Tao 等将木质素、羧甲基纤维素和海藻酸钠用于修复 Cd 和 Pb 污染土壤，发现三种天然聚合物稳定剂能使 Cd 和 Pb 的浸出含量分别降低 4.25%～49.6%和 5.46%～71.1%，这主要是因为这些聚合物内丰富的含氧基团对重金属有较强的螯合作用。He 等研究发现碱性木质素能有效固定 Cd 和 Pb，这是因为酸性土壤中 Pb 的有效性增加。目前，通过加成和聚合等化学反应，人工能合成有机聚合基材料以增加有机螯合剂中重要基团数量。这不仅能产生稳定的网状空间结构，还能更有效地捕获重金属，从而高效地去除重金属离子（Liu et al.，2016）。例如，Zhang 等人工合成了含有 4 个不同空间轨道硫代羧基的二硫代羧基功能化聚氨基酰胺树状大分子，在添加量为 3%时即可满足垃圾填埋场的要求，并在较宽的 pH 范围（2～13）内保持稳定的螯合速率。

10.4.11 热塑性材料

在美国，热塑性材料包括沥青和硫聚合物水泥，已被用于固化污染废物。美国环境保护署承认这些材料的实用性，尽管在它们的应用过程中没有涉及化学稳定。像沥青这样的热塑性材料能与水泥结合使用，也可以单独使用。污染废物能封装在包括沥青、沥青乳液、石蜡、聚乙烯或聚丙烯在内的热塑性材料中。在与封装剂混合之前，原料材料必须干燥和加热，因此，热塑性材料需加热处理，但可能不适用于挥发性污染物。

10.4.12 有机物料

有机物料是指以生物炭、有机堆肥、生物质秸秆、禽畜粪便和城市污泥等为主要基质成分加工而成的有机材料。有机物料不仅对改良土壤重金属污染有重要作用，而且对提高土地生产力有十分重要的意义，加之来源比较广泛、成本低，因而在土壤重金属 S/S 处理中应用比较广泛。目前，有机物料对土壤重金属污染的净化机制主要是通过腐殖酸与金属离子发生的配位（螯合）反应来进行的。一些研究表明，堆肥等有机物不仅能显著降低污染土壤中 As、Cd、Pb、Zn 等的生物有效态含量，降低植物吸收，还可显著促进植物生长。在小麦和高粱盆栽试验中，随着有机肥施用量的增加，土壤中有效态 Pb、Hg、Ni 和 Cd 的含量逐渐降低，继而影响小麦和高粱对 Pb、Hg、Ni 和 Cd 的吸收。

最近的研究调查了使用城市污水污泥、绿色垃圾堆肥和生物固体堆肥作为稳定剂来稳定污染土壤中重金属。Li 等通过盆栽试验研究了园林垃圾堆肥（GWC）降低了 Cd 的生物有效性，结果表明，10% GWC 处理后，土壤中有效态 Cd 含量从 0.559mg/kg 下降到 0.439mg/kg，部分与土壤 pH 升高有关。Hazrati 等应用牛粪堆肥（CMC）、蚯蚓堆肥（VC）、城市污水污泥（SS）和污泥衍生生物炭（BIO）来修复酸洗土壤，发现四种有机稳定材料的施用显著减少了 TCLP 浸出的重金属浓度。Soares 等评估了工业蛋壳和其他有机废物的成熟堆肥（CES）对矿业污染土壤中 Pb 和 Zn 的固定作用，研究发现，CES 处理对 Pb 和 Zn 的稳定效率达到 95%以上，并且土壤 pH 值的增加显著降低了它们的迁移性。Penido 等用城市污水污泥（SS）制备了污泥生物炭（SSB），6%的 SSB 应用使锌矿区污染土壤中 DTPA 提取 Cd、Pb 和 Zn 的含量分别降低了 44.88%、17.38%和 34.40%。然而，这些富含重金属的有机物可能会带来二次污染风险，其中某些有机物相对不稳定，易受微生物活动的影响。

10.4.13 工业固废类材料

近年来，低成本的工业废物作为金属稳定剂被广泛回收利用，不仅改善了废物资源的利用状况，还降低了废物的处理成本。例如，Kameswari 等使用不同施用量的飞灰（FA），对污染土壤（CCS）中的 Cr 进行固定，并发现 TCLP 浸出 Cr 的浓度随着飞灰添加量的增加而降低。Pei 等研究了醋渣、不锈钢渣和风化煤对污染土壤中 Pb 的固定作用，发现 DTPA 可提取 Pb 的含量随着施用量的增加而降低。Wen 等研究发现碱性氧气炉渣（BOF）通过离子交换和共沉淀对酸性污染土壤中的重金属固定发挥了关键作用。Mu 等通过热化学活化从酸浸铜尾矿中制备了一种有效的硅铁稳定剂，能有效降低污染土壤中 Cd、Cr 和 Pb 的有效性，这主要与土壤 pH 值的升高、化学吸附、共沉淀和离子交换等反应过程有关。

10.5 技术要素

10.5.1 土壤污染特征

土壤重金属污染特征决定固化/稳定化材料的类型和用量。污染特征包括污染物的类型、含量、形态、浸出浓度以及空间分布。土壤中重金属的含量高，浸出浓度不一定高；含量低，浸出浓度也不一定低。固化/稳定化针对的是土壤中的活性重金属，这部分容易被淋溶浸出而迁移。因此，对土壤重金属的形态进行分析非常重要，根据重金属形态可以大体判断固化/稳定化的程度和难度。

不同类型的重金属其迁移性不同，如镉的迁移性较好，不容易固定；铅的迁移性不好，容易固定。单一重金属比较容易固定，多种重金属共存时增加了固化/稳定化的难度。特别是性质不同的重金属，如阳离子型重金属与阴离子型重金属共存，例如 As 在土壤中以阴离子形式存在，如果同时有阳离子型的 Pb 和 Cd，它们的性质往往相反，那么固化/稳定化的难度就非常大了。特别是除了目标重金属外，许多伴生重金属会竞争稳定化材料上的吸附点位，使得材料对目标重金属的稳定化能力下降。如铅锌冶炼场地土壤中含有大量重金属 Zn 及 Cu 等其他伴生元素，稳定化材料的性能将会受到严重影响。

污染物的空间分布决定固化/稳定化的处理模式，浅层污染可以采用异位固化/稳定化，深层污染不便开挖，可以采用原位固化/稳定化。

因此，对土壤污染特征的分析是选择固化/稳定化药剂及处理模式的前提。

10.5.2 土壤理化性质

土壤性质对固化/稳定化效果有明显影响。土壤粒径过大不利于稳定剂的分散。土壤的 pH 值影响固化剂的水化反应，pH 值可通过改变土体介质中重金属元素的吸附点位、配位性质、吸附的稳定性等方面来影响土壤中重金属的物理化学行为，进而影响固化/稳定化效果。土壤的氧化还原电位也是影响重金属活性的关键因素。土壤中的矿物质组成，如硅、铝、铁等会与固化剂反应生成不溶性沉淀，对重金属的固定起到关键作用。土壤中的有机质能显著影响固化/稳定化效果，有机质含量高会抑制水泥水化产物的生成，同时还会分解部分水化产物，使固结体孔隙度增大，固化体强度下降。土壤含水率过高影响稳定剂的混合效果，稳定剂不能与土壤充分混合反应，进而影响稳定化效果。

10.5.3 固化/稳定化材料

固化/稳定化材料是固化/稳定化技术最主要的核心要素，前文对常用的固化/稳定化材料做了介绍。固化/稳定化材料的选择应遵循以下原则。

① 高效性：材料的稳定效果好、添加量少，可降低土壤增容膨胀的影响。

② 长效性：固化/稳定化后的土壤能够保持长久稳定的效果，土壤中重金属浸出浓度不随环境变化有较大增加。

③ 同步性：药剂可以同步稳定土壤中多种重金属，对多种重金属同时有效。

④ 经济性：与其他可用材料相比，在实现相同固化/稳定化目标的前提下成本较低。

⑤ 安全性：材料环境友好，在使用过程中和使用后不产生二次污染，不破坏土壤原有结构和生态功能，不对人体或生态环境产生危害或风险可以接受。

固化/稳定化材料的选择以及用量应根据土壤污染特性、土壤理化性质、处理目标、稳定后土壤的处置方式等因素，结合小试试验综合确定。

一般来说，对中低浓度重金属可以选用黏土矿物、含磷矿物、碳基材料以及配合微生物菌剂使用；对砷污染土壤优选铁基类材料；对高价态重金属（如六价铬）应选用还原性材料，如零价铁、亚铁、亚硫酸钠等；对高浓度重金属优选高分子螯合剂、硫化物、碱性材料等药剂。对于高浸出浓度多金属污染土壤，一般需要对材料进行功能改性，提升材料稳定化能力，并辅以多种材料复配进行处理。

材料一般分为粉状、颗粒状、溶液状和浆状。可根据土壤质地类型及材料混合方式选用材料形态，砂土在保证土壤养护水分的条件下可使用粉态，黏土混合搅拌较困难可采用溶液态，采用注入方式时宜选用液状或浆状材料，采用搅拌混合方式时宜选用粉态、颗粒态或液态材料。

例题 10.2 铅锌冶炼场地土壤中的主要重金属类型为 Pb(Ⅱ)、Zn(Ⅱ)、Cd(Ⅱ) 和 As(Ⅴ) 等，请根据重金属的性质特征，筛选出针对性的重金属稳定化材料。

解：

Pb(Ⅱ) 是易形成沉淀的重金属类型，其土壤稳定化相对容易实现。廉价的含磷材料（如羟基磷灰石）可促成 $Pb_5(PO_4)_3Cl$ 的稳定生成。粪便源生物炭和动物源生物炭（如骨炭）也具有较高的含磷量，不仅可以沉淀 Pb(Ⅱ)，也可实现 Zn(Ⅱ) 和 Cd(Ⅱ) 的部分沉淀，但 Zn(Ⅱ) 和 Cd(Ⅱ) 在生物炭上的稳定化主要依靠离子交换作用来实现。此外，黏土类稳定化试剂（如三元 CaMgAl-LDH 材料）还可通过同构取代，实现 Zn(Ⅱ) 和 Cd(Ⅱ) 的高效稳定化。纳米零价铁材料则有助于实现 As(Ⅴ) 的还原和吸附，相比而言，纳米 FeS 对 As(Ⅴ) 的稳定化效果还会更胜一筹。

对于以上重金属的复合污染，在经济可行的前提下，可联合使用多种稳定化材料，以达到理想的修复效果。极端情况下（如场地酸化严重、高污染重金属共存），如果上述材料稳定化效果均不佳，可以考虑采用螯合剂类稳定剂，有些重金属螯合剂在宽 pH 范围内对多种重金属具有广谱的螯合效果，但缺点是价格相对较高，可在高污染的小范围区域内重点使用。

10.5.4 材料与土壤混合程度

一旦选定了固化/稳定化材料，其效果就取决于材料与土壤混合的均匀程度。混匀仍然是固化/稳定化工程面临的一个重要难题。关于土壤混合的内容可参见第 9.8 节。

材料混合效果应根据材料混合次数、投加量、材料浓度、土壤含水率等综合确定，要保障材料与土壤有较好的接触反应，混合质量一般应大于 85%。

根据中试试验结果确定的材料投加比例，加药偏差应控制在±10%以内，在添加材料的过程中根据污染程度变化适时调整加药量，可以采用手动、在线智能化系统实现。材料添加混合宜采用保证混合精度的高效、便捷、安全的设备。在实际工程中使用破碎混合一体机和原位搅拌加药设备的还较少，大多采用筛分破碎斗和挖掘机进行混合。

10.5.5 固化/稳定体的破坏机制

经固化/稳定化处理之后的污染土壤称为固化体或稳定体。固化/稳定体在受到不同环境因子的胁迫时，固化/稳定体的宏观或微观结构可能会遭到不同程度的破坏，重金属有再次释放的风险。固化/稳定化之后的土壤总是处于一定的环境条件下，必然受到所处环境因子的胁迫影响。环境胁迫因子主要有物理作用、化学作用和生物作用。物理作用包括紫外线辐射、热膨胀、冻融、盐结晶和水力作用；化学作用包括酸化溶解、碳酸化作用、水合作用、水解、无机盐侵蚀、氧化还原作用等；生物作用包括微生物的转化和植物吸收以及植物根际的酸溶解作用等。这些环境胁迫因子是固化/稳定体的主要破坏机制，是污染物释放的主导因素。同时，固化/稳定体的内部因素及过程也影响重金属的释放过程，这些内部因素主要是 pH、氧化还原电位（Eh）、含水率、土壤粒径、孔隙度、渗透系数、有机质、矿物组成等物理参数以及吸附、配位、沉淀、氧化还原反应等平衡过程。重金属的释放受化学过程、传质过程和生物过程控制。表 10.6 和图 10.3 列出了影响固化/稳定化的内部和外部因素。

由于固化/稳定化之后的土壤的处置情景不同，上述环境胁迫因子所起的作用也不同。当前的处置情景主要有填埋、作为路基材料、作为绿化用土、护坡/护岸、作为建材等。每种情景起主要作用的环境因子不同，需要根据处置情景识别主要因子，评估影响程度。

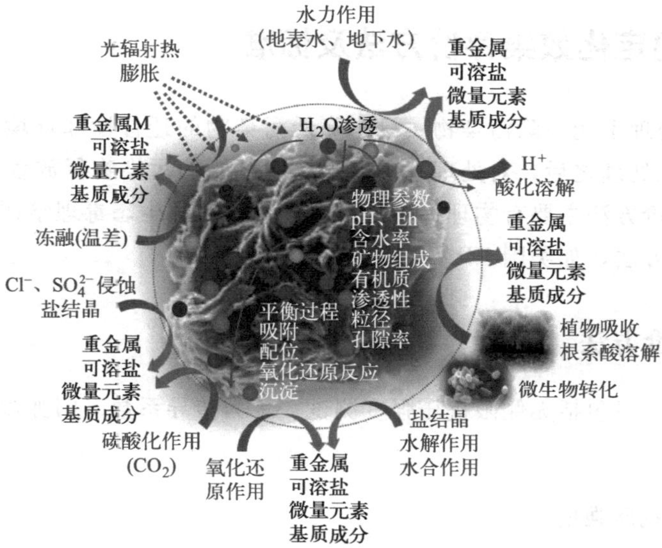

图 10.3　影响固化/稳定化产物的内部和外部因素概念模型图

表 10.6　影响固化/稳定化的关键内外因素

影响因素	贡献因素	对 S/S 处理产物的影响
可溶性盐溶液	大量的可溶性盐	孔隙率/渗透率增加，强度降低
水解	高渗透性和水流	土壤矿物的风化改变了土壤/黏合剂的相互作用
氧化还原	高渗透性和水流	无机和有机物质溶解度发生变化
碱性/骨料反应(碱-硅反应和碱-碳酸盐反应)	高碱性废物或者非结晶硅	废物的裂解增加了其他形式攻击的可能性，强度降低
有机酸侵蚀	与土壤或者填埋场有机废物降解的有机物接触	被吸附的重金属通过 CH 和 C-S-H 溶解而发生物理化学释放，强度降低
硫酸盐侵蚀	高渗透性，土壤中含有黄铁矿或石膏，不耐硫酸盐的水泥	废物的裂解增加了其他形式攻击的可能性，强度降低
氯化物侵蚀	含盐地下水，典型的炎热气候。废物中有含铁成分	通过盐沉淀或废料中含铁成分的膨胀而开裂，强度降低
生物侵蚀	与微生物分泌的无机酸和有机酸接触	被吸附的重金属通过 CH 和 C-S-H 溶解而发生物理化学释放，强度降低
碳化	高渗透性，酸性地下水，高固液比，高湿度	被吸附的重金属通过 CH 和 C-S-H 溶解而发生物理化学释放，强度降低

续表

影响因素	贡献因素	对S/S处理产物的影响
冻融循环	S/S处理产物的填埋深度较浅	废物的裂解增加其他形式攻击的可能性，强度下降
干湿交替	S/S处理产物受到地下水位波动或渗透的影响	废物的裂解增加其他形式攻击的可能性，强度下降；氧化还原变化，强度降低；通过部分饱和的孔隙增加碳酸化作用

10.6 固化/稳定化效果评价方法及标准

固化/稳定化处理不能去除污染物，只能降低污染物的迁移性和环境风险。因此，污染土壤经固化/稳定化处理之后，对处理效果以及后期可能的污染物释放程度进行评价是非常重要的。现有的评价方法主要有物理评价法、化学评价法和生态毒理学评价法。其中最常用的是浸出毒性评估方法，如美国EPA系列毒性浸出方法。

10.6.1 物理评价方法

物理评价方法一般包括无侧限抗压强度测试、水力传导系数、回弹模量、承载比、增容比等参数。

10.6.1.1 无侧限抗压强度

无侧限抗压强度（UCS）用于评估经过固化处理的污染土壤的强度，测定方法可参考《土工试验方法标准》（GB/T 50123—2019）。该测试是在不加任何侧向压力的情况下对固化产物施加轴向压力，直至固化产物被剪切破坏为止。

各国根据固化体去向不同设置不同的标准，EPA建议养护28d时无侧限抗压强度＞350kPa，荷兰规定养护28d时无侧限抗压强度＞1MPa，我国进填埋场时要求≥50kPa。当用作路基材料时，英国要求7d养护的无侧限抗压强度为4.5～15MPa，荷兰要求为3～5MPa。我国规定水泥稳定土类材料7d抗压强度对城市快速路、主干路基层为3.0～4.0MPa，对底基层为1.5～2.5MPa；对其他等级道路基层为2.5～3.0MPa，底基层为1.5～2.0MPa。

10.6.1.2 水力传导系数

水力传导系数表征土壤对水分流动的传导能力，常用方法为US ASTM D5084-00、《混凝土长期性能和耐久性能试验方法标准》（GB/T 50082—2024）。

经固化处理后的水力传导系数一般要求不大于1×10^{-6}cm/s，大多在1×10^{-6}～1×10^{-9}cm/s之间。

10.6.1.3 回弹模量

回弹模量指固化/稳定化产物在荷载作用下产生的应力与其相应的回弹应变的比值，表示承受外荷载作用的能力。

测定方法采用US ASTM C469-02、ASTM C215-02、UK BS 1881（第121、209部分）

方法和《混凝土物理力学性能试验方法标准》(GB/T 50081—2019)、《混凝土长期性能和耐久性能试验方法标准》(GB/T 50082—2024)。

10.6.1.4 承载比

承载比是固化/稳定化体抵抗局部荷载变形的能力。测试方法采用 US ASTM D1883-99、《混凝土物理力学性能试验方法标准》(GB/T 50081—2019)、《土工试验方法标准》(GB/T 50123—2019)。

10.6.1.5 增容比

添加固化剂/稳定剂导致的固化/稳定化后产物体积增加的比例，称为增容比，计算公式如下：

$$C_i = V_2/V_1$$

式中 C_i——增容比，无量纲；

V_2——处理后产物体积，m^3；

V_1——处理前土壤体积，m^3。

处置和再利用有体积限制时，须测定增容比。增容比用于评价固化/稳定化处理前后体积变化的程度，该值大说明添加的材料多，该值小说明添加的材料少，一般该值越小越好。通常情况下，异位固化/稳定化后土壤比原体积增加 5%～30%；原位固化/稳定化由于材料充分混合、压密，体积增加一般不明显。

10.6.2 化学评价方法

为了评价固化/稳定体在遇到溶液时污染物的浸出性能，提出了“浸出率”的概念。同时也建立了不同的浸出方法，如有效态提取法、生物可给性提取法、薄膜扩散法、毒性浸出法、连续形态提取法等，这些方法都属于化学评价方法。

10.6.2.1 浸出率计算方法

关于浸出率的定义和计算，主要有国际原子能机构(IAEA)和国际标准化组织(ISO)制定的方法。

(1) 国际原子能机构(IAEA)关于浸出率的定义和计算方法

国际原子能机构把标准比表面积的样品每日浸出的放射性物质量(即污染物质量)定义为浸出率，即

$$R_n = \frac{a_n/A_0}{(F/V)t_n} \tag{10.1}$$

式中 R_n——浸出率，cm/d；

a_n——第 n 个浸提剂更换期内浸出的污染物质量，g；

A_0——样品中原有的污染物质量，g；

F——样品暴露出来的表面积，cm^2；

V——样品的体积，cm^3；

t_n——第 n 个浸提剂更换期历时，d。

IAEA 定义的浸出率实际上是“递增浸出率”，它能反映浸出率的实际变化趋势。固化

体中污染物的浸出率通常不是恒定的，它取决于固化体与浸提液接触的持续时间，开始浸出时浸出率大，然后逐渐降低，最后几乎趋于恒定。不同的固化体浸出率降低量及达到恒定值所需要的时间是不一样的。由于浸出率通常随时间变化，因而表示为浸泡数据与时间的关系，常以增值浸出率对时间绘图。

（2）国际标准化组织（ISO）关于浸出率的定义及表示

国际标准化组织（ISO）关于浸出率的定义及表示方法与国际原子能机构的较为类似，要求固化体中各组分 i 的浸出实验结果应以增量浸出率与累计浸出时间 t 的关系来表示，即

$$R_n^i=\frac{a_n^i/A_0^i}{Ft_n} \tag{10.2}$$

式中 R_n^i——第 i 组分的增量浸出率，kg/(m^2·s)；

a_n^i——第 n 个浸出周期浸出的 i 组分的质量，kg；

A_0^i——原始样品中 i 组分的质量分数，kg/kg；

F——样品被浸泡的表面积，m^2；

t_n——第 n 个浸出周期延续时间，s；

n——浸出周期序号。

由于浸出率是随浸出时间变化的，所以对它的表示不能用一个定值，只能采用列表或图解的方法，根据浸出曲线评价固化体的浸出特性。

例题 10.3 某矿物冶炼厂用水泥对尾矿进行固化处理，制成立方块，密度为 2.5g/cm^3，样品中 Pb 的含量为 1.2g/kg。固化体堆置场与地下水接触。为测试固化体最初与地下水接触的 10d 内 Pb 的浸出率，取 10.0g 样品置于 1.0 L 地下水中浸泡 10d，测得水中 Pb 的浓度为 2.0mg/L。求该固化体中 Pb 的浸出率。

解：

10d 浸出周期内浸出的 Pb 的质量 a_n 为：2.0mg/L×1.0 L=0.002g

样品中原有的污染物质量 A_0 为：10.0g×10^{-3}×1.2g/kg=0.012g

样品体积 V 为：10.0g÷2.5g/cm^3=4cm^3

样品的边长：x=1.587cm

样品暴露在地下水中的表面积：$F=1.587^2\times6=15.11$（cm^2）

因此，根据式（10.1）可得：

$$R_n=\frac{a_n/A_0}{(F/V)t_n}=\frac{0.002/0.012}{(15.11/4)\times10}=4.41\times10^{-3}(\text{cm/d})$$

10.6.2.2 有效态提取法

植物生物有效性指土壤中可被植物体吸收并对植物产生毒性效应的重金属组分。化学提取方法的原理是根据不同形态重金属生物有效性的差异，用单一或组合试剂将其分离并测试。例如，Mehlich 等利用了一种 Mehlich Ⅲ（EDTA 和硝酸的混合液，pH=2.5）萃取剂评估植物对 Cu、Fe、Mn、Zn、P 等微量元素的吸收（Mehlich，2008）。Lindsay 和 Norvell 使用 DTPA 很好地预测了植物中重金属含量，这一方法是专为提取石灰性土壤中有效态重金属而设计的，但它也能有效地估算弱酸性土壤中 Cu、Fe、Mn 和 Zn 的有效态含量（Lindsay et al.，1979）。

目前，有多种化学提取试剂用于评估重金属有效态含量，常用的化学提取剂见表 10.7，

主要包括：①$CaCl_2$、$NaNO_3$、$(NH_4)_2SO_4$ 等无机盐提取剂；②HNO_3、HCl、HOAC 等酸提取剂；③EDTA、DTPA、乙二胺二琥珀酸（EDDS）等有机配位剂；④Mehlich Ⅲ提取剂等。过去几十年，一些学者提出了重金属生物有效性的评价方法，并很好地预测了重金属在不同类型植物中的富集量。例如，Lewis 等使用王水、硝酸、DTPA、Mehlich Ⅲ和水 5 种提取剂研究土壤中重金属有效态含量与植物中重金属累积量间的关系，结果表明重金属提取量大小顺序为王水＞硝酸＞Mehlich Ⅲ＞DTPA＞水。通过逐步回归分析表明，土壤中重金属有效态含量和土壤理化性质能很好地预测可可叶中 Cd、Mn、Ni 和 Zn 的含量（Lewis et al.，2020）。Abd Aziz 等比较了化学提取的重金属有效态含量和蚯蚓中重金属的累积量，结果表明，5 种提取剂中 EDTA-NH_4OAc 能够很好地预测土壤中 As 的生物有效性（Abd Aziz et al.，2019）。上述提及的化学提取剂也被较多地用于评估土壤重金属稳定化修复效果。例如，Han 等使用 5 种提取剂评估石灰石和钢渣对污染土壤中 Cd 和 Pb 的稳定化效果，结果发现 $CaCl_2$ 和 Mehlich Ⅲ对稳定化后土壤中重金属有效态的提取效果优于 EDTA、DTPA 和 TCLP（Han et al.，2020）。Hazrati 等用 $CaCl_2$ 评估了污染土壤中重金属稳定化效果发现，生物炭的施用能使 Pb、Zn 和 Cd 的有效态含量分别降低 85.3%、82.9%和 30.6%（Hazrati et al.，2020）。

表 10.7 多元素提取剂的组成及参数

提取剂		化学试剂	固液比	震荡时间/min
盐溶液	氯化钙	0.1mol/L $CaCl_2$(pH=6.49)	1∶10	180
	硝酸铵	1.0mol/L NH_4NO_3(pH=4.56)	1∶2.5	120
	乙酸铵	1.0mol/L CH_3COONH_4(pH=7.0)	1∶20	30
	硝酸钠	0.1mol/L $NaNO_3$(pH=5.05)	1∶2.5	120
酸	盐酸-硝酸(Mehlich Ⅰ)	0.05mol/L HCl+0.025mol/L H_2SO_4(pH=2.5)	1∶10	5
	盐酸	0.1mol/L HCl	1∶10	300
有机配位提取剂	低分子有机酸(LMWOA)	10mmol/L LMWOA(乙酸∶乳酸∶柠檬酸∶苹果酸∶甲酸=4∶2∶1∶1∶1)	1∶10	960
	乙二胺四乙酸	0.05mol/L EDTA(pH=2.89)	1∶10	120
	乙二胺四乙酸钠	0.05mol/L Na_2EDTA	1∶10	60
	二乙烯三胺五乙酸	0.05mol/L DTPA	1∶10	300
	Mehlich Ⅲ	0.2mol/L CH_3COOH+0.25mol/L NH_4NO_3+0.015mol/L NH_4F+0.013mol/L HNO_3+0.001mol/L EDTA(pH=2.5)	1∶10	5
	DTPA-三乙醇胺(TEA)-$CaCl_2$	0.005mol/L DTPA+0.1mol/L TEA+0.01mol/L $CaCl_2$(pH=7.3)	1∶2	120
	乙酸铵(AA)-EDTA	0.02mol/L EDTA+0.5mol/L CH_3COONH_4(pH=4.65)	1∶10	300
	碳酸氢钠-乙二胺四乙酸(ASI)	0.25mol/L $NaHCO_3$+0.01mol/L EDTA+0.01mol/L NH_4F	1∶10	10
	碳酸氢铵(AB)-DTPA	1mol/L NH_4HCO_3+0.005mol/L DTPA(pH=7.6)	1∶2	15
	乙酸钠-乙酸-二乙烯三胺五乙酸(Morgan-Wolf)	0.073mol/L CH_3COONa+0.52mol/L CH_3COOH+0.0001mol/L DTPA(pH=4.8)	1∶4	15

注：引自 Xu et al.，2022。

10.6.2.3 薄膜扩散法

薄膜扩散梯度技术（DGT）是一种基于离子扩散原理的原位被动采样技术，可用于溶解态污染物的测定。DGT 在采样时不断消耗土壤溶液中污染物，诱导土壤颗粒上的污染物发生解吸，这一模拟过程能反映植物在扩散受限条件下对重金属的吸收和积累。相较于传统的化学提取方法，DGT 综合了 pH、温度和离子强度等环境变量，能更准确地模拟植物吸收元素的动态过程，实现对阴阳离子进行高分辨同步监测。许多研究成功利用 DGT 间接测定了土壤溶液中重金属的有效态含量。例如，Bade 等发现在原冶炼厂污染土壤中添加石灰后，DGT 吸收（MDGT）中 Pb 含量增加，Zn、Cu 和 As 含量减少。Xu 等发现了经 300mg/kg 磷酸二氢钾（KDP）处理的碱性粉质壤土中的 Pb 含量低于对照组。Almas 等研究表明，在射靶场内，炉渣和 $FeSO_4$ 以及炉渣和有机处理导致 Sb 和 Pb 分别降低了 78%和 93%。然而，由于缺乏标准的操作规程、物种含量的差异以及不同批次的 DGT 结果难以比较，DGT 技术的应用和推广受到了很大限制。

10.6.2.4 生物可给性提取法

生物可给性是指重金属污染物在人体胃肠环境中消化溶出的比例，它能准确地表征其被人体消化的吸收量（许大毛等，2017）。近年来，由于体外胃肠消化模拟实验具有操作简单、快速、费用较低等优点，生物原理提取法（PBET）、生物可利用联合法（SBRC）、体外胃肠法（IVG）、统一生物可利用法（UBM）等方法越来越多地被用于评估土壤重金属稳定化修复效果（如表 10.8 所示）。例如，Fan 等采用 IVG 方法评估纳米零价铁负载生物炭对污

表 10.8 常用体外胃肠模拟方法的比较

体外胃肠模拟方法		提取液组成	pH	固液比	停留时间/h
PBET	胃液	1.25g 胃蛋白酶、0.5g 苹果酸钠、0.5g 柠檬酸钠、0.42mL 乳酸、0.5mL 乙酸	2.5	1∶100	1
	肠液	1.75g 胆盐、0.5g 胰酶	7.0	1∶100	4
SBRC	胃液	30.03g 甘氨酸	1.5	1∶100	1
	肠液	1.75g 胆盐、0.5g 胰酶	7.0	1∶100	4
IVG	胃液	10g 胃蛋白酶、8.77g 氯化钠	1.8	1∶150	1
	肠液	3.5g 胆盐、0.35g 胰酶	5.5	1∶150	1
UBM	唾液	0.896g KCl、0.888g NaH_2PO_4、0.2g KSCN、0.57g Na_2SO_4、0.298g NaCl、1.8mL 1mol/L NaOH、0.2g 尿素、0.145g 淀粉酶、0.05g 黏蛋白、0.015g 尿酸	6.5	1∶15	0.25
	胃液	2.752g NaCl、0.266g NaH_2PO_4、0.824g KCl、0.4g $CaCl_2$、0.306g NH_4Cl、8.3mL 37% HCl、0.65g 葡萄糖、0.02mg 葡萄糖醛酸、0.085g 尿素、0.33g 氨基葡萄糖盐酸盐、1g 牛血清白蛋白、3g 黏蛋白、1g 胃蛋白酶	1.2	1∶37.5	1
	十二指肠液	7.012g NaCl、5.607g $NaHCO_3$、0.08g KH_2PO_4、0.564mg KCl、0.05g $MgCl_2$、0.18mL 37% HCl、0.1g 尿素、0.2g $CaCl_2$、1g 牛血清白蛋白、3g 胰酶、0.5g 脂肪酶	6.5	1∶97.5	4
	胆汁	5.259g NaCl、5.785g $NaHCO_3$、0.376g KCl、0.18mL 37% HCl、0.25g 尿素、0.222g $CaCl_2$、1.8g 牛血清白蛋白、6g 胆盐			

注：引自 Li et al.，2021。

染土壤中As的稳定化效果发现，As在胃提取阶段的生物可给性分别降低了77.5%和85.4%，在胃肠提取阶段分别降低了86.5%和91.1%。Li等采用四种体外方法（PBET、SBRC、UBM和IVG）和小鼠肾脏模型研究5%磷酸对污染土壤中Pb的相对生物可给性的影响发现，Pb在PBET方法胃提取阶段和SBRC方法胃肠提取阶段中生物可给性与从小鼠肾脏模型中Pb的相对生物可给性相当。

10.6.2.5 毒性浸出法

固化/稳定化后的土壤或固体废物遭雨水浸沥，浸出的有害物质会迁移转化，污染环境，这种危害特性称为浸出毒性。测定浸出毒性的方法称为毒性浸出法。根据固化/稳定化后土壤的最终处置情景或再利用途径，固化/稳定化效果具有不同的毒性浸出评估方法。

美国、荷兰、日本、欧盟等都发布了各自的毒性浸出评价方法。虽然这些浸出方法在浸提剂种类、浸提液pH、浸提时间、颗粒粒径等多种浸提参数设置上各有差异，但本质上有相通之处。相对来说，美国EPA的方法比较全面，已建成了多种处置情景的浸出评估方法体系（主要包括多pH值浸出、柱淋溶、块状浸出和多固液比浸出），而我国大多使用《固体废物 浸出毒性浸出方法 水平振荡法》（HJ 557—2010）、醋酸缓冲溶液法（HJ/T 300—2007）和硫酸硝酸法（HJ/T 299—2007）对修复后污染土壤进行浸出毒性评价。表10.9总结了国内外常用的毒性浸出评价方法。

表10.9 国内外常用的毒性浸出评价方法

名称及规范	浸提剂	液固比	模拟情景
硫酸硝酸法（HJ/T 299—2007）	浓硫酸：浓硝酸（质量）为2：1，pH=3.2±0.05	10：1	模拟酸雨沉降对修复后产物中污染物的暴露和迁移
醋酸缓冲溶液法（HJ/T 300—2007）	冰醋酸溶液 pH=4.93±0.05	20：1	修复后产物进入填埋场，模拟垃圾渗滤液对污染物的影响
水平振荡法（HJ 557—2010）	纯水（GB/T 6682 二级）	10：1	模拟固体废物在特定场景下受到地表水或地下水的浸沥，其中的有害组分浸出而进入环境的过程
翻转法（GB 5086.1—1997）	去离子水	10：1	
毒性浸出试验（Method 1311 TCLP）	对于碱性废物，用pH为2.8的0.1mol/L的醋酸溶液；对于非碱性废物，用pH为4.93的0.1mol/L的醋酸钠缓冲溶液	20：1	修复后产物进入填埋场，模拟垃圾渗滤液对污染物的影响
人工合成沉降浸出试验（Method 1312 SPLP）	用pH为4.2和5.0的H_2SO_4/HNO_3溶液	20：1	模拟酸雨沉降对修复后产物中污染物的暴露和迁移
多级提取程序（MEP）（Method 1320）	第一级用醋酸溶液，pH为5.0以后各级用硝酸和硫酸溶液提取，pH为3.0	20：1	模拟不合理填埋场受酸雨浸透后的污染物浸出
多pH值平行浸出（Method 1313）	2mol/L HNO_3和2mol/L NaOH，pH为4～13	10：1	模拟松散状固体颗粒在自然环境中随pH值变化情况下的浸出能力测试
上流式渗滤柱浸出试验（Method 1314）	去离子水	0.2、0.5、1.0、1.5、2.0、4.5、5.0、9.0、10.0	模拟固化/稳定化在实际环境的长期浸出行为，能预测污染物在土壤固化/稳定化处理后的潜在风险

续表

名称及规范	浸提剂	液固比	模拟情景
块状通量浸出试验（Method 1315）	可选择不同 pH 的浸提液（常根据实际工况选择）	一般为 10∶1	模拟不同 pH 值浸提液环境下，污染物的迁移特性，并求算扩散系数
多液比浸出试验（Method 1316）	去离子水	1∶0.4，1∶1，1∶2，1∶5，1∶10	模拟护坡表面防护层产生裂隙，甚至脱落，河水与土壤直接接触，导致污染物的溶出

固化/稳定化处理土壤的浸出毒性评价标准与具体的处置情景有关。根据我国固化/稳定化工程的实践情况，固化/稳定化土壤的处置和利用途径主要有原地回填、绿化用土、路基材料、护坡/护岸和卫生场填埋等，表 10.10 总结了不同处置情景下效果评价适用标准。

表 10.10　固化/稳定化处置土壤的不同处置情景下效果评价标准

修复后土壤再利用类型	受影响水体类型及参考标准			
	《地下水质量标准》（GB/T 14848—2017）	《地表水环境质量标准》（GB 3838—2002）	《生活饮用水卫生标准》（GB 5749—2022）	《生活垃圾填埋场污染控制标准》（GB 16889—2024）
再开发回填	√	×	√	×
绿化下层覆土	√	√	√	×
路基材料	√	√	√	×
护坡/护岸	×	√	√	×
卫生填埋	×	×	×	√

注：√表示该处置情景适用该评价标准，×表示该处置情景不适用该评价标准。

10.6.2.6　连续形态提取法

重金属的化学赋存形态是影响重金属生物有效性、可迁移性和毒性的重要因素。过去几十年来，不同学者根据不同浸提剂连续提取土壤的情况研发了十余种顺序提取方法，以研究重金属在土壤中赋存形态分布特征（Ali et al.，2024）。目前，学者采用不同的顺序提取方法对土壤和固废中重金属化学形态进行了划分。由 Tessier 和欧共体标准物质局（BCR）开发的重金属赋存形态提取方法在国际上被广泛用于测定稳定化后土壤中重金属化学赋存形态。BCR 方法于 1987 年提出并建立，其为欧洲的重金属形态提取技术提供了标准化指南，将重金属分为：① 弱酸提取态（0.11mol/L HAc）；②可还原态（0.5mol/L $NH_2OH \cdot HCl$）；③可氧化态（30% H_2O_2 +1mol/L NH_4OAc）；④残渣态（$HCl\text{-}HNO_3\text{-}HF\text{-}HClO_4$ 消化）。Tessier 方法于 1979 年提出，将重金属形态分为：①水溶态（以去离子水提取）；② 交换态或吸附交换态（1mol/L $MgCl_2$ 溶液为提取剂）；③碳酸盐结合态（1mol/L NaAc-HAc，pH=5.0）；④铁锰氧化物结合态（0.04mol/L $NH_2OH \cdot HC$）；⑤有机结合态（0.02mol/L HNO_3 +30% H_2O_2）；⑥ 残渣态（同上）。这些方法有助于阐明重金属在环境固体基质中的迁移行为。然而，使用顺序提取方法时会出现一些难题，例如在提取步骤中污染物可能在固相之间重新分布，以及效率低下而导致提取不完全。

10.6.3　生态毒理学评价方法

利用传统的化学提取方法评价土壤重金属污染情况能精确地测定土壤中重金属的浓度及

赋存形态，然而，现有的标准仅对化学指标进行分析，未反映污染物对生物产生的影响。土壤生物作为土壤生态系统中的重要组成部分，是土壤环境质量评价中不可缺少的环节。重金属的化学分析方法无法反映生物暴露于污染物的途径以及影响情况，也无法区分出土壤的急性或慢性毒性。例如，An 等向 As 污染土壤中添加铁基吸附剂后发现，As 毒性的增加导致大麦根和芽伸长度减少及发芽率降低，同时还发现化学提取结果与 As 原位稳定化所引起的生态毒性效应没有很好的相关性。因此，化学提取信息应辅以生态毒理学试验以提高修复决策的准确性。土壤中有多种重金属存在时，彼此相互作用，通过一系列的迁移转化，终将作用到生物体，进而对生物体的个体、种群乃至整个生态系统产生影响，并且污染物可能通过食物链进入人体，对人体健康构成潜在威胁。重金属的生物有效性用以表征土壤中重金属对植物或动物的可利用程度高低。生物有效性信息既是污染土壤风险评估的重要基础，又是治理受污染土壤的基础。目前，生态毒理学试验主要包括种子萌发和根伸长试验、蚤类活动抑制试验、发光细菌急性毒性试验、藻类急性毒性试验、蚯蚓死亡率及繁殖和回避行为试验、蚕豆根尖微核试验和彗星试验等。这些生态毒理学试验现较多用于反映土壤生境功能的恢复，进而用于评估土壤重金属稳定化效果。表 10.11 总结了近年来重金属稳定化后土壤以植物、动物和微生物为基础的生态毒理学试验结果。

表 10.11 污染土壤重金属稳定化的生态毒理学评估结果

试验类型	试验物种	稳定化材料	土壤类型	生态毒理学评估结果
植物毒性试验	黑麦草(*Lolium perenne* L.)	磷酸盐和钙	石灰性土壤	磷酸盐和钙的添加对黑麦草根的生物量没有显著影响，而对其芽的生物量有显著影响
	白车轴草(*Trifolium repens* L.)	肥料	采矿和冶炼污染土壤	肥料的应用使 Pb、Cd 和 Zn 在白车轴草根的富集量分别降低了 31.52%、30.19%和 39.55%
	莴苣(*Lactuca sativa* L.)和紫羊茅(*Festuca rubra* L.)	绵羊粪便，家禽垃圾，牛粪和造纸污泥	废弃矿山植被覆盖区土壤	改良剂的施用使莴苣的根伸长度显著增加，也增加了紫羊茅的根和茎的生物量
	芥菜(*Brassica juncea* L.)	技术溶胶和生物炭的混合物	矿山无植被覆盖区沉淀池无处理土壤	技术溶胶和生物炭的联合施用显著降低了植物组织中重金属含量
	青菜(*Brassica chinensis*)	泥炭，秸秆和猪粪	花园土壤	①盆栽菜苗的生物量为 1.01～1.60g/盆，高于对照组，而根的生物量为 0.06～0.08g/盆，稍低于对照组。②除了秸秆处理外，所有处理组均有效地降低青菜茎和根对 Pb 的吸收量
	水稻	由棉秸秆制备的生物炭	稻田土壤	与对照组相比，在灌溉、连续灌溉和淹没下，生物炭和有机肥料的联合施用使糙米中 Cd 含量降低了 43.8%、35.5%和 42.1%
	玉米	柠檬酸	大理石废水污染土壤	柠檬酸的施用增加了叶面积、单株叶片数、根长和株高以及新鲜和干燥的生物量
	紫花苜蓿(*Medicago sativa* L.)	水铁矿	矿山开采导致 As 污染的壤质砂土	水铁矿的施用使芽中 As 的含量显著降低，为 74%～84%

续表

试验类型	试验物种	稳定化材料	土壤类型	生态毒理学评估结果
植物毒性试验	燕麦草（*A. elatius*）	橄榄废料堆肥和 Fe_2O_3	冶炼厂周边土壤	与对照组相比，燕麦草茎的生物量增加，其 As 的富集量稍降低
	杂交狼尾草（*P. americanum*）和高粱（*S. bicolor*）	农家肥	矿业污染土壤	与对照组相比，农家肥处理使杂交狼尾草和高粱的生物量从 10%增加到 20%和从 11%增加到 26%
	萝卜（*Raphanus sativus*）	矿泥	矿区农田土壤	萝卜根的伸长度、鲜重和茎伸长度分别增加了 21.5%～42.9%、20.8%～31.3%和 10.3%～20.0%
动物毒性试验	蚯蚓（*Eisenia foetida*）	堆肥	苹果园土壤	堆肥处理显著降低了蚯蚓中 Pb 的含量，而无显著降低 As 的含量
	蚯蚓（*Eisenia foetida*）	水处理残渣	砂土	蚯蚓的回避率为(53.3±6.7)%
	水蚤	熟石灰，堆肥和猪粪	矿山污染土壤	水蚤的 E50 为 1.5mg/L，具有相当大的毒性
	蜗牛（*A. fulica*）	玉米生物炭和羟基磷灰石	Cd 污染土壤	稳定化处理对蜗牛组织中 Cd 的富集量影响很小
	壳介虫（*H. incongruens*）	石灰石，玉石和活性炭	军事区土壤	壳介虫的死亡率为 10%
	扁头鼠	粉煤灰和生物污泥	矿区土壤	稳定化处理对扁头鼠的毒性降低到未检测出水平
微生物毒性试验	海洋发光细菌（*Vibrio fischeri*）	$FeSO_4$、$CaCO_3$ 和造纸污泥	毒砂矿区土壤	稳定化处理（1% $FeSO_4$ 和 1% $FeSO_4$＋1%造纸污泥）对发光细菌的毒性最大
	海洋发光细菌（*Vibrio fischeri*）	污泥生物炭	砂土和壤土	与原始污泥相比，在 300℃的温度下热解的生物炭使发光细菌的发光抑制率降低到 48.14%

注：引自 Xu et al.，2021。

10.6.4 基于环境胁迫模拟的长效评估方法

长效性是指在修复过程中稳定化材料对土壤中重金属的稳定效率长期保持稳定。通过对 2010—2021 年发表的近 1000 篇文献调研和回顾，很少有文献对“长效性”一词作出准确的定义，也无有研究指出“长效”的具体“时间跨度”。大多数研究仅通过人工定量加速模拟试验和数学模型来验证预测“长效性”，而场地实地研究进行的长期监测也仅持续数年至十几年。当下，对固化/稳定化长效性的研究主要是通过人工加速模拟试验方法定量预测污染土壤固化/稳定化处理的长期效果。

长效评估方法常用的有冻融循环试验、加速碳化试验、干湿交替试验，用于检验固化/稳定化产物耐受温度、二氧化碳和湿度变化的能力以及重金属释放情况。在传统的混凝土测试中这些方法一般不对化学性质作考察，但是对重金属污染土壤的固化/稳定化，需要对重金属的释放进行评估预测。

10.6.4.1 干湿交替试验

干湿交替是指土壤经过多次干燥和湿润的过程。反复干湿交替会影响土壤团聚体的破碎与团聚过程。其通过改变团聚体膨胀和收缩来降低土壤团聚体之间的黏结性，进而影响污染土壤中重金属的稳定性。例如，Wang 等评估了干湿交替对腐殖酸改性蒙脱石处理后污染土壤中 Cd 和 Hg 稳定性的影响发现，Cd 的 TCLP 浸出含量在 120 年后仍低于其标准限值，而 Hg 在 96 年后达到其标准限值。Zhao 等采用干湿交替评估了硫改性生物炭对我国贵州某 Hg 矿区土壤中 Hg 的稳定化效果，结果发现模拟 50 年土壤老化后，改性生物炭和未改性生物炭处理土壤中 Hg 有效态量分别低于 200ng/L 和 100ng/L。目前，常用的干湿交替试验标准为 US ASTM D4843-88、ASTM D559-96 和 GB/T 50082—2024。这些标准通常采用干湿交替试验方法来加速混凝土等建筑材料的老化。

10.6.4.2　冻融循环试验

冻融循环是自然界非生物胁迫的一种形式，经常发生在中高纬度地区。冻融循环是指温度由于季节变化或昼夜轮替在 0℃以上和以下波动时，表层土壤和一定深度的土壤出现冻结和解冻交替的现象。反复的冻融会改变土壤的物相组成，破坏土壤中二氧化硅的循环，导致矿物和岩石的溶解，增加了土壤的渗透性，增大土壤的孔隙率，使得存在于土壤颗粒中的重金属被重新释放到环境中。目前，有较多研究人员开展冻融胁迫试验研究，致力于固化/稳定化修复技术的长效性评估。例如，Liu 等研究表明固化/稳定化处理 Zn 含量分别为 500mg/kg 和 10000mg/kg 的污染土壤，经过 10 次冻融循环后，Zn 的累积浸出率分别增加了 4.4%和 9.4%。Deniz 等研究发现随着冻融循环次数的增加，固化/稳定化处理的锌废渣中 Pb 的浸出浓度呈略微增加的趋势。Hou 等研究表明，当冷冻温度为−10℃时，与对照组相比，有机肥和生物炭处理的污染土壤中 Cd 的不稳定态含量分别增加了 20.4%和 27.67%。目前，美国、法国、英国、德国和日本相继颁布了加速冻融循环试验的标准方法，如 ASTM D560 C666/C666M-2015、NF P19-128-2010、BS EN 15304-2010、CEN/TS 12390-9-2006 和 JIS A1148-2010；而我国颁布了 GB/T 50082—2024、GB/T 50476—2019 和 JTG 3430—2020 等标准方法。然而，这些标准规定的冻融循环试验程序主要是评估混凝土的耐久性，而不是评估冻融对固化/稳定化处置后污染土壤中重金属稳定性的影响。

10.6.4.3　加速碳化试验

当暴露于空气中时，石灰性土壤能与大气 CO_2 发生反应，导致碳酸钙的沉淀，这一过程称为大气碳化。碳化不仅会造成土壤理化性质发生变化，而且能影响污染土壤中重金属稳定性。加速碳化作用是自然碳化过程的人工加速形式（Valls et al.，2001）。目前，很多研究人员采用加速碳化试验评估其对污染土壤结构的影响。例如，Wang 等报道了碳化作用下土壤的抗压强度随黏结剂含量和 MgO/CaO（质量比）的增加而增加，研究认为土壤强度提高的主要原因是 $CaCO_3$ 和 $MgCO_3$ 等碳化产物的形成有利于固化材料的致密化和胶结。较多学者采用加速碳化试验研究其对固化/稳定化处置后污染土壤结构及重金属稳定性的影响。例如，Zhang 等研究碳化对水泥稳定化处理的含 Pb 污染土壤中 Pb 的稳定性影响发现，碳化作用降低了 Pb 的浸出含量。Du 等研究了碳化对一种新型固化剂 KMP 处置的土壤中 Pb 和 Zn 浸出的影响，结果发现碳化作用降低了处理后污染土壤中重金属的浸出含量，增加了固化体的无侧限抗压强度。另有些学者研究了加速碳化增强修复材料的稳定化性能。例如，Estabragh 等研究了碳化作用下 MgO 对黏土的稳定化性能发现，一般情形下 MgO 对土壤的稳定化需要几天时间，而碳化作用能在几个小时内实现 MgO 稳定化性能。近年来，国内外学者提出了多种加速碳化的试验方法，主要包括干法和湿法碳化。干法碳化将试样直接暴露在富 CO_2 的气体环境中，通过气体扩散的方式促进碳化反应。湿法碳化是直接将试样浸泡在液体环境中，通过碳酸根离子扩散的方式促进碳化反应。目前，我国颁布了 GB/T 50082—2024 标准，但主要用于其对混凝土等建材的性能干扰。

10.6.4.4 干湿交替和冻融循环耦合的环境胁迫模拟试验

目前，人工加速老化模拟方法仅考虑了某单一环境因子对稳定化处理土壤中重金属长期稳定性的影响，并未定量耦合更多的环境影响因子。最近，一些学者在干湿交替和冻融循环耦合老化条件下研究其对土壤重金属长期稳定性的影响。例如，Xu 等采用干湿交替和冻融循环加速老化生物炭改良的土壤发现，生物炭使老化土壤中 Cd 的固定能力从 44%～68%提高到 59%～73%。Yang 等评估了干湿交替和冻融循环条件下小麦秸秆和玉米秸秆生物炭对污染土壤中重金属稳定性的影响发现，这两种生物炭降低了老化土壤中 Cd 的有效态含量。同样地，Meng 等在干湿交替和冻融循环耦合作用下对人工和实际污染土壤进行 8 年的自然老化模拟，结果发现，在生物炭中 Cd 的含量增加，而在土壤中其含量降低，这主要是由于 Cd 在自然老化过程中从土壤迁移到生物炭中。

10.6.5 评价标准

土壤固化后一般需测定无侧限抗压强度、渗透系数、增容比等参数，指标评价标准按照固化体的处置方式确定。

稳定化后的土壤一般不测定上述指标，而是测定重金属的浸出性、生物有效性、形态等。国际上最主流的方法是开展浸出实验，测定浸出液中重金属的浓度，并将这一浸出浓度与相应限值进行比较。固化/稳定化后土壤的浸出毒性选用什么评价标准取决于对土壤的处置方式。

浸出限值可采用固化/稳定化后土壤处置环境对应的当地地下水标准、饮用水标准或地表水标准限值。固化/稳定体进入一般工业固体废物贮存、处置场时，按照《一般工业固体废物贮存和填埋污染控制标准》（GB 18599）中第Ⅰ类一般工业固体废物的相关规定；进入卫生填埋场时，按照《生活垃圾填埋场污染控制标准》（GB 16889—2024）中相应限值；与地下水接触时，一般采用《地下水质量标准》（GB/T 14848）Ⅳ类限值；当与地表水接触时，采用《地表水环境质量标准》（GB 3838）Ⅳ类限值，对于特殊流域可执行Ⅲ类或更高标准限值；当不符合上述情况，但对环境安全要求较高时，还可采用《生活饮用水卫生标准》（GB 5749）中相关限值。

10.7 系统设计

10.7.1 工艺流程

固化/稳定化工程有异位和原位之分，其工艺流程如图 10.4 所示。异位固化/稳定化处理工艺为：污染土壤清挖转运、预处理（主要为破碎筛分和调节水分）、加入固化/稳定化材料搅拌混合、养护、检测与效果评估、后续处置。原位固化/稳定化处理工艺为：污染场地清理、原位加入材料混合（加入方式一般为注入和搅拌混合）、养护、检测与效果评估。

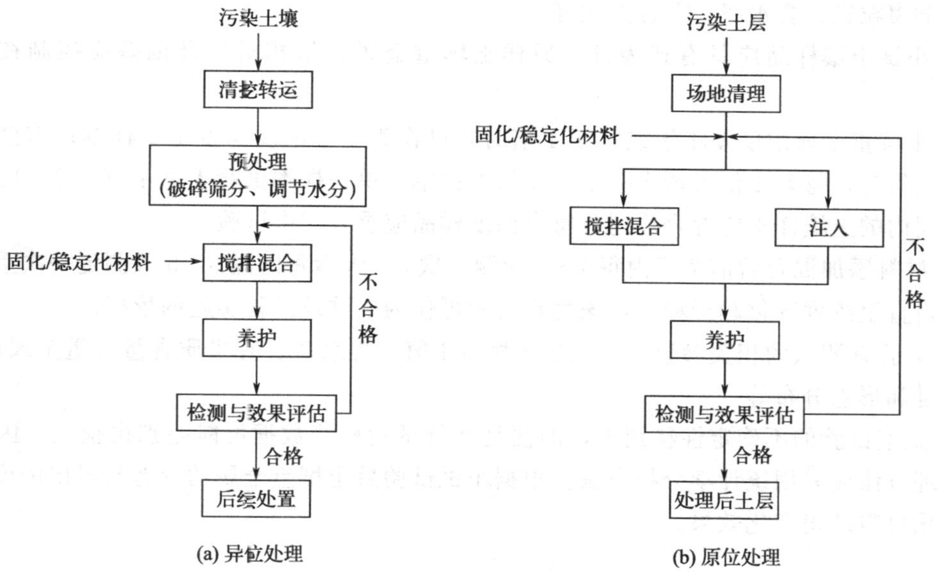

图 10.4 固化/稳定化处理的工艺流程

固化/稳定化工程工艺的确定一般包括施工模式确定、固化/稳定化材料与混合设备确定、小试、中试、稳定化施工、二次污染防治及过程检测、效果评估等内容。

工艺设计方案应在分析总结地块前期资料的基础上，结合地块特征、污染特性、当地管理要求以及当前技术水平合理确定。前期资料不足以支撑工艺设计时应补充调研。

工艺及关键参数可通过类似工程分析、小试试验、中试试验等方法确定。当无类似工程经验及前期研究的情况下，宜开展小试试验；当小试试验的关键工艺条件与实际工程差别较大时，宜开展中试试验。中试试验合并到施工阶段时应在正式施工前完成，并根据中试结果对施工方案进行完善。

10.7.2 明确污染特征与场地特征

根据场地土壤污染状况调查报告及风险评估报告结论，明确土壤重金属污染类型和程度、浸出浓度、形态、毒性和迁移性、空间分布，核实土壤修复目标和方量。明确地形地貌、地质、土壤理化性质和场地水文地质条件，根据上述信息初步构建场地概念模型。

10.7.3 确定材料类型与剂量

在明确污染特征和场地特征的基础上，选择固化/稳定化材料的类型。由于目前并没有通行的固化/稳定化材料确定方法，通常是先根据重金属的类型、浸出浓度和土壤性质，从理论以及相关文献研究结果、现有的工程经验等上大体确定适合的固化/稳定化材料类型，然后通过实验室小试研究对多种材料进行比对试验，确定材料类型和添加量。小试研究可参照以下要求。

① 小试试验应根据土壤的基本特性、最终处置环境及相关工程经验，确定药剂种类与添加量、含水率和稳定时间等因素。

② 小试试验的各种参数条件应尽量与实际施工作业的关键条件一致，包括土壤样品代

表性、土壤粒径、含水率、混合方式等。

③ 小试土壤样品应具有代表性，原样土壤重金属含量相对标准偏差应控制在±10%以内。

④ 土壤重金属浓度差小于或等于1倍时，可作为一个浓度梯度土壤样本；重金属浓度差大于1倍时，每差1倍可增设一个浓度梯度样本。单一样本试验土量不宜小于2kg，一个浓度梯度内的土壤样本应混合均匀，每个梯度样品应重复三次试验。

⑤ 材料添加混合后前7天内每1～2天测一次，7天后每间隔3～5天测定一次重金属浸出浓度，直至浓度变化趋于稳定，该稳定时间可作为中试及工程实施的依据。

⑥ 试验宜测试的相关参数主要包括土壤pH值、含水率、有机质含量及重金属的全量、浸出浓度和形态分布等。

⑦ 土壤试验的不确定性特别大，即便是平行试验检测数据可能差别也很大，因此试验数据处理方法应采用统计学分析方法。根据小试试验后土壤重金属的形态与浸出浓度变化评估稳定化材料的稳定化效果。

10.7.4 选择施工模式与混合设备

施工模式的选择应结合场地岩土性质、水文地质条件、用地规划、治理周期以及其他相关因素综合确定。异位稳定化适用于具备土壤开挖和基坑支护条件的地块，一般用于浅层污染土壤的处置。原位稳定化适用于不宜或不具备条件进行土壤挖掘和运输，缺乏存储和处置空间以及地质结构适宜的地块，一般用于表层、深层污染土壤的处置。

一般情况下，当基坑深度超过5m时为深基坑，开挖施工风险高、技术难度大、基坑支护费用高，需要做专门的基坑支护方案，宜采用原位稳定化施工方式。对于污染深度<5m的浅层污染土壤，宜采用异位稳定化施工方式；对于污染深度<0.4m的表层污染土壤，可进行原位处理或挖堆后进行异位处理。

不同的施工模式有相应的混合装备，市场上的混合设备及性能参见表9.8。当前工程中原位深层混合多用注入、搅拌桩、高压旋喷、搅喷等设备；原位表层混合多用翻耕机和挖掘机；异位修复多用筛分破碎头、挖掘机，少数工程项目使用破碎混合一体机。

以下是对常用混合设备施工作业的相关要求：

① 采用筛分破碎铲斗设备施工时，先用设备将土壤中粒径大于50mm的砾石和杂质分拣出来，筛分破碎次数按中试试验结果执行。筛分破碎后的土壤使用挖掘机摊铺整平，摊铺厚度一般不超过1.5m。将土壤划分成若干网格，投加一定量的材料后充分混合均匀，混合搅拌次数按中试试验结果执行。

② 采用土壤破碎、加药、混匀修复一体化设备施工时，利用装载设备或自动上料设备将土壤送入设备进料口，输送至一体化搅拌混合系统中，同时设备药仓中材料根据设定剂量进入搅拌混合系统中，经设备高速搅拌混匀后经料口排出。

③ 采用普通挖掘机施工时，堆方高度一般不超过1.5m，单一堆体的方量以80～100m^3为宜，并将材料根据预设比例摊铺在污染土壤表面，随后用挖斗进行翻拌，翻拌次数不宜少于3次，以满足混合质量的要求。

④ 干粉药剂混合时应采取洒水等抑尘措施。

由于小试试验条件与实际工程条件差异较大，混合设备选定后，一般需要进一步开展中试试验，验证在工程规模施工条件下固化/稳定化材料的效果以及设备的混合效果，校正实验室小试结果与实际工程条件下的偏差，为工程施工确定关键工艺参数。中试试验的一般要求如下：

① 根据修复工程规模与生产能力确定中试规模，中试试验条件应与实际工程施工条件保持一致。

② 根据小试试验结果，选定具有代表性的中试试验土壤或区域。

③ 根据小试试验结果，采用选定的预处理及混合设备与作业次数开展中试试验，验证并优化药剂添加量、含水率、稳定时间等相关参数。采用异位处理时，中试工程量不宜小于100m^3；采用高压旋喷类设备进行原位深层稳定化处理时，宜实施3～9个柱体；采用搅拌头类设备时，中试面积不宜小于25m^2；采用旋耕类设备进行原位表层稳定化处理时，中试面积不宜小于50m^2。

④ 确定异位稳定化预处理设备，采用选定的设备对土壤进行破碎、筛分预处理，确定满足90%以上土壤粒径小于50mm时的运行参数。

⑤ 选用工程施工时采用的混合设备开展混合效果试验，确定满足混合质量要求的混合次数及设备运行参数，混合均匀度和混合质量的计算方法参见第9.8节。

10.8 效果评估与后期管理

10.8.1 效果评估

根据工程项目确定的效果评估方案开展检测和效果评估。针对固化/稳定化工程的效果评估，目前国家尚未制定专门的规范标准。一般参考《建设用地土壤污染风险管控和修复监测技术导则》（HJ 25.2—2019）、《污染地块风险管控与土壤修复效果评估技术导则（试行）》（HJ 25.5—2018）中的要求执行。常用固化/稳定体的浸出毒性进行效果评价（第10.6节）。

10.8.2 后期监测

实施固化/稳定化之后土壤中污染物仍然存在，因此应对处理后的土壤以及地下水开展长期监测。

（1）土壤监测

土壤监测应包括重金属的全量、浸出毒性、重金属形态等。原位稳定化后土壤处置时应预留采样区域，土壤采样应具有代表性，地下水水位之上和之下的土壤均需采样。

（2）地下水监测

地下水监测井应在原位作业区地下水主流向（单向流的分别在上游、管控区及下游）及两侧设置，监测井设置数量以及与原位作业区边界的距离应根据地块实际条件合理确定。

固化/稳定化后的土壤作为原地块路基材料时，应根据道路分布及地下水流向情况，在垂直及平行于道路方向布设监测点，并在地下水流上游设置对照点，下游设置监测点。

地下水监测井深度设置，应综合考虑地块水文地质条件及稳定化后土壤放置的空间位置，确定是否采用完整井或分层井结构。

(3) 监测指标及频次

监测指标主要为地块调查与风险评估确定的目标污染物，必要时也应包括加入稳定化材料后产生的二次污染物。

在工程实施后开展监测，第一年采样频次不应少于 4 次，原则上为每季度 1 次，两个批次之间间隔不得少于 1 个月；第二年起，每年采样频次不应少于 2 次（枯水期、丰水期各 1 次）。

(4) 趋势分析

监测周期内应对土壤及地下水监测结果进行趋势性分析评估，如果监测数据有升高趋势，需要加大监测频次并采取应对措施；如果监测数据显示浸出速率足够慢并且呈下降趋势，不会对环境造成污染或危害，则监测频次可降低或终止，否则监测工作仍需继续进行下去。

10.8.3 制度控制

由于固化/稳定化技术被认定为风险管控技术，根据《污染地块风险管控与土壤修复效果评估技术导则（试行）》（HJ 25.5—2018）的要求，需要开展制度控制。制度控制包括限制地块使用方式、限制地下水利用方式、通知和公告地块潜在风险、制定限制进入或使用条例等方式，多种制度控制方式可同时使用。

应对固化/稳定化后的土壤开展制度控制，避免进行扰动、开挖、搬运、利用以及任何其他不利于保护固化/稳定化土体的行为。

10.9 固化/稳定化的适用性

固化/稳定化技术既适用于处理无机污染物，主要有金属、类金属、氰化物（氢氰酸盐）、棉、腐蚀性无机物、放射性核素等；也用于处理部分有机污染物，如有机氰化物（腈类）、腐蚀性有机化合物、农药、石油烃（重油）、多环芳烃（PAHs）、多氯联苯（PCBs）、二噁英或呋喃等，但对卤代和非卤代挥发性化合物一般不适用（除非进行了特殊的前处理）。此外，有机污染物往往对水硬性胶凝材料的固结化作用有干扰效应，因此，在实践上固化/稳定化技术更多用于无机污染土壤的治理与修复，在我国基本用于重金属污染物的处理。

固化/稳定化技术的显著优点是工艺简单、实施方便、工期短、效率高、成本低，对于难以去除污染物的土壤具有很好的风险控制效果。其缺点是不能从土壤中去除污染物，难以准确评估固化/稳定化后土壤中污染物的长期环境行为，需要长期监测等长期环境管理。这些缺点一定程度上限制了该技术的应用。

习题与思考题

1. 固化和稳定化的作用机理有何异同？
2. 水泥添加量较低时也可以作为稳定剂使用，其作用机理与作为固化剂时有何异同？
3. 固化/稳定化的机理包括哪些？
4. 举例说明什么是共沉淀。

5. 简述几种微生物介导的重金属固定机制，评价其实用价值和优缺点。

6. 我国对水稻田土壤中镉污染的控制曾广泛使用添加石灰的方法，请解释石灰对镉稳定化的机制。石灰对砷污染土壤的稳定有什么缺陷，如何克服？

7. 论述铁基材料稳定化重金属的机理，对哪种金属效果最明显，原理是什么。

8. 普通的碳基材料稳定重金属有什么缺陷，有哪些可以提升其稳定化能力的方法？

9. 分析硫化物稳定剂的优点和缺点。

10. 高分子聚合物对重金属的稳定化有何优点？在环境中使用需要注意什么？

11. 论述多金属污染土壤稳定化的难点以及如何配制有效的稳定化材料。

12. 固化体的无侧限抗压强度与水力传导系数之间有什么联系？

13. 论述常用的化学评价方法及使用场景。

14. 对于稳定化之后的砷污染土壤，采用哪种浸提剂比较合理？

15. 分析固化/稳定体长效评估的难点，目前有哪些评估方法，其缺点是什么。

16. 如何确定固化/稳定化后土壤的评价标准？

17. 如何选用原位和异位固化/稳定化的混合装备，混合程度如何控制才能保证较好的固化/稳定化效果？

18. 土壤与修复材料混合的难点是什么，哪些方法可以提升混合装备的效果？

19. 分析修复材料注入、高压旋喷和搅喷技术的优缺点。

20. 固化/稳定化技术在我国被认为是一种风险管控技术，在此之前曾大量使用，但之后使用越来越少，你如何看待这个问题？

参考文献

许大毛，等，2017. 老化土壤中重金属人体可给性及其健康风险评价[J]. 化工进展，36（07）：2632-2638.

ABD AZIZ A，et al，2019. Assessment of the stabilization of heavy metal contaminants in soils using chemical leaching and an earthworm bioassay[J]. Environmental Geochemistry and Health，41（1）：447-460.

ALI J，et al，2024. A review of sequential extraction methods for fractionation analysis of toxic metals in solid environmental matrices[J]. TrAC Trends in Analytical Chemistry，173：117639.

ALMAS Å R，et al，2019. The partitioning of Sb in contaminated soils after being immobilization by Fe-based amendments is more dynamic compared to Pb[J]. Applied Geochemistry，108：104378.

AMUSAT S O，et al，2021. Ball-milling synthesis of biochar and biochar-based nanocomposites and prospects for removal of emerging contaminants：a review[J]. Journal of Water Process Engineering，41：101993.

AN J，et al，2019. Evaluation of the effectiveness of in situ stabilization in the field aged arsenic-contaminated soil：chemical extractability and biological response[J]. Journal of Hazardous Materials，367：137-143.

ARNICH N，et al，2003. In vitro and in vivo studies of lead immobilization by synthetic hydroxyapatite[J]. Environmental Pollution，124（1）：139-149.

BADE R，et al，2012. Assessment of metal bioavailability in smelter-contaminated soil before and after lime amendment[J]. Ecotoxicology and Environmental Safety，80：299-307.

CAO X，et al，2004. Mechanisms of lead，copper and zinc retention by phosphate rock[J]. Environmental Pollution，131（3）：435-444.

COCKE D L，et al，1993. The chemistry and leaching mechanisms of hazardous substances in solidification/stabilization systems[M]. Boca Raton：Lewis Publishers.

CUI H B，et al，2022. Adsorption and immobilization of soil lead by two phosphate-based biochars and phosphorus release risk assessment[J]. Science of The Total Environment，824：153957.

DENIZ M M, et al, 2021. Effect of freezing-thawing cycles on the strength and pollutant leachability of stabilized/solidified metallurgical waste[J]. Environmental Science and Pollution Research, 28 (35): 49014-49031.

DU Y J, et al, 2016. Effect of carbonation on leachability, strength and microstructural characteristics of KMP binder stabilized Zn and Pb contaminated soils[J]. Chemosphere, 144: 1033-1042.

ESTABRAGH A R, et al, 2020. Effect of forced carbonation on the behavior of a magnesia-stabilized clay soil[J]. International Journal of Pavement Engineering, 23 (5): 1691-1705.

FAN J J, et al, 2020. Remediation of cadmium and lead polluted soil using thiol-modified biochar[J]. Journal of Hazardous Materials, 388: 122037.

FAN J, et al, 2020. One-pot synthesis of nZVI-embedded biochar for remediation of two mining arsenic-contaminated soils: arsenic immobilization associated with iron transformation[J]. Journal of Hazardous Materials, 398: 122901.

GAO R L, et al, 2020. Remediation of Pb, Cd, and Cu contaminated soil by co-pyrolysis biochar derived from rape straw and orthophosphate: speciation transformation, risk evaluation and mechanism inquiry[J]. Science of The Total Environment, 730: 139119.

GRAAFE M, et al, 2004. Formation of metalarsenate precipitates at the goethite-water interface[J]. Environmental Science and Technology, 38 (24): 6561-6570.

GRIFFIN R A, et al, 1976. Effect of ph on exchange-adsorption or precipitation of lead from landfill leachates by clay minerals[J]. Environmental Science and Technology, 10 (13): 1256-1261.

GU H H, et al, 2011. Mitigation effects of silicon rich amendments on heavy metal accumulation in rice (*Oryza sativa* L.) planted on multi-metal contaminated acidic soil[J]. Chemosphere, 83 (9): 1234-1240.

HAN H J, et al, 2020. Comparison of five extraction methods for evaluating cadmium and zinc immobilization in soil[J]. Environmental Geochemistry and Health, 42: 1-10.

HAZRATI S, et al, 2020. Functionalization of ultrasound enhanced sewage sludge-derived biochar: physicochemical improvement and its effects on soil enzyme activities and heavy metals availability[J]. Chemosphere, 269: 128767.

HAZTATI S, et al, 2020. Mitigation in availability and toxicity of multi-metal contaminated soil by combining soil washing and organic amendments stabilization[J]. Ecotoxicology and Environmental Safety, 201: 110807.

HETTIARACHCHI G M, et al, 2001. In situ stabilization of soil lead using phosphorus[J]. Journal of Environmental Quality, 30 (4): 1214-1221.

HOU R J, et al, 2020. Effect of immobilizing reagents on soil Cd and Pb lability under freeze-thaw cycles: implications for sustainable agricultural management in seasonally frozen land[J]. Environment International, 144: 106040.

HOU S Y, et al, 2019. Remediation performance and mechanism of hexavalent chromium in alkaline soil using multi-layer loaded nano-zero-valent iron[J]. Environmental Pollution, 252 (Part A): 553-561.

JIANG D N, et al, 2018. Difunctional chitosan-stabilized Fe/Cu bimetallic nanoparticles for removal of hexavalent chromium wastewater[J]. Science of The Total Environment, 644: 1181-1189.

JING H P, et al, 2019. Sustainable utilization of a recovered struvite/diatomite compound for lead immobilization in contaminated soil: potential, mechanism, efficiency, and risk assessment[J]. Environmental Science and Pollution Research, 26 (5): 4890-4900.

JONES L H P, et al, 1981. The Fate of Heavy Metal in the chemistry of soil processes[M]. Weinheim: John Wiley and Sons.

KAMEDA K, et al, 2017. Simultaneous and continuous stabilization of As and Pb in contaminated solution and soil by a ferrihydrite-gypsum sorbent[J]. Journal of Hazardous Materials, 327: 171-179.

KAMESWAR K S B, et al, 2015. Diffusion and leachability index studies on stabilization of chromium contaminated soil using fly ash[J]. Journal of Hazardous Materials, 297: 52-58.

KO M S, et al, 2015. Field assessment of arsenic immobilization in soil amended with iron rich acid mine drainage sludge[J]. Journal of Cleaner Production, 108 (Part A): 1073-1080.

LEWIS C, et al, 2020. Plant metal concentrations in Theobroma cacao as affected by soil metal availability in different soil types[J]. Chemosphere, 262: 127749.

LI S M, et al, 2020. Engineered biochar production and its potential benefits in a closed-loop water-reuse agriculture system

[J]. Water, 12 (10): 2847.

LI S W, et al, 2017. Effect of phosphate amendment on relative bioavailability and bioaccessibility of lead and arsenic in contaminated soils[J]. Journal of Hazardous Materials, 339: 256-263.

LI S, et al, 2020. Remediation of Cd-contaminated soils by GWC application, evaluated in terms of Cd immobilization, enzyme activities, and pakchoi cabbage uptake[J]. Environmental Science and Pollution Research, 27 (9): 9979-9986.

LI Y Y, et al, 2020. Remediation of hexavalent chromium in contaminated soil using amorphous iron pyrite: effect on leachability, bioaccessibility, phytotoxicity and long-term stability[J]. Environmental Pollution, 264: 114804.

LI Y, et al, 2021. Soil particle size fraction and potentially toxic elements bioaccessibility: a review[J]. Ecotoxicology and Environmental Safety, 209: 111806.

LINDSAY W L, et al, 1978. Development of a DTPA soil test for zinc, iron, manganese, and copper[J]. Soil Science Society of America Journal, 42: 421-428.

LIU C, et al, 2018. Combined amendments of nano-hydroxyapatite immobilized cadmium in contaminated soil-potato (*Solanum tuberosum* L.) system[J]. Bulletin of Environmental Contamination and Toxicology, 100 (4): 581-587.

LIU J J, et al, 2020. Zinc leachability in contaminated soil stabilized/solidified by cement-soda residue under freeze-thaw cycles[J]. Applied Clay Science, 186: 105474.

LIU S J, et al, 2016. Synthesis of a water-soluble thiourea-formaldehyde (WTF) resin and its application to immobilize the heavy metal in MSWI fly ash[J]. Journal of Environmental Management, 182: 328-334.

LYU H H, et al, 2018. Immobilization of hexavalent chromium in contaminated soils using biochar supported nanoscale iron sulfide composite[J]. Chemosphere, 194: 360-369.

MCKINLEY J D, et al, 2001. Chemical analysis of contaminated soil strengthened by the addition of lime[J]. Engineering Geology, 60: 181-192.

MCWHINNEY H G, et al, 1993. A surface study of the chemistry of zinc, cadmium and mercury in portland cement[J]. Waste Management, 13: 117-123

MEHLICH A, 2008. Mehlich 3 soil test extractant: a modification of Mehlich 2 extractan[J]. Communications in Soil Science and Plant Analysis, 15 (12): 1409-1416.

MENG Z W, et al, 2020. Transport and transformation of Cd between biochar and soil under combined dry-wet and freeze-thaw aging[J]. Environmental Pollution, 263 (Part B): 114449.

MICHALKOVA Z, et al, 2016. Selected Fe and Mn (nano) oxides as perspective amendments for the stabilization of As in contaminated soils[J]. Environmental Science and Pollution Research, 23 (11): 10841-10854.

MOLLAH Y M, et al, 1995. The interfacial chemistry of solidification/stabilization of metals in cement and pozzolanic material systems[J]. Waste Management, 15: 137-148.

MU J, et al, 2020. Preparation of a silicon-iron amendment from acid-extracted copper tailings for remediating multi-metal-contaminated soils[J]. Environmental Pollution, 257: 113565.

NING D F, et al, 2016. Impacts of steel-slag-based silicate fertilizer on soil acidity and silicon availability and metals-immobilization in a paddy soil[J]. Plos One, 11 (12): e0168163.

OSBORNE L R, et al, 2015. Lead immobilization and phosphorus availability in phosphate-amended, mine-contaminated soils[J]. Journal of Environmental Quality, 44 (1): 183-190.

PARK J H, et al, 2011. Comparative value of phosphate sources on the immobilization of lead, and leaching of lead and phosphorus in lead contaminated soils[J]. Science of The Total Environment, 409 (4): 853-860.

PEI G P, et al, 2017. Immobilization of lead by application of soil amendment produced from vinegar residue, stainless steel slag, and weathered coal[J]. Environmental Science and Pollution Research, 24 (28): 22301-22311.

PENIDO E S, et al, 2019. Combining biochar and sewage sludge for immobilization of heavy metals in mining soils[J]. Ecotoxicology and Environmental Safety, 172: 326-333.

SCHECKEL K G, et al, 2003. In vitro formation of pyromorphite via reaction of Pb sources with soft-drink phosphoric acid [J]. Science of The Total Environment, 302: 253-265.

SOAERS M A R, et al, 2015. Immobilisation of lead and zinc in contaminated soil using compost derived from industrial eggshell[J]. Journal of Environmental Management, 164: 137-145.

TIAN Y X, et al, 2024. Iron-based materials for immobilization of heavy metals in contaminated soils: a critical review[J]. Journal of Environmental Chemical Engineering, 12 (5): 113741.

TOMCZYK A, et al, 2023. Chemical modification of biochars as a method to improve its surface properties and efficiency in removing xenobiotics from aqueous media[J]. Chemosphere, 312: 137238.

VALLS S, et al, 2001. Accelerated carbonatation of sewage sludge-cement-sand mortars and itsenvironmental impact[J]. Cement and Concrete Research, 31 (9): 1271-1276.

WANG D X, et al, 2019. CO_2 carbonation-induced improvement in strength and microstructure of reactive MgO-CaO-fly ash-solidified soils[J]. Construction and Building Materials, 229: 116914.

WANG J L, et al, 2019. Preparation, modification and environmental application of biochar: a review[J]. Journal of Cleaner Production, 227: 1002-1022.

WANG L W, et al, 2020. Green remediation of Cd and Hg contaminated soil using humic acid modified montmorillonite: immobilization performance under accelerated ageing conditions[J]. Journal of Hazardous Materials, 387: 122005.

WANG P, et al, 2020. The influences of fly ash on stabilization for Cd in contaminated soils[J]. Environmental Science and Pollution Research, 27 (35): 43505-43513.

WANG T, et al, 2019. Immobilization of hexavalent chromium in soil and groundwater using synthetic pyrite particles[J]. Environmental Pollution, 255 (Part 1): 112992.

WANG Z, et al, 2022. An innovative and efficient multi-generation recycling system for waste concrete subjected to freeze-thaw environment: a theory model and case study[J]. Journal of Cleaner Production, 363: 132135.

WEN T T, et al, 2020. Effect of basic oxygen furnace slag on succession of the bacterial community and immobilization of various metal ions in acidic contaminated mine soil[J]. Journal of Hazardous Materials, 388: 121784.

XU D M, et al, 2022. A comparative assessment of metal bioavailability using various universal extractants for smelter contaminated soils: novel insights from mineralogy analysis[J]. Journal of Cleaner Production, 367: 132936.

XU D M, et al, 2021. Chemical stabilization remediation for heavy metals in contaminated soils on the latest decade: available stabilizing materials and associated evaluation methods-a critical review[J]. Journal of Cleaner Production, 321: 128730.

XU Q, et al, 2019. Lead was mobilized in acid silty clay loam paddy soil with potassium dihydrogen phosphate (KDP) amendment[J]. Environmental Pollution, 255 (Part 1): 113179.

XU Z B, et al, 2018. Contrasting impacts of pre-and post-application aging of biochar on the immobilization of Cd in contaminated soils[J]. Environmental Pollution, 242 (Part B): 1362-1370.

YAN P F, et al, 2016. Removal performances and mechanisms of action towards ethylenediaminetetraacetic acid nickel (Ⅱ) salt by dithiocarbamate compounds having different carbon chain lengths[J]. Journal of Cleaner Production, 122: 308-314.

YANG H F, et al, 2020. The evaluation of in-site remediation feasibility of Cd-contaminated soils with the addition of typical silicate wastes[J]. Environmental Pollution, 265 (Part B): 114865.

YANG J, et al, 2017. Chromium immobilization in soil using quaternary ammonium cations modified montmorillonite: characterization and mechanism[J]. Journal of Hazardous Materials, 321: 73-80.

YANG K, et al, 2020. Effect of aging on stabilization of Cd and Ni by biochars and enzyme activities in a historically contaminated alkaline agricultural soil simulated with wet-dry and freeze-thaw cycling[J]. Environmental Pollution, 268 (Part A): 115846.

YANG Z X, et al, 2021. Tuning direct CO hydrogenation reaction over Fe-Mn bimetallic catalysts toward light olefins: effects of Mn promotion[J]. Applied Catalysis B: Environmental, 285: 119815.

YONG R N, et al, 1996. Principles of contaminant transport in soils[M]. Oxford: Elsevier.

YU K, et al, 2017. Stabilization of heavy metals in soil using two organo-bentonites[J]. Chemosphere, 184: 884-891.

YUAN W Y, et al, 2019. Rapid Cr(Ⅵ) reduction and immobilization in contaminated soil by mechanochemical treatment with calcium polysulfide[J]. Chemosphere, 227: 657-661.

YUAN X Z, et al, 2018. Immobilization of heavy metals in two contaminated soils using a modified magnesium silicate stabilizer[J]. Environmental Science and Pollution Research, 25 (32): 32562-32571.

YUANG W Y, et al, 2018. Mechanochemical treatment of Cr(Ⅵ) contaminated soil using a sodium sulfide coupled solidification/stabilization process[J]. Chemosphere, 212: 540-547.

ZHANG D W, et al, 2017. Effect of carbonation on leaching behavior, engineering properties and microstructure of cement-stabilized lead-contaminated soils[J]. Environmental Earth Sciences, 76 (21): 724-735.

ZHANG H, et al, 2024. A field trial for remediation of multi-metal contaminated soils using the combination of fly ash stabilization and *Zanthoxylum bungeanum-Lolium perenne* intercropping system[J]. Journal of Environmental Management, 361: 121231.

ZHANG M L, et al, 2020. Stabilization of heavy metals in MSWI fly ash with a novel dithiocarboxylate-functionalized polyaminoamide dendrimer[J]. Waste Management, 105: 289-298.

ZHANG X D, et al, 2019. Nanoscale dispersing of zero-valent iron on $CaCO_3$ and their significant synergistic effect in high performance removal of lead[J]. Chemosphere, 224: 390-397.

ZHANG X Y, et al, 2020. Effects of sodium sulfide application on the growth of Robinia pseudoacacia, heavy metal immobilization, and soil microbial activity in Pb-Zn polluted soil[J]. Ecotoxicology and Environmental Safety, 197: 110563.

ZHANG Y, et al, 2020. Stabilization process and potential of agro-industrial waste on Pb-contaminated soil around Pb-Zn mining[J]. Environmental Pollution, 260: 114069.

ZHANG Z, et al, 2023. Solidification/stabilization and risk assessment of heavy metals in municipal solid waste incineration fly ash: a review[J]. Science of The Total Environment, 892: 164451.

ZHAO B, et al, 2020. Sulfur-modified biochar as a soil amendment to stabilize mercury pollution: an accelerated simulation of long-term aging effects[J]. Environmental Pollution, 264: 114687.

ZHU Q H, et al, 2012. Flooding-enhanced immobilization effect of sepiolite on cadmium in paddy soil[J]. Journal of Soils and Sediments, 12 (2): 169-177.

第11章

土壤异位洗脱技术

11.1 概述

从土壤中分离去除污染物是土壤修复最朴素的基本思路，是彻底清洁污染土壤最理想的手段，洗脱和淋洗技术就是这种思路的代表。场地修复行业里通常将洗脱/洗涤（soil washing）和淋洗（in situ flushing）放在一起介绍，主要是基于它们去除污染物的原理相似，但实际上，洗脱是异位修复技术，淋洗是原位修复技术，在工艺设计、操作过程、技术难度和修复效果上都有显著的不同。异位修复是脱离场地原地的处理技术，土壤可以在人为设计的反应器中进行处理，从这个角度看，土壤洗脱、化学萃取、异位化学氧化/还原、泥浆生物法等技术都具有相似的工艺系统，本书把原位淋洗放到基于药剂注入修复技术中介绍。

国外文献中通常把土壤洗脱用的溶剂仅限于水或增溶剂，而把采用其他化学溶剂的方法另称为溶剂萃取法（solvent extraction），由于其原理、工艺基本与土壤洗脱技术一致，而且并不常用，本书不再做单独介绍。由于第 13 章对原位化学氧化还原法有较为详细的介绍，异位化学法也不再做单独介绍；泥浆生物法放到第 15 章生物修复技术部分介绍。

本章对异位洗脱技术的定义与发展、原理、技术类型、技术要素、系统设计、运行维护和监测以及技术适用性等做相关介绍。

11.2 定义与发展

土壤洗脱（soil washing）是一种以水为基础的异位修复技术，通过粒径分级将富集大部分污染物的细颗粒土壤分离出来单独处理，并在该过程中依靠水或其他溶剂的物理和化学提取与分离作用从土壤中去除各种有机、无机和放射性污染物。该技术最早在采矿、选矿和选矿废水处理行业中长期使用（USEPA，1993）。

1982 年，异位洗脱经实践验证是一种对污染土壤和沉积物经济可行的有效处理技术。20 世纪 80 年代末至 90 年代初，异位洗脱在欧洲得到普遍使用。1995 年起，美国开展了异位洗脱技术的示范工程和推广，从选定的 300 项创新技术中，选择了 9 个地点开展异位洗脱示范（ITRC，1997）；同期，该技术在加拿大也得到迅猛发展。洗脱技术最初在采矿、选矿行业中使用较多（USEPA，1993），现已成为污染土壤修复的重要技术之一。在美国、加拿大、欧洲和日本等针对重金属、石油烃、多氯联苯、农药、放射性等污染场地土壤都有大量应用，部分应用案例如表11.1所示。国际上也有大量成熟的工艺和设备，供应商多分布于欧洲沿海国，这些国家河流湖泊众多，土壤中砂土含量占比较高，非常适合使用土壤洗脱技术。

我国在"十一五"期间对该技术开展了相关研究和示范工程，"十二五"期间洗脱装备逐渐市场化应用。近年来，受场地关键管理政策的影响，洗脱技术在工程中开始大量应用，以修复重金属污染土壤为主，也有修复石油烃污染土壤的研究和示范。

表11.1 异位土壤洗脱技术应用案例

序号	场地名称	目标污染物	规模	效果
1	美国新泽西州 King of Prussia 超级基金场地	Cr、Cu、Ni	19200t	>90%重金属经物理分离后去除
2	加拿大蒙特利尔市的7块棕地	Cu、Pb、Zn	22300t	—
3	美国南卡罗来纳州 Palmetto 木材防腐厂	As、Cr	10000m^3	As、Cr 从最高 6200ppm① 降至<1ppm 及 627ppm
4	美国加利福尼亚州 Santa Maria 某场地	石油、PCBs、PAHs	工程示范；30～65t/h	石油烃去除率 99%
5	加拿大蒙特利尔 Longue Pointe	Pb	150000t	去除率 93%
6	美国圣地亚哥某海军飞行基地	PCBs、氯代杀虫剂、PAHs、多氯二苯并对二噁英(PCDDs)等	—	去除率 98.4%
7	英国伦敦 Queen Elizabeth Olympic Park 2012 奥林匹克公园	有机物(苯、甲苯、乙苯、二甲苯、多环芳烃、全氟化碳、氯化溶剂)、金属、氰化物	700000m^3	—
8	美国加利福尼亚州 Hanford 土壤洗脱示范工程	铀及其他金属、有机物	380t	300t 含其他金属、有机物和低浓度铀的土壤，污染土壤减重 93%；80 t 含高浓度铜和铀的土壤，污染土壤减重 91%
9	美国阿拉斯加 Prudhoe 海湾	总石油烃(TPH)、Pb	10000t	96% TPH；93% 总铅；94% TCLP 铅

① $1ppm=10^{-6}$。

11.3 原理

土壤洗脱是采用物理分离或增效洗脱等手段，通过添加水、化学溶剂甚至是气体，与土壤中的污染物发生一系列物理化学过程，达到分离重污染土壤组分或使污染物从土壤固相转移到液相等目的的修复技术，也被认为是一种减少高浓度污染土壤体量的前处理环节。

洗脱过程涉及的机理主要包括：粒径分级、溶解、配位作用。

粒径分级是一个物理分离过程。场地中的土壤是由粒径不等的土壤组成的，污染物主要与粒径较小的黏性土或粉土结合，而砂砾等大颗粒土壤的污染物结合力较弱，很容易被水冲洗下来。通过筛分、重力分离把土壤分成不同粒径的组分，富含污染物的细颗粒土壤得到减量，采用其他技术进一步处理，这个过程也称富集作用。减量后的高污染土壤通常为原体积的 5%～40%。

溶解是将水加入土壤中使其中的污染物溶解到水中从而实现分离的作用。为了增加对污染物的溶解作用，可采用其他化学物质进行增溶，如通常采用酸溶液提取土壤中的重金属，采用表面活性剂促进土壤中有机物的溶解。

配位作用是采用螯合剂溶液浸提污染土壤，螯合剂与土壤中的重金属结合成溶解性的配合物进入水相中，达到污染物分离的目的。

11.4 技术类型

以洗脱液与土壤运动、接触的方式划分，土壤洗脱可分为四种类型：旋转型、搅拌型、振动型及流动型。

（1）旋转型洗脱

旋转型洗脱是土壤在旋转筒的旋转带动下从一段向另一端移动，在这个过程中洗脱液喷洒到土壤中进行洗脱，洗脱后的土壤与洗脱液分别从转筒的另一端排出。图 11.1 为两种旋转型洗脱方式。其结构由外筒、旋转内滚筒、支架、电动机和一些附件构成，旋转内滚筒置于外筒内部。电动机带动内滚筒旋转，实现土壤输送以及土壤混合洗脱。

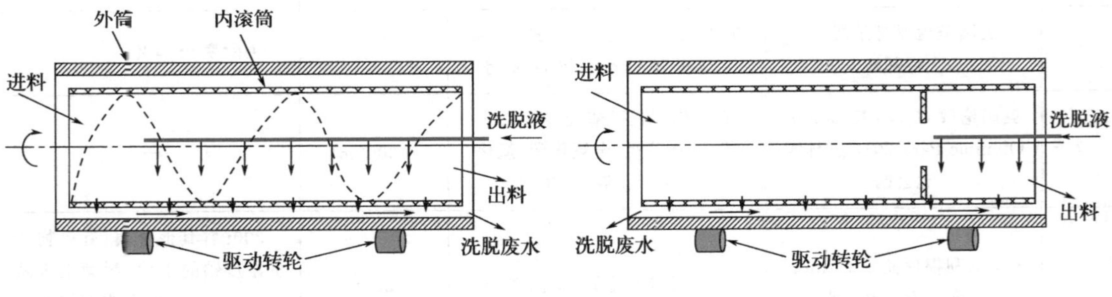

图 11.1 旋转型洗脱方式示意图

（2）搅拌型洗脱

搅拌型洗脱主要利用旋转搅拌杆或叶片对土壤与洗脱液进行拌合、搅动，使土壤从一端移到另一端，过程中洗脱液对土壤进行洗脱。按照搅拌模式又分为搅拌器型、螺杆型和斜管搅拌器型几种方式，如图 11.2 所示，常用的是搅拌器型，后两者洗脱物料混合不够均匀，土壤湿润不充分。搅拌型洗脱的优点是结构简单，运行稳定，生产效率较高。

（3）振动型洗脱

振动型洗脱的工作原理是使土壤与洗脱液在振动过程中发生筛分和污染物分离。又分振动筛、振动冲洗器与超声波振动几种形式，振动洗脱示意图如图 11.3 所示。最常使用的是振动筛，靠振子激振产生往复振动，筛面的平面回旋振动由振子的上旋转重锤产生，筛面产

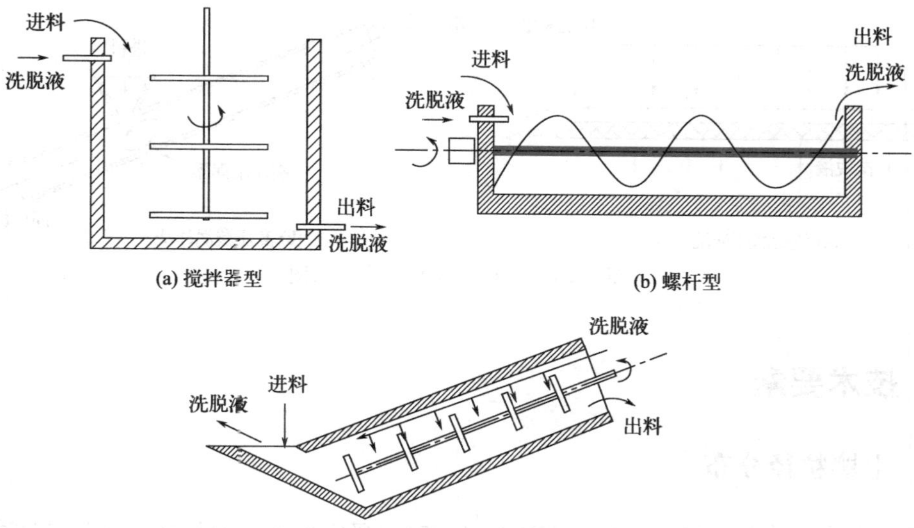

(c) 斜管搅拌器型

图 11.2 搅拌型洗脱方式示意图

生的锥面回转振动则依靠下旋转重锤，其联合作用的效果则使筛面产生复旋型振动。振动设备一般由筛网和振子组成。通过调节上、下旋转重锤的激振力及空间相位角，可以改变振幅与物料的运动轨迹。超声波振动采用超声发生器对土壤进行超声振动洗脱。

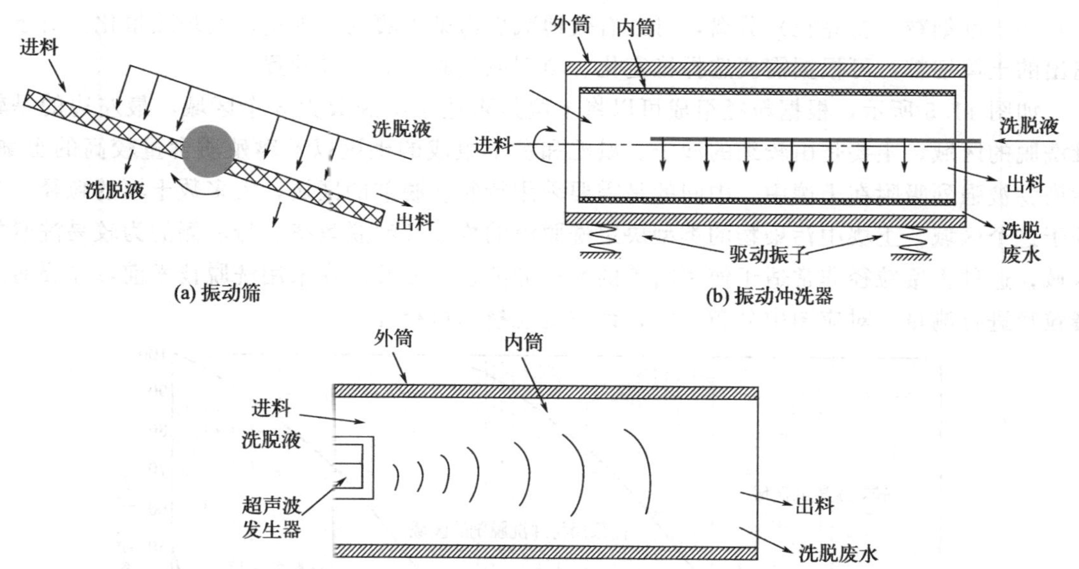

(c) 超声波振动

图 11.3 振动型洗脱方式示意图

（4）流动型洗脱

流动型洗脱（图 11.4）是靠高压冲洗的射流作用，使土壤得到高效冲刷或土水混合物急速湍流摩擦，从而使污染物分离的过程。一般利用高压水发生装置将水加压至数百个大气压，再通过具有细小孔径的喷射装置转换为高速的微细水射流。高压冲洗相较于化学冲洗具有效率高、成本低、不损伤工件、不污染环境、操作方便、安全等优点，但是受进料土壤性质影响较大，运行连续性与工作能力相对较低。

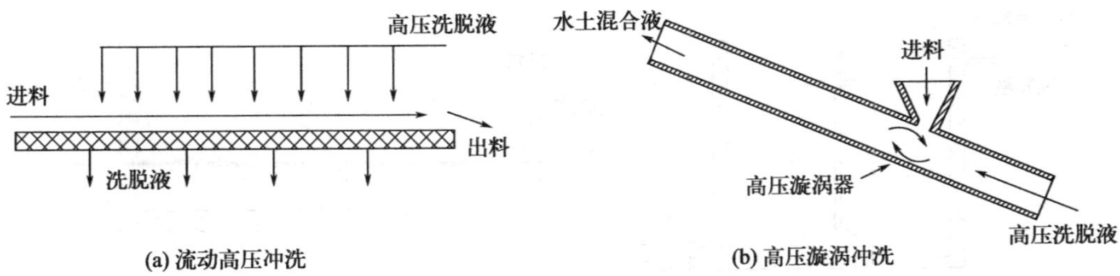

图 11.4　流动型洗脱方式示意图

11.5　技术要素

11.5.1　土壤粒径分布

土壤洗脱的关键在于粒径分布（ITRC，1997）。研究发现，有机和无机污染物主要富集在粒径较小的黏土或者粉土颗粒中，这些颗粒又通过物理过程（主要是压实作用和吸附作用）附着在沙子和砂石上。小粒径土壤颗粒中的有机质含量高，对有机污染物和无机物具有更好的分配能力。此外，小粒径土壤颗粒具有更高的比表面积，吸附污染物的能力更强。不同粒径土壤对污染物的富集情况详见第 2 章论述。

因此，通过筛分、水力分选及重力浓缩等分离手段将较大颗粒的土壤组分（砾石、砂粒）同土壤细粒（粉黏粒）分离，可以有效地减少污染土壤的处理量，实现减量化。对于分离出的土壤细粒，可根据需要选择稳定化、填埋或热脱附等方式处置。

如图 11.5 所示，根据粒径组成可以将土壤是否适于洗脱分为 3 个区域，最左边的是较难洗脱的区域，主要是由较细的沙子、淤泥和黏土组成的土壤以及腐殖质含量较高的土壤，污染物被强烈吸附在土壤中。中间的是需要采用特殊洗脱剂的区域，大多数土壤的粒径分布处于这个区域，土壤中污染物的类型决定洗脱液的构成及洗脱效率。最右侧的为较易洗脱的区域，这种土壤粒径非常适于使用简单的粒径分离进行处理。在采用洗脱技术前，需要对土壤粒径进行测量，对应图中分布区域，评估洗脱技术可行性。

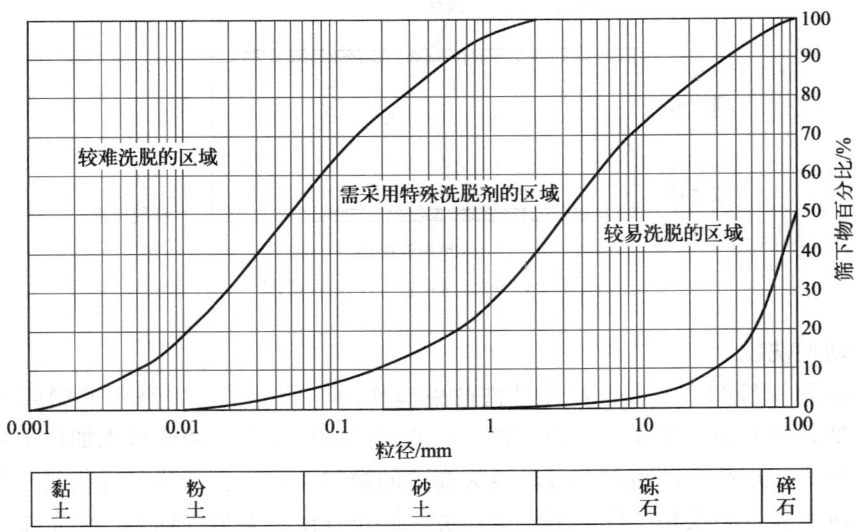

图 11.5　适用土壤洗脱技术的粒径范围（USEPA，1990）

土壤粒径分布测定方法有多种，如筛分法、密度计法（旧称比重计法）、激光粒度仪法、显微镜法等。《土工试验方法标准》（GB/T 50123—2019）规定筛分法适用于分析粒径 0.075～60mm 的土。细颗粒（包括粉砂粒、粉粒和黏粒、胶粒）不能用筛分法，而应依据斯托克斯（Stokes）定律，采用密度计法或吸液管法测定。工程实践证明，采用湿筛分法测得的粒径更适合洗脱技术的使用。方法是分散土样，将通过 2mm 筛孔的风干土样制成悬浊液。粒径大于 0.063mm 的颗粒用 0.60mm 及 0.212mm 筛子进行湿法筛分，小于 0.063mm 的颗粒采用密度计法或吸液管法测定。根据各级颗粒质量计算其百分含量，并在半对数纸上绘制土壤粒径累积分布曲线，从而确定土壤粒径。

斯托克斯公式为：

$$F_d = 6\pi\eta rV \tag{11.1}$$

物体在流体中因自身的重量而下落，其速度为：

$$V = \frac{2}{9} \times \frac{r^2 g(\rho_p - \rho_f)}{\eta} \tag{11.2}$$

式中 F_d——颗粒下沉受到的阻力；

V——流速；

g——重力加速度；

r——粒径；

η——流体的黏滞系数；

ρ_p——颗粒密度；

ρ_f——流体密度。

例题 11.1 经实验测得某场地土壤砂粒、粉粒和黏粒含量分别为 61.2%、13.3% 和 25.5%，判断该土壤的质地为哪一类型，该类土壤类型是否适合进行洗脱处理。

解： 根据美国农业部土壤质地分类标准，在图 11.6 中找出砂粒、粉粒和黏粒含量范围对应的区域为砂质黏壤土，土壤洗脱最适合处理含有至少 50% 砂砾的非复杂土壤，就该类土壤质地而言，可以考虑采用洗脱修复技术。

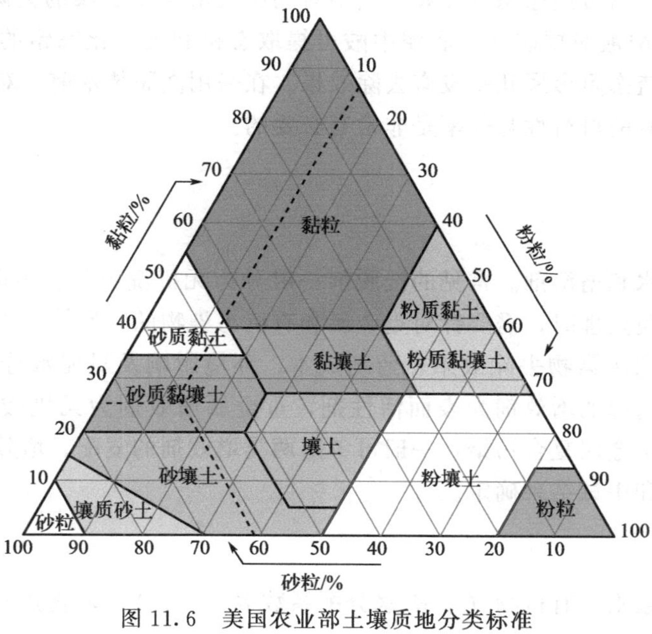

图 11.6 美国农业部土壤质地分类标准

11.5.2 有机质含量

有机质是影响土壤洗脱效率的重要因素。土壤中有机质的含量与性质决定了土壤对污染物的吸附能力，特别是对有机污染物的分配能力（详见第3.5.1节介绍）。有机质含量不同，其分配系数差异很大。具有低分配系数的化学物质是相对亲水的，往往具有较高的水溶性；而具有高分配系数（$K_{ow}>10^4$）的往往是疏水性的，倾向于在有机表面上积聚，例如腐殖质土壤中的强固定作用，很难被洗脱去除。

11.5.3 阳离子交换容量

阳离子交换能力（与污染物质交换阳离子的能力）相对较高的土壤往往会与污染物结合得更紧密，这会限制洗脱过程将污染物从土壤中分离出来。阳离子交换容量参见第2.4.8.3节。

11.5.4 污染物类型与形态分布

污染物的类型包括有机物和无机物。有机物种类繁多，其在土壤中的分配能力取决于污染物的分配系数。疏水性有机物如多氯联苯、多环芳烃类等一般难以通过物理分离得到有效去除，需要添加表面活性剂等增效剂进行增效洗脱处理。

土壤中污染物的形态更多是针对重金属而言的。土壤中重金属的稳定性与其形态密切相关，其中不稳定态的重金属含量是影响洗脱效率的重要因素。按照Tessier的五步提取法，重金属在土壤中的形态分为可交换态、铁锰氧化态、碳酸盐结合态、有机结合态与残渣态，其中前三者被认为是不稳定态，有机结合态与残渣态是稳定态。按照BCR分步提取法可分为弱酸可溶态、可还原态、可氧化态与残渣态四种形态，其中弱酸可溶态与可还原态重金属的生物可利用性高，是不稳定态。不同形态的重金属的去除也与洗脱剂的性质有关，柠檬酸主要去除弱酸可溶态与可还原态重金属，其中对弱酸可溶态重金属的去除率依次为Zn>Cu>Pb>Cd；乳酸发酵液对尾矿坝口底泥中酸可提取态铅和可氧化态铅的去除效果较好；大部分的洗脱剂对残渣态重金属几乎没有去除效果。在采用洗脱技术前，对土壤重金属的形态进行分析，评估洗脱的可行性与效率是非常有必要的。

11.5.5 洗脱剂

洗脱剂主要是水和增溶剂。常见的洗脱剂一般分为无机洗脱剂、表面活性剂和螯合剂。当需要进行增效洗脱处理时，需要针对重金属和有机污染物的特性筛选不同的增效剂。增效剂的选择应综合考虑污染物去除效果、药剂成本、环境影响及对泥水分离和废水处理的影响。一般有机污染选择的增效剂为表面活性剂，重金属增效剂为无机酸、EDTA及柠檬酸等。对于有机物和重金属复合污染，一般可考虑两类增效剂的复配。增效剂的种类和剂量一般根据可行性实验和中试结果确定。

11.5.5.1 水溶液

对于可溶性（亲水）有机物（辛醇-水分配系数$K_{ow}<10$），如低分子量的醇、酚和羧酸

以及一些无机盐（如硫酸盐、氯化物以及可溶性重金属盐），清水冲洗是最有效的。中等溶解度污染物（$10<K_{ow}<1000$）可通过水或表面活性剂溶液冲洗去除，包括低至中分子量的酮类、醛类、芳烃以及低分子量的卤代烃，如三氯乙烯（TCE）。

11.5.5.2 无机洗脱剂

无机洗脱剂包括无机酸、碱和无机盐等，这些试剂成本较低，反应较快，效果较好。其作用机理为通过酸解、离子交换等作用破坏重金属与土壤的结合，然后将重金属浸取出来。常用的无机洗脱剂有HCl、H_2SO_4、$FeCl_3$和$CaCl_2$等，其中HCl和$FeCl_3$溶液处理效果较好。但强酸对土壤结构及生物性质破坏作用较大，同时产生大量废液，增加后处理成本，因此强酸作为洗脱剂使用较少。碱性溶液可以用来处理与土壤有机组分结合的苯酚和金属。

11.5.5.3 助溶剂/表面活性剂

助溶剂通常是醇，是一类既溶于水又溶于NAPL的化学物质。在产生增溶作用的溶液中，乙醇可将NAPL相和水相分离。

表面活性剂按照来源可分为人工化学合成和天然生物提取物，按性质可以分为阳离子表面活性剂、阴离子表面活性剂及其他类型表面活性剂。

（1）人工化学合成表面活性剂

人工化学合成表面活性剂的作用机理为通过增溶、增流、促进离子交换等作用，增加重金属污染物在水中的溶解性。常见的有十二烷基苯磺酸钠（SDBS）、十二烷基硫酸钠（SDS）、曲拉通（Triton）、吐温（Tween）、吉雷波（Brij）等。由于其价格昂贵、生物降解性差，使用受到一定限制。

（2）天然生物提取表面活性剂

由微生物、植物或动物发酵产生的天然表面活性剂，如糖脂、脂肽、中性类脂衍生物、鼠李糖脂、单宁酸、皂角苷、腐殖酸、环糊精及其衍生物等。通常天然生物提取表面活性剂无毒，可生物降解，对环境影响很小。它们通常比合成表面活性剂的化学结构更为复杂和庞大，单个分子占据更大的空间，表面活性大，因而临界胶束浓度较低，清除重金属的效果较好（Elgh-dalgren，2009）。例如，鼠李糖脂是由假单胞菌发酵产生的阴离子生物表面活性剂，兼具良好的化学和生物特性，具有油、水两亲性，可以降低水表面张力，无毒，可生物降解，对土壤中多种重金属和有机物都具有较好的洗脱效果。

（3）阳离子表面活性剂

阳离子表面活性剂通过改变土壤表面性质促进金属阳离子从固相转移到液相中，作用机理为离子交换作用。表面活性剂分子链越长，效应越高，常见的有季铵化物等。当表面活性剂的吸附作用等于或超过土壤阳离子交换量时，表面活性剂能显著促进微量金属阳离子的吸附作用。

（4）阴离子表面活性剂

阴离子表面活性剂通过吸附作用吸附到土壤颗粒表面再与金属发生配位作用，使金属溶于溶液中。常见的阴离子表面活性剂有SDBS、SDS、直链烷基苯磺酸盐（LAS）等。其生物降解性差，容易残留造成土壤二次污染。

（5）其他类型表面活性剂

其他还有两性表面活性剂如聚氧乙烯聚氧丙烯型、聚乙二醇型、糖苷（APG）型等，以及非离子表面活性剂如吐温、OP-10、AEO、TritonX等。

11.5.5.4 螯合剂

螯合剂按照来源可分为人工化学合成和天然生物提取物。

化学合成的螯合剂作用机理是通过螯合作用将吸附在土壤颗粒及胶体表面的重金属离子转移到液相中。常见的有氨基多羧酸系列物质，如乙二胺四乙酸（EDTA）、乙二胺二琥珀酸（EDDS）（Lukas，2005；Ferraro，2016）和谷氨酸二乙酸四钠（GLDA）、羟乙基替乙二胺三乙酸（HEDTA）、二乙基三乙酸（NTA）、乙二醇双四乙酸（EGTA）、乙二胺二乙酸（EDDHA）、环己二胺四乙酸（CDTA）、甲基甘氨酸二乙酸（MGDA）（Susan，2004）等。它们在较宽 pH 范围内都有很好的处理效果，但缺点是价格较高，生物降解性较差，容易残留在土壤中造成二次污染。易生物降解的无毒 DTPA-5Na 螯合能力比较强，能迅速与钙、镁、铁、铅、铜、锰等离子生成水溶性螯合物，尤其对高价态金属螯合能力强，且有良好的性价比（Zygmunt，2020）。

天然螯合剂多为有机酸。有机酸分子量较小，与土壤中的重金属形成可溶性的配合物，从而增加金属离子的活性和移动性。常见的天然螯合剂有草酸、酒石酸、乳酸、柠檬酸、苹果酸、丙二酸、乙酸、组氨酸以及其他类型天然有机物质等。这类洗脱剂自然条件下易降解，是环境友好的化学洗脱剂，但修复能力有限。

11.5.5.5 复配洗脱剂

复配洗脱剂是指对不同类型的洗脱剂进行优化复配，运用复配药剂的协同增溶效应，达到提升土壤污染物去除效率和节约洗脱剂使用量的目的。如无机盐之间的复合（如 $CaCl_2$ 与 NaCl），无机盐与酸之间的复合（如 $FeCl_3$ 与 HCl、$FeCl_3$ 和有机酸），无机盐、无机酸与配合剂之间的复合（如 $CaCl_2$、HCl 与 EDTA）。

11.5.6 固液比

采用旋流器分级时，一般控制给料的土壤浓度在 10%左右；机械筛分根据土壤机械组成情况及筛分效率选择合适的水土比，一般为 5∶1～10∶1。增效洗脱单元的水土比根据可行性实验和中试结果来设置，一般水土比为 3∶1～20∶1。土壤细粒含量偏高时可提高物理分离和增效洗脱的水土比，以提高物料混合及洗涤效果。由于土壤中有溶解性盐类（如钠），也需要一定的水土比，以防止过度积聚。

11.5.7 接触时间

接触时间也称停留时间，一般分两部分：在转筒或振动筛等进行粒径分级时，洗脱液立即喷入，接触时间相对较短；细颗粒分离出来后，由于污染物含量大，一般进入后续环节，在一个或几个洗脱池中与洗脱液进行混合搅拌，物理分离的物料停留时间根据分级效果及处理设备的容量来确定。增效洗脱时间经验上一般为 20min 到 2h，延长洗脱时间有利于污染物去除，但同时也降低了处理效率，因此应根据可行性实验、中试结果以及现场运行情况选择合适的洗脱时间。

当一次分级或增效洗脱不能达到既定土壤修复目标时，可采用多级连续洗脱或循环洗脱。

11.6　系统设计

11.6.1　物质平衡计算

异位洗脱是在反应器中进行的，一般采用连续式和序批式反应器。

根据质量平衡方程，污染土壤在洗脱后，一部分污染物从土壤中脱离进入洗脱液中，反应达到平衡后，反应器中洗脱前后土壤中的污染物浓度与洗脱液中的污染物浓度的关系为：

$$X_i M_{sw} = S_i M_{sd} + C_i V_w = S_f M_{sd} + C_f V_l + C_f V_w \tag{11.3}$$

式中　X_i——土壤洗脱前污染物浓度，包括土壤颗粒上与土壤水分中的污染物，mg/kg；

M_{sw}、M_{sd}——洗脱前土壤湿重和干重，kg，二者与密度之间的关系为 $M_{sd}/M_{sw} \approx \rho_d/\rho_t$；

ρ_d——土壤干体密度，g/cm^3；

ρ_t——土壤湿体密度（总堆积密度），g/cm^3；

S_i——洗脱前土壤颗粒中的污染物浓度，mg/kg；

S_f——洗脱后土壤颗粒中的污染物浓度，mg/kg；

C_i——洗脱前土壤水分中污染物浓度，mg/L；

C_f——洗脱液中污染物浓度，mg/L；

V_w——洗脱前土壤水分体积，L；

V_l——洗脱液的体积，L。

一般来说，土壤水分中的污染物含量远小于土壤颗粒中的含量，洗脱之后洗脱液中的污染物浓度虽有所增加，但是由于土壤水分含量较少，也认为土壤水分中的污染物含量远小于土壤颗粒中的含量。特别是，当洗脱前土壤含水量较低或者污染物的分配系数较低时，上式中 $C_i V_w$ 和 $C_f V_w$ 可以忽略，公式可简化为：

$$S_i M_{sd} \approx S_f M_{sd} + C_f V_l \tag{11.4}$$

在洗涤结束达到平衡状态时，土壤中的污染物浓度与液体中的污染物浓度可由分配方程联系起来：

$$S_f = K_d C_f \tag{11.5}$$

将上式代入式（11.4），有

$$S_f = \frac{1}{1+\left(\frac{V_l}{M_{sd}K_d}\right)} \times S_i \tag{11.6}$$

如果反应器是一系列的串联，则最后土壤中污染物的浓度为：

$$\frac{S_f}{S_i} = \frac{1}{1+\left(\frac{V_{l,1}}{M_{sd}K_d}\right)} \times \frac{1}{1+\left(\frac{V_{l,2}}{M_{sd}K_d}\right)} \times \frac{1}{1+\left(\frac{V_{l,3}}{M_{sd}K_d}\right)} \times \cdots \tag{11.7}$$

又由于$\frac{S_f}{S_i} \approx \frac{X_f}{X_i}$，则式（11.6）、式（11.7）可表达为：

$$X_f = \frac{1}{1+\left(\frac{V_l}{M_{sd}K_d}\right)} \times X_i \tag{11.8}$$

式中　X_f——土壤洗脱后污染物浓度，包括土壤颗粒上与土壤吸附水分中的污染物，mg/kg。

$$\frac{X_{\mathrm{f}}}{X_{\mathrm{i}}}=\frac{1}{1+\left(\frac{V_{1,1}}{M_{\mathrm{sd}}K_{\mathrm{d}}}\right)}\times\frac{1}{1+\left(\frac{V_{1,2}}{M_{\mathrm{sd}}K_{\mathrm{d}}}\right)}\times\frac{1}{1+\left(\frac{V_{1,3}}{M_{\mathrm{sd}}K_{\mathrm{d}}}\right)}\times\cdots \tag{11.9}$$

例题 11.2 某场地中有 $3000\mathrm{m}^3$ 的土壤受到二氯甲烷与二甲苯污染，平均浓度分别为 420mg/kg 和 300mg/kg。拟采用异位洗脱对污染土壤进行修复，修复目标分别为 94mg/kg 和 163mg/kg。如果采用序批式洗脱反应器，使用的洗脱剂为清水，计划 3 个月内完成修复。场地调查已获得的场地参数为：土壤干体密度为 $1.65\mathrm{g/cm}^3$，土壤颗粒密度为 $2.6\mathrm{g/cm}^3$，土壤有机碳含量为 1%。试设计洗脱反应器的体积。

解：

a. 查得二氯甲烷的 $\lg K_{\mathrm{ow}}=1.3$，则 $K_{\mathrm{ow}}=20$；二甲苯 $\lg K_{\mathrm{ow}}=3$，$K_{\mathrm{ow}}=1000$。由 $K_{\mathrm{oc}}=0.63K_{\mathrm{ow}}$，分别得到二氯甲烷的 $K_{\mathrm{oc}}=12.6$，二甲苯的 $K_{\mathrm{oc}}=630$。

b. 由 $K_{\mathrm{d}}=f_{\mathrm{oc}}K_{\mathrm{oc}}$，得：二氯甲烷的 $K_{\mathrm{d}}=0.126\mathrm{L/kg}$，二甲苯的 $K_{\mathrm{d}}=6.3\mathrm{L/kg}$。

c. 土壤干重为 $M_{\mathrm{sd}}=3000\times1.65\times10^3=4950000$（kg），每天需要处理 4950000/90＝55000（kg）；土壤颗粒固体骨架所占体积为 55000/2.6＝21.2（m^3）。

d. 根据修复目标要求，由式：

$$\frac{S_{\mathrm{f}}}{S_{\mathrm{i}}}=\frac{1}{1+\left(\frac{V_1}{M_{\mathrm{sd}}K_{\mathrm{d}}}\right)}$$

对二氯甲烷，有：

$$\frac{94}{420}=\frac{1}{1+\left(\frac{V_1}{55000\times0.126}\right)}$$

得：水量 $V_1=24.0\mathrm{m}^3$

同理，对二甲苯，所需的水量为 $V_1=355.0\mathrm{m}^3$。

由计算结果得知，对二氯甲烷来说，需要的水量很少，二氯甲烷的 K_{d} 很小，不容易在土壤中富集，易于洗脱出来，而对二甲苯来说，K_{d} 相对较大，容易富集在土壤中，相对来说洗脱去除的难度要大，可考虑选择增强洗脱剂。

按要求，只用水作为洗脱剂，则反应器中每天需水 $355\mathrm{m}^3$ 即可同时满足二氯甲烷和二甲苯的洗脱达标要求。假如停留时间为 2h 即可达到平衡状态，按一天工作 10h 计，考虑进出水时间，需要 4 个批次洗脱，即每批次处理土壤为 13750kg，所需水量为 $88.8\mathrm{m}^3$。水土比为 6.5∶1。如果设置一个反应器，则反应器的理论有效体积为水的体积加上土壤的体积，即 88.8＋21.2＝110（m^3）。实际设计反应器尺寸时，还需考虑反应平衡程度、水的损耗、反应器超高等因素。

例题 11.3 某铅锌冶炼场地中土壤以黏土为主，对场地加密采样检测，结果显示 Pb、Cd、As 的平均含量分别为 2781.6mg/kg、95.3mg/kg 和 88.4mg/kg，如果三种重金属的修复目标分别为 800mg/kg、65mg/kg 和 60mg/kg，且土壤污染程度足够均匀，请判断该土壤是否适合采用洗脱方法进行修复。

解：重金属的洗脱效率可以用式（11.8）计算，但是区别于有机污染物，土壤中重金属的分配系数不确定性极大，计算的结果偏差很大。土壤中的重金属是否能够洗脱去除，主要取决于重金属的形态，一般有效态才能被洗脱去除，因此可以采用有效态的方法判定。

本题中只知道重金属的总量无法判断洗脱去除的程度。重金属五步提取法的形态中，通常认为可交换态与碳酸盐结合态不稳定，铁锰结合态中也会有一部分会被置换出来，但具体的量不容易确定。可采用有效态法（DTPA-TEA-$\mathrm{CaCl_2}$）对土壤进行分析，结果如表 11.2 所示。

表 11.2 土壤重金属形态分布

污染物	总量/(mg/kg)	标准差	有效态含量/%	标准差
Pb	2781.6	68.97	35.7	0.3
Cd	95.3	21.07	35.3	0.49
As	88.4	3.13	1.5	0.1

假如有效态重金属能被完全提取出来，则只有 Cd 经洗脱后可以达到修复目标。一般实际洗脱工程的修复效率会低于测定的有效态含量。

11.6.2 工艺流程

异位土壤洗脱工艺流程一般包括土壤预处理设备（如破碎机、筛分机等）、输送设备（皮带机或螺旋输送机）、物理筛分设备（湿法振动筛、滚筒筛、水力旋流器、螺旋选矿机、跳汰机等）、增效洗脱设备（洗脱搅拌罐、滚筒清洗机、水平振荡器、加药配药设备等）、泥水分离及脱水设备（沉淀池、浓缩池、脱水筛、压滤机、离心分离机等）、废水处理系统（废水收集箱、沉淀池、物化处理系统）、泥浆输送系统（泥浆泵、管道等）、自动控制系统等，如图 11.7 所示。具体场地修复中可选择单独或联合使用物理分离单元和增效洗脱单元。在能够将污染物浓度降低到可接受水平时，土壤洗脱可作为一种独立的技术，必要时可与其他技术结合使用。洗脱作为一种预处理步骤，可以减少后续处理环节的进料量，且使土壤均匀化，有利于后续处理。

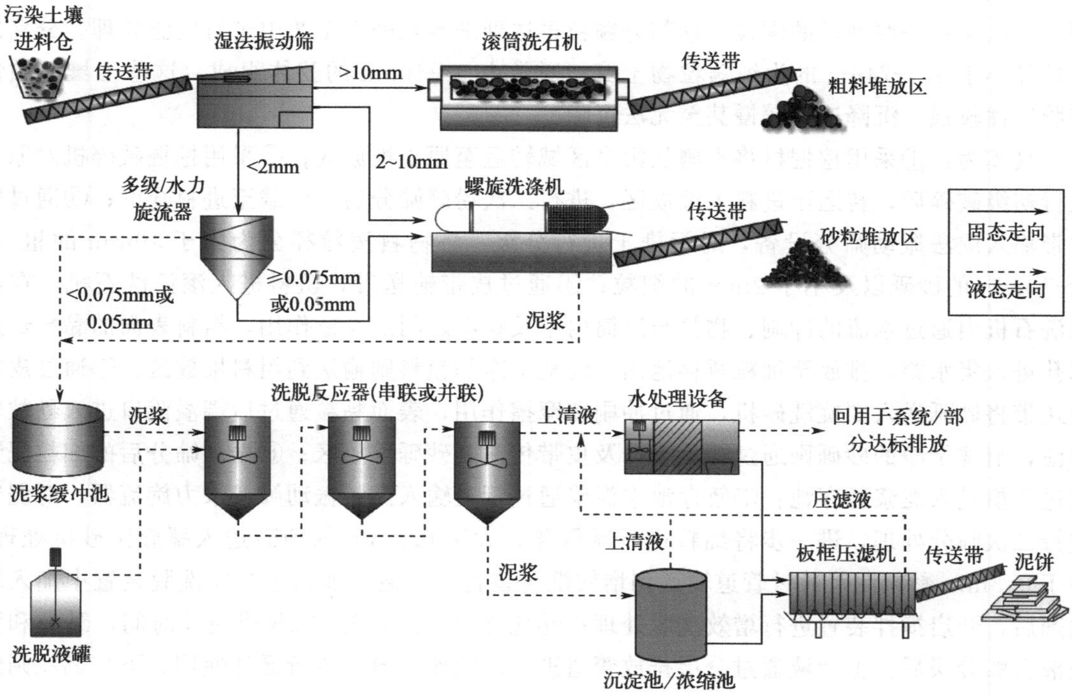

图 11.7 常用异位土壤洗脱系统工艺流程图

土壤洗脱系统的构成大致相同，但是具体工艺可能略有差别，图 11.7 为一种较为常用的土壤洗脱系统示意图。

工艺流程主要包括以下环节。

(1) 预处理

对挖掘后的污染土壤进行预处理的目的是去除过大的物料，有利于后续洗脱过程的稳定运行。预处理主要包括筛分和破碎，剔除大尺寸（如大于100mm）的大块杂物并进行清洗，大多数洗土系统进料土壤的直径不超过50mm（ITRC，1997）。采用的主要手段有剥皮、破碎和研磨、机械筛分、跳汰和台架（密度分离）、混合和搅拌以及磁性材料去除。经常用来分离有机物料的分离装置是上流式分级机，有时也称为水力分级机，用于去除如树根、树叶、树枝、木屑、煤等轻质杂物。分离的方法是使水向上通过相对流动的床层，通过密度差和向上的速度流将物料分离。超大的物料可能是固体建筑垃圾，也可能是其他杂物，通常是没有严重污染的材料，不需要额外进行处理或只需要简单用水冲洗，或者可以作为副产品（金属、木材等）再生。有时土壤中存在游离漂浮的石油碳氢化合物，也需要去除。

(2) 粒径分级

预处理后的土壤进入物理分离单元，采用湿法筛分或水力分选，分离出粗颗粒和砂粒，经脱水筛脱水后得到清洁物料。一般先采用湿法机械筛分，使物料经过不同孔径的滚筒或振动筛，分离出不同粒径的粗颗粒（20～60mm或4～20mm）和砂质（0.25～4mm）。然后进行水力分选，通常采用一级或多级水力旋流器，根据不同粒度颗粒的沉降速度差异将粗粒和砂粒同细（黏）粒进行分离。水力分选出的砂粒粒度可达到0.1mm甚至更小。水力分离切分界限通常在63～74μm（230～200目）之间。切分线以上和以下的两个馏分分别流入单独的系统进行处理。分离出的粒径大于63～74μm的为粗颗粒土壤，一般占固体重量的比例小于5%，这部分粗砂粒（特别是63～360μm）一般含有很少或没有污染物。在粗颗粒脱水过程中，也会有一些细微的颗粒，这部分颗粒再送到细颗粒处理工艺中进行旋流处理。分离出的粒径小于63～74μm的为细颗粒物土壤，通常由6～10μm的胶体组成。这些土壤的黏性与胶体性较强，沉降速度较慢甚至无法沉降。

具体为：①采用挖掘机将土壤从污染区域转运至原土堆放区；②采用挖掘破碎机对原土进行初级破碎后，转运至进料土堆放区，进行二次粉碎筛分后，装载至进料仓中；③通过输送带输入湿法振动筛分设备，对污染土进行分级，将物料按粒径分为大于10mm的粗料、2～10mm的砂砾以及小于2mm的细粒；④通过皮带输送带，粗料进入滚筒洗石机，在滚筒洗石机内通过水流的冲刷、物料与滚筒内壁及物料之间的摩擦作用，粗料表面的黏粒经过滤孔进入集水箱，排放至细粒暂存池内，清洗干净的粗料则输送到粗料堆放区；⑤通过皮带输送带将砂砾送入螺旋洗砂机，通过冲刷和摩擦作用，表面黏粒通过后端溢流口进入黏粒暂存池，清洗干净的砂砾则通过螺旋推送及皮带传输到砂砾堆放区；⑥振动筛分后的细粒泥浆通过滑槽进入泥浆暂存池；⑦暂存池中泥浆通过管道输入高频振动筛或水力旋流器，对泥浆进行二次筛分处理，进一步将细粒进行减量化，大于0.3mm的细砂送入螺旋洗砂机处理，小于0.3mm黏粒泥浆通过管道输送到增效洗脱装置；⑧通过加药系统向洗脱装置中加入增效剂后，开启搅拌装置进行增效洗脱处理；⑨搅拌停止后，静置2h或更长时间，黏粒和洗脱液自然分层后，上清液通过分层排放管道进入洗脱液存放箱进行循环使用，下部黏粒则通过洗脱罐底部管道输送到泥水分离系统；⑩输入泥水分离系统的黏粒与絮凝剂分别经过管道输送，并在混合器内充分混合后，输送到泥水分离单元，分离后的黏粒进入黏粒收集箱，洗脱废水进入废水收集箱；⑪废水经过多级物化处理后，去除有毒有害物质，最后进入回用水箱。增效剂大部分留在溶液中，可以回用到增效洗脱系统。

（3）洗脱

分级后的细粒进入洗脱单元，采用水洗脱不能达标的情况下，需要根据污染物的特性加入针对性的有机物或重金属增效剂进行洗脱处理。对有机污染物主要采用表面活性剂进行增溶，对重金属可采用各种酸或螯合剂进行增强洗脱。

（4）土壤脱水

洗脱后的土壤经重力浓缩后仍然含有大量水分，需要进一步脱水处理。土壤脱水环节常用的脱水设备有沉淀池、浓缩池、脱水筛、压滤机、叠螺机、离心分离机等。

（5）废水处理

洗脱后的洗脱液含有大量污染物，需要进行处理。对有机物可采用化学氧化处理，对重金属多采用混凝沉淀、化学沉淀法处理，有时后续还会增加活性炭吸附处理工艺。处理达标后的废水可回用或纳入市政管网排放，将处理后的洗脱剂回到反应器中循环使用，可降低耗水量和废水产生量，节省成本。

（6）残余物管理

分离出的大块杂物可以单独收集处理，大粒径石砾、砂粒经水冲洗后可作为建材回用。分离后的高浓度污染土壤可采用填埋、焚烧、低温热解吸、化学氧化/还原、固化/稳定化、玻璃化或生物修复等技术处理。

（7）挥发性气体控制

若土壤含有挥发性污染物，需在预处理及土壤洗脱、土壤脱水等单元设置废气收集装置，并对废气进行集中处理。

11.7　运行维护和监测

异位土壤洗脱系统组成比较复杂，各类设备很多，系统的稳定运行与安全管理非常重要。洗脱系统的运行大多通过自动控制系统控制，操作简单、效果稳定。需定期对各单元设备进行维护和检修以保证系统正常运行。实时观测运行过程中设备负荷、运行功率、运行状态等，检查设备是否有漏液、漏料、堵料等异常状况。

运行过程中应根据实际工程处理规模进度定期采集处理前后各土壤组分样品、水样进行分析监测，如土壤涉及挥发性有机物污染还需采集收集单元和气体处理单元尾气。

11.8　技术适用性

从污染物性质角度，洗脱技术适用于：①无机污染物（重金属、氰化物等）；②有机污染物［石油和燃料残余物、多氯联苯（PCBs）、五氯酚（PCP）、杀虫剂、杂酚油等］；③放射性污染物。但不适用于：①强烈吸附于土壤中难分离的污染物；②金属和有机物同时存在的复合污染物；③组成成分复杂的污染物。

从土壤性质角度，土壤洗脱最适用于：①含有至少 50%砂砾的、构成相对简单的土壤，如沿海沙土和冰川的沉积物，对处理富含黏土和淤泥颗粒的土壤效果相对较差；②阳离子交换能力（与污染物质交换阳离子的能力）相对较高的土壤。不适用于：①土壤细粒（黏/粉粒）含量高于 25%的土壤；②腐殖质或高黏度有机质组分含量较高的土壤；③成分与溶剂会发生反应的土壤；④含有半挥发性物质的黏土。

从洗脱剂角度，本技术不适用于：①溶剂或表面活性剂难以回收的情况；②洗脱效果差的清洗剂；③清洗剂会降低土壤的渗透性；④清洗剂具有高毒性及可能会产生二次污染或者危害生态环境。

表 11.3 为土壤洗脱技术适用性矩阵。表中的描述具有普遍意义，并不意味着针对某一特定场地污染土壤。表中适用性“良好”意味着土壤清洗对该特定污染物和基质有效的可能性很高；“中等”表示效果的不确定较大，在选择土壤清洗时需要谨慎；“不适用”说明技术可能对特定的污染物和土壤不起作用。

表 11.3　土壤洗脱技术适用性矩阵

污染物种类		适用性矩阵	
		砂土/砾土	粉土/黏土
有机物	卤化挥发物	良好	中等
	卤化半挥发物	中等	中等
	非卤化挥发物	良好	中等
	非卤化半挥发物	中等	中等
	多氯联苯(PCBs)	中等	中等
	杀虫剂(卤化)	中等	中等
	二噁英/呋喃	中等	中等
	有机氰化物	中等	中等
	有机腐蚀剂	中等	中等
无机物	挥发态金属	良好	中等
	不挥发金属	良好	中等
	石棉	不适用	不适用
	放射性物质	中等	中等
	无机腐蚀剂	中等	中等
	无机氰化物	中等	中等
反应剂	氧化剂	中等	中等
	还原剂	中等	中等

注：引自 USEPA，1990。

习题与思考题

1. 理解洗脱与淋洗的区别。

2. 洗脱技术的核心是什么，以黏土为主的污染土壤是否适合采用洗脱技术进行修复？

3. 在使用洗脱技术时，对较大粒径的土壤应采用什么筛分法，为何？

4. 哪些类型的表面活性剂可以用于异位洗脱的增溶，在使用过程中应注意哪些问题？

5. 对重金属污染土壤采用洗脱技术进行修复，在设计阶段如何判断对重金属的洗脱效率？

6. 对有机污染土壤采用洗脱技术进行修复，如何设计洗脱效率？

7. 论述洗脱反应器中固液比对洗脱效果的影响。

8. 式（11.8）是在什么条件下推导出来的，在实际工程中使用该公式时，应该如何设定洗脱反应时间？

9. 对某有机污染土壤进行洗脱，在洗脱剂用量相同且尽量少的情况下，如何设计洗脱的工艺？

10. 砂质土壤含有 1000mg/L 的 1,2-二氯乙烷（DCA）和 500mg/L 的芘，采用洗脱法进行修复。设计了一种可容纳 2000kg 土壤的批量洗涤器，每批操作使用 $8m^3$ 的清水作为洗涤液。确定洗涤土壤中这两种污染物的最终浓度。已知土壤总体密度为 $1.8g/cm^3$，干体密度为 $1.65g/cm^3$，土壤有机质含量为 1%，$K_{oc}=0.63K_{ow}$，1,2-DCA 的 $\lg K_{ow}$ 为 1.53，芘的 $\lg K_{ow}$ 为 4.88。

参考文献

中华人民共和国住房和城乡建设部，2019. 土工试验方法标准：GB/T 50123—2019[S]. 北京：中国计划出版社.

HOLBEIN B，1998. Remediation of contaminated soils，Technical Fact Sheet PIBS 3354E18[R]. Toronto：Ontario Ministry of Environment.

ELGH-DALGREN K，et al，2009. Laboratory and pilot scale soil washing of PAH and arsenic from a wood preservation site：changes in concentration and toxicity[J]. Journal of Hazardous Materials，172 (2-3)：1033-1040.

FERRARO A，et al，2016. Calibration and validation of a two-step kinetic mathematical model for predicting Cu extraction efficiency in an EDDS-enhanced soil washing[J]. Water Air and Soil Pollution，227 (3)：71.

ITRC (Interstate Technology & Regulatory Council)，1997. Tech & Reg Guidelines for Soil Washing[R].

LUKAS H，et al，2005. Column extraction of heavy metals from soils using the biodegradable chelating agent EDDS[J]. Environmental Science & Technology，39 (17)：6819-6824.

Zygmunt M G，2020. New-generation washing agents in remediation of metal-polluted soils and methods for washing effluent treatment：a review[J]. International Journal of Environmental Research and Public Health，17 (17)：6220.

SUSAN T，et al，2004. Extraction of heavy metals from soils using biodegradable chelating agents[J]. Environmental Science & Technology，38 (3)：937-944.

U S Environmental Protection Agency，1990. Engineering bulletin：soil washing treatment，EPA/540/2-90/017[R]. Washington：Office of Emergency and Remedial Response.

U S Environmental Protection Agency，1993. Innovative site remediation technology：soil washing/soil flushing，EPA 542-B-93-012[R].

WSRC，1995. Soil Washing Technology Evaluation，WSRC-TR-95-0183[R].

第12章

原位抽出与气提修复技术

12.1 概述

对挥发性或半挥发性有机污染土壤或地下水，有几种修复技术在本质上有共同之处，就是直接将受污染的介质（地下水）或纯相化学品（如石油烃类、氯代烃类）从地下抽取出来，或者通过抽风、真空抽提、注入气体（空气、蒸气）等手段改变固-气、液-气相的平衡，使固相（土壤）或液相（地下水）中某一组分（目标污染物）分压降低而解吸并被抽提出来，从而达到分离污染物的目的，其本质为抽取和气提。这类技术非常依赖于水文地质条件与污染特征，系统的构建也有相似之处，本章将其归为原位抽出与气提修复技术大类。

对包气带中挥发性污染土壤，可抽提包气带中的气体加快土壤中有机污染物的挥发，抽提出来的污染气体单独进行处理，即为气相抽提技术；气相抽提改善了土壤好氧环境，促进了微生物对污染物的降解，即为生物通风技术（生物通风是气相抽提的延伸技术，工艺上相似性很大，但由于对污染物的去除机理不同，生物通风将在第 15 章生物修复技术部分介绍）。对单纯受污染的地下水，可直接将地下水抽取出来进行专门处理，即为抽出-处理技术；在有纯相化学品存在时，可同时抽出纯相化学品、污染地下水以及包气带中的污染气体，即为多相抽提技术；将空气或蒸气直接喷射到含水层中，制造大量液-气界面，使污染物更快地挥发到气相中，即为空气/蒸气喷射技术；结合抽出-处理与空气喷射的优点，进而发展出了地下水循环井技术。

一般来说，气相抽提是针对包气带污染土壤的修复技术，而抽出-处理、多相抽提、空气注入、循环井是以修复地下水为主的技术，但往往都会配合使用气相抽提技术，以增强修复效能。实际上，土壤与地下水污染往往共存，由于水土介质的相互作用，这些技术在修复地下水的同时也在修复污染土壤。

本章对气相抽提、抽出-处理、多相抽提、空气喷射、循环井等技术进行介绍。

12.2 气相抽提

12.2.1 定义与发展

土壤气相抽提（soil vapor extraction，SVE），又称土壤通风、真空抽提、土壤吹脱等，是一种常用的原位非饱和区土壤修复方法，它是在地层土壤中施加一定真空诱导受控空气流动，促使挥发性和半挥发性污染物挥发到气相中从而被抽提出来的一种技术。

1984 年，美国 Terra Vac 公司最先成功研发 SVE 工程技术，其高效的去污能力推动了该技术的快速发展。至 1997 年，至少有上千个污染场地在使用气相抽提技术进行修复和治理；1992 年和 2013 年，美国超级基金项目中创新性技术应用最多的是气相抽提；至 2005 年，在美国已完成修复的场地中有近五分之一使用了气相抽提技术（USEPA，2007）。近年来，SVE 又开始深入生物修复和地下水修复等多学科领域。该技术在美国等发达国家应用极为广泛，特别是热强化土壤气相抽提修复污染土壤的案例较多。而该技术在我国的使用还较少。

12.2.2 原理

土壤气相抽提是在污染包气带中利用真空泵抽提产生负压，空气在压差的驱动下流经污染区域的土壤孔隙从而被抽提出来，新鲜空气会重新进入这些土壤孔隙中，破坏污染物在土壤孔隙、土壤颗粒和土壤水分间达成的平衡状态，促进吸附相和溶解相中污染物的挥发，由气流将其带走，经抽提井收集后最终处理，达到净化包气带土壤的目的。此外，由于空气注入增加了土壤中供氧能力，促进了土著微生物对污染物的降解，后来演化出生物通风技术。气相抽提的主导机制是污染物从土壤及非饱和带水中的挥发分离作用，从液相或固相挥发到气相是其控制步骤。

为了提高抽提效率，有时采用热强化措施，其原理是将热量传递到地下以增加 VOCs 或 SVOCs 的蒸气压或增加空气渗透性，进而提高污染物的去除效率。热强化的手段主要有蒸汽或热空气注入。有些文献把热传导加热、电阻加热及射频加热方法也作为气相抽提的强化手段，但实际上这些方法本身是独立的技术，从这些技术的角度，往往把气相抽提看作是强化手段或配套技术。

12.2.2.1 非饱和带中的气体运动

均质地层中，抽提井内由真空鼓风机产生的负压使土壤空气向抽提井移动，产生如图 12.1（a）所示的气流模式。施加的真空度、地层渗透性、非均质性、孔隙度、地下水构筑物、管线、地下水埋深等诸多因素都会影响气体流场特性，图 12.1（b）为地层中存在低渗透夹层和地下构筑物情况下的气体流场。

为了更快地向地层中供气，气相抽提经常采用进气-抽提的模式，此时的气流运动情况如图 12.2 所示［其中（a）为界面气流形态，（b）为平面正方形布设抽提井与进气井模式下气流运动情况］。

描述非饱和土壤中空气流动的质量守恒方程如下：

$$\frac{\partial(\rho_a n_a)}{\partial t}+\nabla\cdot(\rho_a q_a)=0 \tag{12.1}$$

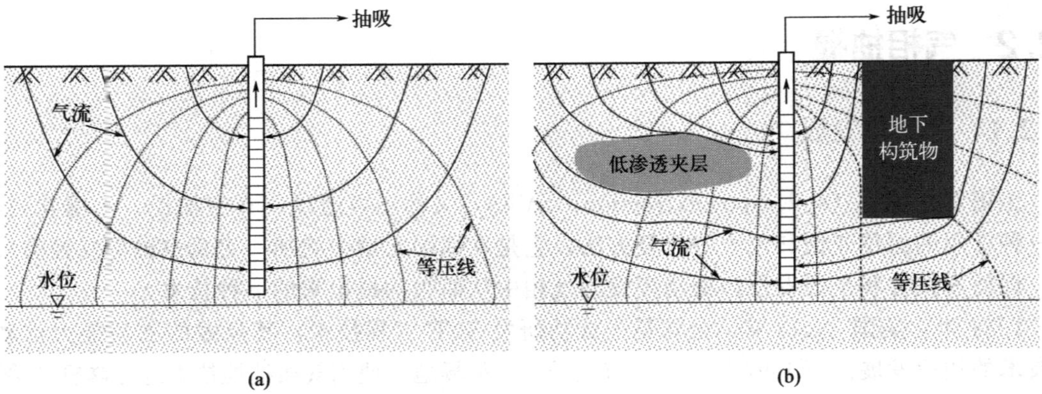

图 12.1 抽提过程中气流路径与负压等值线图（引自 Suthan，2017）

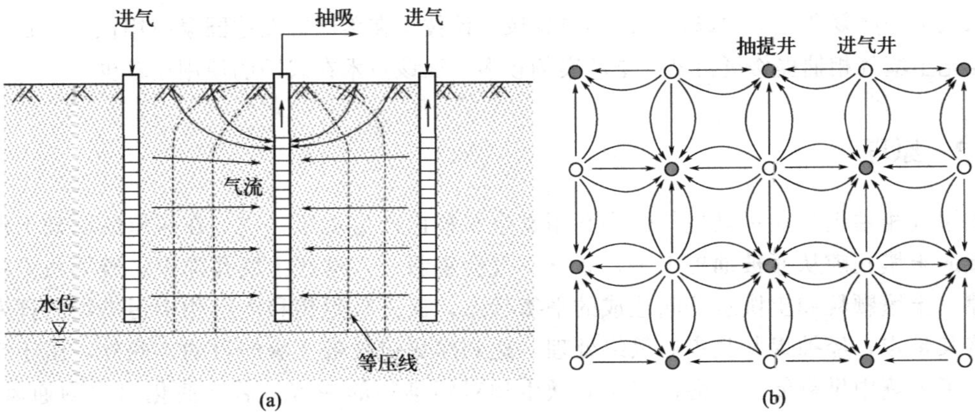

图 12.2 抽提井与进气井模式下气流的运行（根据 Suthan，2017 改绘）

式中 ρ_a——蒸气相的密度，g/cm^3；

n_a——空气孔隙度；

q_a——空气的比流量（达西流速）。

该方程中的第一项描述了给定土壤体积下空气的积累量，第二项则描述了空气通过该土壤时的流量。根据达西定律，q_a 与流体势 Φ（cm^2/s^2）有关：

$$q_a=-\frac{\rho_a}{\mu}k_a\cdot\nabla\Phi \tag{12.2}$$

式中 μ——蒸气相的黏度，$g/(cm\cdot s)$；

k_a——空气的渗透性，cm^2。

对于气体而言，Φ 可通过下式算得：

$$\Phi=gz+\int_{P_0}^{P}\frac{dP}{\rho_a} \tag{12.3}$$

式中 z——高度，cm；

g——重力加速度，$981cm/s^2$；

P——气相压力，$g/(cm\cdot s^2)$；

P_0——参考气相压力，$g/(cm\cdot s^2)$。

蒸气相的密度和压力之间的关系可以由理想气体定律给出：

$$\rho_a = \frac{MW_a P}{RT}$$

式中 MW_a——蒸气相的平均摩尔质量。

假设 gz 项可以忽略，MW_a 是常数，那么达西定律可以简化为：

$$q_a = -\frac{k_a}{\mu} \cdot \nabla P \tag{12.4}$$

这个数学式证实了空气的流动是压力梯度的函数。控制方程可以简化为：

$$2n_a\mu \frac{\partial P}{\partial t} = \nabla \cdot k_a \cdot \nabla P^2 \tag{12.5}$$

12.2.2.2 污染物的迁移

土壤中气相污染物的重要传质机制主要涉及气体的对流、扩散、挥发（相对于其他机制来说，挥发速度通常较快）和液体在水中的对流和扩散。其中，分子扩散的质量通量由菲克第一扩散定律给出：

$$F = -D_d \frac{dC}{dx}$$

式中 F——质量通量，$kg/(m^2 \cdot s)$；

D_d——分子扩散系数，cm^2/s；

$\frac{dC}{dx}$——化学物质的浓度梯度。

如果扩散是非稳态的，那么可用菲克第二扩散定律表示：

$$\frac{\partial C}{\partial t} = D_d \frac{\partial^2 C}{\partial x^2}$$

对此，Crank 给出了边界条件和初始条件的解。例如，假设一种化学物质在无限厚的单层土壤中扩散，其在特定位置和特定时间的浓度为：

$$C(x,t) = C_0 \frac{\mathrm{erfc}x}{2(D_m t)^{1/2}} \tag{12.6}$$

式中 C_0——土层边界的初始浓度；

erfc——互补误差函数。

该方程表明，水中的扩散，即使是几厘米，也是一个缓慢的过程。因此，化学污染物的去除通常受到扩散的限制。

挥发性有机化合物在活动性流体中的一般迁移规律可用如下方程表示：

$$\frac{\partial C}{\partial t} + (1-n)\frac{\rho_s}{n} \times \frac{\partial s}{\partial t} = -\Delta(vC) + D\Delta^2 C - \lambda C - \sum QC_{in} \tag{12.7}$$

式中 n——土壤孔隙度；

ρ_s——土壤固体的密度，g/cm^3；

λ——衰减常数，s^{-1}；

$\sum QC_{in}$——其他源/汇项的总和。

等式左侧的项表示在活动性流体（空气）中以及吸附在土壤表面的化学物质的质量随时间的变化。右边的项代表传质速率，包括空气传质、扩散传质、衰减损失以及相变传质。

12.2.3 技术要素

12.2.3.1 污染物性质

(1) 蒸气压

污染物的蒸气压是影响抽提效率的重要因素之一。蒸气压越高，越适合气相抽提；反之，污染物就越难于挥发。气相抽提成功的先决条件是具有足够大的蒸气压，具有低蒸气压的化合物去除效率往往比较慢，更依赖于原位生物降解作用。

通常认为，蒸气压大于 0.5mmHg[1] 的化合物（如苯、三氯乙烯）可以采用抽提技术有效去除。对于混合型的污染物（如汽油），其蒸气压与各种组分的比例有关，用下式表达：

$$P_i = X_i A_i P_i^0$$

式中 P_i——组分 i 的分压；

X_i——组分 i 的摩尔分数；

A_i——组分 i 的活性系数；

P_i^0——组分 i 纯物质的饱和蒸气压。

如果土壤中存在非水相液体，其蒸气压较大；若不存在非水相液体，则蒸气压较小，不能较准确地反映抽提的效率。此时，其他的因素如亨利常数、溶解度等对系统的影响变得更为重要。非水相液体存在时，由于污染物的量很大，抽提去除的时间会很长；即使在不存在NAPL 的情况下，污染物也必须经历充分的挥发过程才能被抽提去除。

温度对化合物的蒸气压有很大的影响。对于大多数中等分子量的有机化合物，温度每升高 10℃，蒸气压增加 3～4 倍。蒸气压与温度的关系为：

$$P = A\exp\left(\frac{B}{T}\right) \tag{12.8}$$

式中 P——污染物的蒸气压；

T——温度；

A、B——与污染物相关的常数。

但是，地层温度升高空气黏度会增加，导致空气流量降低，遵循以下关系：

$$\frac{\mu_1}{\mu_2} = \sqrt{\frac{T_1}{T_2}} \text{或} \frac{Q_1}{Q_2} = \sqrt{\frac{T_1}{T_2}} \tag{12.9}$$

式中 T_1、T_2——不同的温度；

μ_1、μ_2——对应不同温度的运动黏性系数；

Q_1、Q_2——对应温度下的空气流量。

温度对气流的影响较小，温度每升高 10℃，空气流量降低约 4%。总体上，升高温度能够提高气相抽提的处理效率，这也是热法强化气相抽提的理论依据。

一般来说，蒸气压越高的化合物，挥发性越强，抽提效果也越好。当然也存在一些特殊情况，例如，丙酮的蒸气压很高，但一般不推荐采用抽提方法，主要是因为丙酮的水溶性很强，通过吹脱的方法很难进行分离。因此，在这些情况下，其他的因素如亨利常数、溶解度等在评估系统适用性时就变得尤为重要。

---

[1] 1mmHg=133.3224Pa。

(2) 亨利常数

评价气相/溶解相分配最重要的参数是亨利常数，它量化了溶解组分向气相转移的相对趋势。当亨利常数大于 100 个大气压时，一般认为可以通过气相抽提去除。然而，根据亨利定律得到的计算结果是一种理想化的最大污染物去除率，它没有考虑到系统运行过程中由于残留组分及其浓度的变化而引起的蒸气相组分浓度随时间的变化。Johnson (1990a) 等人讨论了仅由挥发过程来移除一定质量污染物所需的最小蒸气体积。该过程所需的最短时间的计算公式如下：

$$t=\frac{M_0 V_{\min}}{Q_{\text{inject}}}$$

式中 t——最短时间，min；

M_0——污染物的初始质量，g；

$V_{\min}$——所需的最小蒸气体积，L/g；

Q_{inject}——流量，L/min。

(3) 溶解度

一般来说，溶解度越小的化合物越容易挥发，溶解度大的化合物更容易随地下水渗流而迁移扩散。对于混合型的污染物，某一组分的溶解度表达式与蒸气压类似。

在非饱和区土壤孔隙中含有一定量的水分，通常在 10%～14%，溶解于水中的污染物在吹脱过程中由水相至气相的分配过程受到亨利常数的制约。

亨利常数描述了非电解质在气、液两相之间的分配关系。化合物在气相中的分配能力主要与它的挥发性有关，在液相中的分配能力则取决于化合物的溶解度。因此，在判断污染物能否通过气相抽提去除时，不能只关注挥发性，溶解度也是一个需要重点考虑的影响因素。例如，尽管丙酮具有强烈的挥发性，但一般不用气相抽提法进行处理，因为丙酮的水溶性很好，在抽提过程中易随地下水扩散、迁移，修复效果不好。对丙酮污染土壤，采用生物通风技术效果更佳。

污染场地中往往多种污染物（如常见的苯、甲苯和氯代烃等）共存，它们共溶于一起。共溶会彼此影响污染物的分配作用，从而影响气相抽提的去除效率。

(4) 混合污染物和沸点

有些污染物是由一系列物质组成的，如石油产品，通常根据沸点范围来分类（见表 12.1）。沸点的高低可用于估计这些产品在气-液两相中的分配程度，同时亦要考虑溶解度的影响。

表 12.1 不同油类的沸点范围

油类名称	沸点范围/℃	油类名称	沸点范围/℃
汽油	40～225	燃料油	>275
煤油	180～300	润滑油	非挥发性
柴油	200～338		

一般来说，沸点小于 250～300℃的石油产品中的成分具有足够的挥发性，可以通过气相抽提去除。几乎所有的汽油成分以及部分煤油和柴油成分都可以通过气相抽提技术去除。燃料油和润滑油虽然难以通过抽提系统从土壤中分离，但可以通过生物降解来去除。

由于石油产品成分沸点的差异，在气相抽提的前期分子量较小的轻馏分最先被抽提出来，轻馏分也往往容易被生物降解。随着抽提的进行，轻馏分占比减少，重馏分占比增加，抽提也变得困难，这个过程称为风蚀或老化作用。表 12.2 给出了汽油和风蚀汽油的分子量和 20℃的饱和蒸气压，以及平衡状态下的饱和蒸气浓度。风蚀程度影响气相抽提的效率和修复时间。因此，气体污染物浓度从抽提开始后就会连续下降，一般不存在项目开始时气体浓度恒定的阶段。

表 12.2　汽油及风蚀汽油的物理参数

类型	分子量	20℃的饱和蒸气压/atm	饱和蒸气浓度	
			μL/L	mg/L
汽油	95	0.34	340000	1343
风蚀汽油	111	0.049	49000	220

(5) 污染物其他性质

污染物的一些其他分子性质也会对气相抽提产生影响，如污染物的分子大小、分子量、电负性和极性也会影响它与土壤颗粒的结合能力以及在土壤孔隙中的迁移性能。分子量小、结构简单的污染物往往容易去除；分子量大、结构复杂的分子易于吸附于土壤中，且在土壤孔隙中的迁移速率慢，往往是气相抽提的限制因素。黏土表面往往会带有负电荷，对于带正电荷的物质（例如重金属）或者极性有机化合物来说，黏土是一种很好的吸附剂。

12.2.3.2　污染物的多相分配

有机污染物进入土壤中即在不同介质间发生相分配作用，分配形态主要有：①吸附在土壤颗粒上；②在土壤孔隙中呈非水相液体状态；③挥发在土壤孔隙中呈蒸气状态；④溶解于非饱和带及饱和带地下水中。

污染物在各相中的分配受控于污染物的性质及土壤性质，可以通过分配系数进行计算，土壤中有机质的含量（特别是 $f_{oc}>1\%$时）对土壤吸附污染物有重要影响，K_d 是气相抽提过程中最具有决定性的参数，这部分内容详见第 3 章。气相抽提就是通过不断打破污染物相间平衡驱使污染物从土壤颗粒及非饱和带水中迁移到土壤孔隙空气中的过程。当土壤中存在非水相液体时，虽然土壤孔隙中蒸气压高，但由于污染物量大需要抽提去除的时间也长。大多数有机污染物更容易被土壤吸附而不是解吸。因此，与吸附相比，解吸需要更多的时间和能量，这种现象称为“滞后”。

12.2.3.3　地层渗透性

土壤的成层性和非均质性对气流路径的分布和密度（即充气孔隙度）都有重要的影响。它可以用土壤的渗透性来衡量。土壤渗透性是土壤传输流体能力的一种度量，是决定气相抽提有效性的重要参数。

大多数土壤类型的渗透性在 $10^{-13}\sim10^{-5}cm^2$ 之间。一般来说，土壤颗粒越大、结构越松散，土壤的渗透性就越高，采用气相抽提修复的效果也就越好。一般认为，地层渗透性大于 $10^{-9}cm^2$ 时，气相抽提才是有效的。渗透性较差的地层需要更高的抽提强度或布设更多的抽提井来补充抽提效率的降低。

饱和带土壤的内在渗透性可根据水力传导系数推算出（计算方法参见第 3 章）；对于非饱和带土壤的渗透性，在土壤类型相似的前提下可根据饱和带土壤的渗透性估算，或直接进行场地测试。

12.2.3.4 土壤异质性

土壤异质性是由土壤颗粒的结构、分层、类型和大小造成的，这些因素影响着污染物的迁移和地下气流的分布。

当地层的异质性较大，空气从相对高渗透性土层向低渗透性土层流动时，气体倾向于在层内做水平运动，而难以穿过上方的低渗透性土层。Reddy 和 Adams（2001）根据水槽实验得出，仅一个数量级的渗透值差就足以阻碍气流从高渗透性粗砾层（$K=1.6\text{cm/s}$）向上覆低渗透性粗粒均质砂层（$K=4.6\times10^{-2}\text{cm/s}$）迁移，这样一来会大大增加气路的长度，降低修复效率。在实际场地中经常会遇到污染范围跨越不同渗透性地层的情况，此时，抽提井的布设密度及分布就需要根据地层情况进行优化设计，如图 12.3 所示。

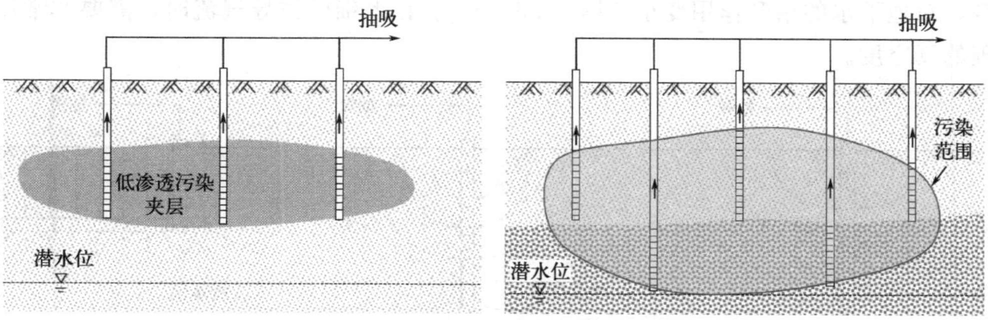

图 12.3 非均质地层抽提井的设置

由于大孔径孔隙、裂缝、根管或蚯蚓形成的高渗透性通道以及场地遗留的管道等，会形成优先流动路径，造成气流短路，对气相抽提的有效性产生重大影响。土壤中的污染物不能被有效去除，会导致气相抽提失败，在系统设计时需要充分注意。

12.2.3.5 土壤含水量

土壤含水量影响土层的渗透性。水分占据土壤孔隙，降低气体孔隙体积，从而限制了空气的流动路径，在相同的真空度下诱导的气流更大。因此，更高比例的孔隙被空气占据，气相抽提技术更容易成功。水分也会影响土壤对有机污染物的吸附特性，水分子与污染物分子在土壤颗粒表面形成吸附竞争。如图 12.4 所示，水分含量很低时（单层水分子），缺少水分子的竞争，污染物会直接吸附在土壤颗粒表面上，此时土壤对污染物的吸附是含水量的函数，吸附能力随含水量增加而直线下降；当土壤吸附 1～5 层水分子时，水分子对吸附在土

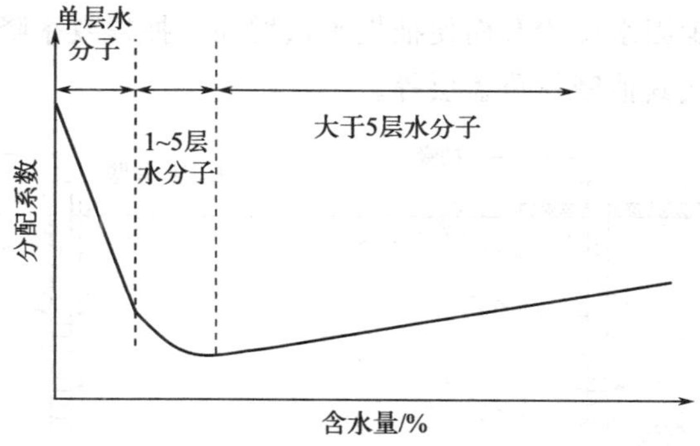

图 12.4 土壤湿度与污染物吸附系数之间的关系（引自 Suthan，2017）

壤上的有机污染物具有逐出作用，吸附能力随含水量降低而降低；当土壤水膜厚度大于 5 层水分子时，吸附能力随含水量增加略有缓慢增加，主要归因为污染物的溶解。因此，总体来说，当含水量大到明显影响充气孔隙率时，不利于气相抽提的去除效果；在低含水量范围内，一定程度的湿润环境有利于污染物的抽提去除。土壤吸附能力较弱，在相对干燥的状况下进行气相抽提效果会更好。

12.2.3.6 地下水位埋深

对非饱和带土壤的气相抽提，要避免将抽提井深入地下水位之下，以免抽气时地下水上升进入井管影响抽提效果。在抽提井底部靠近地下水位线时，较大的真空度会导致地下水位抬升进入井管［图 12.5（a)］，可以减小抽提的真空度，但是减小真空度抽提井的影响半径也会变小［图 12.5（b)］。可以改用水平井进行抽提，水平井由于进气筛管长度大，能降低真空度，对地下水的抬升作用变小［图 12.5（c)］。在毛细带诱导气流时，需要非常注意控制合理的真空度。

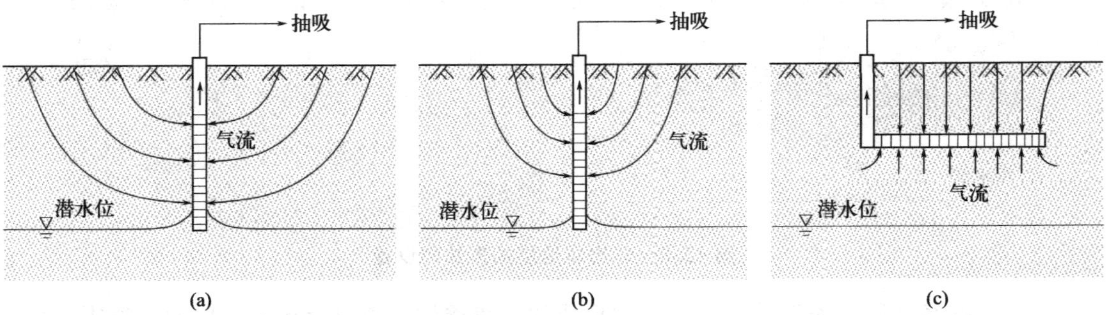

图 12.5 水位对气相抽提的影响（根据 Suthan，2017 改绘）

12.2.3.7 地面与井管密封

抽提过程中，在抽提井内形成一定真空度时，在压差的驱动下，井周围土壤孔隙中的含有污染物的空气向井中流动，地面上的大气进入土层进行补充。如图 12.6 所示，当地面裸露时，进入地下的空气限于抽提井附近的区域；当抽提井周边的地面是密封的，空气只能从距离抽提井更远的地方进入，空气的路径变长，范围变大。如果地面密封的面积比较大，抽提井靠近地面的部分可能没有足够的空气流动，成为抽提的薄弱区。实际设计时，需要综合考虑地面密封的范围以及抽提井影响半径的关系，既要保证抽提井有足够的影响范围，又要保证不能形成修复薄弱区。在多雨季节使用该技术，地面密封可以起到雨水入渗占据土壤孔隙的作用，同时可以减少因水位抬升而使抽提水量增加、抽提效率降低的问题。地面密封可以采用柔性膜、混凝土或其他密封覆盖层等。

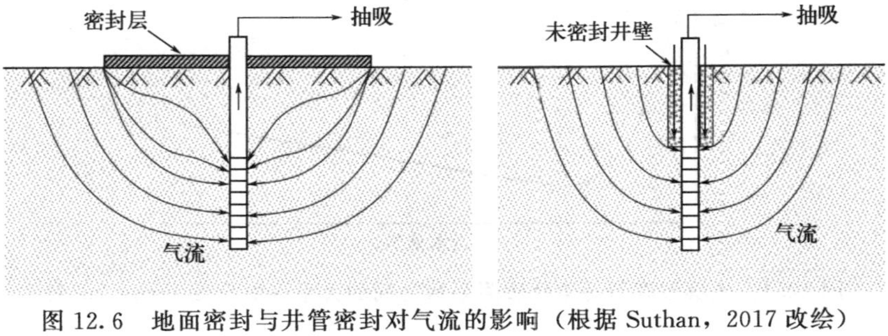

图 12.6 地面密封与井管密封对气流的影响（根据 Suthan，2017 改绘）

抽提井构建时，接近地面的井管与井壁之间也需要密封，否则在抽提时容易形成短路，气流从井壁间的过滤材料中进入抽提井中，致使无法对井周围的土壤进行抽提，从而导致抽提失败。上部密封的长度也要综合考虑气流能覆盖的范围来确定。

12.2.4　系统设计

12.2.4.1　系统构成

如图 12.7 所示，气相抽提系统主要包括抽气系统、供气系统、尾气处理系统、废水处理系统、供热系统（强化技术选用）与监测系统。抽气系统包括抽气井、抽风机、管阀、压力表等。供气系统包括注气井、空气压缩机、管阀、压力表等。废水处理系统见第 19 章，尾气处理系统一般多采用焚烧或活性炭过滤，见第 20 章。供热系统多为蒸汽发生器（其他加热方式本书作为其他技术介绍）。监测系统包括监测井和监测设备。

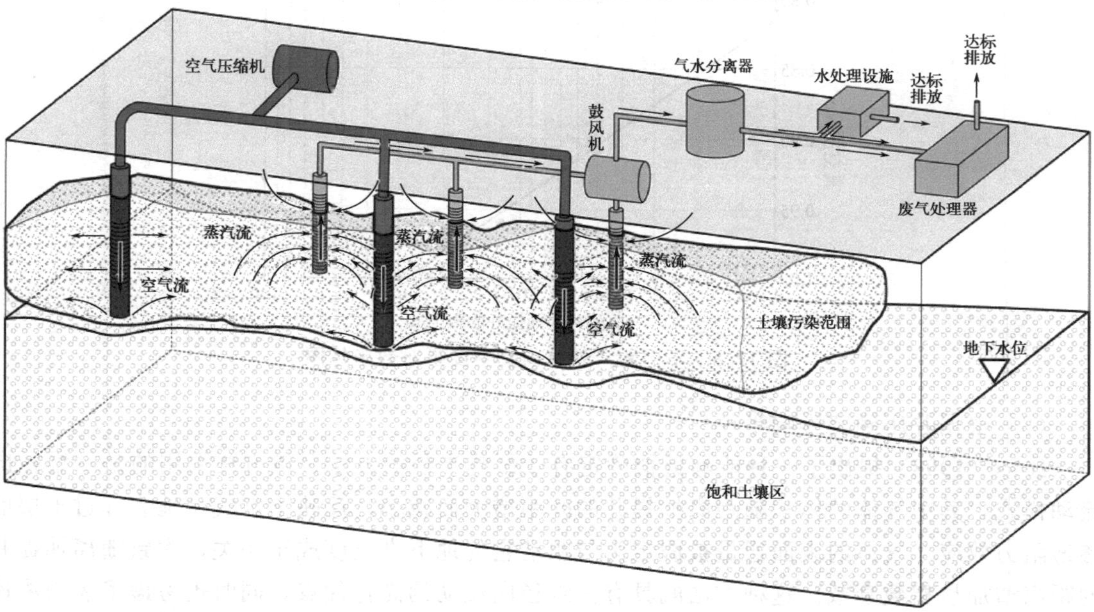

图 12.7　系统构成示意图

12.2.4.2　构建场地概念模型

根据场地调查与风险评估报告，确定污染特征与修复范围，明确与该技术相关的地质与水文地质参数，绘制场地概念模型。所需的污染物参数主要有污染物种类、蒸气压、分配系数、亨利常数、溶解度、污染范围、修复目标、修复范围，地层参数有地层分布、含水层状况、地下水位及流向、渗透性、土壤孔隙度、含水量、土壤有机质、水饱和度、密度、温度等。这些信息是开始气相抽提设计的基础性资料。

12.2.4.3　确定抽提井影响半径

气相抽提系统的设计一个很重要的内容就是要确定一口单井能处理的污染范围，即影响半径（R_I）的确定，一般将其定义为以抽提井为圆心至压降等于地面大气压或压降极少处的半径。确定了影响半径，根据污染范围就可以确定出所需要的最少抽提井的数量。这儿所说的最少抽提井数量，是基于近似理论计算得出的，实际中为了提高抽提效率、缩短修复时间，抽提半径最远处可以不采用等于地面大气压的位置，而是人为设定的，如有的选择压降小于抽提井真空度1%或其他预设值（如10%）处的距离。

确定影响半径有几种方法，一般是基于现场试验获取的相关参数根据不同方法计算出的。

（1）作图法

早期评估影响半径的方法是绘制井下压力与抽提井距离的关系曲线，然后回归，或者将回归线外推或插值到任意压力值（范围通常为0.025～2.54cm的水柱压力），从而确定抽提井的R_I（如图12.8所示），该方法比较准确。地下的真空分布并不一定代表地下气流的分布，而影响修复的是空气的流动。因此，侧重于真空而不是气流所给出的影响半径可能无法有效考虑到污染物的挥发性、土壤渗透性等因素。

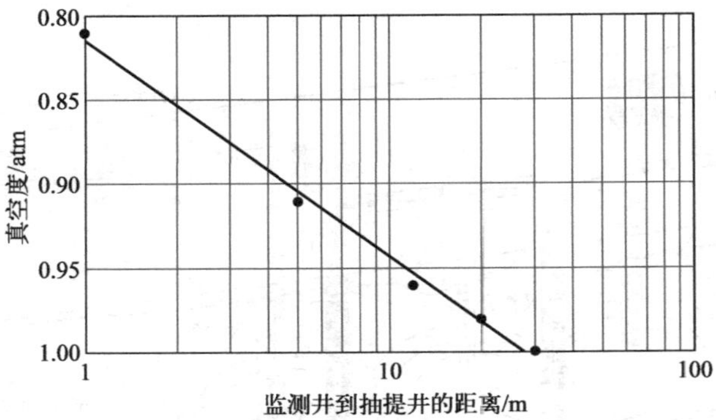

图12.8 不同距离处井内真空度半对数坐标图

（2）根据井压确定影响半径

Bass（1993）提出了一种能够近似确定有效影响半径的方法，该方法采用的是一维径向流动模式，其中气体的体积随距离抽提井的间距增大而减小，反映了空气从地表穿过土层的渗透阻力效应。气体的表面通量被假定为与驱动它的地下真空度成正相关，大致随离抽提井的距离增加呈指数衰减。这种方法既具有一维径向流动的简化优点，同时也考虑了表面渗透的影响。公式如下：

$$\int_{C_s}^{C_s^0}\frac{\mathrm{d}C_s}{f(C_s)}=\frac{\int_{r_w}^{R_I}(P_a^2-P_r^2)r\,\mathrm{d}r-\int_{r_w}^{\varepsilon R_E}(P_a^2-P_r^2)r\,\mathrm{d}r}{(1-\varepsilon^2)\pi R_E^2\int_{r_w}^{R_I}(P_a^2-P_r^2)r\,\mathrm{d}r}\times\frac{Q^0 t}{h} \tag{12.10}$$

式中 C_s——系统运行某时刻污染组分在土壤中的浓度；

C_s^0——污染组分在土壤中的初始浓度；

$f(C_s)$——污染组分在土壤气相中的浓度，根据传质平衡，它是污染物在土壤相中浓度的函数；

r_w——抽提井的半径；

R_I——影响半径，指井外能检测到真空的最大距离；

R_E——有效半径，指井外能产生足够的气流来移除污染物的最大距离；

P_a——绝对大气压力；

P_r——距抽提井r远处的压力；

ε——介于0～1之间的常数。

这个模型适用于地表无密封的单井SVE系统或井间独立运行、互不干扰的多井SVE系统。这种方法也被扩展到多井系统以及地表密封的情况。当 $dC_s/f(C_s)$ 和 $P_r^2 r dr$ 实际可积时，这个模型提供了一个将有效半径（R_E）与组分浓度（C_s）、土壤-气体回收率（Q^0）和修复时间（t）联系起来的方法，而无须使用烦琐的数值拟合方法。P_r 的表达方式取决于场地条件。

当地层均质、地面密封时，Johnson（1990a）给出了气体稳定径向流方程为：

$$\frac{P_{R_I}^2 - P_w^2}{P_r^2 - P_w^2} = \frac{\ln(R_I/R_w)}{\ln(r/R_w)} \tag{12.11}$$

式中　r——到抽提井的距离；

R_I——影响半径；

R_w——气相抽提井的半径；

P_r——距离抽提井为 r 处的压强；

P_w——抽提井中的压强；

P_{R_I}——影响半径处的压强（此处压强等于大气压或某预设值）。

如果已知抽提井和监测井或两口监测井的压降，则可根据公式计算抽提井的影响半径。需要注意的是，该公式中并不涉及气体流量和地层渗透性参数，但是根据前面的讨论，抽提井的影响半径与地层特征密切相关。地层特性的影响已经作为综合影响结果体现在井周边不同距离处的压降上，即在不同的场地中，抽提井内压强一样的情况下，距离抽提井等距离的位置处压降是不一样的。假如不做现场试验，可以根据经验数值确定，大多数文献报道中的 R_I 不超过30m，压强范围为0.90～0.95 atm。

当地面未密封时，在距离抽提井相当远的地方（至少数米），P_r 可以用以下简单的指数关系来近似表达（Mohr，1992）：

$$\ln(P_r) = c_1 r + c_2 \tag{12.12}$$

式中　c_1、c_2——常数。

在多井系统中，当出现较高的 k_h（水平渗透系数）/k_v（垂直渗透系数）或较低的 k_s（地表渗透系数）/k_a（空气渗透系数）而不利于抽提井之间的空气流动时，可在抽提井之间增设注气井，以提高土层的空气流量，加速修复过程。不过，这需要额外的供风系统和费用，可能会稀释气相污染物浓度，从而增加废气处理量和成本。

（3）根据抽提井气体流量确定影响半径

另外一种方法是根据抽提井中气体流量计算影响半径，这时需要知道抽提井的进气面积，需根据进气筛管的长度计算。一般筛管要覆盖污染土层的厚度，据前文所述，在异质性比较大的土层中需要对抽提管进行优化设计，进气筛管的长度一般是根据污染土层厚度预先确定的。

12.2.4.4　确定抽气流速与流量

（1）达西流速法

气体在负压驱动下，从远处向抽提井汇集，流速由小及大，但是在任何一个以抽提井为轴心的柱状界面上流经的气体流量是一样的。Johnson（1990b）等提出，在均质土层中径向达西流速可表示为：

$$u_r=\frac{k}{2\mu}\times\frac{\dfrac{P_w}{r\ln(R_w/R_I)}\times\left[1-\left(\dfrac{P_{R_I}}{P_w}\right)^2\right]}{\left\{1+\left[1-\left(\dfrac{P_{R_I}}{P_w}\right)^2\right]\dfrac{\ln(r/R_w)}{\ln(R_w/R_I)}\right\}^{0.5}} \tag{12.13}$$

式中　u_r——距离抽提井 r 处的气体流速；其他符号同上。

当上式中 r 取 R_w 时，即得到抽提井井壁处流速 u_w 为：

$$u_w=\frac{k}{2\mu}\times\frac{P_w}{R_w\ln(R_w/R_I)}\times\left[1-\left(\frac{P_{R_I}}{P_w}\right)^2\right] \tag{12.14}$$

从周围土壤中进入抽提井的气体流量 Q_w 为

$$Q_w=2\pi R_w u_w H=H\ \frac{\pi k}{\mu}\times\frac{P_w}{\ln(R_w/R_I)}\times\left[1-\left(\frac{P_{R_I}}{P_w}\right)^2\right] \tag{12.15}$$

式中　H——抽提井进气筛管的长度。

由于井内与地面的压强不同，排放到地面上的污染气体的流量 Q_{atm} 可用下式进行换算：

$$Q_{atm}=\frac{P_w}{P_{atm}}Q_w \tag{12.16}$$

式中　Q_{atm}——排放到地面上的气体流量；

P_{atm}——地面大气压强。

若知道距离抽提井 r_1 和 r_2 处截面上的压强，也可以推导出压强、抽气量、气体传导率和距离之间的关系：

$$P_1-P_2=\frac{Q}{2\pi HK}\ln\frac{r_2}{r_1} \tag{12.17}$$

式中　P_1、P_2——分别对应 r_1、r_2 处的压强；

H——通气截面的厚度；

K——气体传导率。

(2) 孔隙体积交换率法

所谓的孔隙体积交换是指置换包气带中目标区域土壤孔隙中含有污染物的气体。确定了单井的影响半径后，一般根据经验确定孔隙体积交换率 n_{pv}，n_{pv} 一般在数十到数百之间，根据非水相存在情况以及土壤性质等，这个数值变化会很大。确定了孔隙体积交换率，则气相抽提的气体总量为：

$$Q=n_{pv}\pi r^2 h n_e \tag{12.18}$$

式中　r——影响半径；

h——污染土层厚度；

n_e——土壤有效孔隙度。

12.2.4.5　估算污染物的去除速率

污染物的去除速率 R_p，即抽提气体流量 Q 与气体浓度 G 之积：

$$R_p=GQ$$

G 和 Q 都可以实测获得，计算的去除速率比较准确。如果 G 通过计算获得［计算方法参见式 (3.142)］，由于算出的 G 是平衡浓度，是理想状态下的理论值，实际情况比较复杂，传质限制较多，特别是在抽提运行过程中系统难以达到充分平衡状态。因此，计算出的值一般远比实测值大，有时会再乘以一个综合效率因子 η（在 0～1 之间）。建议采用实测值为准。

12.2.4.6　估算修复时间

确定了污染物去除速率，可以估算修复时间：

$$T=M_p/R_p \tag{12.19}$$

式中　T——修复时间；

M_p——需要清除的污染物的量。

需要清除的污染物的量为：

$$M_p=(X_0-X_g)M_s \tag{12.20}$$

式中　X_0——土壤中污染物的平均浓度，一般场地中污染物分布很不均匀，可采用平均值，或根据污染程度划分小区域进行加权平均；

X_g——修复目标；

M_s——污染土壤的质量，为污染土方量与土壤体密度之积。

上述公式是理论计算，实际抽提过程中污染物的去除速率是在动态变化的，一般随时间而降低。可以采用试验过程不同阶段的去除速率分段计算，也可以采用最低去除速率进行最保守的计算。

12.2.4.7　确定抽提井数量

抽提井的数量取决于影响半径以及要求的修复时间。计算出影响半径后，直接用污染范围的面积除以影响半径即为抽提井数量：

$$n=\frac{c_o A}{\pi R_I^2} \tag{12.21}$$

式中　n——抽提井的数量；

A——污染面积；

R_I——影响半径；

c_o——重叠系数，该系数与抽提井的布设形式以及污染范围的边界有关，可根据抽提井布型以及延伸到边界外的面积进行计算。

上述计算得到的抽提井数量是在没有考虑修复时间的情况下得到的，实际中为了加快修复时间，需要足够量的抽提井共同工作。此时，污染物的去除速率为：

$$R_g=M_p/T_g \tag{12.22}$$

$$n=R_g/R_p \tag{12.23}$$

式中　R_g——预期的去除速率；

T_g——预期的修复时间。

上述两式计算的较大值即为最小抽提井数量。

12.2.4.8　确定抽提井结构

抽提井的结构如图 12.9 所示。抽提井由抽提管、筛管、滤层、膨润土密封层、实心灌注层、压力计、流量计和止回阀等构成。筛管的长度需根据地层和污染范围确定。

12.2.4.9 供抽风系统

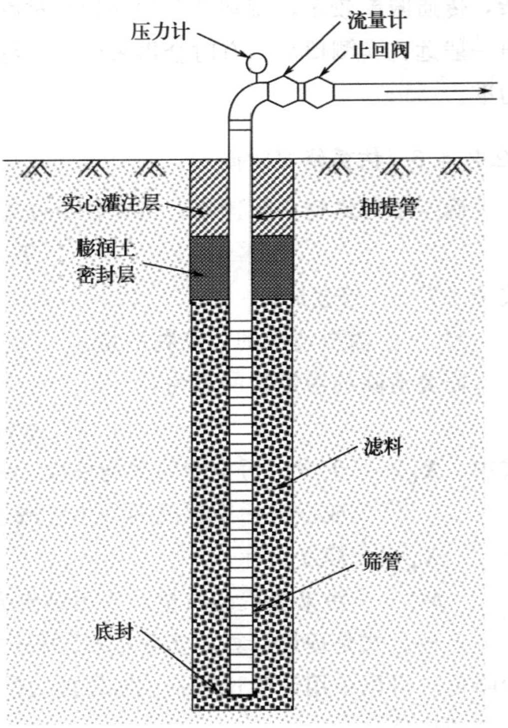

图 12.9 抽提井结构图

向地下供抽风可采用空气压缩机、鼓风机、真空抽风机等。在季节性水位变化情况下，空气压缩机或鼓风机须产生足够的压力来降低筛孔顶部以下的水位。常见的空气压缩机类型包括无油往复式压缩机和旋转螺杆压缩机，鼓风机类型有旋转叶轮鼓风机、离心式鼓风机和再生式鼓风机。压缩机和鼓风机均不应使用润滑油类物质，以避免二次污染。

供抽风管道通常埋在地下，由直径 5cm 或更大的钢材、聚氯乙烯（PVC）、氯化聚氯乙烯（CPVC）或高密度聚乙烯（HDPE）等材料制成。若预计压力超过 1atm，则须评估在预期温压下管道的耐受性能，防止系统运行过程中出现故障。此外，如果管道埋在霜冻区或放置在地面上，可能需要采取相关措施进行保护，如绝缘处理或贴上热胶带等。

为优化空气注入系统的性能，在系统设计时可以考虑添加以下设备：

① 在压缩机进气口安装滤水管，防止颗粒损坏空压机或混入气流；

② 在每口井和管道之间安装一个止回阀，以防止在系统关闭后，筛孔间隔内的临时高压迫使空气和水回流到管汇系统中；

③ 每口井设置一个节流阀，以调节井内的空气流量；

④ 若要求系统每天以特定次数循环注气，可在每口井上安装一个电磁阀（同时需要安装一个带定时装置的控制面板）；

⑤ 每口井的接口处附加一个流量计，用于测量每口井的空气流量；

⑥ 在每口井附近的管道上安装压力表和温度计，以监测每口井的空气注入压力和空气温度；

⑦ 在空气压缩机出口后紧接着安装一个手动泄压阀，以排出管道中多余的空气；

⑧ 在管汇系统和手动泄压阀之间分别安装一个永久性压力表、温度计和流量计，用来测量系统总流量、温度和压力；

⑨ 安装自动泄压阀，以防系统堵塞时压力过大损坏管道或使含水层破裂；

⑩ 在与抽提系统联用时，为防止系统故障导致污染蒸气不能被收集而进一步扩散，可安装一个紧急开关装置，在特殊情况下自动关停空气注入系统。

12.2.4.10 抽提尾气处理系统

抽提到地面的含污染物尾气需要专门处理，相关技术详见第 20 章。

12.2.4.11 监测井结构

抽气运行过程中，通过监测井监控气体在非饱和带中的压强、流速及分布等。监测井多采用一井多孔的嵌套式结构，如图 12.10 所示。监测井需设置在合理的位置，当真空抽风机启动时，供风井的进气阀应关闭，使土壤中的真空分布达到稳定的状态，可通过安装在监测井中的真空感应器监控真空度状态。

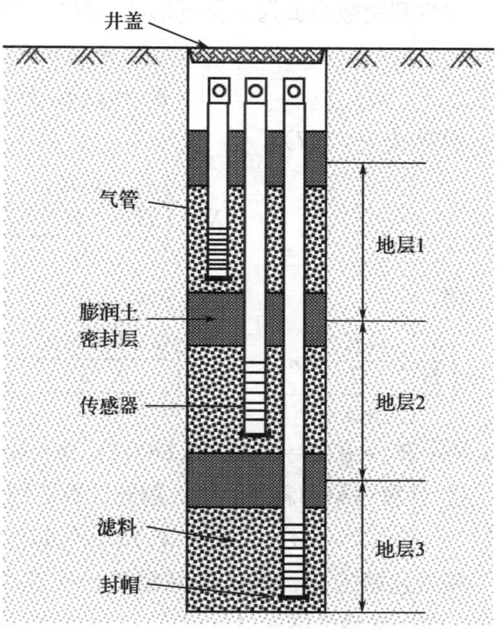

图 12.10 监测井结构图

例题 12.1 某场地的包气带被苯污染，污染面积为 $2600m^2$，污染深度为 3m，苯的平均浓度为 60g/kg，风险评估确定的苯的修复目标为 2g/kg。土壤有机质含量为 2%，水饱和度为 30%，孔隙度为 0.35，土壤干堆积密度为 $1.6g/cm^3$，土壤总堆积密度为 $1.8g/cm^3$，地层的渗透率为 $4.5\times10^{-12}m^2$。现采用气相抽提的方法进行修复，通过中试试验进行设计计算。先在场地中构建一口抽提井，井的直径为 10cm，井内抽提压强为 0.92atm，距离抽提井 5m 处建立一口监测井，井中压强为 0.98atm，抽提井的进气筛管长度为 3m，地层温度为 20℃，空气黏度为 1.8×10^{-4}P。

① 用井压降方法计算抽提井的影响半径。

② 计算进入抽提井的稳定流量及排放量。

③ 如果相对于理论去除速率的综合影响因子为 0.28，计算启动时污染物的去除速率。

④ 计算所需的清理时间。

⑤ 如果要求在 6 个月内完成修复，则需要多少抽提井？

解：①将影响半径边界处的监测井中气压视为 1 个大气压，根据式（12.11）得：

$$\frac{P_{R_I}^2-P_w^2}{P_r^2-P_w^2}=\frac{\ln(R_I/R_w)}{\ln(r/R_w)}$$

$$\frac{(1.0)^2-(0.92)^2}{(0.98)^2-(0.92)^2}=\frac{\ln[R_I/(0.1/2)]}{\ln[5/(0.1/2)]}$$

$$R_I=25(m)$$

② 计算抽提流速，对单位进行换算如下：

$1atm=1.013\times10^5N/m^2$；$1.8\times10^{-4}P=1.8\times10^{-5}N/(s\cdot m^2)$ $[1P=0.1\ N/(s\cdot m^2)]$。

抽提井井壁处流速为：

$$u_w=\frac{k}{2\mu}\times\frac{P_w}{R_w\ln(R_w/R_I)}\times\left[1-\left(\frac{P_{R_I}}{P_w}\right)^2\right]=\frac{4.5\times10^{-12}}{2\times1.8\times10^{-5}}\times\frac{0.92\times1.013\times10^5}{(0.1/2)\ln[(0.1/2)/25]}\times\left[1-\left(\frac{1}{0.92}\right)^2\right]$$
$$=6.79\times10^{-3}(m/s)$$

抽提井进气筛管进入的气体流量：

$$Q_w=2\pi R_w u_w H=2\pi(0.1/2)\times(6.79\times10^{-3})\times3=6.39\times10^{-3}(m^3/s)$$

则抽提井向地上的排气量为：

$$Q_{atm}=(P_{井}/P_{atm})Q_w=(0.92/1)\times6.39\times10^{-3}\times3600=21.16(m^3/h)$$

③ 计算实际去除率，查得甲苯的分子量为 78.1，亨利常数 H 为 5.55 atm·L/mol，饱和蒸气压为 P 为 95.2mmHg，K_{ow} 为 $10^{2.13}$。

将亨利常数换算为无量纲形式：$H^*=H/RT=5.55/[0.082\times(273+20)]=0.23$。

$$K_{oc}=0.63K_{ow}=0.63\times10^{2.13}=85$$

$$K_d=f_{oc}K_{oc}=0.02\times85=1.7(\text{L/kg})$$

根据式（3.147）：

$$X=\left(\frac{\frac{n_w}{H}+\frac{\rho_b K_d}{H}+n_a}{\rho_{wet}}\right)G=\left(\frac{\frac{n_w}{K_d}+\rho_b+n_a\frac{H}{K_d}}{\rho_{wet}}\right)S$$

得：

$$G=\left(\frac{\frac{n_w}{H}+\frac{\rho_b K_d}{H}+n_a}{\rho_{wet}}\right)^{-1}X=\left(\frac{\frac{0.38\times30\%}{0.23}+\frac{1.6\times1.7}{0.23}+0.38\times(1-30\%)}{1.8}\right)^{-1}\times60=8.56(\text{g/m}^3)$$

则：$R_p=\eta GQ=0.28\times8.56\times21.16=50.72$（g/h）

④ 计算污染物清理时间，首先计算达到修复目标时场地需要去除的污染物的量为：

$$M_p=(X_0-X_g)M_s=(60-2)\times2600\times3\times1.8=8.14\times10^5(\text{g})$$

需要注意的是，这些去除量是分布在 2600m^2 范围内的，由于一口抽提井的影响半径为 25m，则其影响范围为 $A=\pi R_I^2=3.14\times25^2=1962.5$（$\text{m}^2$），小于污染范围，即 1 口井不能覆盖整个污染面积，此时至少需要 2 口抽提井（从面积上看，2 口抽提井的面积大于污染面积，但是实际中需要根据污染范围的形状确定是否能够覆盖，如长条形的污染范围，可能需要更多的井）。

因此，2 口抽提井共同工作所需要的清理时间为：

$$T=M_p/(2\times R_p)=(8.14\times10^5)/(2\times50.72)=0.08\times10^5(\text{h})=333.3(\text{d})$$

2 口抽提井不能满足要求，要在 6 个月内完成修复，则：

$$R_g=M_p/T_g=(8.14\times10^5)/180=4522(\text{g/d})$$

$$n=R_g/R_p=4522/(50.72\times24)=3.7$$

因此，需要 4 口抽提井才能在 6 个月内完成修复工作。

本例题中，并没有考虑生物降解的作用，如果考虑这个作用则去除率更高，修复时间更短。但是因为实际工程中因素比较复杂，实际效果往往比理论计算要差，因此，忽略生物作用作保守考虑是必要的。

12.2.5 系统性能监控

气相抽提运行时需要一套监控系统对系统性能进行监控与评估，确定系统运行状态、存在问题以及提出调整改进对策。需要监控的内容见表 12.3。

表 12.3 土壤气相抽提系统性能监控内容

监控内容	系统性能评价
抽提井和管道中的气流量、流速	地下空气渗透性的变化
	地下气流分布，如采用中子探测器或电阻率层析成像法确定空气流动区域，采用示踪气体成像得到的空气通道分布和 SVE 系统对污染物的捕集效果；空气分布是否均匀，是否存在有限通道和死区
监测井和抽提井内的真空度/压力	地下空气渗透性、含水率的变化
	地下气流分布和影响区域、影响半径

续表

监控内容	系统性能评价
监测井、抽提井、尾气中的目标污染物、氧气、二氧化碳浓度和组成;原位呼吸试验	质量去除速率
	蒸气处理技术的选择
	地下有氧/厌氧环境
	土壤中微生物群落结构和活性
	清除污染物的能力
	尾气处理达标情况
	修复周期
设备的运行状态	鼓风机、空气压缩机及各管阀的运行状态
监测方式与频次	可以间断采样监测(如每周),也可以在线连续监测。监测频次先密后疏,起动和开始阶段每天至数天或每周一次;稳定期可每周或每月、数月一次

12.2.6　技术适用性

气相抽提通常仅适用于亨利常数大于 0.01 或蒸气压大于 1mmHg（20℃）的挥发性化合物。气相抽提难以去除重油、金属、PCB 或二噁英。气相抽提引起空气在土层中流动，导致好氧微生物活跃，可促进低挥发性有机化合物的原位生物降解。

渗透性较好的地层有利于空气的流动，气相抽提适于在砂质、砾石含量高的地层中使用，在黏土地层中效果较差。

气相抽提技术设备简单，易于安装操作；对现场环境破坏小；在适宜条件下修复时间为 0.5～2 年；修复费用较低；易于和其他修复技术联合使用，常常是其他技术（如热脱附、空气喷注、地下水循环井等）的必备手段。因此，气相抽提技术应用场景非常广泛。

12.3　地下水抽出-处理

12.3.1　定义与发展

抽出-处理（pump-treat，P&T）是通过不断抽出污染地下水，使污染羽的范围逐渐减小，使得含水层介质中的污染物逐渐转移到液相中，进而对抽出的污染地下水进行处理的技术。

抽出-处理技术自 20 世纪 70 年代末、80 年代初以来，广泛应用于污染地下水的修复，是地下水修复技术中应用最为广泛的方法。根据 USEPA 统计，在超级基金 1147 个涉及地下水修复的项目中，有 798 个地下水污染场地采用抽出-处理技术，占全部项目的 70%，数量位列第一。20 世纪 90 年代初，USEPA 及行业内其他学者提出了抽出-处理系统设计存在的问题，即抽出-处理系统无法达到在 5～10 年内恢复水资源的目的。虽然抽出-处理技术在短期内处理量大、处理效率较高，但是后期常出现污染物浓度拖尾和反弹等现象，处理效率很低。目前，越来越多的污染场地采用抽出-处理技术与其他技术组合的方式，以提高处理效率。据统计，2005～2008 年美国超级基金项目中，地下水污染治理单独使用抽出-处理技术的比例仅为19%，与其他技术联合修复的比例达到44%。抽出-处理技术常与原位氧化还原、可渗透反应墙、生物修复等技术联合使用，以达到更好的修复效果。

12.3.2 原理

抽出-处理技术的原理可分为两个过程，在地下水污染范围内设置一定数量的抽水井，通过水泵和水井将地下水抽出，水位下降，周边地下水在水位差驱动下向抽出井汇集，地下水流向被改变从而形成水力捕获带，进而有效控制污染羽的扩散。其作用主要体现在两种形式上，一是直接抽出污染地下水，在地面上根据水污染特征设计针对性的处理工艺进行处理，达到排放或回灌、回用的标准，即对地下水的净化作用；二是通过布设抽出井、注入井形成水力控制，改变地下水的迁移方向和路径，控制污染羽的扩散，即水力阻隔作用。

大多数情况下，抽出-处理与注入、阻隔技术联合使用。注入是为了提高水位形成水脊，提高水力梯度，控制地下水流向和流速；阻隔是切断地下水的流动，阻止地下水流入控制区域。地下水在地层中的运动参见第3章。

12.3.3 技术要素

12.3.3.1 地层渗透性

地层土壤渗透性对抽出-处理技术的影响最大。抽出-处理适用于渗透性较大的地层，一般要求渗透系数 $k>10^{-5}$ cm/s。渗透系数大，一方面有利于地下水的流动，对于进行抽出-处理的装备动力要求相对不高；另一方面有利于污染物的抽出，土壤渗透性大一般来说颗粒也较大，吸附于土壤颗粒上的污染物含量相对较少，而且容易解吸。低渗透性地层水流速度慢，且较易发生拖尾、反弹现象。

12.3.3.2 介质的非均质性

均质地层有利于地下水的流动，在进行地下水抽提的过程中，地下水集中流向抽水井，以抽水井为中心形成一个降落漏斗。非均质地层的渗透系数有方向性，使得地下水流动方向与水力梯度方向不完全一致。地下环境中由于优先通道的存在，地下水流速不同，流速慢的区域污染物被滞留的可能性更大，且脱附和溶解效应较为明显，所以流速不同的区域中污染物的扩散作用是产生拖尾和反弹效应的重要因素。地层中存在的黏性夹层透镜体，容易造成污染物的截留、停滞，往往成为污染浓度较高的污染源，但这些区域水流动性差，冲洗十分困难，处理效果不好。此外，非均质地层常常无规律，难以进行模型计算。

12.3.3.3 地下水污染分布与流场

场地中污染源分布、地下水污染空间分布以及地下水流动状态决定水力捕获的范围，也决定着抽出井和注入井的布设方式及深度设置。需要在土壤-地下水系统、污染物时空分布和地下水流场精准刻画的基础上进行设计。

12.3.3.4 污染物性质

抽出-处理技术主要适用于溶解性污染物的处理，如有机氯化物、苯类化合物和重金属等污染物，适用范围较广。但当场地中有重非水相液体（DNAPL）物质时，对抽出效果影响很大。

12.3.3.5 拖尾和反弹效应

地下水抽出过程中往往伴随着污染物浓度的拖尾和反弹效应。图 12.11 为地下水抽出持续时间或抽出体积与抽出的地下水中污染物浓度关系图。在抽出的开始阶段，土壤介质中较大空隙中的地下水优先被抽出，地下水中污染物的浓度下降，而且下降速度较快。随着抽水的持续进行，更小空隙通道中的地下水及污染物向大空隙通道渗透迁移，同时由于抽水打破了污染物的水土平衡，土壤颗粒中的污染物逐渐释放到水中，这个过程较为缓慢，因此污染物浓度下降很慢，体现在图中是一段较为低平的长的曲线，这就是拖尾现象。拖尾效应可以持续很长时间，如数月或几年不等。如果停止抽水，土壤中污染物通过分子扩散持续释放，经过一段时间后地下水中污染物的浓度又会逐渐回升，这称为反弹效应。

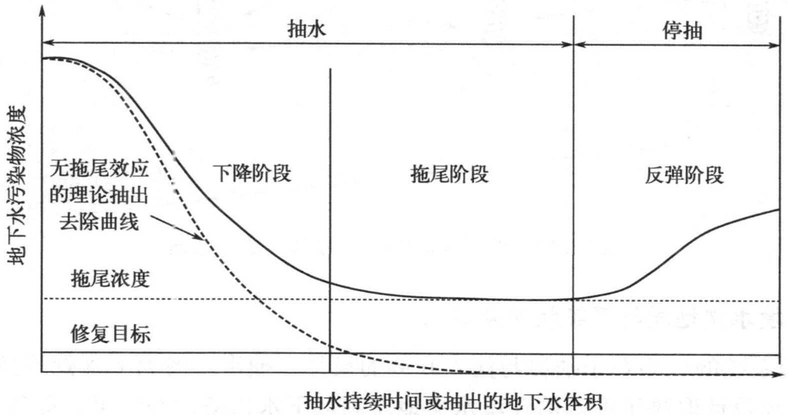

图 12.11 地下水抽出持续时间或体积与污染物浓度关系图

引起拖尾和反弹的主要原因是污染物在土-水-非水相液体之间的吸附解吸及溶解平衡关系。污染物存在于土壤、地下水中或以非水相液体形态存在，抽水时破坏了污染物在多介质之间的平衡关系，吸附在土壤颗粒中的污染物会缓慢释放出来，这个过程受吸附解吸速率控制。以非水相液体或固体形式存在的污染物在抽水时会不断溶解到地下水中，这个过程受溶解速率控制。这些过程都比较缓慢。此外，污染物存在于低渗透地层中时，在抽出过程中污染物从低渗透地层向高渗透地层的迁移也很缓慢。

12.3.3.6 抽出-处理的改进

由于拖尾和反弹效应的存在，常常会采用一些改进措施提高抽提效率。这些措施有：①对有机污染物可采用表面活性剂等增溶剂提高溶解性；②优化抽出泵作业方式，如采用阶段性抽出、自调节抽出和脉冲抽出等；③采用水平井、排水渠、拦截沟等；④结合阻隔墙抽出，这在实际场地修复中很常用；⑤采用压裂技术改进地层渗透性，压裂源于石油工业，在污染场地修复中很少用。

12.3.4 系统设计

12.3.4.1 系统构成

如图 12.12 所示，地下水抽出-处理系统主要包括抽出系统、注入系统、水处理系统与监测系统。抽出系统包括抽水井、抽水泵、管阀、压力表等，注入系统包括注入井、注入泵、管阀、压力表等，废水处理系统可参见第 19 章，监测系统包括监测井和监测设备。

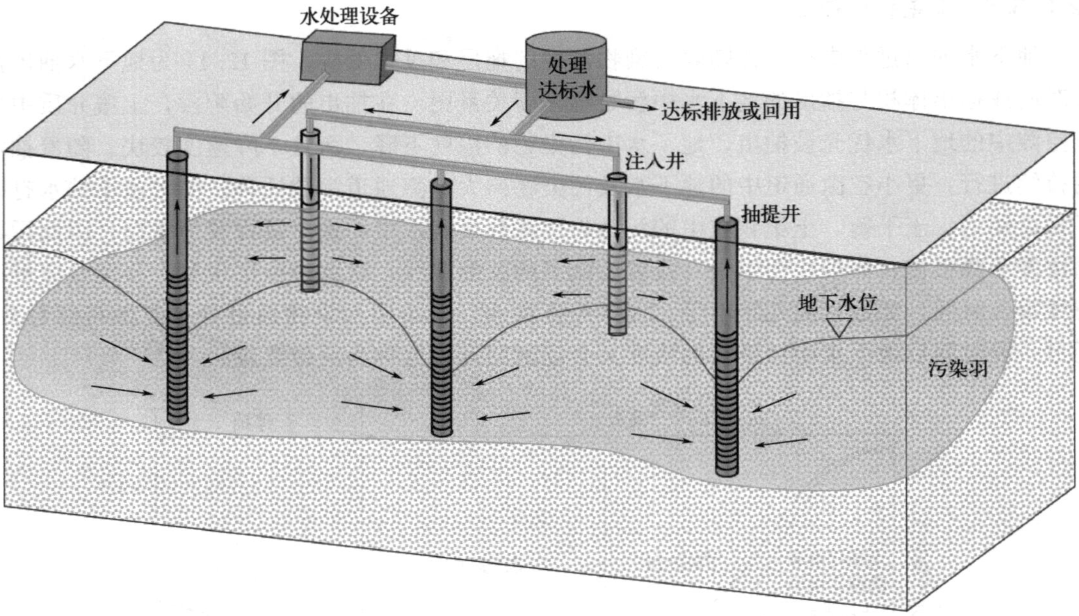

图 12.12　地下水抽出-处理系统构成示意图

12.3.4.2　环境水文地质与污染状况调查

抽出-处理系统的核心在于抽出与注入井群的设计，抽出后的地下水处理技术相对成熟。抽出系统的合理设计取决于准确的环境水文地质和地下水污染调查结果，即便相同的污染物在水文地质条件不同的场地中，系统的设计差异也很大。一般来说，设计抽出-处理系统时需要获取的信息如表 12.4 所示。

表 12.4　抽出-处理系统需获取的场地与污染信息

参数类别	参数	获取方式
污染特征	污染物种类(是否有 NPAL 相)、性质、浓度及空间范围;污染源的分布	场地调查
地层与水文地质条件	地层结构、包气带和含水层特性(类型、层厚、长度、地下水赋存);地下水补给、径流与排泄;水力梯度、渗透系数、储水系数	收集历史资料;钻探、抽水试验、微水试验、渗透试验
土壤性质	类型、密度、粒径、含水率、土-水分配系数、土壤有机碳含量、土壤阳离子交换量(CEC)、pH、氧化还原电位(ORP)	实验室检测

12.3.4.3　捕获带分析

抽水井在抽水时，井管内的水位快速下降，与井管周围的地下水形成一个水力梯度，不断驱动地下水流向井管，并形成一个以井管为中心的降落漏斗。对于一定的抽水量和降深，在稳定流中形成的降落漏斗范围是一定的，这样在抽出井的上游以及下游很近区域的地下水会汇集流入漏斗中，就会形成一个捕获地下水的区域，这个区域被称为捕获带，捕获带之外的地下水不能流入抽水井中。因此，合理确定抽水井的位置和数量，确保捕获区能够完全覆盖地下水污染羽，是地下水抽提系统设计的重要内容。

为简化实际地层的复杂性，假设含水层是均质、各向同性和等厚的稳定流系统，对于单个抽水井的捕获带来说，以抽水井为坐标原点建立 x-y 坐标系（如图12.13所示），抽水井的捕获区边界线公式为（Javandel et al.，1986）：

$$y=\pm\frac{Q}{2Mv}-\frac{Q}{2\pi Mv}\arctan\frac{y}{x} \tag{12.24}$$

式中 M——含水层厚度，m；

Q——抽水速率，m^3/s；

v——区域地下水渗流速度，m/s。

式中参数 Q/Mv 为唯一的参数，具有长度量纲（m），图12.13中表示参数 Q/Mv 取不同值时对应的曲线形状，每个曲线范围内的地下水都将流入抽水井中。将 $x=0$、$x=$无穷大和 $y=0$ 分别代入式（12.24）中，可得到两侧流线与 y 轴的交点之间的距离为 $Q/2Mv$，y 的渐进值为 $Q/2Mv$，以及流线与 x 轴的交点（滞留点或驻点）到抽水井之间的距离为 $Q/2\pi Mv$。确定了这三组特征值，就可以大致描绘出单口抽水井捕获带的形状。

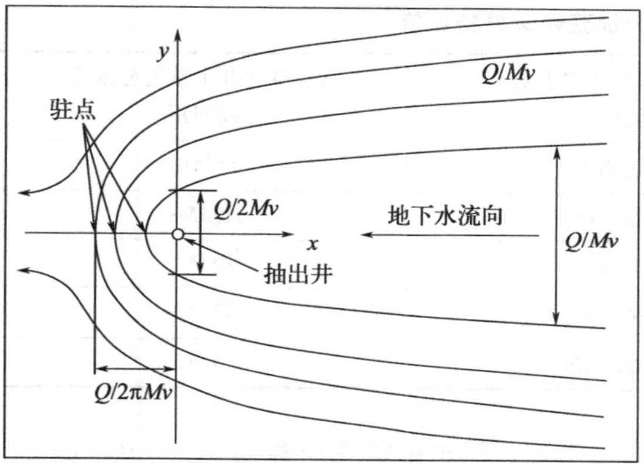

(a) 单井

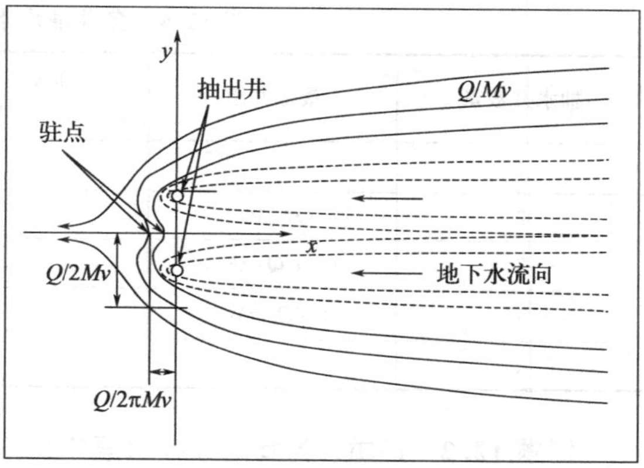

(b) 双井

图12.13 地下水抽水捕获带

为了便于准确绘制捕获带形状，可将式（12.24）改写为：

$$当\ y>0\ 时，x=\frac{y}{\tan\left[\left(1-\frac{2Mv}{Q}y\right)\pi\right]} \tag{12.25}$$

$$当\ y<0\ 时，x=\frac{y}{\tan\left[\left(-1-\frac{2Mv}{Q}y\right)\pi\right]} \tag{12.26}$$

通过给出一系列 y 值，就可以获得一系列（x，y）值，根据该数据可以绘制出捕获带边界。

对于给定的含水层来说，M 和 v 是定值，捕获区宽度随抽提流量增大而增大，但由于抽水流量受到渗透性限制，抽水流量会有一个最大限度，捕获区的最大范围也有一个限制。

如果地下水污染羽比单口抽出井最大抽提流量形成的捕获带还宽，则需要更多抽出井，而且每口抽出井形成的捕获带必须重叠，以防地下水从井间流走而不被捕获。当有两口抽水井时，将其并排设置在 y 轴上，距离抽水井的距离为 d 和 $-d$，每口井抽水量为 Q，井间的最佳井距为 $2d=Q/\pi Mv$，污染羽正好不能从两井之间流过，则通过滞留点的流线方程为：

$$y+\frac{Q}{2\pi Mv}\left(\tan^{-1}\frac{y-d}{x}+\tan^{-1}\frac{y+d}{x}\right)=\pm\frac{Q}{Mv} \tag{12.27}$$

按照上式即可绘制出两井抽水时，当 Q/Mv 取不同值时的捕获带边界曲线。

当有多个抽水井时，流线方程为：

$$y+\frac{Q}{2\pi Mv}\left(\tan^{-1}\frac{y-d_1}{x}+\tan^{-1}\frac{y-d_2}{x}+\cdots+\tan^{-1}\frac{y-d_n}{x}\right)=\pm\frac{nQ}{2Mv} \tag{12.28}$$

式中，$d_1,d_2,d_3,\cdots,d_n$ 为抽出井 $1,2,3,\cdots,n$ 在 y 轴上的位置。所有井在 y 轴上排成一条直线且以远点对称分布，当 n 为奇数时，坐标原点应有一口井，其井距可按式（12.29）计算：

$$d=\frac{1.2Q}{\pi Mv} \tag{12.29}$$

Javandel 和 Tsang（1986）总结了多井抽水时捕获带的特征值数据，表 12.5 中下游驻点到井排的距离为 $Q/2\pi Mv$，远离抽水井上游的分割流线之间的距离为 nQ/Mv，这个距离是井排直线上流线之间距离的 2 倍。

表 12.5　多井抽水水力捕获带边界特征值

抽水井数量	最优井距	抽水井所在直线上的分割流线间距	远离抽水井上游的分割流线间距
1	—	$Q/2Mv$	Q/Mv
2	$Q/\pi Mv$	Q/Mv	$2Q/Mv$
3	$1.41\,Q/\pi Mv$	$3Q/2Mv$	$3Q/Mv$
4	$1.2Q/\pi Mv$	$2Q/Mv$	$4Q/Mv$
n		$nQ/2Mv$	nQ/Mv

例题 12.2　均质、各向同性含水层中有一口抽水井，含水层渗透系数为 2.5×10^{-4} cm/s，水力梯度为 0.01，含水层厚度为 20m，设计抽水速率为 $180\text{m}^3/\text{d}$。试确定抽水井的捕获区。

解：

确定地下水流速 v：

$$v=Ki=2.5\times10^{-4}\,\text{cm/s}\times0.01=2.5\times10^{-6}\,\text{cm/s}$$

确定抽水井所在直线（与水流方向垂直）方向的捕获区的侧流距离（$Q/4Mv$），有：

$$\frac{Q}{4Mv}=\frac{180\text{m}^3/\text{d}}{4\times(20\text{m})\times(2.5\times10^{-6}\,\text{m/s})\times24\times3600}=10.4\text{m}$$

确定抽水井到下游驻点的距离（$Q/2\pi Mv$），为：

$$\frac{Q}{2\pi Mv}=\frac{180\text{m}^3/\text{d}}{2\times3.14\times(20\text{m})\times(2.5\times10^{-6}\,\text{m/s})\times24\times3600}=6.6\text{m}$$

确定远离抽水井的上游捕获区的侧流距离（$Q/2Mv$），为：

$$\frac{Q}{2Mv}=\frac{180\text{m}^3/\text{d}}{2\times(20\text{m})\times(2.5\times10^{-6}\,\text{m/s})\times24\times3600}=20.8\text{m}$$

根据以上特征值确定捕获带的边界特征点，可以绘制出如图 12.14 所示的捕获区曲线图。

例题 12.3　含水层中有两口抽水井，含水层渗透系数为 51m/d，水力梯度为 0.015，含水层厚度为 26m，设计抽水速率为 $2.25\times10^{-3}\ \text{m}^3/\text{s}$。试确定最优井距，根据特征值画出抽水井的捕获带。

解：

确定地下水流速 v，有：

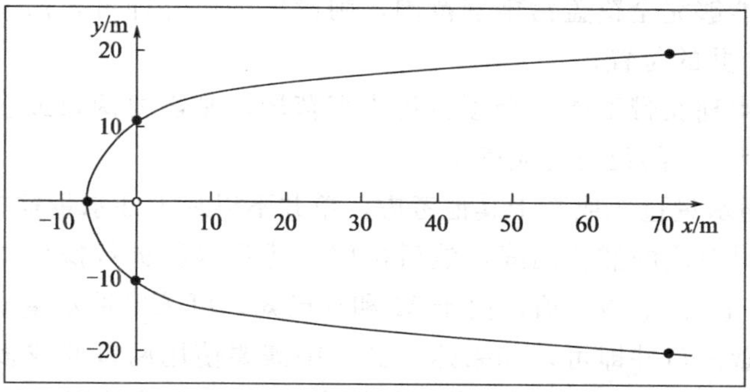

图 12.14　地下水单井抽水捕获带

$$v=Ki=51\text{m/d}\times 0.015=0.765\text{m/d}=8.85\times 10^{-6}\text{m/s}$$

根据表 12.5，确定这两口井的最优距离（$0.32Q/Mv$），有：

$$\frac{0.32Q}{Mv}=\frac{0.32\times(2.25\times 10^{-3}\text{m}^3/\text{s})}{(26\text{m})\times(8.85\times 10^{-6}\text{m/s})}=3.13\text{m}$$

每口井到原点的距离为该值的一半，即 1.57m。

确定与井在同一直线上的捕获区的侧流距离（$Q/2Mv$），为：

$$\frac{Q}{2Mv}=\frac{2.25\times 10^{-3}\text{m}^3/\text{s}}{2\times(26\text{m})\times(8.85\times 10^{-6}\text{m/s})}=4.89\text{m}$$

确定抽水井到下游驻点的距离（$Q/2\pi Mv$），为：

$$\frac{Q}{2\pi Mv}=\frac{2.25\times 10^{-3}\text{m}^3/\text{s}}{2\pi\times(26\text{m})\times(8.85\times 10^{-6}\text{m/s})}=1.56\text{m}$$

确定远离抽水井的上游捕获区的侧流距离（Q/Mv），为：

$$\frac{Q}{Mv}=\frac{2.25\times 10^{-3}\text{m}^3/\text{s}}{(26\text{m})\times(8.85\times 10^{-6}\text{m/s})}=9.78\text{m}$$

根据以上特征值确定捕获区的边界特征点，可以绘制出如图 12.15 所示的捕获区曲线图。

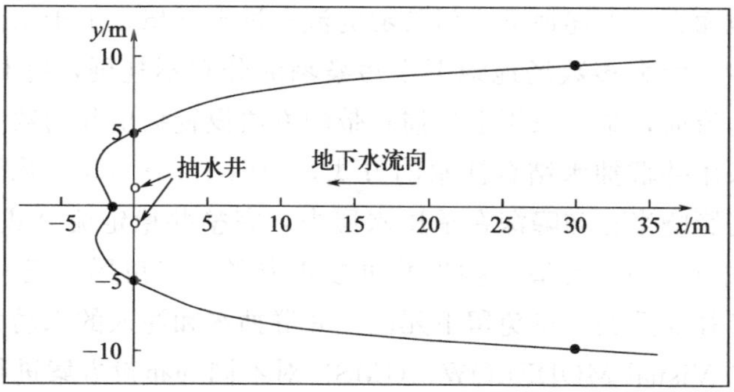

图 12.15　地下水双井抽水捕获带

污染场地中为了加快修复速度，一般以尽可能最大的抽提流量进行抽提，在前期场地调查、水文地质勘察获取地下水污染范围、流向和流速、含水层性质等信息的基础上，可以按以下步骤确定抽出井的数量和井距。

① 根据水文地质调查结果确定场地最大抽水量即最大涌水量，绘制单井抽水捕获带；

② 将相同比例尺的污染羽分布图与捕获带曲线图叠加，保持两张图的地下水流向一致，将污染羽尽量对称地置于捕获带曲线内；

③ 如果捕获带能够完全覆盖污染羽范围，则设置一口井即可，污染羽分布图中井的位置对应于捕获带图中井的位置；

④ 如果单井抽水捕获带不能完全覆盖污染羽范围，则需要两口或多口抽水井，直至捕获带完全覆盖污染羽，井的位置对应确定。

如果场地最大涌水量过大或基于其他考虑，单井不以最大涌水量抽提，则需要绘制单井在不同 Q/Mv 取值时对应的捕获曲线，然后按照上述步骤②进行操作，找出能够覆盖污染羽的那条捕获曲线，读出 Q/Mv 值，由于 M 和 v 已知，可求出抽水量 Q，如果设计抽水量达到该 Q 值，则设置一口井即可，如果达不到，则需要使用两口井或多孔径的捕获带曲线图，重复上述步骤确定抽水井的数量，井距根据表 12.5 中公式计算。

12.3.4.4 抽出井布设

对于地下水流向单一、有一定水力梯度而且污染羽边界规则的情况，可根据捕获带分析的情景，将抽出井布设在与污染羽流向垂直的方向上。根据抽出的目的不同，抽出井排可以布设在污染羽的前端、中端或尾端，如图 12.16（a）所示。这种情形大都需要具备特殊的水文地质条件（如沟谷地区），地下水流向固定且横向扩散范围较小，这种方式修复时间往往很长。

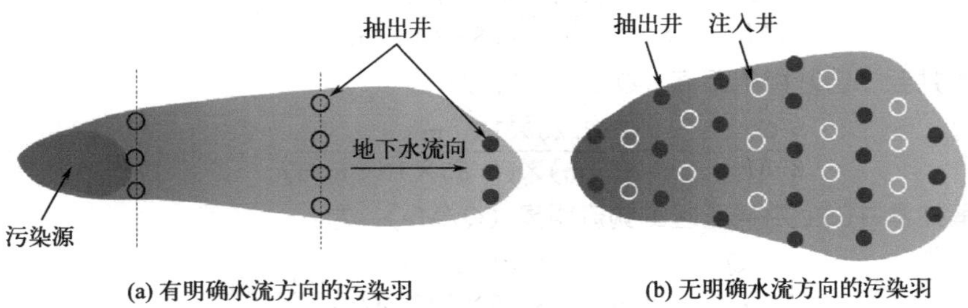

图 12.16　地下水抽出井布设

但是对污染场地而言，上述地下水污染羽的流态过于理想，由于工业场地厂区功能布局和生产活动的复杂性，绝大多数场地地下水污染羽的分布不规则，有时没有明显的水力梯度，甚至没有明确的流向，难以采用上述捕获带的方法设置抽出井的数量和位置。实际场地地下水修复工程多采用井群抽水结合注水的方式，如图 12.16（b）所示。先确定单口抽水井的影响半径，井的影响半径和降深在承压水层中，完整井稳定流公式用式（3.71）计算，潜水稳定流公式用式（3.62）计算。抽出井可按正方形、三角形、正六边形等多种形式布设，一般井的影响半径要重叠，避免留下死区。井群抽水和注入的水动力过程比较复杂，可借助于模拟软件（如 Visual MODFLOW、GMS）对不同的布设方案进行模拟优化，可快速确定最优方案。

12.3.4.5 抽出井类型及深度设置

抽出井的类型基于混合井、完整井或分层井需要根据地层结构、水文地质条件及污染特征综合确定。如图 12.17 所示的污染范围既存在于低渗透地层又存在于高渗透地层中，图中抽水井（a）为混合井，虽然能够同时对两个地层进行抽水，但受渗透性限制，抽出的水大多来自渗透性好的地层，上部低渗透地层出水缓慢，抽出时间很长，效率很低。如果分层设计，在上部低渗透地层中采用完整井（b），下部高渗透性地层中采用分层井（c），这样可以在两个含水层中采用不同的井距和抽水流量，在低渗透地层中井间距要小，高渗透地层井间距可大，这种方案可提高抽出效率，缩短修复时间。抽出井的深度一般应涵盖整个污染区域。

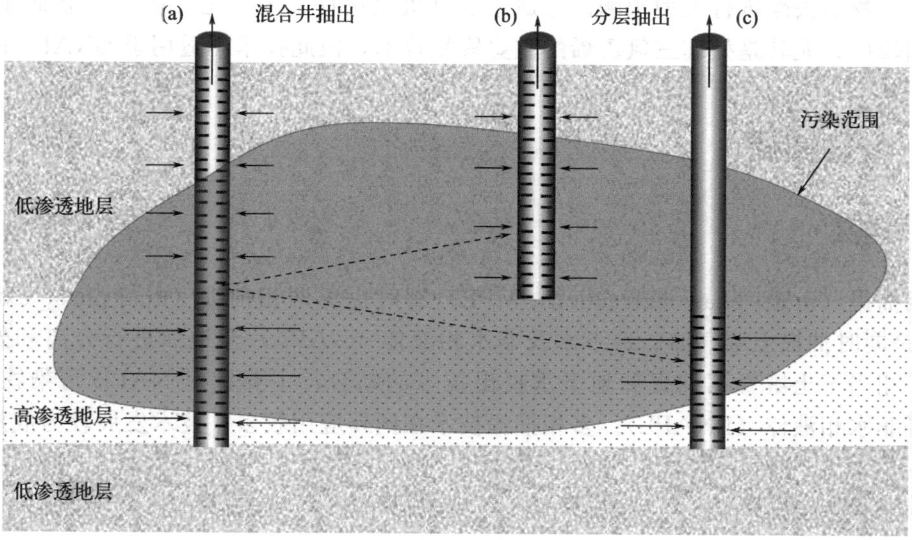

图 12.17 地下水抽出井类型及深度设置

12.3.5 系统性能监控

12.3.5.1 水位水量监测

抽出-处理系统主要在修复区域内及修复边缘设置监测井，通过地下水位的定期监测，定期绘制地下水流场图，确保场地内抽出井的运行泄降影响范围覆盖整个修复区域。同时，定期监测评估含水层出水量及各抽出井抽水量。分析评估监测数据并不断调整优化抽出井布设和运行参数。

12.3.5.2 水质监测

水质监测包括含水层地下水水质监测和地表水处理系统进出水水质监测。含水层地下水水质监测包括监测污染源，污染羽上、中、下游及周边地下水水质。监测项目包括：地下水中目标污染物浓度、是否有 NAPL 存在及其厚度、水化学指标等。地表水处理系统进出水水质监测指监测废水处理设施进、出口的水质。此外，还可通过采样分析修复区含水层土壤中污染物的含量，判断污染物在土壤-地下水介质中的分配平衡，有助于研判拖尾和反弹效应。

12.3.6 技术适用性

抽出-处理通常适用于以下情况。①场地内无未清除的污染源，否则抽出效率低、修复时间长。②中至高渗透性含水层，一般要求渗透系数 $k > 10^{-5}$ cm/s。渗透系数大一方面有利于地下水的流动，对于进行抽出的器械动力要求相对不高；另一方面有利于污染物的抽出，吸附于大土壤颗粒上的污染物含量相对较少。低渗透性地层水流速度慢，且较易发生拖尾、反弹现象。③较均质的地层条件。均质地层有利于地下水的流动，非均质的地层条件容易造成污染物的截留或优先通道渗流。此外，非均质地层常常无规律，难以进行模型计算，较难对污染物的去除进行模型预测。④适用于有机氯化物、苯类化合物和重金属等污染物，适用范围较广，尤其是处理三氯乙烯的主要修复技术，但此技术不适用于 DNAPL 的修复。

12.4 多相抽提

12.4.1 定义

多相抽提（multi-phase extraction，MPE）有时也称两相抽提（dual-phase extraction，DPE），是同时抽提土壤气体、地下水及非水相液体（NAPL）至地面进行分离和处理的一种技术，相当于土壤气相抽提和地下水提出技术的结合，主要针对 NAPL 污染物的修复，特别是轻非水相液体（LNAPL）。多相抽提技术在国外应用较多，技术发展较为成熟。

12.4.2 原理

多相抽提采用真空抽取污染区域土壤气体、地下水和 NAPL 到地面进行气液相分离及处理，是对包气带和含水层同时进行处理的技术。通常采用真空泵从地下抽提井中提取由土壤气体、污染地下水和 NAPL 组成的气水混合物，将气水混合物抽提到地面进行分离和处理。MPE 技术与抽出-处理、土壤气相抽提技术相似，但比这两种技术处理的对象更多，修复范围包含污染地下水、污染气体和 NAPL 污染物，修复范围更大，是 SVE 与地下水抽取技术的结合。与传统抽出-处理方式相比，MPE 最突出的特征就是采用真空或真空辅助的方式，实现 NAPL 污染物从地下向地表的迁移。

12.4.3 技术要素

多相抽提的相关技术要素与气相抽提和抽出-处理技术中的基本相似，但是多相抽提的一个重要处理对象是非水相液体，因此，污染物的自由相和残余饱和度对 MPE 的抽提效果影响很大。

污染物特别是有机物由于溶解度的限制，随着进入地层中的含量增加，超过了其溶解度，即以非水相液体形式存在，在形态上主要表现为自由相和剩余饱和状态（见第 4 章）。

污染场地中 NAPL 自由相运移的主驱动力为重力，它可以沿着含水层底板从高处往低洼处流动，因此，它也是可以被抽提出来的。但是，当 NAPL 以剩余形式存在时，其运移的主驱动力为毛细管力，离散的油滴状 NAPL 无法连成自由相，不能被抽提出来，也就是说剩余饱和度决定了不能被抽提的比例。这部分 NAPL 只能依靠不断溶解释放到地下水中或者土壤气中逐渐削减总量，但这个过程极为缓慢，因此，这也是造成拖尾和反弹效应的一个重要因素。

当非水相液体是 LNAPL 时，其自由相浮于地下水水位处，抽提井的设计相对容易。但是对抽提流量和水位控制需要严格设计，过大的抽提量会导致降深及降落漏斗过大，LNAPL 会向下层迁移，增加下层土壤的吸附量，造成修复更加困难。如果非水相液体是 DNA-

PL，抽提井的设计就会难得多，需要对 DNAPL 的空间分布进行精准刻画，抽提井的筛管与 DNAPL 的厚度要精准匹配，筛管的长度超出 DNAPL 厚度过多，地下水成为主要抽提对象，对 DNAPL 的抽提效率不高，修复时间拖长。

12.4.4 系统构成

多相抽提系统主要包含抽提、多相分离和污染物处理三个部分。

多相抽提设备是 MPE 系统的核心部分，可以同时抽提气水混合物，将混合物抽吸到地面处理系统中。MPE 系统根据抽提设备不同，分为由真空泵提供动力的单泵系统和由真空泵和水泵同时抽提的双泵系统，如图 12.18 所示。

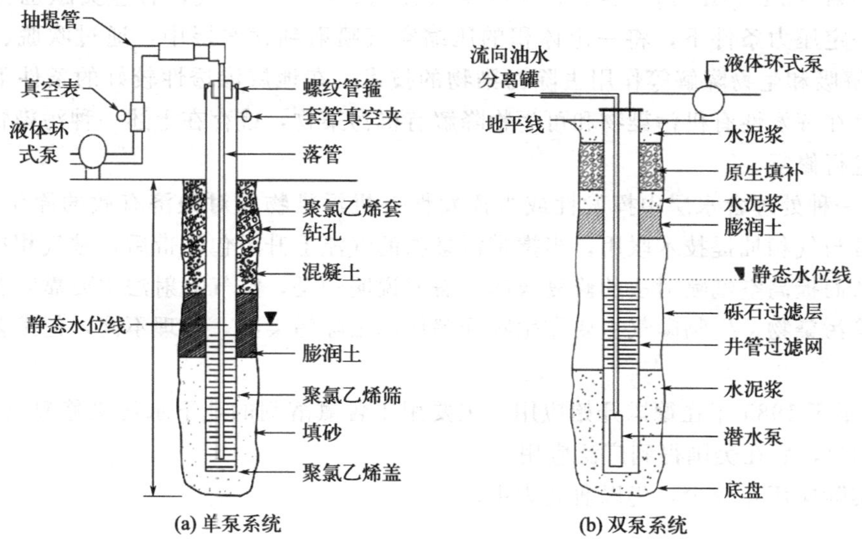

图 12.18 单泵系统和双泵系统的抽提部分结构（EPA，1999a）

12.4.4.1 单泵系统

单泵系统主要由真空泵、抽提管路和井口密封装置组成。真空设备在抽提井内形成高速气流，使气水混合物从抽提落管进入多相分离系统和处理系统中。单泵系统结构较为简单，适合渗透性较低的场地，修复深度一般在 10m 内。

12.4.4.2 双泵系统

双泵系统用真空设备抽提包气带的土壤气体，通过水泵抽提液态流体（地下水以及 NAPL）。抽提井内分别设有气体管路与液体管路，气体和液体分别进入相应的收集处理单元。双泵系统的运行较为灵活且无须安装分离系统，修复深度可以大于 10m，对污染场地的含水层具有较好的适应性。

12.4.4.3 多相分离系统

多相分离指为保证抽出物的处理效率而进行的气-液及液-液分离过程。分离后的气体进入气体处理单元，液体会通过其他方法进行处理。典型的油水分离设备一般利用重力沉降原理将浮油层刮去，分离出含油量低的水。

12.4.4.4 污染物处理系统

经过多相分离后，含有污染物的流体被分为气相、液相和有机相等形态，结合常规的环境工程处理方法即可进行相应的处理处置。气相中污染物的处理方法目前主要有热氧化法、催化氧化法、吸附法、浓缩法、生物过滤及膜处理等。

12.5 空气喷射

12.5.1 定义与发展

空气喷射（air sparging，AS），又称空气注入、地下水曝气，有些文献也称为生物曝气，是在一定压力条件下，将一定体积的压缩空气喷射到含水层中，通过吹脱、挥发、溶解、吸附-解吸和生物降解等作用去除污染物的技术。在地层渗透性较好的条件下，当饱和带中同时存在挥发性有机污染物和可生物降解有机污染物，或存在上述一种污染物时，可以用该技术进行修复。

AS 是一种处理含水层中挥发性或半挥发性有机污染物相对经济有效的原位修复技术。该技术常常与气相抽提技术联用，当携带污染物的气流上升至包气带后，被气相抽提系统捕获收集，从而提高空气喷射法的修复效率。需要说明的是，空气喷射法主要靠吹脱气提等物理作用去除污染物，生物曝气主要靠生物降解作用去除污染物，原理不同，但工艺方法基本是一致的。

AS 最早于 1985 年在德国开始应用，主要用于含氯溶剂的地下水污染修复（Gudemann et al.，1988），后在美国得到广泛应用。

国内实际应用还较少，仍以研究为主。

12.5.2 原理

从机理上来看，空气喷射技术涉及吹脱、挥发、溶解、吸附-解吸等污染物相间分配作用和微生物降解作用。为了提高修复效率，有时采用强化措施，如注入氧气、蒸气、微生物及营养物质等。

12.5.2.1 污染物相间分配与降解

污染物相间分配与降解主要体现在三个方面：①对溶解态挥发性有机污染物的吹脱；②使存在于地下水位以下和毛细管边缘的残留态和吸附态有机污染物挥发；③氧气的注入促进溶解态和吸附态有机污染物发生好氧生物降解。关于这些机理及计算的介绍，详见第 3 章。

12.5.2.2 气体的运动过程

AS 系统在运行时，由于地层介质的特性，气体流动形式有所不同，一般涉及以下几种方式。

（1）气泡运动

在技术发展的早期阶段，通常认为从注入点喷出的空气会以微气泡的形式在含水层中上升，运动方式类似于所谓的“水族馆模式”，即气泡在地下水中向上、向外移动，其轨迹呈圆锥式分布，如图 12.19 所示。这种运动模式一般发生在粒径较大（直径在 1～2mm 以上）、孔隙互相连通的土壤介质中，例如完全由粗砂或砾石组成的沉积物。但具备这种条件的含水层并不常见。气泡流的优势在于，它具有良好的空气-水界面接触，而且气泡是离散的，可以在多孔介质中自由迁移，分布相对均匀，这对于污染物的去除是有利的。Roosevelt 和 Corapcioglu（1998）在对直径为 4mm 的玻璃微珠介质的实验研究中证实了这种运动模式的存在，同时发现气泡上升的速率只是气泡尺寸的函数，而与在水体中的深度无关。

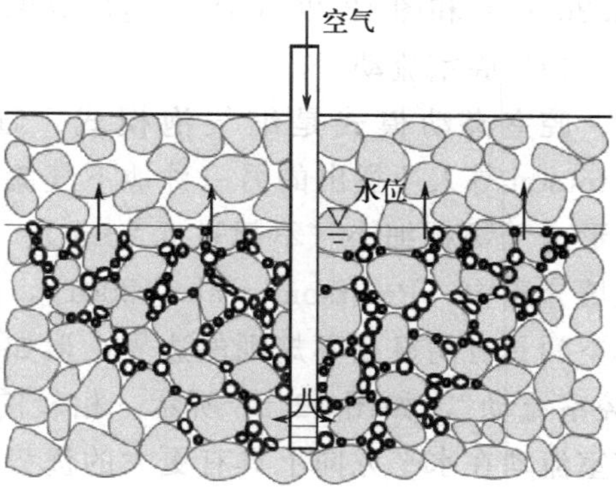

图 12.19　注入气体的气泡运动示意图

（2）通道流动

这种气流模式可被描述为空气在由互相连通的孔隙所组成的毛细管中流动，如图 12.20（a）所示，其形成原因是注入的空气在压力驱动下将孔隙中的液相排出，从而占据孔隙空间。这种模式的发生条件是，气泡在孔径中受到的阻力（即毛细压力）大于气泡自身的浮力。随着注气压力的提高，气泡破灭形成气流，并克服阻力在孔隙中流动。这种运动模式多发生在细颗粒且不均匀的土壤介质中，由于土壤渗透性和孔隙连通性的影响，气流会优先选择易通过的孔隙路径。在空气喷射过程中，径流模式是最常见的情况，空气和水的饱和度基本符合 van Genuchten（1980）等人所描述的压力-饱和度理论。这就意味着，可以通过现有的多相模型对该粒径范围土壤介质中的空气运动进行合理的模拟和预测。

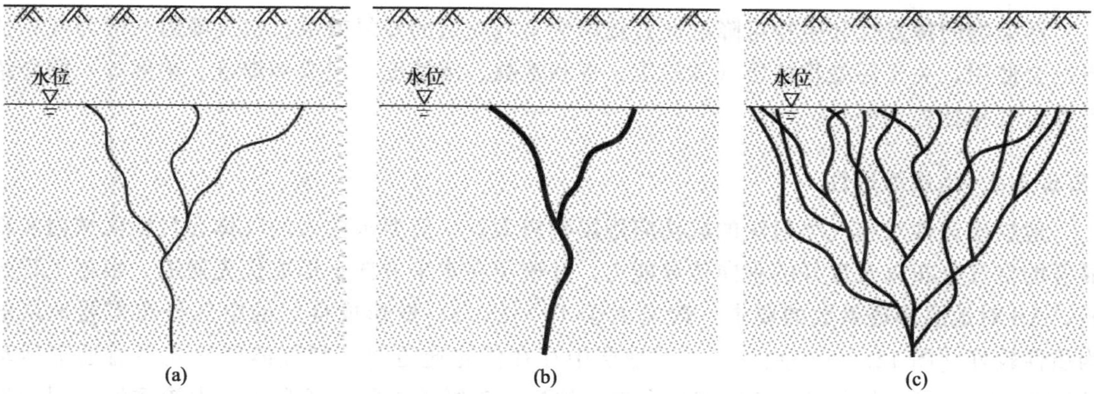

图 12.20　注入气体的通道流动示意图

当空气离开注入点上升时，压力降低，导致空气体积膨胀，从而形成额外的空气通道（Ji et al.，1993）。当流速较低时，空气主要在浮力的作用下向上运动，形成竖直方向的通道［图 12.20（a）］。当流速逐渐增加时即注气压力增大时，空气开始发生横向扩散，形成“灌木丛”一样的气体通道［图 12.20（c）］，这种情况下，空气注入流量的进一步增加并不会导致气流区进一步扩大，而是会引起气流通道密度的增加，这可能是由于地层水平阻力更大。此外，当土壤介质不均一时，气流会沿着渗透性好、阻力小的路径运移，从而形成所谓的“优先流”［图 12.20（b）］，这不仅会限制气流通道在地下空间中的分布范围，降低系统的修复效率，还可能会使污染蒸气逃逸、扩散，引发二次污染等。研究证明，有效的空气注入修复不仅要求细而分散的空气通道，而且需要较高的空气饱和度［图 12.20（c）］，图

12.20（a）和图12.20（b）的传质效果都很差。

（3）腔室流动

腔室流动模式是继气泡模式、通道模式之后由Peterson等人所提出的另一种地下气流运动模式。它通常形成于颗粒细小（不超过0.2mm）、气体孔隙度高的土壤介质中（Peterson et al.，2001），由于所围成的气体空间具有明显且不规则的边界，形如腔室，因此称为“腔室流动”，如图12.21所示。相较前两种气流模式，腔室流动在水平方向上具有更大的优势，也因此能影响到更大的范围。

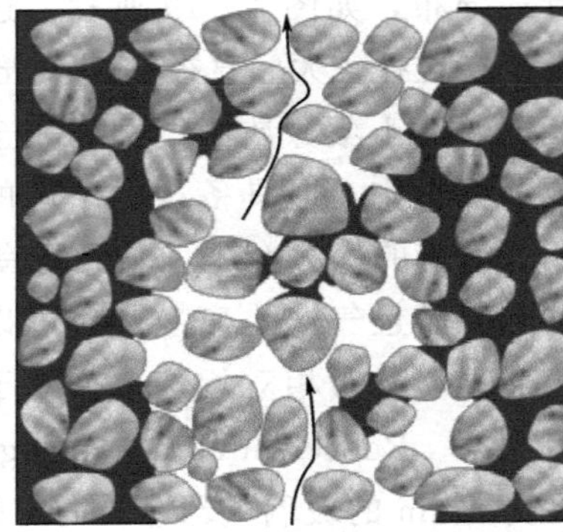

图12.21 注入气体的腔室流动示意图（据Ahlfeld et al.，1994改绘）

12.5.2.3 气体的运动方程

气体运动方程参见气相抽提部分。

12.5.2.4 污染物传质机理

污染物的传质机理与气相抽提部分相似，只是对空气喷射法来说，空气是注入地下水中，主要机理为污染物从液相转移到气相的相间传质。

12.5.3 技术要素

12.5.3.1 污染物性质

污染物的挥发性和生物可降解性直接影响空气喷射的修复效果。空气喷射一般与气相抽提结合使用，关于污染物性质（蒸气压、亨利常数、溶解度、组成和沸点、浓度等）的介绍可参见气相抽提部分。

12.5.3.2 地层渗透性

地层渗透性对空气喷射法的成功应用影响极大。一般要求注入的气体在目标区域内实现显著的空气分布以及良好的垂向传导能力，并避免在水平方向上形成优先通道。根据工程经验，AS对地层渗透系数的要求一般需大于10^{-3}cm/s。要形成良好的空气分布需要地层的均质性较好［图12.22（a）］。非均质地层中存在优先通道时，则气体会优先沿着通道运动［图12.22（b）］，含水层中的气流分布极不均匀，吹脱效果差。通常场地中渗透性不同的地层呈交互或夹层存在，垂向渗透率与水平渗透率不同，污染区域上部低渗透地层的存在将阻碍注入空气的垂直通道，使空气横向扩散［图12.22（c）］，可能使污染物迁移到未污染区域，需要特别注意。一般认为，两种地层介质渗透系数之比大于10时，气流很难进入低渗透地层。

12.5.3.3 注气井深度

在所有参数设计中，注气井深度是最重要的，它影响后续注气压力、注气流速以及井内填充滤料的选择。一般来说，注气井深宜略大于污染羽所在的最大深度，使注入的气流能覆盖整个污染区又不致修复成本过高。AS过程中位于注气点下方含水层中的溶解态污染物较难挥发去除。注气井越深，空气向上运动时水平迁移范围越大，越有利于污染物的去除。但

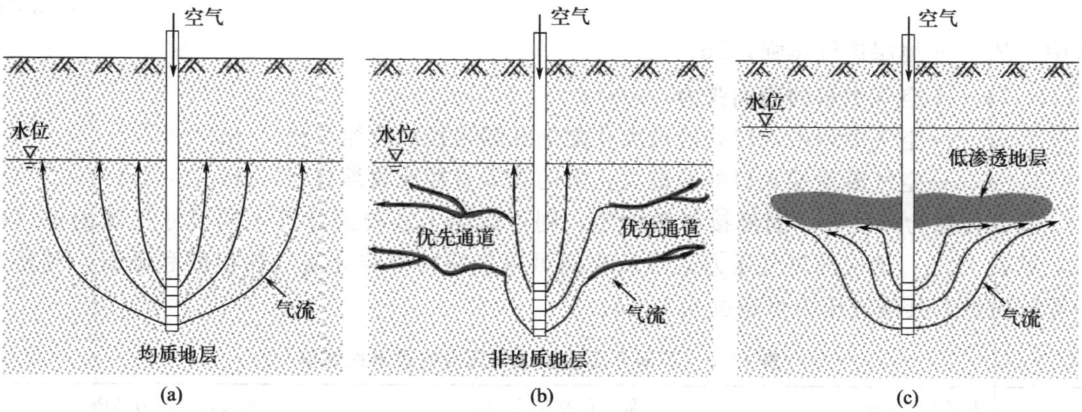

图 12.22 土壤均质性以及气体流速对空气通道的影响示意图

随着注气井深度的增加，饱和土体中气体的相对渗透率不断下降，对污染物的去除不利。此外，通过离心模型试验发现，注气井口几何结构对空气流动形态和流速亦有明显影响。

根据行业经验，大多数空气喷射修复工程案例中注气井深度小于地下水位以下 10～20m 的范围，也有超过 30m 的（Brown，1992；Geraghty et al.，1995；Marley et al.，1995a）。

12.5.3.4 注入压力和注气量

空气或氧气注入压力和注气量是 AS 技术的重要设计参数。空气注入地下水需要克服四个作用力，一是注入点处以上水头产生的静压力（P_h），二是井口和筛管之间的摩擦阻力（P_g），三是注气管周围滤料的阻力（P_l）（如果设滤料的话），四是饱和介质的毛细管压力（P_c），第一项和最后一项是最主要的，其他两项是次要的。空气注入压力可表示为：

$$P_i = P_h + P_g + P_l + P_c \tag{12.30}$$

第一项 P_h 由下式计算：

$$P_h = \rho_w g (h_s - h_w) \tag{12.31}$$

式中 P_h——静水压强，Pa；

ρ_w——水的密度，g/cm^3；

g——重力加速度，cm/s^2；

h_w——注入井内自由水面的埋深，cm；

h_s——注入井筛孔顶部的埋深，cm。

注气压力的第二个组成部分是在井口和筛管之间由于流体摩擦而造成的压力损失。注气井的内径越小、井管越长或气流速率越快，摩擦损失就越显著。地上管道部分也可能发生类似的损失，在实际运行之前需要考虑进来。

注气压力的第三个组成部分是来自井内筛孔和地层之间的滤料的阻力。对于常见的均匀砂质滤料（均匀系数≤2.5），这个值通常很小，不超过 0.01 atm。滤料的作用在于，一方面可以调控由空气压缩机产生的高压空气进入地层时的压力，避免瞬间高压对地层的破坏，另一方面，滤料可以阻挡地层中的细小颗粒进入井内堵塞气路。

注气压力的第四个组成部分是空气进入地层克服的毛细管压力。根据毛细管理论，它与注气点附近的最大孔隙尺寸有关。其计算公式如下：

$$P_c = 2\sigma/r = 4\sigma/d \tag{12.32}$$

式中 P_c——地层进气压强，Pa；

σ——空气中水的表面张力，g/s^2；

r——空气沿地层入口处的最大孔隙的孔喉半径或收缩半径，cm；

d——空气沿地层入口处的最大孔隙的孔喉直径或收缩直径，cm。

假设孔隙为圆柱形，固液接触角为零，则可以用上述公式计算不同尺寸孔隙的进气压力，见表 12.6。地层的进气压力范围从小到可以忽略的粗粒介质（如粗砂和砾石）到粒度中等的粉砂，其进气压力可超过 0.1atm。

表 12.6 不同介质地层注气压力的代表性数值

典型土壤介质	最大孔隙直径/μm	地层注气压力/kPa
粗砂，大孔隙	＞1000	＜0.3
细砂至中砂	100	3
粉砂	10	30
粉砂质黏土	＜1	＞300

注：引自 EM 200-1-19。

P_c 也可以由式（2.17）估算，或可直接查表 2.17 获得毛细上升高度。

总而言之，土壤介质的粒径越大产生的阻力越小，所需要的最小注气压力也越小。土壤的气体饱和度和微通道密度则随着注气压力的增加而增大，空气注入系统的影响半径也随之增大。但过大的注气压力会破坏土体的孔隙结构，甚至可能形成永久性的气体通道、降低通道密度，这样一来反而会降低系统的修复效果。研究表明，注气压力不宜超过有效上覆应力。使含水层结构发生崩裂的压力值可由如下公式给出：

$$P_f = 0.73D \tag{12.33}$$

式中 P_f——使含水层发生崩裂的压力值；

D——从地表到注气井筛孔顶端的深度。

对于注气流量，一般来说，增加注气流量也可增大气流通道的密度、扩大系统的影响半径，更重要的是还会提高地下水的含氧量，从而提高有机污染物的降解效果。但提高注气流量可能会使气体在土壤中的分布不均匀，若形成局部优先流还会降低注气系统的总体修复效果，且易造成原位土体的扰动破坏。

对于给定的鼓风机、井管和阀门配置，注气井内的空气质量流速是恒定的，由下式给出：

$$G = \rho_a A_{ac} v \tag{12.34}$$

式中 G——空气的质量流速，g/s；

ρ_a——空气密度，g/cm^3；

A_{ac}——气体通道的总面积，cm^2；

v——空气流速，cm/s。

假设空气流速恒定，上述方程可以改写为：

$$\rho_a = G/(A_{ac} v)$$

由于 ρ_a 随着压力减小而降低，因此总的空气通道面积必然增加，通道的数量也随之增加。

12.5.3.5 氧转移效率

当空气喷射法主要发挥生物降解功能时，地下水中需要有足够的氧气供微生物使用，通常采用注入空气、氧气以及饱和溶解氧水的方式。此时，氧转移效率是评估氧气注入效果的重要指标。其定义为：

$$\text{氧转移效率}(E)=\text{氧气溶解速率}/\text{空气注入速率} \tag{12.35}$$

在地下环境中氧的转移效率由地质情况、含水层特性、注入压力、注入点深度等许多因素共同决定。

例题 12.4 某场地含水层受到污染，空气环境温度为 20℃，地下温度为 17.8℃。采用空气喷射法进行修复。每口注入井的空气注入速率为 $6.8m^3/h$，氧气向地下水中的转移效率为 12%，计算每口注入井向含水层注入的氧气转移效率。若使用饱和溶解氧水进行注射，在保持相同的氧转移效率时注水速率应为多少？

解：

① 空气中氧气的体积占比约为 21%，相当于 210000μL/L，20℃时，根据质量浓度转换公式，有：

$$1\mu L/L=\frac{M}{24.05}=\frac{32}{24.05}=1.33(mg/m^3)$$

$$210000\mu L/L=210000\times 1.33mg/m^3=279300mg/m^3$$

② 单井的氧气注入速率为：

$$279300mg/m^3\times 6.8m^3/h=1899240mg/h$$

则氧向地下水中的转移速率为：

$$1899240mg/h\times 12\%=227908.8mg/h$$

③ 17.8℃时水中溶解氧饱和浓度为 9.5mg/L，保持相同氧转移效率时，注水速率应为：

$$\frac{227908.8mg/h}{9.5mg/L\times 1000}=24.0m^3/h$$

由计算结果可知，空气注入的氧转移效率大于注入饱和溶解氧水，而且实际操作也简便易行。

12.5.3.6 注气过程及对地下水位的影响

向含水层注气过程一般可分为四个阶段：扩张阶段、临界阶段、萎缩阶段和稳定阶段。空气注入地下水位以下，所提供的压力必须足够高才能克服水头、土层进气压力和管道摩擦损失，当气体克服压力进入含水层时，在压力驱动下排出介质中的水分，气体体积开始扩张，从注入点附近形成一个类似图 12.23（a）所示的气包，并随注气过程不断扩张变大。当气包的上界面接触到地下水位时，气体即将释放，此时为临界状态，如图 12.23（b）所示。当气包的上边界破裂时，气体释放到非饱和带中，同时在气体压力作用下气包的上界面以注气管为中心向四周扩散，形成如图 12.23（c）所示的状态，由于气体释放，原来集聚的气压减小，在地下水压力作用下气体边界开始收缩，为萎缩阶段。当气压与周围水压达到平衡时，形成了如图 12.23（d）所示的稳定阶段。

当注气方式为连续式时，气体经历上述四个阶段；当注气方式为间歇式时，气体从稳定阶段继续塌陷，直至气体全部排出，然后再开始下一个循环。

在扩张阶段，由于气体注入含水层，气体体积膨胀，水被抬升排出，在以注入井为中心的区域形成一个瞬态的地下水丘（图 12.24 中 1）；达到临界状态时，水位达到最高；在萎

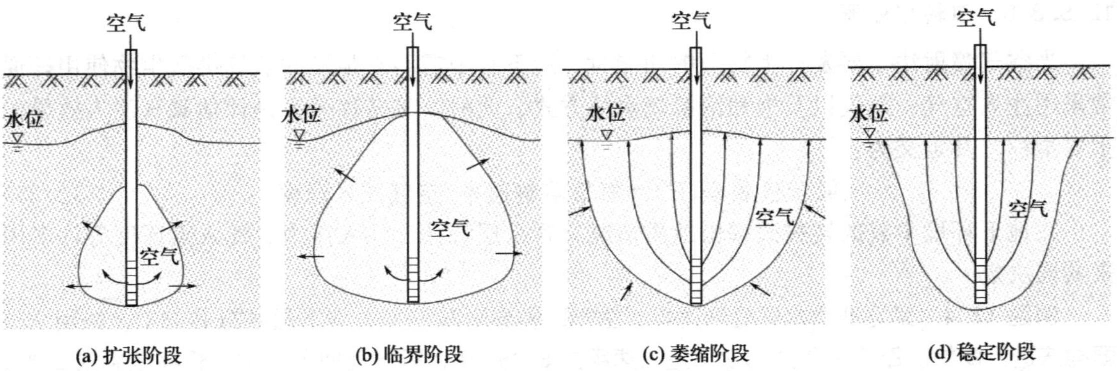

图 12.23　注气过程不同阶段气包变化示意图

缩阶段地下水位开始下降，由于下降速度较快，水位会比最近的周边还低，形成中间低周边高的波状形态（图 12.24 中 2）；在稳定阶段地下水位基本降至稳定，波状形态继续向更远处传播（图 12.24 中 3）。

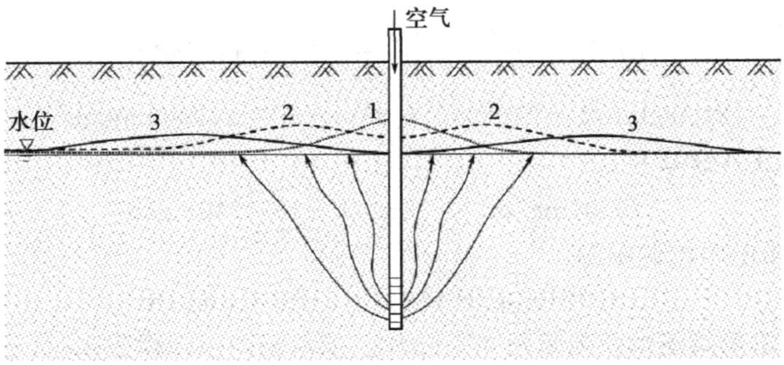

图 12.24　注气过程与地下水位变化示意图（据 Lundegard，1995 改绘）

需要注意，水丘只是排水量的反映，并不一定与空气分布区域相对应，因为水丘是由气体压力引起的，气压推动地下水进而通过地下水自身传递压力导致水位变化，因此，在饱和区的气流区域之外也会出现一些水丘现象。

脉冲式注气可以通过单井 AS 系统循环注入或通过改变场地中相邻注入井的流动方式来实现。脉冲式注气是去除溶解相污染物最有效的方式，因为每一次注气都会引起地下水位的变化和重新混合，使得溶解相污染物在地下水中分布更加均匀，与注入的气体接触更多，因此更容易去除。但对于土层中吸附态的污染物和残留态（不迁移或弱迁移）的 NAPL 相的去除，脉冲式注气是否有效目前有待证明，因为它们不溶于水，地下水的变化也难以使其混合。此外，据报道，在每次脉冲期间，气体优先通道往往会在相同的位置重新建立（Leeson et al.，1995）。这些重新出现的路径可能会巩固每个扩张阶段之后形成的路径。也就是说，脉冲式注气一般不会增加气流通道的数量。

12.5.3.7　注气对地下水横向扩散的影响

在很多场地中，地下水的鼓丘效应对污染羽的横向迁移有重要的影响。若是采取连续注气方式，在经过初期的短暂波动后地下水位便退回到注射点附近，因此注气引起的地下水侧向运动的驱动力变得很小。一旦地下水位达到平衡稳定状态，水就不再向外移动。若采取脉冲注气方式，就需要考虑地下水的鼓丘效应。

对于一个影响半径为 r、含水层岩性为砂质土的单一空气注入井，假设土壤的有效孔隙度为 n，自井内筛孔以上的静水水头为 h，那么含水层中水的体积 V 可计算为：

$$V=\pi r^2 hn$$

由于鼓丘效应，地下水会发生横向位移，为容纳新增空气/水体积所需的半径为：

$$r_{\text{new}}=\sqrt{\frac{1.10V}{\pi hn}}$$

将两式进行结合，可得到：

$$r_{\text{new}}=\sqrt{1.1}r$$

12.5.3.8 注气井布置模式

井的选用类型包括垂直井、嵌套井、水平井、水平井/垂直井组合等，见图 12.25。选择何种类型取决于场地条件以及费用。

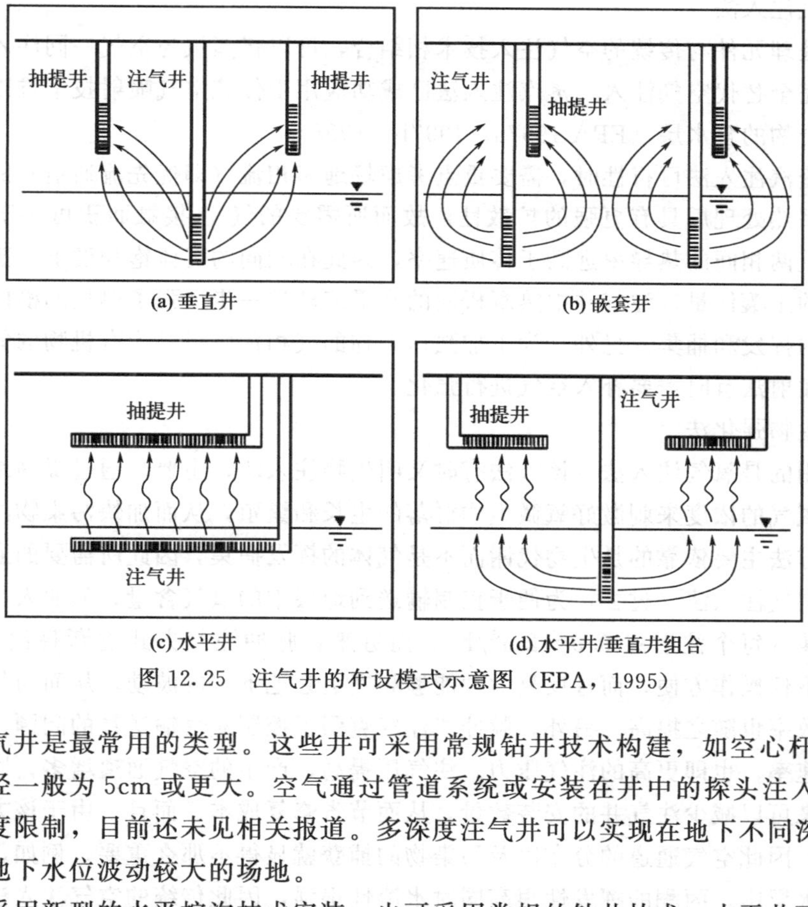

图 12.25 注气井的布设模式示意图（EPA，1995）

垂直注气井是最常用的类型。这些井可采用常规钻井技术构建，如空心杆螺旋钻井方法。井的内径一般为 5cm 或更大。空气通过管道系统或安装在井中的探头注入井中。关于垂直井的深度限制，目前还未见相关报道。多深度注气井可以实现在地下不同深度处注入空气，适用于地下水位波动较大的场地。

水平井采用新型的水平挖沟技术安装，也可采用常规的钻井技术。水平井可以用来修复建筑物以下垂直井无法到达的污染区域。这种井在含水层较浅、污染羽水平分布广而垂向分布较窄（如管道泄漏形成的污染羽）的情况下应用非常有效。在含水层内使用水平注入方式可增加污染物与注入空气的接触面积，因此其影响区域通常比垂直井要大（Tetra，1996）。

由于抽提井的影响范围通常大于注气井，因此垂直抽提井与水平注气井的组合可以提高修复及经济效益（Tetra，1996）。水平挖沟技术可以用来将井安装到场地 9m 以下的深度。

类似于安装公用管线的钻井技术可以将水平井安装至12m以下的深度。当井深在12～30m范围内时，安装垂直井的成本效益通常比安装水平井更高；但当井深在30～45m之间时，安装水平井的成本效益更高（Tetra，1996）。

12.5.3.9 强化方法

空气喷射法所使用的气体通常是自然空气。在需要提高空气喷射法修复效率时，也可以注入其他物质如高纯度的氧、臭氧、其他气体以及一些营养性物质以提高地下水中溶解氧的浓度（15℃下与大气达到平衡时的地下水中氧气的浓度为10mg/L，而相同条件下地下水与纯氧达到平衡时其含氧浓度可达48mg/L），并促进生物代谢过程。在地下水中含有高浓度的二价铁离子时，需要评估二价铁被氧化成三价铁沉淀后堵塞土壤孔隙的程度。此外，由于纯氧和臭氧都是高活性物质，在系统运行时需要确保与这些气体直接接触的机械设备和管道的耐腐蚀性。

（1）蒸汽注入法

通过热处理元件与传统的空气注入技术相结合，可以将蒸汽与空气一同注入地下含水层中，也可以完全替代空气注入。蒸汽注入法已成功应用于传统空气喷射技术难以修复的含挥发性有机化合物的含水层（EPA 1997a，1997b，1998）。

在评估蒸汽注入法可行性时，需要重点考虑场地多相流（即优先流通道）的影响。由于注入的蒸汽在热处理后具有更强的扩散性，故而所需要的气-水接触面积可小于传统的空气喷射法。气液两相间的热导率远高于传质速率，因此在相同的气体饱和度下，蒸汽注入法可以影响更大的土壤体量。注气井中热凝析液的水平流动进一步加强了热量的横向辐射，从而促进污染物的挥发和捕集。另外，为了加强污染物的气相传质以及为有机物的氧化分解提供氧气，蒸汽注射法有时需要补入空气进行强化。

（2）微生物强化法

较为常用的是氧气注入法，该方法有时又叫生物注入法，主要是通过提高地下饱和带或非饱和带中氧气的浓度来刺激好氧微生物群落的生长和繁殖，从而加快污染物的生物降解速率。由于该方法主要依靠的是生物代谢而不是气体的挥发捕集，因此所需要的通风量可低于常见的原位空气注入法。过去，为便于控制输送到地层中的氧气含量，从业人员通常使用较低的气体流速（每个注射点0.5～2m^3/h）。而近来，脉冲注气方式逐渐替代了这种方法，其优点在于不仅操作方便，而且反复脉冲能够频繁引起地下水的波动，从而与气体进行更充分的混合，效率也随之提高。另外，脉冲式注气克服了控制氧气输送量的问题，它可以允许更高的气流速率，也即更高的注气压力。注气压提高，产生的空气通道增多，影响半径也增大，这样一来可以减少注气井的安装数量，从而节省修复成本。而且，由于该方法侧重于原位生物降解，因此空气通道的分布以及污染物的捕获就显得不那么重要。例如，在被丙酮污染的地下含水层中，丙酮的挥发性很高同时水溶性很强，因此传统的空气注入法很难将其从液相中分离。这种情况下可利用丙酮的生物易降解特性，尝试采用氧气注入法进行修复。

除了注入电子受体物质以外，一些可促进生物共代谢修复作用的气体也可应用于原位空气喷射技术。例如，在供应适量的甲烷或丙烷以及氧气的条件下，某些好氧细菌能够降解氯代溶剂如三氯乙烯（TCE）、二氯乙烷（DCE）和氯乙烯等。Hazen等人（1994）已经证明，注入含有甲烷的空气混合气可以促进含水层中甲烷营养菌对这些氯代污染物的原位生物降解。需要注意的是，这些低碳烷烃属于易燃易爆类化学品，在系统设计和操作时，对于投加量的控制要非常谨慎，同时应做好安全防护措施。

另外，由于微生物的生命活动通常需要摄入一定量的氮和磷，因此，空气注入系统可以投加适量的氮源和磷源（如氧化亚氮、磷酸三乙酯等）来促进微生物的生长繁殖，加快生物修复速率。尤其是在饱和土壤中，生物活动往往受到有效氮和磷酸盐含量的限制（Hazen et al.，1994），在注射空气中混入一定的氮素和磷素，效果会更佳。例如，美国能源部的萨凡纳河基地成功示范了将气态营养物质注入三氯乙烯污染的含水层中，以刺激该类化合物的好氧生物代谢（Lombard et al.，1994；Hazen et al.，1994）。所注入的养分组成包括甲烷（连续注入法的进气比为 1%，脉冲注入法的进气比为 4%）、氧化亚氮（进气比为 0.07%）和三乙基磷酸盐（进气比为 0.007%），分别作为碳、氮和磷的生物代谢来源，剩下的为空气。在多年的试验期间，该场地中大部分目标污染物都被清除了。因此，针对不同的场地条件，可适当调整进气组成来强化修复效果。目前，场地中替代空气的注入方法应用相对较多的为氧气注入法和蒸汽注入法。

12.5.3.10　地下水化学成分

地下水中的溶解性 Fe(Ⅱ) 在曝气条件下，会被氧气氧化成 Fe(Ⅲ)，再经过水解可形成氢氧化物沉淀从而堵塞注入井的过滤管，使阻力变大，降低修复效率。一般认为，地下水中溶解性 Fe(Ⅱ) 浓度小于 10mg/L，对 AS 技术的正常运行影响不大。

12.5.4　系统设计

12.5.4.1　系统构成

如图 12.26 所示，空气喷射系统与气相抽提系统基本一致，实际应用时二者也是一起使用的，因为现行环境管理不允许污染气体不经处理直接排入大气。二者的区别是空气喷射的注气井是伸入含水层的，而气相抽提的都在非饱和带中。空气喷射系统主要包括供气系统、抽风系统、尾气处理系统、废水处理系统、供热系统（强化技术选用）与监测系统。本节对

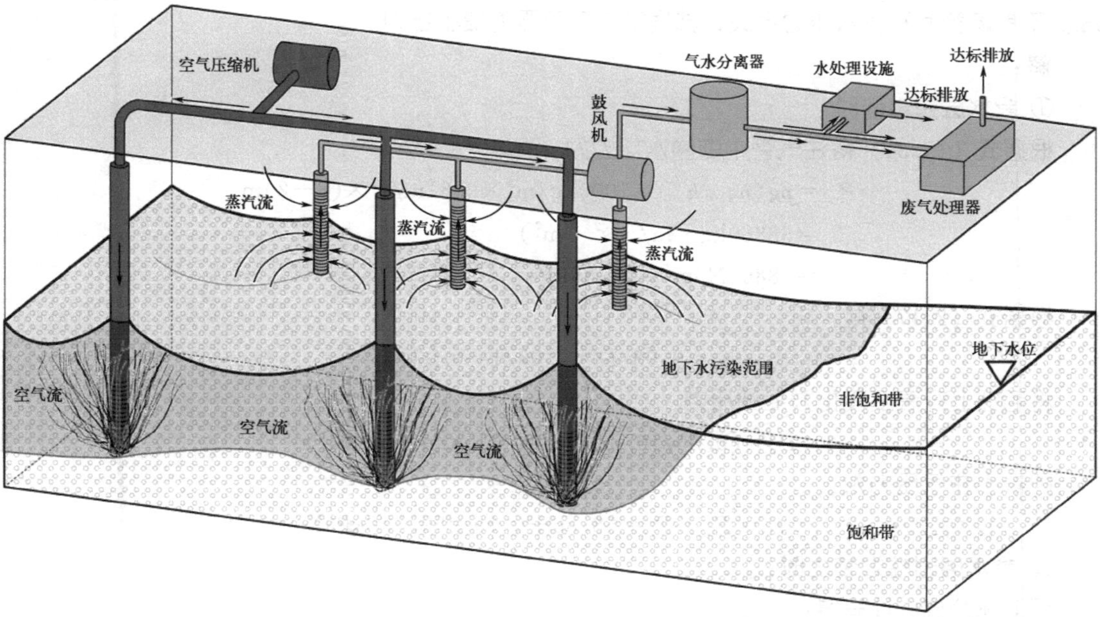

图 12.26　空气喷射（结合气相抽提）系统构成示意图

空气喷射技术与气相抽提技术相似的部分不再赘述，可参见 12.2 节。

12.5.4.2 确定注入井影响半径与数量

影响半径（ROI）是一口注气井能影响的范围，是空气喷射技术的重要设计参数，它与含水层特性密切相关，特别是地层渗透性。目前还没有成熟的计算注气井影响半径的公式，通常需要通过现场试验确定。

在不做现场试验的情况下，可参考类似的场地含水层条件的成功应用案例中的选值。表 12.7 给出了已报道的 37 个空气注入技术案例 ROI 值情况（Marley et al.，1995b）。从表中可以看出大多数空气注入修复场地中的 ROI 值在 5m 左右。

表 12.7 应用 AS 技术案例的 ROI 值情况

ROI 取值范围/m	场地数量	ROI 取值范围/m	场地数量
0～1.5	1	7.6～9.1	2
1.5～3	4	9.1～10.7	1
3～4.6	11	10.7～12.2	3
4.6～6.1	6	＞12.2	4
6.1～7.6	5		

12.5.4.3 确定注气压力和注气量

根据污染含水层的深度和范围，确定注入点深度和注入井数量，根据前文的公式计算注气最小压力和注气量。

例题 12.5 某污染场地中，砂土含水层和黏土含水层都受到了污染，拟采用空气喷射法进行修复，分别在两种含水层中布设注气管。已知粗砂颗粒粒径为 0.8mm，孔隙直径为 1mm；黏土颗粒粒径为 0.0005mm，土壤孔隙度为 0.4。注气管中水位埋深为 2m，注气管筛管顶端埋深为 8m。不考虑管道和滤料压力损失，试确定注气所需的最小压力。

解：

① 含水层为粗砂时：

根据式（12.31）得注气管中的静水压力为：

$$P_h=\rho g(h_s-h_w)=1000\text{kg/m}^3\times9.81\text{m/s}^2\times(8-2)\text{m}$$
$$=58860\text{kg}\cdot\text{m}/(\text{s}^2\cdot\text{m}^2)$$
$$=58860\text{N/m}^2=58.86\text{kPa}$$

根据式（2.17）得：

$$h_c=0.03/D=0.03/1=0.03(\text{m})$$

将毛细上升高度转化为毛细压力：

$$P_c=(0.03/10.33)\times101.325\text{kPa}=0.29\text{kPa}$$

则最小注气压力为：

$$P_i=P_h+P_c=58.86+0.29=59.15(\text{kPa})$$

② 含水层岩性为黏土时：

用上述公式，计算得：

$$h_c=0.03/D=0.03/0.0005=60(\text{m})$$

这个数值偏大，实际上其他毛细上升计算经验公式也大多存在局限性。实际中可查表 2.17，选取 1m，则毛细压力为：

$$P_c = 1/10.33 \times 101.325\text{kPa} = 9.8\text{kPa}$$

则克服黏土层的最小注气压力为：

$$P_i = P_h + P_c = 58.86 + 9.8 = 68.66(\text{kPa})$$

因此，注气所需要的最小压力为 68.66kPa。

由计算结果可知，在黏土中的阻力比砂土中要大很多，不是一个数量级。这也是在黏土中注入往往会出现气体从注气管外壁逸出的一个原因。

12.5.4.4 设计注气井的结构

注气井的结构如图 12.27 所示，由注气井管、筛管、滤料、膨润土密封层、实心灌注层（常用水泥）等组成。另外，注气井管上应安装压力表和流量计，还应安装止回阀，防止系统骤然关闭时饱和带压力驱使水体进入井内。

空气注入井的管壁通常由 3～15cm 厚的聚氯乙烯或不锈钢管构成。筛孔间隔通常设置在 0.3～1m 之间，底部一般低于污染羽最深处 1.5～5m。筛孔间隔不宜过小或过大，过小气流分布过于密集，容易压裂筛管和土层，而且形成的影响范围不够。过大会导致能量耗散多，需要的注气压力大，增大成本。

根据含水层性质及污染分布，还可在同一井中的不同位置处注气，如图 12.27（b）所示。

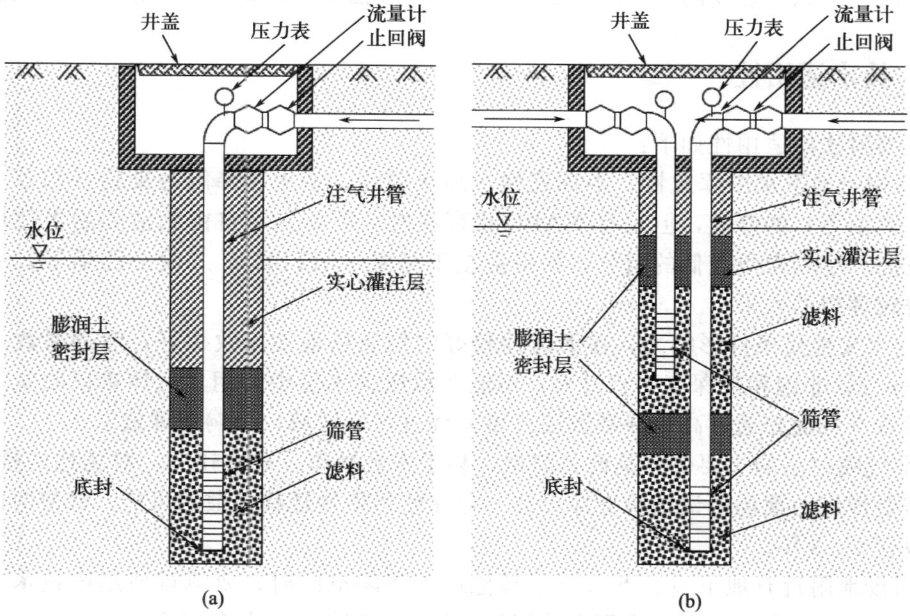

图 12.27 典型空气垂直注入井构造图

12.5.5 系统性能监控

空气喷射系统性能监控与气相抽提类似，不同的部分列入表 12.8。

表 12.8 空气喷射系统性能监控内容

监控内容	系统性能评价
注气压力和流量	地下空气渗透性的变化
	地下气流分布
地下水和土壤中污染物含量	质量去除速率
	蒸气处理技术的选择
	修复模式的选择
地下水溶氧量、井管结垢	生物修复程度。含水层中沉淀物或由于微生物新陈代谢产生的污垢可能会堵塞井内的筛孔，从而导致在相同压力下注气流量减小。在修复后期，当污染物性质由以挥发、半挥发为主，逐渐过渡到以难挥发、不挥发为主时，系统主要依靠生物降解能力来完成修复，这时适当提高氧气的进气比，可获得更佳的修复效果
地下水位变化	注气压力、地下气流分布、系统影响区域。由于地下水位的波动和区域土壤的异质性，不同井内的注气压力和流量可能不一样，需要根据监控结果对相关参数进行合理的调整

工程实践证明，仅仅采用监测井内数据进行评价，可能会产生过于乐观的结果。由于监测井的滤料渗透性通常又比原生土壤介质大得多，注入的气流优先通过井内的滤料，使得监测井内接收到的空气流量通常比含水层的其他部分更大，进而过高地估计了地层整体的通气效率。注入空气量过大会稀释抽提出的污染气体的浓度。

评估系统性能比较有效的方法是在系统关闭一段时间后评估土壤和地下水环境质量是否得到真正改善。原位修复的反弹问题比较普遍，一般需要对场地进行一段时间的跟踪监测。

12.5.6 技术适用性

空气喷射法的适用性如下：

① 适用于地下水中挥发性、半挥发性、高吹脱性、易生物降解污染物（如苯系物、氯化溶剂、汽油等）的修复，但是有 NAPL 相存在时，需要先将自由相清除后再使用。对于溶解度较高、亨利常数较低的组分，如甲基叔丁基醚（MTBE）、二溴二乙烯等，采用该法难以获得较理想的效果。

② 受水文地质条件影响大，在渗透性较好的均质场地使用效果好，渗透系数一般要大于 10^{-3}cm/s，非饱和带深度不宜过大；不能在承压含水层中使用，气体难以收集。非均质土壤会导致空气优先通过高传导系数层或可能绕过污染区域，影响处理效果。

③ 空气喷射法的主要优点是设备简单，易于安装操作，成本较低，对场地的扰动较小。但一般需要详细的现场中试试验支撑设计，存在使污染物迁移扩散的可能；修复时间相对较长，一般在 1～3 年。

④ 当场地附近有地下室、下水道或其他地下密闭空间时，要慎重使用该技术，避免挥发性污染物在地下室中累积，或配合使用气相抽提控制气态污染物迁移。

12.6 地下水循环井

12.6.1 定义与发展

地下水循环井（groundwater circulation well，GCW）是指向场地水井中注入气体，使地下水密度降低、水位上升，地下水中挥发性及半挥发性有机污染物通过传质作用进入气泡中，然后使用水气抽取法，在含水层一定范围内形成循环水流，通过抽提和循环达到不断去除地下水中污染物的目的。

GCW 技术是在原位空气扰动和抽出-处理技术基础上发展而来的，早期被称为“井中曝气吹脱”“井中处理”技术，源于 1974 年 Raymond 对污染场地进行原位微生物修复时使用了井中曝气的方法。随后德国 IEG 公司对该技术进行了改进，在循环井中增加了井内处理单元及滤水管，于 1980 年研发了真空气化井技术（UVB），在欧洲实现商业应用。20 世纪 90 年代，GCW 技术在欧美地区得到了大量中试研究，包括早期斯坦福大学研发的气流提升井系统（No-VOCs^{TM}）以及同时期 Wasatch Environmental 公司研发的密度驱动对流井系统（DDC）。美国加利福尼亚州马奇（March）空军基地利用 UVB 进行了修复实验，运行 12 个月后 TCE 的去除率达 90%以上。此外，在马萨诸塞（Massachusetts）空军基地和怀尼米港（Port Hueneme）基地采用该方法去除地下水中的 TCE 和苯系物（BTEX）也达到了预期的效果（Borchert et al.，1996）。美国国防部爱德华兹（Edwards）空军基地利用 No-VOCs^{TM} 循环井进行了修复实验，实验时间为 191 天，最终 TCE 的去除效果达到 90%以上。美国基斯勒（Keesler）空军基地利用 DDC 系统联合 SVE 进行了修复实验，实验时间为 18 个月，总石油烃去除率超过 98%（EPA，1998）。1997 年，美国发布了 GCW 技术的应用认证标准，包括技术原理、评估方法、实施步骤以及实际工程应用的详细指南（US Army Corps of Engineers Hazardous，1998）。至 20 世纪 90 年代末该技术基本发展成熟。

GCW 技术在国内应用还较少，以实验室研究及数值模拟为主，已开始出现少数中试实验研究。

12.6.2 原理

GCW 技术的工作原理是在污染场地地层中构建一个竖向井管，在井管的上部和下部设置两个滤水管，通过机械泵提升地下水或者空气泵对内井进行曝气，使地下水密度降低、水位升高，形成携带污染物的气-水混合物上升至循环井顶端，从上部过滤管中流出，向周围扩散，又从井管底部的过滤管进入井管中。在此过程中，地下水中挥发性和半挥发性污染物通过气液两相的传质作用从水相挥发传质到气相，空气提升泵在井顶端进行抽提，将污染物的蒸气抽提到地面进行处理。通过不断曝气和提升，在压力或密度差驱动下，井管周围的含水层形成地下水的三维循环流场，将周围污染的地下水集中到井内或抽提至地面以上进行处理。同时，曝气使得井周围区域地下水溶解氧升高，形成原位好氧生物降解区域，从而加速了污染物的去除。循环井的原理主要是结合了气提、吹脱、抽提、生物降解等作用对地下水中污染物进行处理。随着技术的发展，在井管内或地面上又增加了一系列的处理措施，如物理吸附、化学氧化、催化、表面活性剂增溶、电解、微生物降解等技术，技术类型开始多样化。

1992 年，德国卡尔斯鲁厄大学流体力学研究所的 Herrling B 和 Stamm J，首次建立了单个循环井周围影响区域的控制方程（Herrling B et al.，1992）：

$$\frac{\partial}{\partial r}\left(2\pi rK_r\frac{\partial h}{\partial r}\right)+\frac{\partial}{\partial z}(2\pi rK_z\frac{\partial h}{\partial z})=0 \tag{12.36}$$

式中　r——水平方向影响半径；

h——测压管水头；

K_r——水平渗透系数；

K_z——垂直渗透系数。

此后，许多学者陆续开发了 GCW 的二维、三维模型，对 GCW 的参数和运行进行模拟。

12.6.3 技术类型

12.6.3.1 真空气化井系统

真空气化井系统（unterdruck verdamfer brunnen，UVB）由德国 IEG 公司创立。如图 12.28 所示，循环井设置上部和下部滤水管，上部滤水管在地下水水位处，二者之间被封隔器隔离开来。采用水泵从下部滤水管抽提地下水至上部滤水管区域，空气从地面注入上部滤水管的地下水中，形成气水混合物。曝气过程中地下水中挥发性污染物发生相间传质，由水相进入气相，被抽提至地面进行处理。上部和下部滤水管中的地下水在水泵的不断抽提作用下，在井管周围形成循环水流，曝气使得地下水中的溶解氧增加，提高了水流循环区域的微生物好氧降解作用。由于采用了水泵提升地下水，UVB 对渗透性较低的底层有更好的适应性。

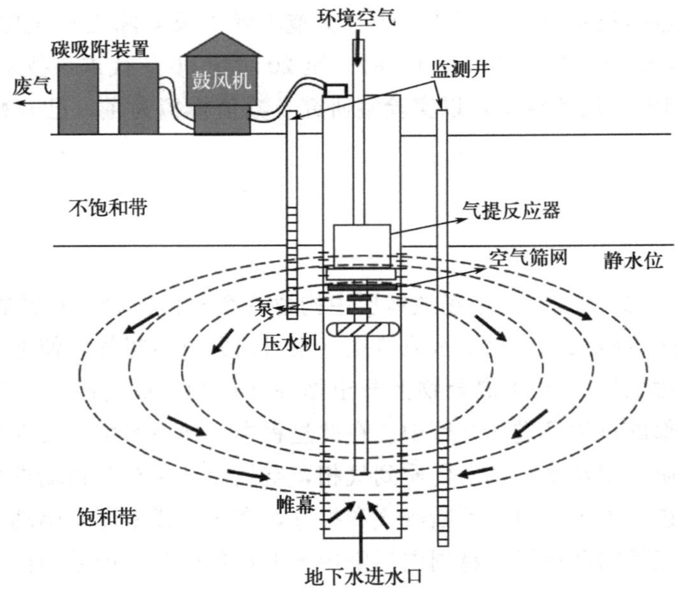

图 12.28 真空气化井工作原理示意图（EPA，1999b）

12.6.3.2 气流提升井系统

气流提升井系统（No-VOCs™）（图 12.29）的井管上下滤水管之间不设隔板，使用气泵将空气注入循环井下部，形成气水混合物，密度变小，混合物上浮流动，驱动井管下部滤水管外部的地下水不断流入井内。井中的气水混合物上升到循环井的顶端，经气水分离器后含有污染物的气体被抽离到地面进行处理，地下水则经井管上部的滤水管流出进入含水层。通过持续曝气，在井管周围形成不断循环的三维地下水流场。

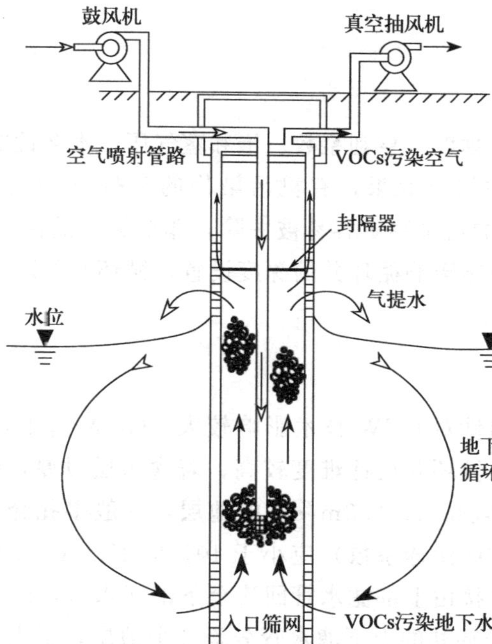

图 12.29 气流提升井工作原理示意图（Ralinda，1997）

12.6.3.3 密度驱动对流井系统

密度驱动对流井系统（density driven convection，DDC）基本与 No-VOCs™ 相似（如图 12.30 所示），也属于气体提升系统，但与 No-VOCs™ 不同的是该系统没有设置于地表的污染气体处理装置。DDC 把地下水中曝气吹脱出的污染物引入包气带利用土壤中的土著微生物进行降解。该技术对修复区域包气带的厚度、渗透性以及土著微生物的类型要求较高，因此应用范围有限，局限性较大。

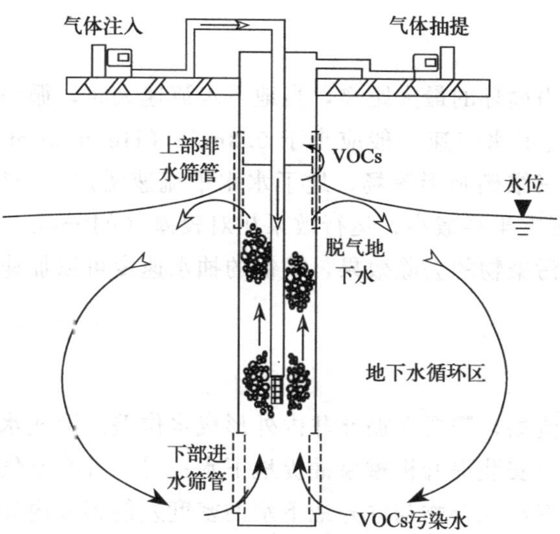

图 12.30 密度驱动对流井工作原理示意图（Wasatch Environmental，1995）

12.6.4 技术要素

12.6.4.1 污染特征

污染物性质如溶解度、黏度、亨利系数、饱和蒸气压、水溶性等参数会通过改变液相传质过程而影响 GCW 技术的修复效果，有机污染物的辛醇-水分配系数影响污染物迁移到 GCW 内的速度。溶解性强的污染物更容易被去除，非溶解性的污染物通常需要更为复杂的后续处理。污染物的空间分布影响循环井的深度设置，循环井的影响范围应能覆盖整个污染含水层区域。

12.6.4.2 地层特征

污染含水层厚度及渗透性对 GCW 技术影响较大。GCW 适于含水层厚为 1.5～35m 的情况，若污染含水层过薄，循环井设计难度较高，若含水层过厚，则不宜形成地下水循环。GCW 适用于水平渗透系数较高（>0.3m/d）的地层，一般多孔介质地层各向异性 K_h/K_v（水平方向渗透系数/垂直方向渗透系数）应小于 10。但 $K_h/K_v<3$ 时，循环井影响半径可能过小，容易造成地下水直接由上部滤水管回流至下部滤水管，即产生短流现象（Allmon，1999；Miller，2005）。若循环井的上下滤水管分跨 2 个地层，根据突变界面水流折射原理，地下水流场会发生变化。地下水地球化学性质对 GCW 的运行亦有影响，当地下水中铁、镁、钙的含量过高时，在空气注入过程中可能会形成化学沉淀物堵塞筛管，限制地下水循环性能。

12.6.4.3 循环井结构

循环井的长度主要取决于污染含水层的厚度，循环水流应涵盖整个污染水层，一般来说，当修复区域是循环井上下筛管间距的 2～3 倍时，修复效果较好。当含水层厚度大且污染严重时，可将多个 GCW 联用，借助多井之间循环水流的重叠作用加强水的流动，缩短修复时间，提高修复效率。

12.6.4.4 地下水流速

地下水流速影响水力循环的最大距离，当地下水流速大时，循环范围将会被压缩，如图 12.31 所示。研究表明地下水流速一般应小于 0.3m/d（Herrling et al.，1991），地下水流速小于该值时更易形成三维椭圆形流场，地下水水平流速增加（>10.3m/d）或在裂隙缝、岩溶介质中，GCW 的影响半径减小，运行效果相对较差（Allmon，1999）。

循环水流速会影响污染物的去除效果，较快的抽水速度可以加速地下水的流动从而促进污染物的去除效率。

12.6.4.5 动力方式

要形成地下水循环流场，需要在循环井内外形成水位差。形成水位差的方式有两种：一种是机械抽提法，在井内安装提升机械泵抽提地下水；另一种是空气提升法，使用气泵向内井注入空气，造成井内气水混合物与井外地下水的密度差使得井内外形成压力差，实现水流循环。机械抽提法可以控制循环流的速度，但在井内安装提升泵对循环井的内径有要求。而空气提升法可以把气泵等设备安装在地面，对内井直径没有太大要求，气泵相对能耗较低，所以大部分循环井采用空气提升法。

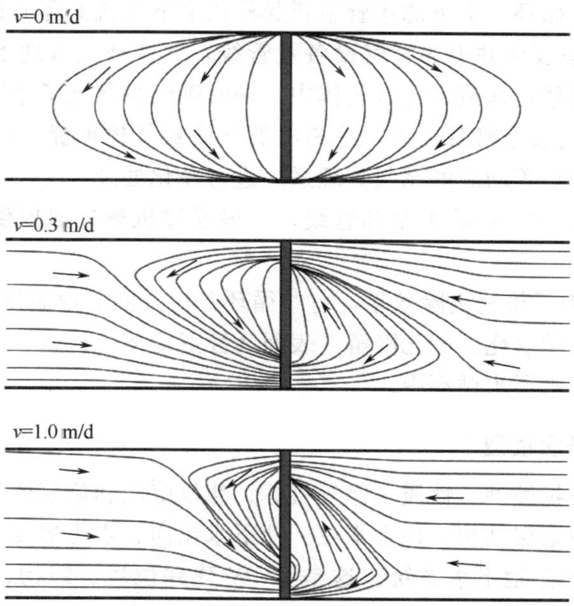

图 12.31　地下水流速对循环水流的影响示意图（Herrling et al.，1991）

12.6.4.6　循环模式

按照内井中地下水流方向，可分为正向流模式和逆向流模式，目前常用的是正向流模式。

（1）正向流模式

正向流模式下，如图 12.32（a）所示，井内的地下水从下部往上流动。地下水从下部滤水管进入循环井后向上流动，再由井管上端的滤水管排出，此时修复区的地下水是从上往下流动的，正向流循环井可以使用机械泵和空气提升泵为地下水的三维循环提供动力。正向流循环井适用于处理比水重的污染物。

（2）逆向流模式

逆向流模式中地下水流动方向和正向流模式相反，如图 12.32（b）所示，适用于处理比水轻的污染物，逆向流循环井只能使用机械泵法。

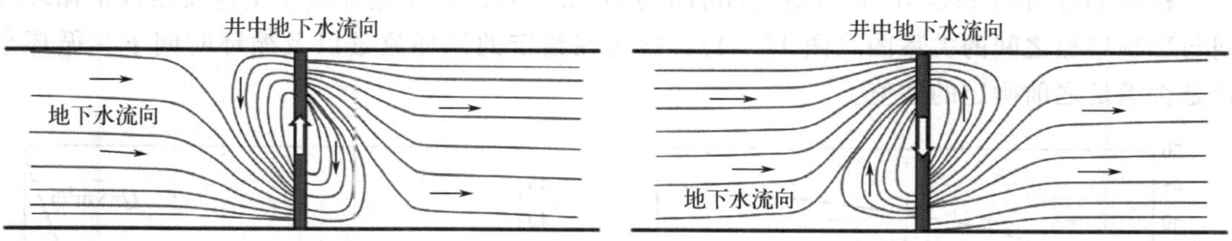

图 12.32　循环井循环模式图（根据 Vats，2020 改绘）

12.6.5　系统设计

12.6.5.1　系统构成

不同循环井系统的构成有所不同，一般由循环井管、上下滤水管、曝气系统、气体抽提系统和尾气处理系统、地下水抽提系统、地下水处理系统构成。

① 循环井管有单层和套层形式，套层由内井与外井嵌套组合，内井之中注入气体，外

井用来完成地下水三维循环。上下滤水管主要起构成上下水流循环通道和滤水的作用。

② 曝气系统包括地表或井中的曝气设备及管线，气体被注入地下水中后形成气水混合物，污染物发生相间转移，从液相进入气体中，同时曝气也增加了地下水中的溶解氧。

③ 气水混合物经气水分离系统后，分离出的气体被气体抽提系统抽出至地面，通过置于地面的设有吸附、焚烧等功能的尾气处理系统进行净化处理。

④ 地下水抽提系统主要是抽水泵和管线，一般通过机械抽取提供动力，形成地下水循环流场。

⑤ 为强化地下水中污染物去除效果，有些循环井在井内或地面设置了地下水处理系统，如物理吸附、吹脱、化学氧化、催化降解、表面活性剂增溶、电解、微生物降解等，经处理后的地下水再次进入含水层水循环中。

12.6.5.2 构建地块概念模型

首先需要明确污染物类型、性质、修复目标、修复范围和修复体量，在此基础上开展环境水文地质勘察，掌握地层结构、地下水位、地下水流向、水力梯度、含水层孔隙度和渗透性等信息，精准刻画土壤-地下水系统。这是 GCW 建井位置、结构、井深、抽水速度等设计的重要依据。

12.6.5.3 确定循环井的尺寸

循环井的长度应覆盖整个污染含水层的厚度，根据水文地质条件和污染范围，确定循环井长度及直径。滤水管分别置于井管的上部和下部，滤水管的长度可以保持一致，也可以不一致。

12.6.5.4 确定循环井的影响半径

GCW 有不同的二维、三维模型，此处根据 Herrling 和 Stamm 提出的模型（Herrling et al.，1992），依据地块的水文地质条件绘制地下水流均衡点（S）（可视为最大循环距离）与循环流量（Q）之间的关系图（如图 12.33 所示），确定在给定的循环流量下的影响半径。均衡点也称驻点，即水流流速为零的点位。

12.6.5.5 核实抽水量和影响半径

根据 Herrling 和 Stamm 模型（Herrling et al.，1992）绘制地块水文地质条件下循环时间与影响半径之间的关系图（图 12.34），核实在给定的循环流量以及循环时间下，循环半径是否满足之前确定的数值。

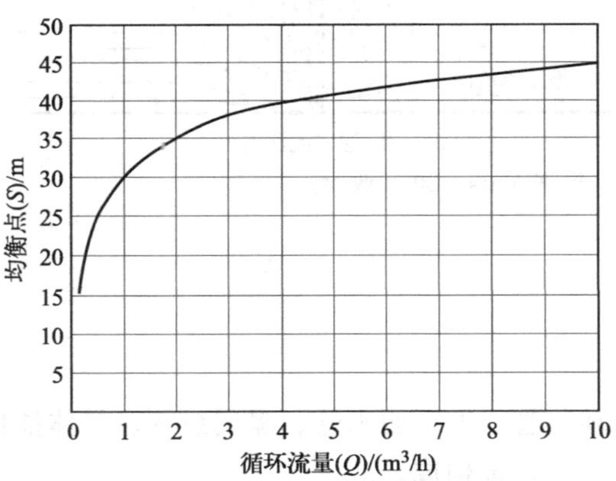

图 12.33　循环流量与均衡点关系图

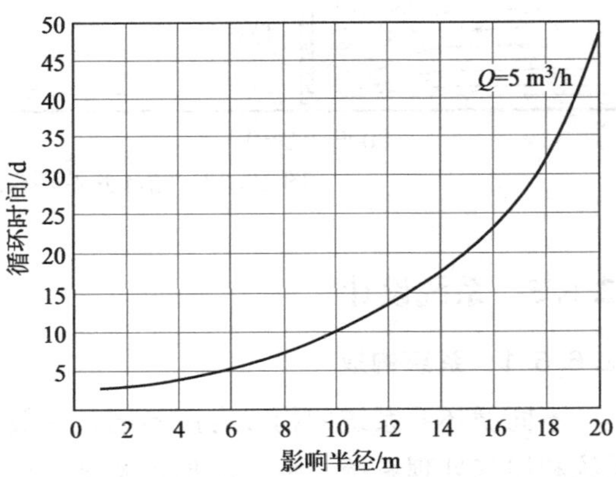

图 12.34　循环时间与影响半径关系图

12.6.5.6 确定循环井的数量

根据污染含水层的范围和单井的循环半径，确定循环井数量，确保多井形成的捕获区能够完全拦截污染羽。

12.6.5.7 计算污染物去除效率

根据在不同位置处设定的监测井的检测数据，计算不同位置处污染物的去除效率。

例题 12.6 某场地地下水存在苯污染，调查显示，苯在地表以下4～6.5m处浓度最高，地表以下9m处微超标，10m处不超标。含水层厚度为8m，砂粒（粒径0.05～2mm）占65%～97%，有效孔隙率为20%，渗透系数为1.2×10^{-4}m/s，水力梯度为0.01121m，水平方向水力传导系数为3.53×10^{-4}cm/s，垂直方向水力传导系数为3.53×10^{-5}cm/s，地下水流速为3.96×10^{-6}m/s。现采用一口循环井修复污染地下水，井直径为356mm，上部滤水器位于地下2～6m，下部滤水器位于地下9～11m，采用抽水的方式形成循环水流，抽水速率Q为$5m^3/h$，抽水方式为上层抽水下层注水。地块构建了三口监测井进行检测地下水循环状态及水质，监测井的信息和检测数据如表12.9和表12.10所示（改编自张耿榕等，2015）。

表 12.9 监测井信息

编号	井深/m	井筛位置/m	与循环井的距离/m	位置
W1-1	7.5	6.0～6.5	3	位于循环井的正上游
W1-2	9.0	8.5～9.0		
W2	8.0	1.5～7.5	15	位于循环井下游偏北80°
W3	9.5	1.5～7.5	17	位于循环井下游偏北50°

表 12.10 监测井中地下水苯的检测结果　　单位：mg/L

采样时间	W1-1	W1-2	W2	W3
安装前	27.8	0.0562	21.4	43.2
第17天	19.5	5.54	15.4	0.490
第25天	14.9	2.11	18.9	2.27
第45天	63.1	0.0298	19.7	0.628

（1）试验证单口循环井能否在45d内连续运行且形成的影响半径为20m。

（2）根据检测数据，计算苯的去除率，评价不同位置处的修复效果，并分析原因。

解：

（1）核实影响半径

根据Herrling和Stamm模型，绘制地下水流均衡点（S）（可视为最大循环距离）与循环流量（Q）之间关系图（如图12.33所示），循环流量为$5m^3/h$时，影响半径为41m，大于设定值20m。

根据Herrling和Stamm模型（Herrling et al.，1992）绘制地块水文地质条件下循环时间与影响半径之间的关系图（图12.34），由图可知，在运行45d时影响半径为19～20m，基本符合本设定要求。

（2）计算苯的去除率

与循环井距离3m处2口W1分层井中地下水苯的去除率为：

$$\eta_{11}=(27.8-63.1)/27.8=-127.0\%$$

$$\eta_{12}=(0.0562-0.0298)/0.0562=45.0\%$$

与循环井距离 15m 处 W2 中地下水苯的去除率为：$\eta_2=(21.4-19.7)/21.4=7.9\%$

与循环井距离 17m 处 W3 中地下水苯的去除率为：$\eta_3=(43.2-0.628)/43.2=98.5\%$

W1-1 处污染物浓度不降反升，W1-2 处苯的去除率为 45%，原因可能是 W1 处于循环井近旁且处于上游，在循环井上层抽水下层注水的操作方法下，上层开筛处汇集了上游流入的污染地下水，导致浓度升高；而下部的地下水被注入的处理过的水稀释，因此污染物有一定程度的降低。

W2 处于循环井下游 15m，偏北方向 80°，处于 20m 影响范围内的上游和下游交汇处，污染浓度变动不大，无明显上升或下降的趋势。

W3 处于循环井下游 17m，偏北方向 50°，处于 20m 影响范围的下游，苯的去除率最高，修复效果最好。

12.6.6 系统性能监控

循环井系统性能监控内容如表 12.11 所示，通过这些指标的监控可以评估循环井的运行状态和修复效果。

表 12.11 系统性能监控

监控内容	系统性能评价
地下水位	监测地下水位变化，以确保 GCW 系统有效影响地下水位
污染物浓度	定期监测循环井周围地下水中污染物的浓度变化，以评估修复效果
循环井泵出水量	监测循环井泵出水量，以确保系统正常运行，并调整操作以适应需求
地下水流速	评估流速对地下水循环井流向的影响
井口压力	监测井口压力变化，以确保 GCW 系统稳定性和 GCW 系统的运行状况
水化学指标	监测地下水的水化学指标，评估对 GCW 系统运行的影响，如铁的沉淀物导致堵塞等

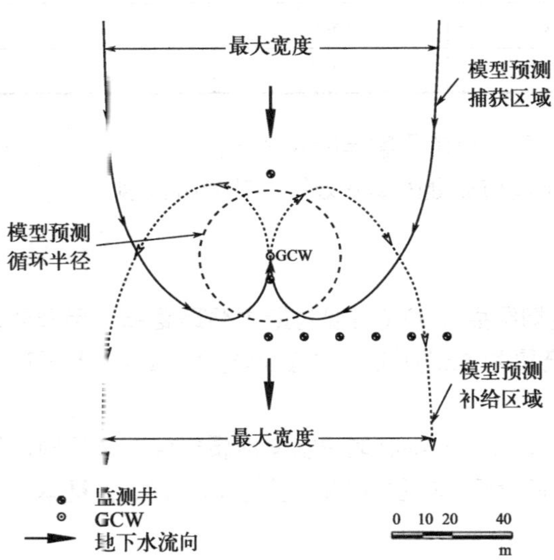

图 12.35 GCW 流向及监测方案（Elmore，2001）

其中，监测井的布设应综合考虑地下水流向和循环井的流场情况。

图 12.35（Elmore，2001）是 GCW 系统三维地下水流的二维示意图，由于 GCW 产生了巨大的垂直流分量，捕获区和补给区宽度都随深度变化而变化。流型的垂直剖面可以看作偏移的沙漏形状。GCW 处理区的预测几何形状有助于定位监测井，监测井可确定有效处理区的大小。

GCW 顶部和底部的捕获/补给区宽度最大，而 GCW 诱导的垂直流分量最低。在 GCW 系统的中部，在捕获区和补给区之间的区域，捕获/补给区域的宽度最小，而垂直流最大。因此，GCW 向地下水位充注时，捕获区最大宽度在 GCW 底部，充注区最大宽度在 GCW 顶部。如果 GCW 循环发生逆转，这种模式也会发生逆转。

更多的监测井应设于循环井下游垂直于地下水流向的一条直线上。井间距可基于分析计算的捕获区和补给区的大小来确定。在循环井的上游应设置对照监测井。循环井的循环水流范围内，可以根据距离循环井远近不同分别在井的四周设置监测井，根据含水层和污染特点，可设混合井与分层，以评估循环井周围不同空间区域的修复效果。

12.6.7 技术适用性

与传统的抽提处理技术相比，GCW 技术利用循环水流处理地下污染物，对地层结构的影响小；不像抽出-处理那样建设复杂的地表水处理系统，对地表环境干扰小。循环井结构较简单，安装和运行维护较简便，投入费用较低。该技术不产生中间产物，运行良好的循环井的污染物去除效率较高。

GCW 技术的处理效果强烈依赖于水文地质条件与污染物性质。适用于处理亨利常数大、污染浓度高、溶解性强的污染物；适于渗透性较大、均质性较好的多孔介质地层；不适于渗透性低（小于 10^{-5}cm/s）、非均质性以及裂隙介质与喀斯特地质地层；不适于地下水流速过大的情况；不适于非水相液体存在的情况，如有非水相液体需提前清除掉。该技术可用于污染源及污染羽的处理，是中长期修复技术。

习题与思考题

1. 阐述气相抽提与空气喷射技术的异同。

2. 某污染场地采用气相抽提技术进行修复，抽提井的直径为 10cm，抽提井内压强为 0.9 atm，距离抽提井 15m 处监测井的压强为 0.99 atm，计算抽提井的影响半径以及距离抽提井 5m 处监测井的压降。

3. 某场地包气带土壤受苯污染，土壤中苯的含量为 600mg/kg，采用气相抽提进行修复。抽提井直径为 10cm，抽提井筛管长度为 5m，压强为 0.9 atm，影响半径为 12m。地层温度 20℃，空气黏度 0.018cP，孔隙度为 0.32，渗透性为 10^{-12} m^2，有机质含量为 2%，水饱和度 40%，土壤总密度为 1.8g/m^3，干堆积密度为 1.6g/m^3。试计算井内气体流量、抽气泵的排气量、污染物的去除率。

4. 某场地受苯污染，面积为 1000m^2，抽提井的影响半径为 10m，其他信息如例题 12.1 所示，如果该场地存在苯的自由相，试计算修复时间。

5. 论述地下水抽出-处理技术的原理、影响因素及优缺点。

6. 分析双井抽水时的驻点、井所在直线的侧流距离以及上游的侧流距离与单井时的相互关系。

7. 某污染场地地下水受到污染，采用抽出-处理技术进行修复，含水层厚度为 9m，土壤渗透系数为 6.5×10^{-3}cm/s，地下水水力梯度为 0.015，抽水速率为 3m^3/h，试计算单口抽水井的捕获区特征参数并绘制范围图。

8. 论述多相抽提技术的使用情景、系统构成及优缺点。

9. 污染场地潜水采用矩形井群抽水，抽水范围内任一点以及面井区中心处水位方程分别是什么？

10. 对 DNAPL 污染场地进行多相抽提修复，如何设置抽提井才能达到更高效的抽提效果？

11. 根据空气喷射法的原理分析其在承压含水层中的适用性。

12. 某场地潜水含水层受污染，采用空气喷射法进行修复。地下水潜水埋深为 1.5m，空气注入点埋深为 5.0m，请分别计算含水层介质为粗砂和黏土时，所需的最小空气注入压力。

13. 根据循环井的作用原理，当潜水与承压含水层地下水都受污染时，采用循环井技术应如何设计循环井的结构？

14. 某场地主要由两个地层构成，地下水循环井的进水筛管和出水筛管分别处于两个地层中，试画出水流循环时地下水流场大体形状。

15. 论述地下水流速对地下水循环井流场的影响。

参考文献

张耿榕，等，2015. 石化厂油田污染使用地下水循环井处理短期成效实例探讨[J]. 土壤及地下水污染整治，2 (1)：47-59.

AHLFELD D，et al，1994. A conceptual model of field behavior of air sparging and its implications for application[J]. Groundwater Monitoring Review，8 (22)：132-139.

ALLMON W E，et al，1999. Groundwater circulating well technology assessment[M]. Washington：Naval Research Laboratory.

BROWN L A，et al，1991. Air sparging extending volatilization to contaminated aquifers：proceedings of the symposium on soil venting[C]. Houston：Texas.

DAVID H，et al，1993. Estimation of effective cleanup radius for soil vapor extraction systems[J]. Soil and Sediment Contamination，2 (2)：191-202.

ELMORE A C，et al，2001. Model-predicted groundwater circulation well performance[J]. Practice Periodical of Hazardous Toxic & Radioactive Waste Management，5 (4)：203-210.

GERAGHTY，et al，1995. Air sparging projects data summary[M]. Washington，Naval Research Laboratory.

GUDEMANN H，et al，1988. In situ remediation of VOC contaminated soil and ground water by vapor extraction and ground water aeration：proceedings of the third annual international conference[C]. Cleveland：Lewis Publishers.

HAZEN T C，et al，1992. Summary of in-situ bioremediation demonstration (methane biostimulation) via horizontal wells at the Savannah River Site Integrated Demonstration Project：proceedings of the thirty-third Hanford symposium on Health and the Environment[C]. Columbus：Battelle Press.

HERRLING B，et al，1991. Hydraulic circulation system for in situ remediation of strippable contaminants and in situ bioreclamation[J]. In Situ Bioreclamation，26 (4)：173-195.

HERRLING B，et al，1992. Numerical results of calculated 3D vertical circulation flows around wells with two screen sections for in situ or on-site aquifer remediation[J]. Computational Methods In Water Resources，1：483-493.

HINCHEE R E，et al，1995. In situ aeration：air sparging，bioventing，and related remediation processes[M]. Columbus：Battelle Press.

JAVANDEL I，et al，1986. Capture-zone type curves：a tool for aquifer cleanup[J]. Ground Water，24 (5)：616-625.

JI W，et al，1993. Laboratory study of air sparging：air flow visualization[J]. Groundwater Monitoring Review and Remediation，14 (7)：115-126.

JOHNSON P C，et al，1990a. Quantitative analysis for the cleanup of hydrocarbon-contaminated Soils by in situ soil venting [J]. Ground Water，3 (28)：413-429.

JOHNSON P C，et al，1990b. A practical approach to the design，operation，and monitoring of in situ soil-venting systems [J]. Groundwater Monitoring Review，10 (2)：159-178.

LEESON A，et al，1995. Air channel distribution during air sparging：a field experiment[M]. Columbus：Battelle Press.

LOMBARD K H, et al, 1994. The design and management of system components for in situ methanotrophic bioremediation of chlorinated hydrocarbons at the Savannah River site[M]. Boca Raton: Lewis Publishers.

MARLEY M C, et al, 1995a. In situ air sparging: evaluation of petroleum industry sites and considerations for applicability, design, and operation[M]. Washington: American Petroleum Institute.

MARLEY M C, et al, 1995b. Air sparging technology: a practice update: Third international symposium on in situ and on-site bio-reclamation[C]. San Diego: Chevron Research and Technology Corporation.

MILLER R R, et al, 1997. In-well vapor stripping[R]. GWRTAC Technology Overview Report.

MILLER G R, et al, 2005. Modeling of a groundwater circulation well removal action alternative[J]. Practice Periodical of Hazardous Toxic & Radioactive Waste Management, 9 (2): 122-129.

MOHR D H, 1995. Mass transfer concepts applied to in situ air sparging: third international symposium on in situ and on-site bio-reclamation[C]. San Diego: Chevron Research and Technology Corporation.

PETERSON J W, et al, 2001. Air-flow geometry in air sparging of fine-grained sands[J]. Hydrogeology Journal, 9 (24): 168-176.

REDDY K R, et al, 2001. Effects of soil heterogeneity on air flow patterns and hydrocarbon removal during in situ air sparging[J]. Journal of Geotechnical And Geoenvironmental Engineering, 127 (3): 234-247.

ROOSEVELT S E, et al, 1998. Air bubble migration in a granular porous medium: experimental Studies[J]. Water Resources Research, 34 (5): 1131-1142.

SPARGO B J, et al, 1996. In situ bioremediation and efficacy monitoring[M]. Washington: US NAVY, Naval Research Laboratory.

SUTHERSAN S, 1999. Soil vapor extraction remediation engineering: design concepts[M]. Boca Raton: CRC Press LLC.

TETRA T, 1996. Personal communication between Paul Frankel, Hydrogeologist, and Charlie Downs, design engineer [C]. Pollution Prevention Associates.

USA Army Corps of Engineers Hazardous, 1998. Cost and performance report of the bofors nobel superfund site[R]. Muskegon: Bofors Nobel Superfund Site.

U S Environmental Protection Agency, 1995. Subsurface volatilization ventilation system (SVVS): innovative technology evaluation report: EPA/540/R-94/529[R]. Washington: Office of Research and Development, the United States Environmental Protection Agency.

U S Environmental Protection Agency, 1997a. Analysis of selected enhancements for soil vapor extraction: EPA/542/R-97/007[R]. Washington: Office of Research and Development, the United States Environmental Protection Agency.

U S Environmental Protection Agency, 1997b. Ground water issue: how heat can enhance in-situ soil and aquifer remediation: important chemical properties and guidance on choosing the appropriate technique: EPA/540/S-97/502[R]. Washington: Office of Research and Development, the United States Environmental Protection Agency.

U S Environmental Protection Agency, 1998. Steam injection for soil and aquifer remediation: EPA/540/S-97/505[R]. Washington: Office of Research and Development, the United States Environmental Protection Agency.

U S Environmental Protection Agency, et al, 1999a. Unterdruck-verdampfer-brunnen (UVB) technology: cincinnati, innovative technology evaluation report[R]. Washington: Office of Research and Development, the United States Environmental Protection Agency.

U S Environmental Protection Agency, 1999b. Multi-phase extraction: state of the practice: EPA-R-99-004[R]. Cincinnati: National Service Center for Environmental Publications, the United States Environmental Protection Agency.

U S Environmental Protection Agency, 2007. Treatment technologies for site cleanup: annual status report (ASR): EPA-542-R-07-012[R]. Twelfth Edition. Washington: National Service Center for Environmental Publications, the United States Environmental Protection Agency.

VAN GENUCHTEN M T, 1980. A closed-form equation for predicting the hydraulic conductivity of unsaturated soils[J]. Soil Science Society of America Jour, 44 (3): 892-898.

VATS O P, et al, 2020. Groundwater circulation well for controlling saltwater intrusion in coastal aquifers: Numerical study with Experimental Validation[J]. Water Resources Management, 34 (3): 3551-3563.

WASATCH ENVIRONMENTAL, 1995. System for Sparging Ground Water Contaminants: 5425598[P]. Salt Lake City, Utah.

第13章

基于药剂注入的原位修复技术

13.1 概述

20 世纪 80～90 年代，国际上流行的含水层污染物清除技术如抽出-处理、空气喷射等，在清除含水层污染源以及修复后期阶段的应用中效果不佳。这促使人们改变了以物理去除（removal）为主的修复策略，进而转向采用化学分解、微生物降解等对污染物进行原位破坏（destroy）的修复思路，并提出了“原位反应带（区）”的概念，在解释原位反应的机理时，借用了给水与废水处理领域中的一些反应机理。自 20 世纪 90 年代中期开始，处理污染含水层的原位化学反应区技术得到了快速发展。

原位反应带基于药剂注入。药剂注入的特点是药剂被注入地下与目标污染物进行接触反应，或者地下水流经药剂注入区域时发生反应，从而形成一个原位反应区域。药剂一般通过注入井方式注入地层中，药剂在污染区域岩土空隙中流动，与地下水或岩土中的污染物发生化学或生物反应，地层结构和岩土颗粒的相对空间位置保持不变。但是对于渗透性较差的地层，药剂注入扩散的效果不好。为了加强药剂传质效果，近年来原位土壤混合技术被用于地下药剂添加，如高压旋喷、加液喷粉搅拌技术等，这类技术将土壤与药剂进行搅拌混匀，极大提高了药剂与土壤和地下水的接触反应程度。

由于地下水与土壤污染往往是并存而且是相互关联的，地下水中的污染物被去除后，土壤中仍会持续释放污染物，注入的药剂既与地下水中的污染物反应，也与土壤中的污染物反应，不能也无法将它们截然分开。因此，原位反应带可视为一种同时修复污染地下水与土壤的协同治理技术。

Suthan Suthersan 将原位反应带分为原位微生物、原位化学反应带，但实际上，原位生物地球化学转化、原位稳定化、原位淋洗等与其具有相似的技术工艺和实施方法。注入的药剂种类，可以是化学试剂，也可以是生物菌剂或其他营养物质；药剂的形式有溶液、悬浊液或粉末或颗粒；药剂的混合方法，可以是自然渗入、加压注入，也可以是搅拌混合。因此，基于原位药剂注入的共性特征以及实施工艺的相似性，本章把原位反应带与原位生物地球化学转化、原位稳定化、原位淋洗统归为基于药剂注入的修复技术一并介绍，对这些技术的共性内容都放在原位反应带中介绍，涉及具体技术时不再单独讲解。

13.2 原位反应带

13.2.1 概念与发展

原位反应带（in situ reactive zones，IRZ）是将化学药剂、微生物菌剂等注入地下含水层中的污染区域和/或周围区域（特别是下游）中，在地下创建一个原位反应地带（区域），通过化学分解、微生物降解、化学固定等作用对含水层中污染物进行原位修复。

1996 年，Suthan Suthersan 在原位生物修复的基础上提出了原位反应带的概念；20 世纪 90 年代中后期开始，原位化学修复开始得到广泛应用，其后 Suthan Suthersan 又在其著作中将原位化学修复纳入原位反应带技术中。

从原位反应带的内涵来看，它其实并不是一项具体的技术，几乎所有基于药剂注入的修复方法，尽管反应机理不同，但修复的理念与实施的方法基本都是一致的，更适合称之为一种技术模式。

13.2.2 反应带类型

根据药剂与污染物的反应类型，可以将原位反应带分为原位化学反应带、原位生物反应带和原位淋洗反应带，其中原位化学反应带又可分为原位化学氧化、原位化学还原和原位化学稳定化反应带。

13.2.3 反应带布局

13.2.3.1 平面布局

反应带的布局主要取决于污染范围及迁移特征、经济条件及修复时间等因素，形式可以多样。根据是否有污染源以及污染源的形状、迁移速度等，大体可以分为几种方式，如图 13.1 所示。对存在污染源的，可采用全区域拦截［图 13.1（a）］、多断面拦截［图 13.1（b）］以及污染源及污染羽前缘拦截［图 13.1（c）］的方式；对于不存在污染源的污染羽，可采用污染羽前缘拦截［图 13.1（d）］或污染源及污染羽前缘拦截的方式；对于地下水迁移非常缓慢、没有明确流向的污染团，可采用周边包围式拦截［图 13.1（e）］或污染团内及周边包围式拦截的方式［图 13.1（f）］。注入拦截面通常垂直于污染羽流向，贯穿并超出整个污染羽的边缘。

上述任何一种方法都不是绝对的，实际应根据特定的现场条件、修复目标、修复时间与修复成本等因素进行调整，亦可以与其他修复技术结合使用。

13.2.3.2 垂向布局

不同地层的渗透性往往差异很大，水流优先从渗透性好的地层中迁移。如图 13.2 所示，污染区域涵盖不同地层时，设置如图中（a）所示的混合井注射，高渗透性地层成为药剂溶液的优势通道，而渗透性差的地层注入的药剂量很少，污染物不能充分接触药剂。应改为图中（b）和（c）所示的分层井注射形式，药剂在各层中的迁移更为均匀充分。

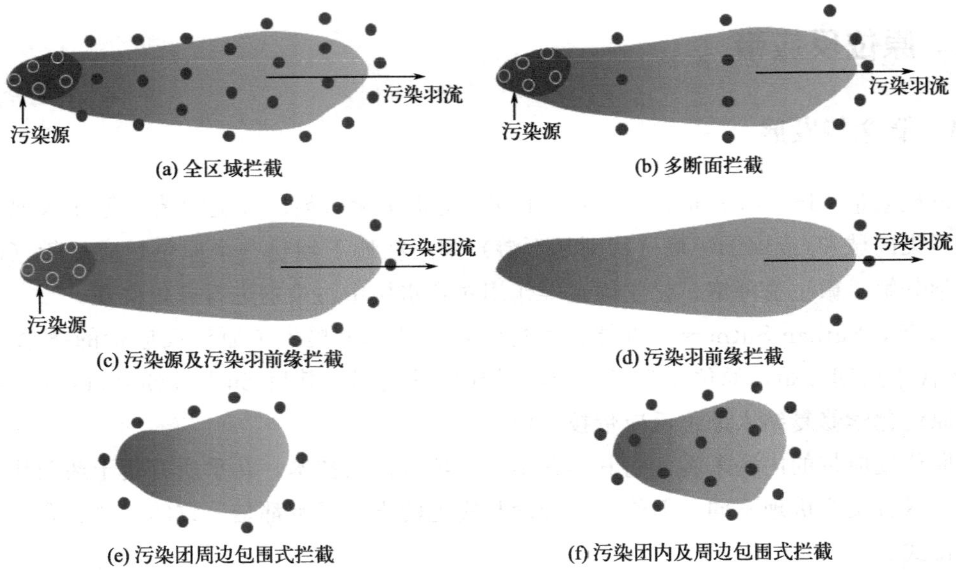

图 13.1 反应带布局

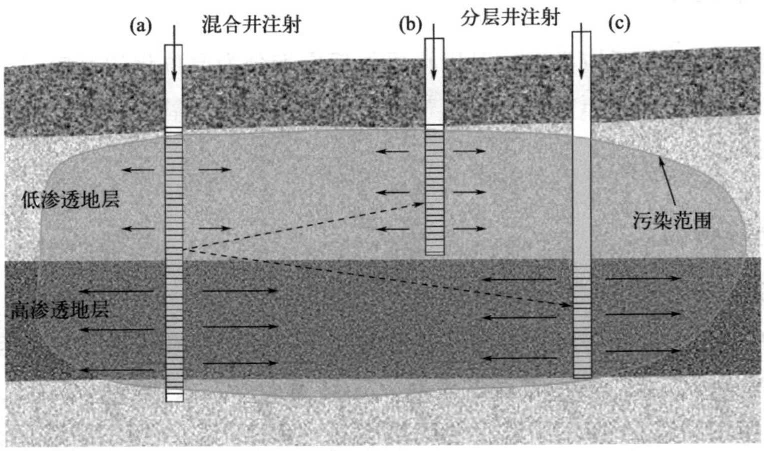

图 13.2 不同地层中注入井的设计

13.2.4 地层特征

原位药剂注入技术的成败与地层特征密切相关。药剂注入以及抽出效率取决于地层渗透性，一般渗透系数大于 10^{-3}cm/s 容易成功，渗透系数小于 10^{-5}cm/s 不容易成功，介于二者之间时可能成功。此外，土壤粒径越小、有机质含量越高、CEC 越大，修复难度越大。

13.2.5 注入辐射半径

在污染源及污染羽区域构建反应带布局时，注入点设置的密度主要取决于注入影响半径，而影响半径又取决于水文地质条件、注入方法和所选药剂的影响。水文地质条件将影响单个注入井的辐射范围以及药剂溶液迁移的距离。在渗透性较差的地层中，地下水移动相对缓慢，溶液可注入性较差。药剂种类对注入点的空间分布也有很大影响：溶解度高的药剂易于随地下水的平流输送而迁移，而微溶或不溶性药剂更容易滞留在土壤介质中。

注入包括重力注入与加压注入。

13.2.5.1　重力注入辐射半径

重力注水过程正好与抽水过程相反，抽水在含水层水位下形成上大下小的正向疏干漏斗，注水在含水层水位以上形成反向注水漏斗，如图 13.3 所示。

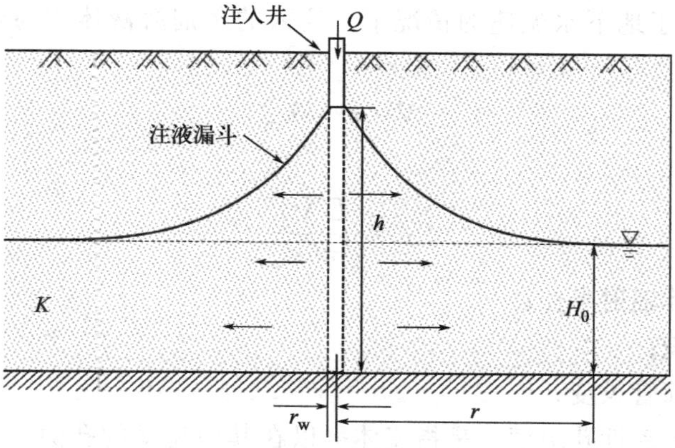

图 13.3　注入井示意图

对于潜水完整注水井，注入流量为：

$$Q=\pi K\frac{h^2-H_0^2}{\ln\frac{r}{r_w}}$$

可得：

$$r=r_w e^{\frac{\pi K(h^2-H_0^2)}{Q}} \tag{13.1}$$

对于承压完整注水井，注入流量为：

$$Q=\frac{2\pi KM(h-H_0)}{\ln\frac{r}{r_w}}$$

可得：

$$r=r_w e^{\frac{2\pi K(h-H_0)}{Q}} \tag{13.2}$$

式中　Q——注入流量；

K——含水层的渗透系数；

M——含水层的厚度；

h——注入井内溶液水头；

H_0——注入前含水层初始水位或承压水头；

r——辐射半径；

r_w——注入井的半径。

13.2.5.2　加压注入辐射半径

对于渗透性较差的地层，药剂溶液注入困难，需要采用加压注入方式，此时可考虑用下述方法进行估算药剂辐射半径。

假设地层是均质的，注入井垂直于地面，注入药剂时压力主要施加在垂直于注入井的方向上（注入井井底密封时），流体主要沿着垂直于注入井的方向向外流动，部分流体会沿垂直方向流动，水平方向和垂直方向渗透系数的差异决定了通过两方向上流体体积的相对比例。大多数地层垂直方向的渗透系数明显低于水平方向（部分地层如黄土层除外），因此注入的流体主要通过对流沿水平方向迁移。药剂注入地层后容纳在可流动性孔隙中并在其中迁移，在注入流速远大于地下水流速的情况下，注入的药剂溶液体积与辐射半径的关系可表示为：

$$V=\pi r^2 h n_{\mathrm{m}}$$

则：

$$r=\sqrt{\frac{V}{\pi h n_{\mathrm{m}}}} \tag{13.3}$$

式中　r——注入流体辐射半径；

V——注入体积；

h——注入井筛管长度；

n_{m}——土壤可流动性孔隙度，是指流体可以在其中流动的孔隙，只占土壤孔隙的一部分，而且一般小于土壤有效孔隙度。

相关示踪试验研究显示，大部分岩土可流动性孔隙度在0.08%～18%之间，不同性质岩土差异很大。

上式是基于可流动性孔隙推导出来的辐射半径，根据上式，在其他条件不变的情况下，土壤可流动性孔隙度越小，则辐射半径越大。但在渗透性差的地层中流体流动很缓慢，扩散所需的时间很长，要使流体迁移到更远的距离需要较大的压力，可能会导致土体产生裂隙或药剂沿管壁滤料溢出。工程实践证明，低渗透性地层药剂注入效果很不理想。通常，地下是个非均质的系统，地层具有成层特征，各层的渗透系数不同，流体通过能力不同。即便在同一地层中，土壤渗透性也是不同的，哪怕是微小渗透性差异也会形成优先通道，流体更容易在渗透性好的通道中迁移。由此导致药剂不能均匀地分布在污染范围内，许多污染物无法与药剂接触而发生反应，反应带的构建效果不佳。实际工程中宜采用现场示踪试验确定影响半径。

例题 13.1　某场地中粉土层受到污染，粉土层的可流动性孔隙度为0.05，采用药剂注入法修复，注入井筛管长度为2m，药剂溶液总注射量为10m³，试估算注入完成后药剂的辐射半径。

解：

根据式（13.3）得：

$$r=\sqrt{\frac{V}{\pi h n_{\mathrm{m}}}}=\sqrt{\frac{10}{3.14\times 2\times 0.05}}=5.64(\mathrm{m})$$

13.2.6　注入方式

药剂注入的方式有多种，其中以注入井和直推式注入应用最为广泛。

13.2.6.1　注入井

注入井是通过钻探的方法在地下钻取一口井，在井中放置井管，根据污染目标区域，可设为整个井管都为筛管的完整井，也可设为筛管分段的分层井，井管与井壁之间填充滤料及密封材料（如膨润土），如图 13.4（a）所示。

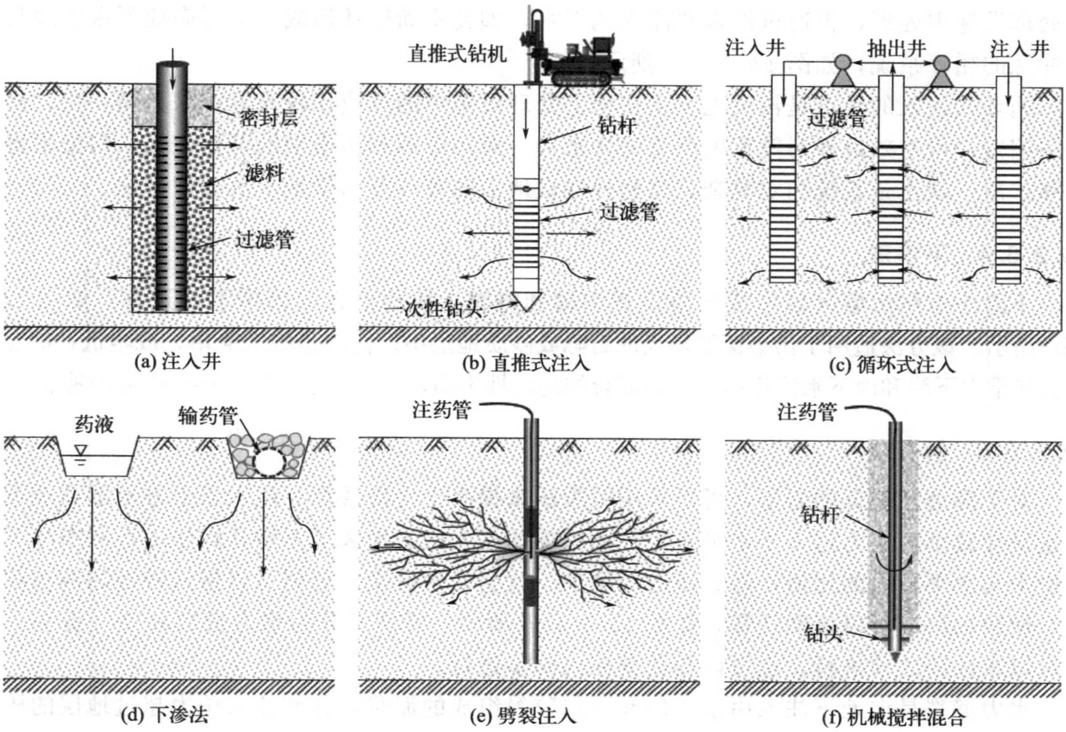

图 13.4　注入方式示意图

注入速率与井的半径、筛管长度以及地层渗透系数有关。一般需保证筛管与目标处理区之间具有良好的水力联系。避免不同层间使用完整井，分层井的筛管长度根据地层特征而定（如图 13.2 所示），不宜过长（如大于 5m），避免注药不够均匀。

对低渗透地层注入时，为提高注入速率，往往使用加压注入，注入井的结构需满足强度要求，滤料与密封层应密实牢固，以防加压时药剂从滤料层溢出造成短路。

当注入井中注入的药剂是气体时，称为喷射井。因为气体在地下水中受到浮力作用，其在地下的迁移方式与液体不同，在非均质或低渗透地层中气体在各处分布的差异性更大。理论上，气体药剂能更有效地接触轻非水相污染物。喷射井在场地修复中的应用很少。

13.2.6.2　直推式注入

直推式注入利用直推式钻井将注入直推钻杆压入目标地层，然后将药剂从钻杆壁上的小孔加压注射到地层中，注射完一孔后将钻杆提出，移动钻机再注射另一点位。开孔的钻杆长度一般较短，通过直推不断变换直推杆深度及平面位置，反复注射，直至药剂注射完整个处理区域，如图 13.4（b）所示。注射的次序一般从污染羽的下游向上游或从污染羽周边向内部注射，同时间段注入的两个点位距离不宜太近，以避免注入点之间相互挤压，从而限制每个点的辐射半径。

直推式注入的优点是灵活性大，操作方便，可根据目标区域地层情况随时调整注射方案，而且成本较低。缺点是辐射半径较小，直推深度有限，一般不超过 30m，不适于在硬质岩层及岩石、鹅卵石大量存在的地层使用。

13.2.6.3 循环式注入

循环式注入是指设置注入井和抽提井，利用抽提井将污染地下水抽取到地面，在地面上的处理设施中处理，再通过注入井注入地下水，如此不断循环形成一个污染地下水置换与土壤冲洗的循环系统，如图 13.4（c）所示。

循环式注入的优点是污染地下水在地上处理设施中的反应比较充分，水力循环快，修复时间缩短；可有效处理污染程度严重的含水层；对污染源和污染羽的可控性强，污染不容易迁移扩散。缺点是系统相对复杂，需额外建设地上的管线及污染地下水处理设施。

13.2.6.4 下渗法

下渗法指在污染区域中或下游设置沟槽和帷幕，使药剂在沟槽中下渗迁移，如图 13.4（d）所示。该方法适用于污染深度较浅的石砾或砂质地层中。优点是施工简单，成本低；缺点是靠自然重力下渗和地下水流迁移，药剂混合的均匀性不高，不适用于深层及渗透性低的地层。

13.2.6.5 劈裂注入

对于渗透性极低的岩层，可以采用劈裂法来提高土层渗透性。注入点上方土壤和地下水的重量导致垂直应力远大于水平应力，而施加的注入压力增大了土壤孔隙压力，并增加了垂直应力与水平应力的比值，随着压力的增加，就会发生劈裂。劈裂可以形成较细的网格状裂缝，使药剂溶液可以流动迁移，如图 13.4（e）所示。劈裂又分为水力劈裂和空气劈裂。劈裂可以在注药之前进行，也可以与药剂注入同步进行。

水力劈裂是向地下注入由水、砂和瓜尔胶等组成的泥浆，并使注入压力超过地层的压裂压力，从而创建出能使药剂优先流动的裂缝。在此过程中，砂作为支撑物使裂缝打开，在裂缝聚集处形成药剂能够顺利通过的高渗透层（Siegrist，1999）。

空气劈裂是向地下喷射高压空气或其他气体，在进行空气劈裂时，无须注入支撑物，劈裂完成后，进行药剂注入，还可以向药剂中混合氮气或空气以增强其在土壤中的分散性。

一般劈裂的发生随着地层深度的增加而降低；自然土壤的抗剪强度差异性很大，取决于土壤的黏性及粒度大小，劈裂一般首先在强度低的层段发生；裂缝的传播通常不会越过强度不同的地层。

13.2.6.6 机械搅拌混合

机械搅拌混合是通过机械装置通常是高压旋喷钻头或其他钻头，将土层搅动，同时与药剂混合，如图 13.4（f）所示。机械搅拌混合通常会使多孔介质的地层变得更加均匀，从而极大增加污染物-药剂接触的速度和程度。机械搅拌混合还会破坏原本的地下水优先流动路径，减少污染地下水从处理区“逃逸”的可能。机械搅拌混合是一种高精度的药剂混合方法。

该法的优点是对渗透性低的地层能极大提高混合精度，保证药剂与污染物均匀接触反应，对污染区域的可控性强；缺点是钻头覆盖面小，混合基本局限在钻头覆盖范围内，各钻孔需要紧密相邻或部分重叠以防遗留盲区，钻孔数量大。

13.2.7 注入压力

向含水层中注入液体必须克服注入点处地下水移动所产生的阻力，阻力的产生是水的不可压缩性、地层应力、土壤渗透性等综合作用的结果。对于低渗透性地层，药剂重力注入的能力比较有限，往往需要加压注入。根据式（2.43）：

$$\sigma=\sigma'+P$$

含水层中某一水平单位面积上覆荷重形成的总应力由土壤固体骨架应力和孔隙水压力共同承担，这种应力以颗粒间接触压力的形式传递，随着深度的增加而增加，并形成抵抗剪切的垂直和水平应力。孔隙中的地下水通过向各个方向施加压力从而降低颗粒间的接触压力。正常情况下，应力达到平衡，孔隙水压力的变化不会改变土层结构，只是引起含水层的微小弹性应变。但是，如果孔隙压力过大，颗粒之间的接触压力可能会下降到零，从而发生土层破裂。在非黏性土壤中，压裂会改变土壤结构；在黏性土壤中，压裂产生的裂缝会成为新的优势迁移通道。因此，加压注入必须考虑安全注入压力。

根据上式，垂直有效应力为：

$$\sigma'=\sigma-P$$

对于一般固结土壤，垂直方向的有效应力远远大于水平方向的，因此，水平方向有效应力（静止侧压力）是地层破裂的限制条件。水平有效应力可表示为：

$$\sigma_h=K_0\sigma'$$

$$K_0=\nu/(1-\nu)$$

式中 K_0——土壤的侧压力系数，在侧限条件下土壤中水平有效应力与垂直有效应力之比；

ν——土壤的泊松比，一般为 0.20～0.45。

由于 ν 很难确定，K_0 一般由实验或经验公式确定。对砂性土一般 $K_0=1-\sin\varphi$；黏性土 $K_0=0.9(1-\sin\varphi)$；超固结黏土 $K_0=\mathrm{OCR}^{0.4}(1-\sin\varphi)$，OCR 为固结比。$\varphi$ 为土壤内摩擦角，无黏性土的内摩擦角通常在 26°～48°之间。

因此，有：

$$P_{max}<\sigma_h=C(1-\sin\varphi)\sigma' \tag{13.4}$$

式中 P_{max}——筛管处最大注入压力；

C——系数。

当注入压力 P_{max} 大于 σ_h 时，地层会发生破坏。实际工作中，还应考虑安全系数，为便于控制注入压力，对潜水含水层，在地面上井口处的观测压力 P_g 可表示为：

$$P_g=\frac{P_{max}-\rho_w g h_v}{1+\mathrm{SF}} \tag{13.5}$$

式中 ρ_w——水的密度；

g——重力加速度；

h_v——包气带厚度；

SF——安全系数。

对于承压含水层：

$$P_g=\frac{P_{max}-\rho_w g(h_v+h_s-h_w)}{1+\mathrm{SF}} \tag{13.6}$$

式中 h_v——包气带厚度；

h_s——饱和带厚度；

h_w——注入点处水头。

例题 13.2 在场地潜水含水层中，地下水埋深为 2m，采用注入井原位加压注入药剂，注入井筛管顶部埋深 6m。包气带和饱和带中土壤密度分别为 1.65g/cm³ 和 1.8g/cm³，试确定最大允许注入压力。

解：

以筛管顶端水平截面为研究平面，由式（2.44）得总应力为：

$$\sigma=\rho_v g h_v+\rho_s g h_s=1.65\times9.8\times2+1.8\times9.8\times(6-2)=102.9(\text{kPa})$$

由式（2.41）得

$$P=\rho_w g h_w=1\times9.8\times(6-2)=39.2(\text{kPa})$$

则垂向有效应力为：

$$\sigma'=\sigma-P=102.9-39.2=63.7(\text{kPa})$$

由式（13.4），取 φ 为 30°，C 为 0.5，则有：

$$P_{max}=0.5\times(1-\sin30°)\times63.7=15.9(\text{kPa})$$

13.2.8 注入频率

药剂注入地层后，其浓度随着时间的推移而不断衰减。药剂消耗主要源于以下几个方面：①与目标污染物的反应；②地层中含有许多能与药剂发生反应的氧化性或还原性物质，能与药剂发生地球化学反应，以及与微生物发生生物地球化学反应；③药剂进入含水层在迁移过程中被地下水稀释；④药剂被土壤通过吸附、离子交换等作用固定下来；⑤可流动性孔隙中的药剂不断向小孔道中扩散而稀释，理论上，根据土层的可流动性孔隙度与总孔隙度的占比即可计算出稀释倍数。

由此可见，药剂能达到的范围与溶液流体辐射半径并不是一致的，由于药剂的衰减，其影响半径小于药剂溶液的辐射半径。药剂影响的范围取决于药剂衰减时间以及药剂溶液的迁移速度。因此，要维持一定的反应速率，需要不断注入药剂进行补充，并维持一定的浓度，这个浓度可以根据实验或经验确定。

假设反应为一级反应，根据式（3.172），可得药剂衰减到浓度 c 时所需要的时间为：

$$t=-\frac{1}{k}\ln\frac{c}{c_0} \tag{13.7}$$

式中 c——地下药剂维持的浓度；

c_0——药剂初始浓度，即配制浓度；

t——药剂浓度从 c_0 衰减到 c 时所需要的时间；

k——反应速率常数。

需要经历 t 时间进行一次药剂注射，直至污染物降解到修复目标。药剂的影响距离为：

$$L=vt \tag{13.8}$$

式中 L——维持浓度 c 的影响距离；

v——药剂溶液的迁移速度。

对于地下水流速较快（如大于 0.15m/d）且药剂半衰期较长（即数周至数月）的情况，注入系统能达到相当大的影响范围，因此只需设置较少的注入井就可实现较大的药剂覆盖面。在地下水流速较慢的地方（如小于 0.03m/d），注入点的辐射范围有限，需要更密集的注入井以保证对污染羽的充分覆盖。

13.2.9 药剂性质

药剂的选择主要取决于目标污染物的性质和污染状态（溶解相、吸附相、气相、非水相液体），其次是水文地质与地球化学条件，一般需要考虑以下因素。

（1）有效性

对目标污染物能有效或高效降解、溶解、交换、稳定是首要条件。针对不同形态的污染物，药剂宜有一定的选择性，如对吸附相和非水相的疏水亲脂性，对溶解相的亲水性等。

（2）持久性

药剂在地下传输不像在液相反应器中那样快速，药剂需要有一定的持久性才能够在快速衰减之前达到更远的距离，否则注入井的密度将会非常大，使成本升高。药剂的寿命从几秒到几小时、几天甚至数月、数年不等，如芬顿试剂几秒时间，过氧化几天到几周时间，乳化植物油、零价铁等可达几年。应尽量选择寿命较长的药剂，特别是在低渗透地层，药剂溶液扩散较慢，对药剂的持久性要求更高。

（3）传递性

药剂在地下的传递性依赖于其溶解性、粒径及土壤介质孔性。药剂的溶解性对其在地下的传输影响很大。溶解性的药剂会随着地下水一起对流迁移，而半溶或固体药剂的流动性有限，需加压或循环式注入。固体药剂颗粒粒径需显著小于土壤孔隙，药剂颗粒会不断填充土壤孔隙使孔隙度变小，渗透性变差。对于溶于水或颗粒粒径较小（如小于 1 微米）的材料可以通过固定井输送，其他固体材料则需加压注入。

（4）安全性

选择药剂时应全面了解药剂的反应性、对操作人员的暴露风险、对生态环境的影响、与地面或地下设施材料的兼容性，从而制定安全预防和工程控制计划。

对于有机物的去除还需要关注中间反应的影响。目标反应会产生潜在化学中间体副产物，如能从土壤中释放出对氧化还原反应敏感的金属或在生物或化学处理过程中产生气体等，这些中间产物有时会比目标污染物的毒性更大。

13.2.10　多孔介质界面影响

原位修复是在地下复杂的多孔介质中进行的，场地多孔介质中的化学或生物反应与在单一介质（如水）中的反应化学显著不同，这也是污染场地原位修复重要特点与难点。多孔介质不同的特性能够影响处理效果，对于地下环境的反应具有一定的影响。

（1）吸附/解吸

吸附是发生在地下多孔介质（诸如土壤颗粒和岩石裂隙）内部或表面上的过程，它涉及水相中的溶质（污染物或化学物质）被这些介质捕获。这一过程实质上是从水中移除不需要的化学物质，从而有助于水质净化。在富含有机质的地下水中，多孔介质提供了丰富的吸附位点，这些位点能有效地“捕获”并固定污染物。因此，在这种环境下，大量的污染物会被这些多孔介质所吸附，从而降低它们在地下水中的浓度。然而，值得注意的是，被吸附的污染物并不是永远被困在多孔介质中的。在某些条件下，例如环境变化或外部条件的刺激，这些污染物可能会从介质上解吸下来，并再次进入水相。只有当它们重新进入水相后，才能通过进一步的氧化处理来去除。

对地下水中的污染物来说，吸附作用是一个重要的考虑因素。由于吸附过程往往相对较慢，它可能会成为整个处理过程中的一个瓶颈或限制因素。因此，在构建地下水处理模型时，必须充分考虑到吸附作用的影响，并将其视为一个可能影响处理速率的关键因素。

Haggerty 和 Gorelick（1994）建议用以下关系式模拟污染物的平衡吸附，以及模拟其速率限制吸附过程。

$$\frac{dX_{sorb}}{dt}=\frac{n}{\rho_b}\xi\left(C_{cont}-\frac{X_{sorb}}{\lambda}\right) \tag{13.9}$$

式中 X_{sorb}——多孔介质吸附的污染物的质量分数；

t——反应时间，h；

n——土壤孔隙度；

ρ_b——土壤体密度，g/cm^3；

ξ——速率限制传质系数，T^{-1}；

C_{cont}——溶解的污染物浓度，g/mL；

λ——线性吸附系数，cm^3/g。

（2）氧化剂的反应动力学

多孔介质对氧化剂的持久性起着至关重要的作用，在原位化学氧化处理过程中，为了高效降解污染物，关键在于确保氧化剂与目标污染物、催化剂之间有充分的接触时长，使污染物有足够的时间进行分解或溶解。氧化剂的持久性直接关系到其能否有效渗透到目标区域，因为氧化剂一旦注入基质，就会不断被消耗。由于技术限制，无法直接测量孔隙中的氧化剂浓度，但通过观察氧化剂附近污染物浓度和天然氧化需求量的减少，可以推断出这些区域正在发生污染物的降解反应。因此，氧化剂的反应动力学是评估地下有机污染物能否成功降解的关键因素之一。在污染物得到有效降解之前，必须确保有足够的氧化剂被输送到处理区域，以满足多孔介质中还原剂对氧化剂的消耗需求，并达到处理的上限要求。

13.2.11 注入示踪剂

示踪试验是确定反应区设计参数的一种重要方法。常用的示踪剂有荧光染料、可溶性盐、同位素或与 IRZ 过程相关的生物地球化学指示剂。示踪剂的选择取决于其生物地球化学特性、水文地质条件、敏感性及成本等。

13.2.12 性能监控

对原位修复来说，构建监控系统实时评估系统运行状况是非常重要的。对 IRZ 系统的监控一般分为过程监控和性能监控。通常采用信息控制系统与监测井网络的形式，根据注入井的分布、水文地质条件和监测要求，在注入井的下游方向及垂直于流向的不同垂线上设置监测井，通常需要在上游或者不受地块污染影响的区域设置背景或对照监测井。

监控的内容为：

① 药剂注入的流量、流速、浓度、分布、均匀性等。

② 污染范围内土壤及地下水中目标污染物、中间产物和最终产物的浓度、分布、污染羽变化、药剂反应性、污染物去除率等，对背景或对照区域、敏感目标区域的影响情况。

③ 地球化学条件的变化，如氧化法剧烈改变了地下的氧化还原电位，有些金属（砷、铬、铁、钼、硒、钒等）对氧化还原电位很敏感，而强氧化剂的存在会影响这些金属的溶解度；氧化反应还会通过产生酸度或碱度改变 pH 值从而对金属产生直接影响。

④ 加药系统、抽提系统的运行状况等。

采样频率会随着注入过程的进行不断调整，开始阶段可密集（如每周数次），待系统稳定后监测频次适度减少（如每周或数周一次），后期可更少（如每季度一次）。采用在线检测仪器可实现更密集和连续的监控。

13.3 原位化学氧化

13.3.1 定义

原位化学氧化（in situ chemical oxidation，ISCO）是一种将氧化剂注入土壤与地下水中与目标污染物反应产生 CO_2 和 H_2O 或分解为危害性更小的物质的技术。该技术的应用极为广泛，是有机物污染场地修复的主流技术。ISCO 既能修复非饱和带污染土壤，也能修复污染含水层，技术工艺基本是一样的。绝大多数用于对污染源的处理以降低地下水中的污染物浓度及通量。

13.3.2 原理

自由基链式反应是利用芬顿试剂（CHP）、过硫酸盐（$S_2O_8^{2-}$）、臭氧（O_3）降解污染物的基础，其反应速率常数是所有化学修复机制中最高的，许多反应速率超过 10^{10}L/(mol·s)。由于自由基反应发生得很快，所以溶液中的自由基浓度不会达到很高的水平。例如，羟基自由基（·OH）的浓度范围一般为 $1\times10^{-13}\sim1\times10^{-11}$mol/L（Buxton，1988）。

表 13.1 总结了羟基自由基（·OH）、臭氧（O_3）、高锰酸盐（MnO_4^-）和过硫酸盐（$S_2O_8^{2-}$）与典型有机污染物反应的二级反应速率常数（k）。

表 13.1 常见有机污染物氧化反应速率常数

物质	二级动力学常数/[mol/(L·s)]			
	臭氧	羟基自由基	过硫酸盐	高锰酸盐
四氯乙烯(PCE)	$<1\times10^{-1}$	3×10^{9}		$4.5\times10^{-2}\sim6.5\times10^{-1}$
TCE	1.7×10^{1}	4.0×10^{9}		$6.6\times10^{-1}\sim8.9\times10^{-1}$
顺二氯乙烷	$<8\times10^{2}$			9.2×10^{-1}
1,1-DCE	1.1×10^{2}	7.0×10^{9}		2.4×10^{0}
1,1,1-三氯乙烷	$<1.2\times10^{-2}$	1.0×10^{8}		
1,2-二氯丙烷	$<4.0\times10^{-3}$	3.8×10^{8}		
MTBE	0.14	1.6×10^{9}	3.1×10^{7}	3.5×10^{-5}
1,4-二氧六环	3.2×10^{-1}	2.4×10^{9}		不反应
四氢呋喃		4.0×10^{9}	1.1×10^{8}	
N-亚硝基二甲胺(NDMA)	10	3.3×10^{8}		
叔丁醇	3×10^{-3}	2.4×10^{9}		
甲醇	2.4×10^{-2}	3.3×10^{8}		

续表

物质	二级动力学常数/[mol/(L·s)]			
	臭氧	羟基自由基	过硫酸盐	高锰酸盐
乙醇		1.6×10^{9}	7.8×10^{5}	
苯酚	1.4×10^{2}	5.9×10^{8}		
醋酸盐	3×10^{-5}	9.7×10^{8}		
苯	2×10^{0}	7.8×10^{9}		
芴		1.8×10^{10}		
菲	1.5×10^{4}	2.3×10^{10}		
萘	3×10^{3}	9.4×10^{9}		
硝基苯		4.0×10^{9}		
HCO_3^-		8.5×10^{6}	6.1×10^{6}	
CO_3^{2-}		4.0×10^{8}	1.6×10^{6}	
Cl^-		4.3×10^{9}	2.5×10^{8}	
Fe^{2+}	5×10^{5}	1.7×10^{10}		
甲酸	5×10^{0}			3.5×10^{-1}
乙醛酸	1.7×10^{-1}			3.7×10^{-1}
草酸				1.1×10^{-1}
$H_2O_2(HO_2^-)$	5.5×10^{6}			

氧化剂	常用氧化剂物质的量浓度/(mol/L)
臭氧(O_3)	1×10^{-3}(6%气相 O_3)
羟基自由基(·OH)	$1\times10^{-13}\sim1\times10^{-11}$
高锰酸盐(MnO_4^-)	$2.5\times10^{-1}\sim2.8\times10^{0}$(4%$KMnO_4$-40%$NaMnO_4$)

注：引自 Ross，1998。

13.3.2.1 自由基反应

自由基是含有未配对电子的原子或化合物，通常具有极强的反应性，其中应用最多的是羟基自由基（·OH）。有研究表明羟基自由基（·OH）在 1787 个反应中作为反应物，而仅在 54 个反应中充当产物，这体现了它的高反应性（Ross，1998）。

图 13.5 展示了过氧化氢（H_2O_2）与亚铁（Fe^{2+}）反应生成羟基自由基（·OH）的过程，亚铁（Fe^{2+}）是引发剂，传递给过氧化氢（H_2O_2）一个电子，使其分裂为氢氧根离子（OH^-）和羟基自由基（·OH），本身被氧化成三价铁（Fe^{3+}）。氢氧根离子（OH^-）中的氧原子总共有 8 个价电子，其中包括与氢原子共价的那对电子。羟基自由基（·OH）中的氢和氧共产生 7 个价电子，并接受由亚铁（Fe^{2+}）贡献的负电荷。相对于羟基自由基（·OH）中未配对的电子，氢氧根离子（OH^-）中电子的全部“配对”降低了它们的反应性。

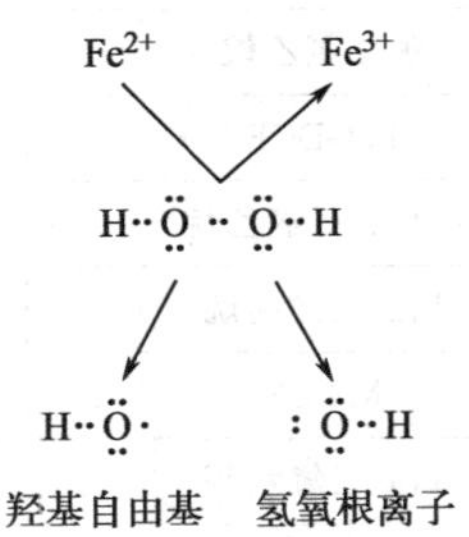

图 13.5 过氧化氢生成羟基自由基的过程（Suthersan，2017）

羟基自由基（·OH）是电中性的，因为分子中有 7 个价电子（6 个来自氧，1 个来自氢），所以质子和电子的数量相等。虽然分子是电中性的，但与氧原子相关的未配对电子是高度活泼的，很容易从其他原子和分子中捕获电子。对电子的侵略性捕获使羟基自由基（·OH）成为一种强氧化剂。羟基自由基（·OH）的形成机制有很多种，主要来源是与过氧化氢（H_2O_2）相关的反应，如芬顿反应（类芬顿反应）、过硫酸盐（$S_2O_8^{2-}$）的碱活化以及臭氧（O_3）分子的自由基链式反应等。

13.3.2.2　自由基链式反应过程

自由基链式反应有三个基本阶段——启动、传播和终止，如图 13.6 所示。

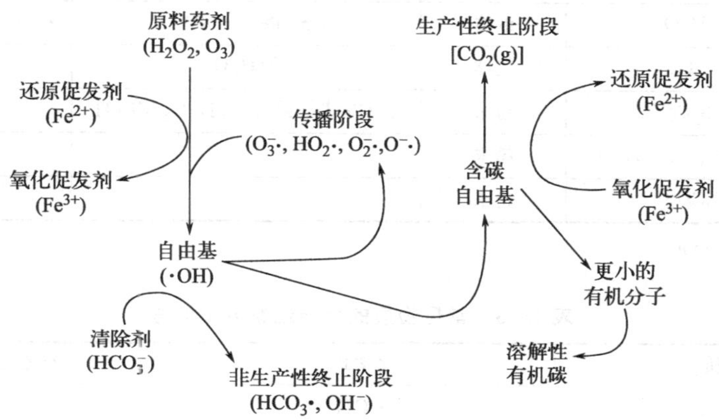

图 13.6　自由基链式反应示意图（Suthersan，2017）

启动阶段：自由基链式反应的第一步是促发剂与原料药剂反应生成自由基，并将能量赋存在未配对的价电子中。

传播阶段：自由基可能发生多重反应，并不断催生其他自由基。这些自由基可能与目标化合物反应，并传播链式反应。自由基传播过程的一个例子是在过硫酸盐（$S_2O_8^{2-}$）的碱活化过程中产生的超氧自由基（O_2^-·，还原剂），它随后将三价铁离子（Fe^{3+}）还原为亚铁离子（Fe^{2+}），从而生成更多的过硫酸盐自由基（$S_2O_8^-$·）（Watts，2011；Ahmad，2010；Teel，2011）。

终止阶段：生产性终止通常是自由基传播过程中生成含碳自由基（R·），含碳自由基（R·）充当电子供体，使带有含碳自由基（R·）的有机分子裂解并释放出二氧化碳（CO_2）。非生产性终止是指清除剂例如碳酸根离子（CO_3^{2-}）和碳酸氢根离子（HCO_3^-）的存在使链式反应停止。图 13.6 展示了自由基链式反应过程，该反应以过氧化氢（H_2O_2）或臭氧（O_3）作为原料药剂；亚铁离子（Fe^{2+}）作为促发剂，生成羟基自由基（·OH）并传播，最终生成二氧化碳，或者在清除剂碳酸氢根离子（HCO_3^-）的作用下终止反应。

13.3.3　氧化剂类型与反应

最常见的氧化剂有芬顿试剂（CHP）、高锰酸盐（MnO_4^-）、臭氧（O_3）和活化过硫酸盐（$S_2O_8^{2-}$）。常用化学氧化剂的特性如表 13.2 所示，表 13.3 列出了常见反应物质的标准还原电位。每种氧化剂都有其反应性或稳定性方面的局限，CHP 具有降解多种有机污染物的潜力，可以处理吸附的污染物和DNAPL相污染物（Watts，2005；Smith，2006；Crimi，2005）。过氧化氢（H_2O_2）在地下不稳定，寿命较短。臭氧（O_3）具有处理地下水污染物的潜力，但也受到药剂输送和稳定性的限制。相比之下，高锰酸盐（MnO_4^-）在地下是稳定的，但对较少种类的污染物具有反应性。过硫酸盐（$S_2O_8^{2-}$）是最新的原位氧化试剂，比CHP更稳定，比高锰酸盐（MnO_4^-）更活泼，但需要活化才能有效降解污染物。

表 13.2 常用氧化剂及其特性

氧化剂	化学式	存在形态	催化剂	活性物质
高锰酸盐	MnO_4^-	粉末/液体	无	MnO_4^-
过氧化氢	H_2O_2	液体	无/Fe^{2+}/Fe^{3+}	$\cdot OH$,$O_2^- \cdot$,$HO_2 \cdot$,HO_2^-
臭氧	O_3	气体	无/H_2O_2	O_3，$\cdot OH$
过硫酸盐	$S_2O_8^{2-}$	粉末	无/Fe^{2+}/Fe^{3+}/热/H_2O_2/高 pH	$S_2O_8^{2-}$,$SO_4^- \cdot$
过碳酸钠	$Na_2CO_3 \cdot 1.5H_2O_2$	粉末	Fe^{2+}	$\cdot OH$
过氧化钙	CaO_2	粉末	无	H_2O_2,$HO_2 \cdot$

注：引自 Huling，2006。

表 13.3 常见物质的标准还原电位汇总

活性物质	化学式	标准还原电位/V
羟基自由基	$\cdot OH$	+2.8
硫酸根自由基	$SO_4^- \cdot$	+2.6
臭氧	O_3	+2.1
过硫酸盐	$S_2O_8^{2-}$	+2.1
过氧化氢	H_2O_2	+1.77
高锰酸盐	MnO_4^-	+1.7
过氧化羟基自由基	$HO_2 \cdot$	+1.7
氧气	O_2	+1.23
过氧氢根阴离子	HO_2^-	−0.88
超氧自由基	$O_2^- \cdot$	−2.4

注：引自 Huling，2006。

13.3.3.1 芬顿试剂

利用高反应性羟基自由基进行化学氧化是异位和原位降解污染物的常用方法。与芬顿试剂（CHP）相关的反应机理被归类为自由基过程，羟基自由基是非选择性氧化剂，其氧化能力很强，通常用于判断化学氧化用于污染物降解是否可行。CHP是通过注入过氧化氢（H_2O_2）和催化剂［通常是七水硫酸亚铁（$FeSO_4 \cdot 7H_2O$）形式的亚铁（Fe^{2+}）］来实现的。注射通常单独进行，以避免过氧化氢（H_2O_2）异位快速活化。如果可以控制温度，则可以选择在线混合，但效果不太理想，因为热量和气体的产生相对较快。

当CHP用于异位处理时，反应混合物包含目标污染物和与过氧化氢（H_2O_2）快速反应的催化剂［通常是亚铁（Fe^{2+}）］。将反应混合物的pH调节至3.0～5.0之间，然后将过氧化氢（H_2O_2）以一定的速率添加到反应混合物中，来减少过氧化氢（H_2O_2）因歧化而造成的损失。

在原位化学反应区中，注入的过氧化氢（H_2O_2）可以在宽范围 pH 值下由矿物催化。

已知的羟基自由基（·OH）化学竞争性抑制剂包括碳酸盐（CO_3^{2-}）和碳酸氢盐（HCO_3^-）、氯化物（Cl^-）、硫酸盐（SO_4^{2-}）和生物酶。

（1）反应机理

CHP 反应基于自由基的氧化和还原作用，可以用来降解各种污染物。羟基自由基（·OH）的三种氧化机理是析氢、加成和直接电子转移。

① 直接氧化。直接氧化指电子转移反应，以过氧化氢（H_2O_2）直接氧化苯（C_6H_6）为例：

$$15H_2O_2 + C_6H_6 \longrightarrow 6CO_2 + 18H_2O$$

该反应的吉布斯自由能（ΔG_{rxn}）约为 -4900kJ，这意味着反应具有放热性和自发性。从反应动力学的角度来看，过氧化氢（H_2O_2）的原位直接氧化比自由基氧化反应慢得多，因此意义不大。

② 自由基氧化。有机自由基（R·）传播反应的两个示例如下：

$$\cdot OH + RH \longrightarrow R\cdot + OH^-$$

$$R\cdot + H_2O_2 \longrightarrow ROH + \cdot OH$$

CHP 中包含的有机自由基难以区分表征，因为它们的半衰期从微秒到秒不等，分析需要使用相当复杂的间接测量方法。

在 CHP 的工程应用中亚铁（Fe^{2+}）是最流行的催化剂，已经发现了三种在含水层中产生羟基自由基的方法。一是可溶性亚铁作为催化剂，通过在反应混合物中加入亚铁（Fe^{2+}），并将 pH 值调整到 3.0 左右来实现。在反应区，含水层矿物可能会将 pH 缓冲到过高的范围，以维持铁的循环反应，因此传统的芬顿（Fenton）方法只能在酸化后立即注入过氧化氢（H_2O_2）的短时间段里起作用。这一方法需要较大的药剂注入量，并因为铁沉淀而降低水力传导性。二是螯合铁作为催化剂，自由基生成的主要限制是当 pH 超过 3.0 时溶液中亚铁的损失，将注入的亚铁螯合可以避免亚铁的损失，螯合作用解决了 pH 值高于 3.0 时亚铁的再生问题。三是矿物铁作为催化剂，许多含水层含有可催化过氧化氢（H_2O_2）形成自由基的铁（或其他金属）矿物质。有研究提出仅注入过氧化氢（H_2O_2），依靠含水层矿物代替亚铁（Fe^{2+}）作为催化剂来实现 CHP 反应（Heiderscheidt，2005；Kim，2005；Urynowicz，2005；Block，2005）。

羟基自由基（·OH）在很宽的 pH 值范围内具有极强的反应性，其在原位系统中的寿命可能短至 10^{-7} 秒。过氧化羟基自由基（$HO_2\cdot$）是超氧自由基（$O_2^-\cdot$）的质子化［即氢（H^+）连接］形式，pH 值低于 4.8 时是主要存在形式，但它只是一种温和的氧化剂，过氧化羟基自由基（$HO_2\cdot$）在 CHP 过程的传播反应中很重要。超氧自由基（$O_2^-\cdot$）是过氧化羟基自由基（$HO_2\cdot$）的共轭碱基，可用作还原剂。

（2）反应动力学

从动力学上讲，CHP 反应完全由自由基链式反应驱动。二级速率反应动力学最适合用于描述 CHP 反应。考虑到羟基自由基（·OH）具有普遍的反应性，并且污染含水层中存在不可量化的还原性物质，因此建立 CHP 的二级速率反应动力学模型需要同时求解多个微分方程。

（3）竞争性抑制剂

已知的羟基自由基（·OH）化学竞争性抑制剂包括碳酸盐（CO_3^{2-}）和碳酸氢盐

(HCO_3^-)、氯化物（Cl^-）、硫酸盐（SO_4^{2-}）和生物酶。

(4) 副产物

主要副产物是氧气（O_2）、二氧化碳（CO_2）和催化剂（通常是铁）。铁很可能以沉淀铁（Fe^{3+}）的形式存在，风险极小。此外，羟基自由基（·OH）的反应性可能导致氧化副产物的产生，例如，MTBE（$C_5H_{12}O$）的氧化会导致叔丁醇（TBA，$C_4H_{10}O$）的生成，TBA 在地下水中的流动性更强。

(5) 监测

过氧化氢快速分解会产生大量的气体和热量，在包气带土壤中观察气体混合物分以下几种。

① 二氧化碳。二氧化碳含量升高，表明有机碳氧化正在发生。如果不存在二氧化碳(CO_2)，可能表明没有自由基形成，或表明地层中没有有机碳。

② 氧气。过氧化氢（H_2O_2）与铁（Fe^{3+}）的反应是氧（O_2）的主要来源。

③ 目标化合物气化。从含水层逸出的氧气（O_2）和二氧化碳（CO_2）气体将气相挥发性和半挥发性有机化合物带入包气带。

(6) 现场应用问题

① 调节 pH。大多数地块的含水层矿物会缓冲 pH 值的显著改变。为了将 pH 值调整至优选范围（3.0～5.0 之间）而注入酸可能会产生大量气体［二氧化碳（CO_2）］和热量。注入的酸太少，pH 会反弹，注入酸太多时，成本太高且危险。

② 产生大量气体。即使在理想的化学计量条件下，CHP 也会产生大量气体。在 10%的过氧化氢注射速度仅为 1gal❶/min 的情况下，每分钟注射超过 11mol 的过氧化氢（H_2O_2）。如果注入的过氧化氢（H_2O_2）三分之一转化为氧气，在标准温度和压力下，氧气的生成速度为 83 L/min。

③ 短期反应。CHP 中药剂可能会在非水相污染物解吸或溶解到地下水之前就被消耗完。当非水相污染物进入发生羟基自由基（·OH）反应的水相时，很可能发生污染物浓度反弹。

13.3.3.2 高锰酸盐

与基于自由基的氧化剂相比，高锰酸盐（MnO_4^-）是一种相当稳定的氧化剂。这种“稳定性”可以使高锰酸盐更好地分布在整个处理区中，但也限制了可以用高锰酸盐处理的污染物种类。高锰酸盐是一种选择性氧化剂，适用于降解氯化乙烯、酚、硫化物、有机硫化合物和含双键的非芳香族有机物，但不适用于处理燃料、芳香族有机化合物（例如苯）、氯甲烷（例如四氯化碳）和甲基叔丁基醚（MTBE）等污染物，高锰酸盐与C—C（烷烃）反应性较低。

高锰酸钾（$KMnO_4$，分子量为 158.03）是一种细结晶固体，可以在现场溶解，在 20℃的条件下注入浓度可达 6.5%。确定溶液注入浓度时需考虑含水层温度以避免在较低温度下高锰酸盐发生沉淀导致含水层堵塞。

高锰酸钠（$NaMnO_4$，分子量为 141.93）比高锰酸钾更易溶解，可用于药剂浓度要求更高的原位注入。市场上通常以 40%（质量分数）溶液的形式出售，处理时应非常小心。

❶ 1gal＝3.78541L。

高锰酸钠通常在注入化学反应区之前被大量稀释。

高锰酸盐通常使用批量或在线混合设备在几天到几周内完成注入。通常，高锰酸钾采用批量混合，高锰酸钠采用在线稀释。

(1) 反应机理

MnO_4^- 中的锰原子是+7 价，表示为 Mn^{7+}。在 pH 值为 3.5～12 的氧化还原过程中，Mn^{7+}被还原为 Mn^{4+}，主要的还原产物是沉淀物二氧化锰（MnO_2）。

图 13.7 显示了高锰酸盐氧化三氯乙烯（TCE，C_2HCl_3）的反应。

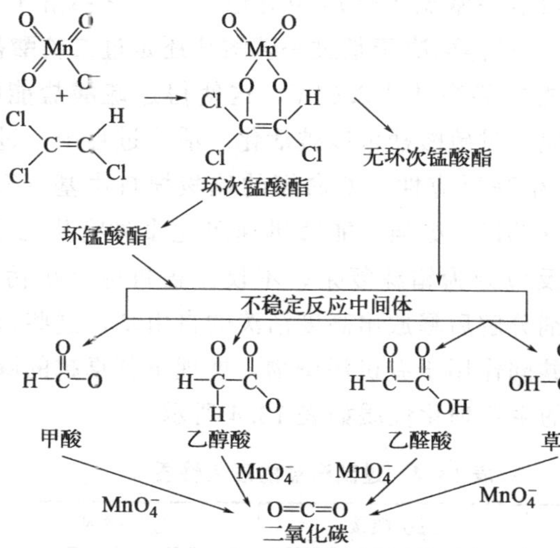

图 13.7　三氯乙烯（C_2HCl_3）和高锰酸盐（MnO_4^-）的反应途径（Yan，2000）

在实验中观察到的四个中间产物：甲酸（CHO_2）、乙醇酸（$C_2H_2O_3$）、乙醛酸（$C_2H_2O_3$）和草酸（$C_2H_2O_4$）。这些中间产物都容易与高锰酸盐反应，生成最终产品二氧化碳（CO_2）。氧化反应方程式为：

$$2MnO_4^- + C_2HCl_3 \longrightarrow 2MnO_2 + 2CO_2 + 3Cl^- + H^+$$

在 NAPL 存在或天然氧化剂需求量极高的情况下，二氧化锰（MnO_2）固体的形成会因占用孔隙而降低注入区附近的注入容量［定义为注入流量（Q_{inj}）除以注入压力（P_{inj}）］。在 TCE 浓度较高的情况下，产生的酸度（H^+）可能会导致 pH 低于 6.3，这将有利于 H_2CO_3 的形成和 CO_2 的释放。气态 CO_2 会影响渗透性和污染物的分配，含水层中的 CO_2 运动是不可预测的，可能会导致污染物在未受污染的土壤或较浅的地下水中沉积。

(2) 反应动力学

高锰酸盐氧化反应遵循二级反应动力学，可以简化为准一级反应动力学。高锰酸盐氧化的反应速率常数比相同目标污染物与羟基自由基之间的反应低几个数量级。对于高锰酸盐，平均反应速率常数为 0.67L/(mol・s)，而羟基自由基的反应速率常数为 4×10^9 L/(mol・s)。通过调整高锰酸盐的浓度可以弥补这 10 个数量级的反应速率差距：高锰酸盐的常用浓度大于 0.1mol/L，而羟基自由基的浓度仅为 1×10^{-13}～1×10^{-11} mol/L。

(3) 副产物形成

高锰酸盐可以通过改变地球化学条件（即 pH、氧化还原电位和离子强度）影响金属的流动性。锰本身是一种金属，市面上买到的药剂可能含有其他微量金属。二氧化锰的形成可能会吸附一些释放出来的金属（即铝、镉、钴、铜、铅、镍、银、钛、铀和锌），这抑制了金属的流动性。

除了影响金属流动性之外，高锰酸盐会和天然存在的化合物反应生成副产物。高锰酸盐溶液浓度越高，形成丙酮（C_3H_6O）、二硫化碳（CS_2）、氯仿（$CHCl_3$）等副产物的可能性就越大。

13.3.3.3 过硫酸盐

过硫酸盐是一类含有过硫酸根离子（$S_2O_8^{2-}$）的化合物，主要分为过一硫酸盐和过二硫酸盐。在固体状态下，过硫酸盐在常温下性质相对稳定。当它们溶于水后，会形成 $S_2O_8^{2-}$（或过硫酸根离子的某种形态，具体取决于是过一硫酸盐还是过二硫酸盐及其溶解状态），并展现出强氧化性。其标准电极电势高达＋2.01V，这使得过硫酸盐能够直接氧化某些有机物。通过能量和电子转移反应，过硫酸盐可以被活化。活化过程中，过硫酸盐分子中的过氧键（O—O）会裂解，原位产生高反应性、寿命短的硫酸根自由基（$SO_4^-\cdot$）。硫酸根自由基的氧化性比羟基自由基（·OH）更强，能够迅速氧化多种有机污染物，矿化为 CO_2 和 H_2O。过硫酸盐参与的化学反应颇为错综复杂，不仅涵盖目标有机污染物与氧化剂之间的直接相互作用，还涉及氧化剂分解后释放出高度活泼的自由基，这些自由基进而对目标有机污染物实施有效降解。两者共同作用于有机污染物，展现出其卓越的降解能力和广泛的应用潜力。过硫酸盐（$S_2O_8^{2-}$）的主要理化性质如表 13.4 所示。

表 13.4 过硫酸盐的理化性质

化学名称	过硫酸铵	过硫酸钾	过硫酸钠
分子式	$(NH_4)_2S_2O_8$	$K_2S_2O_8$	$Na_2S_2O_8$
分子量	228.2	270.3	238.1
密度/(g/cm³)	1.98	2.48	2.59
颜色	灰白色	白色	白色
气味	无	无	无
堆积密度/(g/cm³)	1.05	1.30	1.12
溶解度/(g/100g H_2O)25℃	85	6	73
溶解度/(g/100g H_2O)50℃	116	17	86

过硫酸盐（$S_2O_8^{2-}$）是一种可以进行活化的氧化剂，活化方法包括热活化、溶解/螯合金属活化、过氧化氢活化和碱活化，也可以通过电子转移反应直接氧化。没有活化的过硫酸盐（$S_2O_8^{2-}$）氧化性不高，与高锰酸盐（MnO_4^-）类似，活化过硫酸盐（$S_2O_8^{2-}$）与 CHP 类似。过硫酸盐（$S_2O_8^{2-}$）和活化剂可以混合后注入，也可以分开注入。

(1) 反应机理

与 CHP 类似，过硫酸盐的反应机理包括直接氧化和自由基氧化。

① 直接氧化。以苯（C_6H_6）为例，被过硫酸盐直接氧化的化学方程如下：

$$C_6H_6+12H_2O \longrightarrow 6CO_2+30e^-+30H^+$$

$$Na_2S_2O_8+2e^- \longrightarrow 2SO_4^{2-}+2Na^+$$

$$15Na_2S_2O_8+C_6H_6+12H_2O \longrightarrow 6CO_2+30Na^++30HSO_4^-$$

这种氧化是建立在 $S_2O_8^{2-}$ 与 SO_4^{2-} 的半反应基础上的，即硫元素从 $S_2O_8^{2-}$ 中的＋7 价还原到SO_4^{2-}中的+6价。pH对$S_2O_8^{2-}$阴离子的形态有很大影响，不同pH下的其他相关反应式如下：

$$S_2O_8^{2-}+H_2O \longrightarrow 2HSO_4^- + \frac{1}{2}O_2 (pH\ 3.0 \sim 7.0)$$

$$S_2O_8^{2-}+2H_2O \longrightarrow 2HSO_4^- + H_2O_2 (pH>0.3; [H^+]<0.5mol/L)$$

$$S_2O_8^{2-}+H_2O \xrightarrow{H^+} HSO_4^- + HSO_5^- ([H^+]>0.5mol/L)$$

$$S_2O_8^{2-}+OH^- \longrightarrow HSO_4^- + SO_4^{2-} + \frac{1}{2}O_2 (pH>13.0)$$

$S_2O_8^{2-}$的直接氧化反应速率与CHP直接氧化反应速率相近。

② 自由基氧化。$S_2O_8^{2-}$的直接氧化反应速率较慢，SO_4^{2-}的自由基氧化反应速率较快但选择性较差。SO_4^{2-}的自由基反应速度略慢于羟基自由基，羟基自由基通过多种机制破坏目标污染物，二级反应速率为$10^6 \sim 10^{11}$L/(mol·s)（Urynowicz，2005）。硫酸根自由基（$SO_4^- \cdot$）也是一种强大的氧化剂，其反应机理主要是直接电子转移，二级反应速率为$10^5 \sim 10^9$L/(mol·s)（Urynowicz，2005；Tsitonaki，2010），慢于羟基自由基，因此过硫酸盐（$S_2O_8^{2-}$）原位停留时间（数天至数周）比羟基自由基（数分钟至数小时）更长。

(2) 反应动力学

因为硫酸根自由基（$SO_4^- \cdot$）的反应活性高，寿命短，其进入水相后相对于污染物降解的速率可能适合准一级反应速率（Huang，2002）。

(3) 过硫酸盐的活化

① 热活化。热活化是通过加热的方式使过硫酸盐的过氧键发生断裂，进而产生具有氧化活性的硫酸根自由基（$SO_4^- \cdot$）。随着温度的升高，过硫酸盐的分解速率不断增大，降解目标污染物的速率也随之加快。

② 光活化。光活化是指过硫酸盐在光照条件下产生活性氧自由基$SO_4^- \cdot$的一种方式。通过不同波长的光照射，可以有效地提高活性氧自由基的产生速度，实现催化效率的提升。与热活化相比，光活化能够在温和条件下进行催化反应，避免了传统高温加热反应中的能量损失。

③ 过渡金属活化。过渡金属离子（如Fe^{2+}、Fe^{3+}、Mn^{2+}、Co^{2+}、Cu^{2+}等）能催化过硫酸盐的分解，产生硫酸根自由基。其中，由于铁离子在地壳中广泛存在，便宜易得，并且污染性较小，对过硫酸盐的活化效率也很高，因此大多数的实验研究采用二价铁离子活化过硫酸盐反应体系。然而，在实际应用中，大量的单独过渡金属离子容易成为硫酸根自由基的去除剂并相互聚集污染水体，因此在水中加入一些金属配位剂（如乙二胺四乙酸、氨基三乙酸、柠檬酸、草酸、甲酸、乙酸等）是必要的。

④ 碱活化。碱活化是利用氢氧根离子活化过硫酸盐产生硫酸根自由基降解有机污染物的过程。这种方法在土壤原位化学修复过程中得到广泛应用。例如，利用碱活化过硫酸盐降解自然环境中的三氯乙烷，仅用6天就可以将其完全降解，显示出碱活化过硫酸盐的高效性。但需要注意的是，碱活化过硫酸盐需在强碱环境（pH>10）下才能发生，因此该方法对设备和操作条件要求很高，实际应用中受到一定限制。

(4) 竞争性抑制剂

过硫酸盐（$S_2O_8^{2-}$）的竞争性抑制剂主要为氯离子（Cl^-）。

氯离子（Cl^-）与硫酸盐（SO_4^{2-}）反应生成氯自由基（Cl·），氯自由基再与更多的氯化物（Cl^-）反应生成二氯自由基（Cl_2^-·），从而产生氯气（Cl_2）。

$$SO_4^- \cdot + Cl^- \rightleftharpoons SO_4^{2-} + Cl \cdot, k = 6.1 \times 10^8 L/(mol \cdot s)$$

$$Cl \cdot + Cl^- \rightleftharpoons Cl_2^- \cdot, k = 7.8 \times 10^9 L/(mol \cdot s)$$

$$Cl_2^- \cdot + Cl_2^- \cdot \rightleftharpoons 2Cl^- + Cl_2, k = 7.2 \times 10^8 L/(mol \cdot s)$$

（5）副产物

过硫酸钠（$Na_2S_2O_8$）注入后，改变了 pH 值、氧化还原电位和离子强度等地球化学条件，一般会使 pH 降低，从而增加金属的溶解性。同时，过硫酸盐的螯合金属活化剂会导致金属浓度增加。此外，氯离子（Cl^-）的存在会导致生成三氯甲烷等副产物。

13.3.3.4 臭氧

臭氧（O_3）是一种可以从处理地块的空气或氧气中产生的气体。O_3 极度不稳定，半衰期从几个小时到几天不等。污染物处理速度受 O_3 的溶解度和注入气流中 O_3 浓度的影响。

（1）反应机理

臭氧（O_3）的不稳定性质使其易分解为自由基中间体，从而促进自由基链式反应。从电子转移的角度来看，臭氧是一种强氧化剂，在没有催化剂的酸性条件下，臭氧的直接氧化反应更容易发生。臭氧（O_3）的自由基化学与 pH 密切相关，在碱性条件下 O_3 的自由基反应是主要的反应机制。

① 直接氧化。臭氧的直接氧化是一种选择性过程，通常进行烯烃键（碳碳双键）的加成或对芳烃的亲电攻击从而和污染物反应。含有烯烃键、芳环和酚类的污染物最容易与 O_3 发生直接氧化反应。

O_3 对芳香环的亲电攻击主要是由于芳香环对 O_3 分子的电子吸引，这会产生超氧自由基（O_2^-·），通常会导致 O_3 对芳香环进一步攻击和破坏。

② 自由基氧化。O_3 自由基化学较为复杂且存在争议，关于如何产生 O_3 自由基有两种独立的传播链机制，这两种机制在传播链中的自由基和中间体上有所不同。Hoigne（1998）、Staehelin（1982）和 Bader 提出了 HSB 模型（称为机制 A），Tomiyasu 等人（1985）提出了机制 B。

机制 A——HSB 模型：

$$O_3 + OH^- \longrightarrow HO_2 \cdot + O_2^- \cdot, k = 70L/(mol \cdot s)$$

$$HO_2 \cdot \rightleftharpoons O_2^- \cdot + H^+, pK_a = 4.8$$

$$O_3 + O_2^- \cdot \longrightarrow O_3^- + O_2$$

$$O_3^- + H^+ \rightleftharpoons HO_3 \cdot$$

$$HO_3 \cdot \longrightarrow \cdot OH + O_2$$

$$\cdot OH + O_3 \longrightarrow HO_4 \cdot$$

$$HO_4 \cdot \longrightarrow HO_2 \cdot + O_2$$

$$HO_4 \cdot + HO_4 \cdot \longrightarrow H_2O_2 + 2O_3$$

$$HO_3 \cdot + HO_4 \cdot \longrightarrow H_2O_2 + O_3 + O_2$$

机制 B——Tomiyasu，Fukutomi，and Gordon 模型：

$$O_3 + OH^- \longrightarrow O_3^- + \cdot OH$$

$$O_3+OH^- \rightleftharpoons HO_2^-+O_2$$

$$O_3+HO_2^- \longrightarrow HO_2\cdot+O_3^-$$

$$HO_2\cdot \rightleftharpoons O_2^-\cdot+H^+$$

$$O_3+O_2^-\cdot \longrightarrow O_3^-+O_2$$

$$O_3^-+H_2O \longrightarrow \cdot OH+OH^-+O_2$$

$$O_3^-+\cdot OH \longrightarrow O_2^-\cdot+HO_2\cdot$$

$$O_3^-+\cdot OH \longrightarrow O_3+OH^-$$

$$\cdot OH+O_3 \longrightarrow HO_2\cdot+O_2$$

这两种机制的相似之处是它们都是从 O_3 分子与氢氧根阴离子（OH^-）反应开始的，这意味着 O_3 自由基反应是在碱性条件下进行的。这两种机制的主要区别在于过氧氢根阴离子（HO_2^-）与超氧自由基（$O_2^-\cdot$）的不同，这在臭氧与过氧化氢结合时很重要，因为过氧氢根阴离子是一种关键的催化剂。

（2）动力学

臭氧自由基二级反应速率难以量化，O_3 直接氧化也遵循二级反应速率。

（3）副产物

臭氧氧化会产生许多不同的分解产物和反应最终产物，这些产物可能会影响饮用水的保护。反应中间体包括酮、醛和羧酸。在反应中，许多中间体与 O_3 或羟基自由基的反应性比初始反应物低，因此很容易积累。在大多数情况下，这些溶解度高的反应中间体和副产物在注入 O_3 后的好氧含水层条件下可生物降解。

O_3 还能与溴化物（Br^-）反应生成溴酸盐（BrO_3^-），Br^- 形成 BrO_3^- 的速率随着 pH 值的增加和臭氧浓度的增加而增加。BrO_3^- 的生成可以通过降低 pH 值和添加 NH_3 来限制。

O_3 可以通过改变地球化学条件（即 pH、氧化还原电位和离子强度）来影响金属的流动性。pH 值的下降与 O_3 氧化部分天然有机物有关。向含水层注入臭氧一般会使溶解氧增加。

（4）组合药剂

根据上述讨论，四大类化学氧化剂之间存在明显的协同效应。用过氧化氢（H_2O_2）活化过硫酸盐（$S_2O_8^{2-}$）是一种既能产生羟基自由基（$\cdot OH$）又能产生硫酸根自由基（$SO_4^-\cdot$）的组合化学氧化剂。另一个常见的例子是 O_3 和 H_2O_2 的结合，这种形式的联合高级氧化过程被称为过氧酮。

过氧酮化学依赖于碱性 pH 值和过氧氢根阴离子（HO_2^-）的形成，以产生超氧自由基（$O_2^-\cdot$）和羟基自由基（$\cdot OH$）：

$$H_2O_2 \rightleftharpoons HO_2^-+H^+(pK_a=11.6)$$

$$O_3+HO_2^- \longrightarrow \cdot OH+O_2^-\cdot+O_2$$

虽然组合氧化剂结合了两种氧化剂的好处，但也需要注意，当 O_3 和 H_2O_2 原位组合时，O_3 以气体形式喷射，H_2O_2 可能歧化或被氧化成 O_2 产生大量气体。

13.3.4 地球化学影响因素与需药量计算

地下环境中的地球化学成分对注入药剂的反应产生很大影响，并与污染物竞争化学药剂。

影响目标修复区化学氧化反应和化学氧化剂传输的因素有很多，比较突出的是碳酸盐的影响。

13.3.4.1 碳酸盐的影响

在臭氧氧化和芬顿试剂反应中，地下水中的无机碳很容易与羟基自由基（·OH）和其他化合物发生反应。在含水层中，无机碳由碳酸（H_2CO_3）、碳酸氢根离子（HCO_3^-）和碳酸根离子（CO_3^{2-}）等组成。要确定潜在干扰的程度，首先需要计算两种主要干扰化合物——碳酸氢根离子（HCO_3^-）和碳酸根离子（CO_3^{2-}）的物质的量，可以使用碱度、氢离子（H^+）浓度和碳酸（H_2CO_3）到碳酸根离子（CO_3^{2-}）两步解离的酸碱解离常数来计算。将自由基和目标化合物之间的反应速率与溶解的碳酸盐之间的反应速率进行比较，确定碳酸盐对自由基造成的预期损失。地下水中的无机碳一般大于 100mg/L 才能对羟基自由基的形成产生不利影响。

碳酸盐化合物的 lg$C$-pH 关系如图 13.8 所示。碳酸盐化合物相应的解离常数分别为 $K_{a1}=4.467\times10^{-7}$ 和 $K_{a2}=4.677\times10^{-11}$，其负对数（p$K_{a1}$ 和 pK_{a2}）分别为 6.33 和 10.33，图中曲线的交点出现在某两种离子浓度相等的情况下。

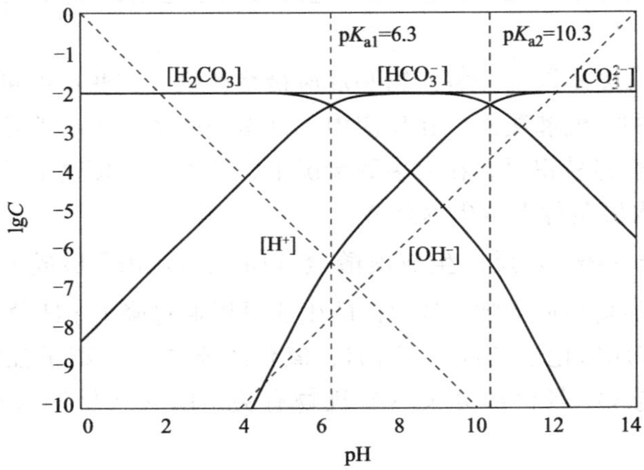

图 13.8 碳酸盐体系形态图（总碳酸盐浓度$=10^{-2}$mol/L）（Suthersan，2017）

评价碳酸根离子的竞争影响，可用两步解离常数计算出 HCO_3^-、H_2CO_3、CO_3^{2-} 等的浓度，比较羟基自由基（·OH）与碳酸氢根离子（HCO_3^-）的反应速率以及·OH 与三氯乙烯（TCE）的反应速率。研究发现（Suthersan，2017），在较高的 TCE 浓度下，90%以上的自由基与 TCE 发生反应。当 TCE 浓度降至 1000μg/L 时，只有 10%的自由基与 TCE 反应。当 TCE 浓度接近饮用水保护目标值（5μg/L）时，TCE 与羟基自由基的反应比例不到 1/100。当碳酸氢根离子的浓度大于 100mg/L 时，碳酸氢根离子是羟基自由基与 TCE 反应的主要竞争离子。

13.3.4.2 氧化剂需求量的计算

原位化学氧化所需的药剂量是污染物消耗的氧化剂需求量与地下天然氧化剂需求量（NOD）之和。

天然氧化剂需求量由土壤或含水层性质及氧化还原状态决定，代表了所有可能对氧化剂产生清除或抑制作用的还原性物质的量。表 13.5 列出了几种类型土壤的天然氧化剂需求量，粗粒砂和碎石的天然氧化剂需求量较低，而粉砂和黏土等细粒土的需求量较高。

表 13.5 不同类型土壤的天然氧化剂需求量（以高锰酸盐衡量）

样品	土壤类型	高锰酸盐需求量(干重)/(g/kg)
1	砂土、砾石	7.53
1-平行	砂土、砾石	9.84
2	砂土、砾石、岩石	6.34
3	黏土	18.53
4	黏土(湿)	7.91

注：引自 Suthersan，2017。

例题 13.3 某黏性土壤污染场地受二氯乙烯（DCE）污染，土壤污染浓度为 3000mg/kg。现采用原位高锰酸钾氧化法进行修复，确定氧化剂的需求量。

解：

a. 计算 DCE 的氧化剂需求量。DCE 分子量为 97，则单位质量土壤中含有的 DCE 的物质的量为：

$$\frac{3000}{1000\times 97}=0.031(\mathrm{mol/kg})$$

根据反应式：

$$3C_2H_2Cl_2+8MnO_4^- \longrightarrow 6CO_2+6Cl^-+8MnO_2+2OH^-+2H_2O$$

则反应 1kg 土壤中的 DCE 消耗高锰酸钾（分子量为 158）的质量为：

$$\frac{0.031\times 8}{3}\times 158=13.03(\mathrm{g})$$

b. 计算 NOD。根据表 13.5，单位质量黏土的 NOD 为 18.53g/kg，则单位质量土壤所需总氧化剂量为：

$$13.03+18.53=31.56(\mathrm{g/kg})$$

一般天然氧化剂需求量大于污染物氧化剂需求量，因此，实际工程中 NOD 的影响必须考虑，一般采用实验测试确定 NOD 的值。

例题 13.4 某场地粉砂含水层受三氯乙烯（TCE）污染，污染含水层范围为 $1000m^3$，地下水中三氯乙烯浓度为 360mg/L，土壤孔隙度为 0.38，土壤干密度为 $1.6g/cm^3$，土壤有机质含量为 1%，地下温度为 25℃。现采用原位过硫酸钠氧化法进行修复，确定氧化剂的需求量。

解：

a. 计算含水层 TCE 的量，包括吸附在土壤颗粒上的和地下水中的。

TCE 的 $\lg K_{ow}$ 为 2.38，因此 $K_{ow}=240$

$K_{oc}=0.63K_{ow}=151.1$，则：

$$K_d=f_{oc}K_{oc}=0.01\times 151.1=1.51(\mathrm{L/kg})$$

由 $S=K_dC$ 得：$S=1.51\times 360=543.6(\mathrm{mg/kg})$

则吸附于土壤颗粒中的 TCE 的量为：$1000\times 1.6\times 1000\times 543.6=869.8(\mathrm{kg})$

地下水中的 TCE 的量为：$1000\times 0.38\times 360=136.8(\mathrm{kg})$

则含水层中 TCE 的总量为：$869.8+136.8=1006.6(\mathrm{kg})$

b. 计算过硫酸钠的需求量

TCE 摩尔质量为 131.4g/mol，则含水层中 TCE 的物质的量为：$1006.6\times 1000/131.4=7660.6(\mathrm{mol})$

根据反应式：

$$2C_2HCl_3+3Na_2S_2O_8+8H_2O \longrightarrow 6SO_4^{2-}+4CO_2+6Cl^-+6Na^++18H^+$$

则含水层 TCE 消耗的过硫酸钠（摩尔质量为 238.2g/mol）的质量为：

$$\frac{7660.6\times 3}{2}\times 238.2=2737.1(\text{kg})$$

c. 计算 NOD 的氧化剂需求量。假如根据文献或实验测定单位质量土壤的 NOD 需求量为 8.5g/kg，地下水的 NOD 需求量为 2.0g/kg，则土壤 NOD 需求量为：$1000\times1.6\times1000\times8.5=13600(\text{kg})$

含水层地下水 NOD 需求量为：$1000\times0.38\times1000\times2=760(\text{kg})$

则含水层总 NOD 需求量为：$13600+760=14360(\text{kg})$

d. 计算总氧化剂需求量。污染含水层总过硫酸钠需求量为 TCE 需求量与含水层总 NOD 需求量之和：

$$2737.1+14360=17097.1(\text{kg})$$

13.3.5 技术适用性

原位化学氧化适用的范围广，可用于低、中、高污染程度的有机污染土壤与地下水修复。但有自由相重非水相液体的重污染区或轻污染大面积区域使用本技术的效果或经济性不佳。对残留相重非水相液体污染区域可以采用，但是需要多次注药和精细的施工设计。采用注入渗流加药方式时，地层渗透系数不宜小于 10^{-5}cm/s，非均质地层会影响氧化剂的分散效果；对低渗透地层或非均质地层，可采用压裂、原位搅拌等强化扩散措施。地下水中有机物和地球化学元素含量过高时（如碳酸氢盐浓度大于 550mg/L、氯离子浓度大于 700mg/L）会消耗大量氧化药剂，需要综合考虑修复的技术经济性。

13.4 原位化学还原

13.4.1 定义

原位化学还原（in situ chemical reduction，ISCR）与原位化学氧化类似，是将还原剂注入土壤与地下水中与目标污染物发生还原反应使污染物分解为危害性更小的物质的技术。ISCR 遵循化学氧化的设计框架，区别在于它依赖于还原性药剂来降解污染物。

原位化学还原概念起源于 20 世纪 90 年代，针对氯代烃可获得较好的修复效果。该技术是非生物还原过程的化学作用，但与其同时存在的污染物生物降解过程有时也包含在原位化学还原技术范畴内。

13.4.2 原理

原位化学还原是利用还原剂使卤代有机物进行脱卤还原成低危害状态，或使重金属进行价态转换变成难溶态从而降低其在土壤中的迁移能力及生物毒性的非生物化学过程。化学还原的机制是电子转移，依靠自由基进行降解的情况很少。

13.4.3 还原剂类型与反应

选择适当的化学还原剂时，需要考虑药剂对污染物的适用性、含水层的天然还原剂需求量和污染物的还原剂需求。化学氧化和化学还原的一个重要区别是药剂对污染物的适用性：化学氧化可以广泛降解污染物，而化学还原主要是针对能够还原降解或固定的氧化态污染物（重金属、对氧化还原电位敏感的氯乙烯和氯乙烷等）。

常用的还原剂为零价铁（Fe^0），其他药剂包括多硫化物（S_x^{2-}）、亚铁（Fe^{2+}）和连二亚硫酸盐（$S_2O_4^{2-}$）等。

13.4.3.1 连二亚硫酸盐

连二亚硫酸盐（$S_2O_4^{2-}$）是中等强度的还原剂，用于造纸过程中漂白纸浆。连二亚硫酸钠可以在含水层中产生强还原条件，促进金属还原或化合物还原脱氯。连二亚硫酸根离子（$S_2O_4^{2-}$）解离形成两个亚磺酰基自由基（$\cdot SO_2^-$），如图 13.9 所示。

图 13.9 连二亚硫酸根离子解离形成两个亚磺酰基自由基

亚磺酰基自由基（$\cdot SO_2^-$）与溶解氧快速反应，产生超氧自由基（$O_2^- \cdot$）和二氧化硫气体（SO_2），反应的动力学常数为 $2.4\times10^9 L/(mol \cdot s)$。

13.4.3.2 多硫化物

多硫化物（S_x^{2-}）应用于天然橡胶和其他聚合物的硫化、染料生产、光电化学太阳能电池的电解质。多硫化物（S_x^{2-}）是无害的，有多硫化钠（Na_2S_x）和多硫化钙（CaS_x），通常以固体形式存在，有强烈的硫化氢气味。

图 13.10 为离子强度＝0.3 时，不同硫化物（S^{2-}）和多硫化物（S_x^{2-}）在 50mmol/L 多硫化物前驱体（K_2S_5）过饱和溶液中的浓度随 pH 值的变化关系。在 pH＞7.5 时，S_4^{2-}、S_5^{2-} 和 S_6^{2-} 是多硫化物的主要形式。由于硫铁矿（FeS_2）等矿物中含有二硫化物（S_2^{2-}），HS_2^- 是 pH 值在 6.0～7.0 之间的主要多硫化物（Rickard，2006）。多硫化物（S_x^{2-}）可以形成超氧自由基（$O_2^- \cdot$）或者直接向污染物提供电子。

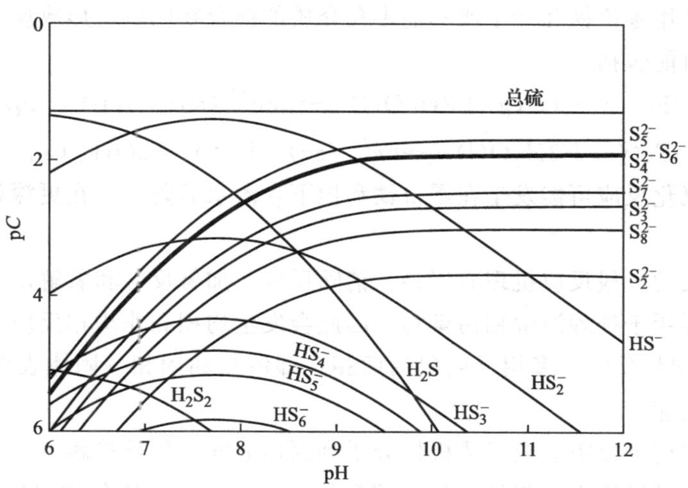

图 13.10 不同硫化物（S^{2-}）和多硫化物（S_x^{2-}）在 50mmol/L 多硫化物前驱体（K_2S_5）过饱和溶液中的浓度随 pH 值的变化关系（Kamyshny，2004）

13.4.3.3 零价铁

（1）零价铁的类型

零价铁（ZVI）包括酸洗后的高纯铁、带有氧化物涂层的铁材料、纳米零价铁、来自铸造厂废砂的炉渣产品以及来自钢铁行业的其他废品。

纳米零价铁（nZVI）指尺寸为10～200nm的零价铁，与普通零价铁相比，纳米零价铁具有更大的表面积和更高的反应活性等特点。目前主要有三种形式的nZVI可用于修复：nZVI颗粒、双金属纳米颗粒（BNPs，与其他金属的合金）和乳化零价铁（EZVI）。

nZVI颗粒容易发生团聚，nZVI颗粒通过黏附自身或土壤颗粒形成较大的颗粒。这减小了nZVI的表面积，从而降低了迁移率和反应性，限制了nZVI的处理范围。土壤颗粒的团聚堵塞了孔隙，限制了nZVI的原位分布。nZVI颗粒的团聚受nZVI颗粒浓度、颗粒的磁性和Zeta电位（ζ，或表面电荷）的影响。

BNPs本质上是金属催化剂（Pt、Au、Ag、Cu、Ni、Pd等）在nZVI表面上的涂层，ZVI被氧化以保护催化剂，通过与催化剂的直接电子转移或通过ZVI腐蚀产生的氢在双金属表面发生化学还原。BNPs增加了氧化还原反应速率，使得ZVI更具反应性。

理想的涂层（例如淀粉和羧甲基纤维素等多糖）是可生物降解的，并促进强还原条件，以最大限度地减少nZVI的氧化腐蚀，带有这种涂层的ZVI被称为EZVI。

研究表明，稳定的nZVI可以改善土壤和地下水的原位修复效果，药剂输运范围仍然是nZVI用于大规模原位修复的限制，特别是在土壤渗透率较低的情况下。

（2）反应机理

零价铁可用作化学原位反应区的固相还原剂。决定零价铁反应性的因素有很多，包括比表面积、杂质含量等。由于许多化学还原反应发生在Fe^0的表面，因此比表面积越大，处理潜力就越大。

长期暴露在氧气中会导致Fe^0被氧化为Fe^{2+}或Fe^{3+}，减少了有效处理负荷。提高Fe^0化学反应性的方法是用另一种金属（例如Pd、Pt、Ag、Ni、Cu）与之生成合金。

零价铁注入后引发一系列复杂的均相和非均相反应，为了达到有效还原，其与污染物的接触时间必须比其他原位化学反应更长。因此，零价铁通常被放置在垂直于地下水流的可渗透反应墙中，通常用零价铁和沙子或其他多孔介质的混合物回填，形成反应墙。

竞争性反应可能包括：

$$2Fe^0(s)+O_2(g)+2H_2O(l)\longrightarrow 2Fe^{2+}(aq)+4OH^-(aq)$$

$$Fe^0(s)+2H_2O(l)\longrightarrow Fe^{2+}(aq)+H_2(g)+2OH^-(aq)$$

方程所示的氧化反应可能发生在零价铁和地下水潜水面附近。在更深处可能会发生缺氧反应。

与零价铁有关的一般反应机理有三种：消除反应、加氢反应和氢解反应。此外，由于零价铁是固体，主要用于处理溶解相污染物，因此会发生均相和非均相反应。

① 均相及非均相反应。多相反应包括两相，即液相和固相。固体表面可以通过以下几种方式参与化学反应。

矿物表面的电荷可以吸引离子或极性分子到固体表面，优化接触。

矿物表面可以通过注入试剂如连二亚硫酸盐（$S_2O_4^{2-}$）或硫化铁（FeS）来活化，这是利用含水层土壤中的铁矿物形成原位反应区的基础。

含水层矿物还可以为氯代烯烃等污染物以及亚铁（Fe^{2+}）和砷等活性金属离子提供吸附位点。

铁介导的还原反应可能是多相过程。例如矿物针铁矿（α-FeOOH）吸附了水溶液中的亚铁（Fe^{2+}），亚铁（Fe^{2+}）吸附在羟基上，从而促进电子转移反应。

均相反应发生在液相中，由于 ZVI（Fe^0）是一种固体颗粒，与 ZVI（Fe^0）有关的反应很可能以亚铁（Fe^{2+}）的形式触发。

② β-消除反应。β-消除反应最简单的定义是消除氯化程度较高的 C 原子上的氯离子（Cl^-）。

氯乙烯的 β-消除反应如下所示：

$$C_2Cl_4 + Fe^0 \longrightarrow C_2Cl_2 + 2Cl^- + Fe^{2+}$$

$$C_2Cl_2 + Fe^0 + H^+ \longrightarrow C_2HCl + Cl^- + Fe^{2+}$$

$$C_2HCl + Fe^0 + H^+ \longrightarrow C_2H_2 + Cl^- + Fe^{2+}$$

$$C_2H_2 + Fe^0 + 2H^+ \longrightarrow C_2H_4 + Fe^{2+}$$

③ 氢解反应。氢解反应最简单的定义是氯碳键与碳氢键的交换。在这个连续的过程中，两个电子被添加到碳中。氯乙烯的氢解反应方程式如下：

$$C_2Cl_4 + Fe^0 + H^+ \longrightarrow C_2HCl_3 + Cl^- + Fe^{2+}$$

$$C_2HCl_3 + Fe^0 + H^+ \longrightarrow C_2H_2Cl_2 + Cl^- + Fe^{2+}$$

$$C_2H_2Cl_2 + Fe^0 + H^+ \longrightarrow C_2H_3Cl + Cl^- + Fe^{2+}$$

$$C_2H_3Cl + Fe^0 + H^+ \longrightarrow C_2H_4 + Cl^- + Fe^{2+}$$

在每个反应中，ZVI 被氧化成亚铁，并输出两个电子。氢解反应不是脱氯的主要机制，因为研究表明四氯乙烯和三氯乙烯预计有＞90％的降解遵循 β-消除反应。

④ 加氢反应。加氢，即将氢加到化合物中，例如乙炔（C_2H_2）可通过加氢进一步还原为乙烯（C_2H_4）。

(3) 动力学

由于 ZVI 通常被放置在可渗透反应墙中，在处理开始时，与进水污染相比，ZVI 的表面反应位点很多，因此符合一级反应动力学。反应速率常数受 ZVI 的有效表面积、铁的类型、地下水的无机成分、温度以及清除损失的影响。

(4) 实施方法

粒状 ZVI 是不可溶的，直接注入地下会导致注入井的渗透率大幅降低，铁的分布也会很差。将 ZVI 注入地下的最常见方法是使用基于压力的压裂工具，包括使用直接推入工具进行泥浆注入，使用液体载体进行水力压裂，或使用气砂组合进行气动压裂。除了注射式输送外，ZVI 还可以作为可渗透反应墙安装在沟槽中，或与膨润土灌浆一起用于原位土壤稳定/固化。

(5) 使用寿命

反应区 ZVI 的寿命取决于 ZVI 表面积浓度的下降速度。表面积浓度损失有两种主要途径。一是消耗，ZVI 与目标污染物之间的反应以及与非目标污染物的反应都会消耗 ZVI。在大多数含水层中，非目标反应（例如与氧气、硝酸盐和硫酸盐反应）主导 ZVI 的消耗。二是钝化，ZVI 表面可能会被矿物覆盖，从而阻止非均相反应或使 ZVI 钝化。可以钝化 ZVI 的地下水成分包括 Ca^{2+}、CO_3^{2-}、SO_4^{2-}。

13.4.4 地球化学影响因素

可能与还原剂发生反应的地球化学物质包括 Ca、Fe、Mg、Mn、Ba、Cl、F、SO_4^{2-}、NO_3^-、二氧化硅和碳酸盐（碱度），重要的氧化还原敏感元素包括 Fe、C、S 和 N。例如，溶液中的铁离子以 Fe(Ⅱ）或 Fe(Ⅲ）存在，有机碳中的腐殖质或富里酸可能在反应区中被还原为甲烷。如果条件充分还原，硫酸盐可被还原为二硫化物，硝酸盐可被还原为氮气或氨气。在计算还原剂需求量时，这些因素不能被忽视。

13.4.5 技术适用性

原位化学还原适用的场地水文地质条件基本与原位化学氧化一致。对污染物的适用性上，化学还原对四氯乙烯、三氯乙烯、二氯乙烯和氯乙烯等氯代烯烃的降解很有效；对四氯化碳、氯仿有效，对氯代乙烷、丙烷效果较差；对氯代芳香烃的降解效果较差，通常需要与其他技术联合使用；对高价态的重金属的还原效果一般较佳。

13.5 原位微生物修复

13.5.1 定义

原位微生物修复是指利用微生物对污染物进行降解或转化以消除污染或降低污染程度的技术，修复过程发生在污染的原位。该过程不改变土壤、地下水的空间位置，依靠添加或利用具有降解污染物功能的微生物、营养元素及改良剂，配合通气、升温、保湿等措施，提高土著或外源微生物的处理效率。

13.5.2 原理

原位微生物修复主要依靠人工干预原位环境以提高微生物对污染物的适应水平和降解能力，达到去除或降低污染的效果。微生物通过厌氧和好氧降解机制，利用多种酶将污染物分解成简单无害的物质。对于可以好氧生物降解的污染物，通过设置通风管路或输氧通道，提高地下环境的氧气水平，使原本不活跃的好氧降解菌活性升高，强化污染物的降解或转化；对于厌氧菌，通过添加硝酸盐、硫酸盐、铁（Ⅲ）等化合物作为电子受体，强化厌氧降解或转化过程；对于原位土壤中微生物比较贫乏时，可以向地下引入微生物菌剂并维持一定环境条件，增强微生物降解作用。微生物修复技术详见第 15 章。

13.6 原位生物地球化学转化

13.6.1 定义

原位生物地球化学转化（in situ biogeochemical transformation，ISBGT）是通过自然或工程化措施，在微生物作用下在地下形成高反应活性矿物质降解氯代烃等污染物的技术。

该技术在 2000 年后期首先在北美的环境修复领域被认知并开始工程应用，经过十几年的发展已趋于成熟，但国内的相关研究相对较少。

13.6.2　原理

ISBGT 技术用于氯代烃污染地下水的原位修复，其关键机理是在微生物的作用下原位生成强还原的铁矿物，其中以高反应活性的无定型的四方硫铁矿（FeS）为典型代表，以非生物的脱卤路径为主实现对氯代烃的高效降解去除。

反应机制的第一步是硫酸盐还原环境下硫化氢的生物生成，一般需要数天时间；第二步是硫化氢通过两种路径与含水层介质反应生成 FeS，一是生物可利用的三价铁［Fe(Ⅲ)］经铁还原菌还原生成的水相中的二价铁［Fe(Ⅱ)］可与硫化氢反应快速生成 FeS，二是针铁矿（α-FeOOH）可被硫化氢还原溶解生成 FeS，第二步反应可瞬时完成；第三步是形成的高反应活性 FeS 以非生物路径降解氯代烃，一般需要数十天时间。反应式如下：

第一步：

$$SO_4^{2-}+9H^++8e^-\longrightarrow HS^-+4H_2O$$

$$SO_4^{2-}+2CH_2O\longrightarrow H_2S+2HCO_3^-$$

第二步：

$$HS^-+Fe^{2+}\longrightarrow FeS+H^+$$

$$2FeOOH+3HS^-\longrightarrow 2FeS+S+H_2O+3OH^-$$

第三步：

$$3C_2Cl_4+2FeS+3H_2O\longrightarrow 3C_2H_2+2Fe^{3+}+12Cl^-+2SO_4^{2-}+10H^+$$

原位生物地球化学转化降解氯代烃以非生物的路径为主，图 13.11 为不同矿物对氯代烯烃的主要和次要降解路径。β-消除反应（从两个相邻碳原子上分别消除一个氯离子，多生成

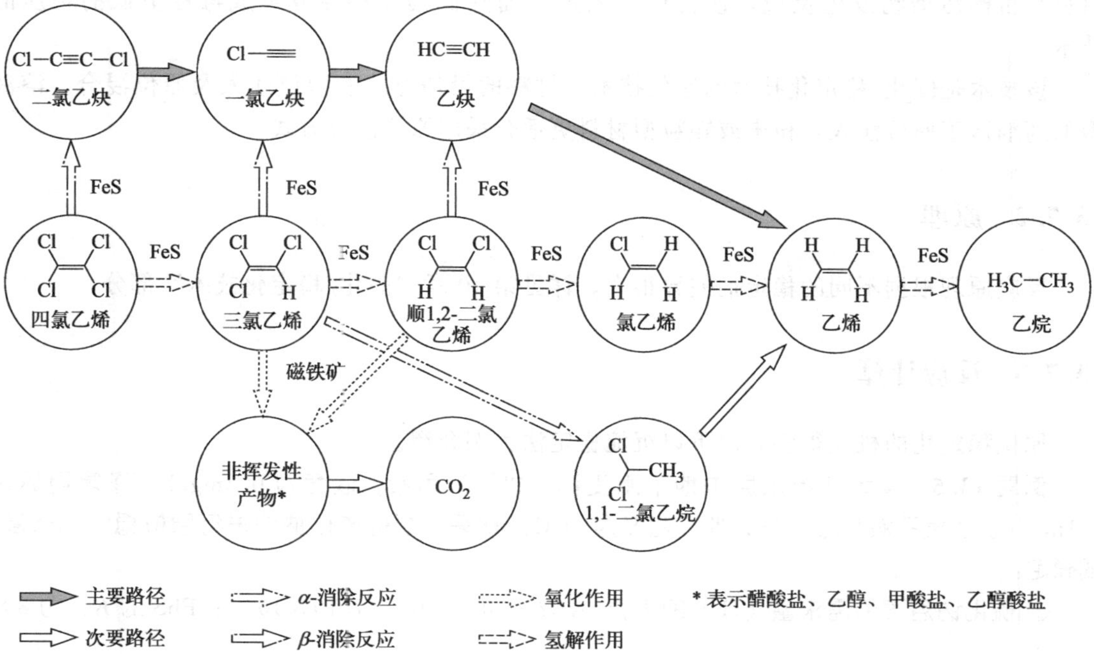

图 13.11　不同矿物对氯代烯烃的主要和次要降解路径（Ramona，2015）

一个碳键的反应）为主要脱氯路径，PCE、TCE、*cis*-DCE 分别生成二氯乙炔、一氯乙炔、乙炔。乙炔很快被微生物利用，因此在场地上往往难以被监测到。非生物脱氯路径将氯代烯烃直接完全脱氯至乙烯，与微生物脱氯路径（氢解作用）相比显著减少了非完全脱氯中间产物的生成和积累，从而更加高效和环境友好。

13.6.3 技术适用性

原位生物地球化学转化技术对相对高含卤的卤代烯烃（如四氯乙烯和三氯乙烯）、烷烃（如四氯化碳、六氯乙烷、三氯乙烷、1,2-二氯乙烷）、芳香烃（如三氯苯、邻/间/对二氯苯等）有效，不适用于低氯代烃（如二氯乙烯和一氯乙烯）的修复。

该技术适用于富含 Fe(Ⅲ) 及硫酸盐的含水层，或者硫酸盐浓度低（硫酸盐可外源添加）但 Fe(Ⅲ) 含量充足的地层。修复区域地下水中的硫酸盐浓度宜大于 500mg/L，含水层介质中的生物可利用 Fe(Ⅲ) 宜大于 1%，地下水中的溶解有机碳浓度宜大于 200mg/L。

高反应活性的无定型 FeS 在介质中的存量浓度宜大于 100mg/kg，达到 g/kg 量级更佳；氧化还原电位宜处于－100～－250mV 范围内；水力停留时间为 15～30 天；pH 值 8～9 为宜，不宜小于 7。

13.7 原位稳定化

13.7.1 定义

原位稳定化（in situ stabilization，ISS）是向地下环境中注入稳定化材料/稳定剂，使材料与目标污染物发生反应，使污染物固定从而降低其迁移性或生成毒性更低的物质的技术。

该技术是固化/稳定化技术的原位技术。材料的投加方式有原位注入及原位混合。溶液型的药剂适于原位注入，粉末或颗粒型材料更适合采用原位混合方式。

13.7.2 原理

反应原理根据不同的稳定剂差异很大，详见第 10 章“固化/稳定化技术”部分。

13.7.3 反应计算

原位稳定化的机理很多，以下以沉淀稳定法为例介绍。

例题 13.5 某场地含水层中地下水受铅（Pb^{2+}）污染，浓度为 0.8mg/L，修复目标为 0.1mg/L。土壤孔隙度为 0.35，地下温度为 25℃。现采用原位硫化钠法进行原位稳定化修复，试确定：

① 硫化钠溶液的需求量（H_2S 的 $K_1=1.32\times10^{-7}$，$K_2=7.10\times10^{-15}$；PbS 的 K_{sp} 为 8×10^{-28}）；

② 反应后地下水 pH 值；

③ 已知硫化铅的密度为 $7.5g/cm^3$，反应之后含水层孔隙度变化如何。

解：

硫化钠溶于水后会水解，生成 HS^-、S^{2-} 和 OH^-，其中 S^{2-} 与 Pb^{2+} 形成沉淀 PbS，OH^- 与 Pb^{2+} 形成沉淀 $Pb(OH)_2$，但由于 PbS 的 K_{sp} 为 8×10^{-28}，远小于 $Pb(OH)_2$ 的 K_{sp}（1.2×10^{-15}），反应生成的主要是 PbS 沉淀。

① 计算 Pb^{2+} 达到修复目标时，需要消耗 S^{2-} 的量，以 $1m^3$ 含水层为计算单元。

根据化学计量方程：

$$S^{2-}+Pb^{2+}\rightleftharpoons PbS(s)$$

硫离子的反应量与铅离子的反应量相等，因此，需要消耗的硫离子的量：

$n(S^{2-})=n(Pb^{2+})=m(Pb^{2+})/M(Pb^{2+})=(0.8-0.1)\times1\times0.35/207=1.18\times10^{-3}(mol)$

反应平衡时，有：$K_{sp}=c(S^{2-})c(Pb^{2+})$

则水中：$c(S^{2-})=K_{sp}/c(Pb^{2+})=8\times10^{-28}/(0.1/1000/207)=1.66\times10^{-21}(mol/L)$

Na_2S 在水中分两步水解，第一步水解是主要的，可忽略第二步水解，公式如下：

$$S^{2-}+H_2O\rightleftharpoons HS^-+OH^-$$

水解常数 K_1 的计算公式为：

$$K_1=\frac{c(SH^-)\times c(OH^-)}{c(S^{2-})}-$$

$c(SH^-)=c(OH^-)$，$c(SH^-)$ 的浓度可计算为：

$$c(SH^-)=\sqrt{K_1\times c(S^{2-})}=\sqrt{1.32\times10^{-7}\times1.66\times10^{-21}}=1.48\times10^{-14}(mol/L)$$

根据硫元素守恒，则需要注入的 Na_2S 的物质的量为：

$$\begin{aligned}n(S)&=n(PbS)+n(HS^-)+n(S^{2-})\\&=1.1836\times10^{-3}+(1.4785\times10^{-14}+1.656\times10^{-21})\times1\times0.35\times10^3\\&=1.18\times10^{-3}(mol)\end{aligned}$$

理论上需要注入的 Na_2S 质量为：

$$m(Na_2S)=n(Na_2S)\times M(Na_2S)=n(S)\times M(Na_2S)=1.18\times10^{-3}\times78=92.04(mg)$$

② Na_2S 药剂注入后，地下含水层中 $c(SH^-)$ 与 $c(OH^-)$ 相等，含水层 pH 为：

$$pH=14+lg\sqrt{\frac{1.32\times10^{-7}\times1.18\times10^{-3}}{0.35\times1\times10^{-3}}}=10.82$$

③ 生成的硫化铅沉淀的物质的量与硫离子的反应量相等。因此，硫化铅沉淀的质量为：

$$m(PbS)=n(PbS)\times M(PbS)=n(S^{2-})\times M(PbS)=1.18\times10^{-3}\times239=0.28(g)$$

生成的硫化铅沉淀所占据的孔隙体积为：

$$V(PbS)=m(PbS)/\rho(PbS)=0.2829\div7.5=0.038(cm^3)$$

土壤的总孔隙体积 $V=1m^3\times0.35=0.35m^3=3.5\times10^5cm^3\gg0.038cm^3$

因此，反应之后含水层的孔隙度会减小，但在污染浓度较低时，产生的沉淀占据的体积很小。

13.7.4 技术适用性

原位稳定化适用于活性态重金属含量低、可以进行风险管控的场地，采用注入加药方式时，地层的渗透性不宜小于 $10^{-5}cm/s$，地层的非均质性尽量要小。对低渗透地层或非均质地层，可采用压裂、原位搅拌等强化扩散措施。

13.8 原位淋洗

13.8.1 定义与发展

原位淋洗（in situ soil flushing）是将淋洗剂通过注入井、渗流池等方式注入或渗入受污染的地下区域，淋洗液在重力或水头压力及其他方式的作用下渗流通过污染区域，污染物通过溶解、增流或与淋洗液发生化学反应而从土壤中脱离下来，随后将地下水和淋洗液的混合液体抽至地上，通过地上的处置装置处理达标排放或再利用。与前面几种单纯注入技术不同的是，原位淋洗还需要增加抽出工艺。淋洗可用于非饱和带或饱和带或二者兼有的区域。淋洗液通常有表面活性剂、助溶剂、酸、碱、氧化剂、螯合剂和水等。

原位淋洗技术最初是从石油工业中开发而来的。20 世纪 20 年代，化学淋洗已被应用于从石油储层多孔介质中提高石油的回收率（Beckstrom，1927）。最初主要是为了提高石油等碳氢化合物的回收效果，而后逐渐被用于污染含水层的修复。

13.8.2 原理

原位淋洗与异位洗脱的机理最大的不同在于土壤粒径分级是异位洗脱的核心，而原位淋洗无法进行粒径分级，药剂作用原理基本类似（可参考第 11 章）。本节仅对原位 NAPL 相存在时的作用机理作介绍。

（1）表面活性剂去除残余 NAPL 的机理

表面活性剂是一类能改变溶液界面特性的化合物，它通过增溶和增流两种方式达到清除 NAPL 的目的。通常以水溶液的形式将增溶型表面活性剂注入地下，使其流经 NAPL 区域进行冲洗。在与 NAPL 接触后，表面活性剂单体包括在水溶液中形成的胶束通常会发生卷缩，其疏水尾基指向胶束的内部，使有机分子驻留在胶束内部，形成亲水尾基朝向外部的结构，增加了污染物的总水溶性，加速 NAPL 的溶解。

增流型表面活性剂能降低 NAPL 与水的界面张力，使 NAPL 发生物理增流。需要注意在特定的地层条件下，垂直增流作用可能会导致污染程度进一步加重。

（2）助溶剂对残留 NAPL 的去除机制

与表面活性剂类似，助溶剂醇类可以改变溶液的界面特性。醇类，如乙醇、甲醇和异丙醇，既能增加水体污染物的溶解度，又能降低 NAPL 与水的界面张力。与表面活性剂不同，添加醇类不会在溶液中形成胶束，因此醇类通常被称为助溶剂。由于一些醇类有明显分配到 NAPL 相中的趋势，可以通过选择注入适当的醇类达到原位调控 NAPL 密度的目的。醇类通常与表面活性剂相结合使用以改善淋洗性能。

（3）淋洗过程 NAPL 迁移机制

在表面活性剂或助溶剂冲洗过程中，存在两种类型的 NAPL 迁移机制（Ouyan，2002）。吸附在多孔介质中的 NAPL 液滴由于黏度的增加和界面张力的降低，可以被注入的流体带走，浮力效应显著或不显著的系统均可用总捕获数来描述表面活性剂使污染物发生迁移的能力（AATDF，1997）。

总捕获数计算方法考虑作用在单个 NAPL“球体”上的力，如图 13.12 所示。

孔隙的方向为 l，与水平轴成任意角度 α。压力和重力使小球运动起来，毛细管力则使小球保持平衡。与该体系相关的剪切力是水相和NAPL相之间的黏度对比的函数，在这里可以忽略不计。由力的平衡推导出两个无量纲的量：

① 毛细管数（N_{Ca}）：它由孔隙方向上的水流动组分定义，N_{Ca}与毛细管力的黏性有关。

② 键数（N_B）：即浮力与毛细管力之比。总捕获数（N_T）由毛细管数（N_{Ca}）和键数（N_B）计算，如下式所示：

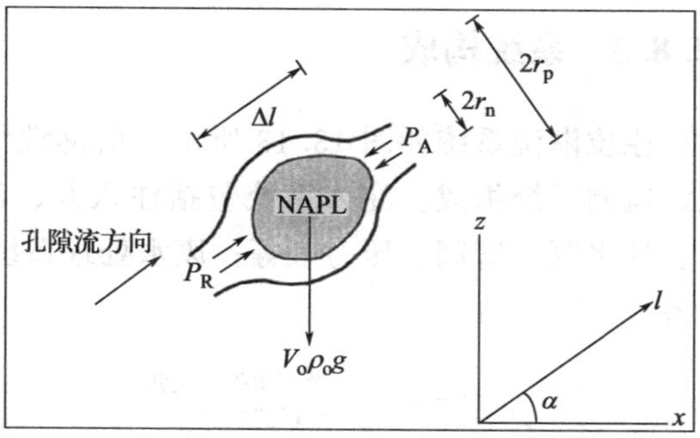

图13.12 孔隙圈闭模型示意图（Ouyan，2002）

$$N_{Ca}=\frac{q_w\mu_w}{\sigma_{ow}}$$

$$N_B=\frac{\Delta\rho gkk_{rw}}{\sigma_{ow}}$$

$$N_T=\sqrt{N_{Ca}+2N_{Ca}N_B\sin\alpha+N_B^2} \tag{13.10}$$

式中 q_w——达西速率，cm/s；

μ_w——单位体积平均流体黏度，dyn·s/cm^2（1dyn=10^{-5}N）；

σ_{ow}——NAPL与流体之间的界面张力，dyn/cm；

$\Delta\rho$——流体和污染物之间的密度差，g/cm^3；

g——重力加速度，980.6，cm/s^2；

k——内渗透率，cm^2；

k_{rw}——相对渗透率，无量纲，设为1；

α——气流与水平方向的夹角（逆时针方向）。

若垂直向上流动，sinα=1，将N_T与N_{Ca}、N_B的关系简化为：

$$N_T=|N_{Ca}+N_B|$$

若水平流动，sinα=0，将N_T与N_{Ca}、N_B的关系简化为：

$$N_T=\sqrt{N_{Ca}^2+N_B^2} \tag{13.11}$$

前人在研究四氯乙烯（PCE）临界迁移总捕获值时发现在含有一定量黏土的土壤中，观察到污染物开始迁移时的临界N_T值要低得多，启动PCE所需的N_T临界值在2×10^{-5}～5×10^{-5}范围内，当N_T接近1×10^{-3}时，PCE发生完全位移（AATDF，1997）。

试验结果表明，N_T值都应小于1×10^{-5}，以减小DNAPL运移的潜力，评估表面活性剂冲刷过程中DNAPL活化程度时，除了考虑黏性力外，还需要考虑重力。需要在实验室和现场尺度上进一步细化和验证总捕获数临界范围，防止由于助溶剂或表面活性剂诱导界面张力下降，DNAPL进入细质地层的压力下降，发生纵向迁移穿透下部细质地层，带来更大的风险。

表面活性剂由于在油-水界面上的定向排列而具有降低界面张力的作用，所以应使其亲水与亲油能力达到适当的平衡状态。如果亲水或亲油能力过大，表面活性剂就会完全溶于水相或油相中，很少存在于界面上，从而难以达到降低界面张力的作用。

13.8.3 系统构成

原位淋洗系统如图 13.13 所示，由淋洗液注入系统、淋洗液抽出系统、淋洗液处理系统、监测系统组成。注入系统包括注入井、注入泵、管阀、压力表等；抽出系统包括抽水井、抽水泵、管阀、压力表等；废水处理系统可参见第 19 章；监测系统包括监测井和监测设备。

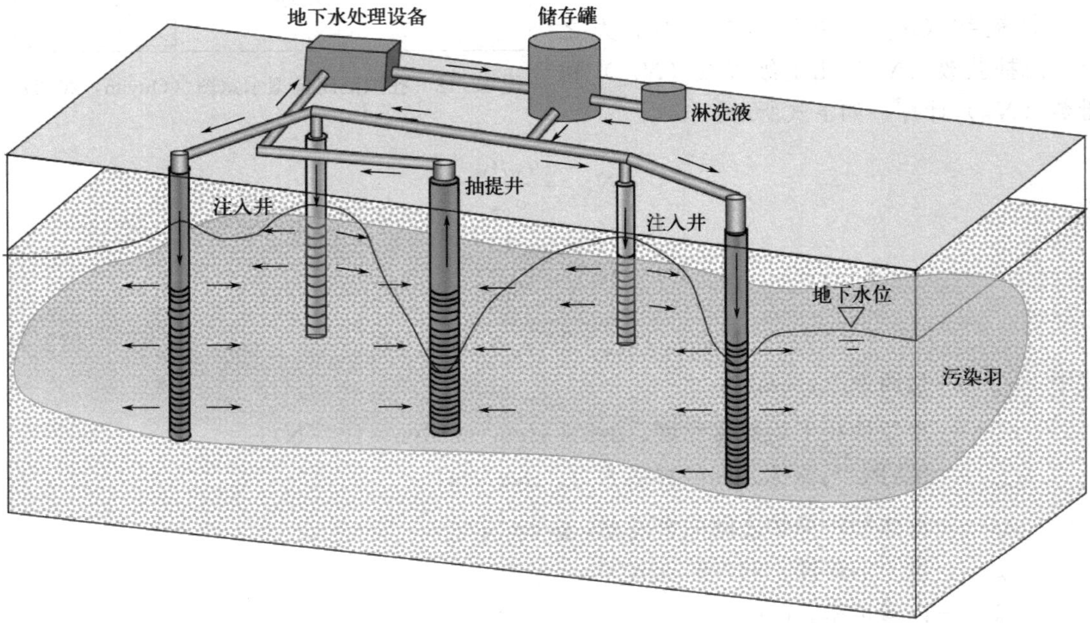

图 13.13　原位淋洗系统构成

13.8.4 工艺计算

原位淋洗过程中，土壤是饱和的，对于一定体积 V 的土壤，根据质量平衡方程，污染土壤在第一次淋洗后，土壤孔隙中原有的含污染物的水被置换走，一部分污染物从土壤中脱离进入洗脱液中。被置换走的水量仅仅是重力水（即下式右侧的 $C_iV\mu$），土壤结合水无运动意义，参与污染物传递，但是不参与水量置换，反应达到平衡后，淋洗前后土壤中的污染物浓度与洗脱液中的污染物浓度的关系（如图 13.14 所示）为：

$$S_i\rho_d V + C_i Vn = S_f\rho_d V + C_f Vn + C_i V\mu \tag{13.12}$$

式中　S_i——洗脱前土壤颗粒中的污染物浓度，mg/kg；

S_f——洗脱后土壤颗粒中的污染物浓度，mg/kg；

ρ_d——土壤干体密度；

V——原位土壤体积；

n——土壤孔隙度；

μ——土壤给水度；

C_i——洗脱前土壤水分中污染物浓度，mg/L；

C_f——洗脱后洗脱液中污染物浓度，mg/L。

在淋洗达到平衡状态时，土壤中的污染物浓度与洗脱液中的污染物浓度可由分配方程联系起来：

$$S_i = K_d C_i \text{ 及 } S_f = K_d C_f$$

将上式代入式（13.12），有：

$$\frac{S_f}{S_i} = 1 - \frac{\mu}{\rho K_d + n} \tag{13.13}$$

连续淋洗 n 次，相当于一系列反应器的串联，则最后土壤中污染物的浓度关系式为：

$$\frac{S_f}{S_i} = \left(1 - \frac{\mu}{\rho K_d + n}\right) \times \left(1 - \frac{\mu}{\rho K_d + n}\right) \times \left(1 - \frac{\mu}{\rho K_d + n}\right) \times \cdots = \left(1 - \frac{\mu}{\rho K_d + n}\right)^n \tag{13.14}$$

如果使用增溶剂作为淋洗液，则分配系数 K_d 需要做相应变化，可通过实验测定。

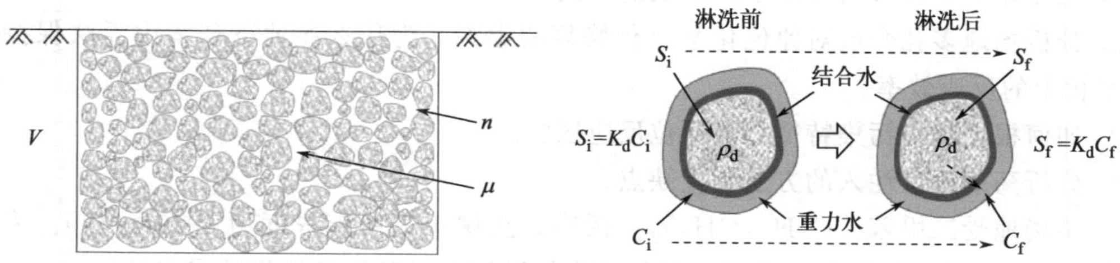

图 13.14 淋洗前后土壤颗粒及孔隙中污染物浓度变化示意图

例题 13.6 某地块受三氯乙烯污染，土壤中浓度为 56g/kg，修复目标为 0.7g/kg。土壤密度为 1.86g/cm^3，土壤中有机碳含量为 0.5%，孔隙度为 35%，给水度为 23%。现通过土壤淋洗进行修复，试确定：

① 如果淋洗液为水，淋洗循环次数；

② 如果淋洗液为增溶剂，淋洗循环次数。

解：

① 查表得三氯乙烯的 $\lg K_{ow}$ 为 2.38，得 $K_{ow} = 239.9$。

由 $K_{oc} = 0.63 \times 239.9 = 151.1$(L/kg)，可得三氯乙烯吸附系数：

$$K_d = f_{oc} K_{oc} = 0.005 \times 151.1 = 0.76\text{(L/kg)}$$

则由式（13.14）得：

$$\frac{S_f}{S_i} = \left(1 - \frac{\mu}{\rho K_d + \phi}\right)^n = \left(1 - \frac{0.23}{1.86 \times 0.76 + 0.35}\right)^n = \frac{0.7}{56}$$

得 $n = 31.4$

需要淋洗循环 32 次，这是理想计算值，实际中需要次数更多。

② 采用增溶剂时，分配系数 K_d 发生了变化，可通过实验确定该参数，假如测得 K_d 为 0.15L/kg，则由式（13.14）得：

$$\frac{S_f}{S_i} = \left(1 - \frac{\mu}{\rho K_d + \phi}\right)^n = \left(1 - \frac{0.23}{1.86 \times 0.15 + 0.35}\right)^n = \frac{0.7}{56}$$

得 $n = 9.6$

与用清水相比，只需要淋洗循环 10 次即可达到修复目标，可见增溶剂可以明显提高修复效率。

13.8.5 技术适用性

原位淋洗技术对地层的要求首先应具有良好的渗透性，不宜用于地层渗透系数小于10^{-5}cm/s的场地，地层非均质性很大时容易造成淋洗水流的不均衡，影响淋洗效果。

对于有机物污染土壤，土壤有机质含量高或存在非水相液体时，需要使用表面活性剂等进行强化淋洗。对重金属污染土壤，稳定态重金属占比高时，淋洗效果不佳。

习题与思考题

1. 论述原位反应带与可渗透反应墙的异同。

2. 分析场地多孔介质对原位化学氧化修复的影响，为什么在地下环境中无法保持在单纯的水相中的反应效率。

3. 如何根据场地污染特征布设原位反应区？

4. 分析药剂原位注入的方法和优缺点。

5. 某场地受二甲苯［$C_6H_4(CH_3)_2$］污染，土壤中二甲苯浓度为5000mg/kg。采用原位氧化法修复，计算需要添加至污染区域的高锰酸钾和过硫酸钠的化学需求量。

6. 某地区土壤中的砂质层受到了石油烃类污染，砂质层的可流动性孔隙度为0.15。采用原位化学氧化剂修复该场地。已知注入井的筛管深度为4m，注入的化学氧化剂溶液总体积为20m^3。估算在注入完成后，化学氧化剂的大致影响半径。

7. 原位加压注入点位于粉质黏土层内（粉质黏土密度约为2.1g/cm^3），注入井筛管顶部距离地面4.5m，筛管顶部距离地下水位1.0m，已知地下水位埋深1.6m，试确定在注入井井口压力计上观测到的压力。

8. 某氯仿污染地块氯仿浓度为13mg/kg，根据评价标准需控制该地块土壤氯仿浓度不高于0.45mg/kg，该地块土壤中有机碳的比例约为4%，分配系数约为0.39，含水层孔隙度约为0.3，给水度为0.3，土壤密度为1.86g/cm^3。通过土壤淋洗进行修复，冲洗区长度为150m，该区域地下水流速约为2cm/d，试确定冲洗区的停留时间以及循环淋洗次数。

9. 在场地潜水含水层中，地下水埋深为2m，采用注入井原位加压注入药剂，注入井筛管顶部埋深6m。包气带和饱和带中土壤密度分别为1.65g/cm^3和1.8g/cm^3，试确定最大允许注入压力。

10. 以使用羟基自由基（·OH）进行原位化学修复的场地为例，场地的pH值为7.4，碳酸盐浓度为260mg/L（以$CaCO_3$计）。目标污染物是四氯乙烯（PCE），评估碳酸盐（CO_3^{2-}）的竞争作用。

11. ISCO的效果取决于地下传输过程中所控制的氧化剂到污染物的传递，主要包括哪些因素的影响？

12. 在不同的反应条件下，过氧化氢原位化学氧化将由不同的自由基主导反应过程，这一过程还受到什么参数的影响？

13. 某地区地下水层受铬［Cr(Ⅵ)］污染，浓度为5.0mg/L，修复目标为将浓度降低至0.1mg/L以下。该地区土壤的有效孔隙率为0.32，地下水温度为22℃。计划实施的修复方案是原位稳定化，首先使用亚硫酸钠（Na_2SO_3）将六价铬还原为三价铬［Cr(Ⅲ)］，随后通过调节 pH 值使三价铬形成不溶性的氢氧化铬［$Cr(OH)_3$］沉淀。试计算亚硫酸钠的理论投加量。

参考文献

AATDF，et al，1997. Technology practices manual for surfactants and cosolvents[M]. Washington：Dept of Defense.

AHMAD M，et al，2010. Persulfate activation by subsurface minerals[J]. Journal of Contaminant Hydrology，115（1-4）：34-45.

SMITH B A，et al，2006. Mechanism for the destruction of carbon tetrachloride and chloroform DNAPLs by modified Fenton's reagent[J]. Journal of Contaminant Hydrology，85（3/4）：229-246.

BECKSTROM R C，et al，1927. The effect of flooding oil sands with alkaline solutions[J]. AAPG Bulletin，11（3）：223-235.

BLOCK P A，et al，2004. Novel activation technologies for sodium persulfate in situ chemical oxidation：in proceedings of fourth international conference on remediation of chlorinated and recalcitrant compounds[C]. Battelle Memorial Institute.

BUXTON G V，et al，1988. Critical review of rate constants for reactions of hydrated electrons，hydrogen atoms and hydroxyl radicals（·OH/O·）in aqueous solution[J]. Journal of Physical and Chemical Reference Data，17：513-886.

CRIMI M L，et al，2005. Factors affecting effectiveness and efficiency of DNAPL destruction using potassium permanganate and catalyzed hydrogen peroxide[J]. Journal of Environmental Engineering，131（12）：1724-1732.

HEIDERSCHEIDT J L，2005. DNAPL source zone depletion during in situ chemical oxidation（ISCO）：experimental and modeling studies[J]. Review of African Political Economy，19（111）：709-720.

HIROSHI T，et al，1985. Kinetics and mechanism of ozone decomposition in basic aqueous solution[J]. Inorganic Chemistry，24（19）：2962-2966.

HUANG K C，et al，2002. Kinetics of heat-assisted persulfate oxidation of methyl tert-butyl ether（MTBE）[J]. Journal of Soil Contamination，11（3）：447-448.

HULING S，et al，2006. In-situ chemical oxidation[R]. U. S. Environmental Protection Agency，Engineering issue paper.

HOIGNE J，et al，1983a. Rate constants of reactions of ozone with organic and inorganic compounds in water—Ⅰ：Dissociating organic compounds[J]. Water Research，17：173-183.

HOIGNE J，et al，1983b. Rate constants of reactions of ozone with organic and inorganic compounds in water—Ⅱ：Dissociating organic compounds[J]. Water Research，17：185-194.

KAMYSHNY A，et al，2004. Equilibrium distribution of polysulfide ions in aqueous solutions at 25℃：a new approach for the study of polysulfides' equilibria[J]. Environmental Science & Technology，38（24）：6633-6644.

KIM K，et al，2005. Reaction of nonaqueous phase TCE with permanganate[J]. Environmental Science & Technology，39（23）：9303-9308.

KLAUS P S，et al，2020. Impact of an in-situ Cr(Ⅵ)-contaminated site remediation on the groundwater[J]. Environmental Science and Pollution Research，27：14465-14475.

LIU X D，et al，2020. In-situ remediation of Cr(Ⅵ)-contaminated groundwater by polysulfide in a simulated soil column[J]. Chinese Journal of Environmental Engineering，14（9）：2560-2567.

OUYAN Y，et al，2002. Simulated formation and flow of microemulsions during surfactant flushing of contaminated soil[J]. Water Research，36（1）：33-40.

Ramona D，et al，2015. Technical report TR-NAVFAC EXWC-EV-1601[R]. Naval Facilities Engineering Command. Columbus，OH：Battelle.

RICKARD D，2006. Metal sulfide complexes and clusters[J]. Reviews in Mineralogy & Geochemistry，61（1）：421-504.

ROSS A B，et al，1998. NDRL-NIST solution kinetics database：Version 3[M]. South Bend：Notre Dame Radiation Laboratory.

SIEGRIST R L，et al，1999. In situ oxidation by fracture emplaced reactive solids[J]. Journal of Environmental Engineering，125（5）：429-440.

STAEHELIN J, et al, 1982. Decomposition of ozone in water: rate of initiation by hydroxide ions and hydrogen peroxide [J]. Environmental Science & Technology, 16 (10): 621-653.

SUTHERSAN S, et al, 2005. In Situ Remediation Engineering[M]. CRC: Press.

SUTHERSAN S S, et al, 2017. Remediation engineering-design concepts[M]. Second edition. Florida: Boca Raton.

TEEL A L, et al, 2011. Persulfate activation by naturally occurring trace minerals[J]. Journal of Hazardous Materials, 196: 153.

TSITONAKI A, et al, 2010. In situ chemical oxidation of contaminated soil and groundwater using persulfate[J]. Critical Reviews in Environmental Science & Technology, 40 (1): 55-91.

URYNOWICZ M A, et al, 2005. Interphase mass transfer during chemical oxidation of TCE DNAPL in an aqueous system [J]. Journal of Contaminant Hydrology, 80 (3-4): 93-106.

WATTS R J, 2011. Enhanced reactant-contaminant contact through the use of persulfate in situ chemical oxidation (ISCO) [R]. Washington State University.

WATTS R J, et al, 2005. Destruction of a carbon tetrachloride dense nonaqueous phase liquid by modified Fenton reagent [J]. Journal of Environmental Engineering, 131 (7): 1114-1119.

Yan Y E, et al, 2000. Kinetics and mechanisms for TCE oxidation by permanganate[J]. Environmental Science and Technology, 34 (12): 2535-2541.

第14章

热处理技术

14.1 概述

当场地（如农药类场地）土壤中污染物类型多、浓度高时，常规的化学氧化、气相抽提、生物处理等技术往往很难达到理想的修复效果。热处理技术通常会成为一个比较可靠的选择。

热处理技术可分为原位和异位热处理技术。原位热处理技术起源于石油开采行业，自20世纪70年代开始应用于污染场地的修复。在早期的石油开采行业中，通过向一定深度的厚沥青砂矿层注入热蒸汽，使蒸汽在矿砂层中均匀分配，促使石油气挥发后抽出。早期的原位热处理技术就是借鉴了该原理，利用热蒸汽使有机污染土壤中的污染物挥发脱离土壤，并随蒸汽一并收集至地面上的处理设备进行处理。

异位热处理技术起源于20世纪30年代，由固体废物的高温焚烧、热裂解等技术演变而来。由于污染土壤与固体废物在性状、理化性质方面有诸多相似之处，固体废物的处理技术也被逐步应用于污染土壤的处置中，异位热处理由此发展而来，并于20世纪80年代起逐渐成熟。

由于热处理技术对复杂重污染场地修复得比较彻底，很快在我国得到了推广应用，目前已成为我国有机污染场地修复的主流技术之一。

本章对热处理技术的类型与定义、加热与热量输入机制、热量传输与存储机制、污染物去除与转化机制以及原位和异位热脱附技术等进行介绍。

14.2 基本概念

热处理是指利用热能使土壤中的污染物发生解吸或裂解，在该过程中既可能发生污染物脱附解吸的物理作用，也可能发生污染物氧化或裂解的化学反应。热处理在技术本质上是物理作用和化学作用的结合，但由于其技术特征明显，是利用热能作用引发各种反应，习惯上将其单独列为一类修复技术。

14.3 技术类型与定义

根据固体废物热处理的工艺方法，主要包括热脱附、焚烧、热解、阴燃、等离子体、熔池熔炼、露天燃烧/爆燃等工艺。但是针对污染土壤的修复最常用的是热脱附和焚烧（水泥窑协同处置）。

14.3.1 热脱附

热脱附是指通过控制加热系统的温度和加热时间促使污染物从土壤中挥发脱附，从而进入气体处理系统的过程。热脱附包括异位热脱附和原位热脱附。

异位热脱附是指将污染土壤从地块中挖掘出来，转移至其他场所或位置，采用直接或间接加热的方式将土壤加热，使得污染物从土壤中挥发脱附去除。异位热脱附按照与热源的接触方式不同可分为直接热脱附和间接热脱附。直接热脱附指经预处理后的污染土壤进入热脱附系统后，与燃烧器产生的火焰直接接触，被加热至目标污染物的气化温度以上。间接热脱附指经预处理后的污染土壤进入热脱附系统后，燃烧器产生的火焰均匀加热燃烧室外部，热量通过热传导和热对流作用加热污染土壤，使污染物从土壤转移到气相中。热脱附系统的温度范围在150～600℃之间，需根据污染物性质及土壤性质等决定。

原位热脱附是指通过加热地下污染区域，提高土壤及地下水温度以改变污染物的蒸气压、溶解度等性质，使污染物与土壤颗粒分离并去除。原位热脱附可分为热传导加热、电阻加热和蒸汽强化抽提（蒸汽加热）以及阴燃、微波/射频加热等，表14.1为常见的不同原位热脱附技术的特点。

表 14.1 不同原位热脱附技术特点

特点	热传导加热(TCH)	蒸汽强化抽提(SEE)	电阻加热(ERH)
加热方式	热传导	蒸汽注入，对流	电阻
影响加热效果的因素	热导率，地下水流	渗透性，注射速率，压强	土壤电阻率，地下水流
可加热最高温度	325～400℃(脱水后)	170℃	170℃
对含水率及水流敏感度	干湿环境都可施工，高水流可导致加热困难	不敏感	干燥条件无法施工，高水流可导致加热困难
对特性不同土层敏感度	不同含水率和水流速会影响加热效率	弱透水层不能被直接加热	电阻率不同会导致不均匀、不完全加热
对埋藏物体敏感度	不敏感	低渗透层会干扰蒸汽通路	金属物体和管道会导致加热不均
热量输入受控因素	土壤热导率(常见土质条件下相差1～3倍)	水力渗透系数	土壤电阻率(常见地质条件下可相差200倍)
是否向土壤内注入液体	无	蒸汽	水

14.3.2 焚烧

焚烧是指在有氧条件下，采用870～1200℃的高温使土壤中的难降解有机物挥发和燃烧的过程。由于土壤中的有机物热值有限，通常需使用辅助燃料来启动焚烧系统并维持燃烧状态。

14.3.3 热解

热解是指在无氧条件下，污染物受热发生化学分解的过程。热解一般会伴随着热脱附过程。由于现实中不存在完全无氧的环境，所以热解系统需确保运行中系统内的氧气含量低于污染物的化学需氧量。

14.3.4 阴燃

阴燃是一种缓慢、低温、不产生明焰的燃烧过程。阴燃不等同于无焰燃烧，在阴燃过程中污染物会发生热分解并产生可燃气，从而使系统内部产生的能量与向外释放的热量保持平衡，所以当阴燃达到平衡条件时，可停止燃料供应，阴燃过程也能自发维持。

14.3.5 等离子体

等离子体技术是指采用等离子体火炬产生电弧制造出高能热环境，将物料加热至超高温，使气体分子或原子轨道所束缚的电子变为自由电子并形成等离子体，将有毒有害的有机、无机废物转化为无害产品的过程（Counts，1999）。

根据等离子体技术的不同特征，可分为等离子体热解、等离子体气化及等离子体熔融三种类型，也可根据不同类型的组合分为等离子体热解气化、等离子体热解熔融及等离子体气化熔融。

14.3.6 熔池熔炼

熔池熔炼是指向燃烧炉内吹入富氧空气，对炉内的熔体进行冶炼的过程。熔池内的湍流气体会包裹着熔体并对其进行搅动，进行快速的传热传质，同时该过程也会使熔池内熔体发生加热、熔化、氧化、造渣等反应。该方法主要用在矿石冶炼和固体废物处理上。

14.3.7 露天燃烧/爆燃

露天燃烧和露天爆燃作业旨在销毁过剩、过时或无法使用的高能量物料，物料由火焰、热量或爆震波等外部源点燃，一般应用于军事领域。

14.4 加热与热量输入机制

14.4.1 原位热处理

原位热处理通过向地下传递热量来提高土壤的温度，热量以加热源为中心通过不同的形式向四周的土壤传导进而使土壤温度升高，不同的原位热处理方式具有不同的加热原理。

14.4.1.1 电阻加热

电阻加热（ERH）通过电流流过导体时的焦耳效应产生热能，对物体进行加热（图14.1）。电极网络通常采用低频三相或六相电力，使其产生电压引起交流电和电阻性加热。由于土壤水基质的电阻率作用，一部分电流会被转换成热能，可以通过焦耳定律近似求解：

$$Q=I^2Rt \tag{14.1}$$

式中 Q——焦耳热，J；

I——电流，A；

R——电阻，Ω；

t——时间，s。

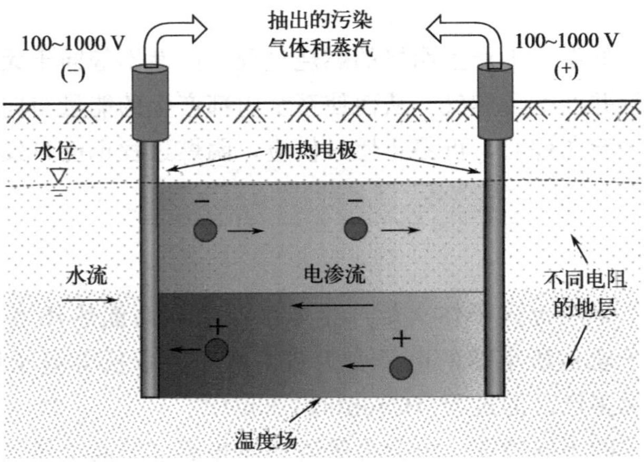

图 14.1 电阻加热

土壤中电流的产生主要依靠土壤孔隙水的离子传导，自由电荷载流子受到电场加速后会产生动能，电阻加热所能达到的最高温度低于土壤孔隙水的沸点（Hegele，2014）。

大量研究表明，电阻加热的功率密度、土壤温度和气体产量在电极附近是最高的，由于水是电阻加热的组成部分，需维持土壤湿度以避免导电性降低从而影响加热效果。在实际工程中，土壤中的导热、对流传热以及多个电极的电场叠加可以加强加热效果，并随着时间的推移使地下土壤温度的分布逐渐均匀。

地层的电阻对导电性能有重要影响，不同的地层导电性能不同，导致电极之间的温度场有差异，这种差异范围可在几十到几百倍。地层中的水分对导电性能至关重要，电流依赖于水分，因此 ERH 的温度一般限制在 100℃以内。电渗流一般是从阳极向阴极流动，因此随着时间推移，阳极附近水分越来越少，需要定期补充水分或电解质溶液以提高电导率。此外，场地在没有阻隔墙的情况下，地下水水流也会影响电阻加热效果，一般要求地下水流速小于 30cm/d。

14.4.1.2 热传导加热

热传导加热可分为电加热和燃气加热两种方式，示意图如图 14.2 和图 14.3 所示。

电加热所使用的电加热器一般放置在金属套管中，通过热辐射的形式加热套筒，再以热传导对周围土壤进行升温，促使污染物解吸。燃气加热通常以天然气或液化石油气为燃料。燃料与通入的清洁空气在燃烧器内充分混合燃烧，产生的高温气体随即注入加热井内，并通过热传导的形式对周围土壤进行升温，促使污染物解吸。

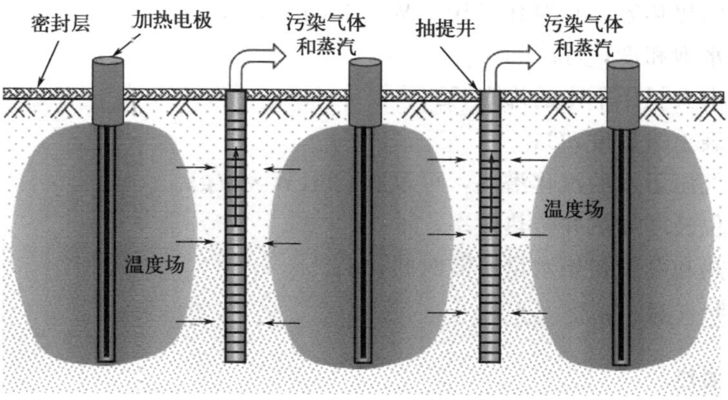

图 14.2　电加热热传导

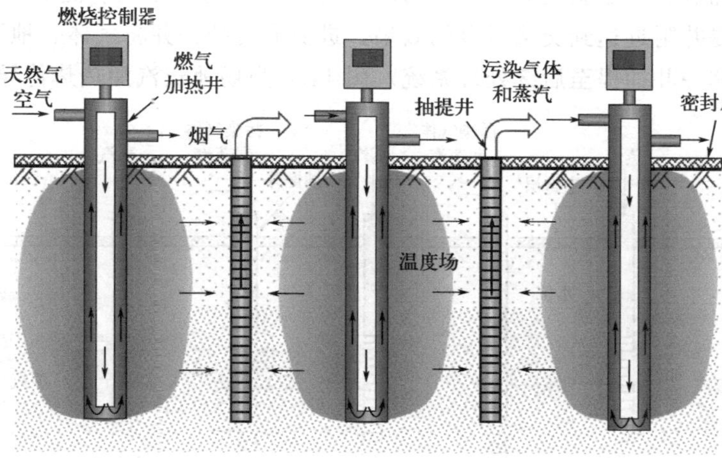

图 14.3　燃气/燃料加热热传导

地层不同，其导热性不同，不同地层的导热性相差可达数倍。在设计加热电极布设时也要考虑地层性质的影响。

在设计原位热传导修复系统时，需要考虑具体场地和污染物的特定因素，主要包括：目标土壤的处理温度和修复时间、加热井和抽提井的布置、能量和动力的输送和分配、蒸汽收集/输送系统配置等。

当进行热传导加热系统的计算时，需要考虑如何将土壤温度提高到水的沸点以上，并使土壤中原始存在的孔隙水全部沸腾，可参考以下方程。需要说明的是，该方程忽略了邻近地层和上层表面的热传导损失，也不考虑待修复土壤区域以外的气体和水的对流热损失。

$$[\rho_R C_R(1-n)+\rho_w C_w n S_w](T_b-T_i)+\rho_w h_w n S_w=\frac{\beta t_b}{A} \tag{14.2}$$

$$t_b=\frac{A\{[\rho_R C_R(1-n)+\rho_w C_w n S_w](T_b-T_i)+\rho_w h_w n S_w\}}{\beta} \tag{14.3}$$

式中　ρ_R——石英颗粒的密度，可取 2.650×10^6 g/m^3；

C_R——二氧化硅的比热容，可取 1.211×10^{-5} W·d/(g·℃)；

n——砂土孔隙度，可取 0.35；

ρ_w——水的密度，g/m^3；

C_w——水的比热容，4.8446×10^{-5}W·d/(g·℃)；

S_w——含水饱和度，%；

T_b——标准大气压下水的沸点，℃；

T_i——地表土壤温度，℃；

h_w——大气压下水的汽化潜热，可取 0.0261W·d/g；

β——单位长度导热井传热效率，%；

t_b——加热和蒸发初始水量所需时间，d；

A——加热区域，m^3。

14.4.1.3 蒸汽加热

蒸汽进入土壤环境后，在冷凝成为液相的过程中会释放液化潜热，而注入井周围的土壤最先被加热，待加热到一定温度后，蒸汽的冷凝过程开始向外辐射。随着蒸汽的不断注入，冷凝过程会在抽提井附近达到交叉混合的效果，进而通过抽提井将气体、地下水和其他流体伴随着非水相液体一并抽提至后续处理系统。图 14.4 为场地蒸汽加热热传导示意图。

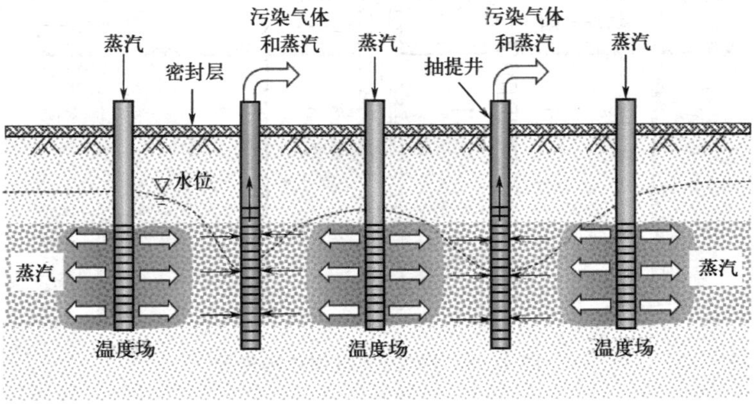

图 14.4　蒸汽加热热传导

蒸汽加热适用于渗透性较强的地层（渗透系数$>10^{-4}$cm/s），地层各向异性（如 K_h∶$K_v>5$）有利于蒸汽扩散，但夹层地层不利于蒸汽扩散。蒸汽注入时要配合充分的地下水抽提等水力控制措施。受蒸汽注入压力、输送速率和水平分布范围的限制，一般不适用于浅层或深层非饱和地层。

14.4.1.4 微波/射频加热

微波加热是指通过高频振荡无线电波或微波对土壤进行加热，通常采用低频率（3～5MHz）增加动能来提高土壤温度。在污染场地中微波产生的能量大部分被水吸收，因此微波加热主要的能量传播方式是通过热传导或者对流途径将能量传递给周围土壤。

射频加热是指通过射频发生器发射射频能量对土壤进行加热。射频能量需先传递到土壤中的电极系统，再由电极系统对土壤进行加热。

14.4.1.5 阴燃

图 14.5 为阴燃加热示意图。在阴燃过程中，热空气被注入地下并通过点火器引燃，使得孔隙中存在的非水相液体燃烧或熔化，能量得以释放。随着热空气的持续注入，燃烧过程

中释放的热能通过热传导和对流传热过程传递给周围的土壤基质和污染物。点火器井的影响半径是由点火器井周围可燃物的分布、土壤的渗透率和异质性以及注入空气的压力和速率决定的。点火器井的典型影响半径范围在 1.8～3.6m 之间。

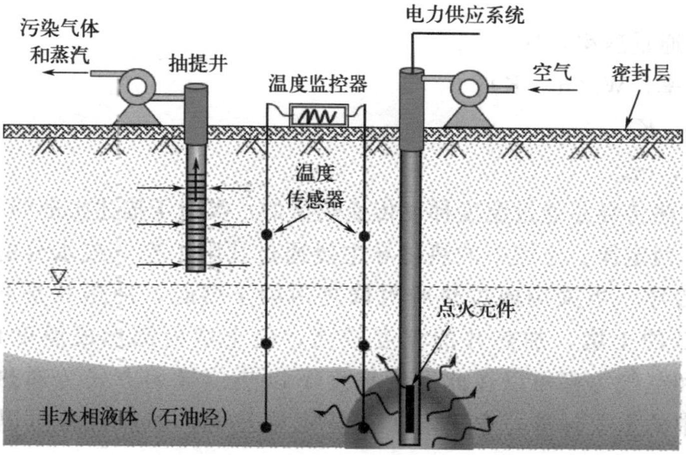

图 14.5 阴燃加热示意图

阴燃技术可以通过“自我维持”运行，当土壤中污染物被引燃后，不需要向地下输入额外的能量，当没有污染物存在时，阴燃反应就会自然终止。

14.4.2 异位热处理

异位热处理是结合了热传导、热对流和热辐射三种加热方式的处理技术。主要类型包括热脱附、焚烧、等离子体气化、熔池熔炼等，其加热方式见表 14.2。

表 14.2 异位热处理的加热方式

类型	加热方式
热脱附	采用天然气燃烧，直接热脱附中污染土壤与燃烧器产生的火焰直接接触；间接热脱附燃烧器产生的火焰均匀加热燃烧室外部，热量通过热传导和热对流作用加热污染土壤。热脱附系统的温度范围一般在 150～600℃之间
焚烧	采用煤炭、天然气、油或其他燃料燃烧，此过程需要空气或氧气的充分参与，将污染土壤送进焚烧炉进行高温(870～1600℃)氧化
等离子体气化	采用专门的产电弧设备利用电能制造高能热环境。电弧是一种气体放电现象，在缺氧条件下，当电流通过某些绝缘介质(空气)时会产生瞬间火花，能够迅速把电能转换为热能，将污染土壤加热至超高温
熔池熔炼	采用石英石等作为熔剂，煤或天然气等作为燃料，通过向炉内吹入富氧空气产生高达 1500℃的高温

14.5 热量传输与存储机制

14.5.1 热量传输机制

14.5.1.1 热传导

当物体各部分之间不发生相对位移时，依靠分子、原子及自由电子等微观粒子的热运动而产生的热量传递称为导热或热传导。在土壤的热传导过程中，来自加热源的热能通量速率 Q 取决于土壤的热导率和沿能量流路径的温度梯度，如下式所示：

$$Q=k\ \frac{\mathrm{d}t}{\mathrm{d}x} \tag{14.4}$$

式中 Q——热能通量速率，W/m^2；

k——热导率，$W/(m \cdot K)$；

t——温度，K；

x——距离，m。

由上式可知，热传导是通过温度梯度传递热量的，类似于描述扩散的菲克定律和水力梯度下流体运动的达西定律。土壤中的热传导主要通过孔隙中空气或水分的传导以及固相之间接触点的直接传导。当采用原位热脱附修复污染土壤时，加热井是能量的输入源，相对于周围温度较低的土壤，加热井的温度较高，使土壤内部形成温度梯度，土壤骨架、液态水、水蒸气和空气等都可以在此温度梯度下以热传导的方式传递热量。土壤的热导率是热传导过程中的重要标准，它决定了在特定温差下，加热设备可以转移到土壤中的热量通量。

14.5.1.2 对流换热

对流换热是指流体与温度不同的固体壁面因相对运动而发生的传热过程。而对流是指温度不同的流体相互掺混或流体各部分发生相对位移所引起的热量传递过程，对流通常伴有导热现象。对流换热与对流存在本质区别，对流换热是热传导和热对流这两种基本传热方式的综合作用（俞昌铭，2011）。

对流换热的基本计算公式是牛顿冷却定律：

$$Q=Ah\Delta t \tag{14.5}$$

式中 Q——热能通量，W；

A——接触壁面面积，m^2；

Δt——温度差，K；

h——表面传热系数，$W/(m^2 \cdot K)$，常见介质的 h 见表 14.3。

表 14.3 表面传热系数的数值范围

过程		$h/[W/(m^2 \cdot K)]$
自然对流	空气	1～10
	水	200～1000
强制对流	气体	20～100
	高压水蒸气	500～3500
	水	1000～15000
水的相变换热	沸腾	2500～35000
	蒸汽凝结	5000～25000

上式说明单位时间内，流体与壁面之间传递的热量与流体接触的固体壁面面积以及流体与壁面间的温差成正比，取决于温差和导热介质。对流换热过程类似于浓度梯度引起的质量传递。

由于液态水、蒸汽及空气均可在土壤孔隙通道内流动，土壤中必然存在对流换热。当土壤的渗透率较低时，土壤内流体的流动速度缓慢，土壤孔隙内的流体几乎处于静止状态，此时土壤骨架与流体之间的温度差别很小，可假定为温度相同，达到局部热平衡，此时热传导为主要的热量传输机制。而当土壤渗透性较高时，土壤内流体的流动速度加快，此时对流换热则起到了重要作用。

例题 14.1 用一根外径 500mm、壁厚 50mm 的钢管作传热表面，传热系数 80 W/($m^2 \cdot K$)。已知管内侧水蒸气 $h=3000$ W/($m^2 \cdot K$)，水蒸气平均温度 90℃，管外侧空气平均温度为 20℃。计算管道内侧壁面温度。

解：

传热面积为 A，则传热热量为：

$$Q=hA\Delta t=80\times A\times(90-20)=5600A$$

管内水蒸气对流传热，有：

$$t_{蒸汽}-t_{内壁}=Q/(h\times A)$$

则：

$$t_{内壁}=t_{蒸气}-Q/(h\times A)=90-5600A/3000A=88.1(℃)$$

14.5.1.3 热辐射

物体通过电磁波来传递能量的方式称为辐射，其中因热源发出辐射能的现象称为热辐射。热辐射通常以绝对黑体为基础，而黑体在单位时间内发出的热辐射热量由斯特藩-玻尔兹曼定律揭示（俞昌铭，2011），即：

$$Q=A\sigma T^4 \tag{14.6}$$

式中 Q——热辐射热量，J；

T——黑体热力学温度，K；

σ——斯特藩-玻尔兹曼常量，其值为 5.669×10^{-8}。

热传导修复技术的热源温度较高，传热时通常重点考虑热传导和热对流，而热辐射的辐射量较小。

以热传导加热为例，其能量传输过程如下：热空气（热蒸汽）通过对流换热将热量传递给加热管内壁，加热管内壁通过导热将热量传递给加热管外壁，加热管外壁通过对流换热及辐射换热将热量传递给周围土壤环境，周围土壤环境通过导热、对流换热及相变换热将热量传递给更外围的土壤环境。

14.5.2 热量存储机制

14.5.2.1 热导率和热扩散率

土壤的热导率是指土壤将所吸收的热量传导到邻近土层的性质，即单位厚度的土层在温度差为 1℃时，每秒钟在单位断面通过热量的焦耳数。土壤的体积热导率 K_b 是土壤颗粒热导率 K_p 和孔隙空间中所包含的流体热导率 K_f 的组合（Suthan，2017）：

$$K_b=K_p(1-n)+K_f n \tag{14.7}$$

式中 K_b——体积热导率；

K_p——土壤颗粒热导率；

K_f——流体热导率；

n——土壤孔隙度。

热扩散率是与热导率相关的另一个重要的热属性，其定义为材料热导率与材料密度和材料比热容乘积的比值，也被称为导温系数。

热导率表示材料的导热能力，热量可以相对快速地通过热导率高的材料；热扩散率表示材料的导热能力与储存热量的能力，当热量进入热扩散率高的材料时，材料的温度升高速率相对较快。

不同材料在不同温度下的热导率值如表 14.4 所示。

表 14.4　不同材料在不同温度下的热导率值　　单位：W/(m·K)

材料名称	25℃	125℃	225℃	材料名称	25℃	125℃	225℃
空气	0.024			铝	205	215	250
蒸汽		0.016		铜	401	400	398
水	0.58			碳钢	54	51	47
石灰岩	1.26～1.33			饱和土壤	0.6～4		
岩石固体	2～7			黏土，干燥至湿润	0.15～1.8		
干燥的砂	0.15～0.25			饱和黏土	0.6～2.5		
饱和的砂	2～4			花岗岩	1.7～4.0		
砂岩	1.7			砾石	0.7		
黏土	1.1			湿润地区地面土壤	1		
土壤含有机物	0.15～2			干燥区域地面土壤	0.5		
纤维绝缘板	0.048			石膏板	0.17		
火泥砖 500℃	1.4			玻璃，窗户	0.96		
铸铁	55						

注：引自 Suthan，2017。

14.5.2.2　热容量

土壤的热容量是指土壤储存热量的能力，是土壤热属性的重要指标之一，指单位质量或原状体积的土壤温度升高 1℃所需的热量。土壤质量热容量［J/(g·℃)］即为 1g 土壤温度升高 1℃所需的热量，体积热容量［J/(cm^3·℃)］即为 1cm^3 原状土壤温度升高 1℃所需的热量。土壤的体积热容量是指土壤颗粒和孔隙空间中流体的综合热容，是土壤矿物质、有机质、水分、气体、污染物等成分热容的函数。

一般来说，黏土的含水量较砂土多，空气含量较砂土少，故黏土的热容量比砂土高，故相同质量的土壤吸收相同热量时，砂土较黏土更容易升温。

14.5.2.3　汽化热

汽化热指单位质量的液体在温度保持不变的情况下转化为气体时所吸收的热量。在原位热脱附过程中，污染物的汽化蒸发是去除污染物的重要步骤。

汽化热与污染物汽化时的温度和压强有关，高温下液体分子具有更大的动能，导致汽化热变小，此时液体污染物更容易转化为气体逸出土壤。水在不同温度下的汽化热值如表 14.5 所示。

表 14.5　水在不同温度下的汽化热

温度/℃	汽化热/(kJ/kg)	温度/℃	汽化热/(kJ/kg)
0	2501.0	300	1403.0
50	2382.5	350	893.2
100	2257.2	360	722.6
150	2114.1	370	439.5
200	1939.0	374	111.5
250	1713.7		

14.5.2.4　冷凝热

冷凝热与汽化热相反，是指气相冷凝成液体时释放的能量，其定义为在标准大气压下，使 1mol 物质在其凝结点凝结时所放出的热量。当采用蒸汽加热原位热脱附技术时，蒸汽注入加热井，其中的蒸汽就会冷凝并转化为液体并产生潜热，潜热会转移到土壤基质和含水层中。

14.6　污染物去除与转化机制

当污染土壤和地下水被加热到一定程度后，土壤孔隙水、液相水以及污染物会因高温蒸发形成气相，促进土壤中污染物的挥发、分配、迁移以及去除。土壤中热量及物质的迁移机制主要包括以下作用（Suthan，2017）。

14.6.1　蒸发和挥发

液体的表面存在蒸气压．当液体的蒸气压达到液体表面的气体总压时，液体就会沸腾蒸发。液体的蒸气压大小随温度变化，温度升高会促使高动能分子从液面逸出。当对土壤进行加热时，有机污染物、NAPL 及土壤中的水受温度影响，无规则运动加快，热运动速度变快，使得污染物分子可以摆脱周围的聚集力约束从而脱离液体，转化成气体逸出，从而使污染土壤得以修复。

14.6.2　相间优先分配

水中微溶或不混溶的有机污染物，其亨利常数会随温度的升高而增大，故这类污染物在高温下会从水相优先分配到气相。而对于易溶于水的有机污染物，如丙酮、醇类、MTBE 等，由于它们在水中的高溶解度和低亨利常数，即使在高温下，它们也会优先保持在水相中。当采用原位热脱附技术云除这类污染物时，通常需要使土壤孔隙内的水分完全沸腾才能继续升高土壤温度。

14.6.3　共沸

热脱附主要是依靠升高土壤温度，使污染物达到其沸点后从土壤中挥发出来达到修复的目的，理论上热脱附温度只有高于污染物的沸点才能使热脱附过程顺利进行。但在大量的实验和工程中均发现，当污染土壤中存在多种有机污染物时，会出现共沸现象，部分 NAPL 与水的共沸温度见表 14.6。根据拉乌尔定律，多种非均相组分的共沸系统的蒸气压是可叠加的，因此混合物的沸点温度会明显低于纯化合物的沸点，所以部分污染物在沸点之下就能从土壤中脱附。

表 14.6　部分 NAPL 与水的共沸温度

NAPL	NAPL 的沸点/℃	
	纯净物	与水接触
纯水	100	100
四氯乙烯(PCE)	121	87
1,1,2-三氯乙烷(1,1,2-TCA)	100	86
三氯乙烯(TCE)	100	73
苯	100	69
四氯化碳(CT)	100	67
1,1,1-三氯乙烷(1,1,1-TCA)	100	100
三氯甲烷(CF)	100	100
二氯甲烷(MC)	100	100
氯仿	61	56
亚甲基氯化物	40	39

14.6.4　流体物性变化

有机污染物的蒸气压和亨利常数会随着温度的升高而增大，而有机污染物的蒸气压越大越易挥发，亨利系数越大其在水中的溶解度越小，越易从水相进入气相。污染物蒸气压和亨利常数与温度的关系见式（3.123)、式（3.124)。

此外，土壤温度升高还会使有机污染物的黏度、密度以及界面张力降低，同时溶解度、传质速率以及相对渗透率升高，此时吸附相和非水相中的有机污染物更容易转变为溶解相。温度对有机污染物的黏度和密度的影响关系见下式：

$$\lg[\lg(\nu+\gamma)]=\alpha-m\lg T \tag{14.8}$$

式中　ν——运动黏度，cSt 或 mm^2/s；

γ——附加常数；

T——温度，K；

α、m——流体特定经验参数。

$$\rho=\rho_0[1+\alpha(P-P_0)][1+\beta(T-T_0)] \tag{14.9}$$

式中　ρ——液体密度，kg/m^3；

ρ_0——参考温度 T_0 和参考压力 P_0 时的液体参考密度，kg/m^3；

T——温度，K；

P——压力，atm；

α——压力系数；

β——热膨胀系数。

14.6.5 分解反应

在原位热脱附的加热过程中，还可能发生污染物的自分解反应，如卤代烷烃的水解、还原脱卤等反应。多种类型的自分解反应可同时进行，比如林丹在厌氧条件下会还原脱除氯化氢，降解产生四氯环己烷和氯苯。此外，某些有机污染物能够被生物降解，如氯化乙烯能够在厌氧条件下被生物还原为无毒的乙烯。

14.7 异位热脱附

14.7.1 技术要素

14.7.1.1 土壤类型

一般而言，砂土的土质疏松，对液体物质的吸附力及保水力弱，所以易于热脱附，而黏土颗粒细密，其热脱附难度相对较大。粉土的性质介于前两种土壤之间，其热脱附效果也介于砂土和黏土之间。因此，在相同污染物及污染程度的条件下，修复黏土需要的温度要比砂土和粉土的高。

14.7.1.2 土壤含水率

土壤含水率过高会增加土壤的热量消耗，同时会使大量水蒸气与气态污染一同进入后续废气处理设备中，增加尾气处理设备的运行负荷，导致设备实际处理量降低。但过小的土壤含水率不利于土壤中的污染物脱附，所以对于多数异位热脱附设备而言，进料土壤的含水率宜控制在10%～20%之间。

14.7.1.3 土壤粒径

一般而言，小粒径土壤比大粒径土壤升温快，污染物去除率更高。但小粒径土壤易随载气进入尾气处理系统而增加尾气处理设备的运行负荷，故土壤粒径不能过小。如果超过50%的土壤粒径小于200目（0.075mm），土壤易随载气排出，导致气体处理系统超载。一般而言，土壤的进料粒径不宜超过5cm。

14.7.1.4 污染物类型

异位热脱附适用于挥发性有机物、半挥发性有机物、石油烃以及汞等污染物的去除，不适用于单纯的无机污染物（汞除外）的去除，也不适用于腐蚀性有机污染物、活性氧化剂以及还原剂的去除。

土壤中卤素含量不宜过高，否则会导致废气超标排放现象的发生。当土壤中含有一定的卤素时，为了减少其对后续尾气处理系统的负面影响，需在工艺流程中增设洗涤器等酸性气体中和设备，同时热脱附设备应选用耐腐蚀性材料，以提高系统的稳定性。

14.7.1.5 污染物浓度

土壤中过高的有机污染物浓度会增加土壤热值，可能会导致高温损害热脱附设备，甚至发生爆炸等极端情况。当土壤中有机污染物含量高于1%～3%时，不适于用直接热脱附系统，可采用间接热脱附进行处理。

14.7.1.6 添加剂

土壤添加剂可提高异位热脱附的效率。添加剂可通过降低热脱附反应的活化能使污染物更容易被去除，也可通过与土壤中的污染物发生反应来提高污染物的去除率。污染物与添加剂之间并非一一对应的关系，某种有机污染物可以有多种适用的添加剂，某种添加剂也可适用于多种有机污染物的去除。

当采用异位热脱附技术处理石油污染土壤时，$Ca(OH)_2$ 的加入可以明显提高污染土壤中 TPH 的去除率，主要是因为 $Ca(OH)_2$ 属于催化剂，可有效降低热反应的活化能，提高反应速率，使 TPH 更容易从土壤中挥发出来并得以去除；其次是 $Ca(OH)_2$ 在热脱附过程中加热分解生成 CaO，CaO 的平均孔径和比表面积大，具有大量的强极性活性位点，更容易使石油烃类物质脱除。

当采用异位热脱附技术处理汞污染土壤时，加入氯盐可以显著提高热脱附效率。主要原因是加入氯盐后，汞的存在形态和结合状态发生了变化，氯盐中的氯离子与汞可形成 $HgCl_2^-$ 等配位离子，从而降低带负电荷的黏土矿物胶体对汞的有机吸附作用，使汞更容易和土壤分离（Jing，2007）。

14.7.2 系统设计

14.7.2.1 工艺流程

目前国内外采用的异位热脱附系统以回转窑系统为主，该系统已历经多代发展，由低温热脱附系统升级为高温热脱附系统，且配套的尾气处理系统也在逐步改进升级，日趋成熟。

回转窑焚烧炉是一个略为倾斜而内衬为耐火材料的钢制空心圆筒，窑体较长，包括筒体、转动装置、滚圈、拖轮、窑头及焚烧装置、窑尾、窑头窑尾密封装置和二次燃烧室。运行时筒体以一定速度旋转，使土壤在窑中搅拌并沿筒体中心线向前缓慢移动。加热方式分为直接加热与间接加热。

直接热脱附与间接热脱附的工艺流程总体接近，仅在尾气处理系统方面存在一定差异，其典型工艺流程如图 14.6 所示。主要包括上料系统、热处理系统、尾气净化系统、监控系统。

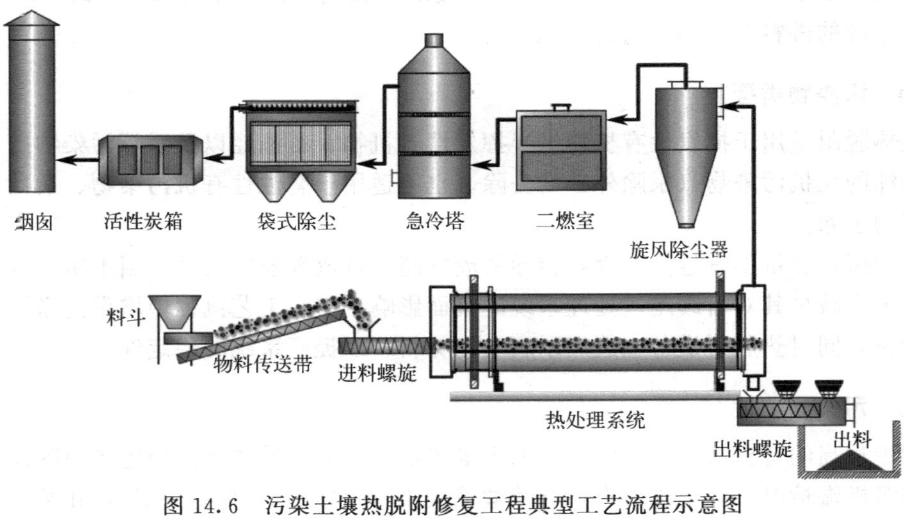

图 14.6 污染土壤热脱附修复工程典型工艺流程示意图

异位热脱附系统的流程设计应根据污染土壤的修复目标、修复方量、修复周期、污染物类型及污染物浓度等因素确定。一般情况下，当有机污染土壤修复方量较大且修复周期要求较短时，宜采用直接热脱附工艺。

14.7.2.2 预处理

异位热脱附修复工程应考虑污染土壤处理方量、配套处理设备以及待处理地块的综合情况，设置待修复土壤的预处理车间。预处理车间应保持密闭和微负压状态，并设置强制机械通风，车间内排出的废气应经尾气处理设施处理达标后排放至大气中。

土壤预处理主要采用分选或分拣等方式去除土壤中的石块和杂物。一般采用土壤破碎筛分设备对大颗粒土壤进行破碎筛分，同时对土壤的含水率和黏性等物理性质进行调节。调节含水率的措施主要包括晾干、添加脱水剂（如生石灰）或与低塑性土壤混合等方式，使污染土壤的含水率降低至20%以下。

14.7.2.3 上料系统

上料系统的选择需考虑待处理土壤的特性、工程的处理规模和热脱附设备的性能等因素。上料系统主要由料仓、投料装置、计量装置、传输装置组成，需具有自动进料及速度调节等功能，并要保证给料均匀以免影响后续加热效果。

14.7.2.4 热处理系统

直接热脱附热处理设备宜选择回转窑，间接热脱附热处理设备宜选择回转窑或螺旋推进式热脱附炉。典型有机污染土壤的建议停留时间及出料温度参见表14.7。

表 14.7 不同污染土壤的停留时间及出料温度

污染物类型	停留时间/min	出料温度/℃
挥发性有机物	10～20	100～200
半挥发性有机物	10～30	150～500
有机农药类	10～40	300～650
多氯联苯、多溴联苯和二噁英类	30～60	300～600
石油烃类	10～30	150～600
汞	20～60	200～600

直接/间接热脱附系统一般通过中试研究来确定污染土壤修复至目标浓度所需的停留时间及加热温度。热脱附系统可以采用序批式或连续式的运行模式。对于连续式热脱附系统，如果可确保窑体内的土壤混合均匀，则可将其模拟为连续流搅拌式反应器。对于解吸过程，可以假设其为一级反应。

对于一级反应，初始浓度、最终浓度、反应速率常数及停留时间的关系如下：

对于序批式反应器，适用式（3.171）：

$$C_f = C_i e^{-kt}$$

对于连续流搅拌式反应器，适用下式：

$$C_f = \frac{C_i}{1+kt} \tag{14.10}$$

式中 C_f——最终浓度；

C_i——初始浓度；

k——速率常数；

t——加热时间。

例题 14.2 若采用序批式热脱附系统处理 TPH 污染土壤，土壤中 TPH 浓度为 15000mg/kg，将污染物浓度降低到 2000mg/kg 需要 25min。假设脱附反应为一级反应，试求将 TPH 浓度处理至 826mg/kg 时土壤在反应器中的停留时间。

解：

先求一级反应速率常数，由式（3.171）得：

$$2000=15000\times e^{-k\times 25}$$

得：$k=0.081(\text{min}^{-1})$

将 k 代入式（3.171），得：

$$826=15000\times e^{-0.081t}$$

$$t=35.8(\text{min})$$

例题 14.3 采用连续式热脱附系统处理污染土壤。假设反应器为连续流搅拌式反应器，为一级反应，中试研究时确定了反应速率常数 k 为 0.3min^{-1}，要求将土壤中 TPH 浓度从 15000mg/kg 处理至 826mg/kg，试求：

① 反应器中土壤的设计停留时间应为多少。

② 将反应器中的土壤量保持在反应器总体积的 30%以下，以保证混合效果。当污染土壤处理速率为 500kg/h 时所需的反应器体积。

解：

① 由式（14.10），得：

$$826=\frac{15000}{1+0.3t}$$

得：$t=57.2(\text{min})=0.953(\text{h})$

② 若反应器中土壤体密度为 1.8g/cm^3，则土壤的体积进料速率为：

$$Q_{土}=(500\text{kg/h})/(1.8\text{kg/L})=278\ \text{L/h}$$

根据停留时间的定义来计算反应器的最小体积，有：

$$t=V/Q=0.953\text{h}=V/(278\text{L/h})$$

得 $V=265\text{L}$

由于土壤占反应器总体积的 30%以下，则所需的反应器体积为：

$$V_t=265/30\%=883.4(\text{L})$$

例题 14.4 某污染土壤含水率为 20%。采用异位热脱附处置，热源为天然气。若工况为每小时处理量 10t，进料温度 10℃，升温到 500℃，燃烧室消耗空气的量为 $10000\text{m}^3/\text{h}$（标况）。试计算天然气耗气量。

已知水的比热容 C_w 为 4.2kJ/(kg · ℃)；土的比热容 C_s 为 1.2kJ/(kg · ℃)；空气的比热容 C_a 为 1kJ/(kg · ℃)；水的蒸发焓 ΔH 为 2257.6kJ/kg；天然气的热值 q 为 8700kcal[1]/m^3；空气密度为 1.29kg/m^3。

解：异位热脱附吸热过程主要包括土壤固体升温吸热、土壤中水分升温蒸发吸热、土壤中空气升温吸热。

[1] 1kcal=4.1868kJ。

① 水分吸热包括升温和汽化，根据物质吸热或放热公式 $Q=Cm\Delta t$，水分升温吸热为：

$$Q_{w1}=C_w m_w \Delta t=4.2\text{kJ}/(\text{kg}\cdot℃)\times(10\times20\%\times1000)\text{kg}\times(100-10)℃$$
$$=756000\text{kJ}\approx180000\text{kcal}$$

根据水分蒸发潜热公式 $Q=m\Delta H$，得水分汽化热为：

$$Q_{w2}=m_w\Delta H=(10\times20\%\times1000)\text{kg}\times2257.6\text{kJ/kg}=4515200\text{kJ}\approx1075050\text{kcal}$$

则水分吸热为：

$$Q_w=Q_{w1}+Q_{w2}=180000+1075050=1255050(\text{kcal})$$

② 土壤吸热为（升温至 500℃）：

$$Q_s=C_s m\Delta t=1.2\text{kJ}/(\text{kg}\cdot℃)\times(10\times80\%\times1000)\text{kg}\times(500-10)℃$$
$$=4704000\text{kJ}\approx1120000\text{kcal}$$

③ 空气吸热（尾气排风约 90℃）为：

$$Q_a=C_a m_a\Delta t=1\text{kJ}/(\text{kg}\cdot℃)\times(1.29\times10000)\text{kg}\times80℃$$
$$=1032000\text{kJ}\approx247000\text{kcal}$$

因此，该工况下每小时处理 10t 的土壤所需要的总热量为：

$$Q_t=Q_w+Q_s+Q_a=1255050+1120000+247000=2622050(\text{kcal})$$

④ 计算天然气的消耗量：

$$V=Q_t/q=2622050\text{kcal}/8700\text{kcal/m}^3=301\text{m}^3$$

每吨湿土天然气耗量：$301\text{m}^3/10\text{t}=30.1\text{m}^3/\text{t}$。

例题 14.5 现有 4000t 有机污染土壤采用异位热脱附工艺进行处理，设备选用回转窑式焚烧炉（直接热脱附）进行处置。已知污染土壤的堆体密度为 1.6t/m^3，回转窑的参数为：窑体长度 6.0m，窑内平均直径 1.8m，窑体转速为 1r/min，窑的倾斜度为 3%，土壤在窑内的平均填充系数为 0.30，窑内未设置阻挡设施。试求：

① 污染土壤的停留时间。（经验公式：$t=0.19\times\dfrac{L}{D}\times\dfrac{K}{nS}$。式中，$t$ 为废物在窑内停留时间，min；n 为窑的转速，r/min；S 为窑的倾斜度，%；K 为系数，无阻挡设施系数取 1。）

② 若设备每天的满负荷运行时长为 8.0 小时，在保证污染土壤充分加热的前提下，处理完这批污染土壤需要多少天。（经验公式：$G=0.785D^2\varphi L\dfrac{\gamma}{t}$。式中，$G$ 为处理能力，t/h；D 为窑内直径，m；φ 为废物在窑内的平均填充系数；L 为窑体长度，m；γ 为废物堆体密度，t/m^3；t 为停留时间，h。）

解：

① 根据停留时间经验公式 $t=0.19\times\dfrac{L}{D}\times\dfrac{K}{nS}$，窑体未设置阻挡设施，故系数 K 选值为 1，计算可得，停留时间 $=0.19\times6.0/1.8\times1/(0.03\times1)=21.11(\text{min})$。

② 根据处置能力经验公式 $G=0.785D^2\varphi L\dfrac{\gamma}{t}$，计算可得，处理能力 $=0.785\times1.8^2\times0.3\times6.0\times1.6/(21.11/60)=20.82(\text{t/h})$。共需时长 $=4000/20.82/8=24.02(\text{d})$，约 25d。

污染土壤的停留时间为 21.11min，处理完这批污染土壤需要 25d。

14.7.2.5 尾气净化系统

当采用直接热脱附技术修复污染土壤时，宜采用二次燃烧法处理尾气（如表 14.8 所示），以控制二噁英的产生与排放；当采用间接热脱附技术修复污染土壤时，宜采用冷凝-吸附（如表 14.9 所示）或二次燃烧法处理尾气。而当选用热脱附技术处理汞污染土壤时，宜使用间接热脱附设备，其产生的尾气宜采用冷凝-吸附法处理。

表 14.8　二次燃烧法技术要求

工艺环节	装置及参数	技术要求
旋风除尘	旋风除尘器	去除气体中的灰尘
二次燃烧	二次燃烧室温度	大于 850℃
	热脱附烟气停留时间	大于 2s
	含二噁英烟气处理温度	1100℃以上
	含二噁英烟气停留时间	大于 2s
降温	降温方式	可采用换热器，回收热量
	含二噁英烟气设置急冷装置	使烟气温度在 1s 内降到 200℃以下
	急冷后烟气喷入氧化钙或氢氧化钙粉	去除酸性物质和水分
	喷入活性炭	吸附污染物
袋式除尘	袋式除尘器	去除二噁英等污染物
喷淋净化	洗气装置	可采用碱性溶液洗气脱酸，碱性溶液浓度一般为 2%～10%

表 14.9　冷凝-吸附法技术要求

<table>
<tr><th>工艺环节</th><th>装置及参数</th><th colspan="2">技术要求</th></tr>
<tr><td rowspan="2">冷凝</td><td>冷凝设备可选喷淋塔、板式换热器、列管式换热器等</td><td colspan="2">直接或间接换热，采用一级或多级的方式</td></tr>
<tr><td>冷却介质可选择水、冷却液</td><td colspan="2">冷却介质应确保气相污染物被冷却至其沸点以下</td></tr>
<tr><td rowspan="2">气液分离</td><td>配置气液分离设备</td><td rowspan="2">可采取捕雾法使气液分离；可采用一级或多级的方式；可采用折流板、丝网等形式</td><td>降低不凝气中的液体含量</td></tr>
<tr><td>配置液体收集及输送装置</td><td>确保冷凝液及时排出</td></tr>
<tr><td rowspan="2">吸附</td><td rowspan="2">可采用活性炭、分子筛等吸附净化</td><td colspan="2">可参照《吸附法工业有机废气治理工程技术规范》(HJ 2026—2013)的要求进行设计</td></tr>
<tr><td colspan="2">含汞烟气应冷凝至 4℃以下，再采用吸附法去除烟气中残余的汞</td></tr>
</table>

例题 14.6　设热脱附系统的脱附尾气总量：高温（400℃）脱附气 2500m^3/h，低温（90℃）脱附气 500m^3/h。高温（400℃）脱附气升温至 850℃的焓变为 640kJ/m^3，低温（90℃）脱附气升温至 850℃的焓变为 1080kJ/m^3。试计算脱附气升温至 850℃所需热量。

解：热脱附气升温至 850℃所需热量为高温脱附气和低温脱附气的总和。

① 低温脱附气所需热量为：$Q_1 = v\Delta h = 500m^3/h \times 1080kJ/m^3 = 5.40 \times 10^5 kJ$。

② 高温脱附气所需热量为：$Q_2 = v\Delta h = 2500m^3 \times 640kJ/m^3 = 1.60 \times 10^6 kJ$。

③ 总热量为：$Q = Q_1 + Q_2 = 5.40 \times 10^5 kJ + 1.60 \times 10^6 kJ = 2.14 \times 10^6 kJ$。

14.7.2.6　监控系统

异位热脱附设备及配套的尾气处理设备应设置温度、压力、烟气流量、烟气含湿量和烟气含氧量的测量仪表，在线对热脱附过程进行监测，同时也需要配置完善的自动控制系统对热脱附物料传输及燃烧过程进行控制。

14.8 原位热脱附

在国际上，原位热脱附技术已广泛应用于有机污染土壤的修复，自 2010 年以来，我国也通过技术引进或合作开发等方式，逐步开展原位热脱附工艺的探索及工程实践。我国完成的大部分原位热脱附工程，均选用热传导加热和电阻加热法，采用蒸汽加热的应用案例较少。

14.8.1 技术要素

14.8.1.1 加热温度

加热温度是影响原位热脱附效率的最主要的因素，与污染物性质、LNAPL 或 DNAPL 的存在、含水层基质的特征、土壤异质性等因素有关。一般要求加热温度高于目标污染物的沸点。目标温度过低不利于污染物的去除，而温度过高会造成能源浪费。当采用原位热脱附技术修复氯苯污染土壤时，当土壤温度达到 130℃，其修复效果较 100℃并无显著提升，这说明污染物的去除率与加热温度在一定的范围成正相关，但非线性关系，超过了既定的最佳温度，继续升温对污染物的去除率影响不大，甚至会出现负面效果。在实际的工程应用中，合适的加热温度至关重要。

对于大多数 VOCs 或 CVOCs（挥发性含氯有机化合物）污染场地，至少要输入能量蒸发掉 20%～30%的孔隙水才能实现达标修复，通常煮沸 20%～30%的孔隙水会产生 500～600 孔隙体积的蒸汽。沸腾和汽化一个土壤孔隙中的液体（水和 NAPL）会形成大约 1600 个蒸汽孔隙体积。在孔隙中产生的蒸汽和污染物由于压力效应向外推动并向上上升，直到到达包气带，通过抽提井被抽至地面进行处理。图 14.7 显示了加热时间与蒸汽孔隙体积及温度的关系。在大约沸腾 30%的孔隙水产生 600 个孔隙体积的蒸汽后 CVOCs 达到了修复目标（Heron，2013）。对于含有沸点更高的有机物（如多氯联苯、二噁英、多环芳烃等）的半挥发性有机污染场地，需要将所有水分蒸发掉，才能进一步加热升温土壤达到足够高的温度，使这些污染物脱附。将土壤中水分蒸发掉还需要考虑修复区域所处的压力，高压力下水的沸点升高，需要更高的温度才能将水沸腾产生气相。

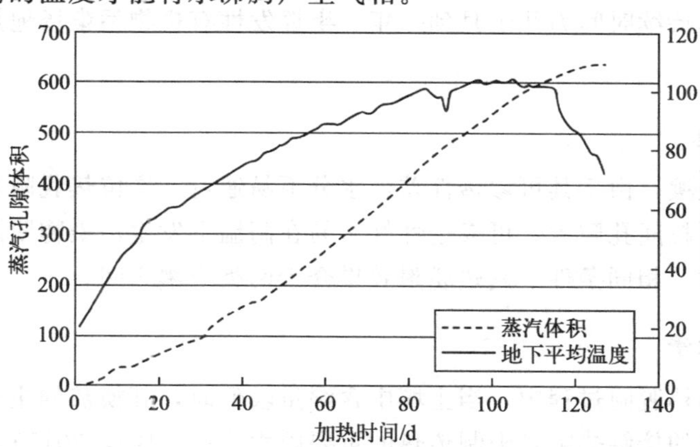

图 14.7 低渗透黏土污染场地加热时间与蒸汽孔隙体积及温度的关系

对加热区域温度的监控非常重要，一般通过热电偶测定地下温度，热电偶的垂直间距一般为1.5m。整个加热区域的温度情况通过远程控制系统进行监控。

14.8.1.2 加热时间

向地下输入的热量传递到地下水和土壤中使之升温。随着温度升高，首先要将土壤中的孔隙水加热到沸点然后维持一定时间继续蒸发水分，此时温度维持一定时间的稳定；待水分蒸发完毕后开始加热土壤，温度才逐渐上升，直至达到目标温度。场地加热升温是一个比较慢的过程，升温时间可以通过热量平衡推导出来，如下式所示：

$$t=\frac{C_p V\rho_t(100-T_1)+C_w V\theta_v\rho_w(100-T_1)+\Delta HV\theta_v\rho_w(100-T_1)+C_p V\rho_b(T_2-100)}{Q(1-f)m} \tag{14.11}$$

式中 t——升温时间，h；

C_p——土壤比热容，可取1.40kJ/(kg·℃)；

C_w——水的比热容，可取4.18kJ/(kg·℃)；

V——待加热的土壤体积，m^3；

θ_v——土壤体积含水率，%；

ρ_b——土壤体密度，kg/m^3；

ρ_w——水的密度，kg/m^3；

ΔH——水的蒸发热。可取2450kJ/kg；

T_1——地下温度，℃；

T_2——加热目标温度，℃；

Q——向目标区域输入的单位时间热量，kJ；

f——热量损失系数，%；

m——燃料为天然气时为质量使用速率，采用电能时$m=1$，采用蒸汽加热时为蒸汽注入质量速率。

当土壤被加热至目标温度后，仍需持续加热一段时间以保证修复效果。有研究表明，在采用原位热脱附技术修复重质石油污染土壤的过程中，总石油烃在土壤中的残留量随加热持续时间的增长而明显下降，但当超过一定的持续时间后，残留量不再随着停留时间的增长而发生变化。在实际工程中，加热持续时间的确定需要考虑多方面因素，一般而言，挥发性有机物污染场地的加热持续时间为几个月到一年，半挥发性有机物污染场地加热持续时间为半年到一年。

14.8.1.3 土壤类型

黏土含量高的土壤，由于其可渗透性差，水分不易通过，原位热脱附难度相对较大；砂土含量高的土壤，颗粒间孔隙大，可渗透性好，易在高温下发生污染物脱附；当土壤质地介于黏土和砂土之间时，相同条件下其热脱附效果介于两类土壤之间。

14.8.1.4 土壤含水量

在原位热传导的热脱附过程中，当土壤中含湿量较低时，其换热的主要方式是固体颗粒间的导热，而颗粒间的接触热阻是限制传热的重要因素之一（Bai，2015），当土壤中的水分含量增大时，可以有效减少固体颗粒的直接接触，降低接触热阻，增加土壤的热传导率。

此外，当待修复污染土壤中含有非水相液体时，只有当非水相液体和水同时被加热，且土壤中的液体蒸气压等于水压和毛细管压力之和时才会发生沸腾。根据拉乌尔定律，可用下式表示液体沸腾时的蒸气压。

$$P_w^v + \sum_j^n x_j P_j^v = P_w + P_c \tag{14.12}$$

式中 P_w^v——水的蒸气压，atm；

P_w——水压，atm；

P_c——毛细管压力，atm；

P_j^v——NAPL 组分 j 的蒸气压，atm；

x_j——NAPL 相中 j 组分的摩尔分数。

14.8.1.5 土壤粒径

在原位热脱附过程中，脱附气体的产生过程如下。气体首先在晶粒表面的微腔中成核，主要是由于空腔的几何形状或其润湿特性其毛细管压力低于晶粒表面的毛细管压力，使得气体在晶粒表面的微腔中易于成核。一旦成核，气泡就会增长膨胀并充满孔隙，然后形成连通的气体通道（Martin，2021；Carrigan，2000）。

粒径不同的土壤其渗透率差异较大，气体的成核及增长膨胀情况亦不同。气体通道优先在具有高渗透率的土壤中形成，而低渗透率的土壤由于曲率半径小于高渗透率土壤，气体膨胀所需的毛细管压力较高，气体通道的产生相对较慢，图 14.8 为土壤气相通道的产生过程。

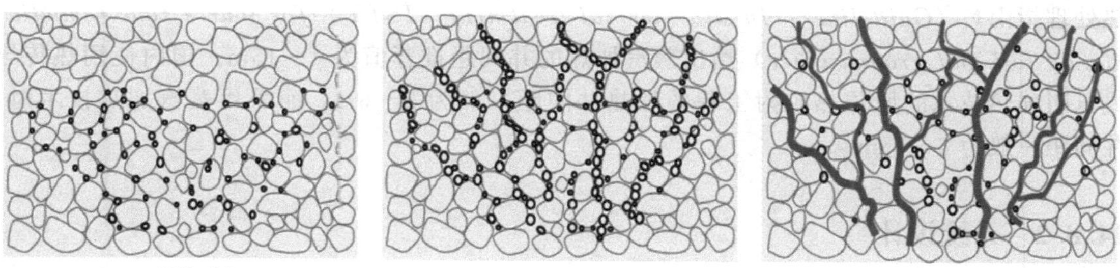

(a) 气泡形成　(b) 气泡生长连接　(c) 形成气泡通道

图 14.8 土壤气相通道的产生过程

渗透性较差的土壤不易形成气相通道，污染物迁移较难，而非均质污染土壤由于各土层的渗透性差异较大，污染物产生的气体会通过气相通道聚集并迁移至目标处理区外形成新的污染区域。

14.8.1.6 污染物类型和浓度

原位热脱附技术适用于处理卤化挥发物、卤化半挥发物、非卤化挥发物、非卤化半挥发物、总石油烃、多环芳烃、多氯联苯、汞、农药等污染物，不适用于处理无机污染物、腐蚀性有机物、非挥发性金属、放射性材料等污染物。

通常情况下，蒸汽加热和电阻加热能使土壤升温至水的沸点，对大部分挥发性有机物和部分半挥发性有机物具有良好的去除效果，而热传导加热能处理绝大多数有机污染物。

一般而言，在加热温度和加热持续时间相同的情况下，污染物初始浓度高则其吸附点位相对饱和，热脱附效率高。有研究发现，在热脱附初期，石油烃的热脱附效率与污染物初始浓度成正比，但随着加热时间的增长，在热脱附工程后期，不同污染物初始浓度下的热脱附效率几乎相同，所以污染物初始浓度对热脱附效率无较大影响。

14.8.1.7 加热井或加热电极间距

理论上，一口加热井运行正常时的影响半径（r）可用下式计算，假设被加热土壤区域为圆柱形，土体厚度为 h，用 $\pi r^2 h$ 代替 V，则当用天然气或电能加热时，目标温度大于100℃时，影响半径 r 为：

$$r=\sqrt{\frac{Q(1-f)mt}{\pi hC_p\rho_b(T_2-100)}} \tag{14.13}$$

目标温度小于100℃时，如用蒸汽加热，影响半径 r 为：

$$r=\sqrt{\frac{Q(1-f)mt}{\pi hC_p\rho_b(100-T_1)}} \tag{14.14}$$

式中符号意义同上。

实际工程中，加热井或加热电极的间距取决于多种因素。间距越大，单一设备的热负荷就越大，土壤温度不易上升，而当布设密度大时，土壤升温快，修复效率高，但是设备整体的投入增大。实际工程中加热井的设置要综合考虑多方面的因素，包括电极孔直径、电功率、能量密度、污染深度、地表水情况及地下水的水文地质条件等，一般情况下，半挥发性污染物污染场地的加热井间距要比挥发性污染物污染场地的加热井间距小。

美国工农兵技术手册《原位热脱附设计规范》（*Design：In Situ Thermal Remediation*）中给出电阻加热的井间距推荐值为2.6～6.1m，德国《土壤和地下水源区修复的原位热处理指南》（*Guidelines：In situ thermal treatment*（*ISTT*）*for source zone remediation of soil and groundwater*）给出蒸汽加热的井间距推荐值为4～15m。国内使用热传导或电阻加热技术的原位热脱附工程的加热井间距一般为2～6m，而采用蒸汽加热技术时，井间距一般为6～15m。

14.8.2 系统设计

14.8.2.1 系统构成

原位热脱附技术是指通过加热地下污染区域，提高土壤及地下水温度以改变污染物的蒸气压、溶解度等性质，使污染物与土壤颗粒分离并去除的技术。

原位热脱附工艺包括加热系统、多相抽提体系、尾气处理系统、表面覆盖系统和监控系统，如图14.9所示。

14.8.2.2 场地概念模型

根据前期调查更新概念模型，确定需要修复的范围、深度、水文地质条件等信息。

14.8.2.3 加热系统

（1）电阻加热

电阻加热需建设电极井，通过电极井中埋设的电极板或电极棒对土壤进行加热。建设电极井首先需采用钻机钻取一定深度的钻孔，向其中投入特定的电极井填料，再将电极板或电极棒放入井中。电极板或电极棒由耐高温材质制成，其长度可以通过并联叠加，满足不同深度的修复要求，其直径可以根据实际情况设计。如图14.10（a）所示。

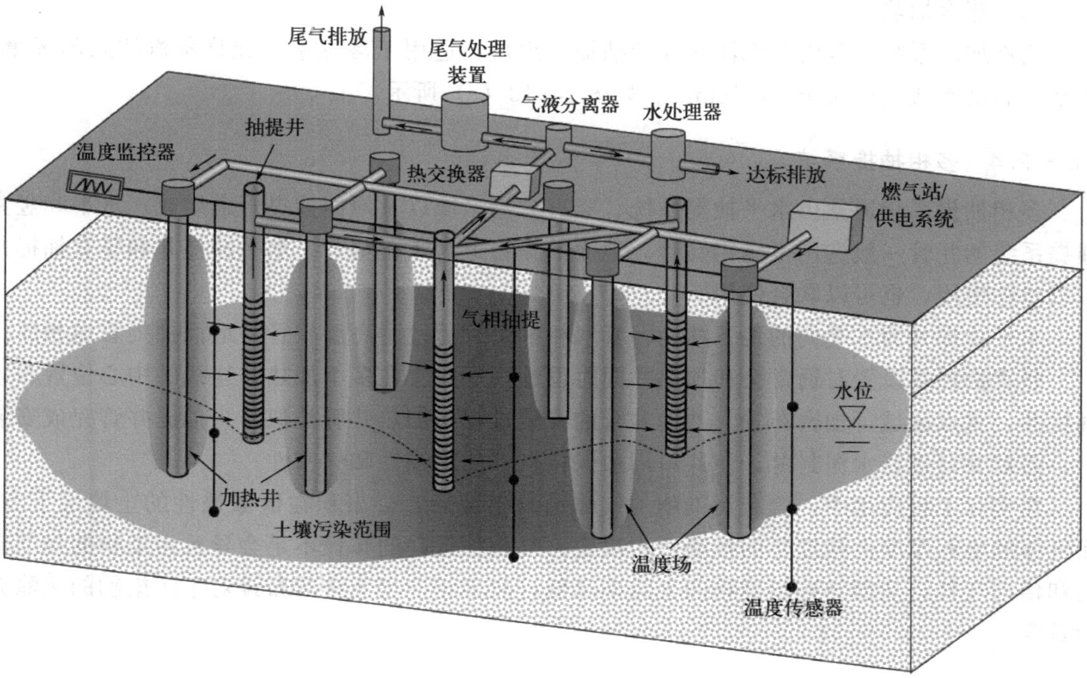

图 14.9　原位热脱附系统构成示意图

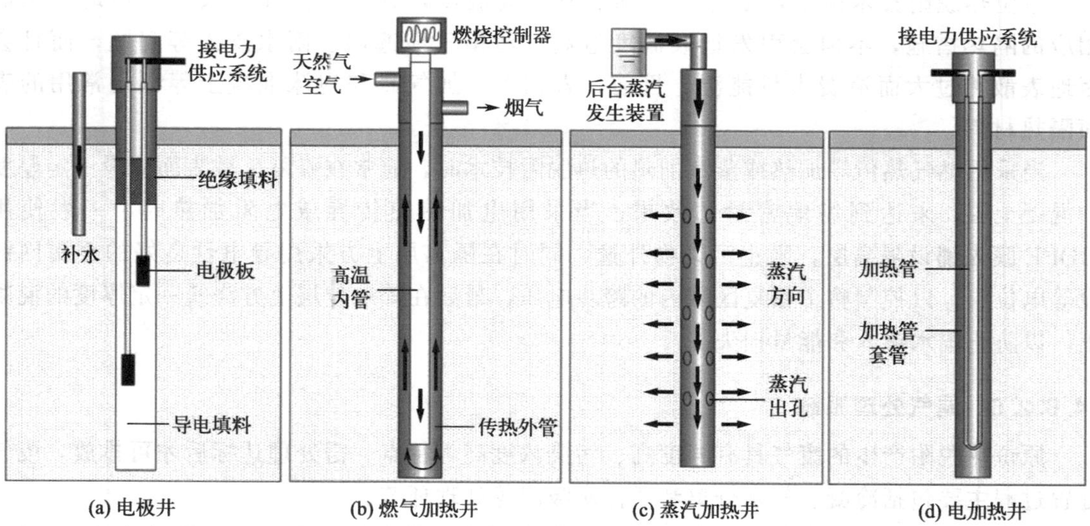

图 14.10　各类加热系统结构示意图

（2）热传导加热

热传导系统通过在加热井内设置电阻元件或导入高温燃烧气体获得热量，以热传导的形式将热量传递给周围土壤。

加热井的布设一般先采用钻机钻取一定深度的钻孔，随后将加热管放入加热井，最后将石英砂灌入加热管和钻井之间的缝隙。如图 14.10（d）所示。

采用燃气加热时通常需先将管道天然气通过总阀调压，分组输送至各加热燃烧器。燃料在燃烧器内点燃后形成燃烧火焰，产生的高温烟气经过传热外管与土壤换热后排放，由于燃烧器使用的是清洁能源，产生的尾气为洁净烟气。如图 14.10（b）所示。

（3）蒸汽加热

蒸汽加热系统一般由蒸汽注入井和抽提井组成，适用于渗透系数允许蒸汽注入的环境，通常需满足渗透速率大于 10^{-4}cm/s。如图 14.10（c）所示。

14.8.2.4 多相抽提系统

多相抽提系统通常由水平抽提系统、竖直抽提系统以及地面抽提管道组成。水平和竖直抽提系统的井管一般选用不锈钢筛管，地面抽提管道为无缝钢管。水平抽提井和竖直抽提井可以单独使用，也可以联合使用。

水平抽提井为水平向的地下结构，其气相抽出管通过耐高温软管与地面抽提管道相连。

竖直抽提井设置时通常会和加热井同时设计，一般会在多个加热井连线的中心位置布置抽提井，重点区域可加密布置。抽提井管的安装过程与加热井管类似，当抽提井管完成安装后，需对井口进行水泥封井，使井口周边保持良好的绝缘性和气密性。

在实际工程应用中，含有污染物的气体逸出土壤后，会聚积在低渗透性的土壤层下方，而气体的堆积厚度由抽提井的抽提压力决定，气相抽提井的布设不足会导致污染物的局部聚集和横向迁移，从而导致污染物的去除率降低，故多相抽提系统的布设对于污染物的去除尤为重要。

14.8.2.5 表面覆盖系统

原位热脱附技术由于需要将土壤加热到较高温度，其能源消耗较大，若场地不采取相应的隔热措施，不但会引发地表温度过高、污染气体逸出、雨水渗入等问题，而且会因地表散热过大而浪费大量能源。目前，岩棉板、加气砖和泡沫混凝土等都是常用的表面隔热材料。

当采用燃气热传导加热或蒸汽加热的热脱附技术时，通常在修复区域表面铺设一定厚度的混凝土层，来达到场地密封的效果；当采用电加热热传导或电阻加热时，一般使用 HDPE 膜先铺设隔离层，阻止污染物外逸，同时在隔离层上方采用导电性良好的金属网铺设等电位层，以控制整个修复区域内的跨步电压，最后在等电位层上方浇筑一定厚度的混凝土，以防止雨水渗入和能量损失。

14.8.2.6 尾气处理系统

原位热脱附产生的废气具有温度高、污染浓度高等特点，需处理达标后才可排放，废气处置过程主要包括冷凝、气水分离和活性炭吸附等处理环节。

污染蒸气在通过后续管路时会产生一部分冷凝液，其余气体则进入下阶段的冷凝系统。冷凝系统对气体进行进一步的降温冷凝，并将冷凝液分离出来。冷凝后气体在气水分离器中进行气液分离，分离出的气体进入后续的废气处理系统，液体与冷凝液一并进入后续废水处理系统。

废气处理系统一般选用活性炭吸附系统，气体在进入活性炭吸附系统之前要先经过除雾塔去除残存的细小液滴，以达到更好的吸附效果，除活性炭吸附系统外，也可采用其他有机污染气体处置工艺。

14.8.2.7 监控系统

对于原位热脱附工艺来说，场地内土壤温度分布情况反映了热脱附修复的整体进程，压力分布情况则关系到污染物的收集、逸散与控制，所以需要对温度及压力进行实时监测。

在测温井管不同深度放置热电偶可以实时监测地下温度，同时可辅以手持式热电偶温度计或红外线测温仪对加热井管进行温度校验与记录。对压力的实时监测通过位置压力监测管实现，监测点位的负压情况通过高灵敏的真空表显示，也可通过手持式设备进行手动测量。此外，手持式光离子化气体检测仪（PID）检测废气中的有机物浓度，通过污染物浓度变化辅助判断热脱附的效果。修复区域及边界外侧还需要设置土壤及地下水监测井，定期取样或在线监测。

原位热脱附系统通常采用远程监控系统对修复过程进行监控，监控内容包括温度场、压力场、水温、蒸气和气液混合物浓度及流量等，并基于这些数据开展物质及能量平衡计算。

14.9 水泥窑协同处置

14.9.1 定义与发展

水泥窑协同处置是指将满足或经过预处理后满足入窑要求的固体废物投入水泥窑，实现对废物无害化处置的过程。采用水泥窑协同处置技术处理污染土壤，主要是利用水泥窑在生产水泥熟料时，对污染土壤进行焚烧与固化处理，土壤中的有机物在高温下转化为无机物，重金属通过高温烧结固定在水泥熟料中。

在 20 世纪 70 年代，发达国家就已经开始采用水泥窑处理危险废物，其中德国、美国、日本等国家的水泥窑协同处置技术的发展均位于世界前列。我国采用水泥窑协同处置技术修复污染土壤最早始于 2005 年，经过多年的研究开发和技术引进，目前已逐步完善成熟，在行业中广泛应用。

14.9.2 技术要素

14.9.2.1 系统配置

协同处置固体废物的水泥窑应选用设计熟料规模大于 2000 t/d 的新型干法预分解窑，窑体通常会配备完善的烟气处理系统和烟气在线监测设备。

14.9.2.2 土壤性质与原料

我国相关法规对进料的性质作了规定，禁止有放射性、传染性、爆炸性及反应性等危险特性的固体废物进入水泥窑，水泥生产的天然原料如表 14.10 所示（胡光，2018）。

表 14.10 水泥生产天然原料

类别		名称	比例	备注
主要原料	石灰质原料	石灰石、白垩、贝壳、泥灰岩	约占原料 85%	生产熟料用
	黏土质原料	黏土、黄土、页岩、河泥	约占原料 15%	
校正原料	铁质校正原料	低品位铁矿石		
	硅质校正原料	河砂、砂岩、粉砂岩、硅藻土		
	铝质校正原料	铝矾土		

14.9.2.3 污染物类型和浓度

① 入窑污染土壤中碱性物质含量过高会影响水泥的生产过程及水泥品质，入窑前须根据污染土壤中的 K_2O、Na_2O 含量确定土壤的添加量，从而保证水泥中碱性物质含量适当。

② 入窑污染土壤中重金属的最大允许投加量不应大于表 14.11 所列限值，对于单位为 mg/kg（水泥）的重金属，最大允许投加量还包括磨制水泥时由混合材料带入的重金属。

③ 入窑污染土壤中氟元素含量不应大于 0.5%，氯元素含量不应大于 0.04%。

④ 入窑污染土壤中硫元素总含量不应大于 0.014%。从窑头、窑尾高温区投加的全硫与配料系统投加的硫酸盐硫总投加量不应大于 3000mg/kg。

表 14.11 HJ 662 规定的重金属最大允许投加量限值

重金属	单位	重金属的最大允许投加量
汞(Hg)	mg/kg(熟料)	0.23
铊+镉+铅+15×砷 (Tl+Cd+Pb+15As)		230
铍+铬+10×锡+50×锑+铜+锰+镍+钒 (Be+Cr+10Sn+50Sb+Cu+Mn+Ni+V)		1150
总铬(Cr)	mg/kg(水泥)	320
六价铬[Cr(Ⅵ)]		10(计入窑物料中的总铬和混合材中的六价铬)
锌(Zn)		37760
锰(Mn)		3350
镍(Ni)		640
钼(Mo)		310
砷(As)		4280
镉(Cd)		40
铅(Pb)		1590
铜(Cu)		7920
汞(Hg)		4(仅计混合材中的汞)

14.9.2.4 添加量

生料入窑前重金属含量主要采用下式计算：

$$R_i=\sum W_{ij}\alpha_j+M_i\beta+R_{ri}(1-\sum\alpha_j-\beta) \tag{14.15}$$

式中 R_i——水泥窑协同处置固体废物后投料期间，生料中第 i 类重金属的含量，mg/kg；

i——重金属种类；

j——水泥窑协同处置固体废物种类，包含在生料制备系统、分解炉和回转窑系统里投加的固体废物；

W_{ij}——第 j 类固体废物（灼烧基）的第 i 类重金属的含量，mg/kg；

α_j——第 j 类固体废物（灼烧基）折算到生料中的配料比例，%；

M_i——煤灰中第 i 类重金属的含量，mg/kg；

β——煤灰中折算到生料中的配料比例，%；

R_{ri}——不投加固体废物期间，生料中第 i 类重金属的含量，mg/kg。

例题 14.7 某 2000t/d 水泥生产线中的土壤最大允许添加量为 5%，现有污染土壤 5000t，其中重金属 Pb、Cd 和 As 含量分别为 4300mg/kg、65mg/kg 和 120mg/kg，拟送至水泥窑进行处置。已知水泥熟料要求铊＋镉＋铅＋15×砷＜230mg/kg，问污染土壤的最大添加量为多少？最快需要多少天可以处理完这批土壤？

解：

① 根据已知条件，每千克土壤中重金属的总含量可视为：65＋4300＋15×120＝6165(mg/kg)。

已知水泥熟料要求重金属含量小于 230mg/kg，故添加量为 230/6165＝3.73%。

其中土壤最大允许添加量为 5%，3.73%＜5%，故污染土壤的最大添加量为 3.37%。

② 每天可处理土壤量为 2000t×3.37%＝74.0t。

土壤最快处理天数为 5000/74.0＝67.6(d)。

14.9.2.5 尾气控制

（1）HCl 和 HF

污染土壤加入水泥窑进行水泥熟料生产时，水泥原料、燃料及协同处置废物中的氯和氟在水泥窑高温区会反应生成 HCl 和 HF。大部分 HCl 和 HF 会在窑内发生反应并随熟料带入窑外，随烟尘排入大气，小部分会在窑内形成内循环，故无须对 HCl 和 HF 的排放进行特别控制。

（2）SO_2

窑内硫元素的化学形态主要有硫酸盐、有机硫化物以及无机硫化物，主要产生的尾气为 SO_2。对 SO_2 的控制方法通常包括：控制投加物料的含硫总量值小于等于物料的 0.014%；使用袋式除尘器，通过袋式除尘器滤袋表面收集的碱性物质吸收 SO_2，从而减少排放；其他方法还包括加消石灰、电石渣反应，设置旋风筒，水洗法等。

（3）二噁英

二噁英主要以水泥窑中副产物的方式产生。当窑内温度达到 300～325℃时，土壤停留时间在 2s 以上，土壤中存在碳氢化合物以及氯元素，当有催化剂和足够颗粒反应表面积时，二噁英就会生成。特别在水泥窑系统中的低温部分，如预热器上部、增湿塔以及除尘设备等处，往往容易发生二噁英的合成反应。

对于二噁英的控制通常从减少合成、增加吸附以及高温分解三方面进行，具体措施包括：避开二噁英合成的温度区间，同时考虑到烟气后续加热生料的要求，将烟气迅速冷却至 250℃以下；含挥发性有机物的废物禁止从低温处加入窑系统；采用高效除尘器，通过对吸附二噁英粉尘的高效捕集，减少二噁英向大气的排放。

14.9.3 工艺流程

根据土壤特性和入窑要求，土壤进入窑体前应对土壤进行破碎、筛分、分选、中和、沉淀、干燥、配伍、混合、搅拌、均质等预处理（中华人民共和国环境保护部，2013）。预处理过程中产生的废渣、废气和废液，应根据各自的性质，按照国家相关标准和文件进行处理达标后排放（国家市场监督管理总局等，2024）。

水泥窑协同处置工艺流程如图 14.11 所示，污染土壤经过筛分预处理后，由密闭输送装置运至窑尾烟室高温段焚烧，污染土壤中的有机物经过水泥窑高温煅烧彻底分解，实现无害化处置，土壤则转化为水泥熟料，整个过程无废渣排出。在高温条件下，土壤中的有机污染物会转化为无机物，高温挥发气体可以与高细度、高浓度、高吸附性、高均匀性的碱性物料（石灰类）充分接触，使硫和氯等元素转化为无机盐固定下来，重金属则固定在水泥熟料中。

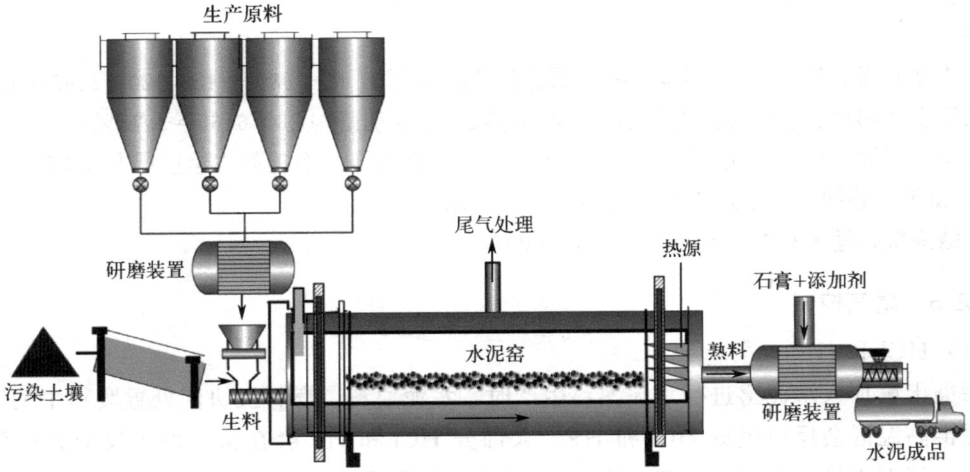

图 14.11　水泥窑协同处置污染土壤工艺流程

14.10　技术适用性

热处理适用于污染物种类复杂、污染浓度高、具备能源供给条件、常规方法难以解决的污染地块。相较于其他技术，该技术能耗较大。

热脱附主要适用于去除 VOCs 和 SVOCs（如石油烃、农药、多氯联苯）和汞。低温热脱附（LTTD）主要用于处理非卤化 VOCs 和燃料，也可用于处理 SVOCs；高温热脱附（HTTD）主要用于处理 SVOCs、PAHs、PCBs 和农药，高温热脱附也可以去除挥发性重金属（如汞、砷等）。热脱附不适用于无机物污染土壤（汞除外），也不适用于腐蚀性有机物、活性氧化剂和还原剂含量较高的土壤。异位热脱附对进料的尺寸和湿度有一定要求，可能需要对原料进行预处理，进而影响技术的适用性或成本。若进料中含有重金属，系统产生的固体残留物需要进一步处理。原位热脱附适用于地块周围有居民、对异味敏感或地块不适合进行开挖的情况。

水泥窑协同处置适用于去除有机污染物及重金属，不宜用于汞、砷、铅等重金属污染较重的土壤。由于水泥生产对进料中氯、硫等元素的含量有限值要求，在使用该技术时需慎重确定污染土壤的添加量。

习题与思考题

1. 简述常用的污染土壤热处理技术类型与定义。
2. 原位热处理的加热方式有哪些及各自的优缺点是什么？
3. 论述电阻加热的原理、影响因素以及实际应用中的注意事项。

4. 论述热传导的计算公式与哪些公式相似，并分析其异同。

5. 论述原位热脱附过程中温度上升的阶段，从工程角度，实际应用时往往采用什么措施降低能耗。

6. 热处理技术中土壤污染物去除转化机制主要包括哪些？

7. 多种污染物共存时，采用原位热脱附的目标温度达不到污染物的最高沸点，但是也能取得较好的脱附效果，解释其机理。

8. 原位热脱附过程中地层的哪些参数会发生变化，这些变化对热脱附有什么影响？

9. 简述异位热脱附的工艺流程及优缺点。

10. 采用热脱附系统处理甲苯污染土壤，土壤中甲苯浓度从12000mg/kg降低至3000mg/kg需要20min。假设脱附反应为一级反应，试求将土壤中甲苯浓度处理至1200mg/kg时土壤在反应器中的停留时间。

11. 采用原位热脱附修复土壤，加热方式为蒸汽加热，加热套管用传热面积为0.35m^2、壁厚60mm的钢管作传热表面，传热系数为80W/(m^2·℃)。已知管内侧水蒸气$h=$3000W/(m^2·K)，水蒸气平均温度85℃，管外侧空气平均温度为10℃。计算管道内侧壁面温度。

12. 原位热脱附加热井的影响半径如何确定？

13. 某有机污染土壤采用异位热脱附技术进行处理，设备处理量为12t/h。污染土壤初始温度20℃，含水率为25%，热源为天然气。土壤目标温度为300℃，尾气排风温度为90℃。燃烧室消耗空气的量为8000m^3/h（标况）。试计算该工况下每吨土壤的天然气消耗量。已知水的比热容C_w为4.2kJ/(kg·℃)；土的比热容C_s为1.2kJ/(kg·℃)；空气的比热容C_a为1kJ/(kg·℃)；水的蒸发焓ΔH为2257.6kJ/kg；天然气的热值q为35590kJ/m^3；空气密度为1.29kg/m^3。

14. 使用水泥窑协同处置技术处理污染土壤时应选择哪种窑体？

15. 简述水泥窑协同处置技术处置工艺流程。

16. 污染土壤水泥窑协同处置的环境风险有哪些？

参考文献

胡光，2018. 从重金属含量角度讨论水泥窑协同处置垃圾量的计算[J]. 中国水泥，12：83-85.

俞昌铭，2011. 多孔材料传热传质及其数值分析[M]. 北京：清华大学出版社.

中华人民共和国环境保护部，2013. 水泥窑协同处置固体废物环境保护技术规范：HJ 662—2013[S]. 北京：中国环境科学出版社.

国家市场监督管理总局，等，2024. 水泥窑协同处置固体废物技术规范：GB/T 30760—2024[S]. 北京：中国标准出版社.

BAI B, et al, 2015. Analytical solutions for contaminant transport in a semi-infinite porous medium using the source function method[J]. Computers and Geotechnics, 69: 114-123.

CARRIGAN C R, et al, 2000. Predictive and diagnostic simulation of in situ electrical heating in contaminated, low-permeability soils[J]. Environmental Science & Technology, 34 (22): 4835-4841.

COUNTS A D, et al, 1999. Thermal plasma waste remediation technology: historical perspective and current trends[J]. Diabetes Care, 33 (10): 2250-2253.

HEGELE P R, et al, 2014. Gas production and transport during bench-scale electrical resistance heating of water and trichloroethene[J]. Journal of Contaminant Hydrology, 165: 24-36.

HERON G，et al，2013. Removal of PCE DNAPL from tight clays using in situ thermal desorption[J]. Groundwater Monitoring & Remediation，33 (4)：31-43.

JING Y D，et al，2007. Effects of pH，organic acids，and competitive cations on mercury desorption in soils[J]. Chemosphere，69 (10)：1662-1669.

MARTIN E J，et al，2011. Observation of trapped gas during electrical resistance heating of trichloroethylene under passive venting conditions[J]. Journal of Contaminant Hydrology，126 (3)：291-300.

SUTHAN S，et al，1996. Remediation engineering design concepts[M]. Boca Raton：Crc Press.

第15章

生物修复技术

15.1 概述

生物修复包括微生物修复和植物修复。微生物修复又包括生物通风、生物堆、土耕法、泥浆生物法、增强生物修复等。生物修复既可以修复土壤，也可以修复地下水。生物修复具有绿色节能和二次污染小的特点。

生物修复的原则基于自然衰减、生物增强和生物刺激三个方面。最简单的生物修复方法是自然衰减，对土壤进行污染浓度与产物变化的监测，以确保污染物向无毒无害物质转化。生物增强通常适用于天然活性微生物群落存在数量较少甚至没有的情况，在这种情况下，添加污染物降解菌可以加速转化率。尽管许多细菌能够代谢有机污染物，但单一细菌并不具备降解污染土壤中所有甚至大部分有机化合物的能力。混合微生物群落具有强大的生物降解潜力，其包含的多种酶可帮助分解有机污染物。另外，污染区通常包含多种污染物，长期受污染物调控的环境介质则更有可能存在可降解多种污染物的微生物群落。微生物群体降解污染物的能力也可以通过添加营养物质或电子受体来刺激本地微生物而得到加强。

生物修复技术多被用于处理石油烃、氯代烃、杀虫剂、木材防腐剂和其他有机化学品污染的土壤、淤泥和地下水，特别是石油烃类和氯代烃类污染场地。国际上很早就开展了生物修复的研究与应用，但由于生物修复过程较慢，难以适应我国对污染场地快速修复与利用的需求，因此在我国应用并不广泛。

本章首先介绍微生物及其降解原理，鉴于内容的连续性，植物修复原理部分仍放在植物修复技术中介绍。由于第 3 章已对微生物降解机理作了介绍，本章中微生物降解机理主要介绍场地中常见的典型污染物的降解机制，然后对生物通风、生物堆、土耕法、泥浆生物法、增强生物修复及植物修复法的定义与发展、原理、技术类型、技术要素、系统设计、系统性能监测以及技术适用性等作相关介绍。

15.2 微生物降解原理与生物修复途径

15.2.1 土壤与地下水中的微生物

土壤与地下水系统中微生物物种的数量极为庞大，土壤微生物的复杂性和遗传多样性极高，但能从土壤中分离培养的微生物种类远远少于自然环境中实际存在的种类。DNA 分析显示，土壤样本中可能存在高达 4000 个不同的微生物基因组，这一数量远超过传统隔离板计数或表型计数方法所能检测到的 200 倍（Torsvik et al.，1990a；1990b）。土壤是多孔介质，具有比较大的比表面积，这成为微生物附着栖息的有力场所，大部分细菌紧密附着于土壤颗粒上，地下水中的细菌数量则相对较少。

土壤与地下水系统的微生物种群包括细菌、古细菌和真核生物。其中，细菌种群可能包括芽孢杆菌、梭状芽孢杆菌和假单胞菌等；古细菌种群中可能包括如甲烷八叠球菌属（*Methanosarcina*）等的产甲烷菌。其中，细菌和古细菌在生物量和种类数量上占据主导地位；真菌、纤毛虫、鞭毛虫等以及近地表的土壤中的植物和动物也占据一定数量。

微生物的栖息环境不同，生长速度也不同。一般靠近地表的包气带因氧气较多，微生物数量最多；往下至饱和带氧气浓度降低，近乎缺氧或厌氧状态，生物数量减少。在有利环境下，细菌的生长速度非常快，达到指数生长期的时间从几十分钟到几十小时不等。因此，微生物对土壤与地下水系统的环境变化非常敏感，也是强化生物修复的机制之一。

15.2.2 微生物反应

微生物可将污染物转化为毒性更低的化合物或无害物质。这种过程有两种，一种是通过代谢过程将这些污染物作为能量或碳源而利用，形成细胞组分和生物量，另一种是通过共代谢过程在其他微生物参与下降解污染物（Fritsche et al.，2001）。微生物代谢反应可分为好氧和厌氧反应。在好氧条件下，细菌通过将污染物氧化与氧气还原来降解污染物。在厌氧条件下，大部分有机化合物通过其他电子受体的相互作用而被微生物降解。可参见第 3.6.5 节。

好氧与厌氧不是截然分开的，地下环境异质性很大，同一土壤与地下水系统中存在着不同的微环境，同时具备好氧和缺氧条件，包括其他电子供体和电子受体，这些都可被微生物利用。常见的几种微生物氧化还原反应过程见图 15.1。

电子受体（氧化剂）	微生物 ⇒	ΔH^+ 的变化	水相化学还原物质
O_2	有氧呼吸	+ve	CO_2, H_2O
NO_3^-	硝酸盐还原	+ve	N_2
Mn^{4+}	锰还原	−ve	Mn^{2+}
Fe^{3+}	铁还原	−ve	Fe^{2+}
SO_4^{2-}	硫酸盐还原	+ve	S^{2-}, HS^-
CO_2	产甲烷反应	+ve	CH_4

图 15.1　常见微生物氧化还原过程

生物修复可以通过向目标区域添加微生物刺激剂的方式实现。一般需基于污染物性质、特定地点的地球化学条件和目标污染物生物降解机制来选择合适的刺激剂。微生物通过氧化还原反应获得生长所需的能量，电子从一组化合物（电子供体）转移到另一组化合物（电子受体），释放能量。电子供体一般为各种糖类、有机酸及某些污染物等，电子受体则包括溶解氧、硝酸盐、铁离子、硫酸盐、二氧化碳等。基本生物降解反应示意见图 15.2。一般而言，易于生物转化的污染物通常分子结构简单，与天然的有机化合物结构类似，具有水溶性、无毒性且可通过微生物代谢过程转化；难以生物转化的污染物往往具有复杂的分子结构，多为自然界中不存在的新型人造化合物，具有低水溶性，或对微生物具有毒性。

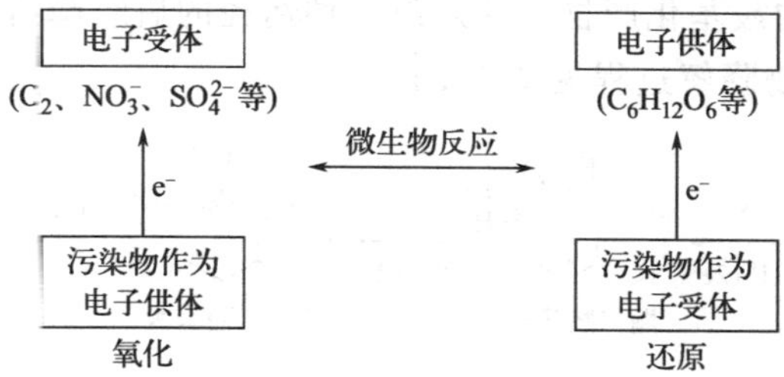

图 15.2 微生物氧化还原反应示意图

15.2.3 常见污染物的降解机制

15.2.3.1 碳氢化合物

具有降解碳氢化合物能力的细菌被命名为碳氢化合物降解细菌。碳氢化合物的生物降解可以在好氧和厌氧条件下发生，例如，从石油污染土壤中分离出来的硝酸盐还原细菌菌株假单胞菌（*Pseudomonas* sp.）和短芽孢杆菌（*Brevibacillus* sp.）可在好氧或厌氧条件下将石油类物质完全矿化（Grishchenkov et al.，2000）。此外，Kafilzadeh 等人（2011）分离出了 80 个细菌菌株，分属于以下 10 个属——芽孢杆菌、棒状杆菌、葡萄球菌、链球菌、志贺氏菌、产碱杆菌、痤疮丙酸杆菌、埃希菌、克雷伯菌和肠杆菌，均有降解碳氢化合物的功能。芽孢杆菌是最好的碳氢化合物降解细菌。脂肪族碳氢化合物的降解途径分为好氧和厌氧两类。好氧降解过程见式（15.1），微生物在加氧酶的辅助下将碳氢化合物与氧气转化为二氧化碳和水，并产生能量（Stroud et al.，2007）。厌氧降解过程见式（15.2），微生物利用无氧呼吸（使用硝酸盐、亚硝酸盐、一氧化二氮、硫酸盐、硫代硫酸盐、碳酸盐和金属离子等）或发酵或不产氧光合反应，为底物分解代谢活动提供电子和氢（Grossi et al.，2008）。

$$C_xH_y+\left(x+\frac{y}{4}\right)O_2 \xrightarrow{\text{微生物}} xCO_2+\frac{y}{2}H_2O \tag{15.1}$$

$$C_xH_y \xrightarrow[\text{微生物}+H_2O、H^+]{SO_4^{2-}、NO_3^-、ClO_3^-、NO_2^-、Fe^{2+}} HCO_3^- \text{ 或 } CO_2 \text{ 或 } CH_4 \text{ 或 } CH_3COOH \tag{15.2}$$

15.2.3.2 多环芳烃

能够降解芳香烃的细菌通常来自土壤，且可以通过培养手段分离出来。这些菌株一般为革兰氏阴性菌，其中大多数属于假单胞菌属。其他如分枝杆菌属、冠状杆菌属、气单胞菌属、罗氏菌属和芽孢杆菌属的细菌中也有生物降解途径的报道（Mrozik et al.，2003）。PAHs 的生物降解也遵循碳氢化合物降解的一般规律，但目前仅对一些低分子 PAHs 的降解途径有较为清晰的共识，一些高环数的 PAHs 降解机制还有待进一步探索。在好氧条件下，微生物在 PAHs 双氧化酶的作用下将氧原子加至芳香环上，再经进一步的脱氢生成醇类，然后环氧化裂解产生羧基、羰基、醛基、醇等，进而转化为单环儿茶酚或龙胆酸，再被开环裂解后完全矿化，其过程见图 15.3（Ri-He et al.，2010）。在厌氧条件下，微生物在不同酶的作用下反应过程可分为两种。一种是对苯环的羧基化，再由加氢辅酶对苯环进行加氢作用，进而羧基化开环，转为较易降解的结构；另一种途径是 PAHs 的甲基化反应，在富马酸的加成下，甲基化的 PAHs 加氧为羧基（一种类似琥珀酸的结构），经过加氢辅酶的多次作用再次生成 PAHs 的羧基化产物，并入第一种途径的后续降解步骤（Annweiler et al.，2002）。PAHs 的厌氧生物降解过程见图 15.4。

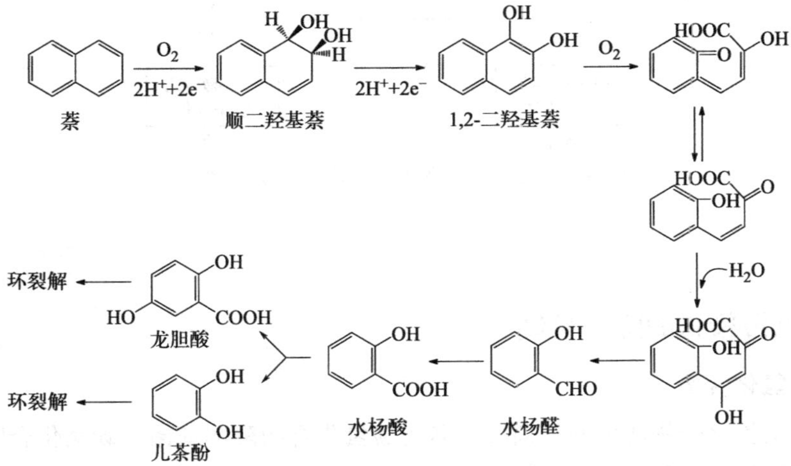

图 15.3　萘好氧降解一般途径

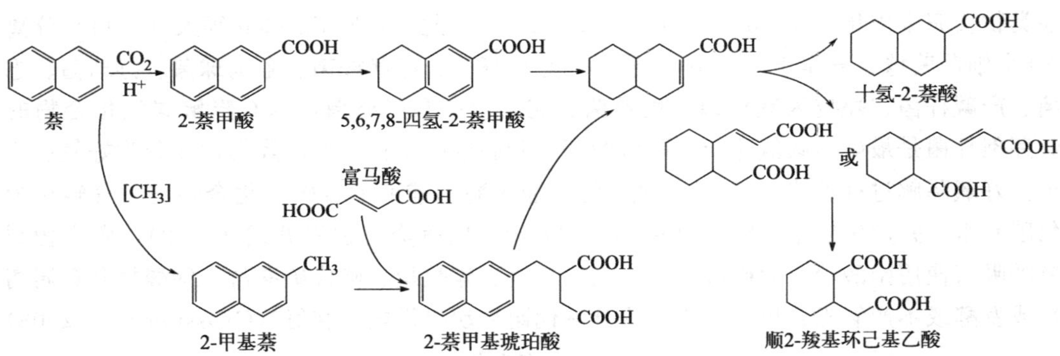

图 15.4　萘厌氧降解一般途径

15.2.3.3　氯代烃

微生物的有机卤化物呼吸是厌氧环境中氯乙烯降解的主要手段。大多数细菌群只能通过还原脱氯将四氯乙烯（PCE）和三氯乙烯（TCE）部分降解为顺 1,2-二氯乙烯（cDCE）或氯乙烯（VC）。但也存在可将 PCE 完全还原为乙烯的微生物，如脱卤拟球菌（*Dehalococcoides mccartyi* 195）（Lai et al.，2013），这是由美国科学家发现的一种厌氧菌株，能够将氯代烃完全转化为无毒的乙烯，是目前已知的唯一一种可以彻底脱氯的微生物，以其为基础的 KB-1 等土壤微生物修复试剂已用于成功修复多个氯代烃污染场地（Peale et al.，2010）。还原性脱卤酶（RDases）是有机卤化物呼吸的关键酶，直接催化碳氯键的切割，该过程电子供体通常是氢气、乙酸盐、乳酸盐等。PCE 还原性脱卤酶（PCE-RDases）将 PCE 和/或 TCE 脱氯为 cDCE，TCE-RDases 将 TCE 脱氯为 VC，VC-RDases 将 cDCE 和 VC 脱氯为乙烯，将 1,2-二氯乙烷转化为乙烯（Iva. Dolinová et al.，2017）。降解过程存在的问题在于低氯代烃的积累，首先当逐次脱氯导致氯取代基的数量减少时，由于代谢反应的能量产率较低，细菌倾向于不进行还原脱氯过程。其次，能够降解低氯代烃的细菌种类较少，目前仅报道有 *Dehalococcoides mccartyi* 195 可以进行（Maymó-Gatell et al.，1999）。

在有氧代谢氧化降解过程中，一些细菌［比如真养产碱杆菌（*Alcaligenes eutrophus*）、恶臭假单胞菌（*Pseudomonas putida*）］已经被鉴定出能够进行有氧代谢降解，主要是 cDCE 和 VC（Harker et al.，1990；Kim et al.，2010）。单加氧酶是氯乙烯有氧代谢降解的关键酶，通过将一个氧原子结合到被氧化的底物中来催化氧的还原。在有氧代谢降解环氧乙烷过程中，细菌主要利用单加氧酶催化环氧化反应生成氯乙烯环氧化物。环氧化物在水性体系中不稳定，反应非常快，通常形成环氧化物-大分子加合物而导致细胞损伤。作为回应，生物体产生环氧化物转化酶，例如环氧烷烃辅酶 M 转移酶，来解毒环氧化物，但其中在生物体内参与代谢的酶种类与过程尚不完全明晰（Lai et al.，2013）。氯代烃的代谢过程见图 15.5。

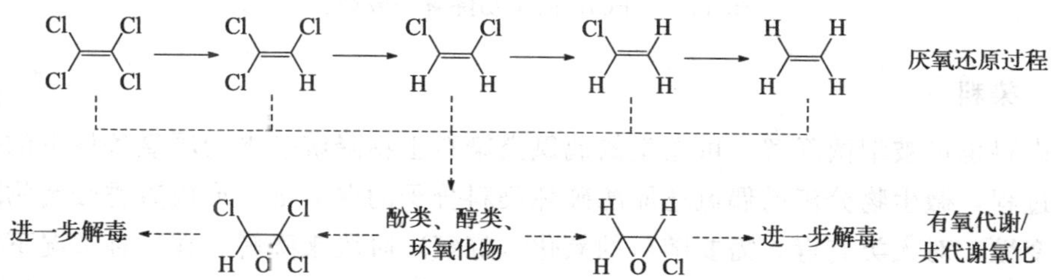

图 15.5　氯代烃的生物降解一般途径

15.2.3.4　多氯联苯

厌氧和好氧细菌都能对多氯联苯进行生物转化。高氯化度的多氯联苯会被厌氧微生物进行还原性脱卤。低氯联苯被好氧细菌氧化（Seeger et al.，2001）。到目前为止，对分离出的好氧细菌的研究主要集中在假单胞菌属、伯克霍尔德菌属、罗尔斯通氏菌属、无色杆菌属、鞘氨醇菌属和丛毛单胞菌属的革兰氏阴性菌株上。大多数细菌的多氯联苯降解的好氧代谢途径非常相似，包括四个由酶催化的步骤，这些参与代谢的酶分别为联苯双加氧酶（BphA）、二氢二醇脱氢酶（BphB）、2,3-二羟基二苯双加氧酶（BphC）和水解酶（BphD）（Taguchi et al.，2001）。PCBs 的生物降解分为厌氧还原脱氯与好氧氧化降解两种方式，但高氯代（五氯及以上）PCBs 一般需要通过脱氯后才可进行氧化降解（Field et al.，2008）。PCBs 的好氧氧化降解过程一般在加氢酶的作用下，在无氯或少氯苯环上加氧成醇，再开环生成羧基、羰基等，再由水解酶帮助脱水成氯代苯甲酸，后被微生物完全矿化（Field et al.，2008）。PCBs 的厌氧还原脱氯一般是在其他电子供体（氢气或小分子有机酸）参与下，还原脱卤酶帮助微生物在厌氧条件下完成对 PCBs 的脱氯，并在该过程中获取能量（Holliger et al.，1994）。这两种降解方式的一般途径见图 15.6。

15.2.3.5　农药

细菌同样对部分农药具有降解作用，从农业土壤中分离出的斯氏普鲁威登菌（*Providencia stuartii*）可将毒死蜱降解，从耕地和非耕地土壤中分离出的芽孢杆菌、葡萄球菌和链球菌能够降解二氯二苯三氯乙烷（DDT）（Kanade et al.，2012）。目前对有机氯类农药、有机磷类农药、拟除虫菊酯类农药、酰胺类和苯氧羧酸类除草剂及手性农药的微生物降解菌有报道，其降解途径和方式各不相同。

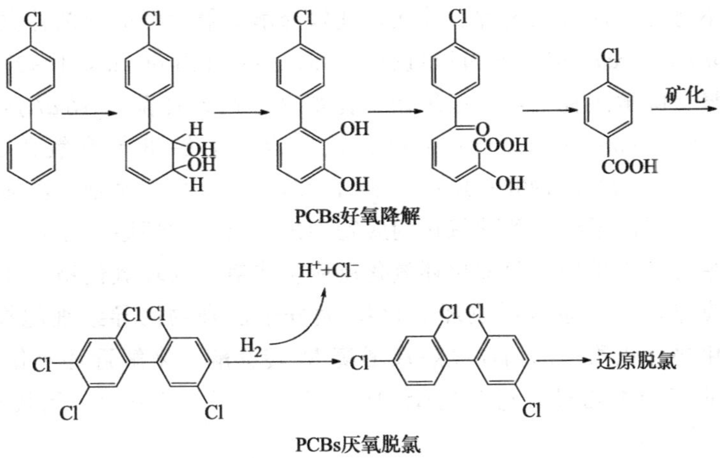

图 15.6　PCBs 的生物降解一般途径

15.2.3.6　染料

偶氮染料也可被细菌降解。可发生的偶氮类染料生物降解基本为厌氧条件下的一种非特异性还原过程，微生物分泌的偶氮还原酶破坏染料分子的偶氮键，形成芳香胺类物质。芳香胺具有诱变性，对人类有毒，需要随后的氧化（好氧）阶段来降解。在这种情况下，利用微生物联合体对纺织染料废水进行联合厌氧-好氧生物处理在实验室研究中常见。例如，由变形杆菌（*Proteus* sp.）、假单胞菌（*Pseudomonas* sp.）和肠球菌（*Enterococcus* sp.）组成的混合细菌群对染料进行生物降解和脱色效果较好（Chaube et al.，2010）。

15.2.3.7　重金属

微生物对重金属主要是转化作用。微生物已经发展出通过各种机制保护自己免受重金属毒害的能力，如吸附、吸收、甲基化、氧化和还原。金属的还原可以通过异化金属还原发生，其中细菌利用金属作为厌氧呼吸的终端电子受体。微生物的甲基化在重金属生物修复中起着重要作用，甲基化的化合物经常是挥发性的，这就使得重金属可以通过挥发从土壤中去除，常见的利用甲基化进行重金属生物修复的污染物是汞、砷等。除了氧化还原转化和甲基化反应，嗜酸铁细菌和硫氧化细菌能够从受污染的土壤中浸出高浓度的 As、Cd、Cu、Co 和 Zn。另外，金属还可以通过硫酸盐还原菌的代谢活动间接地沉淀为不溶性硫化物。

15.2.4　生物修复的基本途径

微生物具有降解污染物的能力，利用微生物降解原理对污染土壤与地下水进行修复就是生物修复的主要机制，这种机制主要基于自然衰减、生物刺激和生物强化三个途径。

15.2.4.1　自然衰减

当环境被化学品污染时，大自然可以通过四种方式对其进行清理：①土壤和地下水中的微生物或微小动物将一些化学品作为食物而“消化”掉；②污染物黏附或吸附在土壤颗粒上，使其固定在原地阻止污染物的迁移；③污染物随地下水的迁移和混合浓度得到降低；④挥发性有机物如油和溶剂等可以在土壤中由液体挥发为气体而逃逸。这就是污染物的自然衰减现象。

自然衰减或生物衰减是指通过土壤与地下水自然系统中的生物过程（好氧和厌氧生物降

解、植物和动物吸收）、物理作用（对流、弥散、扩散、稀释、挥发、吸附/解吸）和化学反应（氧化还原、离子交换、配位、沉淀及其他非生物转化等）降低环境中的污染物浓度。自然衰减中最重要的过程是生物降解，即由微生物等进行的化合物形式的转化。在适当的条件下，微生物还可以引起或协助化学反应，改变污染物的形式，从而降低或消除健康风险。自然衰减是自发的，但并不是在任何污染场地都会发生，因此，需要对关注的污染物进行监测，这被称为监测自然衰减法。判定是否需要其他技术手段干预自然衰减过程，需要监测自然衰减是否确保污染物降解的速度足以使人体健康风险或环境风险保持在合理水平。如果自然衰减不够快或不够彻底达不到修复预期时，可通过生物刺激或生物强化来提高修复效率。

15.2.4.2 生物刺激

地下环境中尽管存在着大量微生物，但是针对目标污染物具有降解功能的土著微生物种类和数量可能并不多，仅靠这些有限数量的微生物的作用不足以获得较好的修复效果。向地下环境中添加土壤养分、微量矿物质、电子受体或电子供体等，可增强微生物的活性，加速土壤污染物的生物转化，进而清除污染物，这个过程就是生物刺激。

三氯乙烯、高氯乙烯可在添加乳酸后实现短时间内的生物转化，许多氯代物的生物降解利用了共代谢机制。电子穿梭物，如腐殖物质（HS），可以通过提高电子传递速度在有机污染物的厌氧生物转化中发挥重要的刺激作用。HS 类别中的蒽醌-2,6-二磺酸盐（AQDS）可作为电子穿梭剂，促进氧化铁的还原和有机污染物的转化。通过添加乳酸和 AQDS 对本地微生物群落进行生物刺激，土壤中铁还原细菌对五氯酚、五氯苯酚的脱氯率得到提高。

15.2.4.3 生物强化

对地下环境中土著有效微生物进行生物刺激后，仍不能获得较好的污染物降解效果时，需要引入特定的菌株或微生物混合菌来提高对污染物的降解去除能力，这就是生物强化技术。生物强化技术的前提是污染区域中存在的本地微生物群落对于污染的代谢能力，可以通过添加特定外源菌株或微生物混合菌而得到增强，致使发生更广泛的生物降解反应（El et al.，2005）。

此外，许多的基因工程微生物（GEMs）具有更强的降解能力，可降解多种类型的芳香烃，是土壤生物强化技术应用的新方向。该技术源于 20 世纪 80 年代末和 90 年代基于探索微生物的遗传多样性和代谢多功能性的研究。通过改造微生物来提高降解污染物的性能成为生物强化的一个新策略。重组 DNA 技术是通过检测降解基因的存在，并在受控环境下通过合适的载体将其融入适当的宿主遗传物质中，来提高生物体代谢污染物的能力。这项技术包含聚合酶链式反应（PCRs）、反义 RNA 技术、位点定向诱变、电穿孔和粒子轰击技术。GEMs 构建的第一步是选择一个或多个合适的基因，接下来，要克隆的 DNA 片段被插入载体并引入宿主细胞中。改造后的细胞被称为重组细胞。下一步是生产多个基因拷贝和选择含有重组 DNA 的细胞。最后一步包括筛选出具有所需 DNA 插入和生物特性的克隆物。

研究人员已经研究了改性生物体降解石油碳氢化合物、PAHs 的能力。代谢工程和生物化学的“设计工具”越来越先进，通过不同手段将构建的基因片段注入微生物并与现有的代谢途径相结合，大大促进了生物降解的程度。已有报道证明，通过重新设计普氏假单胞菌的代谢途径，构建混合菌株，能够同时矿化苯、甲苯和对二甲苯混合物，且不积累任何代谢中间产物，这对使用微生物修复的安全性具有重要意义。

非生物因素和生物因素都会影响生物强化的效果，重要的非生物因素是温度、水分、pH 值和有机物含量。然而，通气性、营养含量和土壤类型也决定了生物强化的效率。生物因素包括本地和外源微生物对有限碳源的竞争，原生动物和噬菌体的拮抗作用和捕食也对生物强化的最终结果起着重要作用（Mrozik et al.，2009）。生物强化和生物刺激的联合可能是加速生物修复的一个有效途径。通过添加能量源或电子受体，本地和外源微生物的作用都可以从生物刺激中得到增强。

15.3 生物通风

15.3.1 定义与发展

生物通风（in situ bioventing）是一种通过向土壤中提供氧气刺激微生物降解需氧可降解化合物的自然原位生物降解技术（Speight，2017）。通过注入低流动速率的空气至包气带污染土壤中，刺激微生物活性，以增强对污染土壤的生物修复（Leeson et al.，1996a）。

生物通风法由土壤气相抽提法（SVE）发展而来，处理对象的范围较传统的 SVE 法更广，不仅适用于处理小分子石油组分，而且适用于修复原油中的重组分污染物。得克萨斯研究所在 1980 年首次通过强制曝气手段增强非饱和区污染物的生物降解。该方法不仅可以通过物理挥发去除汽油，还可以增强微生物的活性促进汽油的生物降解（Texas Research Institute，1980，1984）。美国空军于 1988 年启动了生物通风的研究和发展计划，在犹他州希尔空军基地的 914 号场地进行了研究。该场地的原始设计为土壤气相抽提系统，但随后的监测表明，生物降解活动大大促进了污染土壤的修复，因此该系统被认定为生物通风系统（Leeson et al.，1996a）。

经过 20 世纪 90 年代的发展，生物通风技术被广泛应用于地下储罐泄漏场地的治理。美国空军编制了一份技术备忘录，总结了在 145 个美国空军基地进行的燃料生物排放可处理性研究的结果。该技术已在美国 30 个州和 10 个 EPA 地区获得监管机构的认可，同时，该技术的使用正在迅速增长（USEPA，2000），但在我国应用较少。

15.3.2 原理

原位生物通风是一种强迫氧化的生物降解方法。通过向污染场地表层以下土壤供给空气或氧气，增强土著微生物的好氧活动，促进不饱和带土壤中污染物的降解，其处理范围严格控制在不饱和带土壤中。同时，可在通气过程中混入一定量的氮气，为降解菌提供氮源。或者在生长繁殖过程中通过共代谢作用将目标污染降解。土壤孔隙中压力梯度驱使挥发性有机物及降解产物流向抽气井，土壤中的挥发性有机物随之去除。基本原理总结见表 15.1。

表 15.1　原位生物通风基本原理

污染物种类	微生物种类	降解条件	降解效率	涉及过程
原油、汽油、柴油等可降解脂肪烃类	污染场地土著微生物或经驯化的土著微生物	好氧条件	效率较高	烷烃、环烷烃的好氧生物降解需要分子氧进行羟化，即由微生物酶、单氧酶启动的第一个代谢步骤，而进一步的氧化可能与硝酸盐的还原有关
				单环芳烃（如苯系物）的降解涉及氧酶，氧酶也需要分子氧进行侧链的转化和芳香烃的裂变
		厌氧条件	效率一般比好氧条件下低，但某些情况下可接近好氧效率	

15.3.3 技术要素

15.3.3.1 生物降解性和挥发性

污染物的生物可降解性是使用生物通风技术的首要条件。根据生物降解的难易可将污染物分为易降解、可降解和难降解几种类型。易降解、可降解的污染物才可以用生物通风修复。在生物处理过程中，微生物直接降解有机物以获得碳源或能量，或者通过共代谢过程来降解有机化合物。生物降解的速率取决于底物（污染物）利用的微生物动力学特性。大多数底物利用属于初级底物利用，其中碳源为微生物的生长提供大部分碳和能量。在污染物不提供主要能量来源或不能用作碳和能源的情况下，可能会发生二次底物利用或共代谢。初级底物利用的经验方法可通过莫诺（Monod）方程描述，参见第3.6.5.6节内容。与废水相比，污染场地中污染物浓度要低得多，因此生物通风生物降解的最大速率也比较低。Howard等（1991）估计，苯的有氧半衰期（溶解在地下水中）为10天至24个月，而乙醇的半衰期为0.5～2.2天。表15.2列出了几类污染物的生物通风降解率。

表15.2 不同污染物的生物通风降解率情况

污染物	降解率	降解类型	参考文献
C_8～C_{32}的直链烃	1.7%(32d内)	自然衰减	Li et al.,2000
	42%(32d内)	强化生物修复	
BTEX(苯系物)	0.24%/d	自然衰减	Kao et al.,2001
	0.16%/d	固有的生物修复	
原油	130mg/(kg·d)	添加肥料的增强生物降解	Rosenberg et al.,1992
汽油的挥发性组分	15～202μmol/h	生物降解	Solano-Serena et al.,2000
柴油	0.04/d (一阶速率常数)	营养物增强生物降解	Aggarwal et al.,1997
柴油	6.8mg/(kg·d)	生物通风	Baker et al.,1993
柴油	0.032/d (一阶速率常数)	生物通风	Brook,1997
汽油	4.0mg/(kg·d)	生物通风	Downey et al.,1994
汽油	15mg/(kg·d)	生物通风	Newman et al.,1993

注：引自Shewfelt，2022。

理论上，任何可生物降解的化合物（例如石油烃）都可能通过生物通风进行降解。但从工程应用的可行性上，决定是否适合生物通风处理的另一个关键因素是污染物的挥发性。生物降解性与污染物挥发性二者需要维持在一个比较平衡的范围内。如果挥发速度大大超过生物降解速度，污染物主要通过挥发去除，不适用于生物通风处理，而适用于气相抽提。如刚遭受燃料类污染的场地，部分燃料挥发性很强，尽管具有较好的生物降解性，但也不太适合用生物通风处理。如果挥发作用不强，但是生物降解性很低，也不适合用生物通风处理。Kampbell（1993）发现，浅层土壤的气相生物降解作用最大，随着空气注入率的增加，碳氢化合物的挥发也会增加（图15.7）。

影响有机化合物可生物降解性的最重要因素之一是电子受体的类型和可用性。在碳氢化合物泄漏后，微生物好氧降解污染物会导致氧气耗尽，导致地下土壤中形成厌氧条件。尽管

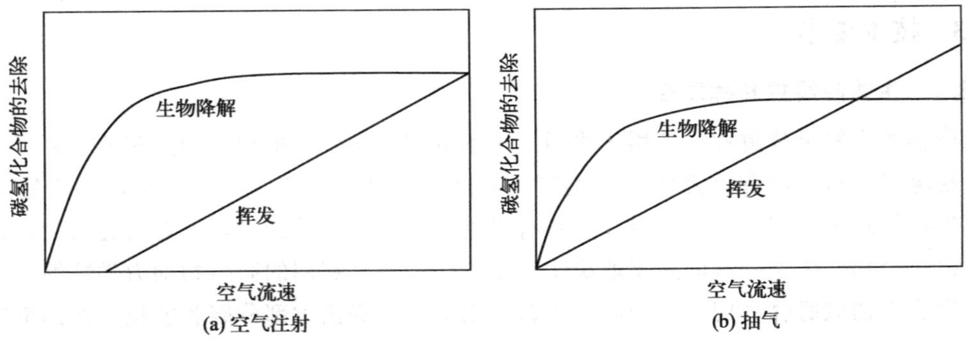

图 15.7 碳氢化合物的挥发和生物降解率与空气流速的关系图（引自 Leeson，1996b）

碳氢化合物在厌氧条件下也可能会发生有限的生物降解（Bilbo et al.，1992；Mormile et al.，1994），但速率远不及好氧下的生物降解快（Hinchee et al.，1989；Miller et al.，1991）。在实际修复过程中，微生物的氧气利用率往往会随着时间的推移而缓慢下降，其原因可能是在有机混合污染情况下，微生物优先去除更易降解的污染物，剩余的污染物往往不容易降解，氧气的利用率也随之下降。

影响微生物降解的因素还包括生物利用度、氧气供应、含水量、土壤酸碱度、土壤温度、营养供应、污染物浓度等。

15.3.3.2 生物利用度

生物利用度是污染物可被微生物利用的程度，除了污染物本身的生物降解性外，污染物能够充分与微生物接触也是影响生物利用度的一个重要因素。化合物的水溶性和亲和力显著影响其生物利用度。水溶性较高且亲和力较低的化合物，如 BTEX（苯、甲苯、乙苯和二甲苯），更易于在非水相液体中分布或吸附在土壤上，从而被土壤微生物更有效地利用和降解。挥发到土壤空隙中的污染物依然能被土壤中微生物降解，Miller（1990）在廷德尔（Tyndall）空军基地发现，碳氢化合物蒸气生物降解的速度相当于在受污染土壤中观察到的降解速度的三分之一。污染物的生物利用度使生物通风动力学进一步复杂化。

15.3.3.3 污染特性

污染特性包括污染物性质、污染程度、赋存状态和空间分布，这些因素对生物通风有显著影响。

图 15.8 为污染物的物理化学性质与其生物通风处理潜力之间的关系，由图可知，在蒸气压 1～760mmHg 的范围内，化合物易于挥发或生物降解，如苯和甲苯等烃类化合物，适于用生物通风进行修复。对于低蒸气压化合物，则不需要像高蒸气压化合物那样要求具有更好的生物降解性，图 15.9 展示了这种关系。

截至目前，绝大多数生物通风工程案例都是应用于石油烃污染场地的，但对多环芳烃（Lund et al.，1991；Hinchee et al.，1992；EPA，1994a；Alleman et al.，1995）以及丙酮、甲苯和萘混合物的生物通风处理（Leeson et al.，1994）也已获得成功。生物通风不常用于多氯联苯（PCBs）等氯代烃的处理，但可以通过共代谢过程增强特定化合物如 TCE 的降解。例如，使用甲苯作为碳源的微生物可以共代谢 TCE，实验室和现场研究都表明，通过注入氧气和苯酚，可以在原位实现 TCE 的高效降解（Wackett et al.，1992；Hopkins et al.，1993）。

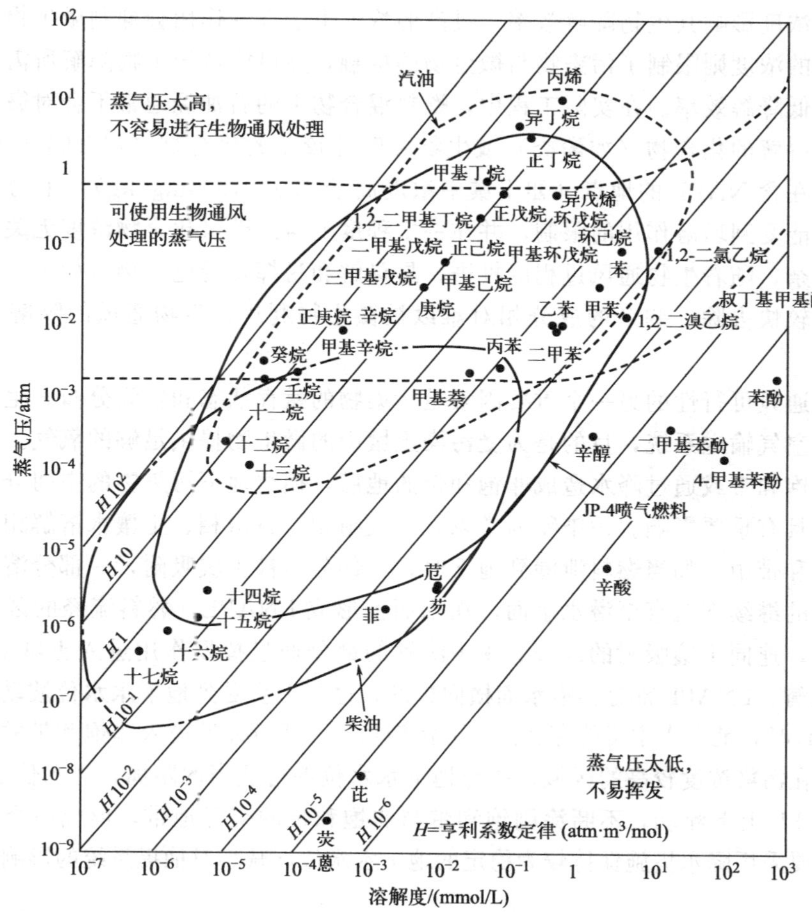

图 15.8　污染物的物理化学性质与生物通风潜力关系图（Leeson et al.，1996a）

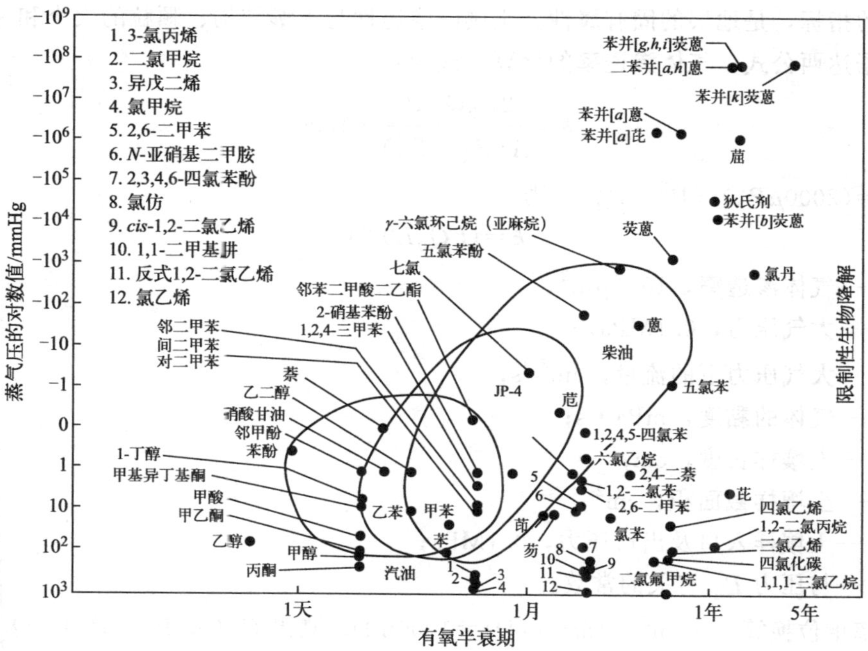

图 15.9　污染物蒸气压与好氧生物降解性的关系图（Leeson et al.，1996a）

污染物的浓度影响其生物降解效率。过高的浓度由于毒性作用会抑制微生物活性，降低降解率；过低的浓度则限制了污染物与微生物的接触，并可能低于生物降解所需的最小浓度阈值，同样降低降解效率。在实际工程中，燃料混合物中的石油烃通常不会对微生物产生毒性，其他更易溶解的化合物（如酚类）或生物降解性较差的化合物（如 TCE）可能会表现出毒性作用。在含 NAPL 的地点（如土壤中浓度高于 100～1000mg/kg），生物可利用的碳氢化合物很可能受到增溶作用的限制，并在一定程度上与总碳氢化合物浓度无关。碳氢化合物的组分较复杂，随着生物通风过程的推进，易降解和易挥发的化合物（如苯、甲苯、乙苯和二甲苯）被较快去除，剩余的成分相对难以被微生物利用，生物通风的降解效率会持续下降。

影响生物通风可行性的另一个重要因素是污染物的赋存状态和空间分布。生物通风系统本质上是一个空气输送系统，目的是为受污染土壤中的微生物提供足够的氧气。因此，生物通风适用于非饱和带或通过降水造成非饱和带的地层，摸清地下污染物的空间分布对生物通风系统的设计具有重要影响。污染物通常以土壤吸附相、自由相、土壤水溶解相和气相等形态存在于非饱和带中。如当燃料泄漏到地下时，一部分会被土壤吸附，一部分溶解在土壤吸附水中，其余的继续下沉直至潜水水面，在水面上形成 LNAPL，燃料流经的区域部分会形成残余饱和度，连同土壤吸附的部分、水中溶解的部分通过挥发作用进入土壤空隙气相中，形成了多相平衡。LNAPL 部分会沿水面横向扩散，过程中会受到地下水水位波动的影响。当不形成 LNAPL 时，地下水中可能存在溶解的污染物，会通过挥发进入非饱和带的气相中。气相抽提井应设在污染浓度较高的区域，并与地下水水位保持适当的距离，当水位波动过大时，水面携带 LNAPL 上下浮动，不断涂刷饱和带与非饱和带的交界地带，形成一个较宽的污染带。因此，需要采用降水措施保持较为稳定的地下水水位，减小对抽提系统的影响。

15.3.3.4 土壤渗透性

土壤渗透性是生物通风技术的核心影响因素。土壤气体渗透率是衡量气体在土壤空隙中通过能力的指标，是地层的固有属性。土壤的渗透性与土壤结构、颗粒的大小和土壤的湿度有关。根据达西公式，气体渗透率的计算公式为：

$$k=\frac{2P_0Q_0\mu L}{A(P_1^2-P_2^2)}\times 1000 \tag{15.3}$$

令 $C=(2000\mu P_0)/(P_1^2-P_2^2)$，则：

$$k=(CQ_0L)/A \tag{15.4}$$

式中 k——气体渗透率，$10^{-3}\mu m^2$；

P_0——大气压力，0.1MPa；

Q_0——大气压力下的流量，cm^3/s；

μ——气体的黏度，mPa·s；

L——土壤样长度，cm；

A——土壤样截面积，cm^2；

P_1、P_2——土壤样入口及出口压力，0.1MPa；

C——与压力 P_1 有关的常数。

渗透率单位换算为 $1\mu m^2$=1darcy(D)=1000mD。测出 C（或 P_1、P_2）、Q_0 及土壤样尺寸即可求出渗透率。

与水力传导率一样，受地层的异质性影响很大，不同地层的土壤气体渗透率差别很大，常见土壤气体渗透率如表 15.3 所示。为表示渗透率大小的程度，对渗透率进行分级，如表 15.4 所示。

表 15.3 土壤气体渗透率　　单位：D

土壤类型	k	土壤类型	k
粗砂	100～1000	细砂	0.1～1.0
中砂	1～100	淤泥/黏土	<0.1

表 15.4 渗透率分级

级别	渗透率/mD	级别	渗透率/mD
特高	>2000	低	10～100
高	500～2000	特低	<10
中	100～500		

一般来说土壤的渗透率应该大于 0.1darcy，否则空气流动性会很差，为微生物提供的氧气量就少。其次，在渗透性好的土壤中营养物质和电子受体的传质速度快，有利于生物降解反应的进行。生物通风在一些低渗透性污染土壤中也得到成功应用，根据美国实施的黏性土不同占比的场地生物通风修复项目的数量统计，淤泥与黏土占 50%（质量分数）以上的有 28 处，其中含量超过 75%的场地有 11 处（Leeson et al.，1996b）。在许多淤泥和黏土含量超过 80%的场地中，土壤气体渗透性仍然满足大于 0.1darcy 的要求。在渗透率超过 0.1darcy 的土壤中，供氧通常是充分的。

15.3.3.5 氧气的影响半径

通风井氧气影响半径（R）是生物通风设计中的一个关键环节，对于确定通风井的布局、鼓风机的规格以及确保整个目标区域获得充足的氧供应具有十分重要的意义。

氧气影响半径是指为维持最大的生物降解而必须供应氧气的影响半径（Leeson et al.，1996b）。这种影响半径的定义通常与 SVE 的定义不同，在 SVE 中，影响半径被定义为与抽气井或注入井发生真空或压力（土壤气体运动）的最大距离。氧气影响半径是关于空气流速和氧气利用率的函数，它的值取决于场地地质、井的设计和微生物的活动。

渗透性较低的土壤层若与渗透性较高的土层相邻，因为存在扩散压力，更容易在渗透性强的地层产生更大的影响半径。因此，在存在浅层污染的场地上，可以通过铺设沥青或混凝土等不透水材料制成的表面屏障来扩大氧气影响半径。

微生物活性会影响氧气的影响半径。微生物活动增加，对氧气的消耗会升高，从而缩小了氧气影响半径。因此，宜在微生物活动的高峰期确定氧气影响半径。压力影响半径一般在 2～4 小时内即可测得（Leeson et al.，1996b）。

希尔空军基地 280 号石油烃污染场地生物通风修复结果显示，距离注入井大约 15m 的半径范围内检测到气相中高 TPH 浓度，TPH 浓度随着与井的距离增加而降低。同样，观察到平均原地呼吸率随着与注入井的距离增加而降低（图 15.10）。由图可知，即使在离注入井较远的监测点（67m）测得的原地呼吸率相对较低，但大部分污染物的降解发生在这个区域。

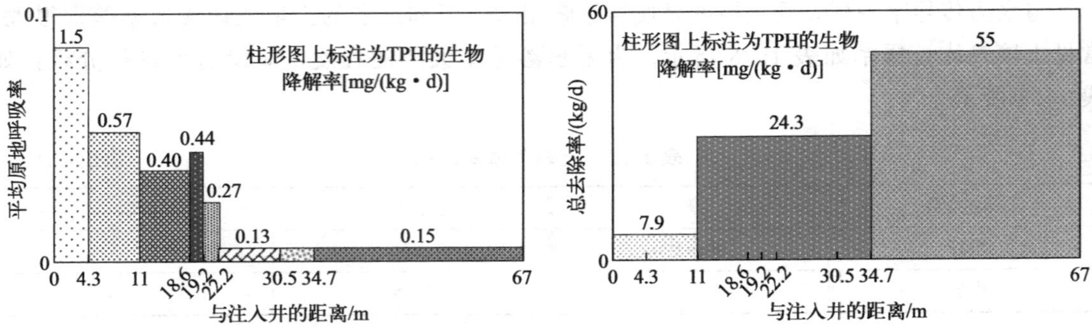

(a) 距离注入井不同距离的平均原地呼吸率　　(b) 距离注入井不同距离的石油烃去除率

图 15.10　希尔空军基地场地微生物呼吸速率与石油烃去除率（Leeson et al.，1996b）

与氧气影响半径相对应，还有一种压力影响半径，它是指远离通风井能够测量到压力变化的最大距离。理论上，压力影响半径可以是无限的。氧气影响半径与压力影响半径紧密相关，一般而言，压力影响半径是氧气影响半径的一个保守估计。氧气影响半径的确定需要测量通风井周围不同距离处的氧气浓度变化，并且实际的影响半径并不总是与气体流动范围相同。例如，在高渗透性的砾石中，气体流动可能超出测量范围；在低渗透性的黏土中，小的压力梯度可能不会导致明显的气体流动。

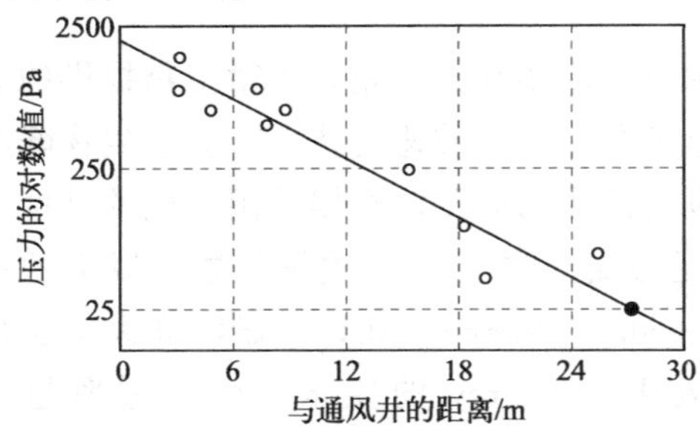

图 15.11　某油罐场地生物通风压力影响半径（Ong et al.，1994）

压力影响半径的范围可以通过测量与通风井距离变化而产生的压力变化来估计。一种经验估算方式是：将压力的对数与离通风井的距离作图（如图 15.11 所示）（Ong et al.，1994），把压力为 25Pa 定为压力影响半径的边界，曲线斜率与该值的交点即为压力影响半径，由图可知，本场地压力的影响半径估计为 28m。

15.3.3.6　氧气供应

原位氧气供应是生物通风技术的关键。常用的供氧方式为水、纯氧增压水、空气增压水、双氧水或空气（Leeson et al.，1996b）。

使用水作为传输载体时，氧气的溶解度是生物通风过程的限制性因素。在标准条件下，水中饱和溶解氧含量最高为 8～10mg/L，而如果用纯氧充气可获得 40～50mg/L 的氧气浓度，理论上使用 1000mg/L 的过氧化氢可提供约 500mg/L 的氧气浓度。以碳氢化合物（C_6H_{14}）为例，每消耗 1 份 C_6H_{14} 需要 9.5 份 O_2，如式（15.5）所示：

$$C_6H_{14}+9.5O_2 \longrightarrow 6CO_2+7H_2O \tag{15.5}$$

表 15.5 总结了不同供氧方式的氧需求量。

表 15.5　不同供氧方式的氧需求量

氧气形式	水中氧含量/(mg/L)	降解 1kg 烃类所需体积/L
空气饱和水	8～10	400000
氧饱和水	40～50	94000
过氧化氢	最高达 500	3500
空气	NA(体积分数为 21%)	11000

注：NA 为不适用。

例题 15.1 计算降解碳氢化合物所必需的空气饱和水的质量。

解：

(a) 根据式 (15.5)，碳氢化合物与氧气的物质的量比为 1∶9.5。或者说，要降解 1mol 的碳氢化合物，必须消耗 9.5mol 的氧气。以质量为基础计算如下：

$$\frac{1molC_6H_{14}}{9.5molO_2}\times\frac{1molO_2}{32gO_2}\times\frac{86gC_6H_{14}}{1molC_6H_{14}}=\frac{86gC_6H_{14}}{304gO_2}=\frac{1gC_6H_{14}}{3.5gO_2}$$

(b) 鉴于溶解在水中的氧气的平均浓度为 8.25mg/L (20℃)，为降解 1g 碳氢化合物必须输送的空气饱和水的体积计算如下：

$$\frac{3.5g\ O_2}{\frac{8.25mg\ O_2}{1L\ H_2O}\times\frac{1g}{1000mg}}=424L\ H_2O$$

由于氧气在水中的溶解度很低，可以采用过氧化氢作为氧气提供源 (Hinchee et al., 1991a)。使用过氧化氢提供同样质量的氧气，所需输送的水的质量就会减少一个数量级以上。过氧化氢能溶于水，分解反应产生水和氧气，如式 (15.6) 所示：

$$H_2O_2 \longrightarrow H_2O+\frac{1}{2}O_2 \tag{15.6}$$

地下水和土壤中的许多物质可作为过氧化物分解的催化剂，其中比较常见的是铁、铜的水溶液以及过氧化氢酶 (Schumb et al., 1955)。如果过氧化氢分解产生氧气的速率超过了微观氧气利用的速率，那么将因溶解度的限制造成气态氧的产生。气态氧形成的大气泡使得液相传输效率大大降低，造成无效的氧气输送。大部分过氧化氢输入后会迅速分解，不能与污染物进行有效反应，如在芳香烃污染的场地中仅能检测到芳香烃的部分降解，土壤中的总有机碳 (TOC) 污染水平没有明显变化 (USEPA, 1990)。

与过氧化氢的输送不同，使用空气作为氧气来源时，每 0.45kg 烃类所需的最低空气体积约为 4800 L (表 15.5)，因此，以水为载体输送氧气的成本可能相对较高，使用气相输送可以大大降低供应氧气的成本。

15.3.3.7 通风模式

通风模式一般分为空气注入和空气抽提。

(1) 空气注入

空气注入是指在压力下将空气引入污染区域中，在氧气影响范围内微生物得到激活，提升了对污染物的降解能力，形成了一个扩大的类似生物反应器的区域。一般来说，空气注入是生物通风系统的首选配置。如果设计得当，空气注入对于挥发性有机物排放到大气中的影响最低，且操作和维护费用比空气抽提系统更低。Miller 等 (1991) 在 Tyndall 空军基地的一个 JP-4 喷气燃料污染现场研究发现，处于最佳空气注入状态时，在最佳流速下能够被生物降解的污染物比例可达 85%。注气系统设计合理，就不会产生大量的空气排放，也无须进行地面气相处理。

空气注入时会在地下水毛细带产生正压，导致地下水位下降，使得该区域的污染土壤得到氧气被生物降解。图 15.12 为空气注入和抽提时引起的地下水水位的下降和上升情况。水位下降有效地扩大了通风的影响范围，促进了土壤气体渗透性的提高。

(2) 空气抽提

如果场地中有建筑物或构筑物可考虑采用抽气系统，以降低有机污染蒸气进入建筑物的风险。空气抽提是在污染土壤中制造负压使土壤空气从抽提井中抽出的技术。

相较于注气系统，抽气不容易形成扩大的生物反应器，使得抽气系统限制了生物降解的范围，导致生物降解减少，挥发增多。Leeson 等（1996b）在艾尔森（Eielson）空军基地进行了一次生物通风渗透性测试，通过抽提计算出的渗透率为 0.27darcy，大约是空气注入的一半；在 1.8m 的监测深度观察到的影响半径也减少了约三分之一，为 13m（见表 15.6，图 15.13）。渗透性和影响半径的减小主要是受地下水位上升影响的结果。

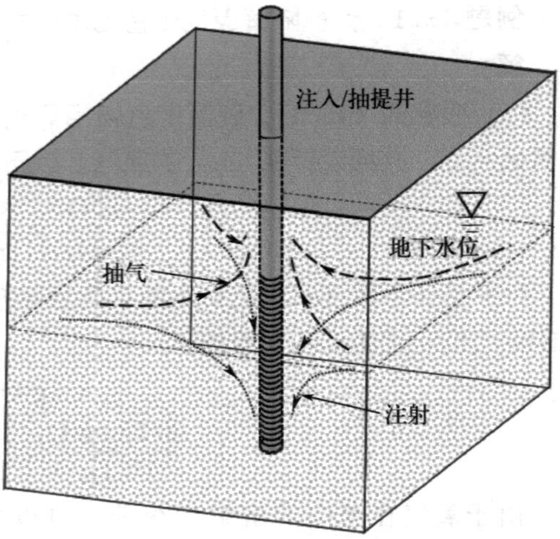

图 15.12　在注气和抽气过程中水位变化示意图

表 15.6　阿拉斯加艾尔森空军基地的渗透率和影响半径

深度/m	渗透率/darcy		空气影响半径/m	
	注入	抽取	注入	抽取
0.6			<2.1	<1.8
1.2	0.53	0.27	13.7	13.8
1.8	0.56	0.27	20.7	12.8

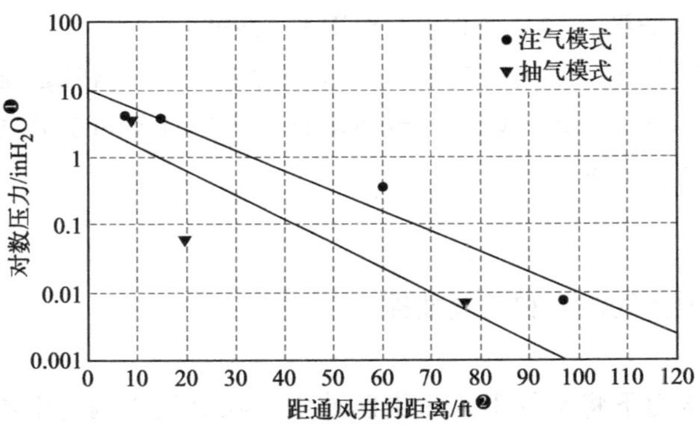

图 15.13　空军基地场地注气和抽气过程中的影响半径（引自 Leeson，1996b）

空气抽提能在土壤中形成部分真空，导致水位和毛细管边缘上升或上涌，这种上涌会导致部分污染土壤被水饱和。此外，采用抽提系统时水位上升也会增加毛细带的土壤湿度，从而降低了土壤气体的渗透性和影响半径，降低了处理效率。

15.3.3.8　含水量

土壤水分含量是影响生物通风过程的关键因素，微生物必须依靠水分才能进行代谢和营养输送，而水分又占据了土壤空隙，直接影响到渗透性的大小。因此，水分需要保持在合适

---

❶ 1inH_2O=0.249kPa。

❷ 1ft=0.3048m。

的比例才能保证既能满足微生物的需要，又不过于减小土壤的渗透性。适宜的水分含量，特别是在 15%～20%范围内，能显著提高生物修复效果。在石油类物质的生物降解中，土壤含水率在其最大持水量的 30%～90%时降解速率较高。不过在实际工程中，只有在非常干燥的环境中才发现土壤水分会直接限制生物降解率。

图 15.14（a）统计了生物通风修复项目中土壤含水量（质量分数）情况，大部分场地土壤含水量在 5%～25%之间，含水量最低的为 2%，这种情况下仍可观察到微生物活动。图 15.14（b）为土壤含水量和氧气利用率之间的关系。由图可见，含水量和氧气利用率之间没有明确的相关关系，但总体上看，氧气利用率较好时土壤含水量一般应不小于 15%。

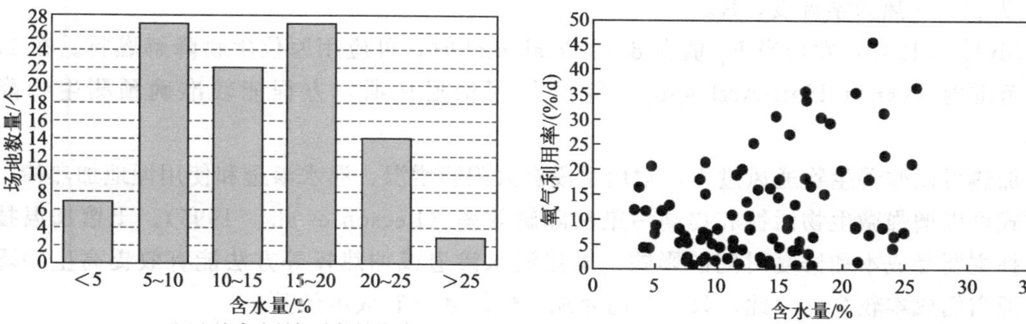

(a) 不同土壤含水量场地数量统计　　(b) 氧气利用率与土壤含水量的关系

图 15.14　生物通风场地土壤含水量数量统计与氧气利用率关系（Leeson et al.，1996b）

15.3.3.9　土壤 pH

微生物需要一个特定的 pH 值范围才能生存，大多数细菌在 5～9 的 pH 值范围内的活性最强，最佳的 pH 值略高于 7（Dragun，1988）。每个物种在特定的 pH 值下的活跃程度存在差异，因而 pH 值的变化可能会导致微生物种群构成发生变化。图 15.15（a）展示了部分生物通风修复场地的土壤 pH 值范围。一般来说，大多数场地的 pH 值都在 5～9 的微生物活动最佳范围内。图 15.15（b）说明了 pH 值和微生物氧气利用率之间的关系，由图可知，在实施的生物通风修复场地中，pH 值的影响并不大。

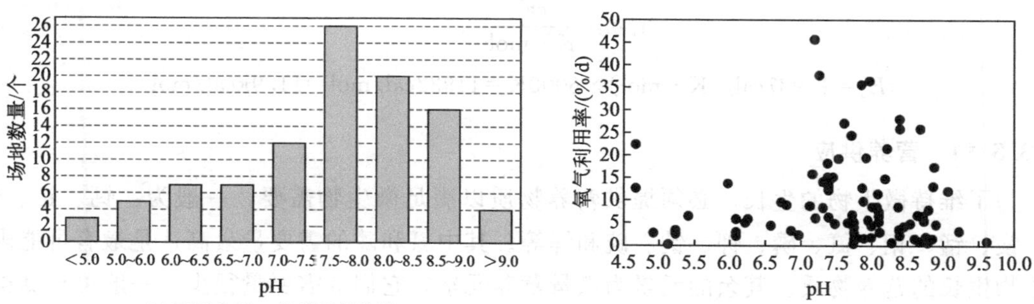

(a) 不同土壤pH场地数量统计　　(b) 氧气利用率与土壤pH的关系

图 15.15　生物通风场地土壤 pH 数量统计与氧气利用率关系（Leeson et al.，1996b）

15.3.3.10　土壤温度

温度不但直接影响微生物的生长，而且还可能通过改变污染物的理化性质来影响整个生物降解过程。微生物降解活性的范围在－12～100℃，然而，在土壤中微生物降解的温度范围却很有限，绝大多数生物修复是在中温条件（20～40℃）下进行的，最高不超过40℃。一般来说，温度每升高10℃，生物降解率就会增加一倍，直到某个抑制性温度为止。这种关系定量地表示为：

$$k_T = k_0 e^{\frac{-E_a}{RT_{abs}}} \tag{15.7}$$

式中 k_T——温度校正氧气利用率，%/d；

k_0——基本反应速率，%/d；

E_a——活化能，cal/mol；

R——气体常数，1.987cal/(K·mol)；

T_{abs}——热力学温度，K。

Miller（1990）发现当 E_a 值在8～13kcal/mol时，可应用原位生物降解燃料。在17～27℃范围内，van't Hoff-Arrhenius（范托夫-阿伦尼乌斯）方程能较准确预测生物降解速率。

加热可以改善生物通风过程，常用手段有太阳能增温、温水渗透和使用埋地加热棒，这些方式可以增强微生物活性和提高污染物降解效率（Leeson et al.，1995）。土壤加温技术的选择主要受成本和修复时间的影响。虽然温水渗透或加热棒等方法能有效提高生物降解率，但它们成本较高，因此，只有在高寒地区使用才具有成本效益。

例题 15.2 在某场地测试了各种形式的土壤增温，绘图测得 $1/T$ 与 $\ln(K_T/K_0)$ 的斜率为-6000K。根据提供的参数计算 E_a 的值。

解：

根据式（15.7）有：

$$\ln\frac{k_T}{k_0} = \frac{-E_a}{R} \times \frac{1}{T}$$

已知温度的倒数与氧气利用率的对数的线性回归的斜率为-6000K，则：

$$\frac{E_a}{R} = 6000\text{K}$$

$$\frac{E_a}{1.987\ \frac{\text{cal}}{\text{K}\cdot\text{mol}}} = 6000\text{K}$$

$$E_a = 1.987\text{cal/(K}\cdot\text{mol)} \times 6000\text{K} = 11922\text{cal/mol} \approx 11.9\text{kcal/mol}$$

15.3.3.11 营养供应

为了维持微生物的生长，必须提供营养物质以满足微生物需要，一般为：钙、钴、铜、铁、镁、锰、钼、氮、磷、钾、钠、硫和锌等。其中氮和磷的需要量最高，是最有可能限制微生物生长的营养物质。其余的元素为微量营养元素，它们的需要量很少。一般可根据微生物动力学来估计营养需求，如下式：

$$\frac{dX}{dt} = K_b Y - K_d X \tag{15.8}$$

式中 X——微生物生物量，mg/kg；

K_b——生物降解率，mg/（kg·d）；

Y——细胞产量，mg/mg；

K_d——内源性呼吸率，d^{-1}。

假设在生物通风过程中生物质浓度达到稳定状态，那么：

$$\frac{dX}{dt}=0=K_bY-K_dX$$

得：

$$X=\frac{K_bY}{K_d} \tag{15.9}$$

对原位细胞产量或碳氢化合物降解生物的内源呼吸率研究报道较少，但可以根据废水处理文献中报告的范围来估计这些参数。

例题 15.3 对生物通风修复场地进行原位营养需求估计，假设：$K_b=10mg/(kg\cdot d)$，$Y=0.3mg/mg$，$K_d=0.05d^{-1}$。

解：

根据式（15.9）得：

$$X=\frac{10mg/(kg\cdot d)\times 0.3mg/mg}{0.05d^{-1}}=60mg/kg$$

为了维持 60mg/kg 的生物量，可根据文献中生物量的养分比率来估计养分需求。在本例题中，假设碳：氮：磷的比例为 100：10：1。该比例产生的营养需求为 6mg/kg 氮和 0.6mg/kg 磷。

15.3.4 系统设计

15.3.4.1 系统构成

原位生物通风系统主要包括通风系统、供热系统（强化技术选用）、尾气处理系统、废水处理系统（可选）与监测系统。通风系统包括抽气井、抽风机、管阀、压力表、注气井、空气压缩机等。供热系统多为蒸汽发生器。尾气处理系统一般多用焚烧或活性炭过滤反应器。监测系统包括监测井和监测设备。生物通风系统构成如图 15.16 所示，

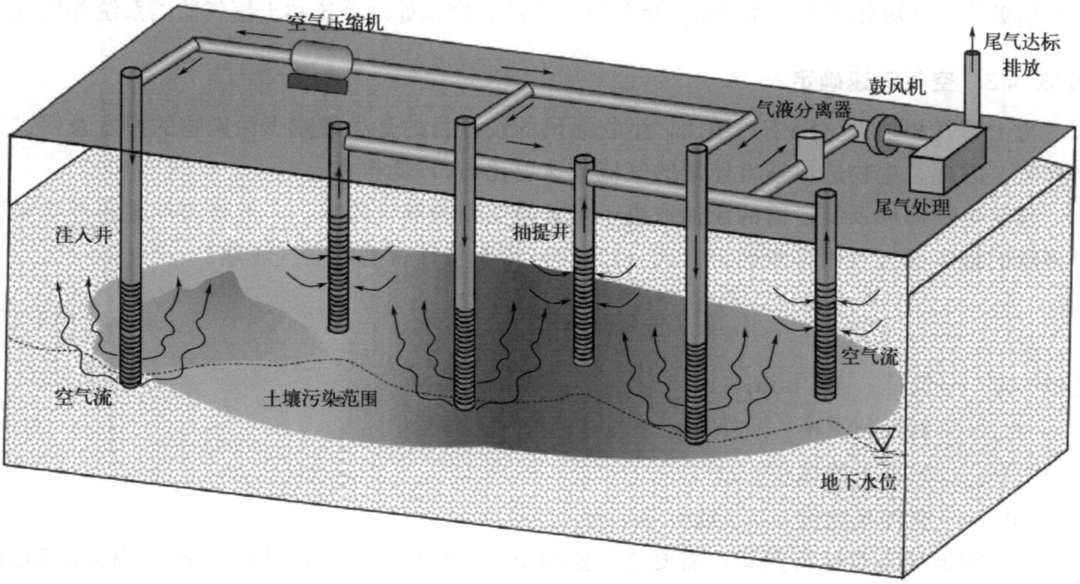

图 15.16 生物通风系统示意图

生物通风系统的设计一般包括以下步骤：

① 确定通风模式；

② 确定所需的空气流速；

③ 确定影响半径和井间距；

④ 确定鼓风机、通风井和管道的设计；

⑤ 确定通风井的规格；

⑥ 确定监测点位。

15.3.4.2 通风模式确定

根据地块的具体情况确定采用空气注入系统还是空气抽提系统，或者二者的结合。

一般来说，空气注入是生物通风系统的首选配置。如果设计得当，空气注入对于挥发性有机物排放到大气中的影响最低，且操作和维护费用比空气抽提系统更低。

但在有些情况下，如修复范围内存在地下室、走廊或有人居住的地面结构时，采用抽气与注入系统相结合的模式更为安全，可以降低气体进入这些区域的风险。

表 15.7 总结了一些选择注入还是抽提模式的考虑因素。当修复区域附近存在具有潜在影响的建筑或限定边界时，应对建筑物内气体进行监测，尽量采用空气抽提与注入结合的方式来保护建筑物，或采取底板下减压措施（Phelps，1995）。

表 15.7 空气注入与抽提注意事项

倾向注入	倾向抽提
低蒸气压污染物	高蒸气压污染物
深度污染	表面排放
低渗透性土壤	影响半径内有建筑物或其他边界
与建筑物或其他边界的距离较远	

空气注入系统由鼓风机（或压缩机）、管阀、注气井和土壤气监测系统构成。空气抽提系统由抽提井、气液分离器、抽风机、尾气处理系统、废水处理系统和土壤气监测系统等构成。

15.3.4.3 空气流速确定

与土壤气相抽提（SVE）相比，生物通风的设计目的是尽量减少污染物的挥发及促进生物降解。因此，生物通风通常使用的气流流速要比 SVE 低得多。

确定生物通风系统所需的流速取决于土著微生物的氧气需求。一般通过原地再呼吸试验中测得的最大氧气利用率来确定。式（15.10）用于估计所需的空气流速：

$$Q=\frac{k_{o}Vn_{a}}{(20.9\%-5\%)\times 60} \tag{15.10}$$

式中 Q——流速，m^3/min；

k_o——氧气利用率，%/h；

V——污染土壤体积，m^3；

n_a——空气孔隙度，0.2 或 0.3。

在生物通风系统运行期间，需要通过监测土壤气体成分来确认计算结果与实际流速是否可以确保所有点位土壤都有足够的氧气水平。一般来说，在氧气浓度为 1%～2%的情况下，微生物活动不受氧气限制。但为了确保整个处理区域中有足够的氧气水平，最好应保持 5% 的最低氧气水平。

例题 15.4 确定所需空气流速：假设污染土壤的体积约为 $4813m^3$，该地点的空气孔隙度为 0.30，氧气利用率为 0.20%/h，

解：

根据式（15.10）有：

$$Q=\frac{0.20\%/h\times 4813m^3\times 0.30}{(20.9\%-5\%)\times 60}=0.303m^3/min$$

因此，所需的空气流速为 $0.303m^3/min$。

15.3.4.4 通风井间距设定

为了确定所需的井数量和合适的井间距，需对影响半径进行估计，通常使用的方法有：

① 基于土壤气体渗透性测试中监测点的压力估算；

② 根据空气流量和氧气消耗量估算；

③ 根据经验估算。

利用原地渗透性压力测试估算影响半径是最常用也是最快的方法，这种计算是通过绘制压力与距离的对数来进行的。该方法的局限性是它只包含了影响半径三个影响因素中的一个。因此，为了更准确地确定氧气影响半径，还需要考虑空气流速和氧气利用率。

对于给定的空气流速，可以根据氧气的利用率来估计影响半径。假设使用垂直井，并且影响半径远大于井的半径，影响半径可用下式计算：

$$R=\sqrt{\frac{Q(20.9\%-5\%)}{\pi h k_o n_a}} \tag{15.11}$$

式中 R——影响半径，m；

Q——空气流速，L/d；

h——通气土层厚度，m；

k_o——氧气利用率，%/d；

n_a——空气孔隙度。

井的间距通常是影响半径的 1～1.5 倍。当安装多口井时，气流线路中可能会形成死区，可通过调整气流模式进行优化。

例题 15.5 根据给定的参数计算某场地生物通风井的影响半径，假设 $Q=720m^3/d$，$k_o=4\%/d$，$n_a=0.25$，$h=6m$。

解：

根据式（15.11）有：

$$R=\sqrt{\frac{720\times(20.9\%-5\%)}{\pi\times 6\times 4\%\times 0.25}}\approx 24.7(m)$$

因此，该场地的影响半径为 24.7m。

15.3.4.5 通风井建设

通风井的结构与气相抽提的基本一致。通风井的直径通常为 5～10cm，一般取决于土壤类型、钻探的难易程度以及污染的面积和深度。在大多数浅层或砂质土壤中，直径为 5cm 的通风井可以提供足够的空气流。对于污染深度在 9m 以上或低渗透性土壤，应使用更大直

径的通风井（一般不超过 10cm）。

通风井材质一般为聚氯乙烯（PVC），注入式通风井开筛区间应覆盖整个污染深度，开筛的底部应与地下水历史最低水位齐平。当采用抽提井时，还需注意因负压造成的地下水位上升的影响，可采用增加开筛长度的方式抵消地下水位上升的影响。

常见钻探方式有空心钻、实心钻和手工钻等。其中空心钻是最常用的钻探方法；在黏性较大的土壤中，也可以使用实心钻；在较浅、较软的土壤中，也可使用手工钻探。钻孔的直径应至少比通风井的外径大 2 倍，筛管井管与井壁之间的空隙用石英砂或同类材料填充。实管区域应用膨润土和灌浆料密封，以防止空气短路或从表面流出。典型通风井的结构图见图 15.17。

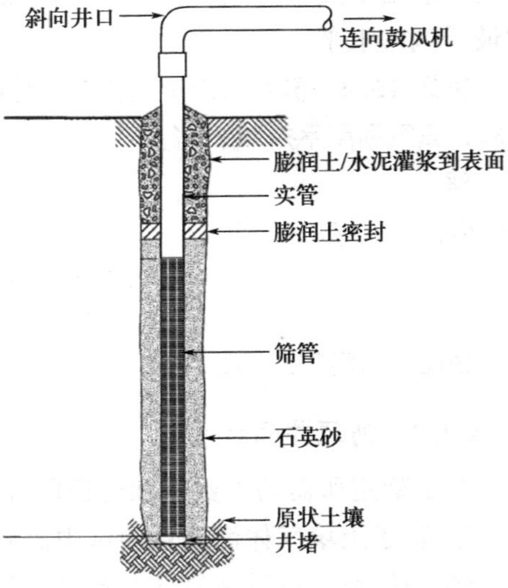

图 15.17 典型通风井的示意图
（改编自 Leeson，1996b）

15.3.4.6 监测井布设

土壤气体监测井用于测量气体压力和成分，是生物通风系统的重要组成部分。监测点一般应处于总石油烃含量超过 1000mg/kg 的土壤中，否则可能难以获取有实际意义的微生物呼吸数据。

此外，监测井的位置应考虑土壤气体渗透性以及与通风井保持适当的距离，该距离因土壤类型而异，建议的监测点间距见表 15.8。

表 15.8 监测点的建议间距

土壤类型	通风井滤网顶部的深度/m	水平距离间隔/m
粗砂	1.5	1.5;3;6
	3	3;9;15
	>4.5	5;10;20
中砂	1.5	3;6;10
	3	5;10;15
	>4.5	6;12;20
细砂	1.5	3;6;12
	3	5;10;15
	>4.5	6;12;20
淤泥	1.5	3;6;12
	3	5;10;15
	>4.5	6;12;20
黏土	1.5	3;6;10
	3	3;6;12
	>4.5	3;9;15

在实践中，每个监测井的开筛位置通常会筛选至少三个深度。如果没有地下水，最深的开筛位置应放在污染的底部或附近，如存在地下水，则应放在地下水位以上至少 0.6～0.9m。在渗透性较大的土壤中，监测点可以在靠近地下水位的地方进行开筛。在渗透性较差的土壤中，必须在地下水位以上进行开筛。最浅的开筛位置通常在地表下 0.9～1.5m。具体监测井结构和深度还需根据其他监测需求或实际情况而定。监测点的构造因钻探深度和钻探技术的不同而不同。图 15.18 为一个监测井的结构。

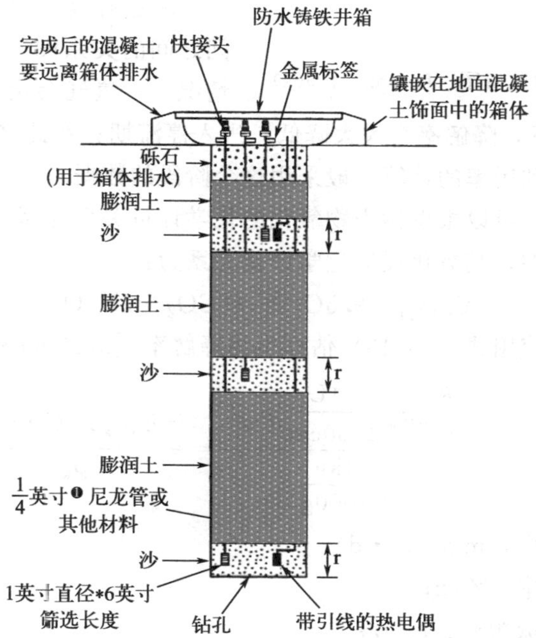

图 15.18 典型监测点建设示意图（引自 Leeson，1996b）

15.3.5 系统性能监测

生物通风的监测系统主要包括：土壤气体监测、原地呼吸测试、地面气体排放监测、污染物生物降解和挥发情况监测等。

15.3.5.1 土壤气体监测

为了解生物通风系统的供氧情况，需要定期对土壤气体进行监测，根据监测结果调整通风强度或优化通风点位布设。在系统运行初始阶段，土壤气体监测频率需要高些，之后可在每年的最热和最冷月份各测一次，根据污染物降解情况，可进一步降低监测频率，如每年一次。

15.3.5.2 原地呼吸测试

原地呼吸试验是指在非饱和区污染土壤中设置土壤气体监测管，用含有惰性气体（通常是氦气）的空气对这些土壤进行通风，并测量土壤中的二氧化碳、氧气和惰性气体浓度变化，从而评估氧气利用率和污染物的生物降解率。图 15.19 为呼吸试验的装置图。

❶ 1 英寸=0.0254 米。

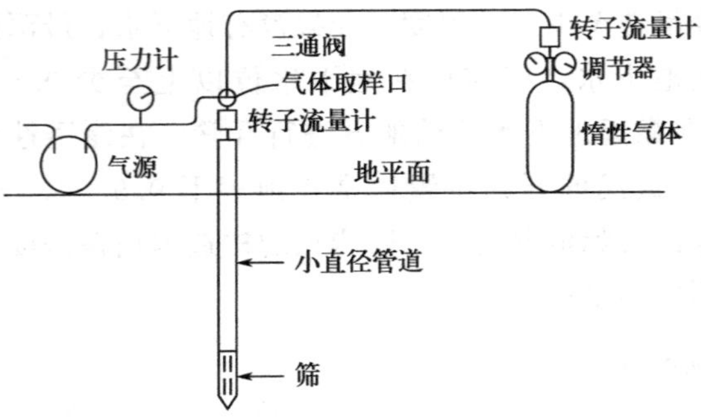

图 15.19　原地呼吸试验装置图（Leeson，1996a）

呼吸测试的通常做法是向空气中添加1%～3%的惰性气体，以28～48 L/min流量注入24h。注入停止后，对氧气、二氧化碳和惰性气体浓度进行监测，开始每2小时一次，逐渐调整至每4小时至8小时一次，直到土壤氧气浓度达5%时结束实验。

根据呼吸测试结果绘制氧气含量与时间之间的关系图，计算氧气利用率。通常情况下，氧气会出现快速线性下降，一旦氧气浓度降至约5%以下，降解率会大大降低，进入停滞期；在此之前为氧气不受限制情况下的氧气利用率，氧气利用率的计算一般采用这个阶段的数据。

获知氧气利用率后，可以根据污染物氧化的化学计量关系计算污染物的生物降解率。以烃类物质的代表己烷为例，其氧化反应化学计量关系为：

$$C_6H_{14}+9.5O_2 \longrightarrow 6CO_2+7H_2O \tag{15.12}$$

根据氧气利用率，使用式（15.13）估算生物降解率［mg/(kg・d)］：

$$-k_B=\frac{-\frac{k_o}{100}n_a\frac{1L}{1000cm^3}\rho_{o_2}C}{\rho_k\frac{1kg}{1000g}}=\frac{-k_o n_a \rho_{o_2} C\times 0.01}{\rho_k} \tag{15.13}$$

式中　k_B——生物降解率，mg/(kg・d)；

k_o——氧气利用率，%/d；

n_a——孔隙空气体积比，m^3/cm^3；

ρ_{o_2}——氧气密度，mg/L；

C——矿化所需的碳氢化合物与氧气的质量比，为1∶3.5；

ρ_k——土壤容重，g/cm^3。

孔隙空气体积比 n_a 是影响生物降解率最大的一个参数。充气孔隙度增加一倍，估算的降解率就会增加一倍。在一些非常干燥的黏土中，该值可高达0.5～0.6，在饱和的土壤中则为零。在大多数生物通风场地中 n_a 的范围为0.1～0.4，孔隙水体积比 n_w 为0.2或0.3。

给定 n_a、ρ_{o_2}、C 和 ρ_k 的值（n_a 为0.25；ρ_{o_2} 为1330mg/L；C 为0.29，来自正己烷降解方程；ρ_k 为 $1.4g/cm^3$），可通过式（15.13）计算出生物降解率和氧气利用率之间的关系为：

$$-k_B=\frac{-k_o\times 0.25\times 1330\times 0.29\times 0.01}{1.4}=-0.68k_o \tag{15.14}$$

Miller（1990）在Tyndall空军基地进行了为期9个月的生物通风修复项目，同时Hinchee等人（1991a）也进行了原地呼吸试验，结果显示从活性处理区测得的氧气利用率与原地呼吸试验测得的氧气利用率几乎相同（Miller，1990）。氧气利用率大于1.0%/d表明生物通风在该地点是可行的。

例题 15.6　在某生物通风场地进行原地呼吸率测试，测得氧气利用率为每天6%，污染土壤中TPH浓度为3600mg/kg。碳氢化合物以己烷为代表，其氧化降解关系式见式（15.12），生物降解率与氧气利用率的关系为 $k_B=0.68k_o$。如果修复目标为826mg/kg，计算采用生物通风技术达到修复目标时的修复时间。

解：

每天 6%的氧气利用率对应的生物降解率约为：

$$k_B=0.68k_o=0.68\times6=4.1[mg/(kg\cdot d)]$$

则修复时间的估计计算为：

$$t=\frac{C_0-826}{k_B}=\frac{3600-826}{4.1}=1.85(a)$$

这种使用平均降解速率的计算方法只是一个粗略的估计，实际上，生物通风过程的每个阶段以及土壤不同空间位置处的生物降解率都是不一样的，而且随着季节温度的变化而波动，平均化的生物降解率并不能反映整个场地的实际生物降解率。想要结果更加精确，需要针对整个过程的监测数据进行分阶段计算。

矿化所需的碳氢化合物与氧气的比率 C，可以根据化学计量法计算，但通常在 0.29～0.33 之间。氧气的密度可以查阅相关手册或根据理想气体定律计算。表 15.9 提供了部分温度下的氧气密度信息，表 15.10 列出了几种不同类型土壤的容重。

表 15.9 氧气密度与温度

温度/℃	密度①/(mg/L)	温度/℃	密度①/(mg/L)
−33	1627②	27	1301②
−3	1446③	30	1287③
0	1429③	35	1266③
5	1403③	40	1246③
10	1378③	57	1182②
15	1354③	87	1083②
20	1331③	127	975②

① 标准压力下的氧气密度。

② 密度值来自 Braker 和 Mossmon (1980)。

③ 使用氧气状态方程第二维里系数计算的密度。

表 15.10 各种土壤的容重

土壤类型	孔隙率	土壤容重 ρ_k/(g/cm³)
砂粒均匀，松散	0.46	1.43
砂粒均匀，密实	0.34	1.75
混合粒状砂，松散	0.40	1.59
混合粒状砂，密实	0.30	1.86
风化淤泥(黄土)	0.50	1.36
冰川沉积物	0.20	2.12
软冰川黏土	0.55	1.22
坚硬的冰川黏土	0.37	1.70
软的轻微有机黏土	0.66	0.93
柔软的高有机黏土	0.75	0.68
软质蒙脱土(钙膨润土)	0.84	0.43

注：引自 Peck et al.，1962。

由于原地生物降解率是通过测量土壤气体中的氧气和二氧化碳浓度直接获得的，因此，影响氧气和二氧化碳浓度的非生物过程也会影响测量的生物降解率。其中，最大的影响因素是土壤 pH 值、土壤碱度和铁含量。此外，土壤温度也会通过影响微生物的活动而间接影响氧气利用率。在法伦海军航空基地（Fallon NAS）和艾尔森空军基地（Eielson AFB）的高 pH 值和高碱度土壤的情况下，几乎没有测量到气态二氧化碳的产生（Hinchee et al.，1991b；Leeson et al.，1995），这可能是生物降解产生的二氧化碳由气态转化成碳酸盐造成的（Van Eyk et al.，1988）。

土壤中还原性铁元素的氧化会对氧气利用率的测定有高估的影响，但根据已有的修复场地数据，100～100000mg/kg 的铁浓度范围中没有观察到明显的差距（Leeson，1996b）。另一个重要的考虑因素是温度。在夏季与冬季之间的呼吸率可有一个数量级的差距。所以一般设计氧气输送系统的通气量应考虑呼吸率的高峰期（通常是夏末）。van't Hoff-Arrhenius 方程可用于预测初始速率和温度下的氧气利用率。

例题 15.7 某场地在温度为 4℃时的氧气利用率为 0.75%/d（0.031%/h），计算土壤温度平均约为 24℃时的生物降解率。

解：

根据 van't Hoff-Arrhenius 方程，在 T_1（277K）和 T_2（297K）之间对该方程进行积分，可得：

$$\ln\frac{k_T}{k_o}=\frac{E_a(T_2-T_1)}{RT_1T_2}$$

式中 k_T——温度校正后的氧气利用率，%/d；

k_o——基线反应率，0.75%/d；

E_a——活化能，13.4kcal/mol；

R——气体常数，1.987cal/(K·mol)；

T_1、T_2——热力学温度，K。

则：

$$k_T=\left(0.75\frac{\%}{d}\right)e^{\left[\frac{(13400\text{cal/mol})(297-277\text{K})}{\left(1.987\frac{\text{cal}}{\text{K}\cdot\text{mol}}\right)(297\text{K})(277\text{K})}\right]}$$

$$k_T=3.9\%/d$$

从计算结果可以看出，该地在夏季需要的氧气输送率约为冬季的五倍。

一般来说，温度是短期（1 年内）内影响生物降解率的最主要因素，污染物浓度的降低则是长期降解速率降低的主要原因。当污染区的原位呼吸率与未污染区的呼吸率相近时说明修复基本完成，因此该指标也可作为场地修复程度的判断依据，可有助于减少修复过程中的土壤取样测试频率。

15.3.5.3 生物降解和挥发的定量分析

通过直接测量土壤空气中氧气和二氧化碳的浓度，可以量化碳氢化合物的生物降解和挥发。挥发的碳氢化合物质量可按下式计算：

$$M_{HCV}=\frac{C_{HC}}{10^6}\times Q\times\rho_{hexane}\times MW_{hexane}\times\frac{kg}{1000g}\times\frac{1440min}{d} \tag{15.15}$$

式中 M_{HCV}——挥发的碳氢化合物质量，kg/d；

C_{HC}——抽提废气中的碳氢化合物浓度，μL/L；

Q——流速，L/min；

ρ_{hexane}——己烷的密度，mol/L；

MW_{hexane}——己烷的物质的量，g/mol。

生物降解的碳氢化合物的质量可按下式计算：

$$M_{HCB}=\left(\frac{C_{bkgd}-C_{O_2}}{100}\right)\times Q\times C\times\rho_{O_2}\times MW_{O_2}\times\frac{kg}{1000g}\times\frac{1440min}{d} \tag{15.16}$$

式中 M_{HCB}——烃类生物降解的质量，kg/d；

C_{bkgd}——背景氧气浓度，未污染区域，%；

C_{O_2}——抽提废气中的氧气浓度，%；

C——基于化学计量降解的烃与氧的质量比，1/3.5；

ρ_{O_2}——氧的密度，mol/L；

MW_{O_2}——氧的物质的量，g/mol。

例题 15.8 某场地采用抽提系统进行生物通风修复，空气流速为 113L/min。稳定状态下，抽提气体中的氧气和 TPH 浓度分别为 19% 和 140μL/L，未污染区域的背景氧气浓度始终为 20.9%。已知 $C_{V,HC}$ 为 140μL/L，ρ_{hexane} 为 0.042mol/L，MW_{hexane} 为 84g/mol。计算 TPH 的挥发量和生物降解率。

解：

根据式（15.15）得：

$$M_{HCV}=\frac{140}{10^6}\times(4\times28.3L/min)\times0.042mol/L\times84g/mol\times\frac{1}{1000}\times1440min/d$$
$$=0.081kg/d$$

根据式（15.16）得：

$$M_{HCB}=\frac{20.9-19.0}{100}\times(4\times28.3L/min)\times\frac{1g}{3.5g}\times0.042mol/L\times32g/mol\times\frac{1}{1000}\times1440min/d$$
$$=1.2kg/d$$

由计算结果可知，生物降解率比挥发率大一个数量级。

15.3.6 技术适用性

生物通风技术适用于不饱和区或者人为降水制造不饱和区的污染土壤修复，尤其是石油烃、非氯化溶剂、杀虫剂、木材防腐剂和其他有机化学品污染的土壤。

该技术不仅适用于轻组分的挥发性有机物（如汽油和柴油）的修复，也适用于重组分挥发性有机物（如燃料油）以及其他挥发或半挥发性组分的修复。不适用于重金属和难以降解的有机污染物（例如高环多环芳烃、多氯联苯、农药、硝基苯类等）。此外，要求土壤具有较好的渗透性，不适用于黏土等土壤渗透系数较低的场地。

15.4 生物堆

15.4.1 定义与发展

生物堆（biopile）是指将污染土壤挖掘堆置于地面，形成堆积物或小型处理单元，并通过曝气、添加水分和营养物质（如氮和磷）刺激土壤中的好氧微生物活性，从而降解土壤中污染物的修复技术。

生物堆起源于 20 世纪 50～70 年代，到 20 世纪 90 年代，美国已出版完整的生物堆设计和施工技术指导手册，该技术在国外一直应用至今。我国生物堆技术起步于对多环芳烃污染土壤的修复，但应用较少。

15.4.2 原理

生物堆处理是一个受控的生物过程，在有氧条件下，可生物降解的污染物被矿化成水和二氧化碳。土壤被挖掘、整理形成一个生物堆体，并通气以促进生物降解。在大多数情况下，生物降解是由土著微生物实现的，通过保持水分含量、pH 值、通气、温度和碳氮比，可以实现最大的降解效率。生物堆基本原理同生物通风技术类似，可以看作“异位的生物通风”，下述部分内容亦与生物通风技术相关。

15.4.3 技术要素

15.4.3.1 污染物性质

（1）化学结构

污染物的化学结构对其生物降解性有重要影响。通常分子结构越复杂，生物处理就越困难，速度也越慢。大多数低分子量（九个碳原子或更少）的脂肪族和单芳香族成分比高分子量的脂肪族或多芳香族有机成分更容易被生物降解。虽然石油产品中的几乎所有成分都是可生物降解的，但是大分子的成分生物降解仍然困难。

（2）浓度与毒性

当污染土壤中存在高浓度的石油有机物或重金属时，可能会对生物堆中的细菌产生毒性或生长抑制作用。然而，低浓度的有机物会导致微生物的活性降低。

一般来说，土壤中总石油烃的浓度在 10000～50000mg/kg 之间或重金属超过 2500mg/kg 会对大多数微生物产生抑制作用或毒性作用（NFESC，1996）。如果 TPH 或重金属浓度达到这个水平，宜将清洁土壤与污染土壤混合稀释以降低污染物浓度。然而，如果污染物浓度低于一定阈值，细菌就不能获得足够的碳源维持生物活性。经验表明，由于存在难降解或不可降解的碳氢化合物种类，TPH 浓度的降低很难超过 95%（NFESC，1996）。

15.4.3.2 微生物种群

土壤通常含有大量不同的微生物，包括细菌、藻类、真菌、原生动物和放线菌。在渗透性较好的土壤中通常以好氧微生物为主。在这些生物中，特别是在低氧水平时，细菌是数量最多和生化活动最活跃的群体（USEPA，2004）。

细菌用来产生能量的代谢过程是由酶促反应将终端电子受体（TEA）氧化成二氧化碳。对于石油产品污染的修复，既是好氧（或兼性）又是异养的细菌在降解过程中起主要作用（USEPA，2004）。

土壤中自然存在的有效细菌的种类和数量是决定生物堆成败的重要因素。通常通过土壤采样分析最低异养菌平板计数值大于等于 10^3CFU/g 时，才适用于生物堆处理。平板计数低于 10^3CFU/g 可能表明介质中存在的污染物浓度过高，需要对土壤进行调节以降低有毒物质浓度并增加微生物种群密度，生物堆处理才可能有效。一般认为土壤中异养细菌总数大于1000 CFU/g（干土）时，生物堆才会有效；小于该值，可能有效，还需进一步评估污染物毒性。通常情况下，土壤中有一定数量的土著微生物具有降解污染物的能力，一般无须添加外源微生物制剂增强生物堆的降解效率，只有当存在特殊难降解的污染物时，才考虑引入功能微生物制剂。

15.4.3.3 土壤渗透性

土壤需具有较好的渗透性才能保证良好的通风，确保有足量的氧气供给微生物需要。为提高堆体的渗透性，通常需对土壤进行预处理。预处理的程度根据土壤颗粒大小、黏土和淤泥含量以及孔隙体积、污染程度等参数确定。预处理主要包括筛选大块固体、土壤粉碎或用膨松剂混合土壤。土壤孔隙率低（如<25%）的土壤可能会抑制堆体内气流，可添加如稻壳、碎纸板或木屑之类的膨松剂，增大土壤基质的空隙，改善气流流通程度。

在生物堆的边缘可能会出现气体优先通道。这种短路的情况会导致堆体的中心通气不足，需要调整通风系统。如发现靠近生物堆边缘的监测点的压力低于内部相同深度处的压力，或生物堆边缘监测点的土壤气体中的氧含量高于堆体中间相同深度处的氧含量，则说明有优先通道存在。可在生物堆的边缘表面添加一层干净的土壤，轻轻压实边缘周围的土壤，或调整适当的通气管阀门，来减少短路的通气管路中的空气流量。

15.4.3.4 通风方式

生物堆的通风方式包括被动式通风和主动式通风。被动式通风是在堆体中不同位置设置穿孔管、排水管、开槽管等，使得堆体内部与外界空气相连，靠被动式的自然通风实现堆体内外空气传输和气体排放。该方式气流速度慢，能很好地保持堆体内土壤的湿度。由于不需要鼓风机，被动式通风系统建设与运维成本低。

但为了提供更为充足可控的气流，采用最多的还是主动式供气。主动式供气可加速堆体中的生物修复过程，缩短修复周期。最常见的供气方式有空气注入和空气抽提，可参见生物通风小节。

15.4.3.5 pH 值

土壤 pH 值对微生物的影响参见生物通风部分。一般在成堆之前，很少对土壤 pH 值进行调整。但如果 pH 值超出了微生物生存最佳范围，需对其进行调整。如果 pH 值过低，可以添加石灰来提高；如果 pH 值过高，可添加硫黄、硫酸铵或硫酸铝来降低（Huesemann，1994）。

15.4.3.6 含水量

微生物需要水分运输营养物质，进行新陈代谢过程，并维持细胞结构。因此，生物堆中的水分是维持微生物进行污染物降解的必要条件，一般来说，运行过程中，水分保持在最大持水量的 40%～85%之间为宜（EPA，1995）。水分含量太高时，可以将土壤与膨松剂混合；如果太低，添加表面活性剂可以改善表面湿润度（EPA，1990）。

堆体在通风过程中会不断带走土壤水分，从而降低含水量。同时，生物降解过程将碳氢化合物转化为二氧化碳和水，从而在一定程度上补充水分。每降解 1kg 的 TPH 大约会产生

1.5kg 的 H_2O。因此，根据工程经验，在正常情况下，一个有覆盖的生物堆系统在 3～4 个月的运行期间，预计损失 1%～2%的水分。除非空气十分干燥、通风量过大或土壤有机物含量过低，否则一般不需要额外补充水分，最初的土壤含水量基本可以满足微生物需求以及通风导致的损失量。如果运行过程中不补水，则土壤最初含水量宜调到最大持水量的 70%～90%之间，也可在土壤中加入湿润的木屑和动物粪便等强化堆体持水效果（Kamnikar，1992）。

15.4.3.7 温度

堆体运行过程中需保证适宜的微生物生长温度，避免堆体内部温度过高（Shaw et al.，1995）。微生物降解污染物过程中释放热量会增加生物堆的温度，一般温度保持在 20～40℃之间较有利于保证微生物的高效处理能力。

15.4.3.8 营养供给

土壤微生物将污染物作为碳和能量的来源。土壤中的污染物和天然有机化合物通常可以提供足够数量的碳源，但氮、磷或钾等其他基本营养物质的供应可能不足。一般可将 C∶N∶P 的比例控制在 100∶10∶1 至 100∶10∶0.5 的范围内较为适合（EPA，1995）。

15.4.4 系统设计

15.4.4.1 工艺流程

生物堆系统主要包括供风系统、排气与尾气处理系统、水分/营养物质注入系统（可选）、渗滤液收集与处理系统、堆体覆盖系统、监测系统。供风系统包括曝气泵、空气管道、阀门、旋风分离器（可选）。排气与尾气处理系统包括气液分离器、液体收集槽、管阀和废气处理装置（可选，一般多用活性炭过滤反应器）。水分/营养物质注入系统（可选）、渗滤液收集与处理系统包括营养和水分槽罐、渗滤液收集罐、管阀、水处理器等。堆体覆盖系统主要是堆体覆膜与压实物等。监测系统包括监测井、监测孔和监测设备等。系统构成如图 15.20 所示。

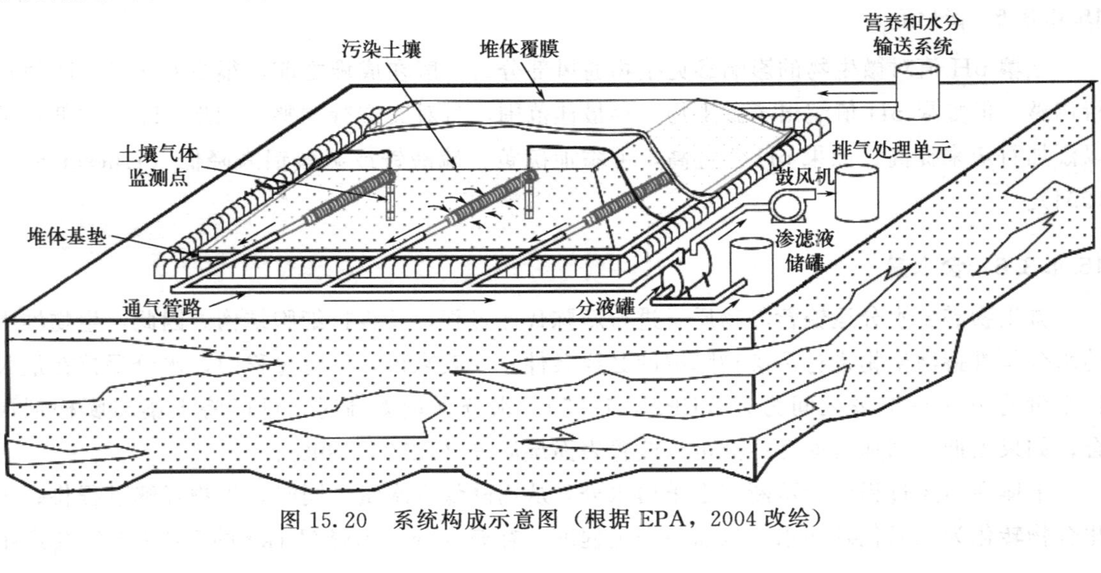

图 15.20 系统构成示意图（根据 EPA，2004 改绘）

15.4.4.2 生物降解性评估

在确定使用生物堆技术前，需要开展以下工作确定污染土壤是否适合采用生物堆处理：

① 确定碳氢化合物的类型和浓度；

② 测量异养生物和碳氢化合物降解微生物的种群密度；

③ 测量 pH 值、氮和磷含量、水分含量和受污染土壤的颗粒大小分布。

以处理石油烃污染土壤为例，在完成参数测定后，对照表 15.11 进行评价与调整。

表 15.11 生物堆可行性测试表

参数	标准参数要求	超过标准限值时的措施	低于标准限值时的措施
TPH 浓度	TPH≤50000mg/kg，且难降解性化合物如氯化有机物、多环芳烃和多氯联苯(PCBs)的浓度低	用未受污染的土壤稀释或添加膨松剂	
降解 TPH 的微生物种群密度	TPH 降解菌 1000CFU/g(干土)		补充营养、水分和氧气；有毒金属＜2500mg/kg；添加微生物菌剂
pH	6～9	石灰调整	加入硫黄、硫酸铵等调整
氮	C∶N＝100∶15		加入化肥或含氮的有机改良剂
磷	C∶P＝100∶1		添加化肥
含水率	持水度的 70%～95%	采用供风系统干燥土壤	加水至最大持水度的 70%～90%
粒径分布	黏土或淤泥含量低(土壤孔隙体积≥25%)		粉碎土壤或加入膨松剂

15.4.4.3 生物堆选址

生物堆的场地必须方便使用，有公用设施，地势平坦，位于 100 年一遇的洪泛区之外，有安全保障，并且不在环境敏感目标范围内。表 15.12 列出了选择生物堆场地的相关要求。

表 15.12 生物堆选址要求

参数	要求
地理环境	尽量靠近污染场地；应位于 100 年一遇的洪泛区之外、排水良好的平坦区域。场地应与环境敏感区保持合理距离(约 450m 以外)；尽量利用现有的可用场地，如停车场或空置场地
道路运输	进出生物堆场的道路应畅通无阻，一般改良的碎石路以及沥青或混凝土路可满足通行要求，在干旱气候地区，硬土也可以满足通行要求；桥梁的负载限制应符合运输要求；运送车辆需要有足够的通道和空间进行现场操作
空间要求	满足运行生物堆设施所需的面积，一般包括入口/出口道路、土壤储存区、加工区、生物堆、泵棚、储罐和缓冲区
公共设施	水、电供应便利；对于单个生物堆应保证有 110/220V、60A 的线路；应有可用的水源
安全与环境管理	应有栅栏围挡，有门禁。在大门处放置标志，仓库和泵房应专门管理。污染土壤区应设置防渗层，堆置的土壤要有覆盖层以防不利天气影响

15.4.4.4 生物堆模式确定

生物堆有临时或永久两种建造类型。两种方式的主要区别在于土壤储存和生物堆基垫的设计。对于临时生物堆，堆体基垫可以建在现有的沥青或混凝土表面，也可以建在压实的土壤或黏土上。在设施运行寿命为 5 年或更长时间的情况下，才需要构建永久生物堆。永久生物堆是建在专门的混凝土基础上的，并配备土壤和材料储藏室、改进的通道等，满足长期运行的要求。

15.4.4.5 堆体尺寸设置

生物堆的典型高度一般在 1～3m 之间，长度和宽度通常不受限制，一般根据实际场地大小和设备的运行能力确定。有研究（NFESC，1996）认为，$380m^3$ 的生物堆足以满足大多数情况下处理污染土壤体量的要求。堆体尺寸的设置可考虑以下原则。

① 生物堆周围应有足够的空间建设生物堆的边坡、隔离护堤和运输道路。

② 生物堆高度要考虑地基稳定性要求，不同地质条件和周边环境有特定的限高要求。

③ 方便堆体覆盖、供风、水分或营养物添加、监控检测等的空间布设及施工作业，保证供气、供水/营养液等的均匀性。

④ 设备如鼓风机、空压机等的功能应满足要求。

⑤ 堆体数量和规模便于同时或分批或组合处理不同污染程度的土壤。

15.4.4.6 供风量和供风管设置

生物堆所需的流速取决于本地微生物的氧气需求量，原理与计算基本与生物通风一致。根据前人经验，对于 2.4～3.0m 高的堆体，铺设一组曝气管即可满足需求，如图 15.21 所示；当生物堆高度超过 3m 时，通常需要多铺设一层曝气管。生物堆中的 O_2 含量保持在 15%～20%之间较为合适，此时，微生物生理活动活跃，且通过供风系统蒸发的水也较少。

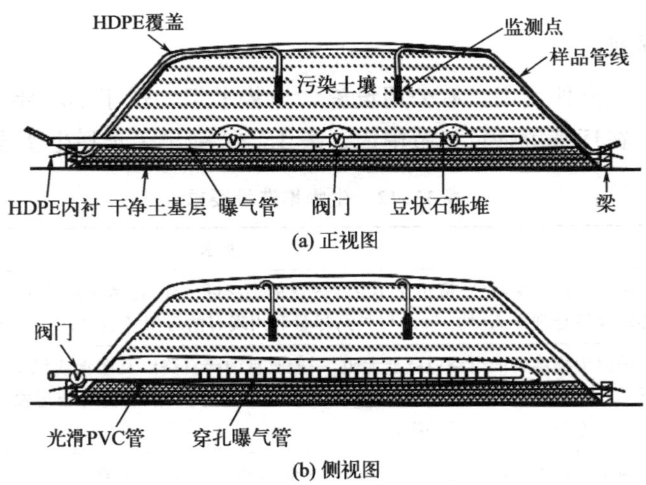

图 15.21 典型临时生物堆设计（改编自 NFESC，1996）

15.4.4.7 湿度控制

可采用以下三种方式对土壤水分进行控制：①建堆之前对土壤进行水化；②在成堆过程中加水；③在堆的顶部安装滴管灌溉系统。大多数情况下采用滴管灌溉系统加水。滴管灌溉系统以较低的速度加水，以防止水形成径流。堆体湿度可采用预置的湿度传感器进行检测，当土壤湿度低于设定限值时启动水阀加水。

15.4.4.8 营养物添加

营养物质可以与水分合并添加，也可以干粉或颗粒形式与土壤混合添加。对于吸水性差或吸水后形成硬壳的土壤，在成堆过程中加入干的营养物质更有效。

应通过计算养分需求，配制一定浓度的溶液，确定投加速率。几种常用的营养物质如表 15.13 所示。

表 15.13 营养物质种类

名称	化学式	摩尔质量/(g/mol)	N∶P∶K
尿素	$CO(NH_2)_2$	60.03	46∶0∶0
过磷酸钙	$Ca(H_2PO_4)_2$	234	0∶27∶0
硫酸钾	K_2SO_4	174	0∶0∶45
磷酸氢二铵	$(NH_4)_2HPO_4$	132	22∶24∶0

15.4.4.9 渗滤液收集

对于永久性的生物堆，应配套建设渗滤液收集系统。渗滤液收集系统通常包括堆体周围的隔离护堤、堆体低点液体收集管、连接到排水管道的渗滤液收集泵以及渗滤液收集罐。

对于较小的生物堆，渗滤液收集系统可以并入抽气系统。一般大部分水会流向曝气管，在鼓风机前面的蒸气抽提管中安装气液分离器，即可实现液体收集，分离后的液体置于渗滤液储罐中。

15.4.4.10 尾气处理

生物堆尾气中含有一定量的污染物，特别是在生物堆启动的初期。因此，需要设置尾气处理系统。当石油烃是较重的燃料（如柴油或更重的燃料）时，较轻的碳氢化合物降解较快，生物堆尾气中的 TPH 浓度将迅速下降。Chaudhry（1996）的研究证明，在系统启动的 3 周内，生物堆尾气中的 TPH 含量从最初的 733μL/L 下降到 2μL/L 以下，因此尾气处理可以随着时间推移依据浓度情况停止运行。

15.4.5 系统性能监测

生物堆运行时需要监控的内容如表 15.14 所示。

表 15.14 生物堆性能监控内容

监控内容	系统性能评价
土壤取样	跟踪污染物在堆中的降解程度，以估计所需的最短处理期，以验证是否已经或可以达到净化水平
土壤气体取样（原地呼吸测试、初始呼吸测试、关机呼吸测试、气流短路测试）	修复周期
	堆体有氧/厌氧环境
	堆体气流分布和影响范围
曝气系统管路中气流量、流速	是否提供足够氧气
	调整手段是否有效

续表

监控内容	系统性能评价
土壤温度监测、湿度监测、营养监测	微生物生长状况
	辅助土壤气体监测结果
渗滤液测试	目标污染物残余情况
废气监测	目标污染物处理程度、尾气达标处理情况
设备运行状态	鼓风机、阀门管路等设备运行情况

15.4.6 技术适用性

生物堆技术适用于可生物降解的污染物，特别适用于多种场地条件及多种石油产品组合污染的修复，对于难以解吸的有机污染物仍有效果，但是对于高浓度的污染物（总石油烃>50000mg/kg）可能无效。土壤中重金属含量过高（如>2500mg/kg）可能会抑制微生物的生长，从而影响修复效率。生物堆在温带气候区运行较为有效，在气候较冷的地区可以通过在曝气过程中引入暖空气来增强效果。

生物堆技术系统设计相对容易，建造难度小；成本相对低廉；修复处理时间相对较短，一般在3～6个月。该技术在国外大量应用于石油烃污染土壤的修复，在我国的应用还很少。

15.5 土耕法

15.5.1 定义

土耕法（land farming）是一种将污染土壤原地或挖掘出来铺于地面形成薄层，对其进行翻耕通风和添加水分、营养物质或其他调理物质，通过微生物降解和污染物挥发减少土壤中污染物的修复技术。其原理主要是好氧微生物的降解和挥发作用。土耕法与生物堆很相似，不同的是操作方式不一样。

土耕法已被证明可以有效地降低石油污染物中几乎所有的成分。较轻的石油产品（如挥发性较强的汽油）在土耕法翻耕过程中容易挥发掉，微生物降解作用较小；较重的石油产品（如非挥发性的润滑油）不容易挥发，主要依靠生物降解去除。

15.5.2 技术要素

土耕法的污染物性质、土壤性质、微生物特性、营养物供给等可参考生物通风和生物堆技术。以下只对不同之处进行介绍。

(1) 土层厚度

如果土壤污染深度较浅，如小于1.5m，可在不挖掘土壤的情况下实施土耕法；如果污染深度大于1.5m，应挖掘土壤并在地表开展修复。为了便于机械翻耕作业，置于地面上的土壤厚度大多不超过0.3m。

(2) 维持条件

土耕法需要定期对土层进行翻耕以维持各类环境条件。翻耕的目的主要是增加氧气和挥发，施加水分及营养物等。一般土层需维持以下条件。

① 翻耕次数。根据污染物性质、土壤性质、微生物状态等确定，次数从每周一次到每月一次不等，保证土壤中氧气的均匀性。

② 土壤湿度。湿度维持在10%～35%范围内，超出这个范围微生物活性下降。

③ pH值。土壤pH值大于5、小于8，维持在6.5～7.5之间较好。

④ 温度。细菌的生长速率是温度的函数。土壤微生物活性在温度低于10℃时显著下降，在温度低于5℃时基本停止。大多数对石油烃生物降解有效的细菌的活性在温度大于45℃时会减弱。土耕法的温度有效范围为10～45℃，在此范围内温度每升高10℃，微生物活动的速率通常会翻一番。由于土壤温度随环境温度而变化，一年中微生物的生长和活性也是随温度变化的，有时把一年中环境温度适于微生物活动的这段时间称为“土耕法季节”。温度低于10℃或高于45℃，需要对温度进行调节。

⑤ 营养物。土壤中要有充足的营养，如氮、磷及微量元素等。可通过施加肥料（如化肥、鸡粪）或其他营养性固体废物来实现。

（3）降雨

露天的土耕法受天气影响大。降雨会使土壤湿度增大甚至造成随径流流失。因此，在多雨季节需要考虑设计防雨设施如防水布、大棚等。

（4）二次污染控制

土壤中的污染物可能会随降雨的冲洗而迁移到地下或其他位置，可在土层底部设置防渗措施。此外，可在土层周边设置监测点，监控土壤和地下水污染情况。挥发性污染物可能会挥发到大气中，必要时应在设置有气体收集处理系统的密封大棚中进行。

15.5.3 技术适用性

土耕法适用于处理易生物降解或易挥发的污染物，不适用于目标污染物浓度过高（如TPH含量超过50000g/m^3）或毒性重金属浓度过高的污染土壤。修复时间中等，一般为6～18个月。其优点是设计简单、操作方便、成本低；缺点是占地较大，如有高浓度的挥发性气体还需进行收集处理。土耕法难以做到对污染物的100%去除，污染物浓度也很难低于0.1g/m^3。

在已经实施过的土耕法案例中，其主要用于石油工业废物的处理，如美国HSR公司、美国帕提纳（Patina）石油公司采用土耕法处理含油污泥，取得了较好的修复效果和经济效益。

15.6 泥浆生物法

15.6.1 定义与发展

泥浆生物法（bioslurry reactor/slurry phase biologoical treatment/slurry-phase bioremediation）是基于微生物好氧作用与厌氧作用的一种异位土壤固液混合处理技术。将污染土壤筛除碎石和瓦砾后，加入水和营养物质（部分土壤处理时还需添加表面活性剂或者酸碱）混合均匀制成含水量为70%～90%的泥浆，从而形成一个生物反应器，不断搅拌泥浆，好氧降解需要鼓入空气，并使微生物与污染物充分接触，待污染物降解完成后，对泥浆进行沉淀脱水。泥浆生物法一般分为好氧泥浆生物反应器（aerobic slurry bioreactors）和厌氧泥浆生物反应器（anaerobic slurry bioreactors）。

欧美地区较早在场地修复中使用了泥浆生物法，并且在 20 世纪末就已经取得显著修复效果。但近年来很少能找到泥浆生物法的应用案例。早期的应用有加拿大温哥华邦纳维尔（Bonneville）电力管理局土壤修复项目等。

15.6.2 系统设计

15.6.2.1 工艺流程

泥浆生物法工艺流程与异位洗脱法很类似，可参见异位洗脱法的流程图。主要由进料系统、生物反应器、曝气系统（好氧时）、搅拌系统、泥浆脱水处理系统、废水处理系统以及废气处理系统构成。生物反应器是核心处理设备，固液相间的传质速率是一个重要的反应限制因子，可采用连续流式和序批式运行，辅助表面活性剂和搅拌进行改善。另一个限制因子是有机污染物的生物降解作用，操作上采用曝气、添加营养物质以及控制温度和 pH 增强微生物的活性。处理后的浆状土壤需要进行脱水，常用的脱水装置有浓缩池、沉淀池、澄清池、过滤器、脱水机、干化床等。分离后的废水经处理后排放或回用于系统。处理挥发性污染物时应设置废气处理系统。

15.6.2.2 反应器设计

生物降解一般符合一级反应动力学。反应器设计时一般需要进行小试试验，确定降解速率，然后根据修复目标，可算出停留时间，根据进出水量可算出反应器的体积。

例题 15.9 某污染场地土壤中石油烃浓度为 7800mg/kg，拟用泥浆生物法处理，修复目标为 826mg/kg。实验室小型泥浆反应器研究表明，加入降解菌后，经 1d 后土壤石油烃的浓度变为 1050mg/kg。若反应器每天需要处理的泥浆量为 150m³，试求采用序批式反应器和连续流搅拌式反应器达到目标浓度所需的停留时间和反应器容积。

解：

① 采用序批式反应器时，根据式（19.12），代入已知参数：

$$\frac{C_{\text{out}}}{C_{\text{in}}}=\frac{1050}{7800}=e^{-kt}=e^{-k}$$

得：

$$k=2(\text{d}^{-1})$$

则达到修复目标时：

$$\frac{C_{\text{out}}}{C_{\text{in}}}=\frac{826}{7800}=e^{-kt}=e^{-2t}$$

得：

$$t=1.12(\text{d})$$

采用一个反应器的容积为：

$$V=tQ=1.12\times150=168(\text{m}^3)$$

② 采用连续流搅拌式反应器时，根据式（19.6），代入已知参数：

$$\frac{C_{\text{out}}}{C_{\text{in}}}=\frac{1050}{7800}=\frac{1}{1+kt}=\frac{1}{1+k}$$

得：

$$k=6.43(\text{d}^{-1})$$

则达到修复目标时：

$$\frac{C_{out}}{C_{in}}=\frac{826}{7800}=\frac{1}{1+kt}=\frac{1}{1+6.43t}$$

得：

$$t=1.31(d)$$

采用一个反应器的容积为：

$$V=tQ=1.31\times150=196.5(m^3)$$

15.6.3 技术适用性

泥浆生物法已成功用于修复被杂酚油、卤代芳烃、杀虫剂、木材防腐剂和其他有机化学品污染的土壤、淤泥和沉积物中。好氧泥浆生物法一般用于修复受农药、有机氯化物和多环芳烃污染的土壤；厌氧泥浆生物法一般适用于受农药污染的土壤。此方法尤其适用于异质性土壤和低渗透性土壤。

该法的优势是耗时较短，运行条件可控，结构与操作简单，占地面积较小，成本较低，不易产生二次污染；缺点是土壤需要预处理，泥浆需要脱水，处理能力有限。表 15.15 为一些工程案例的处理效率情况。

表 15.15 泥浆生物反应器实验研究结果汇总

类型	污染物	控制因素	去除率	资料来源
好氧泥浆生物法	多环芳烃总量	未添加表面活性剂	12 天后去除率达到 63.4%	Schuur,2003
	芘	添加表面活性剂 Brij 30	12 天后去除率达到 71%	Schuur,2003
	萘	添加恶臭假单胞菌（*Pseudomonas putida*）	7 天后去除率达到 100%	Piskonen,2005
	芴	添加圆柱孢曲霉（*A. cylindrospora*）和麦芽糖环糊精（maltosyl-cyclodextrin）	12 天后去除率达到 90%	Garon,2004
	总石油烃	添加铜绿假单胞菌（*Pseudomonas aeruginosa*）	6 天后去除率达到 99%	Hudak,2004
	γ-六氯环乙烷	添加恶臭假单胞菌（*Pseudomonas putida*）和荧光素酶（luciferase）	4 周后去除率达到 65%	Rattan,1999
	邻苯二甲酸二乙酯	①原生土壤微生物群 ②添加污水处理厂排放口微生物群	①48 小时后达到 47.9%；②48 小时后达到 75.4%	Mohan,2006
厌氧泥浆生物法	2,3,7,8-四氯二苯-*p*-二噁英（TCDD）	以厌氧活性污泥作为补充微生物来源	90 天后去除率达到 86%	Kao,2001
	三次甲基三硝胺（RDX）	以城市厌氧污泥作为外源微生物	52 天后去除率达到 60%	Shen,1998
	苊	添加硫酸盐作为电子受体，增强多环芳烃类污染物降解	50 天后去除率达到 79%	Johnson,1998
	毒死蜱（农药）	顺序批次处理生物反应器（缺氧—好氧—缺氧）	72 小时后去除率达到 91%	Mohan,2004

注：引自 Robles-González，2008。

15.7 增强生物修复

15.7.1 定义

增强生物修复是一个强化微生物活性的过程，通过本地或接种的微生物（如真菌、细菌和其他微生物）降解土壤或地下水中的有机污染物，将它们转化为无害的最终产物。营养物质、氧气或其他修复药剂可用于加强生物修复效果或促使污染物从地下介质中解吸。

15.7.2 技术类型

增强生物修复技术主要包括增强好氧氧化生物修复、增强厌氧氧化生物修复以及其他类型的增强原位生物修复。

15.7.3 增强好氧氧化生物修复

增强（强化）好氧生物修复技术用于加速地下的土著微生物对石油类化合物和一些燃料类含氧化合物［如甲基叔丁基醚（MTBE）］的自然原位生物修复。通常在生物通风系统中通过纯氧、过氧化氢以及臭氧等增氧化合物注入的方式增强生物降解过程，能使碳氢化合物的生物降解率比自然状态下提高数倍至数十倍。

15.7.3.1 增氧化合物

各种强化好氧生物修复方法都依赖于释氧化合物来提升效率。常用的释氧化合物包括过氧化钙和过氧化镁，它们以固体或浆液的形式被注入饱和带，在被地下水水化时向含水层释放氧气。与过氧化钙相比，过氧化镁的溶解度较低，可以延长氧气的释放时间，因而应用更为普遍，注入至饱和区的过氧化镁可以在4～8个月的时间内持续向地下水中释放氧气。但过氧化物释氧效能较低，只有约10%（质量分数）的氧气会释放到含水层中。表15.16比较了目前使用的几种不同的强化好氧生物修复技术的优缺点。

表 15.16 强化好氧生物修复技术的比较矩阵

优缺点	释氧化合物	过氧化氢渗入	纯氧注入	臭氧注入	生物加压	生物通风
不需要注入机械部件	●					
工程量最低	●					
建设和运营成本相对较低	●					
接触试剂的污染物的非生物氧化作用		●		●		
可以对非饱和土壤中的污染进行修复	●	●	●	●	●	●
使地下水中的氧气局部饱和，以进一步提高生物降解和氧气分布	●	●	●	●		
可以有效地维持大范围环境地下水中的氧气浓度（高达8mg/L）					●	
可以有效地维持环境非饱和土壤中的氧气浓度（达约21%）						●

续表

优缺点	释氧化合物	过氧化氢渗入	纯氧注入	臭氧注入	生物加压	生物通风
一般认为是安全的	●					●
一般不需要电力/动力源	●	●				
严重依赖地下水的平流、分散和扩散来分配氧气，会限制处理范围并延长修复时间	●	●	●			
逃逸性蒸气进入建筑结构和公共管道的风险增加，特别是在没有蒸气回收的情况下			●	●	●	
需要在现场处理和储存反应性化学品		●				
通常需要现场气体生产和输送设备（如臭氧发生器）			●	●		

注：引自 USA EPA，2004。

15.7.3.2　纯氧注入

向地下水中注入纯氧是增加地下水中溶解氧水平以促进污染物好氧生物降解的一种有效手段。与其他强化好氧生物修复技术相比，纯氧注入没有载体或输送介质（如掺药泥浆或地下水），通过注入纯氧可以达到 40～50mg/L 的溶解氧浓度，比使用空气（含氧量约为 21%）对饱和区进行充气时的 8～10mg/L 的溶解氧浓度得到了极大提高。

通常纯氧通过一系列的注入井以气相（约 95%的氧气）方式注入地下含水层中，被土壤介质截留，有利于延长纯氧与缺氧地下水的接触时间。

15.7.3.3　过氧化氢注入

过氧化氢注入的做法通常是将过氧化氢与抽提出来的地下水混合，然后再通过泵注入地下污染区域，形成循环处理。

在地下水中每引入一份过氧化氢，就可以产生二分之一份的氧气，其分解方程见下式：

$$2H_2O_2 \longrightarrow 2H_2O + O_2 \tag{15.17}$$

理论上，10%浓度的过氧化氢能提供高达 50000mg/L 的氧气。即使注入低至 100mg/L 的过氧化氢，也能使地下水中的氧气浓度超过其溶解极限（40～50mg/L），形成氧气气泡，通过地下水饱和区上升至非饱和区。

但过氧化氢浓度超过 100～200mg/L 时会对微生物产生细胞毒性，尤其在碳源和营养物质耗尽的污染介质中，其毒性会增强。因此，过氧化氢的浓度和使用率应根据实际场地情况、污染水平和修复目标来确定。同时，还需注意过氧化氢潜在的爆炸风险。由于过氧化氢较不稳定，一般在四小时内分解为氧气和水，在地下的持久性差，这限制了其在地下的传输和分布范围。

例题 15.10　利用 H_2O_2 释放 O_2 向污染场地地下水中输送溶解氧（DO）。已知氧气在 25℃下亨利常数是 756.7atm · L/mol，假设土壤空隙中的空气组成与大气空气一样（即 20.95%的 O_2 和 79.05%的 N_2）。

(a) 估算土壤空隙中空气达到平衡时，地下水中溶解氧浓度 C（mg/L）。

(b) 如果注入 H_2O_2 浓度为 1000mg/L，H_2O_2 可以提供多少 DO 浓度?

解：

(a) 溶解氧在地下水中的浓度可用亨利定律计算。20.95%的氧气相当于土壤空气中氧气的分压为 1 atm×0.2095=0.2095 atm，根据亨利定律，地下水中的 DO 浓度为：

$$C=\frac{P}{H}=\frac{0.2095\text{atm}}{756.7\text{atm}\cdot\text{L/mol}}=0.000277\text{mol/L}$$

将 mol/L 换算为 mg/L，可得：

$$C=0.000277\text{mol/L}\times(32000\text{mg/1mol})=8.86\text{mg/L}$$

这是 25℃时氧分子能溶解在水中的最大浓度。如此低的溶解氧浓度证实了氧气只能少量溶于水。现用理想气体定律将 0.2095 atm 转换为以 mg/L 为单位：

$$C=\frac{n}{V}=\frac{P}{RT}=\frac{0.2095\text{atm}}{0.0821\ \frac{\text{atm}\cdot\text{L}}{\text{mol}\cdot\text{K}}\times(273+25)\text{K}}=0.008563\text{mol/L}$$

同样，利用 32000mg/mol 的换算系数，可以计算出土壤空气中的氧浓度：

$$C=0.008563\text{mol/L}\times32000\text{mg/1mol}=274\text{mg/L}$$

（b）为了进行化学计量计算，必须将 H_2O_2 的单位转换为物质的量浓度。H_2O_2 的物质的量为 34g/mol 或 34000mg/mol，因此 1000mg/L H_2O_2 的物质的量浓度为 1000mg/L/(1mol/34000mg)=0.0294mol/L。

由式（15.17）可知，假设 H_2O_2 完全分解，每 2mol H_2O_2 将产生 1mol 溶解氧。因此 0.0294mol/L H_2O_2 在地下水中将产生 0.0147mol/L 的 O_2，或 0.0147×32000=471(mg/L) 的 O_2。引入 H_2O_2 后的 DO 浓度是之前计算的地下水饱和 DO 浓度（8.86mg/L）的 50 多倍，证明了 H_2O_2 是一种有效的释氧化合物。

15.7.3.4 臭氧注射

臭氧注射既是一种化学氧化技术，也是一种强化的好氧生物修复技术。臭氧在水中的溶解度比纯氧高 10 倍。污染物的氧化既可以与臭氧直接反应，又可以在臭氧分解后，增强生物氧化以促进污染物的降解。臭氧是一种强氧化剂，其氧化潜力大于过氧化氢，同时还能有效地输送氧气，以加强石油烃污染区的地下生物修复。

当不稳定的臭氧分子分解成氧气分子时，地下水的溶解氧会越来越饱和。引入地下的溶解臭氧约有一半在大约 20 分钟内降解为氧气。然后被土著好氧降解菌利用。注入的臭氧也会对微生物产生毒性而抑制其活性。然而，这种抑制是暂时的，部分细菌可以在一段时间后产生耐受性而恢复降解能力。

在注入方式上，更常用的是将气态臭氧直接注入受污染的地下水中，臭氧可以以溶解相或气相的形式注入地下，或者将其融入抽出的地下水中通过泵注入污染区域。由于臭氧不稳定，因此一般在现场即时制备使用。

15.7.4 增强厌氧氧化生物修复

在好氧和厌氧条件下，氧化作用都是烃类污染物被生物降解的主要代谢途径。当电子从烃类（电子供体）移动到另一种电子受体化合物时，烃类污染物被氧化。当氧气是电子受体时，发生有氧氧化；当硫酸、硝酸、锰、铁或二氧化碳等作为电子受体时，发生厌氧氧化。增强（强化）厌氧氧化生物修复（EAOB）是在没有氧气的情况下进行的，其电子受体一般为硝酸盐、硫酸盐或铁，厌氧微生物利用添加的非氧气电子受体来降解碳氢化合物。电子受体的可用性往往是烃类污染物自然发生生物降解的限制因素。通过向地下微生物群落提供额外的电子受体，可提高自然生物降解的速度。

研究发现，厌氧生物修复可以用于处理石油污染，同时可以避免使用好氧生物修复或原位化学氧化时可能出现的一些二次污染问题。一般来说，与厌氧条件相比，好氧条件可以更快速地对污染物进行生物降解，但当好氧氧化存在以下问题时可采用厌氧生物修复。

① 许多地下存在的其他物质会迅速消耗所提供的氧气，减少可用于污染物生物降解的氧气量，并增加氧化剂添加量和成本。例如，某些金属元素（如铁和锰）与注入地下的氧气发生化学反应。

② 注入地下的氧气消耗较快会使其难以均匀地分布在整个污染区，这就要求氧化剂注入点的间距更小，增加了项目成本。

③ 好氧过程会导致生物结垢，导致更高的运行成本（Farhadian et al.，2008）。

同时使用氧气和其他电子受体可以最大限度地增加生物修复的效能（Cunningham et al.，2001）。在实践中，通常使用好氧生物降解来降低污染物浓度，因为其降解率较高（Cunningham et al.，2001；Hinshalwood et al.，2013；Suthersan et al.，2011），同时使用厌氧生物降解来解决残留的污染物水平。

电子受体对厌氧生物修复过程影响很大。表 15.17 显示了几种电子受体对苯系物（BTEX）的厌氧氧化生物修复的可行性。由表可知，硝酸盐、铁和硫酸盐作为电子受体比二氧化碳和锰更具优势。表 15.18 显示了电子受体在地下水中的浓度及对 BTEX 的生物降解，与氧气和铁相比，硝酸盐和硫酸盐向地下水输送的浓度更高，降解效能更佳。表 15.19 总结了各种电子受体的优点和缺点。

表 15.17 使用各种电子受体对苯系物的厌氧生物降解

污染物	电子受体				
	硝酸盐	锰	铁	硫酸盐	二氧化碳
苯	●		●	●	●
甲苯	●	●	●	●	●
乙苯	●		●	●	
二甲苯	●		●	●	

注：●表示使用该电子受体可对污染物进行厌氧生物降解。

表 15.18 电子受体在地下水中的浓度及对 BTEX 的生物降解

电子受体	地下水中的最大实际浓度/(mg/L)	限制地下水浓度的原因	BTEX 降解/(mg/L)①
氧气	9～10	水溶性；生物质形成或 Fe(Ⅱ)氧化成 Fe(Ⅲ)造成的含水层堵塞	2.9～3.2
硝酸盐	80～100	原位形成 N_2 气泡；地下水Ⅳ类水限值为 30mg/L	16～21②
铁	0～1	Fe(Ⅲ)盐的溶解度非常低；硫化铁沉淀造成的含水层堵塞	0～0.05
硫酸盐	100～350	抑制硫化物的形成；Ⅳ类水限值为 350mg/L	21～53

① BTEX 降解计算为甲苯降解，并假设电子受体全部用于降解甲苯。

② 当硝酸盐的饮用水限值为 30mg/L 时，降解的 BTEX 为 6mg/L。

表 15.19 各种电子受体的优缺点

电子受体	优点	缺点
硝酸盐	·高溶解度 ·是所有 BTEX 厌氧生物降解可利用的电子受体	自然环境中的添加量有监管限制，不可过量
锰		·可能无法对某些 BTEX 进行厌氧生物降解 ·会对饮用水的颜色、气味产生影响
铁	是所有 BTEX 厌氧生物降解可利用的电子受体	·溶解度极低 ·铁沉淀堵塞含水层 ·会对水体颜色、味道产生影响，同时浓度含量有标准限值
硫酸盐	·高溶解度 ·能够厌氧生物降解所有 BTEX	·可能产生有毒的硫化氢气体 ·水体中浓度含量有标准限值
二氧化碳		可能无法以足够快的速度对某些 BTEX 进行厌氧生物降解以满足项目需求

实际中，可以同时使用多种电子受体提高生物降解能力。Cunningham 等（2001）发现联合使用多种电子受体可以增强总电子接受能力，实现更多类型石油污染物的生物降解。相关研究证明，微生物首先迅速利用注入的硝酸盐，且只有在硝酸盐耗尽时才利用硫酸盐。尽管硝酸盐的使用优先于硫酸盐，但硫酸盐的还原是二甲苯生物降解的主要机制。这一发现表明，引入多种电子受体可以更有效地促进微生物降解多类污染物。

强化厌氧氧化生物修复适用性有限，不适合处理高浓度污染物或非水相液体，且这种方法在低渗透性土壤如黏土中效果不佳，成本效益也较低。该法处理速度慢，不适用于迫切需要清理的、对健康或环境风险高的场地。

15.7.5 其他类型的增强原位生物修复

复杂污染场地（如大型污染羽流区、非水相液体源区、新污染物等）的修复难度一般较大。针对复杂场地修复问题，一些新型增强原位生物修复技术被研发出来并加以应用，如电动力学生物修复、热能增强生物修复技术等。

15.7.5.1 电动力学生物修复

电动力学生物修复（EK-BIO）技术利用电场促进修复药剂的分布，尤其对低渗透性土壤具有显著效果。通过施加电流，电子供体和营养物质能够更均匀地扩散至整个地层，有效地与污染物进行接触反应。在异质地层中，低渗透区往往残留大量污染物，通过施加强力电场，可以进一步推动修复药剂向这些难以触及的区域传递。这使得 EK-BIO 技术在应对低渗透性污染土壤修复上具备较为独特的优势。

关于电动修复部分可参见第 16 章。

15.7.5.2 热能增强生物修复

将生物修复与热技术结合，能够通过提高含水层的温度，增强生物降解的效率。反应动力学表明，温度每升高 10℃，生物降解速率大幅增加。研究证明，当温度升至 40℃左右时，与地下水背景温度相比，负责氯乙烯厌氧转化为乙烯的 Dhc 和 vcrA 基因浓度会显著提高。

此外，热量的引入还有助于非水相液体的溶解，强化污染物从土壤向水相的解吸溶解，并加快挥发速度。热能增强生物修复的加热方式与原位热处理技术类似，如采用热传导或电阻加热，但热能增强生物修复的目标处理温度远低于传统加热技术。这一特点使得该技术能够在能耗较低的情况下获得良好的修复效果。

15.8 植物修复

15.8.1 定义与发展

植物修复技术（phytoremediation）是利用植物及植物根际作用净化污染土壤中重金属、有机污染物及放射性核素的技术。

20 世纪 50～70 年代国际上开展了对植物修复技术理论的研究，这一阶段的研究工作使人们初步认识了植物忍耐重金属的机理，提出了回避机制、排除机制、细胞壁作用机制、重金属进入细胞质机制、重金属与各种有机酸结合机制、酶适应机制、渗透调节机制等。这些机制的提出，使人们对植物忍耐重金属的机理有了一个较为全面的认识。Brooks 等（1977）提出了超积累植物的概念，Chaney 等（1983）提出了利用超积累植物消除土壤重金属污染的理论。随后，有关耐重金属植物与超积累植物的研究逐渐增多。由于植物修复具有投资少、操作简便、不破坏场地结构、不引起二次污染等优点，已成为一种被广泛关注和研究的绿色修复技术。

目前国外在利用植物修复土壤重金属污染等方面已取得很多重要研究成果，我国在植物修复技术方面也取得了一系列研究成果，如利用蜈蚣草富集砷，利用印度芥菜吸收土壤中难溶态镉等。

15.8.2 原理

根据植物积累和转运污染物的机理不同，植物修复机理可分为植物稳定、植物挥发、植物提取、根系过滤和植物降解，这些作用往往会同时存在，很难分开，因此也很难按作用原理将植物修复分为不同种类。

15.8.2.1 植物提取

植物提取（phytoextraction）又称植物萃取，是植物修复最重要的作用之一。是指利用植物根系从土壤中吸收污染物，并将其转移、积累至地下植物体（根系）和地上植物体（芽、叶等）中。植物提取分为自然植物提取和化学诱导植物提取。自然植物提取是指利用植物对重金属的天然富集能力来提取土壤中污染物，提取效率相对较低；化学诱导植物提取通过添加化学改良剂在植物根部与根际土壤重金属形成螯合物，提高植物对污染物的提取。

植物提取土壤重金属的一般过程为：①植物根际活化吸附重金属；②重金属通过细胞膜进入植物根部细胞；③少部分重金属由根部质外体途径和共质体途径短距离运输至中柱；④大部分可流动重金属进入木质部；⑤木质部及韧皮部负载重金属转运至茎、叶等组织（Adrees，2015），此过程基于植物对重金属的超耐受性。研究发现，重金属经植物木质部负载向地上组织的转运是由转运蛋白介导的，这些转运蛋白主要有阳离子扩散蛋白（CDF）、锌调节转运蛋白（ZRTP）、铁调节转运蛋白（IRTP）、自然抗性巨噬细胞蛋白等，大多存在于细胞膜上或细胞质内。植物对重金属具有超耐受性的原因是其自身具有解毒机制，为减轻重金属的毒性作用，植物自身代谢过程能够将重金属隔离到液泡中，且植物体内存在一些天然螯合物如植物螯合素（PCS）、谷胱胺酸（GSH）和金属硫蛋白（MT），被认为是金属螯合到液泡的最佳螯合配体，这些螯合物也是植物体重金属排毒系统的主要组成部分。由此可见，植物提取重金属的关键步骤与植物自身生理特性密切相关，所以用于植物提取的植物应具有生长周期短、生物量大、根系发达、耐受性强和能够储存高浓度重金属的特性。

15.8.2.2 植物稳定

植物稳定（phytostabilization）是利用植物根系积累、吸附、沉淀、配位等固定土壤中污染物，减少污染物流动性及生物利用性。植物稳定作用限制了重金属在生物群中的积累，并最大限度地减少了它们渗入地下水中。

15.8.2.3 植物挥发

植物挥发（phytovolatilization）是利用植物吸收土壤中挥发性污染物，随后转移并以气态物质形式挥发到大气中。代表性的污染物是类金属元素汞和非金属元素硒，植物挥发不需要收获和处理含污染物的植物体，也不需要对挥发出来的气体进行处理，但挥发出来的含污染物气体的环境风险尚需要进一步研究。

15.8.2.4 植物降解

植物降解（phytodegradation）是利用植物根系分泌物和特有酶系的转化和降解作用去除土壤中的有机污染物，或者利用植物与根际圈内微生物相互作用来转化和降解有机污染物（Ashraf，2019）。植物降解主要用于有机污染土壤的修复。有机污染物能否被植物吸收并被转移到植物体内，完全取决于其亲水性、可溶性、极性和分子量大小。一般情况下，对于易溶于水的有机物，植物有较好的吸收能力；但对于憎水性较强的有机物，植物吸收的程度就差。植物将有机污染物吸入体内后，可以通过木质化作用将它们及其残片储藏在新的组织结构中，也可以代谢或矿化为 CO_2 和 H_2O，还可以将其挥发掉。

15.8.2.5 植物水力作用

植物的根系能够通过蒸腾作用从地下吸收并带走大量水分，称为植物水力作用。在地下水埋深较浅的场地，可利用植物水力作用控制污染地下水。像杨树或柳树这样的树木在炎热的阳光下可以蒸发出比它们总含水量更多的水分。蒸腾作用受植物密度、叶面积指数、太阳辐射通量、地下水深度、温度、相对湿度和风速的影响。因此，根据场地条件，可以利用树木的自然耗水量来影响甚至控制地下水运动，从而捕获污染物羽流。

当污染物呈水溶态、易浸出且浓度不会引起植物毒性时，可以采用植物水力作用处理地下水羽流。植物的水力控制只能在根区或受根系影响的深度内进行。在种植过程中，将植物的根部放置在更靠近浅层地下水的地方，可提高根系深度、促进树木早期生长和养分吸收。

15.8.3 技术要素

15.8.3.1 植物污染物累积能力

自然界中的植物对污染物都有一定的吸收累积能力，但是这种能力差异很大。一般的植物对污染物的吸收能力比较低，但有些植物对特定的污染物具有特异性超富集能力，这是一种复杂而罕见的自然现象，是生物适应与进化的结果。常见的污染物富集植物如表 15.20 所示。

表 15.20 常见的污染物富集植物

污染物	植物名称	地上部污染物含量/(mg/kg)	发现地点	参考文献
Cd	*宝山堇菜 *Viola baoshanensis*	4825	湖南省郴州市	(刘威等,2003)
Cd	*淡蓝山菥蓂 *Noccaea caerulescens*	1800	宾夕法尼亚	(Li et al.,1997)
Cd	*龙葵 *Solanum nigrum L.*	A 124.6 B 103.4	辽宁省沈阳市	(魏树和等,2004)
Co	*蒿荠草 *Haumaniastrum robertii*	10200	非洲中西部 扎伊尔	(Brooks et al.,1977)
Cu	*番薯属 *Ipomoea*	12300	非洲中西部 扎伊尔	(Malaisse et al.,1979)
Cu	*鸭跖草 *Commelina communis*	1034	湖北省铜绿山	(束文圣等,2001)
As	*蜈蚣草 *Eremochloa ciliaris*	4384	湖南省石门县	(陈同斌等,2002)
As	*大叶井口边草 *Pteris cretica L.*	694	湖南省石门县	(韦朝阳等,2002)
Zn	*东南景天 *Sedum alfredii H.*	4515	浙江省衢州市	(杨肖娥等,2002)
Pb	*土荆芥 *D. ambrosioides*	3888	湖南省株洲市	(吴双桃等,2003)
Mn	*商陆 *Phytolacca acinosa*	A 19299	湖南省湘潭市	(薛生国等,2017)
Cr	*李氏禾 *Leersia hexandra*	A 1786.9	广西北部	(张学洪等,2006)
Ni	*庭荠 *Alyssum desertorum*	20400	美国	(Li et al.,2003)
Se	*黄芪属 *Astragalus L.*	14900	美国怀俄明州	(Beath et al.,1937)
环丙沙星、诺氟沙星	卤蕨 *Acrostichum aureum L.* 红树 *Rhizophora apiculata Blume*	3.63	越南沿海湿地	(Hoang et al.,2013)
多氯联苯	西葫芦 *Cucurbita pepo L.*	B 0.043	加拿大	(Aslund et al.,2008)

注：A 表示叶片内含量；B 表示茎内含量；*表示超富集植物。

目前用于修复的植物包括树木、草、花、灌木和各种水生植物。其中最常用的种类有杂交杨树、杂交柳树、白杨、黑麦草、羊茅、苜蓿和印度芥菜。杂交杨树使用广泛的原因是其生长速度快、根深和蒸散速率强。对于重金属，通常所选择的是超富集植物，超富集植物常见于十字花科、大戟科、菊科、唇形科或玄参科植物科。这些植物不仅能耐受和积累污染物，而且地上、地下生物量高，生长速度快，如羊齿类铁角蕨、野生苋和十字花科植物天蓝遏蓝菜对 Cd 的富集作用强，蒿属和芥菜对 Pb 的富集效果明显，十字花科和葶芥属植物也能有效吸附 Ni。对于有机物，植物通常需要生长迅速，具有高的蒸散速率，并将污染物转化为毒性较低或无毒的形式。对于氯代溶剂的修复，通常使用的树种包括杂交杨树和杂交柳树。在修复弹药污染物方面，长春花和杂交杨树可以达到修复目的。对于农药污染物，最常见的修复植物是杂交杨树。

超富集植物吸收重金属主要通过两个途径：共质体途径和质外体（异质体）途径。共质体途径是指利用 Ca、Fe 等必需营养元素离子通道、转运蛋白等方式进行跨膜运输，而质外体途径则是通过细胞壁、胞外间隙等横向传递至木质部的过程。在共质体途径中，重金属通常借用必需营养元素的传输系统穿过根部细胞膜进入细胞。质外体途径无需穿过质膜，允许有毒金属元素通过。重金属进入根部后，将通过木质部及韧皮部由根部向地上部分转运。木质部转运是超富集植物重金属转运的主要途径，小分子有机酸、蛋白酶等是其主要影响因素。

通常情况下，植物体对重金属的富集能力可以用生物富集因子（BF）和转运因子（TF）描述。BF 的公式如下：

$$BF=C_p/C_s \tag{15.18}$$

式中 C_p——植物体中重金属浓度；

C_s——土壤中重金属浓度。

BF 越大，植物对重金属的积累能力越强。

TF 的公式如下：

$$TF=C_s/C_r \tag{15.19}$$

式中 C_s——茎部重金属浓度；

C_r——根部重金属浓度。

当 TF>1 时，植物可将重金属从根转运至茎部，TF<1 时植物根系优先积累重金属。大多数情况下，土壤中重金属首先穿过植物根部表皮进入植物体内，由植物体的离子通道转运至茎叶等组织，最后储存在茎叶细胞的细胞壁和液泡部位。

15.8.3.2 污染物特征

污染物的疏水性可以影响该化合物的吸收和迁移。一般来说，辛醇-水分配系数 $\lg K_{ow}$ 在 0.5～3.0 之间时最容易被植物吸收和转运。对于土壤中亨利常数 $H>10^{-4}$、半衰期小于 10d 的物质不宜选用植物修复。分子量低于 500 的有机物容易被植物根系吸收，分子结构也会影响降解速率，如多环芳烃上环越多、苯环上氯取代物越多，越难被植物降解。

LNAPL 或 DNAPL、混合物或油性污染类型的污染物及其 pH 值、物理形式都会对水、空气运动或植物生长所需营养物质的吸收产生不利影响。NAPL 或含油污染物会显著降低植物的生长。污染土壤必须在植物的根区内，植被才能直接影响污染。

低到中等水平污染浓度而且污染物位于植物根区的位置时可以有利于植物修复的进行，高浓度的污染物可能会抑制植物生长。在这种情况下可以使用非原位技术处理高浓度污染物，从而迅速降低急性风险，同时使用原位植物修复在较长时间内清理大量低浓度污染物。

15.8.3.3 土壤性质

土壤特征，如水分含量、有效氧含量、有机质含量、阳离子交换容量、pH 值、碱度、质地和温度等，将对污染物的迁移和归宿产生重大影响。例如，高黏土和低有机含量土壤的金属生物有效性降低。土壤阳离子交换量越高，对金属污染物的吸附就越大。土壤的肥力决定是否需要额外的肥料。土壤 pH 影响金属污染物的溶解度和植物的生长，必须使 pH 达到平衡才能使两者效果最大化。

15.8.3.4　生物量及污染物分配

通常情况下，进行植物修复的植物总生物量需要根据场地的污染程度、分布、气候和场地的水文地质条件来综合确定。生物量太小达不到植物修复的目的，生物量太大则容易相互竞争环境资源，使得一些植物死亡，造成生物资源浪费，也达不到修复效果。污染物可以从根表进入植物体内，由地下部分转移到地上部分，分布在植物的各个器官中，一般而言，植物器官中各污染物浓度大小顺序为：根＞茎＞叶＞果实。

15.8.3.5　种植密度

种植密度也会影响污染土壤的去除率。植物之间的间距决定了叶片冠层闭合的时间，影响植物的蒸腾速率。然而，为了更快地闭合树冠而将植物种植得太近会限制阳光的照射，抑制植物的生长。由于蒸腾速率是植物生长和树冠闭合的因素，在规划系统时应对植物数量进行配置，使某个地区的植物数量最大化，同时使植物之间的间距最大化。

15.8.3.6　植物营养

营养物质是影响植物修复的重要因素，已经成为调控植物吸收重金属的重要方式。例如，N、K、P 等植物营养物质可以通过参与超富集植物体内的化学反应来影响对重金属的吸收。此外，改变土壤腐殖酸的构成也能强化植物修复效果，一般情况下，水溶性有机物容易与重金属形成配合物增加其生物有效性。

15.8.4　系统设计

植物修复系统的设计需要根据污染特征、场地条件、修复目标和使用的植物种类。

15.8.4.1　场地整理

对种植植物的区域进行整理，包括去除地表和地下构筑物、清除建筑垃圾和周围大型遮挡物等，同时根据场地污染特征合理规划种植区域，提供植物生长的基本土壤环境，确保植物生长不受影响。

15.8.4.2　植物选择

植物种类需要根据需要去除的污染物来选择。对于有机物污染的场地，要求植物生长快、耐寒、易于种植和维护，通过蒸发蒸腾利用大量水分，并将关注的污染物转化为无毒或毒性较小的产物。在温带气候条件下，通常选择根生植物如杂交杨树、柳树等，因为它们生长快，根能深入地下水表面，蒸腾速率大，物种量大。

在有机污染物场地，草通常与树木一起种植，或作为主要的修复方法。因为它们能在表层土壤中提供大量的细根，有效地结合和转化疏水污染物，如 TPH、BTEX 和 PAHs。草通常种植在树木之间，以稳定土壤，防止风尘将污染物转移出场地。豆科植物如苜蓿和豌豆可以用来富集贫瘠土壤中的氮。羊茅草、黑麦草和芦苇金丝雀草已经在场地成功运用，特别是那些被石化废料污染的场地。这些吸收污染物之后的草被定期收割并处理成堆肥或焚烧。

在重金属的植物修复方面，采用特定的超富集植物进行修复。目前正在设法富集植物地上部分的重金属，并在可行的情况下从植物体中回收重金属。可用于植物回收的重金属包括向日葵和印度芥菜植株体内的铅，遏蓝菜体内的锌、镉、镍，向日葵和水生植物中的放射性核素。从植被中回收重金属的方法主要包括焚烧或从灰烬中回收，或者采用湿法提取技术。

15.8.4.3 可行性试验

修复正式开始之前需要设计可行性试验以确保植物修复系统能达到预期的效果。可行性试验中通常需要获得毒性和转化方面的数据。不同植物物种间的毒性和转化数据有很大差异。硼、金属和盐类对植物的毒性很大。通常情况下需要分析不同浓度的污染物毒性以及对植物组织的代谢物或母体化合物进行分析。如果监管者需要获得元素总质量平衡信息，这就需要在实验室中使用放射性元素标记化合物。

可行性试验也可以评估污染物在植物系统中的归宿。例如，如果需要检测潜在的挥发性化合物如苯和三氯乙烯，那么需要对空气毒性进行计算，以估计其在大气中的浓度以及大气是否能接受此浓度的排放。同样，一些疏水性有机物（$\lg K_{ow}=1\sim3.5$）容易被转运到植物的叶片上并进行代谢，此时，需要检测叶片中母体化合物和代谢物的浓度，以确定其是否超过了叶片可接受的浓度水平。

15.8.4.4 种植模式

植物的种植模式如轮作、间作、套作等可以充分地利用自然资源，有利于减少杂草和病虫对植物生长的影响，通过选择合适的植物与土壤形成互作体系，利用不同植物对重金属的富集能力提高修复效率，降低修复土壤的经济成本。而且在复合型污染土壤中，可以利用间作或套作 2 种或 2 种以上植物降低修复时间，提高修复效率。合适的种植密度有利于植物充分利用光照、土壤营养物质和水分，提高单位面积上的生物量，进而促进对污染物的吸收，提高修复效率。镍的超富集植物庭荠最佳种植密度为 4 株/m^2（Li et al.，2003）。向日葵修复重金属时其叶片中的重金属含量也与种植密度成反比（Liphadzi et al.，2003）。

15.8.4.5 管理维护

在植物修复系统设计中通常需要包括灌溉。灌溉条件可以确保即使在干旱的情况下，系统也能为植物生长提供充足的水分。此外，需要通过水文地质模型来估计在灌溉条件下地下水的渗滤率。如果该地区有足够的降雨来维持植物生长，那就无需灌溉操作。在植物修复系统的设计中，需要考虑操作和维护成本，主要包括修剪、重新种植、收割、监测植被污染物、肥料成本和性能监测的成本。

农艺方面的投入包括植被和根际细菌生长所需的养分。这些包括来自商业肥料混合物的 N/P/K、碳源添加剂和土壤调节剂，如粪肥、污水污泥、堆肥、秸秆或覆盖层。在石油化工场地中，化肥的施用量大约为 3.7kg/亩[1]和 7.5kg/(亩·a)(氮)。有时也需要用石灰中和土壤 pH，对场地土壤的标准农艺分析将有助于 pH 值的调整。

化学药剂的添加也是整个植物修复设计的一部分。为了植物的稳定，有必要将金属与土壤颗粒结合，使金属不被植物吸收或淋滤。如磷矿或磷肥能有效地结合铅和锌，EDTA（0.5～10g /kg）等螯合物的添加也能保证金属的生物富集量，它们可以在种植前加入土壤中。

---

[1] 1 亩＝666.67m^2。

富集了重金属的植物需要收割从而使土壤中污染物被彻底清除。不同的植物根据生长特性每年可一次收割或多次收割。对于多年生的超富集植物，通过收割可以提高生物量。砷的超富集植物蜈蚣草是蕨类植物中的一种，多年生且再生能力强，控制合理的收割时间可以节约成本，提高修复效率。有研究表明，蜈蚣草的最佳收割频率为每年三次，每次收割至7.5cm，此时蜈蚣草内部砷浓度大约为1000mg/kg，修复效率是每年收割一次的1.9倍。

高富集植物收割后作为危废处理，常见的处理方式有焚烧、生物堆肥、高温分解、灰化和压缩填埋等。焚烧法是一种高温处理技术，焚烧后植物体中有机物会随之分解，后以CO_2和H_2O等的形式排放；生物堆肥可以减少植物的体积和生物量，方便运输和处理；高温分解则是植物在厌氧和高温条件下进行剧烈的热激发，瞬间实现分解的处理方法，过程中产生的副产物还能用作燃料或其他产品的原料。此外，还能通过灰化法和压缩填埋方法实现重金属的回收利用，避免二次污染的产生。

15.8.5 系统性能监测

植物修复系统中监测的常用参数如表15.21所示。

表15.21 植物修复系统性能监测参数

监测介质	监测参数	监测原因
气候	温度	维护需求(灌溉);确定水分平衡和蒸散发速率
	降水	
	相对湿度	
	太阳辐射	
	风速和风向	
植物	视觉特征(生存能力、压力迹象、昆虫或动物伤害、生长情况、叶片质量等)	维护(替换、施肥、施用农药等);量化污染物和副产物;量化或预测系统运行
	组织成分(根、芽、茎、叶等)	
	蒸腾作用的气体	
	蒸腾速率	
	根系密度	
土壤	地球化学参数(pH、营养物浓度、水分含量、氧含量等)	优化营养平衡,促进根系或微生物生长;确定水分平衡和蒸散发速率;量化污染物和副产物;量化或预测系统运行
	微生物特征	
	污染和分解副产物的浓度水平	
地下水	含水层的信息(地下水流向和流速、地下水深度、单位产水量等)	量化污染物和副产物;量化或预测系统运行
	污染和分解副产物的浓度水平	

注：引自USEPA，2000。

15.8.6 技术适用性

植物修复主要适用于$\lg K_{ow}=0.5\sim3$、亨利常数$H<10^{-4}$和半衰期>10d的污染物，能去除的污染物主要包括重金属（如砷、镉、铅、镍、铜、锌、钴、锰、铬、汞等）、放射性核素（^{90}Sr、^{137}Cs、^{239}Pu、^{238}U、^{234}U）以及特定的有机污染物（如石油烃、五氯酚、多环芳烃等）。该技术不适用于未找到特定修复植物的污染物。而且植物的生长受气候、土壤等条件影响，所以植物修复技术不适用于污染物浓度过高、土壤理化性质严重破坏等不适合修复植物生长的土壤。

植物修复作为一种生态修复技术，对于环境的破坏性较小，二次污染较少，且能优化环境，操作简单、价格低廉，此外，Pb、Ni、Zn、Cd 等重金属污染土壤的超累积植物修复已显示出显著的生态、经济和社会效益，使得植物修复具有广阔的应用前景。但由于植物生长受到诸多环境因素影响，而且每种植物能够积累的重金属单一，加之修复深度有限、修复周期长、植物生长缓慢、植物回收处理较难等方面的问题，使得单一植物修复往往达不到理想效果，在我国污染土壤修复中较少应用。

习题与思考题

1. 简述生物堆与生物通风技术的异同。

2. 思考植物修复技术在我国为何没有得到较多的实际工程应用，结合我国“双碳”目标谈谈植物修复技术的发展前景。

3. 为什么某些污染物在好氧条件下更容易被微生物降解？哪些因素会影响微生物的降解效率？

4. 区别初级底物利用和共代谢过程，这两种过程在微生物降解污染物时的作用有何不同？

5. 简述生物刺激和生物强化的原理及其应用场景，并比较两者在生物修复中的优缺点。

6. 为何在生物修复过程中要特别关注电子供体和受体的类型？给出一个利用硝酸盐作为电子受体的修复实例。

7. 在何种情况下生物修复技术可能无法有效处理污染？提出一种解决方法。

8. 讨论基因工程微生物在生物修复中的潜在应用及可能面临的伦理问题。

9. 如果 1mol 碳氢化合物在好氧条件下需要消耗 9.5mol 的氧气，请计算降解 2kg 碳氢化合物所需的氧气质量。(假设氧气的摩尔质量为 32g/mol)

10. 假设在一个生物修复系统中，微生物通过代谢葡萄糖获取能量，每分子葡萄糖完全氧化时可以释放 686kcal 的能量，其中只有 280kcal 可用于细胞生长。若微生物生产 1g 生物质需要消耗 20mmol 的三磷酸腺苷（ATP），而 1mol ATP 的形成需要 7kcal 的能量，请计算：微生物完全代谢 1mol 葡萄糖可生成多少克的生物质？如果系统中加入了 1kg 的葡萄糖，理论上可以生成多少克的微生物生物质？

11. 某污染场地的碳氢化合物浓度为 500mg/kg，场地土壤的总质量为 2000t。假设在好氧条件下，降解 1mol 碳氢化合物需要 9.5mol 氧气（氧气的摩尔质量为 32g/mol），且碳氢化合物的平均摩尔质量为 100g/mol。请计算：该场地总共需要消耗多少千克的氧气？如果选择用空气饱和水（8mg/L 的氧气）作为氧气供给源，需要多少立方米的水？

12. 某微生物的降解速率遵循 Monod 动力学方程，最大底物利用率为 0.1g/min，K_s 为 0.05g/L。当污染物浓度为 0.1g/L 时，计算其降解速率。

13. 如果在一个酸性环境中，pH 值为 5，请问如何调整使其更适合微生物的生长？并简述调整 pH 值的原因。

14. 为什么在生物通风技术中，土壤的渗透性是一个重要的物理因素？请结合达西公式阐述。

15. 某场地的氧气影响半径需要在 20 米的范围内，请简述在生物通风设计中如何通过调节风速和管道布置来实现该效果。

参考文献

陈同斌，等，2002. 砷超富集植物蜈蚣草及其对砷的富集特征[J]. 科学通报，47（3）：207-210.

廖晓勇，2005. 典型地区土壤砷污染的现状评价与植物修复［D］. 北京：中国科学院地理科学与资源研究所.

刘威，等，2003. 宝山堇菜（*Viola baoshanensis*）——一种新的镉超富集植物[J]. 科学通报，48（19）：4.

束文圣，等，2001. 湖北铜绿山古铜矿冶炼渣植被与优势植物的重金属含量研究[J]. 应用与环境生物学报，7（1）：6.

韦韩阳，等，2002. 大叶井口边草——一种新发现的富集砷的植物[J]. 生态学报，22（5）：2.

魏树和，等，2004. 一种新发现的镉超积累植物龙葵（*Solanum nigrum L*）[J]. 科学通报，24：2568-2573.

吴双桃，等，2004. 铅锌冶炼厂土壤污染及重金属富集植物的研究[J]. 生态环境，13（2）：3.

薛生国，等，2003. 中国首次发现的锰超积累植物——商陆[J]. 生态学报，23（5）：3.

杨肖娥，等，2002. 东南景天（*Sedum alfredii H*）——一种新的锌超积累植物[J]. 科学通报，47（13）：4.

张学洪，等，2006. 一种新发现的湿生铬超积累植物——李氏禾（*Leersia hexandra Swartz*）[J]. 生态学报，26（3）：4.

ADREES M，et al，2015. Mechanisms of silicon-mediated alleviation of heavy metal toxicity in plants：a review[J]. Ecotoxicology and Environmental Safety，119：186-197.

ALLEMAN B C，et al，1995. Bioventing PAH contamination at the Reilly Tar Site［Z］. Columbus：Battelle Press.

ANNWEILER E，et al，2002. Identical ring cleavage products during anaerobic degradation of naphthalene，2-methylnaphthalene，and tetralin indicate a new metabolic pathway[J]. Applied and Environmental Microbiology，68（2）：852-858.

ASHRAF S，et al，2019. Phytoremediation：environmentally sustainable way for reclamation of heavy metal polluted soils [J]. Ecotoxicology and Environmental Safety，174：714-727.

ÅSLUND M L W，et al，2008. The effects of repeated planting，planting density，and specific transfer pathways on PCB uptake by Cucurbita pepo grown in field conditions[J]. Science of The Total Environment，405（1-3）：14-25.

BATTELLE M，et al，1994. Hydrocarbon bioremediation[M]. Boca Raton：Lewis Publishers.

BEATH O A，et al，1937. Selenium distribution in and seasonal variation of type vegetation occurring on seleniferous soils [J]. Journal of the American Pharmaceutical Association（1921），26（5）：394-405.

BILBO C M，et al，1992. Modelling the growth of methane-oxidizing bacteria in a fixed biofilm[J]. Water Research，26（3）：301-309.

BRAKER W，et al，1971. Matheson gas data book[M]. Lyndhurst：Matheson.

BROOKS R R，1977. Copper and cobalt uptake by Haumaniastrum species[J]. Plant and Soil，48：541-544.

CHAUBE P，et al，2010. Biodegradation and decolorisation of dye by mix consortia of bacteria and study of toxicity on Phaseolus mungo and Triticum aestivum[J]. Asiatic Journal Biotechnology Research，1：45-56.

CHAUDHRY T，1996. NTS Biopile Exhaust Data［Z］.

CUNNINGHAM J A，et al，2001. Enhanced in situ bioremediation of BTEX-contaminated groundwater by combined injection of nitrate and sulfate[J]. Environmental Science & Technology，35（8）：1663-1670.

DOLINOVá I，et al，2017. Microbial degradation of chloroethenes：a review[J]. Environmental Science and Pollution Research，24：13262-13283.

DRAGUN J，et al，1988. Microbial degradation of petroleum products in soil[C]. Petroleum Products：Environmental & Public Health Effects.

EL F S，et al，2005. Is bioaugmentation a feasible strategy for pollutant removal and site remediation?［J]. Current Opinion in Microbiology，8（3）：268-275.

ERIC N，2019. Field treatability study at the Greenwood Chemical Superfund Site，Albemarle County，Virginia[R]. Newtown，albemarle County，VA.

EYK J V，et al，1989. Venting-mediated removal of hydrocarbons from subsurface soil strata as a result of stimulated evaporation and enhanced biodegradation[M]. Germany：Westarp Wiss.

FARHADIAN M，et al，2008. In situ bioremediation of monoaromatic pollutants in groundwater：a review[J]. Bioresource Technology，99（13）：5296-5308.

FIELD J A，et al，2008. Microbial transformation and degradation of polychlorinated biphenyls[J]. Environmental Pollution，155（1）：1-12.

FRITSCHE W，et al，2000. Aerobic degradation by microorganisms[M]. Klein：Wiley-VCH，Weinheim.

GRISHCHENKOV V G，et al，2000. Degradation of petroleum hydrocarbons by facultative anaerobic bacteria under aerobic and anaerobic conditions[J]. Process Biochemistry，35（9）：889-896.

GROSSI V，et al，2008. Metabolism of n-alkanes and n-alkenes by anaerobic bacteria：a summary[J]. Organic Geochemistry，39（8）：1197-1203.

HARKER A R，et al，1990. Trichloroethylene degradation by two independent aromatic-degrading pathways in *Alcaligenes eutrophus* JMP134[J]. Applied and Environmental Microbiology，56（4）：1179-1181.

HINCHEE R E，et al，1991a. Use of hydrogen peroxide as an oxygen source for in situ biodegradation. Part Ⅰ. Field studies [J]. Journal of Hazardous Materials，27（3）：287-299.

HINCHEE R E，et al，1989. Enhanced bioreclamation of jet fuels：A full-scale test at Eglin AFB，Florida. Final report，November 1986-November 1988[R]. EA Engineering，Science，and Technology，Inc.，Lafayette，CA.

HINCHEE R E，et al，1991b. In situ bioreclamation：applications and investigations for hydrocarbon and contaminated site remediation[M]. Stoneham：Butterworth-Heinemann Publishing Company.

HINCHEE R E，et al，1992. A rapid in situ respiration test for measuring aerobic biodegradation rates of hydrocarbons in soil[J]. Journal of the Air & Waste Management Association，42（10）：1305-1312.

HINSHALWOOD，et al，2013. Anaerobic biostimulation as a secondary treatment option for the remediation of petroleum hydrocarbon impacts at two gasoline service stations on Long Island，NY[C]. University of Massachusetts Amherst.

HOANG T T T，et al，2013. A preliminary study on the phytoremediation of antibiotic contaminated sediment[J]. International Journal of Phytoremediation，15（1）：65-76.

HOLLIGER C，et al，1994. Reductive dehalogenation as a respiratory process[J]. Antonie van Leeuwenhoek，66：239-246.

HOPKINS G D，et al，1993. Trichloroethylene concentration effects on pilot field-scale in-situ groundwater bioremediation by phenol-oxidizing microorganisms[J]. Environmental Science & Technology，27（12）：2542-2547.

HOWARD P H，2017. Handbook of environmental degradation rates[M]. Boca Raton，FL：Lewis Publishers/CRC Press.

HUESEMANN M H，1994. Guidelines for land-treating petroleum hydrocarbon-contaminated soils[J]. Soil and Sediment Contamination，3（3）：299-318.

HULING S G，et al，1990. Enhanced bioremediation utilizing hydrogen peroxide as a supplemental source of oxygen：a laboratory and field study[R]. USA EPA，Robert S. Kerr Environmental Research Laboratory.

NFESC，et al，1996. Biopile design and construction manual[R]. Port Hueneme，CA 93043-4301. Columbus，OH 43201-5263：Naval Facilities Engineering Service Center.

KAMNIKAR B，1992. Bioremediation of contaminated soil[J]. Pollution Engineering，24（19）：50-52.

KANADE S N，et al，2012. Malathion degradation by *Azospirillum lipoferum Beijerinck*[J]. Science Research Reporter，2（1）：94-103.

KIM S，et al，2010. Aerobic TCE degradation by encapsulated toluene-oxidizing bacteria，Pseudomonas putida and *Bacillus* spp.[J]. Water Science and Technology，62（9）：1991-1997.

LAI Y J，et al，2013. Compounded effects of chlorinated ethene inhibition on ecological interactions and population abundance in a *Dehalococcoides-Dehalobacter* coculture[J]. Environmental Science & Technology，47（3）：1518-1525.

LEESON A，et al，1996a. Principles and practices of bioventing. Volume Ⅰ：Bioventing principles[R]. Battelle Memorial Inst Columbus OH（USA）.

LEESON A，et al，1996b. Principles and practices of bioventing. Volume Ⅱ：Bioventing design[J]. Principles & Practices of Bioventing, 53 (5): 368-370.

LEESON A, et al, 1995. Bioventing feasibility study at the Eielson AFB Site[R]. Battelle Memorial institute, Columbus Division, 505 King Avenue Columbus, OH.

LI Y M, et al, 2003. Development of a technology for commercial phytoextraction of nickel: economic and technical considerations[J]. Plant and Soil, 249: 107-115.

LI Y M, et al, 1997. Zinc and cadmium uptake of hyperaccumulator *Thlaspi caerulescens* and four turf grass species[C].

LIPHADZI M S, et al, 2003. EDTA-assisted heavy-metal uptake by poplar and sunflower grown at a long-term sewage-sludge farm[J]. Plant and Soil, 257: 171-182.

LUND N C, et al, 1991. Laboratory and field tests for a biological in situ remediation of a coke oven plant[M]. Elsevier: In Situ Bioreclamation.

MALAISSE F, et al, 1979. Copper and cobalt in vegetation of Fungurume, Shaba Province, Zaïre[J]. Oikos, 33: 472-478.

MAYMO-GATELL X, et al, 1999. Reductive dechlorination of chlorinated ethenes and 1,2-dichloroethane by "*Dehalococcoides ethenogenes*" 195[J]. Applied and Environmental Microbiology, 65 (7): 3108-3113.

MILLER R N, 1990. A field scale investigation of enhanced petroleum hydrocarbon biodegradation in the vadose zone combining soil venting as an oxygen source with moisture and nutrient addition. Petroleum Hydrocarbons and Organic Chemicals in Ground Water: Prevention, Detection, and Restoration, Houston, Texas, 1990[C]. Utah State University.

MILLER R N, et al, 1993. A summary of bioventing performance at multiple air force sites[R]. Texas Research Institute.

MILLER R N, et al, 1991. A field scale investigation of petroleum hydrocarbon biodegradation in the vadose zone enhanced by soil venting at Tyndall AFB, Florida[M]. Stoneham, MA: Butterworth Heinemann Publishing Company.

MORMILE M R, et al, 1994. Anaerobic biodegradation of gasoline oxygenates: extrapolation of information to multiple sites and redox conditions[J]. Environmental Science & Technology, 28 (9): 1727-1732.

MROZIK A, et al, 2003. Bacterial degradation and bioremediation of polycyclic aromatic hydrocarbons[J]. Polish Journal of Environmental Studies, 12 (1): 15-25.

MROZIK A, et al, 2010. Bioaugmentation as a strategy for cleaning up of soils contaminated with aromatic compounds[J]. Microbiological Research, 165 (5): 363-375.

ONG S K, et al, 1994. Cold climate applications of bioventing[M]. Boca Raton. Lewis Pub.

PAUL T M, et al, 1994. Bioventing soils contaminated with wood preseryatives. Bioventing soils contaminated with wood preserv. atives. Presened at: symposium on bioremediation of hazardous wastes: research, development, and field evaluations [C], ANA Hotel San Francisco San Francisco, CA (USA) .

PEALE J G, et al, 2010. Successful ISCR-enhanced bioremediation of a TCE DNAPL source utilizing EHC® and KB-1® [J]. Remediation Journal, 20 (3): 63-81.

PECK R B, 1962. Art and science in subsurface engineering[J]. Geotechnique, 12 (1): 60-66.

PENG R H, et al, 2008. Microbial biodegradation of polyaromatic hydrocarbons[J]. FEMS Microbiology Reviews, 32 (6): 927-955.

SCHUMB W C, et al, 1955. Hydrogen peroxide[M]. New York: Hydrogen peroxide.

SEEGER M, et al, 2001. Dehalogenation, denitration, dehydroxylation, and angular attack on substituted biphenyls and related compounds by a biphenyl dioxygenase[J]. Journal of Bacteriology, 183 (12): 3548-3555.

SHAW B, et al, 1995. Microbes safely, effectively bioremediate oil field pits[J]. Oil and Gas Journal, 93 (5): 85-88.

SHEWFELT K E, 2002. Optimization of nitrogen application for bioventing [Z] . Environmental Restoration Symposium. Brooks AFB, TX. University of Guelph (CNA) .

SPEIGHT J G, 2017. Removal of organic compounds from the environment[M]. Wyoming: CD & W inc.

STROUD J L, et al, 2007. Microbe-aliphatic hydrocarbon interactions in soil: implications for biodegradation and bioremediation[J]. Journal of Applied Microbiology, 102 (5): 1239-1253.

SUTHERSAN S, et al, 2011. Engineered anaerobic bio-oxidation systems for petroleum hydrocarbon residual source zones with soluble sulfate application[J]. Ground Water Monitoring & Remediation, 31 (3): 41-46.

TAGUCHI K, et al, 2001. PCB/biphenyl degradation gene cluster in *Rhodococcus rhodochrous* K37, is different from the well-known *bph* gene clusters in *Rhodococcus* sp. P6，RHA1，and TA421[J]. RIKEN Review，42：23-26.

TORSVIK V，et al，1990a. High diversity in DNA of soil bacteria[J]. Applied and Environmental Microbiology，56（3）：782-787.

TORSVIK V，et al，1990b. Comparison of phenotypic diversity and DNA heterogeneity in a population of soil bacteria[J]. Applied and Environmental Microbiology，56（3）：776-781.

U S Environmental Protection Agency，1990. Handbook on in situ treatment of hazardous waste-contaminated soils[R]. Cincinnati，OH：Risk Reduction Engineering Laboratory. Washington，DC：U S Environmental Protection Agency.

U S Environmental Protection Agency，2000. Abstracts of remediation case studies，volume 4：EPA 542-R-00-006[R]. Member Agencies of the Federal Remediation Technologies Roundtable，Washington，DC：U S Environmental Protection Agency.

U S Environmental Protection Agency，2004. How to evaluate alternative cleanup technologies for underground storage tank sites：a guide for corrective action plan reviewers[R]. Washington，DC：U S Environmental Protection Agency.

WACKETT L P，et al，1988. Degradation of trichloroethylene by toluene dioxygenase in whole-cell studies with *Pseudomonas putida* F1[J]. Applied and Environmental Microbiology，54（7）：1703-1708.

WOOTAN W L，et al，1984. Forced venting to remove gasoline vapor from a large-scale model aquifer[R]. Texas Research Institute.

第16章

电动修复技术

16.1 概述

土壤污染物主要包括以重金属、无机盐、放射性元素等为代表的无机物，以及以挥发性卤代物、多环芳烃、苯系物、多氯联苯、杀虫剂和除草剂等为代表的有机物。污染场地除了呈现单独有机或无机物污染状态外，许多污染场地往往还呈现出了有机物和无机物复合污染状态。据报道，美国至少有 40%的污染场地属于有机物和无机物复合污染类型（Sandrin et al.，2003)。尽管我国还没有详细的相关数据统计，但复合污染情况在我国污染场地中非常普遍。然而，通常一种修复技术只对一种或一类污染物有效。治理复合污染土壤一般需要多种技术的联合分步实施，这使得复合污染场地的治理变得非常复杂。此外，污染场地中通常存在受污染的低渗透带，这类污染地层的治理往往是常规原位修复技术难以实现的。由于低渗透带土壤黏粒含量高，更容易储存高浓度的污染物，在高渗透区域被修复导致浓度梯度逆转后，这些储存在低渗透带中的污染物可以扩散到邻近的高渗透区域，成为一个可长达几十年甚至上百年的污染源（Cavanagh et al.，2014；Chowdhury et al.，2017)。

鉴于上述难题，多年来许多科学家都致力于开发一种可适用于低渗透地层且可同步去除多种污染物的通用型技术。电动修复技术就是一种对有机、无机及其复合污染场地都有效的分离技术，因其能够适用于低渗透性污染土壤而受到广泛关注。电动修复技术是一类庞大的修复技术体系，电动修复技术本身就有很多类型，电动修复技术与其他技术的联合也非常多，国际上的研究也非常丰富，1997 年还专门为这个技术设立了一个国际性学术会议（ER-EM 会议)，得到了国际同行们的广泛关注。

本章针对电动修复技术的原理、发展及对不同污染物的去除作用、强化/增强技术、联合技术等提供系统性的论述。鉴于电动修复技术在我国基本上还未得到工程应用，工程设计尚缺乏可靠的技术资料支撑，本章不再撰写系统设计部分。

16.2 定义与发展

电动修复（electrokinetics remediation，EKR)，又称电化学修复，是指在被污染土壤中插入一对电极，通过施加一个低直流电压梯度将污染物移向电极从而实现永久性的从土壤中分离污染物的过程。

关于电动过程的研究最早起源于电渗现象的发现。电渗的发现可以追溯到1802年，Reuss（1809）首先对其进行了详细的研究。他在如图16.1（Yeung，2011a）所示的U形管中重复尼科尔森（Nicholson）和卡莱尔（Carlisle）在1800年开展的关于电解水的实验时发现，在施加直流电后，装有阴极的U形管臂中的水位上升了约23厘米，即使在没有任何电气或机械运动部件的情况下，水被有效地克服重力向上泵送。他进一步发现，如果两侧的水位最初相同，则阴极侧的水位将逐渐上升并产生过量的液压，直到由电压梯度引起的电渗流被由过量液压产生的液压平衡。1939年，在德国的一条铁路修建中首次应用电渗现象来逆转地下水渗流方向以降低土壤含水量；在20世纪30年代的印度，人们发现电动法可以去除盐碱土中的多余盐分，使得盐碱地有望恢复为正常的耕地；20世纪80年代，科学家尝试使用电动技术去除土壤中的其他污染物（Yeung，2011a）。Gale等（1995）于1995年提出了天然微生物种群与电动土壤处理的耦合强化污染土壤原位生物修复的方法。Puppala等（1997）于1997年提出了通过使用乙酸中和阴极电解反应以及使用离子选择性膜来防止阴极产生的OH^-回流，从而增强电动去除土壤金属的方法。同年，Wong等（1997）提出了通过电迁移将离子配位剂输送到土壤中来沉淀重金属的方法。Ko Seok-Oh（1998）在1998年又提出了用表面活性剂提高土壤疏水性污染物的溶解度来增强电动修复的方法。进入21世纪以来，电动修复及其联合技术得到了快速发展，O'Connor等（2003）在2003年提出了电动强化植物修复的方法，同时又出现了电动-可渗透反应墙等多种技术体系。目前，电动修复技术已经在欧洲、韩国、美国等地区和国家开展了一定程度的工程规模应用。

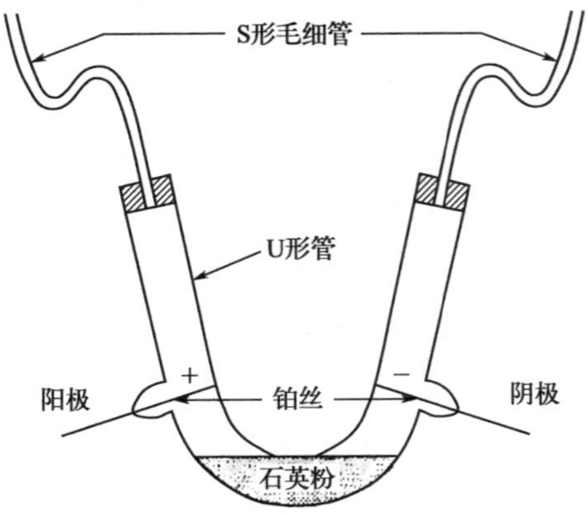

图16.1 Reuss的经典电渗实验装置示意图（Yeung，2011a）

16.3 电动修复原理

在电动过程中，通常认为电流通过三种不同的途径穿过土体：①通过液相途径；②通过交替的固-液相路径；③通过固体途径，电流穿过相互接触的土壤颗粒。在上述过程中，物质的主要运移机制为电迁移（EM）、电渗流（EOF）和电泳，同时电动过程伴随的电极电解水反应和地球化学反应也是内在机制的重要组成部分。电动传质是一个非常复杂的过程，涉及在水力和电压梯度、电化学反应和土壤-污染物相互作用的影响下污染物的传输，其宏观表现是多种驱动力合力的结果。

16.3.1 电迁移

电迁移是指在外加电场作用下土壤中荷电离子及离子配合物的迁移，是无机污染物的主要迁移机制。一般来说，在电迁移的作用下，金属阳离子向阴极移动，阴离子向阳极移动。

电迁移速率（v_{em}）主要取决于有效离子迁移率（u_i^*）、离子的价态（z_i）和电压梯度（E），大致可以表示为：

$$v_{em}=u_i^* z_i FE \tag{16.1}$$

$$u_i^*=\frac{D_i^* z_i F}{RT}=n\tau\frac{D_i z_i F}{RT} \tag{16.2}$$

式中 v_{em}——电迁移速率，m/s；

u_i^*——有效离子迁移率，$m^2/(s\cdot V)$，是与离子扩散系数（D_i）有关的参数；

z_i——离子的价态；

F——法拉第常数，C/mol；

E——电压梯度，V/m；

D_i^*——有效扩散系数，$D_i^*=n\tau D_i$；

R——通用气体常数，J/(K·mol)；

T——热力学温度，K；

n——土壤介质孔隙度；

τ——土壤介质弯曲度。

上述关键参数（如 D_i、T、n 和 τ）通常被认为是常数，实际上这些参数在电动实施过程中是随时间变化的。

16.3.2 电渗流

电渗流传输是在固体表面发生电极化的土壤介质中，外加电场诱导产生的。由于固体表面荷电，在固体周围的溶液中形成了一个相反的电荷区域，以保持电中性。这个屏蔽区域被称为双电层（EDL）。EDL 模型如图 16.2 所示，模型分为三层：内亥姆霍兹层、外亥姆霍兹层和扩散层，而具有 Zeta 电势的滑动平面位于扩散层中。

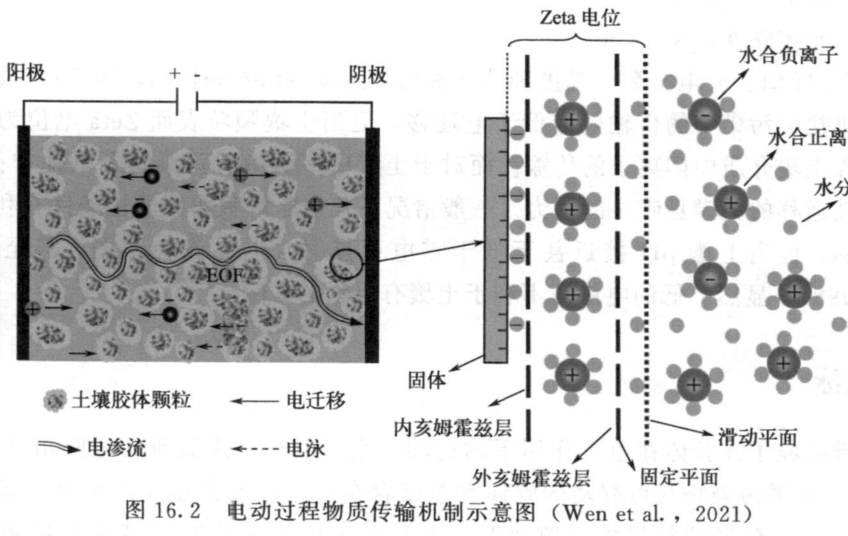

图 16.2 电动过程物质传输机制示意图（Wen et al.，2021）

EDL 的厚度（$1/k$，m）可以通过以下方程计算：

$$\frac{1}{k}=\sqrt{\frac{\varepsilon RT}{2000cF^2z^2}} \tag{16.3}$$

式中 z——EDL 中阳离子的价态；

c——EDL 中阳离子的浓度，mol/L；

ε——土壤孔隙流体的介电常数，F/m。

在电动过程中，EDL 中水合离子在电场作用下相对于带电表面滑动，会通过黏滞力驱动水分子定向流动，从而产生电渗流。阳极附近 H^+ 和一些高价阳离子在土壤胶体颗粒表面 EDL 中的吸附可降低 EDL 的厚度。变薄的 EDL 会改变黏土颗粒间的斥力和范德瓦耳斯引力的平衡，使范德瓦耳斯引力占主导地位，从而导致黏土颗粒的絮凝（Li et al.，2016；Yeung et al.，2011b）。而絮凝结构下土壤高孔隙率和低孔隙弯曲度，理论上有助于提升电迁移效率。

自 Reuss 首先发现电渗现象以来，人们提出了许多理论来描述和解释电渗流现象，如亥姆霍兹-斯莫卢霍夫斯基理论（Helmholtz-Smoluchowski theory）、施密德理论（Schmid theory）、斯皮格勒摩擦模型（Spiegler friction model）、离子水合模型（ion hydration model）、格雷-米切尔方法（Gray-Mitchell approach）等。其中，1879 年，亥姆霍兹以 EDL 和 Zeta 电势概念为基础创建的 Helmholtz-Smoluchowski 理论，已被学者们广泛接受和使用。在该理论中，电渗流流速 q_e 可表示为：

$$q_e = k_e^* A E_z \tag{16.4}$$

$$k_e^* = -\frac{\varepsilon \xi}{\delta} n \tau \tag{16.5}$$

式中 q_e——电渗流流速；

A——与水流流向垂直的剖面面积；

E_z——沿流体流动方向的电压梯度；

k_e^*——电渗有效渗透系数；

ε——介电常数，F/m；

ξ——Zeta 电位，V；

δ——流体黏度，$N \cdot s/m^2$。

ξ 取决于 pH 值、介电常数、黏度和孔隙液离子强度（Sunderland，1987）。虽然电渗流对金属与无机盐类污染物的传输效应低于电迁移，但当土壤颗粒表面 Zeta 电位为负时，电渗流也能增强土壤介质中阳离子的传输。而对于土壤中多数有机污染物及其他非荷电物质，电渗流则是其运移的关键且唯一的动力。一般情况下，由于解吸作用酸性条件有利于大多数重金属的迁移，但当土壤 pH 接近甚至低于零电荷点时，电渗流会减弱，甚至反转方向（Sposito，1998）。显然，低的电渗流不利于土壤有机物的去除。

16.3.3 电泳

电泳是带电粒子或胶体在电场作用下的运动，它一般与电渗流流动方向相反（Sunderland，1987）。如果污染物与可移动的胶体颗粒结合在一起，就会随胶体颗粒一起被运移而去除。事实上，只有当颗粒尺寸足够小时，电泳对污染物运移的贡献才会显著（Shin et al.，2017）。通常情况下，与电迁移和电渗流相比，电泳对土壤污染物迁移的影响很小，因此在电动过程中可以忽略不计。然而，最新的研究表明电泳在传输零价纳米铁颗粒等胶态修复药剂方面可能具有显著的潜力。

16.3.4 关键的化学反应

在电动过程中，电解反应和地球化学反应是两类重要的反应类型。在电动过程中使用的电压通常超过水的分解电压，因此第一组反应是由发生在电极表面的电解水来表示的（López-Vizcaíno et al.，2017）。在电解水的过程中两个“半反应”发生的具体化学过程取决于介质的pH值（Pomes et al.，1999）。

阳极反应：

$$3H_2O \longrightarrow \frac{1}{2}O_2(g)+2H_3O^+ +2e^- ;pH\leqslant 7,\begin{cases}pH=0,E^0=-1.23V\\pH=7,E^0=-0.81V\end{cases} \tag{16.6}$$

$$2OH^- \longrightarrow \frac{1}{2}O_2(g)+H_2O+2e^- ;pH>7,pH=14,E^0=-0.39V \tag{16.7}$$

阴极反应：

$$2H_3O^+ +2e^- \longrightarrow H_2(g)+2H_2O;pH<7,pH=0,E^0=0V \tag{16.8}$$

$$2H_2O+2e^- \longrightarrow H_2(g)+2OH^- ;pH\geqslant 7,\begin{cases}pH=7,E^0=-0.42V\\pH=14,E^0=-0.84V\end{cases} \tag{16.9}$$

电解水反应产生的H^+和OH^-可以在电场作用下迁移到土壤中，会改变土壤的pH值。因此，在电动过程中，土壤pH值是时间和空间的函数。而土壤中许多污染物的迁移和化学反应也取决于pH值（Yeung，2011a）。此外，H^+和OH^-在电极表面的聚集还会使电极极化，降低电场的作用效能；同时，由于H^+和OH^-在电场作用下的特殊迁移机制，其在多孔介质中的运移可能对其他目标荷电物种的宏观运移起到关键控制作用。这使得其他荷电离子在电动运移过程中处于竞争劣势，且降低了电能的利用效率。尽管电极上的这些反应可能会对电动过程中污染物的分离产生一些不利影响，但这些反应对于电动现象的发生是必不可少的，因为只有当系统的电中性平衡被电极上的电子交换打破时，电动传输过程才可能发生（Mahmoud et al.，2010）。

16.3.5 伴随副效应

电动过程会诱发一系列的伴随副效应，主要包括土壤pH梯度的形成及其诱导的聚焦效应、电极的腐蚀、土壤脱水、离子运移诱导的热效应、金属盐的结晶效应等。这些伴随副效应会对污染物的电动运移产生强化或抑制的作用，通常为电动去除土壤污染物的关键控制因素。其中，土壤pH梯度的形成及其诱导的聚焦效应已被广泛认为是影响电动修复过程的最为显著的因素，也是研究的聚焦点。因此，本教材着重介绍这种伴随副效应过程。

16.3.5.1 pH梯度的形成及影响

电解水产生的H^+和OH^-在电场作用下进入土壤中，靠近阳极的土壤会逐渐酸化，靠近阴极的土壤会逐渐碱化，使得土壤形成显著的pH梯度。pH梯度的产生对土壤中所有地球化学过程及电动修复过程会产生重要的影响，是决定电动修复成效的决定性因素之一。土壤pH的变化主要通过影响孔隙流体的电渗流流动方向和污染物在土壤颗粒表面的吸附-解吸过程等影响电动修复效能。一方面，电渗流的方向由土壤颗粒表面的Zeta电位的符号决定，Zeta电位由土壤的风化程度和pH值控制。当土壤颗粒表面Zeta电位为负时，电渗流方向为正，即由阳极向阴极方向流动，电渗流将强化阳离子污染物的运移，阴离子污染物和带负电的胶体物质的运移则会被电渗流所迟滞，反之亦然。另一方面，吸附-解吸过程是控制土壤中重金属释放的关键反应。只有当重金属从土壤中释放到液相中形成自由移动的离子时，它们才可能被电场驱动。在电动过程中，重金属的吸附-解吸过程主要受电解水反应产生的 OH^- 和 H^+ 迁移引起的土壤 pH 变化的影响。低的 pH 有助于土壤重金属的解吸，进而促进重金属的电动运移；相反，高的 pH 将促使多数重金属离子形成氢氧化物沉淀而无法电动运移。

16.3.5.2 pH 诱导的聚焦效应

除上述 pH 的影响外，pH 诱导的聚焦效应对污染物的去除及电动现象的持续性也具有重要影响。pH 诱导的聚焦效应一般指由于电解水产生的 OH^- 和 H^+ 在土壤中相向迁移碰撞后发生中和反应，在土壤中形成明显的酸性带和碱性带，进而诱发土壤空间电导差异化、化学沉淀反应及等电点聚焦效应等一系列连锁负效应，最终使得污染物被集聚在土壤某个区域的现象。这种聚焦效应主要发生在酸碱峰交汇的 pH 跃迁区域，是能形成氢氧化物沉淀的重金属和放射性元素运移的主要障碍。事实上，土壤 pH 的变化及 pH 的跃迁诱发的土壤电导分布差异会影响电渗流，因此 pH 诱导的聚焦效应也可能发生在有机污染物的去除过程。此外，OH^- 和 H^+ 碰撞并发生中和反应而失去导电性，这造成了 pH 跃迁区域土壤电阻的急剧增高，进而引发修复电流快速降低，不利于电动过程的持续。

16.4 污染物的运移与去除机制

16.4.1 重金属

电动修复重金属的动力机制一般是电迁移和电渗流，电泳的作用几乎可以忽略。多数重金属离子带正电荷，在电迁移的作用下向阴极移动。但六价铬形成的含氧阴离子和荷负电水合金属配合物，包括以氢氧化物 [$Me(OH)_n^{2-n}$]、氯化物 [$MeCl_n^{2-n}$] 和碳酸盐 [$Me(CO_3)_2^{2-}$] 形态存在的金属化合物通常向阳极迁移。电渗流对重金属去除的影响较为复杂，主要可分为如下几种情况。

① 土壤 Zeta 电位为负值，电渗流由阳极流向阴极，与金属阳离子电迁移方向相同，与荷负电的金属化合物电迁移方向相反，对金属阳离子的去除具有强化作用，对荷负电金属化合物的去除具有抑制作用；

② 土壤 Zeta 电位在零值附近，电渗流非常微弱，电渗流对污染物去除的作用可以忽略；

③ 土壤 Zeta 电位为正值，电渗流由阴极流向阳极，与荷负电的金属化合物电迁移方向相同，与金属阳离子电迁移方向相反，对荷负电金属化合物的去除具有强化作用，对金属阳离子的去除具有抑制作用。

决定重金属能否被电动去除的关键因素，一是重金属从土壤颗粒表面解吸到孔隙水中，二是重金属在孔隙水中以可移动离子状态存在，三是获得足够的电场驱动力。因此，在电动修复中对重金属去除效率产生重要影响的主要机制如下：

① 重金属与进入土壤的 OH^- 形成氢氧化物沉淀；

② 由电场强度不均一引发的局部区域重金属聚集；

③ 重金属在土壤中的赋存形态，即重金属在土壤颗粒表面具有强吸附作用。

正如前文所述，针对上述机制常用的强化电动去除重金属的方法包括 pH 调控法、离子交换膜强化法、阳极递进法、电解质强化法等。此外，根据电迁移速率方程可知，还包括重金属本身的性质，如有效离子迁移率、离子价态等。在给定环境下，可以认为多孔介质的孔隙度和弯曲度相对稳定，那么，此时离子的电迁移能力主要依赖于其有效扩散系数和价态。一些土壤中常见离子的有效扩散系数如表 16.1 所示（Amrate et al.，2005a；Kim et al.，2009；López-Vizcaíno et al.，2017；Masi et al.，2017；Paz-García et al.，2012；Rezaee et al.，2019）。由于离子的宏观表象迁移效率由多重因素决定，因而离子宏观去除率往往与其理论电迁移效率不吻合，但这种离子本身的迁移特性可以为多种离子迁移性能比较提供理论参考。

表 16.1 土壤中常见金属阳离子与无机阴离子的有效扩散系数

金属阳离子及无机阴离子	D_i^* /(10^{10} m^2/s)	金属阳离子及无机阴离子	D_i^* /(10^{10} m^2/s)
H^+	93.1	Fe^{2+}	7.19
OH^-	52.7	Cd^{2+}	7.17
Na^+	13.3	Zn^{2+}	7.02
K^+	19.6	Ni^{2+}	6.79
Cs^+	20.5	Fe^{3+}	6.07
Mg^{2+}	7.05	Cr^{3+}	5.94
Ca^{2+}	7.92	Al^{3+}	5.95
Sr^{2+}	7.9	NH_4^+	19.8
Ba^{2+}	8.46	CO_3^{2-}	9.55
Pb^{2+}	9.25	Cl^-	20.32
Cu^{2+}	7.13	SO_4^{2-}	10.65

16.4.2 无机盐

与重金属一致，无机盐的电动运移动力机制主要为电迁移和电渗流。由于土壤中大部分盐都可溶于土壤孔隙流体，因而这些盐离子都能通过电迁移向极性相反的电极方向迁移（Choi et al.，2012）。同时，在土壤负 Zeta 电位下，电渗流将土壤孔隙水从阳极输送到阴极，进而通过孔隙水的载带作用将部分盐分（阳离子）传输到阴极附近。孔隙水蒸发也可使土壤盐从底层向上层移动，但在轴向上的扩散量很小。与重金属不同的是，由于无机盐吸附能力较弱，电动过程对土壤中盐分的去除效率一般较高。由于常见土壤盐离子间的有效迁移率相差较小，因而盐离子的电动去除效率主要取决于土壤中相应离子的解吸特性和有效浓度。例如，钠离子、硝酸盐在土壤中吸附强度低，容易被去除，而 Ca^{2+}、Mg^{2+} 等离子吸附能力相对较强，且易与氢氧根、硫酸根等阴离子形成沉淀，相对不易去除（Choi et al.，2012；Han et al.，2017）。这些沉淀在阴极区域附近形成，主要以硫酸盐、碳酸盐和氢氧化物晶体的形式存在，它们也会堵塞土壤孔隙，降低电极导电性，从而降低污染物的去除效率。此外，许多研究表明，由于硫酸盐在电动处理过程中容易形成不溶性硫酸钙，因而其去除率往往低于钠离子、氯化物和硝酸盐（Kim et al.，2012a；Paz-García et al.，2013）。

16.4.3 有机物

土壤与地下水系统中赋存的非极化有机污染物，如多环芳烃、石油烃、苯系物等一般不荷电，在电场中无法通过电迁移机制运移，仅可能通过电渗流载带作用而发生运移。因此，只有当这些污染物溶于孔隙水中，才可能被电渗流载带、去除。那么，要实现有机污染物的高效去除，必要的两个条件是：

① 污染物溶于土壤孔隙水中；

② 直流电场作用下待修复土体中产生显著的电渗流。

对于水溶性相对较好的有机污染物，如苯酚、五氯苯酚、林丹、二硝基甲苯等相对容易被电渗流载带（Kim et al.，2000；Reddy et al.，2011）。而对于疏水性有机污染物，一般需要采用表面活性剂强化增溶法。在电渗流传输方面，由于电渗流流量依赖于土壤固有性质（如粒径分布、Zeta电位、pH、离子强度、介电常数、黏度等），一般难以通过技术干预得到提升，这使得电动技术在Zeta电位接近零点的污染土壤中可能是无效的。对于可产生电渗流效应的污染土体，由于电动处理过程阳极产生的H^+进入土壤会直接影响土壤Zeta电位，压缩EDL，削弱电渗流效应，一般需要通过调控阳极pH来抑制这一过程。

此外，也有一些水溶性较好的农药类污染物，它们溶于水后被电离而荷电，例如，二氯吡啶酸、2,4-二氯苯氧乙酸（2,4-D）溶于水后通常荷负电。这些有机污染物除了可被电渗流载带，还可通过电迁移机制去除。例如，Risco（2016）等研究了电动修复2,4-D污染土壤，结果在阴极和阳极室都发现了2,4-D浓度的累积增加。这表明，2,4-D既可通过电渗流载带、传输到阴极室内，也同时会通过电迁移作用传输至阳极室。由于荷负电，这类污染物在酸性环境下的迁移会受到H^+的抑制。与重金属的强化去除恰恰相反，这类有机污染物的强化去除需要通过调控阳极pH，抑制阳极区域的过度酸化而实现（Vizcaíno et al.，2018）。

16.4.4 放射性元素

核工业活动产生了一系列严重的放射性污染场地，常见的毒性放射性元素如表16.2（Korolev，2009）所示。^{60}Co、^{137}Cs、^{90}Sr、^{238}U、$^{238,239,240}Pu$和^{232}Th是核污染场地最常见的放射性元素。其中，^{137}Cs和^{90}Sr的生物危害最大，半衰期分别为30年和28年（Camelle，2019）。由于放射性元素的高危害性，最先对放射性元素污染土壤修复采用的是洗脱法，以直接将其从土壤中分离出来。但洗脱法不适用于细颗粒黏性土壤（Kim et al.，2007），因而人们将放射性元素污染土壤修复技术的开发方向转向了电动修复。电动技术在修复放射性元素方面具有显著的优势，主要表现在：①可直接分离放射性元素，无后期潜在风险；②可原位实施，避免挖掘与转运，显著降低放射性元素对施工人员的危害；③修复效率相对较高，可节约时间成本，直接减少放射性元素对环境及人体危害的作用时间。

表 16.2 常见的毒性放射性元素

分组	毒性水平	放射性元素
A	特别高	^{210}Pb，^{210}Po，^{226}Ra，^{228}Th，^{232}Th，^{232}U，^{237}Np，^{238}Pu，^{239}Pu，^{241}Am，^{242}Cm
B	高	^{90}Sr，^{106}Ru，^{124}Sb，^{126}I，^{129}I，^{144}Ce，^{170}Tm，^{210}Bi，^{223}Ra，^{224}Ra，^{227}Th，^{234}Th，^{230}U，^{233}U，^{234}U，^{235}U，^{241}Ru
C	中等	^{22}Na，^{24}Na，^{32}P，^{35}S，^{36}Cl，^{54}Mn，^{56}Mn，^{59}Fe，^{60}Co，^{82}Br，^{89}Sr，^{90}Y，^{91}Y，^{95}Nb，^{95}Zr，^{105}Ru，^{125}Sb，^{132}I，^{133}I，^{134}I，^{134}Cs，^{137}Cs，^{141}Ce，^{171}Tm，^{203}Pb，^{206}Bi，^{231}Th，^{239}Np
D	一般	^{14}C，^{38}Cl，^{55}Fe，^{64}Cu，^{69}Zn，^{71}Ge，^{97}Zr，^{131}Cs，^{136}Cs
E	低	^{3}H

放射性元素的电动去除动力机制与重金属和无机盐一致。影响电动去除放射性元素的主要机制与重金属电动去除过程也一致。值得说明的是，尽管土壤中的铀以阴离子 $UO_2[(CO_3)_2]^{2-}$ 和阳离子 UO_2^{2+} 两种形式存在，但是以 UO_2^{2+} 存在的铀占据主导地位，因此多数铀以吸附或沉淀的稳定状态赋存于土壤中（Kim et al.，2012b）。截至目前，在放射性核素中，已经对土壤中 ^{137}Cs、^{238}U、^{60}Co、^{232}Th、^{24}Na、^{99m}Tc 和 Pu 开展了电动去除的研究，其中，^{137}Cs 和 ^{238}U 是报道研究最多的元素。由于 CsOH 是强电解质，电解水产生的 OH^- 不能与游离的 ^{137}Cs 结合形成沉淀，因而与 ^{238}U 相比，^{137}Cs 更容易通过电动从土壤中去除。

例题 16.1 电动过程以电迁移和电渗流为传质动力机制，可以同时去除土壤与地下水系统中的无机污染物和有机污染物，请举例说明能够通过电迁移、电渗流及两者同时传输的有机、无机污染物分别有哪些，并说明原因。

解：

电动过程对土壤与地下水系统中污染物的传输主要分为以下三种情况：

第一类是以荷正电形式存在的金属污染物，如铅、镉、三价铬等。这类污染物电迁移和电渗流运移方向均朝向阴极，因此在这两种传输动力的叠加下第一类污染物会向阴极迁移并富集在阴极附近或阴极电极室。

第二类是以荷负电形式存在的阴离子及部分金属和有机污染物，如氯、硝酸盐、六价铬、2,4-二氯苯氧乙酸等。这类污染物通常受到电迁移作用向阳极迁移的同时受到向阴极方向的电渗流载带传输作用，其宏观传输方向取决于上述两种传输机制叠加的结果。因此，这类污染物宏观上可能向阴极或阳极迁移，这主要依赖于土壤电渗流的强度。

第三类是以不荷电形式存在的有机污染物，如氯代烃、苯系物、多环芳烃等。除个别有机物外，绝大多数有机污染物均不荷电，它们的电动传输机制是电渗流的载带作用。因此，一般情况下有机物是向阴极方向迁移的。

以上阐述在以常见的土壤 Zeta 电位为负的情况为假设条件下成立。在 Zeta 电位为正的极端情况下，电渗流方向会反转，朝向阳极运移，以此可推知该极端情况下污染物的宏观传输方向，这里不再赘述。

例题 16.2 假设电动修复过程中土壤的各项参数均不变，请根据表 16.1 提供的离子有效扩散系数，估计 H^+ 和 OH^- 的迁移性能并猜想离子间贡献电流的竞争性。

解：

① 根据式（16.1），在同一个体系中任何局部受到的电压梯度是一定的，离子的迁移速率仅取决于离子的有效扩散系数和其荷电数。因此，可以通过计算估计 H^+ 和 OH^- 相比于其他离子

具有更强的迁移性能。

② 在电动修复体系中，如果忽略土壤固体对系统电导率的贡献，则所有带电离子运动产生的电流都可以用法拉第定律定量表示。

$$I = \nabla \varnothing F^2 \sum_i z_i^2 u_i^* c_i$$

式中，$\nabla\varnothing$ 和 c_i 分别是施加的电场和第 i 种离子的浓度。那么，可以发现土壤中的带电物种在贡献电流方面具有竞争性能，这意味着土壤中存在的非目标物种可以抑制目标物种的迁移。根据该公式可以推知系统中单个离子的竞争力应取决于其在所有带电离子中的有效浓度比例、离子的有效迁移率及电荷数。假设所有离子的有效浓度均一致，离子的迁移竞争能力也取决于其有效扩散系数和电荷数。因此，H^+ 和 OH^- 相比于其他离子更具贡献电流的优势。这也是酸碱峰交汇导致的 H^+ 和 OH^- 损耗会诱导局部电阻急剧增大，进而引起系统电流迅速下降的关键原因。

16.5 强化/增强技术

16.5.1 基于调控 pH 的强化技术

在电动修复中，调控 pH 是阻止 OH^- 和 H^+ 进入土壤削弱聚焦效应、强化与维持电流最常用的有效手段。

16.5.1.1 酸碱中和强化法

要消除土壤 pH 变化带来的不利影响，最直接的方法是阻止 OH^- 和 H^+ 进入土壤。通过设置电极室，主动调控电极室溶液 pH 来阻止 OH^- 和 H^+ 进入土壤是实现 pH 调控最常用的手段（如图 16.3 所示）。调控电极溶液常用的方法主要包括强酸强碱中和法、有机小分子酸中和法、缓冲溶液法。从环境友好角度看，含有碳酸盐、硫酸盐、硝酸盐和氯离子的电解质可能会造成不良影响或二次污染，因此很难在商业规模上应用。从工程角度来看，柠檬酸等有机小分子酸可能是一种很好的电解质，它易得、廉价，且对大多数重金属有效，而且几乎没有生态风险。另外，与强酸相比，有机酸的电离能力较弱，对土壤电导率的影响较小，额外能耗较低。一般来说，电动修复的成本主要取决于修复面积大小、污染深度、运行时间、pH 控制、修复目标及土壤电导率等（Athmer，2009）。其中，pH 的控制是处理成本高的关键原因。药剂成本、药剂的管理成本以及用于控制 pH 的一些配套设备的运行管理成本都是 pH 管理成本的组成部分。无机污染土壤的电动修复总成本为 115～400 美元/m^3，其中 pH 控制成本占总成本的 35%以上（Athmer，2009）。因此，廉价且易于储存的小分子有机酸可能是调控 pH 值的较好选择。此外，值得指出的是，由于螯合剂、表面活性剂等在较宽的 pH 范围内能与重金属形成强的金属配位化合物，因而含有螯合剂、表面活性剂等的电解质可以提高土壤重金属的浸出能力，也有助于克服 pH 变化诱发的聚焦效应（Amrate et al.，2005b；Pazos et al.，2006）。

此外，由于电渗流流量依赖于土壤固有性质（如粒径分布、Zeta 电位、pH、离子强度、介电常数、黏度等），一般难以通过技术干预得到提升，这使得电动技术在 Zeta 电位更接近零点的污染土壤中可能是无效的。对于可产生电渗流效应的污染土体，由于电动处理过程阳极产生的 H^+ 进入土壤会直接影响土壤 Zeta 电位，压缩 EDL，削弱电渗流效应，一般也需

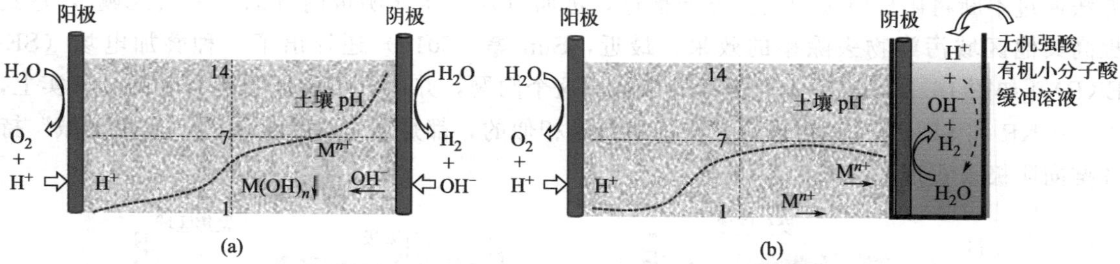

图 16.3 酸碱中和强化电动去除荷电物种示意图

要通过阳极 pH 调控来抑制这一过程。

16.5.1.2 离子交换膜控制法

pH 调控的另一种技术是使用离子交换膜或离子选择性膜将电极反应产生的 H^+ 和 OH^- 与修复土体隔离开来（如图 16.4 所示）。离子交换膜主要分为阳离子交换膜和阴离子交换膜两种，阳离子交换膜（CEMs）只允许阳离子通过，而阴离子交换膜（AEMs）只允许阴离子通过。在电动修复过程中，通常将阳离子交换膜安装在阴极室内与土壤之间，以阻止阴极电解水反应产生的 OH^- 进入土壤中，从而有效防止迁移至阴极附近土壤中的重金属形成氢氧化物沉淀而滞留在土壤中。同时，荷正电的金属离子则能够通过阳离子交换膜进入电极室，并在电极室内沉淀，达到分离与捕获重金属离子的目的。由于 H^+ 进入土壤有助于土壤重金属的解吸，能够有效促进重金属的电动运移，因而应用阴离子交换膜的情况较少。

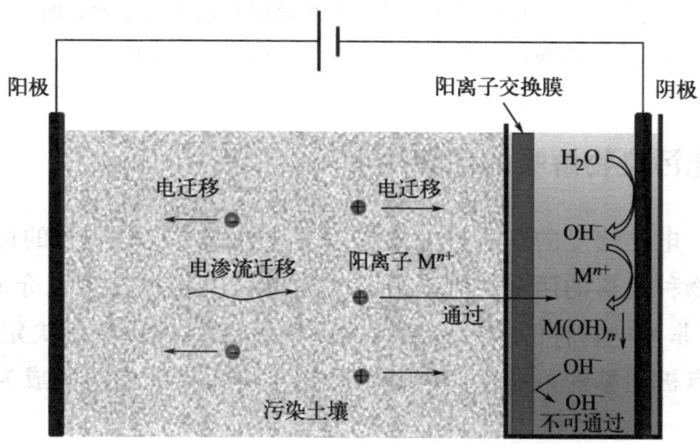

图 16.4 阳离子交换膜强化电动修复示意图

目前，许多研究已经证实了离子交换膜控制法的有效性。但该项技术在实际应用中还面临着诸多问题。例如，OH^- 诱导的金属氢氧化物沉淀会引发严重的膜污染，导致膜的流动阻力显著增大，膜通量减小，能耗增加等。

16.5.1.3 操纵电极控制法

通过控制阴极的 pH 值使其保持在较低的水平来减弱聚焦效应是最常用的方法。由于极性交换可以逆转产酸区和产碱区，有利于沉积在碱峰区域土壤中的重金属从土壤中解吸出来，因此该技术可以有效削弱聚集效应。此外，阳极递进法（AAs-EKR）［如图 16.5（a）和（b）所示］也是一种缓解电动过程发生聚焦效应的关键方法之一（Li et al.，2012）。该方法通过不断将阳极电极向阴极方向推进，进而有效地压缩阴极附近的“聚焦区域”，达到提高其他区域污染物去除率的效果。最近，Sun 等（2019）还提出了一种叠加电场（SE-EKR）［如图 16.5（c）所示］的概念来解决这个问题，并通过实验证明是有效的。事实上，AAs-EKR 和 SE-EKR 解决聚焦效应的机制是相似的，都是通过将重金属的“聚焦区域”持续推向阴极来实现的。

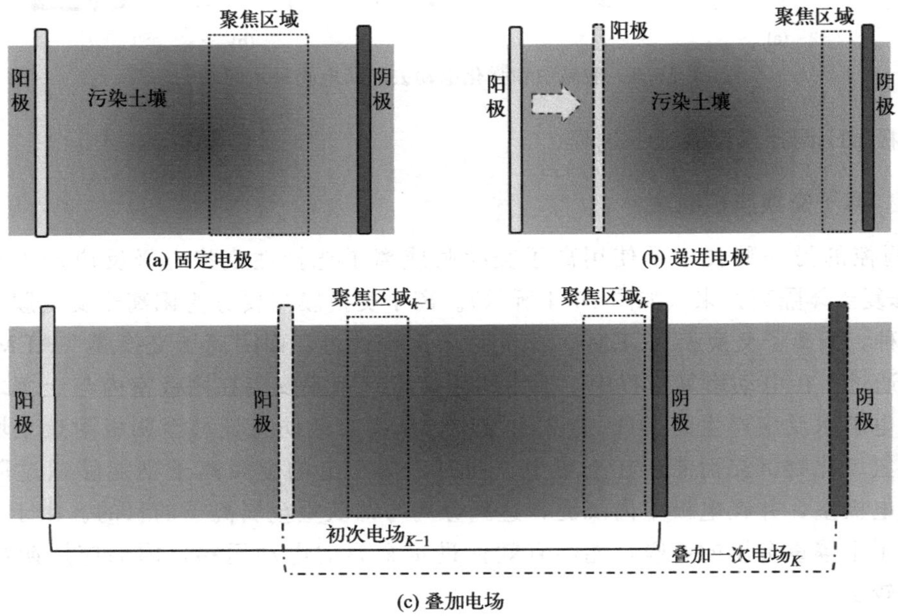

图 16.5　阳极递进法和叠加电场法强化电动修复示意图

（改编自 Li et al.，2012；Sun et al.，2019）

16.5.2　基于强化污染物解吸的增强技术

正如前文所述，电动修复的本质是电场作用下物种在多孔介质中的运移行为。电迁移和电渗流是电动过程物种运移的两个关键动力。无论是荷电物种在多孔介质中的电迁移行为，还是电渗流对荷电/非荷电物种的载带传输行为，两种动力传质机制决定了污染物解吸至孔隙液中才能使其具有被运移的可能性。因此，促进土壤污染物的解吸成为决定电动修复效能的关键技术要素。

16.5.2.1　螯合剂、配位剂强化法

螯合剂可以与重金属形成可溶性金属螯合物和配合物，从而强化金属从土壤颗粒表面的解吸行为。通过将这些螯合剂注入土壤中，在电场的作用下这些螯合剂被电迁移和电渗流作用传输到目标区域，吸附在土壤颗粒表面的重金属将被螯合剂捕获形成可溶性螯合物。电动过程可以有效运移这些孔隙液中的金属螯合物和配合物，起到强化电动传输重金属的作用。例如，如图 16.6（Yeung et al.，2011b）所示，乙二胺二琥珀酸（EDDS）可以与吸附在土壤中的 Pb 反应形成可溶性 Pb-EDDS。氨基多羧酸盐［如乙二胺四乙酸（EDTA）等］和羟基羧酸盐（如柠檬酸）等是电动修复中常用的螯合剂类型。与螯合剂不同，配位剂是与金属离子形成配位化合物的化学物质。配位化合物与螯合物的不同之处在于金属中心原子或离子

与配位剂之间仅形成单键（Yeung et al.，2011b）。电动修复中常见的配位剂有碘离子、乙酸、乙酸铵等。例如，碘离子与汞可形成可溶性 $[HgI_4]^{2-}$ 配合物，促使吸附在土壤颗粒上的汞解吸到孔隙液中。

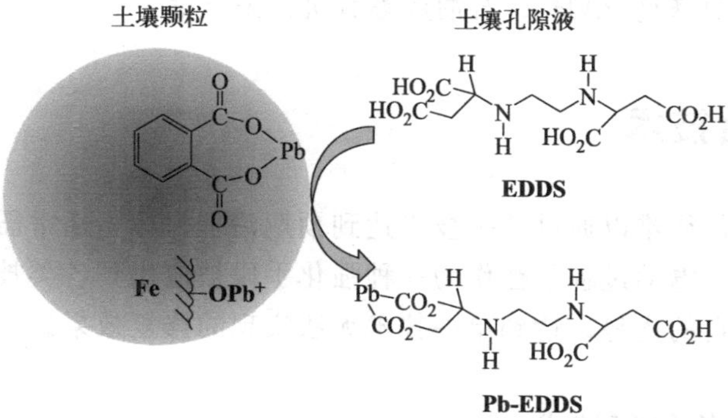

图 16.6 EDDS 对土壤颗粒表面吸附铅的增溶作用（根据 Yeung et al.，2011b 改绘）

16.5.2.2 表面活性剂、助溶剂强化法

表面活性剂是一种天然或人工合成的混合长链亲水性分子，分子链一头为亲水（极性）基团，另一头是疏水（非极性）基团（Liu et al.，2021）。表面活性剂能够降低两种液体间或液体与固体间的表面张力，且有些吸附在土壤颗粒表面的表面活性剂亲水基团还会受到土壤胶体表面的静电斥力，从而达到强化土壤中疏水性有机污染物的解吸与溶解的效果（Befkadu et al.，2018）。表面活性剂主要分为阳离子表面活性剂、阴离子表面活性剂和非离子表面活性剂三大类。其中，阳离子表面活性剂毒性较高，且容易吸附在土壤颗粒表面，一般不予考虑（Wang et al.，2017）。常用的表面活性剂有 Tween 20、Tween 80、SDS、SDBS、羟丙基-β-环糊精（HPCD）等。图 16.7 显示了表面张力、界面张力及污染物溶解度随表面活性剂浓度的变化（Mulligan et al.，2001）。当表面活性剂浓度超过临界胶束浓度（CMC）值后，原本以单体形式存在的表面活性剂就会形成胶束，而污染物会被疏水作用力牢牢困定在胶体的疏水核心内部，从而显著增加疏水性有机污染物的溶解度（Befkadu et al.，2018）。非离子表面活性剂形成的胶束仍然依靠电渗流的载带效应运移，但离子胶束在电场中的运移，则更加复杂。荷负电胶束同时会受到电渗流朝向阴极的载带作用和自身朝向阳极的电迁移作用，胶束呈现的运移方向是两方面作用力合力的结果。一些表面活性剂（如 Tween 80 等）也可以增强土壤中重金属的浸出能力。目前，研究已证明 SDS、Tritcn X-100、十六烷基三甲基溴化铵（CTAB）等多种表面活性剂对重金属具有一定的增溶作用（Doong et al.，1998；Wang and Brusseau，1995）。除了关注表面活性剂对污染物解吸的强化效果之外，还应考虑引入这些药剂对土壤 Zeta 电位的影响。例如，阳离子表面活性剂在强化土壤有机物解吸的同时，会使土壤 Zeta 电位升高（使其从负

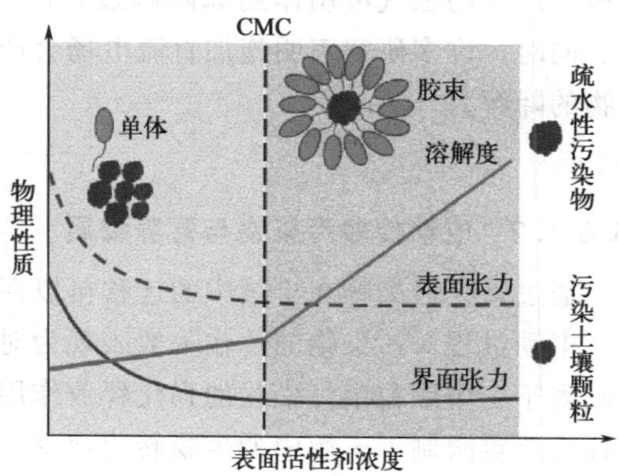

图 16.7 表面张力、界面张力及污染物溶解度随表面活性剂浓度的变化

值趋于零），从而削弱电渗流，阴离子表面活性剂则相反（Kaya et al.，2005）。此外，一些有机溶剂，如乙醇、丙酮等，添加到主溶剂形成混合溶剂以增强主溶剂的溶解能力，通常被称为助溶剂（Yeung et al.，2011b）。这些助溶剂也具有强化电动修复有机污染物的作用，已被证明可以强化电动修复 PAHs、石油烃等有机污染土壤。

16.6 电动联合技术

污染场地的修复往往难以通过单一技术达到预期治理目标，通常需要多种技术的联合应用才能实现修复目标。电动过程往往作为一种强化手段被应用到各类技术中，电动与这些技术的结合能够发挥各自的优势，达到单一技术无法实现的修复效果。

16.6.1 电动-微生物修复技术

电动-微生物修复技术是指通过电场强化微生物降解污染物的过程。电动过程可实现污染物、营养物质、末端电子受体（TEA）及微生物在地下环境中的传输与动员，提高微生物与污染物、营养物质等的接触频率，从而达到强化微生物修复的目的。土壤微生物一般附着在土壤颗粒表面或形成菌落，而不是以单个细胞的形式存在于孔隙水中，即微生物处于相对固定状态，且难以流动。一方面，附着在土壤颗粒表面限制了其运动；另一方面，土壤的低导水率限制了其被地下水载带运移的效率。因此，在土壤介质中强化污染物与微生物的接触是实现微生物对污染物高效降解的关键途径。

16.6.1.1 电动调动土壤微生物

电动过程对土壤微生物的调动机制主要包括三个方面：①电动对微生物运动的强化作用；②电极反应对微生物活性的强化作用；③电热效应对微生物降解的强化效应。如图16.8所示，荷负电的微生物在外加电场下向阳极运动，同时也可被电渗流载带向阴极扩散，宏观表现为两种作用叠加的结果。酵母细胞的典型电泳传输速率为 $0.02cm^2/(V \cdot h)$，细菌的典型电泳迁移速率高达 $4cm^2/(V \cdot h)$，其程度取决于地下基质的类型和细胞表面的物理化学特性。一般情况下，荷弱电的细菌主要通过电渗载带运移，而电泳分散的占比不足20%。直流电场作用下能够向阳极运输的细菌通常比电渗载带传输的细菌带更多的负电荷。阴极上产生的氢气可用作还原降解过程的电子供体，而阳极产生的氧气可用于氧化生物降解。同时，许多研究表明施加直流电场会产生明显的欧姆热效应，这可能会促进微生物对污染物的降解。

16.6.1.2 电动传输污染物与营养物质

通过强化污染物在土壤中的运移可以促进其与微生物的接触，进而强化微生物降解污染物。电动过程对污染物的传输一般表现为对释放到水相的污染物的电渗载带传输作用，以及对吸附于土壤颗粒中污染物的强化释放作用。在微观尺度上，污染物在颗粒内的扩散传质阻力往往严重限制了土壤中的生物转化速率。这在黏性土壤中是一个关键的问题，因为污染物在水压力驱动下的流动性非常有限。电渗可能通过以下方式克服低渗透土壤基质中的传质瓶颈：①通过在土壤颗粒外部诱导液体流动增加吸附物的释放；②在水力流动无法进入的有机

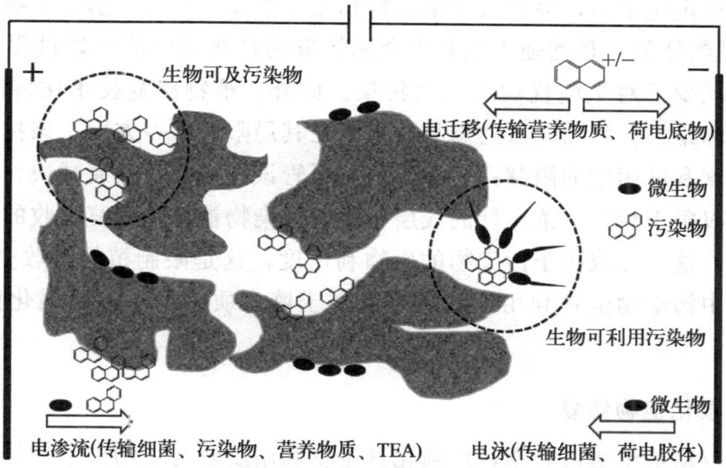

图 16.8 电动-微生物修复技术示意图（改编自 Wick，2009）

吸附剂相中的纳米孔中产生液体流动；③影响聚集矿物之间的孔隙或表面扩散。

此外，如图 16.9 所示，实现有效生物降解污染物，还需要足够的营养物质（如氮、磷、钾）和 TEA（如氧气、硝酸盐、硫酸盐或 Mn^{2+} 和 Fe^{3+}）。缺乏足够的营养物质和 TEA 供应给分解代谢活性群落，是原位生物修复面临的重要技术瓶颈。通过直流电场驱动可实现营养物质和 TEA 在低渗透土壤中的高效传输，有助于地下环境中微生物对污染物的高效降解，这是传统加压注射技术无法实现的。一般情况下，这些荷强电营养物质和 TEA 的电迁移率比电渗载带溶质迁移率高出一个数量级，是主导的运移机制。例如，有研究表明，柴油污染土壤的有效生物降解是外部施用的营养物磷酸三乙酯和硝酸盐的有效电动分散的结果。

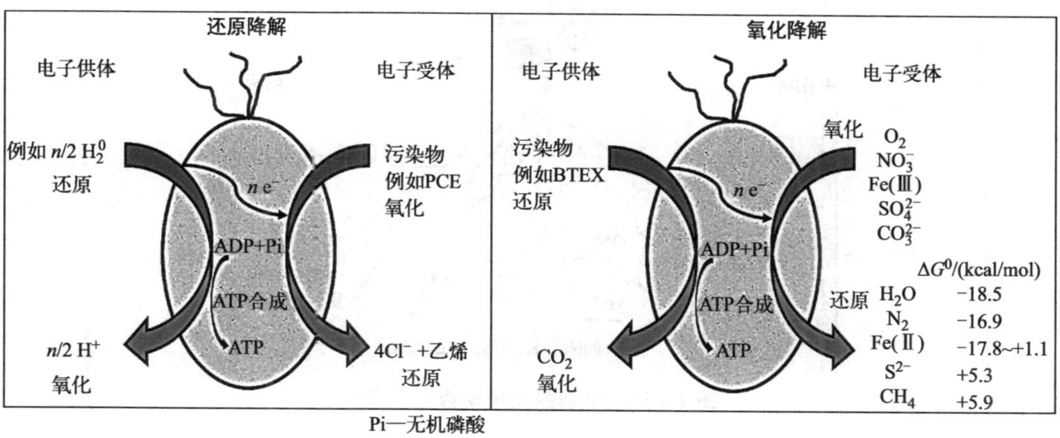

图 16.9 微生物在地下环境中降解污染物过程示意图（改编自 Lohner et al.，2009）

16.6.2 电动-植物修复技术

植物修复是指通过植物及其相关微生物从污染土壤中去除、降解或封存无机和有机污染物的技术。植物修复的去除机制包括降解、提取、稳定和蒸发。相比于传统修复技术，植物修复是一种有效、非侵入性、廉价的技术。例如，通过物理提取、化学浸出和玻璃化等现有技术有效去除或稳定化金属，会导致土壤结构和肥力受损。相反，基于生物系统的修复技术（微生物修复和植物修复）是增强土壤对重金属污染的自然反应的良好过程。植物修复可以原位实施，因此减少了对土壤扰动及二次污染。此外，植物修复技术比传统的修复方法便宜，也易于实施和维护。然而，植物修复技术存在其局限性。一方面，该技术受到根部深度以及污染物溶解度和可用性的限制；另一方面，尽管该技术比自然衰减快，但植物修复需要很长时间，并且仅限于污染物浓度低的浅层土壤。污染物被植物修复吸收的前提是必须将其运输到根系表面，这主要取决于污染物的生物利用度，这是限制植物吸收金属的主要因素。因此，提高土壤中污染物生物利用度和促进其在土壤介质中的传输是强化植物修复的关键途径。

16.6.2.1 电动强化植物修复

电动过程可以动员土壤污染物，以强化其生物利用度及与生物根系的接触频率，进而达到强化植物修复的目的。当施加电场时，阳极电解水反应会产生 H^+，在阳极周围形成酸性峰，赋存在土壤中的重金属等污染物将被溶解和活化，使得其更容易被植物吸收。此外，由于电泳、电迁移和电渗的动员与传输作用，增强了污染物被植物吸收利用的可能性。值得注意的是，由于电场有效地将更多的污染物推向植物根部，植物处于胁迫状态，因此需要选择生长期快的超积累植物作为电动-植物修复过程使用的植物。尽管研究表明，电极之间生长的植物不受电流的直接影响，但电流对其他参数（如 pH 值、金属可用性和螯合剂）的影响可能会直接影响物质对目标污染物的吸收过程。例如，靠近电极的土壤达到极端的 pH 值，会阻碍植物的生长。电动强化植物修复示意图如图 16.10 所示。

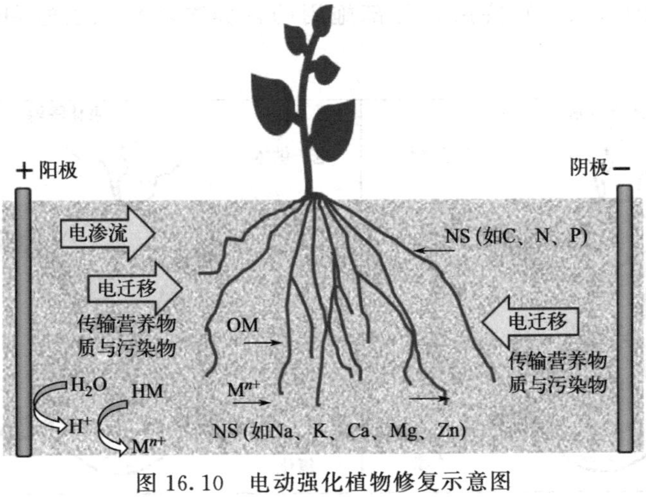

图 16.10　电动强化植物修复示意图

16.6.2.2 电动-植物技术链强化修复

除了采用电动过程强化植物修复的联合机制外，使用超积累植物或耐受植物去除电动修复后土壤中残留污染物，也是一种可行的联合修复技术，这有助于恢复土壤特性，并通过植物根系的作用改善土壤结构。一方面，电动修复会直接去除大部分污染物，残留少量污染物对植物的毒害作用将大大减弱，有助于植物修复的实施；另一方面，电动修复后期对微量污染物的去除效能下降，过程会改变土壤的理化性质，植物修复过程有利于恢复土壤的生态功能。

16.6.3 电动-氧化/还原修复技术

原位化学氧化/还原是有机污染场地治理中常用的技术。在原位化学氧化/还原修复工程中，可用于递送液态氧化/还原药剂的方法主要有注入井技术、直推技术、浸透技术、注入-抽提循环井技术、水动力/气动压裂技术、高压搅喷技术等。这些技术完全依赖于流体流动将氧化/还原药剂递送到目标区域，由于受扩散传输速率（0.05～0.2cm/d）的限制，更容易在高渗透区域实施，在低渗透带及非均质地层中几乎是无效的。这些低渗透带往往储存了更高浓度的污染物，并成为一个长期的污染源。这些被隔离在低渗透带的污染物难以去除成为污染场地治理领域的世界性难题。电动递送概念为解决氧化/还原修复药剂在低渗透带的传输问题提供了可能的途径。电动-氧化/还原修复技术就是通过电动力将氧化/还原药剂递送到土壤中去，实现污染场地的原位化学氧化/还原修复（如图 16.11 所示）。电动递送氧化/还原药剂的主要机制包括电迁移、电渗流和电泳，这项技术在修复低渗透带污染方面具有显著的优势。

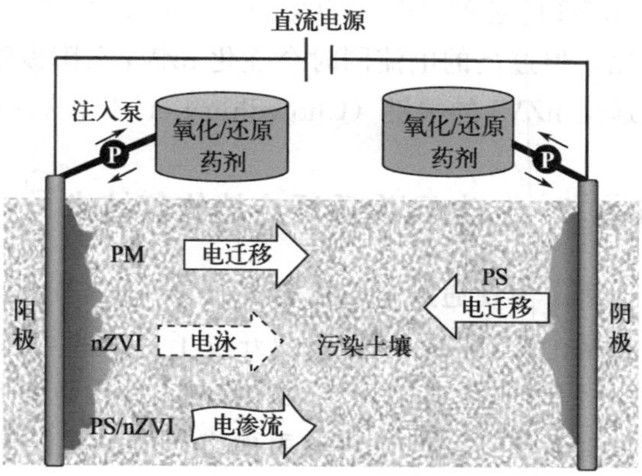

图 16.11 电动递送氧化/还原药剂过程示意图

16.6.3.1 电动递送氧化剂修复技术

目前，已实现通过电动递送的氧化剂是过硫酸盐（PS）和高锰酸盐（PM）。这两种氧化剂相对比较稳定，在地下环境中的半衰期也相对较长，有利于通过电动力将其传输到更远的区域。目前的研究结果表明，电动递送过硫酸盐的主导动力会随着土壤质地的变化而变化。由于过硫酸盐荷负电，在电场作用下，过硫酸根会从阴极向阳极迁移，其同时受到电渗流载带作用，使其朝向阴极迁移。一般在高黏粒含量的土壤中，通常会发生强的电渗现象，电渗流对过硫酸盐的载带作用较强，是过硫酸盐的主导传输动力。在低黏粒含量的土壤中，电渗现象较弱，过硫酸盐主要通过电迁移传输。当前关于电动传输过硫酸盐效能方面的研究还不成熟，许多参数还不能得到确切的量化数据。但从已有的研究结果来看，电动传输过硫酸盐的速率为扩散传输的 5～20 倍，传输效率（单位时间传质量）为扩散传输的 100～1500 倍。此外，过硫酸盐被激活后会生成氧化性能更高的自由基（SO_4^-·、·OH），但其原位激活相当困难。一些研究已经证实了通过施加交流电场、脉冲直流电场等可以实现已递入土壤的过硫酸盐的原位热活化，进而实现更加高效的污染物降解效果。电动递送与电热原位活化的联合成为了电动-过硫酸盐技术值得期待的发展方向。

理论上高锰酸盐的电动递送动力机制与过硫酸盐相似，因为高锰酸根也荷负电。然而，目前有关电动递送高锰酸盐的研究相对比较欠缺，已有的研究仅证实了高锰酸盐能够通过电迁移实现高效传输，其电动传输速率至少是扩散的 4 倍。与过硫酸盐不同，高锰酸盐在降解污染物过程中会生成 MnO_2 沉淀，进而堵塞土壤孔隙，阻碍其传输过程，这是其应用过程面临的重要困境之一。此外，高锰酸盐的氧化能力相比于过硫酸盐较低，因此目前在场地修复中的应用比较少见。

16.6.3.2 电动递送还原剂修复技术

目前，已实现通过电动递送的还原剂是纳米零价铁（nZVI）。与离子态高锰酸盐（PM）和过一硫酸盐/过二硫酸盐（PDS/PMS）不同，由于 nZVI 以荷负电的胶体颗粒状存在，在电场作用下 nZVI 主要通过电泳机制进行电动传输。一般情况下，阴极侧注入 nZVI，其在电场作用下向阳极迁移，并从阳极侧迁出。目前的研究表明，阴极侧注入 nZVI 量的大约 60%将从阳极侧迁出；相反，在没有施加直流电场的情况下，仅仅依靠水体流动，其载带传输 nZVI 的量不足 5%（Cernik et al.，2019）。电场对 nZVI 迁移的强化程度与施加电流成正比，但过高的电流同时会强化 nZVI 在阳极附近的氧化，因此抑制 nZVI 的氧化是优化电动递送 nZVI 的关键（Chowdhury et al.，2012）。

16.6.4 电动-可渗透反应墙修复技术

为了实现通过电动技术从土壤中分离污染物并降解或回收，而不仅仅是转移至水相或富集在某个特定的区域，人们开发了电动和可渗透反应墙（PRB）组合技术（如图 16.12 所示）。PRB 技术是将反应性材料嵌入受污染地下水的流动路径，并通过地下水的自然流动将污染物转移到活性材料的表面进行捕获及降解的技术。显然，PRB 是一种被动修复技术，而电动与 PRB 的结合使污染物的传输成为依赖于电渗流和电迁移的主动过程，在本教材中将这种可渗透反应墙称为“电动可渗透反应墙”。该技术的一般概念是使用电动将污染物从受污染的土壤输送到可渗透的“处理区”，在那里填充一些合适的材料，然后污染物被该区域中的填充材料吸附或降解。基于这种将分离与降解相结合的想法，已经开发了几种商业上可用的技术，如 Lasagna 工艺等。

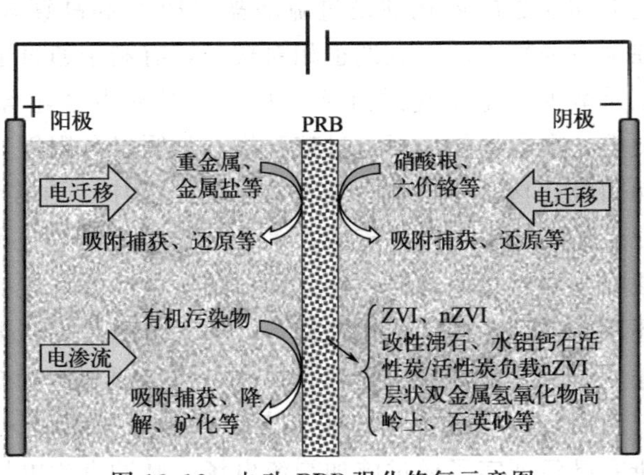

图 16.12　电动-PRB 强化修复示意图

16.6.4.1 电动可渗透反应墙的填充材料

可被 PRB 修复的土壤-地下水系统污染物主要是重金属、无机盐及水溶性较好的卤代有机物。PRB 的填充材料主要包括石灰石、羟基磷灰石、活性炭及其改性材料、铁基材料、水铝石和沸石及其改性物质等。在这些材料中，零价铁（ZVI）是一种很好的还原剂，常被用于去除一些持久性有机污染物和重金属，在电动-PRB 技术中被广泛用作反应材料。例如，ZVI填充的PRB可以通过以下反应还原去除土壤中的Cr（Ⅵ）：

$$2Fe^0 + Cr_2O_7^{2-} + 14H^+ \longrightarrow 2Fe^{3+} + 2Cr^{3+} + 7H_2O \tag{16.10}$$

$$Fe^0 + CrO_4^{2-} + 8H^+ \longrightarrow Fe^{3+} + Cr^{3+} + 4H_2O \tag{16.11}$$

$$Fe^0 + HCrO_4^- + 7H^+ \longrightarrow Fe^{3+} + Cr^{3+} + 4H_2O \tag{16.12}$$

16.6.4.2 电动可渗透反应墙的安装位置

除了材料特性外，PRB的安装位置也是一个重要问题，PRB的安装位置主要包括以下几类：

① 安装在近阳极侧，主要用于去除土壤中带负电的金属基团、含氧阴离子及有机污染物；

② 安装在近阴极侧，主要用于去除土壤中带正电的金属及电渗流载带传输的不荷电有机污染物；

③ 安装在阳极和阴极之间的中间；

④ 加载到阴极或阳极电极上（可渗透反应复合电极）；

⑤ 与EKR系统分离的独立反应堆。

PRB最佳位置的选择是一个复杂的问题，需要考虑多方面的因素。对于插入土壤的PRB，理论上目标污染物通量最大的区域是最佳的置入地点。对于放置在修复土壤区域外的PRB，对污染物的去除率主要取决于电动对污染物的分离效果。尽管目前研究较少，但可渗透反应性复合电极可能具有更好的应用潜力，因为它易于现场安装和回收。

16.6.4.3 反应停留时间及电动可渗透反应墙的厚度设计

反应的停留时间也是影响PRB降解污染物效率的关键因素。为了确保有足够的时间还原或捕获污染物，应考虑PRB的厚度（T_{PRB}，cm）。为了确认通过PRB的溶液中的目标污染物可以完全降解，最小T_{PRB}可以估算为

$$T_{PRB} = K_e i_e t \tag{16.13}$$

式中 K_e——电渗透率，$cm^2/(V \cdot s)$；

i_e——电压梯度，V/cm；

t——反应时间，s。

应当注意，该方程更适用于传输功率由电渗流主导的过程。为确保PRB填料能够完全降解污染物，填料量（Q，g）应足够，可通过以下方程式估算：

$$Q = C_i / q_e \tag{16.14}$$

式中 Q——填料量，g；

C_i——土壤中污染物的量，mg；

q_e——填料的最大捕获量，mg/g。

此外，填料对污染物的降解率受到温度、pH值、土壤成分等因素的影响。因此，在实践中也应考虑上述因素。

16.6.5 电动-热处理技术

电动-热处理技术，即利用电动过程的热效应直接或间接辅助处理污染物的技术（如图16.13所示）。当离子在电场作用下在土壤中移动时会产生欧姆热，但电动处理方法中的热效应尚未得到很好的研究。20世纪80年代中后期，原位热脱附开始被用于现场修复。最初

以蒸汽注入和热传导加热的形式实施，90 年代后期出现了原位电阻加热（ERH）技术。所谓 ERH 就是直接利用修复土体作为电阻，通过施加交流电场加热土壤的技术。电动过程的热效应与 ERH 过程类似，不同的是电动过程的热效应是直流电场作用下的欧姆热。与交流电场不同，直流电场作用下的欧姆热场分布会随着时间的变化而变化，这主要是荷电离子运移与反应及土壤含水率的演化等诱导的土壤导电性空间差异造成的。此外，与 ERH 过程对污染物去除的单一热脱附机制不同，电动热处理过程对污染物的去除机制则是热脱附效应和电动分离污染物效应的叠加。

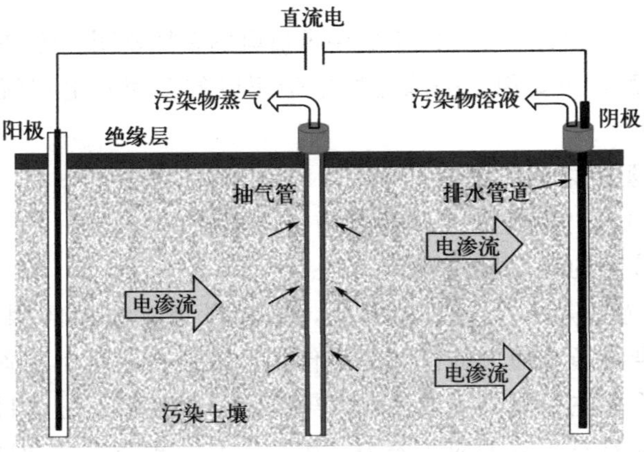

图 16.13　电动-热处理技术示意图

电动-热处理技术至今仍是一项概念技术，研究成果很少。最近一项研究表明，与施加相同电压梯度的 ERH 相比，施加直流脉冲电场能够实现更快的升温和更低的能耗，在电渗载带去除及热脱附去除两种作用机制下，土壤中三氯乙烯的去除率得到了极大的提升（Geng et al.，2021），这为电动-热处理技术的前景提供了有利的证据。采用脉冲直流电场诱导土壤热效应可同步实现递送氧化剂（即过硫酸盐）和热活化氧化剂，拓展了电动-热处理技术的可用范畴。此外，加热还有助于降低流体黏度，从而提高电渗流。加热也会导致反应的吉布斯自由能更负，并降低水中的氧化还原电位，从而影响氧化还原反应。

16.7　技术要素

16.7.1　电极材料

由于在酸性环境中电极会溶解，并产生不良的腐蚀产物，对于电动技术的工程应用来说，阳极电极的选择是一个不可忽视的问题。这不仅会影响污染物去除效率，而且由于电极表面会产生氧化膜而增加电极的电阻（Méndez et al.，2012），从而增加能耗。一般来说，惰性电极（如铂和石墨）优于铁等可被阳极反应氧化的金属电极（Yeung，2011a）。但这并不意味着石墨电极是最优的选择。一方面，石墨电极强度不足，难以运输和安装；另一方面，含碳材料在电动过程中可能容易发生碳腐蚀，这至少在热力学上是有利的：

$$C+2H_2O \longrightarrow CO_2+4H^++4e^-, E=0.207V \tag{16.15}$$

此外，当施加过大的过电位时，电解产生的 O_2 是碳腐蚀（$C+O_2 \longrightarrow CO_2$）的另一个可能原因（Liu et al.，2011）。理想电极应具有足够的硬度和韧性，以承受更大的压力，便于运输，并能抵抗结晶和腐蚀，以增加使用寿命，降低运行成本。不锈钢可能是一种强度高、韧性好、成本低的导电材料，而且研究发现在电解质中加入聚天冬氨酸有助于缓解不锈钢电极的腐蚀（温东东等，2017）。此外，据报道，采用脉冲直流电场也有助于缓解电极的腐蚀效应（Kim et al.，2013）。

16.7.2 供能电源

电动修复过程一般由电网直接供电。对于无法提供电网供能的野外地区，可采用太阳能和微生物燃料供能方法。太阳能供电系统一般由光伏太阳能组件和直流-直流（DC-DC）变换器组成。相比于电网供能，太阳能供能系统稳定性较差。但有研究表明，太阳能供能系统的电能利用效率更高，这可能是由于太阳能供电系统导致的间歇性阴极反应起到了去极化作用，并且防止了电极腐蚀（Jeon et al.，2015）。此外，微生物燃料电池（MFC）可以直接将有机物中的化学能转化为电能（Logan et al.，2006）。在MFC系统中，微生物在阳极氧化有机物产生电子，电子通过外部导线传递到阴极，氧在阴极作为终端电子受体被还原为水。在此过程中，MFC产生的电场可以用来驱动土壤中重金属的传输。MFC驱动的电动过程具有成本效益高和环境友好性等优点，但该供能方式下的电动修复效率很低，需要耗费大量的时间。

16.7.3 电压梯度

研究表明，1V/cm左右的电压梯度可能更适合于电动修复（Yeung，2011a）。过低的电压梯度不利于污染物的高效去除，而过高的电压梯度会引发较多的不利影响。一方面，高的电压梯度在现场应用中存在安全隐患，不利于安全施工；另一方面，高的电压梯度会产生较大的电流，进而导致土壤因欧姆加热而温度升高，并在电极表面产生大量气泡。这会影响土壤孔隙流体和化学物质的所有迁移参数，并造成土壤水分的流失，从而降低污染物的分离效率。

16.7.4 土壤含水率

一般情况下，土壤固体本身并不导电，土壤系统的导电性依赖于溶解于土壤孔隙水中的无机盐离子。这决定了土壤可溶性盐含量和含水量是影响土壤系统导电的关键因素。一般情况下，土壤可溶性盐含量是相对稳定的，含水量对土壤导电的影响相对较大。通常情况下，可认为土壤电导率与土壤含水率及孔隙水电导率成正比。那么在一定范围内，适当提高土壤含水量可以促进土壤中可溶性盐的电离，提高土壤电导率，进而促进荷电物种的运移（Shin et al.，2017）。此外，土壤含水率的增加还有助于降低荷电物种电迁移的阻力，进而提高污染物的去除效率。反过来，电动处理过程土壤水分的流失会对电动修复效率产生不利的影响。例如，由于电渗流的作用，通过施加直流电场，可以驱动土壤水分从阳极向阴极移动。尽管电渗流有利于土壤中污染物的去除，然而一旦土壤被电渗流过度脱水，由于盐分过饱和结晶，土壤中可移动荷电物种含量会急剧降低，进而直接削弱电迁移作用。

16.8 技术适用性

电动修复技术具有多污染、多地层条件、多形式的技术适用性优势，是一种能真正去除污染物的技术。具体体现如下：

① 在处理污染物适用性方面，电动修复技术可适用于重金属、无机盐、放射性元素、有机物及复合污染土壤的修复情形，可实现多污染物同步去除。

② 在污染场地地质条件的适用性方面，电动修复技术可适用于砂土、粉土、黏土层及非均质层等多种类地层的修复，特别是在黏土层修复方面相比于其他技术具有显著优势。

③ 在技术应用形式方面，电动修复技术可原位应用也可异位应用，可实现多种应用形式的实施。

④ 由于电动修复技术的复杂性以及电极问题、副反应问题还未得到有效解决，该技术在实际工程中的应用难度很大，国际上已有一些成功应用案例，但地块与污染体量相对不大。该技术的广泛应用还需大量的技术攻关和工程探索。

习题与思考题

1. 电动运移土壤污染物的主导动力是什么？它们分别是通过何种机制传输何种污染物的？
2. 电迁移、电渗流、电泳过程的内在机制及主导影响因素是什么？
3. 电动修复过程中发生的主要化学反应有哪些？它们是如何影响电动修复过程的？
4. 电动过程土壤 pH 梯度形成的原因是什么？这对污染物的去除有何影响？
5. 实现土壤污染物电动传输的根本前提是什么？基于该前提有哪些方法可以强化电动修复？
6. 导致电动修复过程终止的原因有哪些？请阐述它们发生的机制。
7. 为什么说电动修复技术的独特性在于其能够实现低渗透带污染的修复？
8. 为什么电动能够强化氧化还原过程，它们之间的内在耦合机制是什么？
9. 电动过程是如何强化生物修复的？关键机制是什么？
10. 电动-可渗透反应墙技术的关键原理是什么？可渗透反应墙主流填充材料有哪些？

参考文献

温东东，等，2017. 不锈钢电极对重金属污染土壤的强化电动修复及电极腐蚀结晶现象与机制[J]. 环境科学，38：1209-1217.

AMRATE S，et al，2005a. Modeling EDTA enhanced electrokinetic remediation of lead contaminated soils[J]. Chemosphere，60（10）：1376-1383.

AMRATE S，et al，2005b. Removal of Pb from a calcareous soil during EDTA-enhanced electrokinetic extraction[J]. Science of The Total Environment，349（1-3），56-66.

ATHMER C J，2009. Cost estimates for electrokinetic remediation[M]. Hoboken：John Wiley & Sons Inc.

BEFKADU A A，et al，2018. Surfactant-enhanced soil washing for removal of petroleum hydrocarbons from contaminated soils：a review[J]. Pedosphere，28（3）：383-410.

CAMESELLE C, et al, 2009. Physicochemical methods for the remediation of radionuclide contaminated sites[M]. Cham: Springer International Publishing AG.

CAVANAGH B A, et al, 2014. Reduction of diffusive contaminant emissions from a dissolved source in a lower permeability layer by sodium persulfate treatment[J]. Environmental Science & Technology, 48 (24): 14582-14589.

CERNIK M, et al, 2019. Electric-field enhanced reactivity and migration of iron nanoparticles with implications for groundwater treatment technologies: proof of concept[J]. Water Research, 154: 361-369.

CHOI J H, et al, 2012. Removal characteristics of salts of greenhouse in field test by in situ electrokinetic process[J]. Electrochimica Acta, 86: 63-71.

CHOWDHURY A I A, et al, 2017. Electrokinetic-enhanced permanganate delivery and remediation of contaminated low permeability porous media[J]. Water Research, 113 (15): 215-222.

CHOWDHURY A I A, et al, 2012. Electrophoresis enhanced transport of nanoscale zero valent iron[J]. Advances in Water Resources, 40: 71-82.

DOONG R A, et al, 1998. Surfactant enhanced remediation of cadmium contaminated soils[J]. Water Science and Technology, 37 (8): 65-71.

GALE R J, et al, 1995. In-situ bio electrokinetic remediation of contaminated soil with coupling and enhancement effects between natural microbial populations with electrokinetic soil processing: US005458747A[P]. 1995-10-17.

GENG Z, et al, 2021. Enhancing DNAPL removal from low permeability zone using electrical resistance heating with pulsed direct current[J]. Journal of Hazardous Materials, 413: 125455.

HAN K, et al, 2017. Salt removal of greenhouse soils using electrokinetic technology[J]. Applied Biological Chemistry, 60 (5): 477-485.

JEON E K, et al, 2015. Application of solar-cells in the electrokinetic remediation of As-contaminated soil[J]. Electrochimica Acta, 181: 160-166.

KAYA A, et al, 2005. Zeta potential of soils with surfactants and its relevance to electrokinetic remediation[J]. Journal of Hazardous Materials, 120 (1-3): 119-126.

KIM D H, et al, 2012a. Hexagonal two dimensional electrokinetic systems for restoration of saline agricultural lands: a pilot study[J]. Chemical Engineering Journal, 198: 110-121.

KIM D H, et al, 2013. Ex situ pilot scale electrokinetic restoration of saline soil using pulsed current[J]. Separation and Purification Technology, 120: 282-288.

KIM G N, et al, 2007. Development of a washing system for soil contaminated with radionuclides around TRIGA reactors [J]. Journal of Industrial and Engineering Chemistry, 13 (3): 406-413.

KIM G N, et al, 2012b. Development of complex electrokinetic decontamination method for soil contaminated with uranium [J]. Electrochimica Acta, 86: 49-56.

KIM K W, et al, 2009. Electrokinetic remediation of mixed metal contaminants[M]. Hoboken: John Wiley & Sons Inc.

KIM S O, et al, 2000. Enhanced electrokinetic soil remediation for removal of organic contaminants[J]. Environmental Technology, 21 (4): 417-426.

KOROLEV V A, 2009. Electrokinetic Removal of Radionuclides[M]. Hoboken: John Wiley & Sons Inc.

KO SEOK-OH, 1998. Electrokinetic/surfactant-enhanced remediation of hydrophobic organic pollutants in low permeability subsurface environments [D] . College Station: Texas A&M University.

LI D W, et al, 2016. Near-anode focusing phenomenon caused by the coupling effect of early precipitation and backward electromigration in electrokinetic remediation of MSWI fly ashes[J]. Environmental Technology, 37 (1-4): 216-227.

LI G, et al, 2012. Comparison of approaching and fixed anodes for avoiding the 'focusing' effect during electrokinetic remediation of chromium-contaminated soil[J]. Chemical Engineering Journal, 203: 231-238.

LIU H J, et al, 2011. Corrosion behavior of a positive graphite electrode in vanadium redox flow battery[J]. Electrochimica Acta, 56 (24): 8783-8790.

LIU J W, et al, 2021. Surfactant-enhanced remediation of oil-contaminated soil and groundwater: a review[J]. Science of The Total Environment, 756: 144142.

LOGAN B E, et al, 2006. Electricity-producing bacterial communities in microbial fuel cells[J]. Trends in Microbiology, 14

(12)：512-518.

LOHNER S T, et al, 2009. Coupled electrokinetic-bioremediation: applied aspects [M]. Hoboken: John Wiley & Sons Inc.

LÓPEZ-VIZCAÍNO R, et al, 2017. Multiphysics implementation of electrokinetic remediation models for natural soils and porewaters[J]. Electrochimica Acta, 225: 93-104.

LUKAS Y W, 2009. Coupling electrokinetics to the bioremediation of organic contaminants: principles and fundamental interactions[M]. Hoboken: John Wiley & Sons Inc.

MAHMOUD A, et al, 2010. Electrical field: a historical review of its application and contributions in wastewater sludge dewatering[J]. Water Research, 44 (8): 2381-2407.

MASI M, et al, 2017. Multispecies reactive transport modelling of electrokinetic remediation of harbour sediments[J]. Journal of Hazardous Materials, 326 (15): 187-196.

MÉNDEZ E, et al, 2012. Effects of electrode material on the efficiency of hydrocarbon removal by an electrokinetic remediation process[J]. Electrochimica Acta, 86: 148-156.

MULLIGAN C N, et al, 2001. Surfactant-enhanced remediation of contaminated soil: a review[J]. Engineering Geology, 60 (1-4): 371-380.

O'CONNOR C S, et al, 2003. The combined use of electrokinetic remediation and phytoremediation to decontaminate metal-polluted soils: a laboratory-scale feasibility study [J]. Environmental Monitoring and Assessment, 84 (1/2): 141-158.

PAZ-GARCÍA J M, et al, 2012. Modeling of electrokinetic desalination of bricks[J]. Electrochimica Acta, 86: 213-222.

PAZ-GARCÍA J M, et al, 2013. Simulation-based analysis of the differences in the removal rate of chlorides, nitrates and sulfates by electrokinetic desalination treatments[J]. Electrochimica Acta, 89: 436-444.

PAZOS M, et al, 2006. Improvement in electrokinetic remediation of heavy metal spiked kaolin with the polarity exchange technique[J]. Chemosphere, 62 (5): 817-822.

POMES V, et al, 1999. Fluorine migration in a soil bed submitted to an electric field: influence of electric potential on fluorine removal[J]. Colloids and Surfaces A-Physicochemical and Engineering Aspects, 159 (2): 481-490.

PUPPALA S K, et al, 1997. Enhanced electrokinetic remediation of high sorption capacity soil[J]. Journal of Hazardous Materials, 55 (1/3): 203-220.

REDDY K R, et al, 2011. Electrokinetic remediation of chlorinated aromatic and nitroaromatic organic contaminants in clay soil [J]. Environmental Engineering Science, 28 (6): 405-413.

REUSS F F, 1809. Sur un nouvel effet de I'electricite galvanique[J]. Mem. Soc. Imp. Natur. Moscou, 2: 327-337.

REZAEE M, et al, 2019. Modeling of electrokinetic remediation of Cd-and Pb-contaminated kaolinite[J]. Journal of Hazardous Materials, 366 (15): 630-635.

RISCO C, et al, 2016. Remediation of soils polluted with 2,4-D by electrokinetic soil flushing with facing rows of electrodes: a case study in a pilot plant[J]. Chemical Engineering Journal, 285: 128-136.

SANDRIN T R, et al, 2003. Impact of metals on the biodegradation of organic pollutants[J]. Environmental Health Perspectives, 111 (8): 1093-1101.

SHIN S Y, et al, 2017. Soil moisture could enhance electrokinetic remediation of arsenic-contaminated soil[J]. Environmental Science and Pollution Research, 24 (10): 9820-9825.

SPOSITO G, 1998. On points of zero charge[J]. Environmental Science & Technology, 32 (19): 2815-2819.

SUN Z. C, et al, 2019. Enhanced electrokinetic remediation and simulation of cadmium-contaminated soil by superimposed electric field[J]. Chemosphere, 233: 17-24.

SUNDERLAND J G, 1987. Electrokinetic dewatering and thickening. I. introduction and historical review of electrokinetic applications[J]. Journal of Applied Electrochemistry, 17 (5): 889-898.

VIZCAÍNO R L, et al, 2018. Enhanced electrokinetic remediation of polluted soils by anolyte pH conditioning[J]. Chemosphere, 199: 477-485.

WANG L, et al, 2017. Compatibility of surfactants. and thermally activated persulfate for enhanced subsurface remediation [J]. Environmental Science & Technology, 51 (12): 7055-7064.

WANG X J, et al, 1995. Simultaneous complexation of organic-compounds and heavy-metals by a modified cyclodextrin[J]. Environmental Science & Technology, 29 (10): 2632-2635.

WEN D D, et al, 2021. Removal of inorganic contaminants in soil by electrokinetic remediation technologies: a review[J]. Journal of Hazardous Materials, 401: 123345.

WICK L Y, 2009. Coupling electrokinetics to the bioremediation of organic contaminants: principles and fundamental interactions[M]. Hoboken: John Wiley & Sons Inc.

WONG J S H, et al, 1997. EDTA-enhanced electroremediation of metal-contaminated soils[J]. Journal of Hazardous Materials, 55 (1/3): 61-79.

YEUNG A T, 2011a. Milestone developments, myths, and future directions of electrokinetic remediation[J]. Separation and Purification Technology, 79 (2): 124-132.

YEUNG A T, et al, 2011b. A review on techniques to enhance electrochemical remediation of contaminated soils[J]. Journal of Hazardous Materials, 195: 11-29.

第17章

监控自然衰减法

17.1 概述

美国自1978年的“拉夫运河事件”以及1980年通过《超级基金法案》之后，大量污染场地采用能耗和资源消耗较大的技术进行治理，受到场地环境、资源能源条件以及费用等因素的限制，技术开始向着成本低且能自然降解污染物转化成无毒害产物的方向发展（NRC，2000）。

20世纪90年代，国际上兴起了一种依靠自然力量对污染物进行降解达到可接受水平的技术，称之为监控自然衰减法（monitored natural attenuation，MNA），有些文献也称其为监测自然衰减法、受控自然衰减法等。MNA的理念最早受废弃物自然降解的启发，其后研究者陆续发现一些有机化合物（如脂肪烃、石油烃等）在特定条件下能自然降解转化，这极大促进了污染物自然衰减过程的研究与应用，美国和欧洲率先对监控自然衰减法进行了深入研究，将其运用到污染场地修复实践中，同时也与其他修复技术联合使用（如抽出-处理、原位化学氧化、电动修复等），最大限度地发挥各个技术的优势。在这个过程中积累了大量的现场实践经验，技术也逐渐规范化、精细化和易操作化。90年代末，监控自然衰减法正式作为一种修复技术得到确认。该方法适用于有机和无机污染物，如苯系物、氯代烃、多环芳烃、羟基芳香烃、甲基叔丁基醚和含氧阴离子（如硝酸盐、过氯酸）等。

不同于前几章介绍的土壤与地下水主动修复方法，监控自然衰减法主要依靠土壤与地下水系统中自然发生的物理、化学和生物过程使污染物的浓度、毒性及迁移性降低，达到风险可接受的水平，可以认为是一种被动的自然修复方法。国际上对该法的认识也经历了一个波折的过程。起初，人们只关注到自然衰减比传统的修复方法可以节省大量经费，而且不需要采取任何附加措施，被认为是一种“无所事事”的简单而神奇的方法。随着研究的深入，人们逐渐认识到并非所有的场地都可以依靠自然过程削减和降解污染物，而且有失败的风险，对是否采用监控自然衰减法进行污染场地修复变得谨慎起来。事实上，采用监控自然衰减法之前，需要做自然降解的可行性评估，之后还需进行长期监测以及污染物扩散预测建模等相关工作。时至今日，有些国家（如澳大利亚和芬兰等）以及部分学者对MNA方法的接受程度有限，由此可看，人们对 MNA 方法的可适用性仍然存在认识差异。我国对于 MNA 技术在污染场地上的应用还处于研究探索阶段，已有少量关于 MNA 的研究报道。

与其他土壤与地下水修复技术相比，MNA 技术显著的优势是靠自然的力量降解污染物直至达到风险可接受水平，不引入外来物质及消耗额外能源，对场地及周边环境几乎没有不利影响，经费相对较低，是一种近自然的友好修复技术。但是自然衰减是一个漫长的过程，修复周期较长；长时间的监测会不断增加费用；因水文地质条件的变化，衰减过程中也存在污染物迁移扩散的风险；衰减过程的中间产物可能比原污染物毒性更大，在进一步降解为更低危害的产物之前，风险仍有增加的可能。

17.2 定义与发展

监控自然衰减法是通过实施合理的监测与评估方案，在没有人为干预的情况下，依靠土壤与地下水系统自然发生的物理、化学和生物过程（包括稀释、扩散、挥发、氧化还原、生物降解、放射衰减等）使污染物的浓度、质量、体积、毒性及流动性降低，以达到风险可接受的水平（USEPA，2021）。

19 世纪，在污水和废弃物处理技术尚未出现之前，利用大自然的降解能力来处理废弃物似乎是唯一的途径。动植物的废弃物碎屑在自然环境中可以被转化成可循环利用的物质，这成为自然衰减理论的基础与来源（Madsen，1991，1998）。在适当的环境条件下，某种特定的化合物通过自然衰减使得其浓度达到可接受范围进而达到清除要求，这是自然衰减法的根本依据（USEPA，1999b）。1950 年，Zobell（1950）报道了脂肪烃类污染物的生物降解作用，随后的研究表明，更复杂的芳香烃和脂环烃类化合物的降解机制可能与此类似。20 世纪 80 年代，科学家发现石油烃类化合物可以在地下无氧和有氧条件下发生生物降解作用，这一发现极大地促进了石油烃类化合物自然衰减过程的研究与应用。1990 年，“自然衰减”一词首次出现在了美国环境保护署的应急计划报告中，其后自然衰减法在美国和欧洲得到了广泛研究，并应用到了修复工程中。这一时期对其机理有了更清晰的认识，明确了自然衰减主要是生物降解的作用。1999 年美国环境保护署将有计划的监控条件下的自然衰减修复技术定义为监控自然衰减法，正式确立了监控自然衰减法的技术地位（USEPA，1999a）。

17.3 原理

污染物的自然衰减原理主要包括物理、化学以及生物过程（包括稀释、扩散、挥发、氧化还原、生物降解和放射性衰减等），这几种作用通常同时发生。

物理过程主要包括稀释、挥发、吸附和放射性衰减等。稀释是指通过污染地下水与清洁地下水混合而降低地下水中污染物浓度的过程，这种过程有助于减少污染物的影响范围；挥发是指一些挥发性有机污染物从土壤和地下水中释放到土壤表面进入大气而使其浓度降低的过程；吸附是指污染物与土壤颗粒表面相互作用并被土壤吸附固定，抑制了其进一步向地下水迁移的过程；放射性衰减则是放射性核素以及它们的聚变、裂变产物的浓度随着时间的推移而逐渐降低的过程，但对于某些核素如 $^{234/235/238}U$、^{232}Th、^{99}Tc 和 ^{129}I，可能需要很长的时间才能显著降低其浓度。

化学过程包括氧化还原、配位、螯合、共沉淀和离子交换等。氧化还原反应可以使得有毒污染物转化成相对较安全或稳定的形态。例如，Cr(Ⅵ) 可以在地下水中与天然铁氧化物发生氧化还原反应，转化为毒性较小的 Cr(Ⅲ) 形式，从而减少其对环境的危害。而且，配位、螯合、共沉淀和离子交换等化学反应也可以将污染物固定在土壤或地下水中，降低污染物的影响范围。此外，放射性核素可以通过与氧化铁等固相的共沉淀反应而被有效去除。

生物降解是指微生物利用污染物作为碳源或电子供体，通过分解转化将其转化为水、气体和其他产物的过程。常见的生物过程包括生物吸附、生物转化、生物积累、生物矿化和共代谢等。微生物的细胞壁和细胞膜上存在多糖、脂类和蛋白质等物质，这些物质中存在的羧基、磷基和氨基等官能团能较好地吸附重金属，如 Cd、As 和 Pb 等（USEPA，2021；Al-Masri，2006）。然而，土壤理化性质如 pH、含水率和有机质含量等都会影响微生物的活性和生长条件，从而影响生物的降解过程。同时，微生物的活动也可以改变土壤的物理和化学性质，例如通过改变土壤的通透性和离子交换能力，从而影响污染物的形态和迁移行为。

表 17.1 列举了污染场地中一些常见污染物的自然衰减原理。

表 17.1　常见化学材料及污染物自然衰减原理

污染物名称	自然衰减原理	参考文献
氯代烃溶剂（四氯乙烯、三氯乙烯和三氯乙烷等）	微生物可以将其作为电子供体直接氧化成无机物，还能发生还原脱卤反应将氯原子用氢原子替代，也可以发生共代谢将其降解；此外，还能发生一系列物理过程，如对流、分散、稀释、扩散、吸附/解吸、挥发和稳定等	(USEPA，1999b；ITRC，1999)
石油烃（汽油、柴油和机油等）	有些石油烃成分如苯系物（苯、甲苯、二甲苯）和一些多环芳烃在适当条件下容易被生物降解，但某些多环芳烃、甲基叔丁基醚（MTBE）不易被降解。石油烃能吸附在土壤或沉积物颗粒上，也能发生分散、稀释和挥发等物理过程，而化学反应过程较难进行	(USEPA，1999a)
军用材料（爆炸物：三硝基甲苯、1，3，5-三硝基六氢-1，3，5-三嗪、八氢-1，3，5，7-四硝基-1，3，5，7-双偶氮辛因。推进剂：硝化纤维素，硝化甘油，硝基胍，2，4-二硝基甲苯和高氯酸盐。重金属：铅、锑、铜、锌）	军用材料的物理过程包括溶解、分散和对流，其中重金属还包括沉淀、共沉淀和配位；常见的化学过程有吸附、非生物转化和光解；生物过程则包括微生物过程和生物地球化学转化	(Rectanus，2015)
无机物（重金属、类金属、还原性无机化合物）	微生物的厌氧呼吸可以利用还原性无机化合物（如硝酸盐、硫酸盐、铁离子或铁/锰氧化物）作为电子受体，一般来说，微生物消耗电子受体的优先顺序为：氧气、硝酸盐、锰/铁氧化物、硫酸盐、二氧化碳。其次还有化学转化过程，在某些特定的还原性条件下，一些金属（如铬、铜）容易被还原成低价态形成难溶的金属氧化物或硫化物固定在地层中。吸附和沉淀也是这些污染物的重要衰减过程	(USEPA，2015)
放射性核素（U、Th、Tc、I、Co、Sr、Cs）	物理过程涉及对流、扩散、分散、冲刷、侵蚀、再悬浮、挥发和连续大气运输。主要的化学过程有配位、沉淀、吸附、同位素置换和胶体化。生物过程主要是由生物活动产生的变化，一是物理变化，如生物扰动可以影响土壤质地和孔隙分布，改变土层的理化性质；二是化学变化，如代谢效应、生物吸附、生物转化和生物积累	(Al-Masri，2006)

17.4 技术要素

监控自然衰减法作为一种近乎自然的、被动的修复技术，其适用性取决于许多因素，包括场地污染特征、场地地质与水文地质特征、地球化学特征、生物学特征等。尽管这些因素对其他修复技术也很重要，但它们对监控自然衰减法的影响程度更为显著。因此，对这些要素进行充分了解是开展自然衰减适用性评估的基础。

地下的物理、化学、生物特征和过程影响着污染羽的迁移、分布和归趋，描述这些特征的变量大致可以分为物理变量、化学变量、生物变量以及人为变量四种。物理变量能描述和量化多孔介质的物理性质和水文地质特征，化学变量则能反映污染物与多孔介质之间的相互作用关系，生物变量可以描述微生物群落与污染物和多孔介质之间的相互作用。表 17.2 列出了常用的评估变量。由于污染场地的非均质性，这些变量在不同空间和时间上的差异往往较大。因此，对于参数的描述以及场地特征的刻画需要具有场地三维空间上的代表性，并考虑随时间的变化性。

表 17.2 描述场地特征变量

一级变量	二级变量	参数
物理变量	地质变量	岩性、矿物学、地层学、沉积环境/特征、构造特征、质地(粒度分布)、孔隙度、体积密度、颗粒(固体)密度
	水文地质变量	水头压力、水力传导系数、孔隙率、地下水补给和排放(位置和范围)、地表水体与场地地下水的相互作用(位置和范围)、沉淀、稀释、分散
化学变量	污染物变量	污染物识别、污染物的浓度、污染物的溶解度、污染物的密度、混合污染物识别、分配系数(土壤/水，NAPL/水)；亨利定律、源区污染、污染源控制历史
	地球化学变量	氧化还原电位(ORP)、溶解氧、硝酸锰、硫酸铁、甲烷、溶解氢、金属、类金属、pH、碱度、土壤有机碳[总有机碳(TOC)、有机碳组分(f_{oc})或土壤有机质(SOM)]、温度、其他主要离子、同位素(相关稳定同位素和放射性同位素)
人为变量	无	工程特性、附近水井、人为地下水补给和排放、受体
生物变量	无	污染物浓度、子产物、副产物、氧化还原电位(ORP)、地下水有机碳[总有机碳(TOC)和溶解有机碳(DOC)]、pH 值、温度、碱度、溶解氧、硝酸盐、锰、铁、硫酸盐、甲烷、溶解氢、微生物群落、稳定同位素($^{2}H/^{1}H$ 和 $^{13}C/^{12}C$)

注：引自 USEPA，2012。

17.4.1 污染特征

17.4.1.1 污染物性质

MNA 一般适用于可降解的污染物，主要是有机物和无机物，如苯系物、氯代烃、多环芳烃、羟基芳香烃、甲基叔丁基醚、含氧阴离子（如硝酸盐、过氯酸）和放射性核素等；重金属只能是转化，一般不适合。如表 17.3 总结了目前使用 MNA 法去除场地污染物的情况。

表 17.3 场地利用 MNA 去除污染物的情况

地点	污染物	是否得到控制	修复情况
特拉弗斯城	BTEX	是	O_2 消耗；生成 CH_4 和 Fe^{2+}
范登堡空军基地	MTBE	否	O_2 和 SO_4^{2-} 浓度下降不明显；MTBE 羽流变化趋势远超过 BTEX
波登空军基地	五种氯代溶剂	部分	检测到氯代溶剂降解代谢产物的存在
圣约瑟夫大教堂	TCE	部分	生成了 CH_4；检测到降解副产物(氯乙烯和乙烯)存在
爱德华兹空军基地	TCE	否	NO_3^- 和 SO_4^{2-} 浓度较高；TCE 随地下水流动
多佛空军基地	TCE，TCA	是	生成降解副产物(顺式 1,2-DCE、1,1-DCA、氯乙烯和乙烯)；生成 CH_4 和 H_2S；Cl^- 浓度增加
南格伦斯福尔斯	PAHs	是	O_2 消耗；检测到代谢产物的存在；场地微生物中多环芳烃降解基因的检测；现场采集的土壤中多环芳烃迅速降解
皮纳尔溪河盆地	金属，酸	是	碳酸盐溶解，pH 上升；观察到河流沉积物中存在 Mn 氧化物沉淀
汉福德 216-b-5	放射性核素	是	现场样品中观察到放射性核素已被吸附
伯米吉	石油烃	部分	O_2 的消耗；Fe^{2+}、Mn^{2+} 和 CH_4 的生成；中间代谢物的生成；相对于更稳定的化学物质而言观察到石油烃类选择性降解

注：1. 引自 Illman，2009。

2. BTEX 为苯、甲苯、乙苯、二甲苯；MTBE 为甲基叔丁基醚；TCE 为三氯乙烯；TCA 为三氯乙烷；PAHs 为多环芳烃；DCE 为二氯乙烯；DCA 为二氯乙烷。

17.4.1.2 污染程度

一般情况下，修复难度与污染物的污染程度呈正相关。污染程度大，如有纯相化学物质，则自然衰减很慢或不能达到目标；低污染更容易发生自然衰减，污染衰减周期短，效果明显，且修复目标容易达到。污染程度在实际场地上通常表现为污染面积、污染深度和污染物浓度。

17.4.1.3 污染分布

污染羽分布状态受地层因素影响，在均质地层中，污染羽分布状态相对较均匀，径流方向和污染源明确，但可能也会受特殊地层结构的影响；在非均质地层中，污染羽可能受特殊的水文地质条件、包气带或优先径流（埋藏河道）等影响而呈现不规则的分布状态，有时甚至无法确定流动方向和污染源的位置。

就非水相液体而言，轻非水相污染物（如石油烃）大多漂浮在地下水潜水面上，与包气带接触，好氧环境强，挥发及降解较快，自然衰减周期短；重非水相液体（如氯代烃类）往往沉在相对隔水底板上，是厌氧环境，没有充足有机物碳源的情况下生物还原比较慢，发生自然衰减的周期相对较长。污染物如果在包气带中，水压力小于大气压力，则挥发作用和微生物作用强；在饱和带则正好相反，而且土壤孔隙被孔隙水占据，挥发作用弱，由于隔绝了氧气，使得微生物降解作用弱，自然衰减速率慢。

17.4.1.4 污染相间分配

污染物的多相分配决定着自然衰减的效率，分配系数、亨利定律和溶解度等参数及分配规律详见第3章。

17.4.2 地质与水文地质条件

地质特征能够影响地下水、污染物和非水相液相羽流的方向、大小和变化。常见的地质特征变量包括以下几方面。

17.4.2.1 地层分布

固结和松散的多孔介质地层分布结构会影响地下水和污染物流动的方向和速率。成层的土壤容易阻碍污染物的垂直扩散，但促进了污染物的水平迁移。

地层中裂缝、接缝、断层、虫洞、根部开口或其他优先流动途径等特殊结构会影响地下水和污染物流动的方向。

17.4.2.2 岩性

地层的岩性可以反映地下水和污染物在多孔介质中流动趋势和相互反应的过程。矿物与污染物和微生物之间的相互作用涉及物理、化学和生物等方面的多种过程，这些过程控制着污染物的地球化学行为。例如，活性铁和含硫矿物能够与卤代烃等污染物发生非生物降解反应，从而降低其浓度（USEPA，1999b）。此外，不同矿物的风化和溶解产物能释放到地下水中，增加地下水中化学成分的多样性。同时，矿物的密度和比例差异会影响其与污染物的相互作用，进而影响污染物的去除效果。

17.4.2.3 沉积特征

特定场地的沉积环境和特征对于了解沉积物特征中可能存在的非均质性物质，并确定其是否存在潜在的优先流通区域有重要帮助。例如，一个有河流沉积的场地可能存在高导流性的砾石区域，往往是污染物迁移的优先途径和区域。

17.4.2.4 质地

场地土壤颗粒的大小、分布和排列会影响地下水和污染物通过多孔介质的方式，也可能影响污染物的地球化学和生物过程。

17.4.2.5 渗透系数与渗流速度

土壤颗粒的渗透系数受到颗粒大小、孔隙结构和土壤类型等因素的影响。一般来说，粒径较大的土壤颗粒（如砂和砾石）具有较高的渗透系数。砂质黏土的渗透系数为0.6m/d以上，有利于水分和污染物的流动，促进污染物的迁移和生物降解。相反，粒径较小的土壤颗粒（如黏土）虽然具有更大的比表面积和较强的吸附能力，但是由于孔隙较小，渗透性较差，污染物扩散速率较慢，微生物的降解速率也受到限制。

地下水的渗流速度是影响污染物迁移过程的重要因素之一。地下水的渗流速度越大，污染物随水流的迁移能力也越强，对于已知的水力梯度，渗透系数越大，地下水的渗流速度也越强。在污染物的迁移过程中，主要会发生对流作用、弥散作用和物理化学作用。对流作用是指污染物在地下水中随水流的迁移，其速度受地下水渗流速度的影响，当地下水渗流速度与污染物迁移速度相等时，对流作用达到平衡状态。弥散作用主要由地下水中各种成分的非均匀性引起，这种作用可以发生在线状、面状和三维立体结构中，其强弱反映了污染物的迁移速度和浓度的变化情况。此外，物理化学作用也会影响污染物的迁移过程，例如污染物与含水层介质发生的吸附和生物降解反应会减缓污染物的迁移速度，并增强污染物的自然衰减过程。地下水流速远大于污染物的生物降解速度时，污染羽流也存在污染扩散的风险。

17.4.2.6 阻滞因子

当地下水中的污染物的平均迁移速度小于其平均渗流速度时，污染物可能受到阻滞作用。这种阻滞作用通常用阻滞因子 R 来描述，R 越大，表明污染相间的分配系数 K_d 越大，则表示土壤基质对污染物的吸附作用也越大，这会使得污染物的迁移速度减小，越有利于自然衰减过程的进行。关于阻滞因子的内容可参见第 3.7.2.1 节。

17.4.2.7 地下水补给和排放

地下水补给和排放区域的识别可以确定地下水运动的总方向，而且补给及排放的总量和变化也会影响水力梯度、地下水和污染物的流速和地下水流向。此外，人为水源的补给（如人为排水）或人为取水均可以作为局部地区地下水的补给和排放途径，这些都可以改变局部地区地下水的水力梯度和流向。

17.4.2.8 地表水与地下水的相互作用

来自湖泊、江河、海洋的地表水体能与场地地下水相互作用，从而改变地下水的地球化学成分，也可能影响污染物在地下水中的迁移和分布。地表水体可以作为场地地下水的补给区和排放区，其水位高度和波动情况会随着时间和地点的变化而变化，导致地下水水位的波动和水流方向的变化。在调查这种潜在相互作用的影响时，需要考虑地表水体相对于场地的位置、水面高度和波动情况，以及地下水潜流区内的水体流动和生物地球化学过程。

17.4.3 地球化学特征

地层和地下水的地球化学特征可以通过生物和非生物反应控制污染物的迁移和归趋。在水相中一般能发生生物降解反应，然而，固相中某种物质的含量也能诱导生物反应的发生，例如，Fe(Ⅲ) 可能是 TEA 降解的终端电子受体。此外，固相中某些污染物的非生物反应也值得关注，有研究表明固相中铁矿物和含硫矿物表面发生的反应可以促进某些氯代污染物的还原脱氯反应，在这个过程中矿物表面可以提供电子供体或反应介质（Wiedemeier, 1999)。但目前在 MNA 技术中对于这种非生物反应的研究较少，而生物反应是该项技术的研究重点。随着对非生物反应自然衰减过程的认识不断增加，与非生物过程相关的地球化学参数可能会纳入 MNA 技术的评估当中。生物降解过程可能会引起地球化学变量的变化，这些变化可以作为指示参数，指示污染物生物降解的变化趋势，以下列举了与一些生物参与反应相关的地球化学要素。

17.4.3.1 氧化还原条件

溶解氧是微生物在自然条件下对有机碳进行生物降解时的电子受体。当溶解氧的浓度大于 0.5mg/L 时，厌氧微生物的活性会受到抑制，不利于还原脱氯反应的进行。因此，碳源的存在对于促进含水层中污染物的生物降解至关重要。首先，好氧微生物利用碳源和氧进行呼吸作用，溶解氧浓度降低。待溶解氧耗尽后，厌氧微生物可以将硝酸盐、Fe(Ⅲ)、硫酸盐和二氧化碳作为电子受体实现污染物的进一步去除。这些反应可以使地下水的氧化还原电位降低到适合进行还原脱氯的范围内，从而产生一系列还原产物，如甲烷和 Fe(Ⅱ) 等。此外，溶解氧的浓度应在监测井净化期间以及样品采集前后利用仪器进行现场测定。

地下水的氧化还原条件（ORP）能间接反映地下水能接受或转移电子的潜力和电子活性。微生物通常能参与含有有机污染物的地下水中的氧化还原反应，因此，地下水的 ORP 取决于影响生物降解的速率。在进行厌氧生物降解的地区，地下水的 ORP 可以间接反映污染物羽流的实时位置。地下水的 ORP 一般在－400～800mV，在野外，地下水的 ORP 数据可以用于确定污染物羽流的大致位置。为了在现场绘制地下水 ORP 图谱，至少在位于羽流上部的监测井中确保测定一次 ORP 数值。ORP 应在监测井净化期间以及样品采集前后利用仪器进行现场测定。

17.4.3.2 温度

温度对微生物的生命活动影响巨大，大多数微生物都有自己适合的温度范围，理想的温度条件有利于自然衰减的效率提升。温度对微生物的影响见第 15 章。地下温度也能直接影响气体和其他地球化学物质的溶解度，并通过影响酶的活性间接影响细菌的代谢活动。

17.4.3.3 酸碱度

地下水 pH 值能影响地下水中微生物种群特别是产甲烷菌的存在和活动，对于能够降解氯代脂肪烃和石油烃化合物的微生物，pH 值通常需要维持在 6～8。

微生物反应产生的二氧化碳能导致岩石的裂解和溶解，使得反应区域的碱度也随之升高。碱度的维持对于地下水 pH 的稳定非常重要，因为它可以中和微生物在好氧和厌氧生物降解过程中产生的酸性物质。尽管这些酸性物质的产量相对较少，不足以显著影响地下水的 pH，但碱度的提高可以确保地下水保持在适宜的 pH 范围内，有利于微生物的生长和降解反应的进行。

17.4.3.4 亚铁离子

在某种情况下，Fe(Ⅲ) 可以作为厌氧微生物降解有机碳过程中的电子受体，这个过程中，Fe(Ⅲ) 可以被还原成 Fe(Ⅱ)，Fe(Ⅱ) 也可以溶于水而被检测。因此，Fe(Ⅱ) 浓度可以作为燃料化合物和氯乙烯厌氧生物降解的重要参数。

17.4.3.5 硝酸盐

好氧微生物将溶解氧消耗完后，厌氧微生物可以利用硝酸盐作为电子受体，通过反硝化作用对有机碳进行厌氧生物降解。同时为确保还原脱氯有效进行，地下水层中污染羽的硝酸盐浓度必须小于 1.0mg/L。

17.4.3.6 硫酸盐

当含水层中溶解氧和硝酸盐被耗尽后，硫酸盐也可以作为电子受体用于厌氧微生物的生物降解过程，这个过程称为硫酸盐还原，可以产生硫化物。当硫酸盐浓度大于 20mg/L 时可能会抑制还原脱氯过程。然而，在一些含有高浓度硫酸盐的污染羽流中，仍然可能发生还原脱氯反应，这可能是由于特殊微生物的适应能力或其他因素的影响。

17.4.3.7 甲烷

在甲烷的生成过程中，醋酸盐可以被分解成二氧化碳和甲烷，或者二氧化碳可以作为电子受体被还原成甲烷。这种反应通常发生在地下水中溶解氧、硝酸盐和硫酸盐被耗尽之后。甲烷在地下水中的浓度通常被认为是地下水还原性的一个指示，即甲烷浓度越高，地下水的还原性就越强。如果在与燃料化合物或氯代烃混合的地下水中检测到较高的甲烷本底浓度，这可能表明这些化合物正在发生微生物降解。

17.4.3.8 溶解氢

溶解氢的浓度已被用于评价地下水中的氧化还原过程，如评价还原脱氯的效率（Lovley，1988，1994；Chapelle，1995）。在缺氧的地下水体中，溶解氢来源于微生物分解有机物的反应。微生物利用硝酸盐、Fe(Ⅲ)、硫酸盐或 CO_2 作为末端电子受体消耗溶解氢，这种连续循环的 H_2 转移过程称为种间氢转移。但是，在硝酸盐、Fe(Ⅲ)、硫酸盐和二氧化碳还原过程中，微生物利用 H_2 的效率不同。硝酸盐能高效利用 H_2，对 Fe(Ⅲ) 利用率略低，对硫酸盐和产甲烷细菌的利用效率次之。这种差异可能与末端电子受体接受过程的 H_2 浓度范围有关（见表 17.4），所以 H_2 浓度可以作为氧化还原过程的指标。

表 17.4 末端电子受体接受过程的 H_2 浓度范围

末端电子受体接受过程	H_2 浓度/(nmol/L)	末端电子受体接受过程	H_2 浓度/(nmol/L)
反硝化作用	<0.1	还原脱氯	>1
Fe(Ⅲ)还原	0.2～0.8	甲烷产生	5～20
硫酸盐还原	1～4		

注：引自 USEPA，1998。

在实际过程中，需要综合电子受体和微生物代谢最终产物来描述 H_2 浓度。例如，如果地下水中硫酸盐浓度小于 0.5mg/L，甲烷浓度大于 0.5mg/L，H_2 浓度在 5～20nmol/L 范围内，可以得出含水层产甲烷过程是主要的氧化还原过程。同理，也可以确定反硝化作用（存在硝酸盐，H_2<0.1nmol/L）、Fe(Ⅲ) 还原作用［产生 Fe(Ⅱ)，H_2 浓度为 0.2～0.8nmol/L］和硫酸盐还原作用（存在硫酸盐，产生硫化物，H_2 浓度为 1～4nmol/L）。

17.4.4 生物学特征

通常情况下，地球化学变量可用于指示生物降解过程，而生物和地球化学变量的测定也能间接表明自然衰减的发生，从而确定地下系统是否正在朝向污染浓度降低的趋势变化，这也是美国环境保护署（USEPA）所提到的“三级证据链”。然而，要确定 MNA 是否适用于污染场地的修复，通常要评估污染物的自然衰减速率，而对微生物降解速率的评估尤为重要。微生物降解速率包括吸附、弥散以及生物降解等多种过程。地下水有机污染物的生物降解模型一般包括一级衰减模型、Monod（莫诺）动力学模型和瞬时反应模型，其中，一级衰减模型最为常见且适用。具体参见第 3.6.5.6 节。

17.4.5 污染源控制

污染源控制也是 MNA 技术的重要组成部分。污染源若没有被及时发现，残留在土壤中的污染物可能会持续释放到地下水中，导致污染物的释放速率超过污染物的自然衰减速率。同时，污染物随着地下水流向下游迁移扩散，可能造成潜在威胁，加重 MNA 负担或导致修复失败。当污染源被清除或控制后，脱离污染源的剩余污染羽在自然降解作用下污染物浓度和规模逐渐减小，可形成缩减型污染羽并逐渐消失。

污染源的类型在场地中通常非常复杂，既包括点源也包括非点源。可能是化学品储罐、储槽、反应器、管线、构筑物或其拆除后残留的化学品，或是残留在土壤中的非水相污染物，也可能是外部高地/流域污染源和内部遗留沉积物再释放的污染物。

污染源控制的第一步是确定现场的历史污染源和当前源，可通过场地历史资料调查、现场踏勘和物探等手段确定。控制措施一般包括移除、处理和封存。

17.5 适用性评估

17.5.1 适用性评估工作程序

监控自然衰减法需要完整、系统和专业的评估，其中最核心的工作就是评估监控自然衰减是否真实有效地发生。在这个过程中，需要收集更详细的信息，记录污染物的净消耗并分析造成这种消耗的自然衰减过程，确定衰减速率。适用性评估程序可分为初步评估和详细评估，如图17.1所示。如果MNA被评估为无效，则应该采取其他修复技术。

17.5.1.1 初步评估

初步评估主要关注土壤、包气带和地下水中的自由相污染物是否可以最大程度回收，污染物在预期时间内能否降解，以及是否可以有效控制受体免受污染。如果这些因素都评估可行则认为监控自然衰减法可能有效，则进入详细评估阶段，否则应选择其他修复技术。

17.5.1.2 详细评估

详细评估在初步评估的基础上进一步确认MNA技术的适用性和有效性，包括场地的三维（3D）绘图、渗透系数及有机碳占比和污染物迁移速度的确定、土壤气体的检测分析、检测点地球化学变量的评估、生物降解速率的计算、修复时间是否在预期范围内，以及对下游受体的影响评估。如果所有因素都符合要求且应急方案完善，将确认MNA技术适用于该场地的修复，否则应选择其他修复技术。

17.5.2 自然衰减证据评估

场地是否适用于自然衰减法需要可靠的证据链支持。USEPA将这种评估MNA有效性的依据称作“证据链”（USEPA，1999c）。这三级证据链通常被分为初级证据（或第一级证据）、中级证据（或第二级证据）和高级证据（或第三级证据）（见表17.5），三级证据是依次推进和相互支撑的，它们可以直接或间接表明自然衰减的发生或作为其发生的辅助证据。

表17.5 MNA的三级证据链

阶段	内容	作用
初级证据	污染羽的变化趋势和特征	直接表明发生自然衰减
中级证据	地球化学参数	间接表明发生自然衰减
高级证据	微生物分析和同位素分析	辅助证据表明发生自然衰减

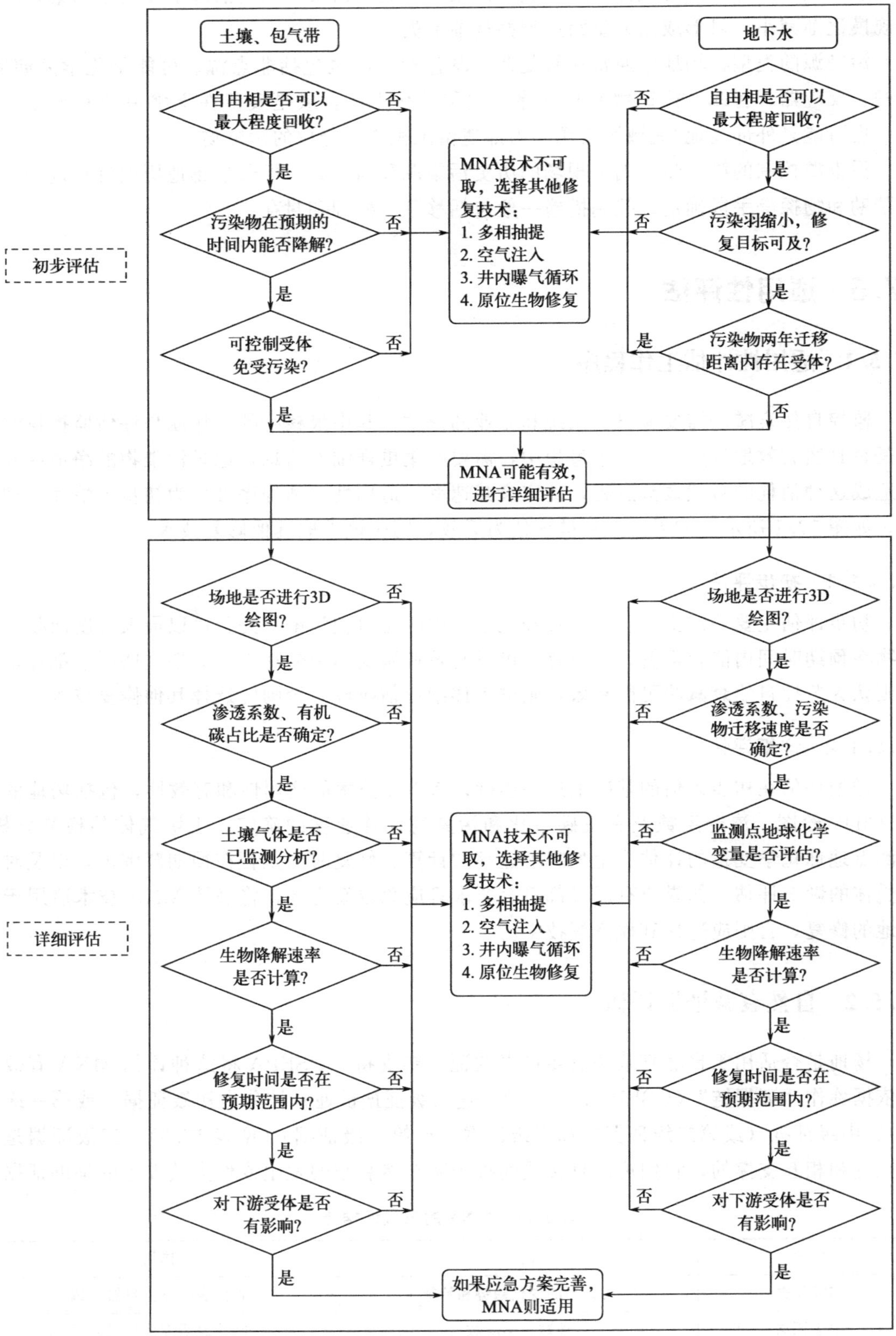

图 17.1　MNA 适用性评估的工作流程图（根据 USEPA，2017 改绘）

17.5.2.1 第一级证据

第一级证据是采用土壤与地下水的监测数据评估污染物浓度是否降低、污染物降解是否正在产生中间产物或最终产物，这是自然衰减发生的最直接证据。但是，第一级证据不是确凿的证据，稀释、挥发与吸附等也是污染物浓度和分布情况变化的原因，因此，必须结合第二级证据进一步分析自然衰减是否发生。

(1) 污染羽行为

空间和图形方法通常被用于描述羽流行为和变化趋势，并以统计分析作为辅助。更具体的方法包括污染边界分析、质量流量和通量分析法，这些方法的使用是为了评估场地污染源、特征污染物的浓度、质量或分布随时间的变化。污染羽的行为分为缩小、稳定和扩大三种。缩小是污染羽随着时间的推移浓度呈下降趋势，预警井浓度仍低于地下水质量标准；稳定是污染羽浓度随时间推移保持不变，且预警井浓度低于地下水质量标准；扩大即污染羽浓度趋势随着时间的推移而增加，或者预警井受到影响使得浓度超过了地下水质量标准。污染羽若呈稳定或缩小趋势则能证实 MNA 的有效性，若呈扩大的趋势则可能证明不适合采用 MNA。

(2) 降解产物

污染物降解过程可以产生中间产物或最终产物，这些产物的出现可以作为污染物正在发生生物降解的直接证据，如四氯乙烯和三氯乙烯首先降解为顺二氯乙烯，最终降解为乙烯。但是，在以下情况下降解产物的存在无法作为发生自然降解的证据：降解产物浓度高，但未能产生关注的污染物；降解产物在监测前就已消失；降解产物的浓度低于仪器检出限而导致的误差。对苯系物来说，一般不产生特殊的中间产物，因此往往不容易检测出降解产物，只有在苯系物浓度较高时，才有可能检测出像苯酚、烷基苯酚和苯甲酸等降解产物，此时通常会检测到碳酸氢盐浓度升高。

17.5.2.2 第二级证据

第二级证据是基于地球化学和生物地球化学的监测数据，判断是否具备发生自然衰减的条件，了解氧化还原条件、电子供体和电子受体之间的关系。在这类证据中，含水层地球化学条件是污染物发生降解的重要标志。了解含水层地球化学条件对确定含水层降解污染物的能力具有重要意义，可以指示发生生物降解作用的地球化学指标包括：

(1) 末端电子受体

当发生生物降解作用时，含水层中 O_2、NO_3^-、SO_4^{2-} 和铁氧化物（Fe^{3+}）浓度相比当地地球化学背景浓度下降，而还原产物如 CH_4、Mn^{2+}、Fe^{2+} 等浓度升高。

(2) 降解产物和其他化学指标

地下水中微生物降解会产生二氧化碳，二氧化碳浓度增加会导致地下水的碱度增加，可以通过周期取样绘制浓度等值线图，提供污染羽内部降解的标志；地下水 ORP 较低时可以发生生物降解，对比场地上部区域与地下水污染羽中的 ORP 可以发现生物降解区域；地下水的 pH 值能影响微生物种群的生存和活性，温度也能直接影响微生物代谢活动，电导率与溶液中的离子浓度成正比，这些可以作为发生生物降解的依据；氯离子是氯代烃在生物降解过程中被还原而释放到地下水中的，它的增加也能表示发生了生物降解。此外，污染物及其降解中间产物、总有机碳和溶解性有机碳等的变化也是发生生物降解的重要依据。而且，有机污染物在降解时发生的同位素分馏现象不受污染物的吸附、蒸发和稀释过程的影响，利用同位素分析法测定碳、氢和氯的同位素比（$^{13}C/^{12}C$、$^{2}H/^{1}H$、$^{37}Cl/^{35}Cl$），有机物发生生物降解时这些同位素比也发生变化，因此，同位素分析结果可以作为污染物发生生物降解的证据。

（3）金属和放射性核素

金属和放射性核素在衰减过程中不会被破坏。金属和放射性核素的衰减主要是通过吸附、沉淀和衰变等过程固定在地下水中。除了放射性衰变外，这些过程都是可逆的。通过吸附和沉淀过程，金属和放射性污染物转化成稳定形态。

17.5.2.3 第三级证据

第三级证据是利用微生物学方法判定土著微生物是否有能力降解或转化污染物的潜能，可以作为评估场地自然衰减有效性的附加依据。一般而言，第一级和第二级证据足以确定污染物能发生自然降解时，第三级证据并非必要。但是，这级证据的结果可以与前面两级证据的结果相互印证，以证明微生物对污染物浓度降低的有效性。以下是常用的检测分析方法。

（1）细菌计数和降解试验

细菌计数是指对具有特定降解作用的活性细菌数量进行统计，其数量多少与其降解能力有关，通常用菌落形成单位法（CFU）或最大可能数量法（MPN）测定菌落数量。降解试验则是将采集的土壤和地下水样品置于其原位置相同的自然条件下进行长期监测，需要尽可能模拟实际的场地条件，其监测数据如污染物浓度变化、电子受体以及化学指标等的变化可以用于指示污染物的降解情况。

（2）核酸分子生物学

基于核酸的分子生物学工具（molecular biological tools，MBTs）可以通过测量目标生物标志物，如特定核酸或核糖核酸序列、特定污染物的同位素、肽、蛋白质或脂类物质，来提供有关污染物降解和生物过程的重要信息。例如，通过检测特定的 DNA 序列，可以了解污染场地中氯代烃的生物转化和解毒潜力。目前已经研发出来的 MBTs 包括定量聚合酶链反应（qPCR）、荧光原位杂交（FISH）、变性梯度凝胶电泳（DGGE）和末端限制性片段长度多态性（T-RFLP）等。其中，qPCR 是一种常用且有效的方法，它可以定量分析环境样本中目标基因的存在量，也可用于评估 MNA 技术的有效性。通过结合 MBTs 和污染物及地球化学数据，可以更好地了解污染场地中生物转化和解毒过程的情况，为评估自然衰减的有效性提供重要信息（Stroo，2010；Lebrón，2011）。

（3）酶活性探针法

酶活性探针（enzyme activity probes，EAPs）是一种用于评估微生物需氧共代谢活性的重要工具。通过与 EAPs 反应的细胞量或加氧酶基因表达量，可以评估地下水中污染物的生物降解潜力。以三氯乙烯（TCE）为例，已经开发出了多种不同类型的 EAPs，包括四种不同的芳香加氧酶和单一的可溶性甲烷加氧酶。这些非荧光探针在转化过程中被酶转化为可量化的荧光信号，从而直接提供了微生物需氧代谢酶活性的信息（Phelps，1994）。通过对污染地下水的化学成分分析，发现这些酶探针能够有效地估计地下微生物群落的需氧代谢酶活性，即使在 TCE 浓度从低于 100g/L 到超过 10000g/L 的情况下也同样适用。因此，EAPs 提供了关于原位微生物酶系统存在和活性的重要信息，尤其在需氧共代谢过程中具有重要意义，可以用于评估羽状污染区域内生物降解潜力的可行性（Weidemeier，2017）。

（4）同位素法

化合物特异性同位素分析（CSIA）可以作为监测、评价和验证石油烃化合物和氯代有机化合物在地下水中原位降解的有效手段，可以得到这些化合物的来源、浓度和降解途径等详细信息，适合长时间测量（Elsner，2016）。这些化合物通常含有较重的（如^{13}C、^{37}Cl、^{18}O、^{2}H）和较轻的（^{12}C、^{35}Cl、^{16}O、H）同位素分子。在化学和生物反应中，具有较轻同位素的分子往往消耗更快，导致未反应的底物中较重同位素相对富集，这种现象称为分馏。在生物氧化、生物还原、非生物降解、原位化学氧化和原位化学还原过程中均存在显著的分馏现象。在降解过程中，残余氯代化合物与其降解产物之间也会发生分馏。CSIA 通常结合了色谱法和红外光谱技术，通过测量有机化合物中元素的同位素比值（$^{13}C/^{12}C$、$^{15}N/^{14}N$、$^{37}Cl/^{35}Cl$、$^{2}H/^{1}H$）来推断污染物的转化程度，并验证污染物在空间和时间上是否发生了生物降解（Fritz，2020）。

例题 17.1 某场地潜水层存在一定浓度的二氯甲烷污染，在场地污染区域共设了 5 口潜水监测井，在两年内对地下水做了 3 次调查，分别是第一年枯水期和丰水期以及第二年的枯水期，监测数据如表 17.6 所示。已知该场地渗透系数为 2.5m/a，主流向上的水力梯度为 0.1，有效孔隙度为 0.3，污染羽的前缘距离场地边界 10m，场地修复目标为 500μg/L。本场地允许长时间修复。试判断该场地是否可以采用监控自然衰减法修复。

表 17.6 监测井监测数据 单位：μg/L

监测井编号	第一年枯水期	第一年丰水期	第二年枯水期
1	1549	1498	1153
2	1856	1824	1470
3	1327	1275	1028
4	1403	1384	1259
5	1525	1507	1140

解：

① 第一年枯水期监测数据平均值：

$$C_1=1/5\times(1549+1856+1327+1403+1525)=1532(\mu g/L)$$

第二年枯水期监测数据平均值：

$$C_2=1/5\times(1153+1470+1028+1259+1140)=1210(\mu g/L)$$

第一年丰水期的监测数据由于降雨稀释了污染物浓度，不能代表污染物的真实浓度，所以不取用。从两年的数据来看，污染物具有自然衰减潜力。

② 污染物衰减按一级衰减模型计算，则污染物降解速率：

$$k=\frac{\ln(C_2/C_1)}{-t}=\ln\left(\frac{1210}{1532}\right)\times\left(\frac{1}{-1}\right)=0.2360(a^{-1})$$

根据一级衰减模型计算目标修复时间：

$$t=\frac{\ln(C/C_1)}{-k}=\ln\left(\frac{500}{1532}\right)\times\left(\frac{1}{-0.2360}\right)=4.8(a)$$

③ 根据达西定律计算地下水的实际流速为：

$$v=KI/n_e=2.5\times0.1/0.3=0.83(m/a)$$

计算污染源前缘到达厂区边界的时间为：

$$t_1 = S/v = 10/0.83 = 12(a) > 4.8(a)$$

因为在污染物衰减到修复目标的时间内污染物无法迁移出场地边界，因此本场地可以采用监控自然衰减法。尤其需要注意，不能采用单个点位的数据进行评价，避免因为水文地质条件的变化导致污染物迁移，而不是衰减，也即场地检测数据需要具有统计学意义，评价结果才有可信性。

17.6 长期监测与评估

场地一旦经评估确认可以采用监控自然衰减法，其后的核心工作就是建立长期监测方案与有效性评估。一般包括监测井的构建、监测指标和监测频率的确定、监测数据的评估。

17.6.1 监测井的构建

监测井的空间布设主要取决于场地污染羽范围、污染程度及潜在受体的分布。可遵循以下原则与方法。

① 如果污染羽的主流向比较明确，则在主流向及垂直于主流向上采用截面布点法布设监测井。在污染羽主流向至少设置一条截面布点线，通常设置在垂直于主流向的中间位置。在垂直于主流向的截面上，应根据污染羽的空间尺寸在上、中、下游处设置数条截面采样线。

② 在主流向截面上监测井的距离可根据污染羽浓度衰减梯度确定，梯度大的地方监测井距离要小些，梯度小的地方监测井距离可大些；在横截面上，靠近主流向轴的地方距离要小些，在靠近污染羽的边缘处距离要大些。

③ 有些污染场地由于水文地质条件的特殊性，地下水流向并不明显，污染源也不清楚，可在通过污染团中心点的垂直轴上设置监测井，垂直轴的数量根据污染团的大小确定。监测井的距离根据污染物梯度变化设定，变化大的区域距离小，变化小的区域距离大。

④ 根据监控目的不同，监测井可分为背景井或对照井、源区井、羽流井和预警井。背景井或对照井在未受污染的区域设置，起到了解背景值或对照的作用；源区井主要监控污染源的强度变化；羽流井又分羽流主体和边缘井，主要监控污染物的空间及强度变化；预警井主要监控污染羽的迁移程度及对敏感受体的影响程度，起到预警的作用。源区井和羽流井可统称为性能井。

⑤ 监测井的深度与结构需根据污染羽的空间特征和水文地质条件确定。污染羽在潜水层中时，监测井可设置在污染羽的上、中、下的位置，配合使用完整井和分层井。污染羽在承压含水层中时，监测井主要设置在承压含水层中，且为分层井，在承压含水层的顶板之上和底板之下可配合设置分层井。监测井的结构设置须避免使用混合井贯通几个含水层的情况。

图 17.2 显示了几种不同场地污染羽的监测布点方法。

17.6.2 监测指标

监测指标主要包括污染物指标（包括目标污染物、中间产物）、水文地质指标、地球化

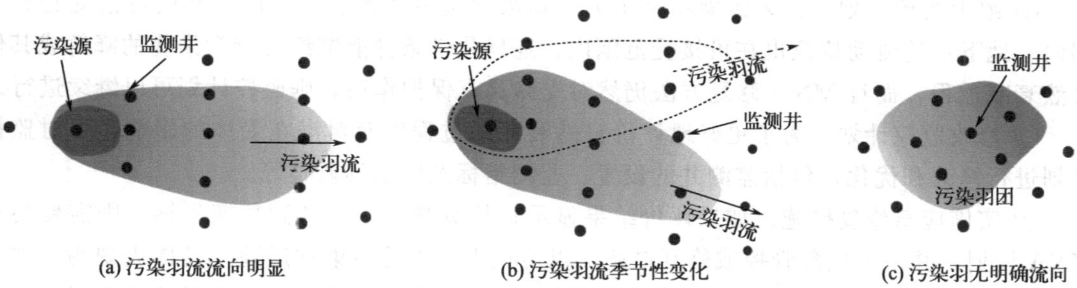

图 17.2 污染羽监测井布设示意图

学指标和生物学指标等。可参照表 17.2 中相关指标。

17.6.3 监测频率

监控自然衰减法监控的目的主要有两个：一是评估 MNA 的长期可行性，可通过性能井监测来实现；二是对潜在受体的预警保护作用，可通过预警井实现。长期监控在早期阶段需频繁采样，以准确预测污染物降解率，如果降解是按照预期进行的，则在后期阶段可减少采样频率。性能井的采样频率很大程度上取决于污染羽的衰减速度。而预警井取样的频率取决于污染羽的迁移速度及潜在受体与污染物羽前缘之间的距离，利用现场测定的水位信息、距离、渗透系数，利用达西定律可计算出地下水的渗流速度，从而可以计算得到距离场地最近的受体的传输时间。如果传输时间的一半大于性能井的采样频率，则预警井的采样频率应与性能井的保持一致。

表 17.7 中列出了性能井和预警井的建议采样频率，若减少性能井采样频率，应重新评估预警井采样频率。

表 17.7 采样频率

阶段	性能井	预警井
批准成井起	1 年 1～4 次	到最近受体的传输时间的一半或 1 年 1 次，以更频繁的次数为准
4 年后	2 年 5～8 次	到最近受体的传输时间的一半或 2 年 1 次，以更频繁的次数为准
8 年后	苯系物(BTEX)：8 年一次。浓度大于 10 倍地下水质量标准(grcund water quality standards, GWQS)的污染物：4 年 1 次	到达最近受体的传输时间的一半或与性能井相同的频率，以更频繁的次数为准

注：引自 NJDEP，2012。

17.6.4 监测数据的评估

监测计划实施后，对每次的监测结果都需要及时分析，并结合之前的监测结果进行评估，以判断监控自然衰减法的有效性，评估的内容主要包括：污染物浓度趋势、污染羽的空间变化及稳定性、水文地质条件变化（流速、流向）、地球化学条件和对受体的保护作用。评估的结果主要有三种：

① 继续监控计划。如果污染物及相关产物浓度基本在概念模型所预测的可接受趋势范围内，地下水的流动特征也在可接受范围内，地球化学条件能继续支持污染物的降解或其他自然衰减过程，而且 MNA 修复方法仍然对受体具有保护作用，则监控计划可以继续进行。

② 修改监控计划。为了更好地评价自然衰减的过程以及对潜在受体的影响，可对监控计划进行修改和优化，包括监测井的设置、监测指标及频次的调整等。

③ 实施应急修复措施。如果评价结果显示自然衰减法未能达到预期目标，则需要终止 MNA 计划，并采取应急管控或修复措施，以防止进一步的污染和风险。具体表现为：地下水中污染物浓度下降不符合预期或呈上升趋势；源区井污染浓度增加，可能表明有潜在的污染物释放；在预警井中监测到污染物，表明污染物可能已经迁移到监测点；土地利用或地下水利用的变化使得 MNA 计划不再具有保护性；地球化学条件的变化不利于 MNA 的实施；污染物迁移到对人体健康或环境造成潜在风险的地点。

17.7 系统设计

17.7.1 场地概念模型构建

构建场地概念模型是实施监控自然衰减法的第一步。场地概念模型的构建主要包括描述场地污染特征、场地地质与水文地质特征、地球化学特征和生物学特征等物理、化学和生物变量，具体的特征变量如表 17.2 所示。此外，及时发现场地中可能存在的污染源并进行有效控制也十分关键，因为这直接影响了自然衰减的修复效果、修复时间与经济代价。

17.7.2 自然衰减可行性评估

评估自然衰减是否能真实发生主要依靠三级证据链，分别为第一级、第二级和第三级证据（详见表 17.5）。通常情况下，第一级证据和第二级证据分别反映了污染羽的变化趋势以及地球化学参数的变化特征，这两级证据可以作为自然衰减真实发生的有力证明；第三级证据是微生物分析，主要用于评估土著微生物是否具备转化污染物的潜能，可以作为自然衰减发生的辅助证明。

17.7.3 长期监测计划

为更好地了解污染物的自然衰减过程，需要在污染源区、污染羽上游和下游位置、污染羽的中心线以及污染羽垂直于地下水流向上设立监测井网（详见 17.6.1）。监测过程中，应该分析降解中间产物、地下水氧化还原条件以及总有机碳等关键指标（详见表 17.2）。在监测最初阶段，可进行年度性监测，随后可根据已有的监测数据适时地对监测频率进行优化和调整，最后根据场地实际情况考虑是否继续、修改监测计划或直接实施应急方案。

17.7.4 应急方案

若污染羽行为随时间发生且羽流的迁移、弥散距离或速度超过预期时（详见 18.4.4），应该实施应急方案。因此，应急方案应该是长期监测计划的重要组成部分，用以保护受体的安全和周围环境的安全。一般来说，应急方案可以代表某种形式的管理和工程措施，包括管控措施和修复措施。

17.7.4.1 管控措施

如果需要在短时间内控制该场地污染物，则应该马上评估污染羽的分布，适当地进行物理阻隔以阻止污染羽的进一步扩散。如果污染羽已经超出地块边界并危及周围环境，应该马上调整地块范围。同时也应该在污染场地周边拉设警戒线或修建临时围墙以免社会人员误入，并设专人对场地出入进行严格管控，限制社会人员的进入。

17.7.4.2 修复措施

如果确定该场地的污染物需要立马得到修复，首先应该评估污染羽在地层中的分布状态以及浓度，同时评估污染物的自然衰减状态是否达到预期水平；其次是要对污染区域进行工程拦截，阻止污染物的扩散，将污染物集中处置；最后要根据污染物的性质选择合适的其他地下水污染修复技术，不再仅以原有的自然衰减方法来进行场地的修复工作。

习题与思考题

1. 简述监控自然衰减法的机理以及与其他修复技术的区别。
2. 简述地层渗透性与地下水渗流速度对监控自然衰减法的影响。
3. 简述阻滞因子对监控自然衰减法的影响。
4. 评价在监控自然衰减法中地层生物学特征的意义。
5. 简述污染源对污染羽行为的影响。
6. 简述监控自然衰减法适用性评估的工作内容。
7. 简述自然衰减证据评估的内容与关系。
8. 结合水文地质条件简述采用监控自然衰减法进行适用性评价时对检测方案的要求。
9. 某地块潜水层监到苯污染，地面有起伏，地层的渗透系数为 10^{-4} cm/s，地块地下水流下游有环境敏感点。试确定该地块采用监控自然衰减法修复的可行性。
10. 某靠河边化工厂已建厂30年，场地地层主要由杂填土、粉土及粉砂层构成。地块西侧有一条感潮河流，受潮汐影响，3月份和8月份地块地下水流向如图17.3所示。场地调查时，分别在这两个月份做了两次调查，结果显示场地存在氯苯污染，最大污染浓度为106mg/L，污染羽不连续。两口地下水井的监测数据和年降解率如表17.8所示。场地允许长时间修复。现对该场地制定修复方案。经计算，SW1井年降解率为8.6mg/(kg·a)，SW2井年降解率为9.9mg/(kg·a)，证明场地氯苯自然衰减效果很好，保守起见，选取降解率较小者8.6mg/(kg·a)，决定采用监控自然衰减法进行修复，预计5年后可达到修复目标值。试评估该技术方案的可行性。

表17.8 地下水中氯苯不同时间检测值及降解率

点位	检测值/(mg/kg)		降解率/[mg/(kg·a)]
	2010年3月	2011年8月	
地下水井SW1	33.5	28.6	8.6
地下水井SW2	21.3	17.4	9.9

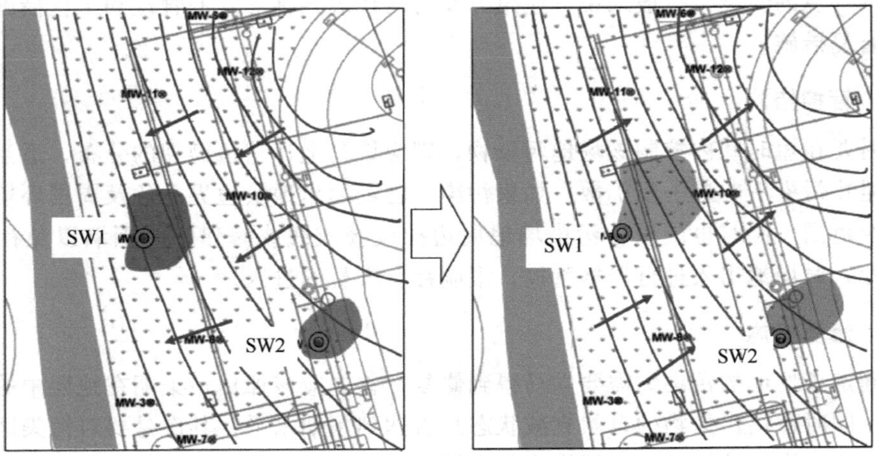

(a) 3月份　　(b) 8月份

图 17.3　不同调查时间地下水流向图

参考文献

AL-MASRI M S, et al, 2006. Applicability of monitored natural attenuation at radioactively contaminated sites[J]. Journal of environmental radioactivity, 88 (1), 1-22.

CHAPELLE F H, et al, 1995. Deducing the distribution of terminal electron-accepting processes in hydrologically diverse groundwater systems[J]. Water Resources Research, 31 (2): 359-371.

ELSNER M, et al, 2016. Compound-specific isotope analysis (CSIA) of micropollutants in the environment-current developments and future challenges[J]. Current Opinion in Biotechnology, 41: 60-72.

FRITZ B G, et al, 2020. Guidance for monitoring passive groundwater remedies over extended time scales[R]. Richland WA: Pacific Northwest National Laboratory.

ILLMAN W A, et al, 2009. Performance assessment of bioremediation and natural attenuation[J]. Critical Reviews in Environmental Science and Technology, 39 (4): 209-270.

Interstate Technology and Regulatory Cooperation Work Group, 1999. Natural attenuation of chlorinated solvents in groundwater: Principles and practices[R]. Arlington VA: Interstate Technology & Regulatory Council.

LEBRON C A, et al, 2011. Application of nucleic acid-based tools for monitoring monitored natural attenuation (MNA), biostimulation and bioaugmentation at chlorinated solvent sites[R]. Port Hueneme CA: Naval Facilities Engineering Command, Engineering Service Center.

LOVLEY D R, et al, 1998. Hydrogen concentrations as an indicator of the predominant terminal electron-accepting reactions in aquatic sediments[J]. Geochimica et Cosmochimica Acta, 52 (12): 2993-3003.

LOVLEY D R, et al, 1994. Use of dissolved H_2 concentrations to determine distribution of microbially catalyzed redox reactions in anoxic groundwater[J]. Environmental Science & Technology, 28 (7): 1205-1210.

MADSEN, et al, 1998. Epistemology of environmental microbiology[J]. Environmental Science & Technology, 32 (4): 429-439.

MADSEN, et al, 1991. Determining in situ biodegradation [J]. Environmental Science & Technology, 25 (10): 1662-1673.

New Jersey Department of Environmental Protection, 2012. Monitored natural attenuation technical guidance[R]. Trenton NJ: New Jersey Department of Environmental Protection.

National Research Council, 2000. Natural attenuation for groundwater remediation[M]. Washington DC: The National Academies Press.

PHELPS M R, et al, 1994. Technology for regenerable biosensor probes based on enzyme-cellulose binding domain conjugates[J]. Biotechnology Progress, 10 (4): 433-440.

RECTANUS H, et al, 2015. Attenuation pathways for munitions constituents in soils and groundwater[R]. Arlington VA: Interstate Technology & Regulatory Council.

STROO, et al, 2010. In situ remediation of chlorinated solvent plumes[M]. New York: Springer New York.

U S Environmental Protection Agency, 2015. Use of Monitored natural attention for inorganic contaminants in groundwater at superfund sites: Directive 9283. 1-36[R]. Washington DC: U. S. Environmental Protection Agency.

U S Environmental Protection Agency, 2012. Framework for site characterization for monitored natural attenuation of volatile organic compounds in ground water: EPA 600-R-12-712[R]. Washington DC: Environmental Protection Agency.

U S Environmental Protection Agency, 2021. Community guide to monitored natural attenuation: EPA 542-F-21-018[R]. Washington DC: Environmental Protection Agency.

U S Environmental Protection Agency, 2017. How to evaluate alternative cleanup technologies for underground storage tank sites, a guide for corrective action plan reviewers: EPA 510-B-17-003[R]. Washington DC: Environmental Protection Agency.

U S Environmental Protection Agency, 1999a. Monitored natural attenuation of petroleum hydrocarbons: EPA 600-F-98-021[R]. Washington DC: Environmental Protection Agency.

U S Environmental Protection Agency, 1999b. Monitored natural attenuation of chlorinated solvents: EPA 600-F-98-022[R]. Washington DC: Environmental Protection Agency.

U S Environmental Protection Agency, 1998. Technical protocol for evaluating natural attenuation of chlorinated solvents in ground water: EPA 600-R-98-128[R]. Washington DC: Environmental Protection Agency.

U S Environmental Protection Agency, 1999c. Use of monitored natural attenuation at superfund, RCRA corrective action, and underground storage tank sites: Directive 9200. 4-17P[R]. Washington DC: Environmental Protection Agency.

WEIDEMEIER T, et al, 2017. Providing additional support for MNA by including quantitative lines of evidence for abiotic degradation and co-metabolic oxidation of chlorinated ethylenes[R]. Sedalia United States: TH Wiedemeier and Associates, Inc.

WIEDEMEIER T H, et al, 1999. Natural attenuation of fuels and chlorinated solvents in the subsurface[M]. New Jersey: John Wiley & Sons Inc.

ZOBELL C E. 1950. Assimilation of hydrocarbons by microorganisms[J]. Advances in Enzymology and Related Areas of Molecular Biology, 10: 443-486.

第18章

污染物迁移途径控制技术

18.1 概述

污染物产生风险的三个要素“源、暴露途径、受体”中，缺少任何一个环节都构不成风险，通过控制暴露途径即污染物迁移途径的方式是控制污染风险的有效手段。

污染物迁移途径控制是指切断污染物迁移路径使地下水污染羽流或气态污染物无法迁移，从而控制污染风险，或者即使污染物仍然能够迁移，但是在迁移途径上污染物被去除或转化为毒性更低的物质的技术，本质上都是控制污染物迁移途径以降低风险。污染物迁移途径控制可分为阻断性隔离和通过性拦截两类技术，阻断性隔离即为阻隔技术，通过性拦截为可渗透反应墙技术。国际上通常把阻隔称为工程控制技术，把可渗透性反应墙视为修复技术。在我国，把管控与修复作为并列的两类技术，《污染地块风险管控与土壤修复效果评估技术导则（试行）》（HJ 25.5—2018）中明确，固化/稳定化、封顶、阻隔填埋、地下水阻隔墙、可渗透反应墙等属于风险管控技术。

在污染场地治理中阻隔技术得到了大量应用，主要有两类应用场景，一类是配合修复工程开展采取的短时间内的地下水阻隔，另一类用于长期风险管控工程。在我国的污染场地治理实践中，无论是哪种情形的阻隔墙，阻隔效果往往不佳，究其原因是这些阻隔墙的设计基本是按照传统建筑工程中的止水帷幕设计要求进行的，忽视了污染场地的本质特征。事实上，由于场地污染阻隔与传统建筑工程阻隔，在阻隔对象、迁移动力、阻隔要求、服役年限等方面都有很大的不同，相应地，其设计理念、方法、工程技术等也应不同。因此，污染场地的阻隔墙设计以及效果评估方法仍面临着很大的技术难度，也是该技术今后迫切需要解决的关键难题。

本章对用于污染物迁移途径控制的阻隔和可渗透反应墙技术进行介绍。

18.2 技术类型

18.2.1 阻断性隔离

阻断性隔离是阻隔污染物迁移途径，使污染物无法迁移从而控制风险的技术，主要是各类阻隔技术，阻隔的对象主要是污染地下水、非水相液体以及挥发性气体。

18.2.2 通过性拦截

通过性拦截是污染物在迁移途径上被设置的可渗透性活性材料所截获去除或转化为毒性更低的物质，主要是地下水可渗透反应墙，是一种被动式地下水污染削减技术。

18.3 阻隔技术

18.3.1 定义与发展

广义上的阻隔是指通过物理屏障或其他作用力（如水动力或电动力）形成的屏障阻断污染物迁移扩散途径或延缓污染物的迁移，避免污染物随地下水、地表水以及空气进入周边环境造成人体健康或环境风险的技术。狭义上的阻隔主要是指物理实体屏障，有很多叫法，如阻隔墙、止水帷幕、隔水帷幕、防渗墙、隔离屏障、防污屏障等，应用广泛，是垃圾填埋场或污染场地防止污染物扩散的重要技术。这些技术最早起源并大量应用于建筑、水利等工程中，在污染场地中的应用也来源于这些领域。但是，与这些行业相比，污染场地中阻隔的对象、时间、要求等都有很大不同，技术要求也更高。

从美国超级基金场地治理经验看，在超级基金计划的早期，封存与阻隔应用比例较高。其后，修复技术应用比例逐渐提高，到 20 世纪 90 年代达到最高并逐渐降低。由于阻隔技术能以较低的成本达到污染场地风险控制的目的，实施简便，费用较低，优势明显，到 20 世纪 90 年代后期，阻隔技术的应用又逐渐升高。这个趋势也体现了在政策上从污染削减到风险管控的转变。

我国的阻隔技术早期在填埋场中的应用最多。对污染土壤的阻隔始于 2000 年初，以阻隔填埋方式处置重金属或有机污染土壤。随着我国场地修复行业的兴起，环境保护部于 2014 年将阻隔填埋技术作为土壤污染防控技术列入了《污染场地修复技术目录（第一批）》（公告 2014 年第 75 号），但由于阻隔填埋需要占用土地，限制了该技术的应用。取而代之的是污染场地止水帷幕（阻隔墙）技术，在涉及地下水污染的场地、现阶段不具备治理条件的污染场地以及暂不开发污染地块几乎都用到了该技术。国内污染场地风险管控技术也逐渐成为土壤污染治理应用最广泛的技术之一。

18.3.2 类型与原理

从阻隔的方式来看，一般包括物理阻隔、水动力阻隔和电动力阻隔。

（1）物理阻隔

主要是靠低渗透性的物理实体起到对污染物的阻断、隔离作用，一种是人工构建的各类隔离层和止水帷幕，在污染场地中最为常用；另一种是把污染物注入地下深层与周边隔离的特定地质单元中，这个在美国使用较多。物理阻隔习惯上又分为竖向阻隔技术和水平阻隔技术。

① 竖向阻隔技术。竖向阻隔技术主要针对污染地下水的隔离，如图 18.1（a）所示。

② 水平阻隔技术。水平阻隔一般是针对污染土壤或固废的覆盖技术（landfill cap）。水平并不是绝对意义上的水平，而是在不同的位置可能有不同的角度，整体上是接近水平的。

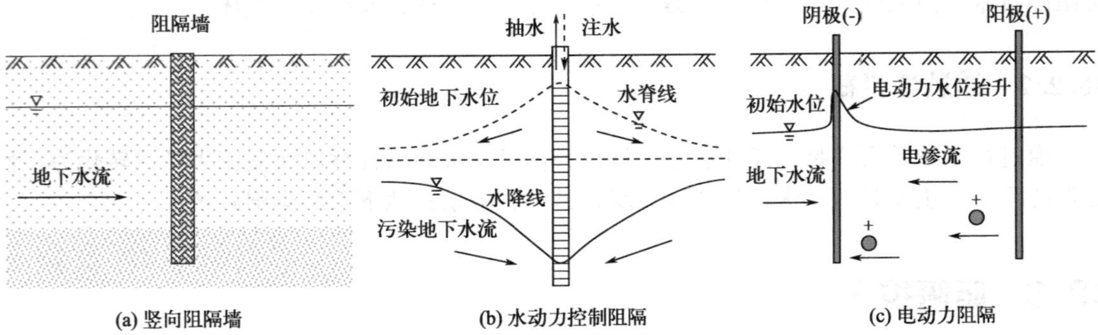

图 18.1　阻隔示意图

（2）水动力阻隔

水动力阻隔是一种通过改变地下水的流场从而控制污染羽扩散的水动力控制技术，也常称为水动力控制。可采用两种形式：一种是构建一排或数排影响半径重叠的地下水井，以人工抽水等方式降低地下水水位，使污染阻隔区域地下水水位低于周边区域的地下水水位，从而使得污染羽无法向外扩散，如图 18.1（b）实线所示；另一种方式是向地下水井中注入清洁水，抬升水位形成水脊，使地下水无法向下游流动，从而控制污染羽的扩散，如图 18.1（b）中虚线所示。这种阻隔方式常与物理隔离联合使用。

（3）电动力阻隔

通过在污染管控区外围设置电极形成电场，污染物和地下水在电场作用下，向管控范围内移动。电渗析的作用会使阴极附近水位抬升，高于上游水位，从而可以阻止地下水流动，控制污染物不向外扩散，如图 18.1（c）所示。

18.3.3　水平阻隔技术

水平阻隔是采用水平敷设布置的形式，阻断污染介质向周边环境的迁移途径的技术。常用的铺设材料有天然或压实黏土、土工膜、人工合成防渗材料以及其他废弃物资源化利用材料。

（1）天然或压实黏土

天然或压实黏土是我国前期建设的垃圾填埋场的主要水平防渗阻隔材料之一，天然或压实黏土阻隔材料的水力渗透系数需小于或等于 1.0×10^{-7}cm/s。

（2）土工膜

土工膜是由一种或几种聚合物，再加上一系列附加剂，如炭黑、增塑剂、催化剂、抗降解材料等制成的。水平阻隔常用的土工膜种类有高密度聚乙烯（HDPE）土工膜、线性低密度聚乙烯（LLDPE）土工膜、聚氯乙烯（PVC）土工膜。土工膜的厚度一般为 0.5～3.0mm。

（3）人工合成防渗材料

目前用于水平阻隔的人工合成防渗材料主要是土工复合膨润土垫。该复合膨润土垫一般由高膨胀性的钠基膨润土填充在特制的复合土工布和无纺布之间，用针刺法制成的膨润土防渗垫可形成许多小的纤维空间，使膨润土颗粒不能向一个方向流动，遇水时在垫内形成均匀高密度的胶状防水层。它的厚度一般为 5～7mm，可以部分或全部取代传统的压实黏土阻隔材料。

(4) 其他废弃物资源化利用材料

冶金、煤炭、电力和化学等工业的快速发展产生了大量工业废弃物，这些废弃物的处理处置一直是一个亟待处理的问题。近年来，越来越多的研究将工业废渣看作特殊的土体或材料，对其进行改良利用为防渗材料。目前主要的废弃物资源化防渗材料有粉煤灰、煤矸石粉、电石灰、淤泥等。

18.3.4 竖向阻隔技术

18.3.4.1 方法分类

竖向阻隔技术按布置方式、材料类型和施工方法，可分为不同的阻隔类型，具体如表 18.1 所示。

表 18.1 竖向阻隔技术分类

分类方式	类型
按布置方式	悬挂式竖向阻隔、落底式竖向阻隔
按材料类型	土-膨润土竖向阻隔、水泥-膨润土竖向阻隔、土-水泥-膨润土竖向阻隔、水泥-土竖向阻隔、复合防渗膜竖向阻隔、复合膨润土防水毯竖向阻隔、塑性混凝土竖向阻隔、钢筋混凝土竖向阻隔、板桩竖向阻隔
按施工方法	开挖-回填法、传统深层搅拌法、高压旋喷法、咬合桩法、铣削深搅法、渠式切割法

对常见的竖向阻隔技术介绍如下。

18.3.4.2 土-膨润土竖向阻隔墙

土-膨润土竖向阻隔技术早在 20 世纪 50 年代应用在美国加利福尼亚特米诺岛计划中，后来逐渐在大坝和闸门建设等防渗工程中得到发展应用。20 世纪七八十年代，土-膨润土竖向阻隔技术开始被广泛应用于美国垃圾填埋场防渗工程和地下水污染的控制工程中。目前土-膨润土防渗墙技术是美国最为常见的垂直防污阻隔技术。

土-膨润土竖向阻隔墙的填筑料一般是一定比例的膨润土与原位土料的混合材料。土-膨润土防渗墙的墙体能够实现常规阻隔要求的 $1.0\times10^{-7}\sim10\times10^{-8}$cm/s 的渗透性。

阻隔墙开挖过程中，通常先将一定比例的膨润土泥浆置于沟槽中进行护壁。泥浆自重应力（泥浆压力）大于地层中的水应力而导致泥浆向地层中渗透，泥浆中的悬浮颗粒无法进入地层孔隙，在地层侧壁表面发生渗滤现象而形成泥膜。泥浆由于自重而作用在沟槽侧壁上的侧向压力，在数值上一般会大于沟槽侧壁土体的主动土压力，因此，可以保证槽壁的稳定性。膨润土泥浆在置于沟槽前应得到充分膨化，一般为 12～24h。因此，有必要在施工现场设置临时的水池或水箱用于膨润土泥浆的膨化和存储。沟槽中的泥浆液面需始终保持在接近沟槽的顶部，并且必须高于周围的地下水位。

从沟槽挖出的土可用于回填，除非开挖土料的物理性质或与污染物的相容性导致它不适用于混合材料，可以添加改良剂，改善开挖土的物理性质（例如，加入细颗粒土来改善粗颗粒土的级配）。将膨润土泥浆与开挖土进行混合，控制坍落度为 10～15cm 作为土-膨润土填筑料。填筑料的填筑应该从先开槽的一侧开始，浇筑后形成一个缓坡，逐次从缓坡方向浇筑，流塑性的混合料向沟槽底部和开挖一侧流动，把护壁泥浆推挤到开挖一侧。保持土-膨润土填筑料在沟槽中按次序浇筑是非常重要的，可以保证填筑料在置换护壁膨润土泥浆时，不形成包裹体和夹带而产生缺陷。

土-膨润土阻隔技术具有以下优点：①渗透性较低，其渗透系数主要取决于膨润土的质量和掺量，以及母土的颗粒大小和颗粒级配；②与塑性混凝土墙、水泥土搅拌桩隔离墙相比，其化学相容性相对较好，与多种污染物具有较好的相容性；③施工简单、易操作，并且由于利用现场母土作为材料，大大降低了成本。同时土-膨润土阻隔墙技术具有以下缺点：①土-膨润土隔离墙的强度较低，墙体不排水抗剪强度只有 5～15kPa，墙体压缩性较大，无法承受较大荷载；②土-膨润土隔离墙对施工场地要求较高，需要有较大的施工作业面和较为平坦的地形。

18.3.4.3 水泥-膨润土竖向阻隔墙

20 世纪 60 年代末水泥-膨润土隔离墙技术在欧洲得到发展，主要应用于坝基、坝体及电厂的地下防渗工程中。到目前为止，水泥-膨润土隔离墙已成为欧洲污染场地和垃圾填埋场最主要的垂直防渗措施。

水泥-膨润土隔离墙的墙体材料由普通水泥、膨润土泥浆、水以及一些添加剂配制而成，通过水泥和膨润土的相互作用使泥浆逐渐硬化形成防渗阻隔墙体。在美国，填入沟槽的水泥-膨润土混合料通常由水、5%含量的膨润土、15%～25%含量的水泥所组成，由此产生的渗透系数一般为 1.0×10^{-5}～1.0×10^{-6}cm/s。在欧洲，经常往水泥-膨润土混合料中掺入高炉炉渣或粉煤灰，由此产生的渗透系数一般可以小于 1.0×10^{-7}cm/s。

水泥-膨润土防渗墙的沟槽施工与土-膨润土防渗墙的沟槽施工类似，也需要开挖一条 60～90cm 宽的狭窄垂直沟槽。不同于土-膨润土泥浆沟防渗墙，水泥-膨润土防渗墙在开挖期间所用于沟槽护壁的浆液就是开挖后留在沟内固化的水泥-膨润土-水混合料，从而在固化时形成相对耐腐蚀和不透水的地下屏障。

水泥-膨润土隔离墙对施工场地要求较低，能适应较差地形条件，只需具有足够混合制浆场地和放置开挖土体场地。相比于土-膨润土隔离墙，水泥-膨润土隔离墙强度较高，但在相同膨润土掺量的条件下，水泥-膨润土的渗透系数比土-膨润土渗透系数大，对污染物的化学相容性相对较差，造价相对较高。

18.3.4.4 复合土工膜阻隔墙

复合土工膜阻隔墙是通过结合使用土工合成材料与常规的泥浆沟垂直屏障技术建造的。土工膜复合防渗墙是将土工膜插入土-膨润土、水泥-膨润土或土-水泥-膨润土防渗墙沟槽中组合而成的复合竖向阻隔墙，彼此之间属性是互补的，复合土工膜阻隔墙通过结合两个系统的优点来增加新的组合垂直阻隔屏障的有效性，比单独的土-膨润土、水泥-膨润土或土-水泥-膨润土阻隔墙，或者比单独的土工膜垂直阻隔墙更有效。在常规的泥浆沟防渗墙中使用的土工膜通常是高密度聚乙烯（HDPE）土工膜，其主要目的是有效阻滞污染物的运移与控制污染气体的迁移。

复合土工膜防渗墙在大部分的地基类型中均可建造。现阶段有多种建造土工膜复合阻隔墙的施工方法，包括挖沟放置法、振动插入法、泥浆护壁沟槽法、分段式沟槽框架法、振动梁法等，其中泥浆护壁沟槽法较为常用。该方法首先采用传统的泥浆防渗墙施工方法开挖泥浆护壁沟槽，然后通过使用钢框架、机械滚筒或其他方法，将土工膜膜片插入泥浆至所需要的深度，通过重物把土工膜膜片保持在它们的最终位置，或把土工膜膜片嵌入底土层中，并且膜片之间相互联锁，以形成连续的竖向阻隔墙，如图 18.2 所示。

土工膜复合阻隔墙具有渗透系数较低、延展性能较好、适应变形能力较强、化学相容性

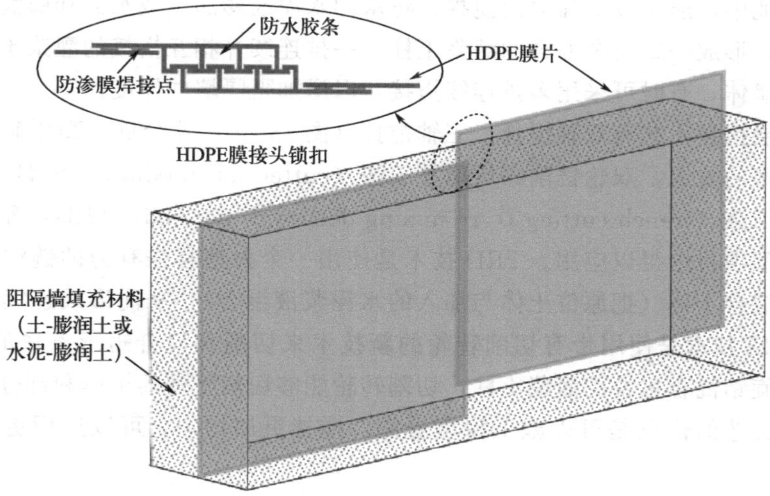

图 18.2　复合土工膜阻隔墙示意图

较优、抗冻性能好等较多优点。同时，土工膜复合防渗墙需要注意土工膜搭接部位的有效性以及防止锋利的砂石对土工膜的刺入破坏阻隔效果；同时从经济方面来看，由于土工膜复合阻隔墙施工复杂，一般造价相对较高。

18.3.4.5　塑性混凝土阻隔墙

国外自 20 世纪 60 年代末开始采用塑性混凝土阻隔墙技术，我国于 1989 年在福建水口水电站首次将塑性混凝土用于围堰阻隔墙并获得成功。

塑性混凝土是由骨料、水泥、水和膨润土组成，以高水灰比混合而成的塑性材料。塑性混凝土通常用于建造阻隔污染场地或控制高渗透性水坝基础渗流的防渗屏障。在回填料凝固以后，塑性混凝土防渗墙的刚度和强度要明显高于水泥-膨润土等阻隔墙，抗压强度一般为 3～5MPa。在承受竖向或水平荷载的场地，该竖向阻隔墙具有一定的优势，可以抵抗一定的外力作用而不至于发生较大变形或产生破坏。塑性混凝土竖向阻隔墙可以很好地满足大部分场地竖向阻隔的强度、变形和渗透性的要求。

塑性混凝土阻隔墙通常以板块的形式，分段开挖沟槽和分段浇筑来建造。在开挖过程中，板块沟槽由膨润土-水或水泥-膨润土浆料支护。在施工时，通常使用导管法浇筑塑性混凝土，以避免塑性混凝土回填料的分离和护壁膨润土浆料被包裹滞留在回填料中。具有高单位质量的塑性混凝土混合料在建造大深度防渗屏障系统的深沟槽回填时特别有优势。

相比于其他竖向阻隔技术，塑性混凝土阻隔墙具有较低的变形模量、极限应变大、强度随着深度的增加而增加、不容易出现裂缝等优点。但由于塑性混凝土水泥用量较少，产生裂缝后抗渗稳定性和耐久性会急剧下降，这也限制了该技术在地质较差的工程中的应用。

18.3.4.6　深层搅拌阻隔墙

深层搅拌灌浆（deep soil mixing，DSM）是一种地基土的原位处理方法，用这种方法将土在原位与水泥类材料和其他添加剂搅拌混合，可提高土的强度、降低渗透性和压缩性，形成防渗屏障或地基支撑单元。该项技术在基坑开挖止水等地下水控制方面具有较为广泛的应用。在工程实践应用中，深层搅拌添加的黏合剂通常是硅酸盐水泥、高炉炉渣以及粉煤灰等无机胶凝材料，有时会添加膨润土等外掺材料。

在污染场地中，通过设备强力的搅拌，将水和水泥或膨润土或水泥和膨润土浆料注入并混合到土壤中，形成一组完全混合的灌浆土柱。一排连续并相互搭接的灌浆土柱组合形成了一道地下阻隔墙体，有时可采用多排连续搭接，以增加阻隔墙的厚度。

传统的深层搅拌工艺有双轴搅拌、三轴搅拌（图 18.3）、咬合桩、高压旋喷等常用技术方式。随着技术的发展，双轮铣削深层搅拌工法（cutter soil mixing，CSM）和渠式切割深层搅拌地下墙工法（trench-cutting & re-mixing deep wall method，TRD）等新型深层搅拌技术逐渐在大型项目中得以应用。TRD 技术是使用一个大型且强有力的链锯在土体中横向前进，切削并混合土体（把原位土体与加入的水泥浆液混合），从而形成连续的深层搅拌灌浆阻隔墙。CSM 技术是使用带有切削转轮的新技术来切削和混合矩形条块的灌浆土板块，而不是使用螺旋钻混合重叠的灌浆土柱，切割转轮能够切割坚硬的土体和部分岩石。这两种新型深层搅拌工艺的优点是可以施工深度更深，搅拌更加均匀，可以适用更加复杂的地质工况。

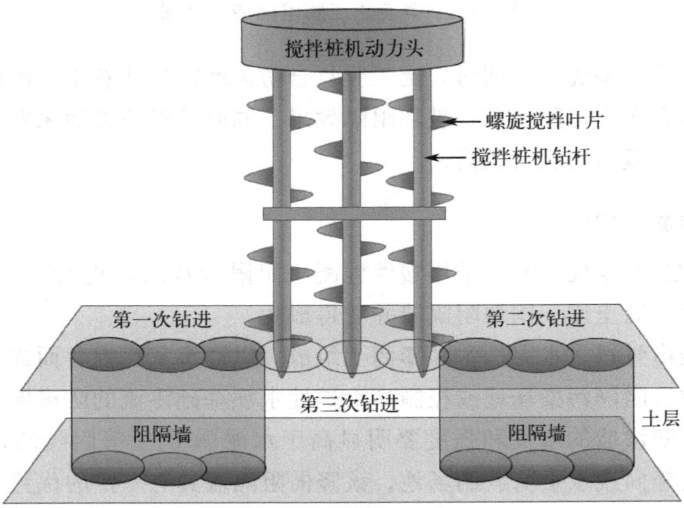

图 18.3　三轴搅拌桩施工示意图

深层搅拌阻隔技术，因为无须开挖受污染的土体，可以减少施工过程中的二次污染问题，同时也免除了土壤开挖移除和处理污染土壤的费用。不同的深层搅拌技术存在不同的优缺点。传统的双轴搅拌或三轴搅拌技术，施工成本较低，在我国污染场地中应用最多，但搅拌均匀度相对较差，对深度较深或土质较硬的地层无法施工；TRD 和 CSM 等新型深层搅拌技术，施工成本较高，但搅拌均匀度较高，施工深度可以更深，且可以在较硬的土层中甚至在部分岩石中施工。近年来 TRD 技术开始在污染场地中应用。

18.3.4.7　板桩防渗墙

板桩防渗墙传统上是由一根根钢板桩拼接而成的，如图 18.4 所示。钢板桩非常牢固，并且能够很好地承受施工过程中的锤击驱动。钢板桩的强度使其能被嵌入更硬的低渗透性地层中进行埋置，而且它们的抗弯曲性也很好。在工程项目中使用的板桩类型已从最初的木材到钢材，再到最近的柔性氯乙烯材料、更强的加筋聚合物复合材料以及纤维加筋材料。板桩可以具有不同的形状，板桩之间的连接也有不同形式的锁扣接头，但是所有的板桩设计都必须基于强度、连接连续性和其他的强度特性，如弹性模量、前切模量等力学和防渗特性。

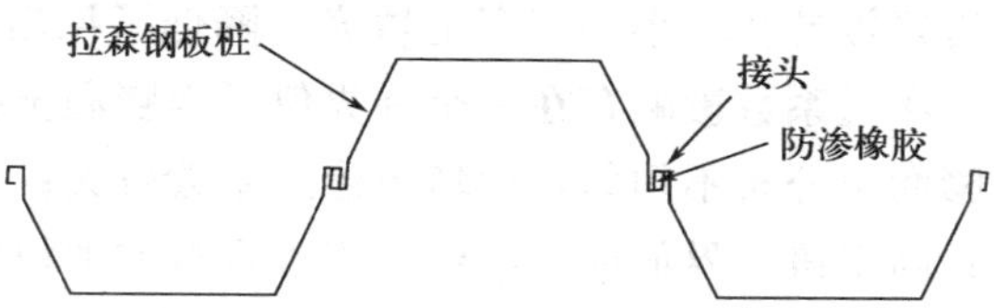

图 18.4 钢板桩示意图

尽管钢板桩墙非常坚固，钢材不会发生水力劈裂，但是，板桩之间的连接锁扣可能会出现渗漏问题。钢板桩防渗墙能否达到典型防渗设计性能的标准值，主要取决于所用密封锁扣连接处的密封性。

板桩竖向阻隔技术具有以下优点：①板桩可直接打入地下，不需要开挖可能受到污染的土壤，可以避免二次污染；②有些环境治理项目仅需要临时的阻隔，达到时间要求后，通常可以拔出板桩，以恢复场地施工前的状态，同时板桩可以二次利用；③因为板桩一般具有标准的施工步骤和设备，施工安装很迅速；④地形和水位深度对板桩施工的影响很小，可以用于存在地表水的区域。同时，板桩竖向阻隔墙具有一定的局限性：①穿透深度有限，板桩能够打入的深度是有限的，最大深度取决于地层条件、打桩设备和板材类型；②不适合硬黏土或含有卵石或大石块的地层；③在板桩施工过程中会产生噪声或振动影响。

18.3.5 技术要素

18.3.5.1 防渗性能

防渗性能是表征阻隔墙性能的重要指标。在污染场地中防渗要求根据不同的防渗目的（如修复过程中的防渗、长期管控防渗等）和年限而不同，一般要求渗透系数不大于 10^{-7}cm/s 或 10^{-6}cm/s。建筑工程上的阻隔墙大多用来止水便于施工，即便阻隔墙有轻微漏水也有工程措施可以解决；但对于污染场地来说，一旦设计或施工不好，阻隔墙发生渗漏后一般无法补救，便失去了阻隔作用。因此，污染场地的阻隔要求比建筑工程上更高。

阻隔墙的类型多样，防渗性能也有很大差异，影响阻隔墙渗透系数的因素有很多，以土-水泥阻隔墙和膨润土系阻隔屏障为例，影响其渗透系数的因素主要有土壤颗粒级配、水泥或膨润土掺加量、水泥或膨润土类型。阻隔墙建成后，渗透系数会受环境因素影响发生变化，如冻融作用和干湿交替作用会对阻隔墙体的防渗性能产生影响。

对土-水泥阻隔墙来说，对于既定的场地，阻隔墙的渗透性主要取决于水泥的添加量。研究显示（Wang，2022），阻隔墙材料的渗透系数随水泥含量的增加而降低，水泥含量越高，阻隔墙的渗透系数越低。当水泥含量高于15%时，水泥与细砂混合形成的阻隔墙材料的渗透系数将低于 10^{-7}cm/s，阻隔墙材料的渗透系数随水泥含量的增加大致呈负幂函数变化。阻隔墙材料的渗透系数随土壤粒径的降低而降低，土壤粒径越小，阻隔墙的渗透系数越低。并且阻隔墙材料的渗透性受粒径较大的土壤影响明显，当与水泥混合的土壤中存在粒径较大的组分时，会显著增加阻隔墙材料的渗透性。水灰比也是影响渗透系数的一个因素，在一定水灰比范围内，同一龄期阻隔墙材料的渗透系数随水灰比的增大线性减小（焦德才，2021）。而 Wang 等（2023）的研究表明，当水灰比较高时，水灰比的增加则会导致阻隔墙材料的渗透系数增加，这种变化可能是由于高水灰比导致水泥固化过程在水分蒸发后保留了更多的孔隙从而增加了孔隙率。

对膨润土阻隔墙来说，当场地土壤颗粒级配好、膨润土掺量足够时，土壤颗粒之间的空隙恰好被粒径较小的膨润土填充，降低了回填料的渗透系数。膨润土掺量对于砂-膨润土混合土渗透系数影响存在一个临界值。当膨润土掺量低于该值时，细颗粒不能完全充填空隙，且膨润土分布不均匀，回填料渗透系数较大；当膨润土掺量增加时，回填料渗透系数随之降低；高于该临界值后，细颗粒将砂颗粒空隙填满，渗透系数降低趋势不再明显。膨润土的预水化作用亦可以降低墙体材料的渗透系数，提高防渗性能。D′Appolonia（1980）总结了膨润土掺量与阻隔墙材料渗透系数的关系：当膨润土的掺量从0.5%增加到1.5%时，土-膨润土的渗透系数下降一个数量级，同时指出，在大部分土-膨润土防渗工程中，膨润土的掺量不能低于1%，土细粒含量不能超过20%，如图18.5所示。Yeo等（2005）通过一维固结试验获得土-膨润土的固结系数，然后利用固结系数反算渗透系数的方法研究了砂土-黏土（黏粒含量为20%、40%、60%、65%和89%）和砂土-膨润土（膨润土掺量为2%、3%、4%和5%）的渗透性。结果表明，当墙体材料不添加膨润土时，回填材料中必须含有大量黏粒（≥40%）才能达到渗透系数小于等于10^{-7}cm/s的目标。当母土为粗颗粒的砂土时，膨润土的掺量从2%增加到4%，土-膨润土渗透系数没有明显减小，且渗透系数均大于10^{-7}cm/s。当膨润土掺量为5%时，土-膨润土渗透系数明显减小，且渗透系数达到小于等于10^{-7}cm/s的目标。

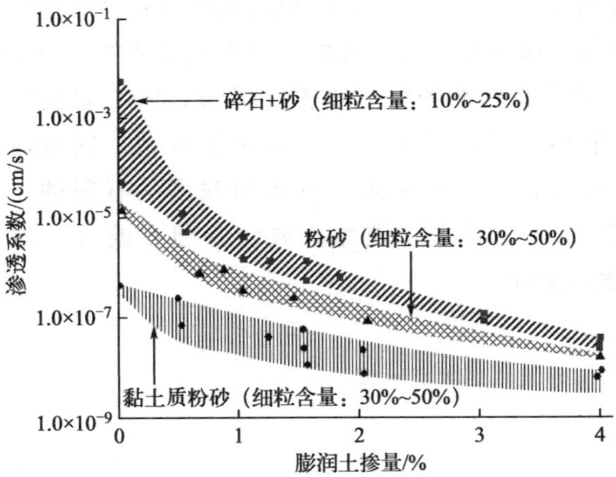

图18.5 膨润土掺量与渗透系数的关系（D′Appolonia，1980）

18.3.5.2 连续性

连续性是指阻隔墙的物理墙体及性能整体上是连续的，整体上无渗漏、无绕流。由于阻隔墙施工方式多样，在搭接处往往容易出现不连续缝隙，如图18.6所示，为搅拌桩施工时垂直度控制不好导致的桩体下部未能搭接，形成的缝隙成为污染地下水渗漏的通道。再如地下连续墙施工是一幅一幅连接的，接头处很容易密封不好。此外，在水泥或膨润土的掺加量不够时，容易造成墙体质地不均匀，造成渗透性不一样，在渗透性较大的地方易成为地下水渗漏区域。

18.3.5.3 封闭性

阻隔墙的封闭性是指针对需要阻隔的区域，阻隔墙的边界都应嵌入不透水层一定深度，起到对阻隔区域的封闭作用，嵌入深度需满足设计年限内不能发生穿透、绕流等情况，有些文献资料根据隔水层的厚度规定了阻隔墙进入隔水层的深度。实际上对于污染场地而言，嵌入深度应该根据污染物的性质以及地层、水文地质特性，通过计算污染物绕流过阻隔墙底部的穿透时间是否满足服役年限而定。需要特别注意的是，当不透水层顶板有起伏时，阻隔墙的竖向深度不能一致，否则就出现了如图18.7所示的不封闭区域，成为污染地下水的泄漏通道，即便阻隔墙的连续性没问题，也起不到对污染地下水的阻隔作用。因此，阻隔墙的深度应根据详细的水文地质勘察结果和污染物迁移模型进行精准化设计。

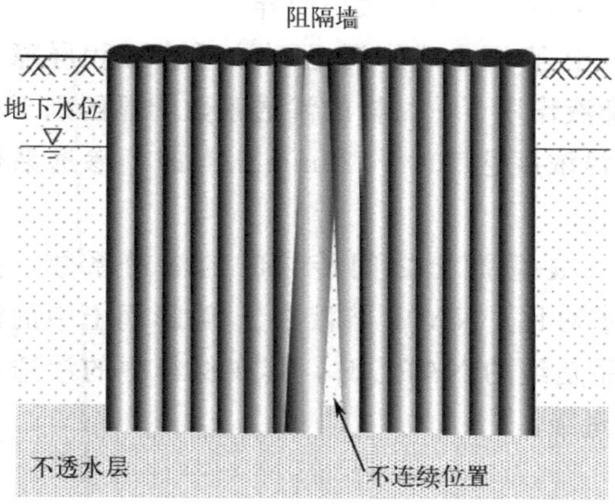

图 18.6　搅拌桩阻隔墙搭接处出现缝隙

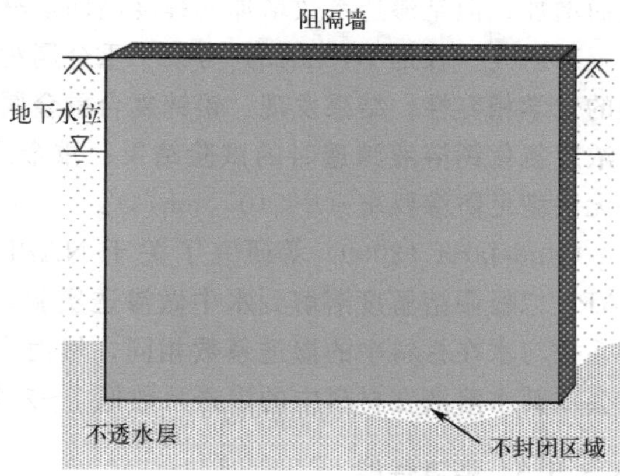

图 18.7　阻隔墙不封闭

18.3.5.4 化学相容性

化学相容性（chemical compatibility）泛指各类工程屏障材料抵抗污染物化学作用对其工程性质造成不利影响的能力，主要采用阻隔墙暴露于污染物前后渗透系数的变化来表示。若暴露于污染物中不引起墙体材料工程特性发生显著变化，则认为该污染物和材料是相容的；相反，若材料在污染物作用下，工程特性发生了明显改变，则材料和该污染物不相容。

一般认为，黏土类阻隔墙的渗透系数变化主要是土壤颗粒双电层的变化引起的。土壤颗粒表面有双电层，通过双电层吸附了一层水膜，即结合水，最靠近颗粒表面的强结合水类似固体，不能流动，占据了一部分土壤孔隙，减少了水的渗流通道断面；同时，土壤中还有一些不连通的死端孔隙，使得土壤的有效孔隙进一步减少。而黏土的渗透系数本质上与其有效孔隙度有直接关系。对于固定的土壤来说，死端孔隙数量相对固定，由双电层改变引起的孔隙变化成了有效孔隙的主要影响因素。双电层的厚度会受到场地中污染地下水、非水相液体等特性（即介电常数、阳离子化合价、浓度等）的显著影响，从而导致渗透系数的变化。当双电层受到压缩（或变薄）时渗透系数会增大，反之，双电层变厚时渗透系数会减小，这就是化学相容性的基本原理。

阻隔墙渗透系数的变化大致有以下原因：

① 污染物中的化学物质改变了带负电黏土颗粒的阳离子分布，使其双电层厚度和结合水膜发生变化，引起渗流通道断面改变，所以高价阳离子的浓度对屏障的渗透性影响更大；

② 强酸或强碱性物质可以溶解黏土的某些成分，对土壤颗粒表面双电层和结合水膜造成剧烈破坏；

③ 污染物的颗粒物在土体空隙中发生沉淀或者由于微生物的生长堵塞空隙；

④ 阻隔墙在应力或冻融、干湿交替等环境因素胁迫下产生裂缝；

⑤ 阻隔墙材料与污染物发生化学反应或物理溶解，使墙体遭受破坏，例如高浓度的氯离子、硫酸根离子会侵蚀土-水泥阻隔墙，在非水相液体污染场地中，柔性 HPDE 膜会在非水相液体中溶解从而失去防渗性能。

据报道（钱学德，2017），在 50kPa、100kPa、200kPa 与 400kPa 的固结应力作用下，比较渗透稳定后 5%河北膨润土（简称 Bent-H）和 25%江宁黏土（简称 Clay-J）的砂-膨润土回填材料渗透系数与渗透液中钙离子浓度和化学需氧量（COD）浓度之间的关系。可以发现，对于两种回填材料，渗透系数都随着孔隙液与渗透液中钙离子浓度和 COD 浓度的增大而增加，但是渗透系数增加的程度因回填材料类型与固结应力大小而异。

有研究（杜延军，2013）考察了重金属污染下土-膨润土或膨润土-砂土垂直工程屏障材料的化学相容性，结果发现：铅锌复合重金属污染液作用下，试样的渗透系数明显区别于相同浓度氯化钙溶液渗透时的试验结果；重金属铅锌浓度达 100～120mmol/L 时，渗透系数将无法满足防渗要求（$k<10^{-7}$cm/s）。

Candelaria（2000）等研究了关于 NAPL 在土壤-膨润土之间传导时的渗透系数，把 NAPL 以极限溶解度溶解到水中做渗透实验。与水对比，NAPL 溶液在土壤-膨润土中的渗透系数与水在材料中的渗透系数相同，然而当样品是纯的 NAPL 时，其在材料中的渗透系数会比其水溶液在材料中的渗透系数低 1～2 个数量级。

18.3.5.5 强度性能

建筑工程上使用的阻隔墙需要承重或承受侧向压力，因此对强度有一定要求。污染场地中阻隔墙大都不需要载重，因此对强度并没有特别要求，但是阻隔墙的强度与渗透性往往有关系，如土-水泥阻隔墙，一般强度越大渗透性越小。几种阻隔墙的强度性能如下。

（1）土-膨润土阻隔墙强度性能

土-膨润土竖向隔离屏障强度极低，其主要原因在于材料坍落度达到 100～150mm 时其含水率通常超过其液限，而液限状态下土的抗剪强度仅为 1.3～2.4kPa。土-膨润土竖向阻隔墙的主固结使其形成抗剪强度，膨润土的触变性和次固结（或蠕变）引起强度进一步增大。屏障强度不沿深度方向而增大，不排水抗剪强度为 5～15kPa。

（2）水泥基膨润土阻隔墙强度性能

水泥-膨润土隔离屏障和土-水泥-膨润土隔离屏障的主体材料是水泥和膨润土。经过水化后的膨润土泥浆是一种溶胶悬浮体，其遇到水泥后，泥浆中的 Na^{+} 会和水泥中的 Ca^{2+} 进行离子交换，使泥浆絮凝并析水，引起一系列物理化学反应。水泥和膨润土的相互作用使泥浆逐渐硬化，形成具有一定强度的固结体。

对于典型配比（即按质量计，5%～6%的膨润土和 18%的水泥）水泥-膨润土阻隔墙，墙体的 28d 无侧限抗压强度为 69～138kPa（BOR，2014）。通过改变混合料的配比和使用添加剂，强度可以显著提高。比如在水泥-膨润土泥浆中加入钠离子后固结体的强度有一定幅度的增大，矿渣替代部分水泥可以使水泥-膨润土隔离屏障强度提高 20%～30%。

（3）塑性混凝土阻隔墙强度性能

塑性混凝土由骨料、水泥、水和膨润土组成，是以高水灰比混合而成的塑性材料，与传统混凝土相比，具有低渗透系数和优异的破坏延展性。塑性混凝土的强度特征与掺入材料的配比、养护固结时间、上覆材料压力等因素有关。Hinchberger 等（2010）对塑性混凝土的力学性能进行了研究，结果显示，由 3 种不同配比的混合料制备的塑性混凝土试样固化养护 28d 以上，所得的无侧限抗压强度范围为 0.65～2.50MPa。

18.3.5.6 服役年限

阻隔屏障本身具有一定的优缺点，从长远（50 年、100 年的时间尺度）来看，没有一种阻隔屏障是百分之百有效的，以及不可能完全阻止污染物的转移，也不能说具有阻隔屏障的填埋场和污染场地就是绝对安全的，但是污染物释放到环境中的速率可以降低到最小。因此需要建立系统的评价方法来分析和评估填埋场和污染场地阻隔屏障的寿命。

评价方法的选择是填埋场和污染场地阻隔屏障寿命的基础。Shackelford（1990）提出，击穿时间可定义为具有初始浓度的污染物穿过阻隔屏障，并且到达外部水土环境中的浓度或者通量超过了地下水极限值或者环境允许值所需要的时间。

(1) 污染物阻隔墙内迁移规律

研究风险管控竖向阻隔墙的击穿问题，需要弄清楚污染物在阻隔墙体中的迁移和转化过程，从而判断阻隔墙的服役性能。污染物在多孔介质中的迁移十分复杂，涉及多种因素，会发生物理、化学等过程，有时也会伴随微生物的生物过程，主要包括对流作用、分子扩散、机械弥散、吸附过程，参见第 3 章。

(2) 阻隔墙服役年限计算方法

现阶段国内外在工程应用中，一般采用经典的半无限空间一维对流-弥散模型来进行竖向阻隔墙击穿时间（服役年限）计算，并进行如下假定：

① 阻隔墙体材料是均匀的，各项同性的；

② 材料的骨架不发生变形，孔隙液体积不变；

③ 土壤是饱和的，地下水在土壤中的流动符合达西定律；

④ 溶质沿一个方向迁移；

⑤ 不考虑污染物的衰变和吸附。

吸附达到平衡状态时，半无限空间内考虑对流、分子扩散、机械弥散和线性吸附的溶质迁移控制方程可用下式表述：

$$\frac{\partial C}{\partial t}=\frac{D_{wx}}{R}\times\frac{\partial^2 C}{\partial x^2}-\frac{u_x}{R}\times\frac{\partial C}{\partial x}$$

半无限空间内污染物一维运移解析解为：

$$C_e=\frac{C_0-C_i}{2}\left[\mathrm{erf}\left(\frac{xR-u_x t}{2\sqrt{D_{wx}tR}}\right)+\exp\left(\frac{xu_x}{D_{wx}}\right)\mathrm{erf}\left(\frac{xR+u_x t}{2\sqrt{D_{wx}tR}}\right)\right]+C_i \tag{18.1}$$

$$u_x=\frac{k\times i}{n} \tag{18.2}$$

式中 C_0——阻隔墙内侧（污染场地中）污染物的浓度，mg/L；

C_i——阻隔墙内部污染物的浓度，mg/L；

C_e——阻隔墙外部污染物的穿透浓度，mg/L；

D_{wx}——水动力弥散系数，cm^2/s；

u_x——平均实际流速，cm/s；

i——水力梯度；

k——阻隔墙渗透系数，cm/s；

x——阻隔墙厚度，cm；

t——穿透时间（服役年限），s；

n——阻隔墙孔隙率；

R——阻滞因子。

18.3.5.7 对地下环境的影响

我国污染场地治理过程中大量建设地下水止水帷幕，特别是在城市区域，由于地块众多，大量地下阻隔墙会对区域地下水流场产生重要影响，由此引起区域水文地质条件的改变以及地基稳定性问题。同时，阻隔墙对地下空间的利用也将产生不利影响。关于这一问题，目前尚未得到充分的重视。按照可持续修复的理念，地块修复阻隔墙的建设需要充分论证必要性，并评估对地块地下空间后续利用的影响，提出应对管理措施。

18.3.6 系统设计

18.3.6.1 构建场地概念模型

场地概念模型构建对竖向阻隔系统设计至关重要。根据前期场地调查结果，细化概念模型，主要包括污染分布特征与场地特征：①污染物的性质和分布特征；②场地工程地质和水文地质条件；③地下水地球化学特征；④气候气象特征和周围环境特征。构建风险阻隔系统需要的场地特征参数如表 18.2 所示。

表 18.2 构建概念模型需要获取的场地特征参数

特征参数	参数内容
污染物性质	污染物的挥发性、污染物的水溶性、非水溶性污染物的密度、污染物的岩土阻滞性能、水动力弥散性质
污染物分布	目标污染物最大、平均及最小浓度；污染羽流的范围；污染物浓度可能随时间的变化情况
水文地质与工程地质条件	地下水的类型和赋存状态、含水层的分布规律和埋藏条件、地下水的渗流场特征、地下水补给和排泄条件、含水层之间以及含水层和地表水的水力联系；含水层水文地质参数（包括孔隙率、单位涌水量、渗透系数等）；隔水层的岩土性质、渗透特性、厚度等；包气带的岩土类型、厚度、渗透性等。 地形地貌、地质构造和不良地质作用（如断裂构造、地下溶洞等）、岩土物理力学性质（黏粒含量、孔隙度、渗透系数、有机质含量、抗剪强度等指标）
地球化学特征	土壤和地下水化学参数（ORP、DO、pH 和电导率）；阳离子（如 Ca^{2+}、Mg^{2+}、Fe^{3+}、Fe^{2+} 和 Mn^{2+} 等）；阴离子（如 SO_4^{2-}、Cl^-、NO_3^-/NO_2^- 和 HCO_3^- 等）；碱度；TOC 和 DOC
气候气象	固结沉积物；架空管线；地下管线；降雨；温度
周围环境	周边生态环境、地表建构筑物分布、地下障碍物分布

18.3.6.2 阻隔墙的平面布置

竖向阻隔系统平面布置应综合考虑风险管控范围、工程和水文地质条件、污染物性质和分布、场地用途等因素。竖向阻隔墙平面布置可分为闭合式和非闭合式，其中非闭合式可分为逆水流式和顺水流式（如图 18.8 所示）。

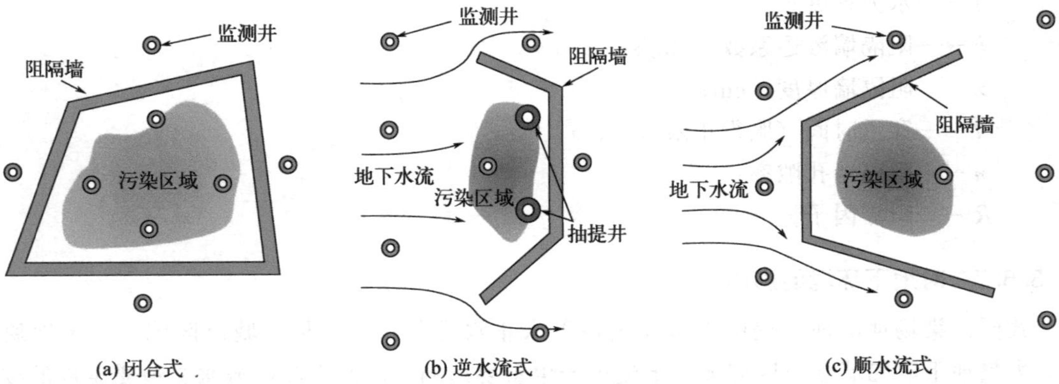

图 18.8 竖向阻隔墙平面布置形式

在污染场地中，大多数情况下都是采用闭合式平面布置，对于有明显固定水流途径的或者防渗要求不高、土层渗透性极差、地下水运动缓慢的情况可采用非闭合式阻隔墙。非闭合式阻隔墙构建需要在对水文地质条件、污染源-汇关系、地下水污染迁移路径准确刻画的基础上设计，这类阻隔墙多用于沟谷地形场地。采用非闭合平面布置时，应考虑设置竖向阻隔后对地下水流场的影响，并考虑污染物两端绕流及水位变化问题。

18.3.6.3　阻隔墙的竖向布置

（1）布置方式

阻隔墙的深度设置考虑地质分层以及地下水水位等相对关系，可分为落底式（或嵌入式）竖向阻隔墙和悬挂式竖向阻隔墙两种型式，如图 18.9 所示。

① 一般情况下阻隔墙应嵌入含水层以下的低渗透性地层中，如图 18.9（a）所示。这个低渗透性地层，可以是黏土或粉质黏土等低渗透性土层，也可以是下卧的完整的基岩。如果不透水层不连续、不完整、厚度不足或有局部裂隙等情况，可采用压力注浆等方式进行加固防渗处理，以满足降低渗透性的要求。

② 理论上，如果污染物属于轻非水相液体，且污染深度不超过潜水埋藏深度时，竖向阻隔可以采用悬挂式垂直阻隔，如图 18.9（b）所示。但实际上，真实的污染场地，即便是轻非水相液体污染场地，由于生产活动及污染物环境过程的复杂性，轻非水相液体污染物不仅仅存在于潜水上层，而是溶解于水中且随着重非水相液体污染物进入更深层的地下水中。因此，悬挂式垂直阻隔极少采用。

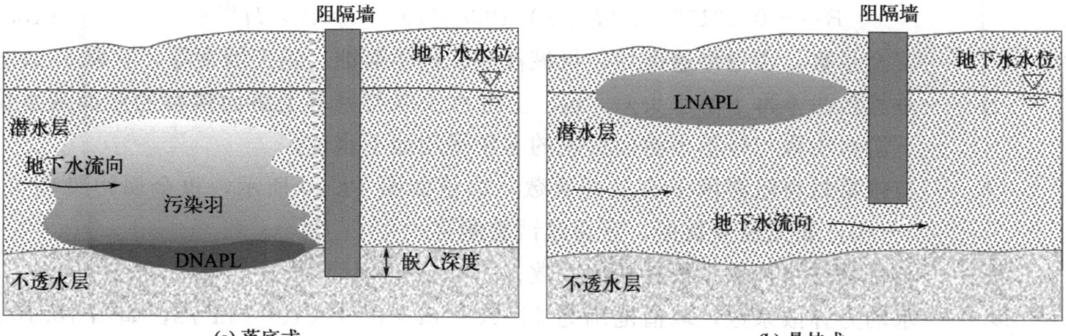

图 18.9　竖向阻隔墙深度设计方式

（2）嵌入深度

仅从隔离水的角度，《建筑与市政工程地下水控制技术规范》（JGJ 111—2016）中指出，对于落底式隔水帷幕进入下卧不透水层应满足下式要求，并应不小于 1.5m：

$$L_b \geqslant 0.2h_z - 0.5b \tag{18.3}$$

式中　L_b——帷幕进入不透水层的深度，m；

h_z——帷幕内外水头差值，m；

b——帷幕的厚度，m。

需要指出的是，上述隔水帷幕嵌入不透水层的深度是岩土工程中基坑开挖和降水后，以满足地下水从帷幕底绕流而导致的土壤颗粒渗流稳定性作为基础的。但对于针对污染羽流的阻隔是不完全适用的。垂直阻隔墙嵌入下卧低渗透地层的深度，需要根据污染物绕过阻隔墙以及嵌入低渗透地层的对流、扩散等作用而导致阻隔墙外地下水超标的设计基准时间来确定。

美国 EPA（EPA542-R-98-005）对 34 个竖向阻隔墙进入不透水层深度统计显示，嵌入深度主要为 0.61～1.52m。《工业污染场地竖向阻隔技术规范》（HG/T 20715—2020）中规定，当隔水层厚度大于 1m，阻隔墙进入隔水层深度不宜小于 0.9m；当隔水层厚度小于等于 1m，进入隔水层深度不应小于 1/2 的隔水层厚度；当隔水层厚度小于等于 0.5m，可采用压力注浆等地基处理技术对隔水层进行防渗加固处理。

18.3.6.4 阻隔墙的厚度

阻隔墙的厚度是竖向阻隔设计使用年限的重要设计参数之一，阻隔墙厚度越大，则使用年限相对越久。此外，阻隔墙厚度设计还需要兼顾经济性和施工可行性。实际工程中可以通过对阻隔墙材料的遴选，来提升阻隔性能，确保合理屏障厚度条件下达到设计要求的使用年限。

当阻隔墙嵌入下卧低渗透性地层时，污染物穿透阻隔墙则是一维问题。可以通过解析求解方式或数值分析方式等，计算达到设计使用年限的阻隔墙厚度。为了简化计算，《生活垃圾卫生填埋场岩土工程技术规范》（CJJ 176—2012）基于生活垃圾填埋场的要求，给出了垂直防渗帷幕墙体厚度设计方法，该方法结合数值分析的成果，以简化公式的形式建立迁移参数与设计厚度之间的关系。规范中建议垂直帷幕的厚度不宜小于 60cm，不宜大于 150cm。当帷幕渗透系数不大于 1.0×10^{-7}cm/s 时，厚度可按下式计算：

$$\Delta L=F_r\times A\times H^B \tag{18.4}$$

$$B=-0.09135\times\ln(D_h+1.1936\times10^{-10})\times A\times H^B \tag{18.5}$$

式中 F_r——安全系数，考虑渗透破坏、机械侵蚀、化学溶蚀、施工因素等，宜取 1.5；

H——垂直防渗帷幕下游水头差，m，上游水头取与帷幕上游面接触的渗沥液水位，下游水头取与帷幕下游面接触的多年平均地下水位；

A——与帷幕材料阻滞因子有关的系数，取值如图 18.10 所示，重金属污染物可取 3～40，如无经验数据，宜通过试验测定；

B——与帷幕材料扩散系数有关的系数；

D_h——水动力弥散系数，取值范围为 $1\times10^{-8}\text{m}^2/\text{s}\sim1\times10^{-10}\text{m}^2/\text{s}$，如图 18.10 所示，如防渗帷幕两侧水头差较大时取大值，如无经验数据，宜通过试验测定。

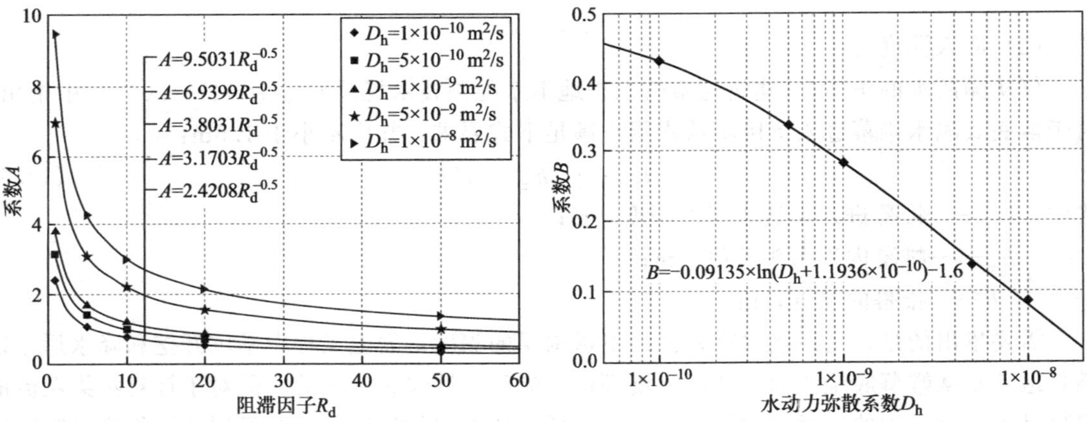

图 18.10 系数 A 与 B 取值

18.3.6.5 阻隔墙击穿判别验算

确定了阻隔墙的布置方式和深度后，需要判别污染物击穿阻隔墙的时间是否满足设计服役年限要求，用式（18.1）、式（18.2）进行验算。当无法满足服役年限时，可采用以下方法应对：①改变阻隔墙的类型，选择渗透系数更小的阻隔墙；②减少阻隔墙内外侧的水压差，可采用墙体内侧降水的方式；③增加阻隔墙的厚度或者构建多级串联阻隔墙。

18.3.6.6 确定施工工艺

施工工艺应根据场地的地形地貌、地质条件、阻隔墙的设计深度和厚度以及经济性等方面综合考虑。主要的阻隔墙施工工艺以及相关参数如表18.3所示。

表18.3 阻隔墙施工工艺及相关参数

阻隔墙施工工艺	常规深度	常规宽度	适用地层条件	适用阻隔材料类型
开挖-回填法	长臂挖机可达15m 抓斗可达30～50m	0.6～1.2m	各种地层条件	土-膨润土、水泥-膨润土、复合土工膜、复合膨润土防水毯、塑性混凝土等
常规深层搅拌法	双轴搅拌深度可达18m、三轴搅拌深度可达30m	常规桩径0.7～1.2m，可通过多排咬合增加厚度	黏性土、粉土、砂土等土层条件	水泥-土、土-水泥-膨润土等
高压旋喷法	可达30m	单桩直径30～200cm，可通过多排咬合增加厚度	除岩石、碎石之外的各类土层	水泥-土、土-水泥-膨润土等
铣削深搅法	可达30m	可大于70cm	黏性土、粉土、砂土、碎石土、软岩等地层条件	水泥-土、土-水泥-膨润土
渠式切割法	可达50m	55～85cm	各种地层条件	水泥-土、土-水泥-膨润土
咬合桩法	可达30m	30～100cm	各种地层条件	水泥-膨润土、塑性混凝土
压力注浆法	根据钻孔深度而定	根据土壤孔隙或岩石裂隙，有效扩散半径为0.3～3.0m	除岩溶外的各类岩层（如裂隙岩体、碎石土层等）	水泥等胶凝材料、膨润土、化学材料等
板桩法	6～12m	可忽略	各种土层条件，以及水域施工	钢板桩、PVC板桩等

18.3.7 长效性评价

垂直阻隔系统的长效性评价指标包括工程性能指标和污染物指标。工程性能指标包括渗透系数、阻隔厚度、嵌入隔水层深度、使用寿命、抗压强度和工程设施连续性与完整性等；污染物指标包括地下水、土壤气和室内空气等环境介质中的目标污染物及其他相关指标。同时可增加地下水水位、地下水流速、地球化学参数等作为长效性辅助判断依据。阻隔系统长效性主要指标评价方法如下。

18.3.7.1 阻隔墙的渗透性能评价

可综合钻孔取样室内试验以及原位测试等方法。

① 室内试验方法：钻探取出的代表性样品通过柔性壁渗透仪测试渗透系数。该方法是最常规的渗透特性评价方法，简便快捷。但是，由于在阻隔墙内取样只是局部的位置，如果墙体不连续，也未被取到样，即便样品渗透性满足要求，阻隔墙的整体渗透性也可能不满足要求。

② 原位测试方法：对于膨润土竖向阻隔屏障及土工膜复合竖向阻隔屏障两侧回填材料，可采用孔压消散原理的孔压静力触探试验和钻孔注水试验等原位测试方法；对于塑性混凝土阻隔墙，可采用钻孔压水试验等原位测试方法。原位测试方法可沿深度连续、快速地获取渗透系数。

18.3.7.2 阻隔墙的完整性评价

阻隔墙的完整性极其重要，即便钻孔取样测试渗透性符合要求，如果墙体不完整、不连续也达不到防渗的要求。完整性可采用钻孔取样表观观测、地球物理探测、抽水试验、示踪试验、长期观测等评估。

① 钻孔取样表观观测：在阻隔墙一定的位置处，采用钻探的方法连续取出阻隔墙的填充材料，以判断墙体的完整性。这种方法可以直观地观察阻隔墙是否存在缺陷，以及缺陷的位置等。

② 地球物理探测：在阻隔墙两侧进行探测，通过分析地球物理异常，分析判断阻隔墙的效能。根据阻隔墙的类型，可选择高密度电阻率法、探地雷达法、声呐法、瞬变电磁法等探测方法。

③ 抽水试验：在阻隔墙内外分别布置抽水孔和观测孔。以抽水方式降低抽水孔地下水水位，通过观测孔的水位变化情况，来判断阻隔墙的止水效果。整体抽水试验可以评估全封闭墙体的性能，但不易发现墙体缺陷的具体位置，局部抽水可以验证较小影响范围内墙体的性能。

④ 示踪试验：可通过地下示踪试验方法评价阻隔墙的整体性。同位素示踪法将利用放射性同位素制作的示踪液投入待检测区域水中，若附近存在渗漏点，示踪液会随着水体流动，在渗漏点附近集中并被附近土体吸附，通过核探测器检查附近的核辐射量即可判断出渗漏点位置及规模。温度示踪法：地层的温度随着深度的增加呈规律性变化，但渗漏引起的水流变化会引起温度场分布异常，通过在一定位置钻孔并埋设光纤测量地层温度，即可根据温度分布异常判别出渗漏点位置。

⑤ 长期观测：进行阻隔墙两侧地下水水位的长期观测，分析判断墙体两侧地下水的连通性。

18.3.7.3 污染物指标监测

污染物指标包括土壤、地下水、地表水、环境空气等环境介质中的目标污染物和其他相关指标。其中，土壤的检测指标为风险管控方案中确定的目标污染物浓度、浸出浓度；地下水和地表水的检测指标包括目标污染物和一般性能指标如 pH、COD、氨氮、氯离子、硫酸根离子等；环境空气的检测指标包括臭气浓度和一般性能指标如总悬浮颗粒物（TSP）等。

阻隔系统下游地下水的目标污染物浓度满足设计要求是确认阻隔墙长期有效的主要依据，即下游地下水中的污染物浓度应持续下降，地下水污染扩散得到控制。土壤、地表水以及环境空气中污染物需满足当地的环保管理要求。

18.3.8 适用性

每种阻隔技术类型都有自身的优点和缺点，在阻隔技术的选型上，应综合考虑目标污染物的特征、风险管控的目标、阻隔系统的设计使用年限、阻隔墙体材料工程特性（如渗透性特征、化学相容性特性、强度特征）、工程地质和水文地质条件、场地周边的环境条件以及施工条件等因素。主要阻隔技术的防渗性能、技术优点和技术局限以及适用性如表18.4所示。

表18.4 竖向阻隔技术适用性

技术类型	防渗性能	技术优点	技术局限	适用性
土-膨润土	渗透系数通常可达 $10^{-7}\sim10^{-8}$cm/s数量级	①施工方便;②造价相对较低;③渗透系数相对较低;④不形成地下障碍物,有利于后期二次开发建设	①阻隔墙体的强度较低,在有强度和变形要求的工况下难以使用;②施工质量不宜控制;③高浓度污染物作用下可能导致膨润土裂化,设计阶段应考虑污染物的化学相容性问题	适用于场地对阻隔墙强度和变形没有要求的情况。当采用原位土时,防渗墙阻隔性能和原位土性能相关
水泥-膨润土	28～90d龄期条件下,渗透系数通常可达 $10^{-6}\sim10^{-7}$cm/s数量级	强度较高,压缩性较低,可以用于土体不稳定、坡度大的情形	①化学相容性相对较差,硫酸盐等不利作用影响长期稳定性;②造价相对较高	适用于大部分场地条件,对于地下水中硫酸盐含量较高的场地应慎重
深层搅拌法	渗透系数通常可达 $10^{-6}\sim10^{-7}$cm/s数量级	土体无须开挖,避免施工过程对污染场地的较大扰动;工艺成熟,成本可控;可添加不同的材料,阻截不同的污染物	①不同的深层搅拌方法施工质量存在差异,应慎重选择;②深度设置有限;③在砾石或岩石场地以及存在地下水障碍物场地施工困难较大	针对不同的土性和防渗要求,宜选择不同的深层搅拌方法和不同的添加材料;适用于挥发性有机污染场地
复合土工膜	土工膜渗透系数可达 10^{-12}cm/s	①土工膜的渗透系数极低,防渗效果较好;②防渗膜的化学相容性较好;③辅以黏土膨润土等低渗透性回填材料,可有效弥补局部渗漏点	①施工工艺(如土工膜之间的搭接、插入深度的控制和固定、完整性检测等)复杂;②造价高;③阻隔墙需要开挖作业,若涉及挥发性有机污染物,易产生二次污染	适用于防渗要求较高的场地
塑性混凝土	渗透系数可达 10^{-7}cm/s数量级	①施工技术成熟、施工效率高;②墙体强度较高、压缩性较低	①阻隔墙施工需要涉及土体开挖作业,涉及挥发性有机污染物时,容易产生二次污染;②造价相对较高	适用于场地对阻隔墙强度和变形有特殊要求的场地
板桩阻隔	板桩部位渗透系数可达 10^{-12}cm/s,板桩连接部位根据施工质量,渗透系数离散性较大	①施工方便灵活效率高;②可以在存在地表水的地方施工;③不需要开挖土壤,二次污染风险小;④板桩拔除后可重复利用	①板桩连接部位容易泄漏;②长期使用,钢板桩容易发生腐蚀,且费用较高;③在含坚硬卵砾石的地层中构建困难;④施工噪声和振动较大	适用于临时应急项目,适用于水域场地

需要强调的是，当前污染场地的阻隔使用的都是建筑工程、水利工程的阻隔技术，能够满足短期内的目标要求，但是其长期阻隔效果如何，还没有可靠的研究数据支持。根据行业实践情况，各类阻隔墙大多存在漏水的情况，这使得污染场地长期管控变得更加困难。特别

是，污染场地中需要阻隔的对象不仅仅是水，而是溶解性污染地下水、非水相液体，这些都区别于未污染的地下水，其对阻隔墙的影响及在墙体中的运移也更加复杂，因此，污染场地中阻隔墙的长期有效性及其评价方法仍然是当前面临的一个重要技术难题。

18.4 可渗透反应墙

18.4.1 定义与发展

可渗透反应墙（permeable reactive barrier，PRB）是一种以原位渗透处理带作为修复主体的地下水修复技术，通过放置特定的活性反应介质墙体拦截污染羽流，地下水流经墙体时在活性介质的物理、化学和生物降解等作用下将污染物去除或转化为毒性较小的物质，达到拦截和修复的目的（USEPA，1998b，2002）。

PRB技术最早于1982年由美国环境保护署（USEPA）提出，于1998年发布了污染物修复的PRB技术手册。1989年加拿大滑铁卢（Waterloo）大学首创了一套完整的PRB系统，即在地下使用填有活性介质的可渗透墙来拦截污染物羽流，成功克服了抽出-处理的局限性（USEPA，2002）。20世纪90年代后期，出现了生物反应墙，污染物在反应墙内靠微生物的作用降解成无毒无害物质。

欧美一些发达国家和地区就PRB技术进行了大量室内实验研究、室外实验模拟、工程探索，并进行了较多的实际应用，有效地去除了受污染地下水中的重金属、有机物、放射性核素和无机离子等（Ludwig，2009；Vogan，1999；Barton，2004；Su，2004），这些国家和地区也大多颁布了该项技术的工程设计手册，发展相对成熟。在国内，PRB技术的研发还处于初步阶段，已有工程应用，但是案例还比较少。

18.4.2 原理

PRB装置装有活性反应填料，在垂直于地下水流方向形成一个反应屏障，安装在地下水污染羽的下游区域，利用受污染地下水体的天然水力梯度流经反应介质，将污染物阻拦、截留在介质中，反应接触过程中会发生吸附、沉淀、氧化还原、生物降解等一系列复杂的物理、化学和生物反应，最终将污染物去除或转化为毒性更低的物质。其原理主要涉及两个关键问题，一是反应墙中地下水的渗流，二是污染物在墙体中的去除或转化。

根据反应墙中的材料不同，反应可以是物理的、化学的、生物的或几种作用同时存在，反应墙仅有一种形式。

18.4.2.1 反应墙中地下水的渗流

PRB适合建在潜水中，水流符合有补给的潜水含水层地下水非稳定运动基本方程，即式（3.40）所示的布西涅斯克（Boussinesq）微分方程：

$$\frac{\partial}{\partial x}\left(h\ \frac{\partial H}{\partial x}\right)+\frac{W}{K}=\frac{\mu}{K}\times\frac{\partial H}{\partial t}$$

式中 K——潜水层的渗透系数；

μ——潜水层的给水度；

W——含水层单位时间、单位面积的垂直补排量，补给为正，排泄为负。

在均质的各向同性潜水层中，Boussinesq 方程可以表示为：

$$\frac{\partial}{\partial x}\left(h\,\frac{\partial H}{\partial x}\right)+\frac{\partial}{\partial y}\left(h\,\frac{\partial H}{\partial y}\right)+\frac{W}{K}=\frac{\mu}{K}\times\frac{\partial H}{\partial t}$$

式中，$h=H-Z$，$Z=0$ 时，$h=H$。

在非均质潜水层中，Boussinesq 方程则表示为：

$$\frac{\partial}{\partial x}\left(Kh\,\frac{\partial H}{\partial x}\right)+\frac{\partial}{\partial y}\left(Kh\,\frac{\partial H}{\partial y}\right)+W=\mu\,\frac{\partial H}{\partial t}$$

18.4.2.2 反应墙中污染物的转化

污染物进入 PRB 中会发生一系列物理、化学与生物反应，这需要在对流-弥散方程式中增加源项或减少汇项，PRB 可视为均质一维流场，可表述为：

$$D_{wx}\,\frac{\partial^2 C}{\partial x^2}-u_x\,\frac{\partial C}{\partial x}-\sum_{i=1}^{n}R_i=\frac{\partial C}{\partial t}$$

式中 $\sum_{i=1}^{n}R_i$ ——溶质产生源（加号）或者汇（减号），主要包括吸附（分配）、酸碱反应（包括水解反应、配位反应）、氧化还原反应、生物降解或转化等。

（1）吸附反应

主要机理是将污染物通过静电引力或者以配合物、螯合物的方式吸附在活性介质上，由此而生成的物质化学状态稳定。常见的吸附剂填料有活性炭和沸石等，活性炭可以用于去除疏水性有机物，沸石则能通过阳离子交换作用去除地下水中的 Na、K、Ca、Mg 等金属阳离子。这些材料一旦吸附达到饱和后便失去吸附能力，所以需要经常更换介质。

（2）酸碱反应

主要通过调节环境 pH 实现，通过改变污染物的溶解状态、沉积形式来稳定污染物。大多数重金属在强酸性环境中能以可溶态的形式存在，而在碱性环境中能形成难溶化合物，有利于污染物的去除。常见的反应介质为石灰等碱性填料，可以去除酸性地下水中的无机离子。此外，大部分重金属和有机物还可以通过配位体的形成达到固定污染物的目的。

（3）氧化还原反应

具有氧化还原性能的材料可以与地下水中的无机物、有机物发生氧化还原反应，一方面无机物可以转化为单质或者沉淀形式从水体中析出，另一方面，可以将不易生物降解或者难降解的有机物还原成可生物降解或易生物降解的有机物，从而达到去除污染物的目的。比如 Cr(Ⅵ)、As(Ⅲ) 在氧化还原条件下容易通过沉淀/共沉淀的方式去除，一些有机物如芳香烃更容易在好氧条件下被生物降解。

（4）生物降解或转化

通过生物方法使污染物转化或降解成毒害较低或者无害的物质，该方法的处理方式是在污染羽下游建立具有生物活性的反应墙，向墙体中填充电子供体/受体或营养物质，刺激土著微生物或添加能降解目标污染物的外源微生物，达到去除污染物的效果。在利用微生物进行修复时其去除效率主要受碳源、电子供体和地质环境（pH、温度等）的影响，而氧气作为最易得的电子受体，在实际修复过程中通常通过井内曝气或者加入释氧材料（ORC）来提高地下水中的溶解氧（DO）量，这样才能最大限度地发挥微生物的降解作用。Mondal (2016) 等曾报道在泥炭微生物群落中，三氯乙烯（大约 30μmol/L）可以通过还原脱氯依次完全降解为顺式二氯乙烯（cDCE）、氯乙烯和乙烯。

18.4.3 技术类型

PRB技术需要根据污染物和场地特征选择合适的PRB结构，通常设置于污染羽下流，大多垂直于地下水流方向。PRB的技术类型可按结构与反应原理进行分类。根据结构类型不同，常用的PRB结构可以分为连续式反应墙、漏斗-导水门式反应墙和注入式反应墙（图18.11）。而对于复杂场地，也可以采用几种结构串联或并联的形式。按照反应原理分类，可分为吸附反应墙、氧化还原反应墙、沉淀反应墙、生物反应墙。

18.4.3.1 按结构分类

(1) 连续式反应墙

如图18.11 (a) 所示为连续式PRB，由一个呈墙状的反应介质组成，具有结构简单、设计安装方便的特点。当受污染地下水范围较小时，PRB要确保垂直于地下水流动方向安装，反应墙的渗透系数要大于含水层的渗透系数，而且墙体的高度和宽度要合适，确保整个污染羽能顺利通过，避免发生地下水回流的现象。此外，墙体的厚度也应该保证污染物流过介质后去除到可接受的标准。流经连续式反应墙的地下水不会改变流向、流速，适用于处理地下水埋深较浅、污染羽规模较小的污染场地。如果地下水较深、污染范围较大，那连续式反应墙的构建难度和造价都会增加。

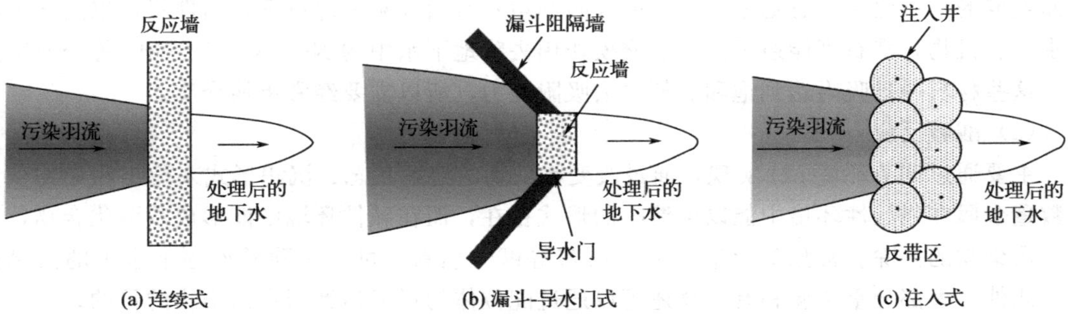

图18.11 可渗透反应墙类型

(2) 漏斗-导水门式反应墙

图18.11 (b) 中漏斗-导水门式反应带系统包括隔水墙、导水门、反应介质三个部分。隔水墙的作用是形成对污染羽的有效截留区域，改变地下水流场分布同时引导地下水污染羽流向反应介质。导水门通常为矩形，其内部的活性填料渗透率必须大于或等于含水层的渗透率以减小地下水阻力。而且，横截面积较大的污染羽需要通过横截面积较小的导水门，导水门中的地下水流速远高于天然水力梯度下的流速。同时，应保证污染羽与反应介质有足够的接触时间，所以在设计时必须结合地下水流动数值模型，同时也应该考虑隔水墙与导水门的衔接部分，避免污染羽溢出。该系统适用于污染地下水埋深较浅且污染羽规模较大的场地。由于反应区域较小，墙体材料活性减弱或者被沉淀物、微生物堵塞时容易更换或清理。此外，还能根据污染物种类和场地的复杂性设置多单元处理系统，多系统处理又可以分为串联和并联系统。串联系统可以在多个PRB系统中添加不同填料，实现对复杂污染物的有效去除。并联系统则适用于污染羽较宽，污染物相对单一的场地，常用的并联结构有漏斗-多通道构型、多漏斗-多导水门构型或多漏斗-通道构型，结构灵活。所以，相比之下，漏斗-导水

门式反应墙具有更广的使用范围。

(3) 注入式反应墙

注入式反应系统如图 18.11 (c) 所示，该系统是将修复材料注入含水层中，形成一个带状反应区域，受污染的地下水流经反应区域使污染物去除。该系统结构形式类似原位反应带技术，施工简单，适用于地下水埋深较深且渗透系数较好的场地。该系统中活性填料随着反应逐渐失效，但无法更换失效的材料，后期维护较困难。

也有一些新型的反应墙还在研究中，如收集分配反应墙 (Klammler et al.，2010)、水平反应墙等 (Divine et al.，2018)。

18.4.3.2 按反应原理分类

(1) 吸附反应墙

反应墙中采用的是吸附材料，如活性炭、生物炭、黏土矿物、沸石、离子交换树脂、锰砂、粉煤灰、铁氧化物、铝硅酸盐等，主要用于处理无机离子污染物。由于材料达到吸附容量后就失效了，吸附反应墙的使用寿命有限，需要定期更换吸附材料，墙体的设计应便于维护管理。

(2) 沉淀反应墙

利用污染物与材料发生沉淀反应形成溶度积很小的物质而固定下来的反应墙。如石灰石、羟基磷灰石、磷酸盐矿物、硫化物等，对铅、锌、镉等有较好的去除作用。沉淀反应墙与吸附反应墙类似，都需要定期更换材料。

(3) 氧化还原反应墙

反应材料能够与污染物发生氧化还原反应，从而使污染物转换价态或发生沉淀。如铁反应墙就是利用零价铁的还原作用对重金属和氯代烃类污染物进行去除。铁反应墙是应用最广泛和成熟的反应墙。

(4) 生物反应墙

生物反应墙 (biological permeable reactive barrier，BPRB) 是向墙体内注入微生物菌剂或营养物质，利用微生物的作用促进污染物的降解去除，一般分为厌氧反应墙和好氧反应墙。厌氧反应墙主要用于氯代烃的降解，是一个还原脱氯的过程，是向墙体内注入微生物菌体及电子供体 (碳源) 等，维持较强的还原环境，发挥脱氯微生物的作用，并将微生物转换为硫酸盐还原菌或产甲烷菌。好氧反应墙是提供好氧环境 (如注入空气、添加释氧剂如 MgO_2、CaO_2、硝酸盐或硫酸盐等)，利用微生物的作用降解污染物，主要用于苯、轻质石油馏分、氯乙烯等轻质氯代烃的降解。

18.4.4 技术要素

18.4.4.1 水文地质条件

水文地质条件对 PRB 的性能影响比对阻隔墙的影响更大，运行良好的 PRB 一定是建立在精准的水文地质条件基础上的。设计 PRB 需要揭示：①场地地层结构；②地下水的补给、径流与排泄；③地下水与地表水的水力联系；④地下水地球化学和生物地球化学特征；⑤土壤理化性质。这些信息决定 PRB 的类型、平面及深度布置、渗透系数、处理效果和寿命等。

18.4.4.2 渗透性

渗透性是设计 PRB 的重要参数。在设计时要平衡好场地渗透性、PRB 材料渗透性和修复效果之间的关系，既要保证一定的修复效果，也要保证合理的渗流速度。在渗透性较大的含水层，如果PRB的渗透性远大于含水层的渗透性，会影响到反应介质的稳定性；而在渗透性较小的含水层，如果PRB的渗透性远小于含水层的渗透性，会造成地下水拥堵聚集现象，水位抬升甚至溢出反应墙。一般来说，反应墙的渗透系数可控制在含水层渗透系数的2倍左右，对于漏斗-导水门式结构来说可以是10倍以上。

反应介质中形成的无机沉淀物会占据可用的孔隙空间，最终降低PRB的孔隙度和渗透系数。在零价铁（ZVI）反应墙的还原环境中，溶解的物质包括O_2、CO_3^{2-}、SO_4^{2-}、Ca^{2+}、Mg^{2+}、Fe^{2+}和SiO_3^{2-}可能会相互作用形成沉淀，沉积在介质表面或孔隙内，形成化学淤堵。系统在长期运行时不可避免地会生长微生物，占据填料孔隙，属于微生物淤堵，化学淤堵与微生物淤堵往往并存。在对PRB进行长期监控时，需要评估渗透系数的变化情况。

对化学淤堵，可采用实验室模拟，拟合渗透性与运行时间的曲线，不同的阶段符合不同的拟合曲线，如：

$$K=a-bt \tag{18.6}$$

$$K=a-b\exp(-cx^d) \tag{18.7}$$

式中 K——渗透系数；

a、b、c、d——常数；

t——运行时间。

Clement等（1996）通过试验提出渗透系数与相对孔隙度的关系式，即K-β模型：

$$K=K_0 n_r^{19/6} \tag{18.8}$$

式中 K——渗透系数；

K_0——最初无淤堵时的渗透系数；

n_r——相对渗透系数。

18.4.4.3 污染特征

污染特征包括场地污染物的类型、性质以及污染空间分布与程度。污染物性质决定PRB反应材料的类型、原理和性质，如物理材料、化学材料和生物材料或复合材料。污染空间分布决定PRB的类型、位置等。表18.5为不同类型污染物与相应的常见反应墙类型。

表18.5 几种常见的PRB类型与原理

污染物	反应墙类型	主要去除原理
几乎所有的污染物(但更多用于处理金属类、无机离子、低浓度有机物)	单一材料或复合材料反应墙[活性炭、沸石、树脂、砾石、石英砂、钙质矿石、含磷矿物、锰砂、铁氧化物/氢氧化物、工业废渣(粉煤灰、钢渣等)]，应用中大多是复合材料反应墙	吸附、沉淀、交换
挥发性有机氯化物、氯苯、硝酸盐、硫酸盐等	厌氧生物反应墙、有机物料(木屑、秸秆、草皮、泥炭、有机肥等)反应墙	微生物还原
	铁(或铁的双金属、多金属)反应墙	化学还原
苯类、萘	厌氧生物反应墙(根据地层氧化还原条件添加硝酸盐和硫酸盐)	厌氧微生物降解
苯类、苯乙烯、少量多环芳烃、少量废油	厌氧生物反应墙、好氧生物反应墙	厌氧微生物降解、氧化降解(矿化)
金属类物质	厌氧生物反应墙、铁反应墙	沉淀和还原

18.4.4.4　反应材料

PRB 中不同活性填料对不同污染物的去除机理不同。设计 PRB 时，需要针对污染物性质和场地特征选取合适的活性填料。本节对常用的碳基材料、铁基材料、矿物材料和微生物材料进行详细介绍，其他工程使用过和被研究的材料情况统计见表 18.6。

表 18.6　PRB 反应材料、原理及其应用情况

材料名称		反应原理	应用情况
铁基材料	零价铁	化学还原、吸附、配位、沉淀	国外发展较早，应用较多，处理效果较好；国内仍处于实验研究阶段
碳基材料	生物炭	吸附、离子交换、配位、共沉淀	应用较少，处于实验室研究阶段
矿物材料	沸石	吸附、离子交换	应用较多
	石灰石	酸性中和、沉淀	在处理酸性矿山废水污染的地下水中应用较多
	锰砂	吸附、沉淀	用于地下水除锰
	磷灰石	吸附、离子交换、沉淀、配位	应用较多
	工业废渣	吸附、沉淀、配位	应用较少
	改性赤泥	吸附、沉淀	
	绿砂	吸附、化学还原	
氧化物/硫化物材料	氧化铝	吸附	应用较少，处于实验室研究阶段
	水铁矿、针铁矿、赤铁矿、磁铁矿	吸附、配位	
	二氧化钛	吸附	
	硫化亚铁	化学还原	
盐类材料	连二亚硫酸钠	化学还原	在地层中氧化铁含量丰富的地区应用较多
	氯化钙	沉淀	应用较少
	硫酸钙		
	氯化钡		
有机材料	活性炭	吸附、离子交换	应用较多
	木屑	微生物还原	一般作为碳源与厌氧微生物反应墙联用，应用较多
	泥炭		
	堆肥		
	煤炭		
	污泥		
微生物材料	好氧微生物	微生物氧化降解	国外发展早、应用多；国内应用较少
	厌氧微生物	微生物还原降解、微生物厌氧降解	
	碳源（糖浆、淀粉、乳酸、醋酸、甲醇等）等营养物质		
	氧、硝酸盐、硫酸盐、释氧剂	提供微生物生存繁衍环境	

续表

材料名称		反应原理	应用情况
复合材料	有机-零价铁	微生物还原、化学还原、吸附、配位、沉淀	应用较多
	沸石-零价铁、石灰石-零价铁、磷灰石-零价铁	吸附、离子交换、沉淀、配位、化学还原	应用较多
	金属-零价铁	化学还原、吸附、配位、沉淀	应用较多
	铁-铜、铁-钯、铁-镍、钯-氢气	氧化还原	应用较少
	堆肥-地膜	微生物还原	一般作为碳源与厌氧微生物反应墙联用，应用较多
其他材料	交换树脂	离子交换	应用较少
	高分子聚合物	为微生物氧化降解污染物输送电子受体	应用较少，处于实验室研究阶段
	释氧材料	为微生物氧化降解污染物提供电子受体	应用较少，仍处于实验研究和材料改进阶段

18.4.4.4.1 反应材料选取原则

反应材料性能决定 PRB 性能。选择活性填料时应该综合考虑以下几个方面的因素。

① 反应活性好。针对目标污染物，填料能和污染物发生物理、化学、生物反应，有较好的反应活性，在地下水停留时间范围内，能高效、快速地将地下水中的污染物降解。反应填料对某特定污染物的降解速率越快或降解半衰期越短，则该填料的反应活性越强。

② 合适的渗透性。填料应具有适宜的渗透性，能让地下水顺利通过，既不能太大也不能太小。填料的渗透系数应根据场地水文地质条件及处理能力综合确定。填料粒径越大，渗透性越强，污染羽流越容易通过，反应时间越短；相反，粒径越小，渗透性越小，水力停留时间越长。粒径越小的材料比表面积越大，吸附性能越强，反应活性越强；粒径越大则相反。因此，需要综合考虑填料的渗透性和反应活性。

③ 稳定性好。填料应能长期保持稳定或基本稳定状态，本身不会发生大的侵蚀、降解或塌陷。事实上，几乎所有的填料随着运行时间的延长都会多多少少发生性质上的变化，如污染物沉淀在表面，材料发生反应而损失和腐蚀等。实际应用中，可通过调节水的 pH 值、化学试剂或更换材料等解决该问题。

④ 环境友好性。反应材料在处理污染物时不能产生二次污染物，即在污染羽与活性填料相接触时不会产生有毒有害的反应副产物而进入地下水中。即便在反应中产生了有毒副产物，也需在足够停留时间内利用反应材料将其去除。

⑤ 易获取性和成本低。反应材料要易于获取，价格低廉，在去除污染物性能相近时，优先选择价格较低的反应填料。

⑥ 易于现场施工。PRB 坑槽、漏斗阻隔墙、原位注射的施工方法有很多，工程上施工越简单，费用越节省。因此，尽量选择简单易行的施工方法，降低工程难度及造价。

18.4.4.4.2 铁基材料

铁基材料是在 PRB 中应用最广泛的活性材料，其中又以零价铁（ZVI）最为常用。ZVI 具有一定的比表面积，电负性很大，具很强的还原能力，能与金属活动性顺序表中排在后面的金属发生置换反应，还能将一些氧化性较强的有机污染物、无机阴离子等还原。ZVI 失去电子变成 Fe(Ⅱ)，当反应体系中有氧化剂存在时，Fe(Ⅱ) 会被氧化成 Fe(Ⅲ)，并在一定条件下能形成铁的氢氧化物，对污染物具有良好的吸附和絮凝作用。同时，零价铁价格低廉且易于获取，应用形式多样，尺度上有颗粒状、微米铁（mZVI）和纳米铁（nZVI）。

ZVI 颗粒与污染物的反应发生在铁/水界面上，所以 ZVI 表面积是影响修复性能的重要因素。一般而言，反应速率会随着 ZVI 颗粒表面积的增加而增加。通常使用的粒度范围为 2.0～0.25mm，其平均水力传导率约为 5×10^{-2}cm/s，表面积范围为 0.5～1.5m^2/g。近年来，纳米零价铁的研究成为热点，nZVI 反应活性更高，但是在实际应用中由于失效过快、寿命较短而受到限制。ZVI 与几类典型污染物的反应如下。

(1) 氯代溶剂脱卤反应

关于 ZVI 去除有机污染物的研究主要集中在氯代化合物的降解，如三氯乙烯（TCE）和四氯乙烯（PCE），主要在 ZVI 表面发生反应。一般来说，全卤代烃比低卤代烃的还原速度快，而且在饱和碳（如 CCl_4）中心的脱氯速度也比在不饱和碳上的快。一般来说，氯醚衍生物的降解过程可以分为三个步骤：①污染物吸附在活性位点上；②在 ZVI 表面上发生反应；③生成最终的产物后解吸。其去除氯代溶剂的反应式如下：

ZVI 的氧化半反应：

$$Fe^0 \longrightarrow Fe^{2+} + 2e^-, E = +0.440V$$

RCl 的还原脱卤半反应：

$$RCl + H^+ + 2e^- \longrightarrow RH + Cl^-, E = +0.5 \sim +1.5V$$

总反应：

$$Fe^0 + RCl + H^+ \longrightarrow Fe^{2+} + RH + Cl^-, E = +0.94 \sim +1.94V$$

上式过程描述的是发生在零价铁表面的直接还原，如图 18.12（a）所示。零价铁和卤代烃之间的第二个重要反应是通过零价铁还原水实现的，如下式和图 18.12（b）所示：

$$Fe^0 + 2H_2O \longrightarrow Fe^{2+} + H_2 + 2OH^-$$

Fe^{2+} 被进一步氧化成 Fe^{3+}，氯代化合物被还原。反应如下：

$$2Fe^{2+} + RCl + H^+ \longrightarrow 2Fe^{3+} + RH + Cl^-$$

$$4Fe^{2+} + 4H^+ + O_2 \longrightarrow 4Fe^{3+} + 2H_2O$$

最后一个途径是上式产生 H_2 后将电子转移到氯代物上，如图 18.12（c）所示，反应如下：

$$H_2 + RCl \longrightarrow RH + H^+ + Cl^-$$

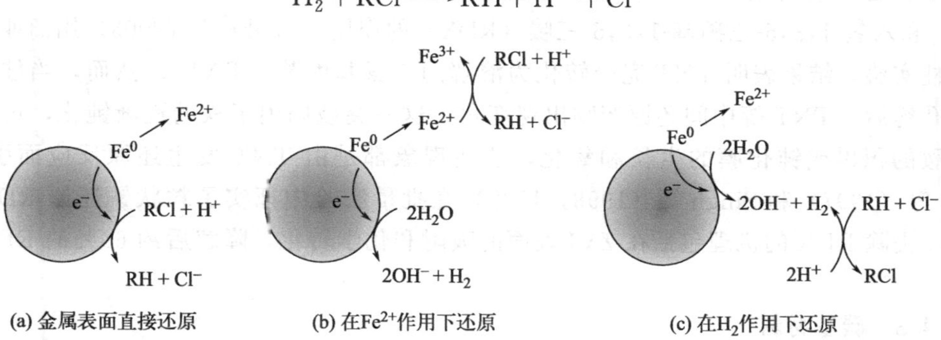

图 18.12 零价铁还原氯代烃的电子转移途径

（根据 Suthersan，1997；Matherson et al.，1994 改绘）

（2）金属含氧阴离子的还原、吸附和沉淀

许多重金属是以不同价态的含氧阴离子形式出现的，如 Cr、As、Se 等。

地下水中 Cr(Ⅵ) 通常以 CrO_4^{2-} 形式存在，不易被含水层物质吸附。在 ZVI 体系中，Cr(Ⅵ) 还原为 Cr(Ⅲ)，Fe^0 氧化为 Fe(Ⅱ) 和 Fe(Ⅲ)，Fe (Ⅲ)-Cr(Ⅲ) 氧化物或氢氧化物的析出是主要的反应机制。实验室试验发现利用 ZVI 还原和沉淀去除 Cr(Ⅵ) 时效果最好，柱实验和现场应用表明 ZVI 对地下水 Cr(Ⅵ) 的还原率和沉降率适用于地下水修复系统。Cr(Ⅵ) 的吸附使 pH 从初始中性状态（$6.5<pH<8.5$）增加到更碱性的状态（$pH>9.5$），且氧化还原电位（Eh）降低（从 $Eh>100mV$ 到 $Eh<-300mV$）（USEPA，1998a）。总的反应是：

$$CrO_4^{2-}+Fe^0+8H^+ \longrightarrow Fe^{3+}+Cr^{3+}+4H_2O$$

$$(1-x)Fe^{3+}+xCr^{3+}+2H_2O \longrightarrow Fe_{(1-x)}Cr_xOOH+3H^+$$

Se(Ⅵ) 通过与 ZVI 的相互作用转化为 Se^0。ZVI 还原 Se(Ⅵ) 的反应如下：

$$HSeO_4^-+3Fe^0+7H^+ \longrightarrow 3Fe^{2+}+Se^0+4H_2O$$

As 在环境中主要以 As(Ⅴ) 和 As(Ⅲ) 两种价态存在，分别表现为 H_3AsO_4 和 H_3AsO_3 溶解态及其解离产物。As(Ⅴ) 和 As(Ⅲ) 在地下水中均具有流动性，且后者的流动性以及对人体健康的危害性均大于前者。目前已经确定了几种 ZVI 去除 As 的机制。As 与 ZVI 的反应产物能形成内圈配合物，包括氢氧化亚铁、混合价态氧化铁。As 主要是吸附在 ZVI 的表面，能与 ZVI 反应生成沉淀物或共沉淀物，这些沉淀物质附着在 ZVI 表面抑制着 ZVI 的活性，从而会降低污染物去除效率。As(Ⅴ) 与 ZVI 反应如下：

$$2HAsO_4^{2-}+5Fe^0+14H^+ \longrightarrow 5Fe^{2+}+2As^0+8H_2O$$

（3）金属阳离子的去除

ZVI 对金属阳离子的去除机制包括吸附、还原和沉淀。当前对其机制的认识尚未统一，这可能受到水相基质组成差异以及相似水相和表面配位反应中多种离子相互竞争的影响。同时，生物反应也可能影响金属固定化机制。纳米级 ZVI 去除金属的潜在机制为吸附（金属标准电位接近或低于 Fe 时，如 Zn^{2+}、Cd^{2+}、Ba^{2+}）、还原（金属标准电位远高于 Fe 时，如 Ag^+、Cu^{2+}、Hg^{2+}）以及吸附加还原（金属标准电位稍高于 Fe 时，如 Ni^{2+}、Cu^{2+}）。

（4）含能化合物的还原降解

含能化合物是可在无外界物质参与下发生自分解反应释放大量能量的特殊化合物，如三硝基甲苯。近年来的研究结果表明，ZVI 在土壤和水环境中具有化学还原三硝基甲苯（TNT）和六氢-1,3,5-三硝基-1,3,5-三嗪（RDX）的作用。Miehr 等（2003）用商业颗粒铁进行了柱实验，结果表明 TNT 完全转化为溶解的三氨基甲苯（TAT）。然而，当柱体通过约 500 孔容后，TNT 等中间还原产物出现变化，这一突破归因于铁的逐渐钝化，可能是由于吸附胺的积累或钝化膜的生长和氧化，这些现象都是由 TNT 发生还原反应而引起的。Hundal 等（1997）和 Singh 等（1998，1999）在批量实验中证实了粒状铁还原 RDX 的作用。ZVI 去除 RDX 的机理包括在 ZVI 表面的吸附和化学转化，降解后约 60%的 RDX 吸附在铁上。

18.4.4.4.3 碳基材料

常见的碳基材料如活性炭、生物炭等通常具有较大的比表面积和较强的吸附能力，可以将流经的污染物吸附、固定在材料表面。

（1）活性炭

活性炭（activated carbon，AC）是一类疏松多孔、高比表面积和强吸附性能的碳素材料，是含碳物质经活化处理制备而成的。活性炭的理化性质十分稳定，而且对酸碱条件、高温环境的耐受能力强，不与水和溶剂互溶，且具有良好的生物兼容性和导电导热性，已被广泛用于工业水处理和溶剂回收等领域，是一种高效环保的吸附剂。

活性炭无法用化学式来表示，除了主要成分碳之外，还存在氧、硫、氢、氮和卤素原子，这些原子通常以官能团或单原子结构存在其表面，这些官能团决定了活性炭的诸多表面性质，含碳、含氮的官能团对吸附性能的影响最大。含氧官能团主要包括羧基、羟基、羰基、醌基等，通常情况下，含氧官能团越多则活性炭的酸性越强，越有利于阳离子交换，反之有利于阴离子交换。

根据吸附机理不同可以将活性炭的吸附过程分为物理吸附和化学吸附。物理吸附主要是依靠分子之间范德瓦耳斯力的相互作用，这种作用一般是可逆的且发生很快。而化学吸附一般是不可逆的，通过表面官能团与污染物发生化学反应，将污染物固定。如活性炭吸附Cr(Ⅵ）的机理如下。

在酸性条件下 Cr(Ⅵ）通过静电吸引作用被吸附到活性炭表面。

Cr(Ⅵ）与活性炭表面含氧官能团可以形成氢键：

$$\mathrm{Y{-}C{=}O + HCrO_4^- \longrightarrow Y{-}C{-}O \cdots HOCrO_3^-}$$

$$\mathrm{Y{-}C{=}O{-}CrO_7^{2-} + H^+ \longrightarrow Y{-}C{=}O \cdots H^+ \cdots O{-}Cr_2O_5^{2-}}$$

式中，Y—C═O 代表—C═O 官能团。

表面的 Cr(Ⅵ）被官能团还原为 Cr(Ⅲ)：

$$\mathrm{Y{-}C{-}O + Y{-}C{-}O{-}C + Y{-}CO_2 + Cr_2O_7^{2-} + 14H^+ \longrightarrow 2Cr^{3+} + 7H_2O + 4Y{-}C{=}O}$$

式中，Y—C—O、Y—C—O—C、Y—CO_2 分别表示活性炭表面的—C—O、—C—O—C、—O—C═O 官能团；Y—C═O 表示新生成的—C═O 官能团。

生成的 Cr(Ⅲ）一部分可以通过配位、螯合作用结合在活性炭表面，另一部分可以重新释放到环境溶液中。

（2）生物炭

生物炭是在缺氧或无氧状态下将生物质热解（<700℃）生成的富碳固体物质。生物炭的性质通常取决于生物质的类型和热解温度，即不同生物体中有机质不同，其所含的元素就不同；热解温度不同，性质也不一样，温度越高，H、O 散失越多，所以比重越小，C 所占比重则越大。生物炭表面具有很多孔隙结构，比表面积较大，吸附性能强，且廉价易得，制备方法简单，而且利用农业废弃物制备生物炭可以使得资源回收利用，实现了变废为宝。基于以上优势，生物炭在环境修复领域的作用受到了越来越多的关注。

生物炭吸附污染物的机理可以分为物理吸附和化学吸附。物理吸附包括静电吸引、离子交换。静电吸引的强度受到 pH 和 Zeta 电位影响。生物炭表面具有很多带负电荷的官能团，当环境 pH 比生物炭的 Zeta 电位小时，H^+ 会使得生物炭表面的羟基、羧基质子化，使得其与金属阳离子之间产生巨大的静电斥力，而当环境 pH 比生物炭的 Zeta 电位大时，生物炭与金属阳离子之间则会产生强大的静电吸引作用。离子交换作用则是这些含氧官能团可以与金属阳离子发生交换作用，从而达到去除金属离子的目的。通常表述为：

$$\mathrm{2X{-}ONa + M^{2+} \longrightarrow (X{-}O)_2M + 2Na^+}$$

式中，X—ONa 为生物炭表面的含氧官能团，M^{2+} 表示金属阳离子。

化学吸附则主要有配位作用和共沉淀作用。这两种作用都是由于生物炭表面的含氧官能团能与金属离子发生化学反应形成金属-配体形式的配合物或形成难溶性氢氧化物、碳酸盐、磷酸盐沉淀物。

18.4.4.4.4 矿物材料

矿物填料主要有磷酸盐矿物、沸石、矿渣、黏土和其他矿物等。矿物填料的修复机理一般是吸附、离子交换以及通过调节 pH 生成难溶氢氧化物来稳定污染物，当污染水体通过墙体时，水体中微量金属与矿物发生沉淀反应而去除。此外，这种填料还能通过吸附作用将污染物去除，先将污染物吸附在填料表面，再通过离子交换作用将其去除。

（1）磷酸盐矿物

天然磷酸盐矿物（如磷灰石）是构成磷矿的主要成分，骨粉、骨炭则是通过加工动物骨骼获得的生物源性含磷材料。天然磷灰石矿物主要由钙和磷组成，包括氢氧化物［羟基磷灰石 $(Ca_5(PO_4)_3OH)$］、氟化物［氟磷灰石（$Ca_5(PO_4)_3F$）］和氯化物［氯磷灰石（$Ca_5(PO_4)_3Cl$）］等。在中性和碱性条件下磷灰石表面通常带有负电荷，因此在一定的环境条件下对金属阳离子的吸附是十分有效的。磷灰石的物理特性差别很大，改性后的磷灰石能改善处理性能或改变磷灰石的表面性质，以促进除金属阳离子外的目标污染物的有效处理。例如，用高浓度铁离子溶液处理磷灰石会产生表面正电荷，这种正电荷会吸引诸如砷酸盐的阴离子。磷灰石去除重金属的机理包括离子吸附与交换、沉淀和表面配位（Fuller，2002）。

（2）沸石

沸石已被广泛用于水处理工艺，用来去除废水中的重金属及铵等。

沸石是天然的铝硅酸盐矿物，具有较强的离子交换能力和较大的表面积（$145m^2/g$）。沸石矿物是一个堆叠的四面体框架，能形成孔隙或通道，且可以发生离子交换。沸石表面带负电荷，可以用来从水溶液中去除阳离子，且这种负电荷被认为是永久性的，因为它在很宽的 pH 值范围内不受土壤溶液中离子浓度和类型的影响。目前已开发出几百种沸石矿物，而且合成沸石的矿物也被用于各种工业生产需要。斜发沸石（固溶体组分为［Ca，Mg，Na_2，K_2］［$Al_2Si_{10}O_{24}\cdot 8H_2O$］）是潜在的 PRB 应用研究最普遍的沸石。

沸石去除重金属的主要机制是阳离子交换和吸附。沸石是一种分子筛，可以根据分子的大小、形状或电荷选择性地吸附分子。天然沸石具有较强的阳离子交换能力。表面改性沸石（SMZs）被认为是潜在的 PRB 材料，它用于从地下水中去除阴离子成分。

（3）矿渣

矿渣是金属冶炼生产过程中产生的副产物，价格低廉且容易获取，被广泛用于路基材料和建筑材料等。矿渣能去除水中污染物是由 Yamada（1986）等在处理磷时首次被发现的。随后，矿渣去除污染物的潜能被进一步挖掘，已被应用于 PRB 修复工程中。

表面吸附是矿渣去除污染物的主要机制，但矿渣中存在的各种矿物也有一些潜在的去除机制，如钙矿物的沉淀，金属氢氧化物在高 pH 值下的沉淀，以及在铁含量较多的矿渣中与铁氧化物的配位反应等。在地下水应用中，矿渣最常用来处理磷和砷，但其去除机制还不是很清晰。

（4）有机黏土

有机黏土是一种经过化学改性的颗粒状或粉状黏土。通过改性可以使得天然黏土的性质由亲水变为疏水和亲油。有机黏土对石油和杂酚油有很高的吸附能力，与钠基膨润土容易水化和膨胀并具有类似于沙子的水力传导性不同。当石油、杂酚油或类似的非水相液体（NAPL）被吸附到有机黏土上时，其水力传导率降低。在存在这种 NAPL 的情况下，通过将有机黏土与沙子或砾石等惰性介质混合，可以保持较高的水力传导性（Benson，2008；Lu，2007）。

对石油、杂酚油和类似的 NAPL 的吸附通过分配机制实现，这来源于有机黏土长烷基链与有机污染物的疏水相互作用。当污染物分子含有氧或氮基团时，黏土层表面丰富的羟基会与之通过氢键相互结合。此外，低溶解性的多环芳烃（PAHs）也可以通过分配机制被吸附。批量等温吸附研究表明特定有机黏土的分配系数与 PAHs 的辛醇-水分配系数之间存在相关关系（Benson，2008；Reible，2008）。

（5）其他矿物

① 改性赤泥。改性赤泥（TRM）是将赤泥与氯化钙和氯化镁盐水混合而形成的。TRM 主要由水合氧化铁（赤铁矿和水铁矿）和水合氧化铝组成。它们被碱性矿物（主要是钠盐、氢氧化钙、羟基碳酸盐和铝硅酸盐钙、氢氧化镁和铝硅酸盐镁）浸渍。TRM 的 pH 值为 8～10.5。TRM 是一种细粉（<10μm），需要与沙子混合用于 PRB 工艺中。此外，TRM 已用于处理废水、改良农业土壤等领域，并作为石灰的替代品中和酸性土壤。

TRM 的酸（H^+）中和能力约为 4mol/kg（干固体），pH 值为 5.5，并可通过吸附和/或沉淀结合重金属。由于 TRM 具有较高的酸中和能力，重金属可以通过吸附和沉淀的方式作为氢氧化物固定在 TRM 上，所以 TRM 非常适合处理酸性岩石溶解产生的水。

② 绿砂。绿砂是灰铁铸造厂的废料，用于金属铸造模具，能去除 TCE、农药、砷、汞和铬。绿砂的主要去除机制是矿物相吸附、残余铁还原和有机碳吸附。绿砂是沙子、膨润土黏结剂、有机添加剂和水的混合物，使用后还获得 2%～12%的残留铁颗粒。它的物理性质非常适合于流动应用，因为它由 85%～98%的均匀细砂组成，具有相对较高的水力传导性。Nye 等（2004）评估了绿砂对砷、铬酸盐和汞的处理效果，结果表明其对砷、汞的去除效果较好，但对铬酸盐只能进行部分处理。氧化还原电位下降较少表明吸附而非还原作用是关键的去除机制，其中铬可能仍以铬酸盐的形式存在。

18.4.4.4.5 微生物菌剂

生物反应墙或生物反应区主要利用微生物的降解作用去除污染物。主要有两种方式，一种是在墙体内定期加入微生物菌剂，利用微生物作用降解污染物；另一种是维持微生物生理活动所需要的环境，加入氧气、碳源（糖浆、淀粉、乳酸、醋酸、甲醇等）、硝酸盐、硫酸盐、微量元素等，激活介质或土壤中的有效土著微生物，使其逐渐成为环境中的优势菌，从而达到持续降解污染物的目的。除了微生物菌剂与试剂外，PRB 内还有堆肥、木屑、砂石等支撑材料。生物反应区技术在欧美地区发展较早，对氯代烃、苯系物、焦油类等污染物的降解取得了较好的效果。

18.4.4.4.6 复合材料

实际应用中，PRB 填料大都是复合材料。复合材料介质是指在一种处理材料中再添加多种活性组分来改善岩土性质和水力传导性，这种复合填料能克服单一填料存在的缺陷，起到协同去除污染物的效果。

（1）ZVI 生物反应墙

有机介质与 ZVI 结合填料已被用于同时处理二价金属和砷以及硫酸盐、硝酸盐和硒。生物墙可以有效地促进反硝化作用，将硫酸盐还原为硫化物，并将阳离子金属沉淀为低溶解度的硫化物。ZVI 能有效促进硒的还原和吸附，以及砷的多种处理机制。因此，生物墙（有机）材料和 ZVI 的结合促进了还原和吸附机制，这些机制在处理更多污染物时比单一介质更有效。Ludwig 等（2009）对一种中试规模的 PRB 进行了 30 个月的评估，该 PRB 由叶堆肥、ZVI、石灰石和豌豆砾石组成，用于处理二价金属和砷。研究处理后的砷、铅、镉、锌和镍的浓度分别由 206mg/L、2.02mg/L、0.324mg/L、1060mg/L 和 2.12mg/L 降为检测限以下。X 射线光谱数据表明，砷（以三价和五价的形态存在）通过与 ZVI 表面的铁氧化物的吸附和共沉淀、与硫化物的沉淀和与铁硫化物的共沉淀等方式从溶液中去除。

（2）乳化 ZVI 反应墙

乳化 ZVI（EZVI）是通过添加微米尺度或纳米尺度 ZVI 粒子到受表面活性剂稳定的而且可生物降解的水-油乳液中形成的。这种乳液被注入地下致密的重非水相液体（DNAPL）层中。DNAPL 在油乳液中溶解，然后与 ZVI 反应。虽然 EZVI 设计用于处理 DNAPL，但它在处理溶解相污染物方面也很有效（Krug，2009）。

（3）其他铁基-有机质结合反应墙

铁基和有机碳的耦合材料也可以用于 PRB 反应介质。例如，纤维性有机材料（EHC）是一种由植物产生的控制释放的碳和 ZVI 颗粒的组合，它促进了地下水中氯代挥发性有机物（CVOCs）的生物还原脱氯和直接化学脱氯。EHC 通常使用直推技术在高压下注入地下，也可以使用直接搅拌、水力压裂、气动压裂和沟槽压裂技术。EHC 的有机成分营养丰富、亲水、具有较大的表面积。这些有机物质经过发酵后，会释放出多种挥发性脂肪酸（VFAs），成为其他细菌的电子供体。微尺度的 ZVI 颗粒提供了大量的反应表面积，刺激直接化学脱氯，并通过化学氧清除使地下水 ORP 下降，并产生氢气。

18.4.4.5 水力捕获

水力捕获性能是反映 PRB 处理能力和使用寿命的重要指标。捕获区宽度是指地下水通过反应单元或导水门（在漏斗-导水门式情况下）的宽度。通过反应区或导水门使地下水流量最大化，可使捕获区宽度最大化。水力捕获性能可以通过水位测量、流量传感器和胶体孔径镜以及地下水流动和溶质传输模型进行评估。对于漏斗壁为 180°（直漏斗）的反应系统，通过导水门的流量和水力捕集区宽度随着漏斗宽度的增加而增加。通过导水门的相对流量 Q_{rel} 随着漏斗宽度的增加而减少。相对流量是指在没有漏斗-导水门反应系统的情况下，通过导水门的流量 Q_{abc} 与通过该区域的流量 Q 的比值，即：

$$Q_{rel}=Q_{abc}/Q \tag{18.9}$$

当漏斗宽度不变时，通过导水门的绝对和相对流量（以及捕获区宽度）随着导水门宽度的增加而增加。因此，理想条件下，导水门应该尽可能宽才能保证足够的水力捕获性能。

18.4.4.6 镶嵌深度

PRB 的镶嵌深度由不透水层或弱透水层的埋深和厚度决定，根据国外实践经验，PRB 的底端嵌入不透水层至少 0.6m，用来防止污染羽流发生向下越流现象流入下游地区。实际设计时，应该根据污染物特征与地层特征进行穿透模拟，确定嵌入不透水层的深度。此外，为了防止污染地下水溢出墙外，加之地下水水位的季节性波动较大，反应墙顶端的反应介质腐蚀变少，所以 PRB 顶端需高于地下水最高水位。此外，还需要根据污染物的性质进行穿透模拟测试在动态水流作用下 PRB 对地下水污染物的吸附规律和吸附能力，以确定总吸附量和最佳镶嵌深度。

18.4.4.7 反应性

介质的反应性是指反应介质处理和固定污染物的能力，它也是反映PRB使用寿命的重要指标。PRB反应过程中生成的沉淀会附着在反应填料表面，降低了反应填料与污染物的接触面积，使得反应活性降低，因此可以通过设定的地球化学模型来预测反应性变化趋势，如果反应性降低十分明显，则设定的PRB反应机理或PRB修复技术不可采用。

18.4.4.8 使用寿命

利用PRB的目的是拦截地下水污染羽流，阻止地下水向下游迁移，或将污染物转化为毒性较低或流动性较差的物质，如三氯乙烯转化为乙烯，Cr(Ⅵ)转化为Cr(Ⅲ)。PRB具有一定的水力捕获性能和反应性，而且需要保证足够的停留时间，以满足反应发生的条件。PRB的使用寿命是指在安装后能维持这些功能（水力捕获性能、反应性和停留时间）的时间。表18.7列举了几种PRB反应介质的使用寿命。

表18.7 常见PRB填料的预期使用寿命

反应填料	使用寿命/a	反应填料	使用寿命/a
ZVI粗颗粒(300～2360μm)	>15	生物反应墙材料	4～6
ZVI细颗粒(<300μm)	>5	乳化植物油(EVO)	1.5～3
ZVI与碳基复合材料	3～5	有机黏土	>4

注：引自Suthersan，2017。

对反应介质的使用寿命可采用以下几个指标进行评价。

(1) 物料平衡

基于化学反应式计算得到的污染地下水修复目标对反应介质的消耗量，可以初步评价反应介质的使用寿命，计算公式如下：

$$t=A/r \tag{18.10}$$

式中 t——反应介质寿命，a；

A——反应介质有效组分质量，kg；

r——保持目标去除效率时反应介质的平均消耗速率，kg/a。

(2) 污染物去除效率

根据反应介质进水出水水质参数，计算目标污染物去除效率：

$$\eta=(C_0-C_e)/M \tag{18.11}$$

式中 η——目标污染物去除效率，mg/(L·kg)；

C_0——反应介质进水处污染物浓度，mg/L；

C_e——反应介质出水处污染物浓度，mg/L；

M——反应介质总质量，kg。

(3) 反应介质的渗透性

通过渗透系数的计算可以判断可渗透反应墙运行过程中反应介质渗透性变化。渗透系数通过达西定律计算：

$$K=vL/\Delta H$$

式中 K——填料渗透系数；

v——出水流速，cm/d；

L——可渗透反应墙沿地下水流向长度，cm；

ΔH——可渗透反应墙前后水头差，cm，可以通过压力计测定。

18.4.5 系统设计

18.4.5.1 系统构成

PRB系统由反应墙和监测系统组成，反应墙一般包括反应介质（填料）、滤网、顶盖、支架、过滤层（有时不设），监测系统包括监测井和监测设备。图18.13为场地PRB系统构成示意图。

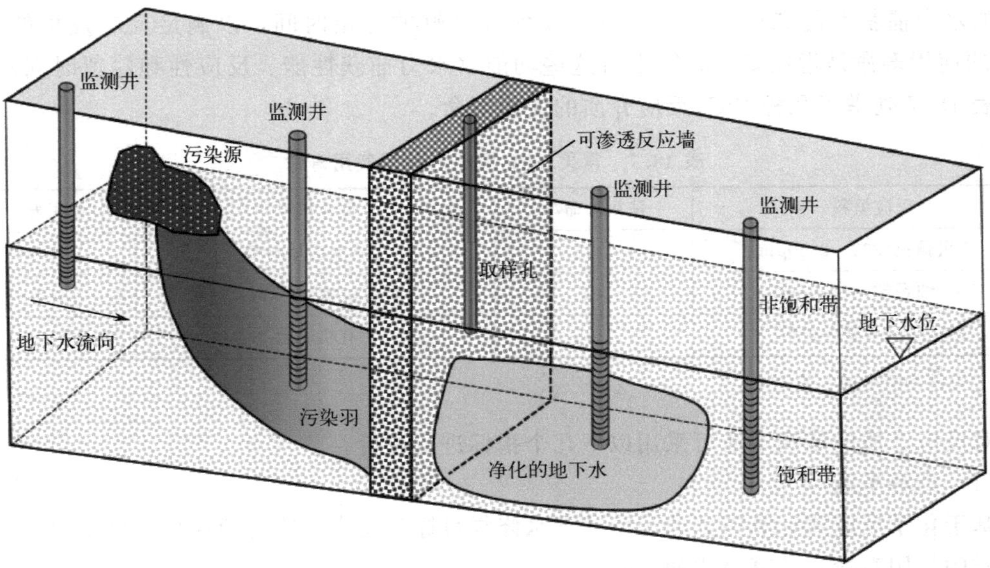

图18.13 场地PRB系统构成示意图

18.4.5.2 构建场地概念模型

场地概念模型构建对PRB设计至关重要。根据前期场地调查结果，细化概念模型，主要包括污染分布特征与场地特征：①污染物分布特征；②场地地质与水文地质条件；③地下水地球化学与生物地球化学特征；④岩土及地形特征。构建PRB系统需要的场地特征参数如表18.8所示。

表18.8 构建PRB系统需要获取的场地特征参数

特征参数	参数内容
污染物分布	目标污染物最大、平均及最小浓度，污染羽流的范围、流向、深度和宽度；比较分析羽流形状和污染物浓度可能随时间的变化情况
地质与水文地质	场地地层结构、均质性；水力梯度；渗透系数；含水层粒径分布；含水层孔隙度；羽流移动的速度
地球化学与生物地球化学	现场参数（ORP、DO、pH和电导率）；阳离子（如Na^{+}、K^{+}、Ca^{2+}、Mg^{2+}、Fe^{2+}、Fe^{3+}）；阴离子（如SO_4^{2-}、Cl^{-}、NO_3^{-}、NO_2^{-}）；TOC和DOC、微生物群落特征
岩土及地形特征、气候气象	土壤性质（如有机质含量、粒度、矿物学、岩性和结构）；固结沉积物；架空管线；地下管线；降雨；温度

18.4.5.3　实验与模型模拟测试

在现场特征和拟定的活性介质确定之后需要进行实验模拟测试以评估活性介质与特定场地的地下水性能，实验测试的目的如下：①筛选出合适的反应介质；②评价降解反应中污染物的半衰期；③测定反应介质的水力特性；④评价活性介质的寿命。

通常采用水文地质模型对 PRB 工程设计进行模拟，常见的模拟软件有 Groundwater Modeling System（GMS）、Visual MODFLOW 和 Groundwater Vistas（GV）等。

18.4.5.4　PRB 的形式确定

根据场地概念模型以及目标污染物特性，基于实验结果，确定 PRB 的结构形式与原理类型。

18.4.5.5　反应墙流速和流量确定

污染物通过 PRB 的流速可以根据场地的水文地质和反应介质的性质来计算。根据达西定律，通过 PRB 反应介质的体积流量（Q）可以计算如下：

$$Q=KA(\mathrm{d}h/\mathrm{d}l)$$

$$q=Q/A=K(\mathrm{d}h/\mathrm{d}l)$$

式中　Q——流经截面积为 A 的地下水流量；
　　q——比流量，填料单位表面积的体积流量；
　　K——反应介质的渗透系数；
　　A——横截面积；
　$\mathrm{d}h/\mathrm{d}l$——水力梯度，无量纲。

污染地下水通过 PRB 的实际流速 u_p 也能用达西定律来计算：

$$u_p=-q/n_{ep}=(K/n_{ep})(\mathrm{d}h/\mathrm{d}l)$$

式中　u_p——地下水通过 PRB 的实际流速；
　　n_{ep}——反应介质的有效孔隙度。

地下水流速 u_s 与 u_p 的关系可以表示为：

$$u_p=u_s(n_{es}/n_{ep}) \tag{18.12}$$

式中　n_{es}——场地土壤的有效孔隙度。

一般情况下，含水层的有效孔隙度要比反应填料的有效孔隙度小，所以污染物在 PRB 中的流速要小于在地下水中的流速。

18.4.5.6　停留时间

停留时间是指被污染的地下水在墙体内与活性介质接触的时间。PRB 设计必须在最大化捕获区宽度（和流量）和增加停留时间之间进行权衡。在反应区中的停留时间过短，污染物水平可能无法降低到预期浓度。

满足污染物降解所需的停留时间可以根据一级速率常数和存在的最大污染物浓度来估计。根据式（3.170）可得：

$$C=C_0\mathrm{e}^{-kt} \tag{18.13}$$

式中　C——t(d) 时刻污染物的浓度，mg/L；
　　C_0——初始污染物浓度，mg/L；

k——一级降解速率，d^{-1}。

由上式可求得停留时间为：

$$t=-\ln\left(\frac{C_t}{C_0}\right)/k$$

速率常数已知时，用式（3.173）估算进水中每一种目标污染物的半衰期：

$$t_{\frac{1}{2}}=\ln 2/k=0.693/k$$

利用达西定律，可以计算出材料的渗透系数 K 值（m/d），公式如下：

$$K=VL/(Ath) \tag{18.14}$$

式中 V——t(d) 时间内通过介质区域的体积，m^3；

L——反应介质的长度，m；

A——横截面积，m^2；

h——水头损失，m。

通过该方程计算出来的地下水停留时间可能是对污染物停留时间的保守估计，表示污染地下水处于反应区所需的最小时间，因为这没有考虑到有机化合物发生吸附和阻滞作用所需要的时间。

此外，停留时间还能通过以下公式计算：

$$t=LBHn/v \tag{18.15}$$

式中 L——PRB 长度；

B——PRB 宽度；

H——PRB 高度；

n——总孔隙度；

v——通过 PRB 的地下水流速度。

绘制一定水流速度下，柱体污染物浓度与反应柱的距离的函数关系。当流速和孔隙度已知时，通过柱的距离可以求出停留时间。然后可以生成污染物浓度（μg/L）与停留时间（h）的曲线图。然后再对其进行吸附动力学线性拟合，利用一级动力学方程可确定每个污染物的反应速率（k）或半衰期（$t_{1/2}$）。以小时为单位绘制 ln（C/C_0）随时间的曲线，拟合线的斜率为反应速率 $k(h^{-1})$。拟合程度可通过计算相关系数（r^2）来确定。r^2 值表示一阶模型与实验数据的拟合程度，数值越接近 1 代表拟合程度越高。

柱中填料是否均匀对 K 值的影响较大，所以在实验时应充分保证其均匀性。当地下水流速已知时，需要估算反应介质的孔隙度来估算通过反应区的体积流量，进而估计 PRB 捕获污染物的范围。通过介质的密度可以初步估计反应介质质量，以确定填充反应区的指定尺寸。

例题 18.1 对某材料介质进行柱实验测试，实验柱的横截面积为 0.25m^2，介质填充长度为 0.8m，介质的渗透系数为 108m/d，反应水头损失为 0.02m，求水样在该介质中的停留时间。

解：

根据式（18.14），水力停留时间为：

$$t=VL/(AKh)=(0.25\times0.8\times0.8)/(0.25\times108\times0.02)=0.3(d)$$

也可以根据达西定律：

$$Q=KA(\Delta h/L)$$

$$v=Q/A=K(\Delta h/L)$$

则水力停留时间为：

$$t=L/v=L/\left(K\frac{\Delta h}{L}\right)=\frac{0.8\times0.8}{108\times0.02}=0.3(\mathrm{d})$$

需要注意，为了适应现场应用需求，需要对实验数据进行修正。温度和密度是实验室与现场时常有差别的两个参数，现场应用的地下水温度（通常为 10℃）通常低于实验室柱实验的室温（通常为 20～25℃）。由于现场温度较低，经验停留时间可能需要增加。可根据阿伦尼乌斯公式推算实际场地温度下反应可达到的速率。

$$\ln k=\ln A-E_a/(RT) \tag{18.16}$$

式中 k——速率常数；

R——摩尔气体常量；

T——热力学温度；

E_a——表观活化能；

A——指前因子（也称频率因子）。

由于介质的沉降条件不同，现场反应区的容积密度一般低于实验室测定的容积密度。因此，现场地下水每单位体积活性介质的表面积可能低于柱实验测得的表面积。此外，降解速率（或半衰期）与活性介质的比表面积成正比，在实际场地中，地下水体积与反应填料表面积之间的比例较低，所以应增加污染物在反应单元上的停留时间。目前，没有明确的数据证实容积密度多大才算合适，在某种程度上，容积密度可以由施工效率和施工后活性介质的固结情况决定。

18.4.5.7 反应墙尺寸设定

（1）长度

PRB 的长度取决于污染羽流的尺寸。如果采用漏斗-导水门式反应系统，PRB 必须延伸到羽流的横向范围之外（垂直于水流方向），以确保所有被污染的地下水被捕获和处理。如果安装了多个 PRB，相邻的部分应该重叠，以防止污染地下水从二者间隙流出。一般情况下，为防止污染水流从 PRB 两侧绕流，墙体长度需为污染羽流宽度的 1.2～1.5 倍，但是也应根据实际水文地质条件进行计算评估。

（2）厚度（宽度）

PRB 的厚度是决定地下水水力停留时间的要素之一。确定的停留时间应保证污染物在此时间内达到修复目标要求。PRB 的厚度由给定反应介质中目标污染物的半衰期（停留时间）和地下水通过反应区的流速决定。

根据现场反应区预计的地下水流速和所需停留时间，可以确定 PRB 厚度（B）为：

$$B=v\times t\times \mathrm{SF} \tag{18.17}$$

式中 v——污染物在介质填料中的流动速度；

t——停留时间；

SF——考虑了反应动力学和地下水流动所有因素不确定性的安全系数，通常安全系数应该为计算出的地下水通过厚度的 2～3 倍。

（3）深度

通常 PRB 应该镶嵌到基岩层或隔水层，避免污染地下水从墙体底部流出。如果镶嵌到一个渗透性较差的含水层，会极大降低污染地下水绕流的可能。如果没有足够的弱透水层，

PRB 应该镶嵌到污染深度以下。根据欧美地区多个 PRB 工程的现场经验可知，PRB 的底端应嵌入不透水层至少 0.60m，PRB 的顶端需高于地下水最高水位。

例题 18.2 某场地有污染物渗透到地下，通过包气带到达含水层界面。假设该含水层主要为砂土和砾石，渗透系数为 100m/d，有效孔隙度为 0.3，水力梯度为 5.13×10^{-3}。本场地拟采用 PRB 技术进行修复，用零价铁（有效孔隙度为 0.45）作为 PRB 填料。试验结果证明该惰性物质降解反应符合一级反应动力学方程，求得 $t_{1/2}=9\text{h}$。经现场调查，该污染羽流宽 6m，厚 2m，位于地下 4m 处，该污染物浓度为 50mg/L，修复目标为 1mg/L。若安全系数为 2，设计 PRB 的长度、宽度和深度。

解：

地下水流速：

$$v_s=\frac{K}{n_e}\times\frac{dh}{dl}=\frac{100}{0.3}\times5.13\times10^{-3}=1.71(\text{m/d})$$

认为该污染羽流迁移速率等于地下水流速，即为 1.71m/d。

根据式（18.12），地下水在 PRB 中流速：

$$v_p=v_s/(n_{es}/n_{ep})=1.71\times(0.3/0.45)=1.14(\text{m/d})$$

根据式（3.173），反应速率常数：

$$k=\ln2/t_{\frac{1}{2}}=0.693/(9/24)=1.848(\text{d}^{-1})$$

则停留时间：

$$t=-\frac{1}{k}\ln\frac{C_t}{C_0}=-\ln\left(\frac{1}{50}\right)/1.848=2.12(\text{d})$$

根据式（18.17），PRB 反应区宽度：

$$B=v_p\times t\times\text{SF}=1.14\times2.12\times2=4.82(\text{m})$$

根据污染羽的状态，PRB 长度设为：6×1.5=9（m）。

深度设计为 7m。

18.4.5.8 使用寿命评估

随着 PRB 的运行，反应材料的活性以及空隙都在发生着动态变化。应对材料的反应速率、堵塞等情况进行测试，结合模型模拟的方法对反应材料后续状态进行预测，评估使用寿命。

18.4.6 性能监测

对 PRB 系统的运行情况进行监测是该系统的一项重要内容。性能监测内容如表 18.9 所示。

表 18.9 PRB 性能监测内容

监测内容	系统性能评价
地下水中污染物分布与组成	监测点位的布设
	监测频率的确定
	污染物和副产物的分析

续表

监测内容	系统性能评价
系统水力性能	水力捕获性能评估
	反应区的停留时间
系统地球化学性能	地下水组成成分分析
	地球化学模型评价
	反应介质岩心取样分析

18.4.6.1 地下水污染羽

污染物的监测点位和监测频率需要根据场地特征、PRB 类型等综合确定。一般来说，在 PRB 的内外侧沿地下水的流向以及污染羽内外都需要设置监测井。此外，还需在原位反应位置的挖掘区底部设置监测井，主要用于监控 PRB 下方可能存在的污染物迁移。监测井的设计位置及数量可参照图 18.14。

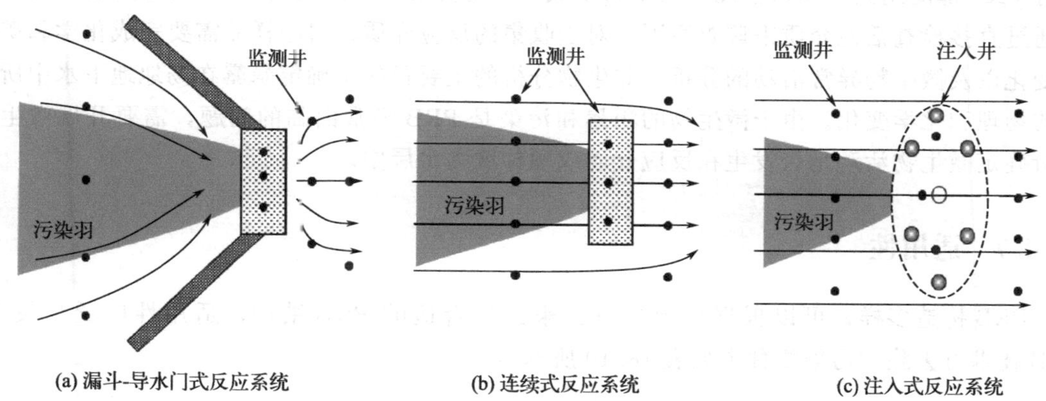

图 18.14 可渗透反应墙监测井布置

一般来说，PRB 系统的监测频率不必很高，因为活性介质的消耗速度很慢，时间尺度为数年。季度监测可以对目标污染物可能发生的越流现象提供足够的预判，而且季度周期也适用于监测地下水流动条件的季节变化。

18.4.6.2 系统水力性能

水力捕获性能评估旨在确定 PRB 是否能有效捕获地下水污染羽流，并能确定捕获区的宽度或方向。导致 PRB 无法捕获水污染羽流的原因既包括了与施工相关的原因也包括了场地条件的限制：一方面，反应区填料颗粒较细而且过于致密，导致地下水绕流；另一方面，受潮汐影响使得水流发生瞬态水流倒流，没能通过反应区。由于地下水流速和方向的季节变化，PRB 水力捕获性能也会发生变化，使得捕获带宽度小于设计宽度。水力捕获性能的评估通常用一些常规技术（如水位测量和示踪剂测试）或新兴技术（如原位速度探头、水力技术探头或胶体孔径镜）来实现。

PRB 中污染物的降解通常是由 PRB 中发生的反应动力学过程控制的。因此，停留时间易受地下水污染物降解程度的影响。在反应区内的地下水流速测量能提供有关停留时间的信息。一般来说，在 PRB 中估算地下水流速的方法与水文地质调查的方法相同，即采用达西定律计算、示踪剂测试和井内或原位流量探头测量等。

18.4.6.3 地球化学性能

为了监测并描述PRB内发生的过程，应定期采集地球化学信息以及开展地下水地球化学分析，主要目的是确保PRB仍具备降解或固定污染物的能力。场地现场参数测量有DO、ORP、pH、电导率和温度等。需氧含水层中DO含量可以用DO探针测量。通常，当溶解氧水平在0.5～8mg/L之间时，可采用DO探针测试。此外，地下水通过反应介质前后的天然无机组分浓度往往会发生变化，这个可以作为判断反应区内是否发生沉淀反应的依据。需要进行无机化学分析测定的参数有Na^{+}、Ca^{2+}、Mg^{2+}、Fe^{2+}、Mn^{2+}、NO_3^{-}、SO_4^{2-}、Cl^{-}、SiO_3^{2-}、碱度和总溶解度等。这种方法虽然无法准确计算出有多少沉淀物质沉积在反应介质中，以及这些沉淀如何影响反应介质的活性，但污染地下水通过反应介质前后无机组分含量的变化是反映沉淀作用发生的重要指标。

反应介质岩心取样和分析为评价反应介质的寿命提供了重要的地球化学信息，但并不是所有PRB都能用到。如果检测到与水力学或污染物降解有关的现场PRB性能问题，可能需要通过直接检查活性介质来调查原因。对于收集的反应介质的岩心样品需要完成化学和矿物学变化以及微生物异常活动的分析。非生物分析的主要目的是确定暴露在场地地下水中所发生的物理和化学变化。由于微生物的积累和污染是PRB经常面临的问题，需要开展微生物分析确定微生物活动是否发生在反应介质或顺梯度含水层中。

18.4.7 适用性

PRB构造多样，可以根据场地的特征来选择合适的PRB结构，适用性广泛且灵活。PRB技术可去除的污染物种类如表18.10所示。

表18.10 PRB技术可去除的污染物

污染物种类	分类	污染物名称
有机污染物	甲烷类	四氯化碳、三氯甲烷、二氯甲烷
	乙烷类	六氯乙烷、1,1,1-三氯乙烷、1,1,2-三氯乙烷
	乙烯类	三氯乙烯、顺1,2-二氯乙烯、反1,2-二氯乙烯、1,1-二氯乙烯
	丙烷类	1,2,3-三氯丙烷、1,2-二氯丙烷
	芳香族化合物	苯、甲苯、乙苯
	其他	六氯丁二烯、1,2-二溴乙烷、氟利昂113、*N*-亚硝基二甲胺
无机污染物	微量金属	铬、镍、铅、铀、锝、铁、锰、铜、钴、镉、锌
	阴离子污染物	硫酸盐、硝酸盐、磷酸盐

注：引自USEPA，1998b。

PRB不适用于承压含水层，也不适用于含水层深度超过10m的非承压含水层，对反应墙中反应介质的更换、维护、监测等要求极高。

PRB技术最显著的优势是对修复区域的干扰较小，反应介质灵活可变。与传统地下水抽出-处理相比，PRB施工结束后，由于填料反应完后会失去活性所以需要长期更换，除此之外，几乎不会再产生其他的运行或维护费用，造价较为低廉。但该技术也存在一些缺陷，如污染负荷较大时活性填料寿命较短；吸附污染物之后的填料的处理与处置也是个问题；由于介质长久不更换，容易造成截留在介质上的污染物被活化再次进入环境中；在反应过程中也可能产生毒性更强的代谢产物造成二次污染等。

习题与思考题

1. 论述阻隔技术在污染场地修复中的作用与技术分类，并结合实际应用场景分析不同类型阻隔技术的优缺点。

2. 论述污染场地中的止水帷幕与传统建筑工程中的止水帷幕的区别。

3. 分析竖向阻隔墙设计中关键技术参数（如渗透系数、厚度、嵌入深度）的确定方法及对服役年限的影响。

4. 在某化工污染场地中，设计了一道竖向阻隔墙以防止污染地下水向邻近居民区扩散。该地区的地下水水头差显著，由于紧邻河道，水头差通常维持在 6.0m。地质勘探表明，阻隔墙下部存在一层低渗透性黏土层，其厚度为 2.0m。阻隔墙厚度设计为 1.0m。回答以下问题：

① 最小嵌入深度 L_b 是否满足设计要求。

② 如果水头差增至 12.0m，重新计算所需的嵌入深度。

③ 解释为何不同技术规范对隔水帷幕的最小嵌入深度的要求不同，说明其在防止地下水绕流和污染物扩散方面的作用。

5. 某工业场地地下水受到重金属污染，为防止污染进一步扩散，需要建设一道阻隔墙对污染物进行阻隔。已知污染场地内的重金属浓度 C_0 为 300mg/L，阻隔墙内部浓度 $C_i=150$mg/L，阻隔墙外部穿透浓度 $C_e=5$mg/L。此外，阻隔墙的水动力弥散系数 D_{wx} 为 1×10^{-4}cm^2/s，孔隙率为 0.35，水力梯度为 0.02，阻隔墙厚度为 100cm，渗透系数为 1×10^{-5}cm/s。根据上述内容解答以下问题：

① 计算阻隔墙中的平均实际流速；

② 计算阻隔墙的服役年限。

6. 请对比 PRB 三种结构类型的优缺点以及适用场地类型。

7. 有一污染物泄漏到地下进入含水层界面。假设该含水层主要为砂土和砾石，渗透系数为 105m/d，有效孔隙度为 0.25。已知污染点附近监测井的静态水位高程为 168m，沿地下水流动方向下游 1760m 处的另一个监测井水位高程为 136m，试求该含水层地下水平均流速，分析该污染羽是否适合采用 PRB 技术处理。

8. 请根据本章所学知识，查阅相关资料，试提出几点增强可渗透反应墙技术可持续性的方法。

9. 某场地含水层地下水受污染，含水层的渗透系数为 80m/d，有效孔隙度为 0.32，水力梯度为 4.5×10^{-3}。拟采用 PRB 技术进行修复，用零价铁和石英砂（有效孔隙度为 0.40）作为填料。假设污染物降解为一级反应动力学，$t_{1/2}=8$h。该污染羽流宽 12m，厚 3m，污染羽顶部位于地下 3m，该污染物浓度为 60mg/L，修复目标为 2mg/L。若安全系数为 2，设计 PRB 的长度、宽度和深度。

10. 如何确定 PRB 中填料粒径与渗透系数的关系？

参考文献

范日东，等，2013. 受铅污染的土-膨润土竖向隔离墙材料的压缩及渗透特性试验研究[J]. 岩土工程学报，35（5）：841-848.

焦德才，等，2021. 水泥土的长期渗透特性研究[J]. 中国海洋大学学报（自然科学版），51（2）：112-118.

钱学德，等，2017. 填埋场和污染场地防污屏障设计与施工[M]. 北京：科学出版社.

中华人民共和国工业和信息化部，2020. 工业污染场地竖向阻隔技术规范：HG/T 20715—2020[S]. 北京：中国石油和化学工业联合会.

中华人民共和国住房和城乡建设部，2016. 建筑与市政工程地下水控制技术规范：JGJ 111—2016[S]. 北京：中国建筑工业出版社.

中华人民共和国住房和城乡建设部，2012. 生活垃圾卫生填埋场岩土工程技术规范：CJJ 176—2012[S]. 北京：中国建筑工业出版社.

BARTON C S，et al，2004. Performance of three resin-based materials for treating uranium-contaminated groundwater within a PRB[J]. Journal of Hazardous Materials，116（3）：191-204.

BENSON C，et al，2008. Evaluation of three organoclays for an adsorptive barrier to manage DNAPL and dissolved-phase polycyclic aromatic hydrocarbons（PAHs）in ground water[J]. Geo Engineering Rep，8：24.

Bureau of Reclamation，et al，2014. Design standards NO. 13：Embankment dams，chapter 16：Cutoff walls[R]. Washington DC：Bureau of Reclamation，U S Department of the Interior.

Candelaria M L，et al，2000. Effects of NAPL contaminants on the permeability of a soil-bentonite slurry wall material[J]. Transport in Porous Media，38：43-56.

CLEMENT T P，et al，1996. Macroscopic models for predicting changes in saturated porous media properties caused by microbial growth[J]. Groundwater，34（5）：934-942.

D'APPOLONIA D，et al，1980. Soil-bentonite slurry trench cutoffs[J]. Journal of the Geotechnical Engineering Division，106（4）：399-417.

DIVINE C，et al，2018. The horizontal reactive media treatment well（HRX well®）for passive in situ remediation：design，implementation，and sustainability considerations[J]. Remediation，28（4）：5-16.

FULLER C C，et al，2002. Mechanisms of uranium interactions with hydroxyapatite：Implications for groundwater remediation[J]. Environmental Science & Technology，36（2）：158-165.

HINCHBERGER S，et al，2010. Mechanical and hydraulic characterization of plastic concrete for seepage cut-off walls[J]. Canadian Geotechnical Journal，47（4）：461-471.

HUNDAL L S，et al，1997. Removal of TNT and RDX from water and soil using iron metal[J]. Environmental Pollution，97（1-2）：55-64.

KLAMMLER H，et al，2010. Analytical solutions for flow fields near drain-and-gate reactive barriers[J]. Groundwater，48（3）：427-437.

KRUG T，et al，2009. Field evaluation of the treatment of DNAPL using emulsified zero-valent iron（EZVI）[R]. Port Hueneme CA：Naval Facilites Engineering Command Engineering Service Center.

LUDWIG R D，et al，2009. Treatment of arsenic，heavy metals，and acidity using a mixed ZVI-compost PRB[J]. Environmental Science & Technology，43（6）：1970-1976.

LU X，et al，2007. NAPL Sorption capacity and permeability of organoclay/sand mixtures[R]. Austin TX：University of Texas at Austin.

MATHERSON L J，et al，1994. Reductive dehalogenation of chlorinated methanes by iron metal[J]. Environmental Science & Technology，28（12）：2045-2053.

MIEHR R，et al，2003. Remediation of 2，4，6-trinitrotoluene（TNT）by iron metal：kinetic controls on product distributions in batch and column experiments[C]. Washington DC：American Chemical Society.

MONDAL P K，et al，2016. Evaluation of peat and sawdust as permeable reactive barrier materials for stimulating in situ biodegradation of trichloroethene[J]. Journal of Hazardous Materials，313：37-48.

NYE M，et al，2004. Arsenic，mercury，and chromium treatment with refined foundry green sand[C]. Monterey CA：

Battelle Press.

REIBLE D, et al, 2008. The use of organoclay in managing dissolved contaminants relevant to contaminated sediments[R]. Skokie IL: CETCO.

SHACKELFORD C D, 1990. Transit-time design of earthen barriers[J]. Engineering Geology, 29 (1): 79-94.

SINGH J, et al, 1998. Remediating RDX-contaminated water and soil using zero-valent iron[R]. Madison WI: American Society of Agronomy, Crop Science Society of America, and Soil Science Society of America.

SINGH J, et al, 1999. Iron-mediated remediation of RDX-contaminated water and soil under controlled Eh/pH[J]. Environmental Science & Technology, 33 (9): 1488-1494.

SU C, et al, 2004. Nitrate reduction by zerovalent iron: Effects of formate, oxalate, citrate, chloride, sulfate, borate, and phosphate[J]. Environmental Science & Technology, 38 (9): 2715-2720.

SUTHERSAN S S, et al, 2017. Remediation engineering-design concepts second edition[M]. Florida: CRC Press.

U S Environmental Protection Agency, 1998a. Evaluation of subsurface engineered barriers at waste sites: EPA 542-R-98-005[R]. Washington DC: Environmental Protection Agency.

U S Environmental Protection Agency, 1998b. Permeable reactive barrier technologies for contaminant remediation: EPA 600-R-98-125[R]. Washington DC: Environmental Protection Agency.

U S Environmental Protection Agency, 2002. Economic analysis of the implementation of permeable reactive barriers for remediation of contaminated ground water: EPA 600-R-02-034[R]. Washington DC: Environmental Protection Agency.

VOGAN J L, et al, 1999. Performance evaluation of a permeable reactive barrier for remediation of dissolved chlorinated solvents in groundwater[J]. Journal of Hazardous Materials, 68 (1-2): 97-108.

WANG S, et al, 2022. Effects of cement content and soil texture on strength, hydraulic, and microstructural characteristics of cement-stabilized composite soils[J]. Bulletin of Engineering Geology and the Environment, 81 (7): 264.

WANG S, et al, 2023. Permeability and strength characteristics of silty sands grouted with cement and polymer[J]. Acta Geotechnica, 19 (4): 2125-2143.

YAMADA H, et al, 1986. A fundamental research on phosphate removal by using slag[J]. Water Research, 20 (5): 547-557.

YEO S S, et al, 2005. Consolidation and hydraulic conductivity of nine model soil-bentonite backfills[J]. Journal of Geotechnical and Geoenvironmental Engineering, 131 (10): 1189-1198.

第19章

地下水异位处理技术

19.1 概述

地下水异位修复最常采用的是抽出-处理与多相抽提技术，抽出的污染地下水需要在地面上的废水处理系统中进行处理，经处理后达标回用或纳管排放。尽管污染地下水的特性与工业废水或生活污水有差别，但地下水一旦被抽提出来，其处理方法基本与传统的废水处理相同。所不同的是，受场地条件、经济性和处理周期的限制，其处理技术的选择与传统的废水处理还是有所区别。由于地下水中有机污染物浓度一般都很低，可生化性较差，较少采用系统复杂、启动缓慢、占地较大的微生物处理法（如活性污泥法、生物反应器法等），一般采用设备搭建方便、系统启动较快、空间占用较小的物理和化学法，如活性炭吸附法、高级氧化法、化学沉淀法、膜分离法等。

本章统一介绍场地修复中污染地下水异位处理的常用技术，前述章节中涉及地下水异位处理的不再作详细介绍。

19.2 反应器与数学模型

19.2.1 反应器类型

反应器是化学反应工程中的重要研究内容。20 世纪 70 年代起水处理工程引入了反应器的理论，现代水处理工程把水处理过程中采用的一切池子和设备都称为反应器。

按照反应器的混合条件可分为均相反应器（homogeneous reactor）和多相反应器（heterogeneous reactor）。反应只在一个相内进行的称为均相反应器，反应物之间直接接触，不存在传质过程；需要两相及以上才能进行反应的称为多相反应器，反应物存在于不同相中，反应物需要接触才能发生反应，存在传质过程。

按照运行方式，反应器可分为间歇式反应器（batch reactor）与连续流式反应器（continuous flow reactror）。间歇式反应器也称序批式反应器，反应物分批次进入反应器进行混合反应，经一定时间后排出反应器。反应器内的物质浓度随时间而变化（但在空间上的分布是均匀的），是非稳定态的反应器。当反应物进料与出料都是连续的，反应器内反应物的浓度、进出料流量、反应条件都不随时间而变化，是稳态流反应器。

连续流式反应器按混合条件又分为两种理想类型：连续流搅拌反应器或恒流搅拌反应器（constant flow stirred tank reactor，CFSTR）和活塞流反应器（plug flow reactor，PFR）或管式反应器（tubular reactor，TR）。

描述反应器中发生反应的基本方法是物质守恒定律，通过物质平衡可以建立各种反应器的质量平衡方程，其一般形式为：

物质积累速率＝物质进入速率－物质流出速率±物质产生或消亡的速率

19.2.2　连续流搅拌反应器

连续流搅拌反应器是应用最为广泛的设备之一，其主要特点是操作条件控制范围大，体积不受限制，适应能力强，运行维护方便，对牛顿型流体和非牛顿型流体均可适用。在场地修复中，抽出后地下水的化学氧化、混凝沉淀以及土壤淋洗、泥浆修复法等经常采用连续流搅拌反应器。

连续流搅拌反应器如图 19.1 所示。进出反应器的流量皆为 Q。反应物 A 的进口浓度为 C_{Ai}，在反应器内的反应速率为 r_A。由于在 CFSTR 内达到完全混合状态，整个反应器内 A 的浓度都是均匀的，因此 A 的出口浓度也必然是 C_A，即：从反应器中各点采集的样品具有同样的组成，反应器出水成分与反应器内相同。

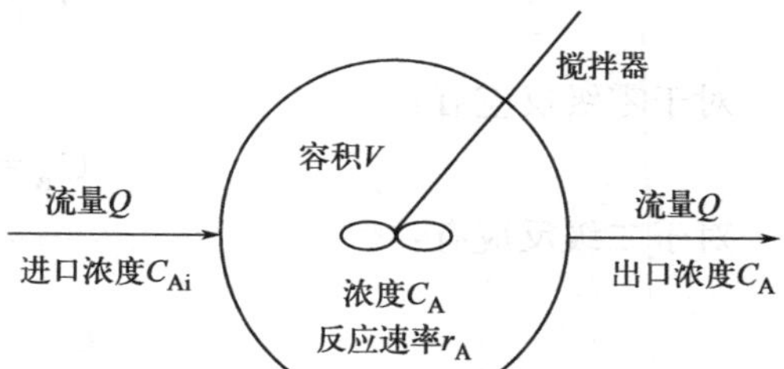

图 19.1　CFSTR 示意图

19.2.2.1　数学模型

根据质量守恒，可以写出图 19.1 反应器的物料衡算方程为：

$$QC_{Ai}+Vr_A=QC_A+V\frac{dC_A}{dt} \tag{19.1}$$

式中，$\frac{dC_A}{dt}$为反应物浓度随时间的变化，是按非稳态考虑的，但实际应用时都按稳态考虑，即$\frac{dC_A}{dt}=0$，上式可简化为：

$$QC_{Ai}+Vr_A=QC_A \tag{19.2}$$

令 $\theta_T=\frac{V}{Q}$为反应器的停留时间，代入式（19.1）可得 CFSTR 的一般方程为：

$$C_A+\theta_T r_A=C_A+\theta_T\frac{dC_A}{dt} \tag{19.3}$$

稳定时，$\frac{dC_A}{dt}=0$，上式变为：

$$C_A+\theta_T r_A=C_A \tag{19.4}$$

19.2.2.2　方程的解

（1）零级、一级、二级反应的解

当反应器内发生的是一级反应时，有：

$$r_A = -kC_A \tag{19.5}$$

式中　k——反应速率常数。

代入式（19.3）得：

$$C_A - \theta_T k C_A = C_A + \theta_T \frac{dC_A}{dt}$$

对上式进行积分，得：

$$\int_0^{C_A} \frac{dC_A}{C_{Ai} - (1+\theta_T k)C_A} = \int_0^t \frac{dt}{\theta_T}$$

$$\frac{1}{1+\theta_T k} \ln \frac{dC_A}{C_{Ai} - (1+\theta_T k)C_A} = \frac{t}{\theta_T}$$

整理得：

$$C_A = \frac{1}{1+\theta_T k}\left\{1 - \exp\left[-\frac{t(1+\theta_T k)}{\theta_T}\right]\right\}$$

当 t 相当大时，$\exp\left[-\frac{t(1+\theta_T k)}{\theta_T}\right]$ 项可忽略，即 C_A 不再是时间 t 的函数，而是处于稳态的，上式可简化为：

$$C_A = \frac{C_{Ai}}{1+\theta_T k} \tag{19.6}$$

对于零级反应有：

$$C_A = C_{Ai} - \theta_T k \tag{19.7}$$

对于二级反应有：

$$C_A = \frac{C_{Ai}}{1+\theta_T k C_A} \tag{19.8}$$

（2）平行反应的稳态解

当反应器中反应物 A 生成两种物质 B 和 C 时，称为平行反应，反应平衡常数分别为 k_1、k_2，此时可以用 k_1+k_2 代替 k，则式（19.6）为：

$$C_A = \frac{C_{Ai}}{1+\theta_T(k_1+k_2)}$$

生成物 B 的物料衡算方程为：

$$Q \times 0 + Vk_1 C_A = QC_B$$

将 $\theta_T = \frac{V}{Q}$ 代入，解得：

$$C_B = \frac{V}{Q} k_1 C_A = \theta_T k_1 C_A$$

将 C_A 公式代入得：

$$C_B = \frac{\theta_T k_1 C_{Ai}}{1+\theta_T(k_1+k_2)}$$

同理得：

$$C_C = \frac{\theta_T k_2 C_{Ai}}{1+\theta_T(k_1+k_2)} \tag{19.9}$$

（3）串联反应的稳态解

反应器中反应物 A 先生成 B 再生成 C 的反应，为串联反应。两步的反应平衡常数分别为 k_1、k_2，串联反应的 C_A 可表达为：

$$C_A=\frac{C_{Ai}}{1+\theta_T k_1}$$

由 C_B 的物料衡算方程可得出 C_B 的公式：

$$Q\times 0+Vk_1C_A-Vk_2C_B=QC_B$$

将 $Q_T=V/Q$ 代入，得：

$$C_B=\frac{\theta_T k_1 C_A}{1+\theta_T k_2}=\frac{\theta_T k_1 C_{Ai}}{(1+\theta_T k_1)(1+\theta_T k_2)} \tag{19.10}$$

同理，由 C_C 的物料衡算方程可得出 C_C 的公式：

$$Q\times 0+Vk_2C_B=QC_C$$

$$C_C=\frac{\theta_T{}^2 k_1 k_2 C_{Ai}}{(1+\theta_T k_1)(1+\theta_T k_2)}$$

19.2.2.3 反应器尺寸

根据处理目标浓度，由式（19.6）、式（19.7）、式（19.8）可计算出反应器的停留时间 θ_T，则反应器的体积 V 为：

$$V=\theta_T Q \tag{19.11}$$

19.2.3 序批式反应器

序批式反应器是按时间顺序间歇操作运行的反应器，其特点是在空间上完全混合，时间上完全推流，整个处理过程在同一反应器中进行，控制比较简便。在场地修复中，序批式反应器是地下水异位处理最常采用的方式之一。

19.2.3.1 数学模型

序批式反应器只是在操作上是按批次进行的，大多数情况下反应器中的反应都符合一级反应，即：

$$dC/dt=-kC$$

对上式在 0～t 时间内积分，可得：

$$\ln(C/C_0)=-kt$$

即：

$$C=C_0 e^{-kt} \tag{19.12}$$

式中 C_0——反应开始时物质 A 的浓度；

C——时间 t 时物质 A 的浓度；

k——反应速率常数。

对于零级反应有：

$$C=C_0-\theta_T k \tag{19.13}$$

对于二级反应有：

$$C=\frac{C_0}{1+\theta_T kC} \tag{19.14}$$

19.2.3.2 反应器尺寸

根据处理目标浓度，由式（19.9）可计算出反应器的停留时间 θ_T，则反应器的体积 V 为：

$$V=\theta_T Q \tag{19.15}$$

例题 19.1 设计一个序批式反应器处理多氯联苯（PCBs）污染土壤，PCBs 浓度为 200mg/kg。需要去除、转化或降解 90%的 PCBs，反应速率常数是 $0.5h^{-1}$。求该反应器的停留时间。如果最终的修复目标是 10mg/kg，所需停留时间是多久？

解：

尽管题目中没有说明是几级反应，可由反应常数 k 的单位（h^{-1}）判断该反应是一级反应。

a. 对于 90%的降解率，$\eta=90\%$，有

$$C_f=C_1(1-\eta)=200\times(1-90\%)=20(mg/kg)$$

将已知参数值代入式（19.12），有

$$20/200=0.1=e^{-0.5t}$$

$$t=4.6(h)$$

b. 修复目标为 10mg/kg 时，有

$$10/200=0.05=e^{-0.5t}$$

$$t=6.0(h)$$

所需停留时间为 6.0h。

19.2.4 活塞流反应器

活塞流反应器物料从一端进入，从另一端排出，不需要搅拌，反应器结构简单，能耗低，运行方便，适用于高浓度物相反应，稳定性高。缺点是固体容易沉淀于池底，存在流体短流问题，影响反应器的有效容积，使固体滞留期和水力滞留期缩短，效率降低，往往需要固体回流，反应器内难以保持一致的温度，易产生厚的结壳。在地下水异位处理或土壤异位修复中应用相对较少。

活塞流反应器如图 19.2 所示。反应器的体积为 V，截面积为 A，进出反应器的流量皆为 Q。流速为 $u=Q/A$，进口浓度为 C_i，出口浓度为 C_o，反应速率为 r。流体流行距离 x 时，所需的时间为 $t=x/u$。反应器停留时间为 $T=L/u=V/Q$。

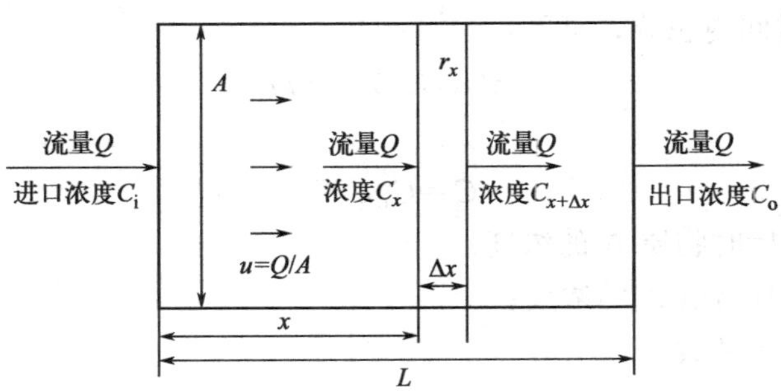

图 19.2 活塞流反应器示意图

19.2.4.1 数学模型

根据图 19.2，反应器内 $A\Delta x$ 内的物料衡算方程为：

$$QC_x+(A\Delta x)r=QC_{x+\Delta x}+(A\Delta x)\frac{\partial C_x}{\partial t} \tag{19.16}$$

令 $\Delta x \to dx$ 时，上式可以写成：

$$-\frac{Q}{A}\times\frac{\partial C_x}{\partial x}+r=\frac{\partial C_x}{\partial t}$$

式中反应器流速 $u=Q/A$，物质流到 x 处的时间 $\theta_T=x/u$，因此上式可写为：

$$-\frac{\partial C}{\partial \theta_T}+r=\frac{\partial C}{\partial t}$$

在稳态条件下，$\partial C/\partial t=0$，得：

$$\partial C/\partial \theta_T=r \tag{19.17}$$

19.2.4.2 方程的解

当反应为一级反应时，将 $r=-kC$ 代入式 (19.17)，积分有：

$$\int_{C_i}^{C_o}\frac{dC}{C}=-k\int_0^{\theta_T}d\theta_T$$

得：

$$C_i=C_o e^{-k\theta_T} \tag{19.18}$$

对于零级反应有：

$$C=C_o-\theta_T k \tag{19.19}$$

对于二级反应有：

$$C=\frac{C_o}{1+\theta_T kC} \tag{19.20}$$

19.2.4.3 反应器尺寸

根据处理目标浓度，可计算出反应器的停留时间 θ_T，则反应器的体积 V 为：

$$V=\theta_T Q \tag{19.21}$$

需要注意，活塞流反应器是一种理想的反应器模型，但在实际应用中往往存在死角、短路流、沟流等现象，使得流体实际停留时间小于 V/Q，反应器处理效果偏离理想状况，常常用停留时间分布对偏离情况进行分析。

19.2.5 多孔颗粒反应器

废水处理中经常采用的活性炭颗粒、离子交换树脂属于真正多孔的构造，而活性污泥絮体反应中的絮体可等效为一种多孔构造来处理。使用多孔颗粒模型可以处理发生在颗粒外表面及内表面某些位置上的多相反应。首先，多孔颗粒可以理想化为一个球形的多孔颗粒来进行数学处理，但多孔颗粒的几何形状具有多样性；其次，反应仅发生在多孔颗粒的外表面及内表面。因此，引进有效系数将反应表面的数学描述与反应过程二者联系起来，数学模型及求解如下（许保玖，2008）。

19.2.5.1 数学模型

如图 19.3 所示，颗粒视为球体，球的半径为 Z，球的单位体积所含的表面积即比表面

为 a，单位为 cm^2/cm^3，微元素壳剖面厚度为 Δz。

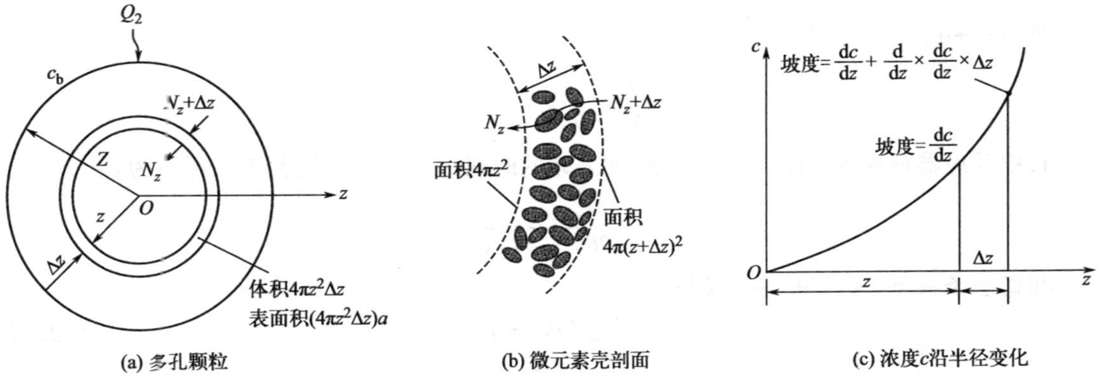

图 19.3　多孔颗粒模型示意图（许保玖，2008）

当 $z=0$ 时反应物的浓度 $c=0$；$z=Z$ 时 $c=c_b$；球内反应速率 $r=-k^n c$；污染物的有效扩散系数为 D，代表污染物在微观孔隙中所遇到的扩散阻力。

多孔颗粒内浓度 c 不连续，某一点的浓度取附近的无限小体积内的浓度平均值。以该浓度定义的扩散系数称为有效扩散系数，即

$$N=-D\frac{dc}{dz} \tag{19.22}$$

式中　N——扩散通量。

如图 19.3（a）和（b）所示，取半径为 z、厚度为 Δz 的无穷小的球壳元素，扩散的浓度梯度见图 19.3（c），则得：

$$D\left(\frac{\partial c}{\partial z}+\frac{\partial^2 c}{\partial z^2}\Delta z\right)[4\pi(z+\Delta z)^2]+(4\pi z^2\Delta z)ar=D\frac{\partial c}{\partial z}4\pi z^2+4\pi z^2\Delta z\frac{\partial c}{\partial t} \tag{19.23}$$

因扩散及反应处于稳态，故上式中 $\partial c/\partial t=0$，c 仅为 z 的函数，无须写成偏微分的形式。将上式展开并略去 $(\Delta z)^2$ 等高次项后整理为下列形式：

$$D\left(z\frac{d^2 c}{dz^2}+2\frac{dc}{dz}\right)=-zra \tag{19.24}$$

将 $r=-k^n c$ 代入上式，得

$$D\left(z\frac{d^2 c}{dz^2}+2\frac{dc}{dz}\right)=k^n a(zc) \tag{19.25}$$

上式中 $z\frac{d^2 c}{dz^2}+2\frac{dc}{dz}=\frac{d^2\ (zc)}{dz^2}$，可表示为常系数微分方程式：

$$\frac{d^2(zc)}{dz^2}=\frac{k^n a}{D}(zc) \tag{20.26}$$

19.2.5.2　方程的解

上式一般解为：

$$zc=A\sinh\left(\sqrt{\frac{k^n a}{D}}z\right)+B\cosh\left(\sqrt{\frac{k^n a}{D}}z\right) \tag{19.27}$$

依据边界条件，得：

$$A=\frac{Zc_{\mathrm{b}}}{\sinh(\sqrt{k^{n}a/D}Z)} \tag{19.28}$$

$$B=0$$

得多孔颗粒内浓度 c 表达式为：

$$c=\frac{Zc_{\mathrm{b}}\sinh\left(\sqrt{\frac{k^{n}a}{D}}z\right)}{z\sinh\left(\sqrt{\frac{k^{n}a}{D}}Z\right)} \tag{19.29}$$

c 表达式中，D 无法直接测定，采用有效系数的概念间接确定 D。有效系数为衡量扩散系数 D 在整个过程中所起作用的指标。$E=1$ 时，说明扩散阻力不起作用；E 值越小说明扩散阻力越大。有效系数 E 公式如下：

$$E=M_{\mathrm{d}}/M_{\mathrm{r}} \tag{19.30}$$

式中 M_{d}——扩散到球内的物质产率，以一定数量的半径为 Z 的多孔颗粒试验得出；

M_{r}——多孔颗粒磨成极细颗粒的反应产率，用量与测定 M_{d} 的多孔颗粒的质量一样，因半径接近于零，扩散阻力的作用可忽略。

粒状活性炭的有效系数可通过以下方法求得。先取 1g 粒状活性炭做吸附试验，得出吸附产率 M_{d}。把 1g 粒状活性炭磨成粉状，再做吸附试验，所得出的吸附产率即为 M_{r}。

多孔颗粒内的反应产率即每秒通过颗粒外表面向颗粒内扩散的总量：

$$M_{\mathrm{d}}=\text{球的表面积}\times\text{扩散通量}=4\pi Z^{2}\left(-D\frac{\mathrm{d}c}{\mathrm{d}z}\bigg|_{z=Z}\right)$$

由浓度 c 表达式求出 $\frac{\mathrm{d}c}{\mathrm{d}z}\bigg|_{z=Z}$ 代入上式，得

$$M_{\mathrm{d}}=-4\pi Z^{2}D\left[\sqrt{\frac{k^{n}a}{D}}\coth\left(\sqrt{\frac{k^{n}a}{D}}Z\right)-\frac{1}{Z}\right]c_{\mathrm{b}}$$

当无扩散阻力时，在整个多孔颗粒的有效面积上都会立即发生反应，有效面积为 $\left(\frac{4}{3}\pi Z^{3}\right)a$，反应的产率为：

$$M_{\mathrm{r}}=\frac{4}{3}\pi Z^{3}a(-k^{n}c_{\mathrm{b}})$$

有效系数为：

$$E=\frac{M_{\mathrm{d}}}{M_{\mathrm{r}}}=\frac{3}{\sqrt{k^{n}a/D}Z}\coth(\sqrt{k^{n}a/D}Z)-\frac{3D}{k^{n}aZ^{2}}$$

多孔颗粒的有效系数如图 19.4 所示，图中，横坐标应为$\sqrt{k^{n}a/D}Z$，为了便于与其他形状的多孔颗粒的有效系数比较，改用$\sqrt{k^{n}a/D}Z/3$。非球形多孔颗粒的横坐标为$\sqrt{k^{n}a/D}V_{\mathrm{p}}/A_{\mathrm{p}}$，$V_{\mathrm{p}}$ 及 A_{p} 分别为颗粒的体积及外表面积，多孔颗粒的$\frac{V_{\mathrm{p}}}{A_{\mathrm{p}}}=Z/3$。

本节的多孔颗粒是按多相反应来求解的，同样，也可把多孔颗粒按均相反应来求解。按均相反应来推导公式时，把表面反应速率更改为容积内的反应速率 $r=-kc$ 的形式。因不存在反应的表面积，因此在物料衡算方程中无比表面积 a 参数。

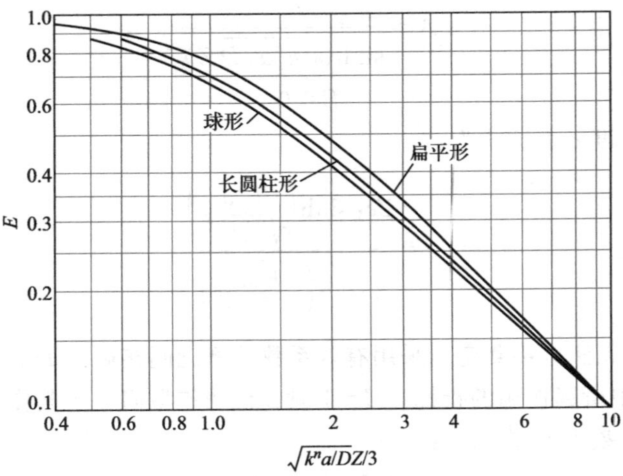

图 19.4　多孔颗粒的有效系数（许保玖，2008）

19.3　活性炭吸附法

19.3.1　技术简介

活性炭是水处理领域最为常用的吸附剂。活性炭是多孔材料，具有比较大的比表面积，材料表面上具有大量吸附位点，几乎对所有的污染物都具有吸附作用。活性炭去除污染物的主要机理是吸附作用。描述活性炭吸附过程最常用的模型是 Langmuir 等温线和 Freundlich 等温线。

市场上已经形成了类型多样的各类活性炭产品，并以桶装、箱装等形式出现，方便活性炭的装填。活性炭有一定的吸附容量，当吸附饱和后活性炭就失去了继续吸附的能力。饱和后的活性炭需要更换或再生处理。

19.3.2　系统设计

设计活性炭吸附系统时，需要确定的参数包括：吸附容量、活性炭吸附器的体积、活性炭吸附器的横截面积、活性炭吸附器的高度、污染物去除速率或污水负荷、活性炭所能吸附的污染物质量、活性炭服役周期和活性炭吸附器结构的最优组合方式（有多个活性炭吸附器）等。

19.3.2.1　吸附容量的确定

吸附容量有不同的形式。最大静态吸附容量是活性炭的理论吸附容量，理论吸附容量可通过实验测定或吸附模型计算获得。活性炭在处理废水时，水是流动的，而且废水中还含其他竞争性离子，活性炭达不到最大吸附容量。在实际工艺设计时，可采用两种方式确定活性炭的实际吸附容量。

（1）理论计算法

通过 Langmuir 等温线［式（3.129）］和 Freundlich 等温线［式（3.130）］计算理论吸附容量（q），考虑到实际工程中的安全系数，计算得到理论吸附容量后，再乘以 25%～

50%的系数，即为设计吸附容量。

(2) 实验测定法

实际运行时活性炭的实际吸附容量与水力负荷、废水性质等因素有关。对同一种废水和活性炭来说，不同的水力负荷运行工况对应不同的动态吸附容量。设计前，采用实际废水进行实验，做出水力负荷与实际吸附容量（q_e）之间的关系图，再根据设计水力负荷确定设计吸附容量，必要时适当考虑一定的安全系数。实验测定法与实际运行情况相符，测定的吸附容量较真实可靠。

19.3.2.2 确定废水处理流量和反应器停留时间

不同的污染场地地下水每天抽出的水量差异很大，地下水抽出后通常暂存于地面上的临时蓄水池中，根据水量大小确定当天的水量当天处理完或多天的水量集中处理完。此时需要确定废水的处理流量和停留时间。停留时间一般 5～20min，根据具体废水性质确定。

19.3.2.3 确定活性炭反应器尺寸

活性炭反应器的尺寸三要包括活性炭体积、横截面积和高度几个参数。

(1) 活性炭体积

确定了废水流量和停留时间，可用下式计算需要的活性炭体积：

$$V=Q\theta_T \tag{19.31}$$

式中 Q——废水流量，m^3/min；

θ_T——停留时间，也称空床接触时间，min。

(2) 横截面积

根据水力负荷确定反应器的横截面积：

$$A=Q/q \tag{19.32}$$

式中 A——反应器的横截面积，m^2；

q——反应器的水力负荷，$m^3/(m^2 \cdot min)$，一般低于 300。

(3) 反应器的高度

反应器的高度为：

$$H=V/A \tag{19.33}$$

式中 H——反应器的高度，m。

19.3.2.4 计算污染物去除速率

活性炭反应器污染物去除率用下式计算：

$$R=Q(C_i-C_o) \tag{19.34}$$

式中 R——污染物去除率；

C_i——进水污染物浓度；

C_o——出水污染物浓度。

19.3.2.5 确定活性炭的更换周期

活性炭更换周期用下式计算：

$$T=m/R \tag{19.35}$$

式中 T——活性炭更换周期；

m——污染物的去除量，为活性炭实际吸附容量与活性炭质量之积。

19.3.2.6 活性炭反应器的组合方式

水量较大时，往往需要多个活性炭反应器，可根据具体情况确定采用串联或并联方式运行。

例题 19.2 某污染场地地下水存在氯苯污染，浓度为 36mg/L。地下水中氯苯的修复目标为 0.6mg/L。采用抽出-处理技术，抽出的地下水采用活性炭进行处理，每天需要处理的水量为 $100m^3$。商家提供的活性炭的理论吸附容量为 100g/kg，活性炭堆积密度为 $480kg/m^3$，设计活性炭的用量、反应器的尺寸及更换周期。

解：

a. 取安全系数为 0.5，则活性炭实际吸附容量为：

$$q_e = q \times 0.5 = 100 \times 0.5 = 50(g/kg)$$

b. 反应器停留时间设为 15min，则所需活性炭的体积为：

$$V = Q\theta_T = (100m^3/d)/(24h \times 60min) \times 15min = 1.04m^3$$

c. 设反应器的水力负荷为 $200m^3/(m^2 \cdot d)$，活性炭吸附器所需横截面积为：

$$A = Q/q = (100m^3/d)/[200m^3/(m^2 \cdot d)] = 0.5m^2$$

d. 则反应器的高度为：

$$H = V/A = (1.04m^3)/(0.5m^2) = 2.10m$$

如果采用桶装反应器，则桶的直径为 0.8m，高度为 2.10m。如果采用成品反应器，则根据成品的尺寸确定反应器的数量。

e. 确定污染物去除率和去除总量：

$$R = Q(C_i - C_o) = 100m^3/d \times (36mg/L - 0.6mg/L) = 3.54kg/d$$

活性炭吸附污染物的总量为：

$$m = q_e V \rho_b = 50g/kg \times 1.04m^3 \times 480kg/m^3 = 24.96kg$$

f. 计算更换周期：

$$T = m/R = (24.96kg)/(3.54kg/d) = 7.05d$$

需要 7d 更换一次活性炭。

19.4 高级氧化法

19.4.1 技术简介

高级氧化技术（advanced oxidation process，AOPs），又称深度氧化技术，是指与有机污染物进行系列自由基链反应，使其逐步降解为无害的低分子量的有机物，直至降解为 CO_2、H_2O 和其他无机物的技术。

高级氧化技术以产生具有强氧化能力的羟基自由基（·OH）或其他自由基为特点，在高温高压、电、声、光辐照、催化剂等反应条件下，使大分子难降解有机物氧化成低毒或无毒的小分子物质。根据产生自由基的方式和反应条件的不同，可将其分为光化学氧化、催化湿式氧化、臭氧氧化、电化学氧化、芬顿（Fenton）氧化等。

高级氧化技术类型多样，具体信息可参考水处理专业书籍，本书不再做详细讲解。在实际工程应用中，根据废水性质及处理目标，可以单独使用一种高级氧化技术，也可以组合多种高级氧化技术同时实施，保证处理效果。图 19.5 为不同高级氧化技术的组合方法。

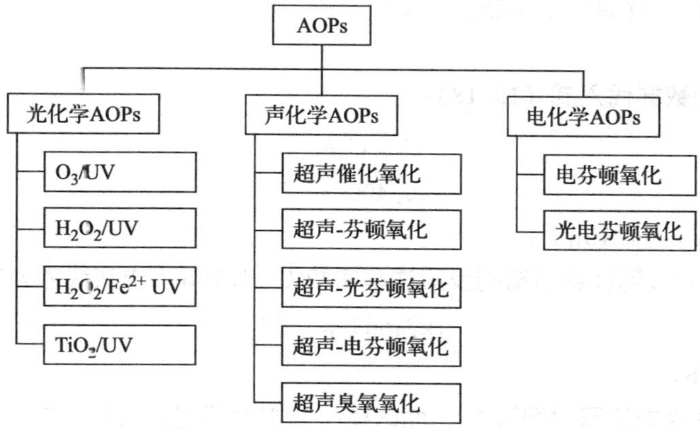

UV—紫外辐射

图 19.5 高级氧化技术的不同组合方法

19.4.2 系统设计

高级氧化法技术类型多样，技术设计方法区别也较大。本节以常用的 Fenton 氧化法为例进行说明。

由过氧化氢与催化剂 Fe^{2+} 构成的氧化体系称为 Fenton 试剂，向已污染的水体中加入芬顿试剂，Fe^{2+} 与 H_2O_2 反应生成·OH，同时 Fe^{3+} 被还原为 Fe^{2+}，形成循环反应。

$$Fe^{2+}+H_2O_2 \longrightarrow Fe^{3+}+OH^-+\cdot OH \tag{19.36}$$

实际工程中，采用抽出-处理方法将受污染的地下水抽出，工艺流程主要包括调酸、催化剂混合、氧化反应、中和、固液分离、污泥处理等过程。其中氧化反应需要在氧化池中投加过氧化氢溶液，氧化反应池采用塔式时，宜采用升流式反应器。塔式反应器包含芬顿试剂混合区、布水区和反应区。混合区混合速度梯度 G 值应不小于 $500s^{-1}$，布水区应配水均匀，回流比应不低于 100%。塔式反应器高径比宜在 1.0～5.0 之间，高度应不高于 15m。

氧化反应池池体有效容积可按下式计算：

$$V=QT \tag{19.37}$$

式中 V——池体有效容积，m^3；

Q——设计水量，m^3/h；

T——水力停留时间，h。

氧化反应池有效面积可按下式计算：

$$F=V/H \tag{19.38}$$

式中 F——池体有效面积，m^2；

H——池体有效水深，m。

实际工程中，一般使用计量泵进行氧化剂的注入和混合。地下水连续流经一个或多个氧化池，氧化池内水流可视为活塞流，且遵循一级反应动力学。数学模型为式 (19.18)：

$$C_i=C_o e^{-k\theta_T}$$

例题 19.3 采用芬顿氧化法处理抽出地下水中的五氯酚 (PCP)，地下水中 PCP 浓度为 400μg/L。通过中试试验发现，水力停留时间为 2h 时，PCP 浓度从 400μg/L 降低到 40μg/L。PCP 的排放限值为 18μg/L，假设反应池内水流是理想活塞流且反应遵循一级反应动力学关系，水力停留时间按 2h 计，计算应使用多少个反应池。

解：

将题干中所给的数据代入式（19.18）：

$$C_i = C_o e^{-k\theta_T}$$

即

$$40/400 = e^{-2k}$$

得反应速率常数 $k=1.15h^{-1}$。

将排放浓度 18μg/L 与计算所得的反应速率常数 $k=1.15h^{-1}$ 再次代入公式，即

$$18/400 = e^{-1.15\theta_T}$$

计算得 $\theta_T=2.7h$。

由于单个反应器水力停留时间为 2h，而达标所需水力停留时间为 2.7h，故需要两个反应池。第二个反应器中出水浓度会比处理目标低得多，还可以进一步缩短停留时间，提高处理能力。

19.5 化学沉淀法

19.5.1 技术简介

化学沉淀法是指通过向污水中投加可溶性化学药剂，使之与呈离子状态的无机污染物起化学反应，生成不溶于或难溶于水的化合物沉淀析出，从而使污水得到净化的方法。

在一定温度下，在含有难溶盐的饱和溶液中，各种离子浓度的乘积为常数，即溶度积常数。为去除污水中的某种离子，可以向水中投加可以与之生成难溶解盐类的另一种离子，并使两种离子浓度的乘积大于该难溶解盐的溶度积，形成沉淀，从而降低污水中这种离子的含量。污水中某种离子能否采用化学沉淀法与污水分离，首先取决于能否找到合适的沉淀剂。地下水或废水中较高浓度的重金属阳离子如 Ca^{2+}、Pb^{2+}、Cu^{2+}、Zn^{2+}、Cr^{3+}、Hg^{2+} 等，阴离子如 SO_4^{2-}、PO_4^{3-}、F^- 等，常采用化学沉淀法去除。

19.5.2 系统设计

分别以碱沉淀和盐沉淀为例说明化学沉淀法的设计计算。

（1）碱沉淀法

向重金属污染水中投加提高 pH 值的碱性化学物质如石灰、烧碱等，使水中的重金属在高 pH 值下形成难溶的氢氧化物沉淀。相关反应方程式：

$$M(OH)_n \rightleftharpoons M^{n+} + nOH^- \qquad (19.39)$$

式中 M——重金属；

OH^-——氢氧根离子；

n——金属价态。

平衡公式：

$$K_{sp} = [M^{n+}][OH^-]^n \qquad (19.40)$$

式中 K_{sp}——平衡常数（又称为溶度积常数）；

$[M^{n+}]$——重金属物质的量浓度；

$[OH^-]$——氢氧根物质的量浓度。

根据重金属的处理目标，计算 pH 值，再查相关化学手册获知 K_{sp}，就可以算出水中 OH^- 的浓度，由此可以确定需要调节的废水 pH 值大小。

例题 19.4 某场地地下水中硫酸锌浓度为 8～9g/L，抽出水量为 100m³/d。现采用连续流搅拌反应器碱沉淀法进行处理，温度为 20℃，锌的修复目标为 5mg/L。试确定碱沉淀剂的类型、参数及用量。

解：

常用的氢氧化物有氢氧化钙和氢氧化钠。如果选用氢氧化钙，虽然价格较低，但难溶的硫酸钙将同氢氧化锌同时从废水中析出，会影响氢氧化锌的回收利用。而采用氢氧化钠作沉淀剂，则可以得到纯净的氢氧化锌副产物。氢氧化钠沉淀硫酸锌的反应为：

$$ZnSO_4 + 2NaOH \longrightarrow Zn(OH)_2 \downarrow + Na_2SO_4$$

$$K_{sp} = [Zn^{2+}][OH^-]^2 = 1.2 \times 10^{-17}$$

$$[OH^-] = \sqrt{\frac{K_{sp}}{[Zn^{2+}]}}$$

$$pOH = -\lg[OH^-]$$

$$pH = 14 - pOH$$

开始沉淀时，假设废水中的锌离子浓度达到最高值 9g/L 时开始沉淀。首先，将锌离子浓度转换为物质的量浓度：9g/L÷65.38g/mol=0.1376mol/L。然后，使用 K_{sp} 计算开始沉淀时的氢氧根离子浓度：

$$[OH^-]_{initial} = \sqrt{\frac{K_{sp}}{[Zn^{2+}]_{max}}} = \sqrt{\frac{1.2 \times 10^{-17}}{0.1376}} = 9.34 \times 10^{-9}(mol/L)$$

完全沉淀时，将锌离子浓度降低到目标浓度 5mg/L（即 5×10^{-3}g/L 或 7.65×10^{-8}mol/L）：

$$[OH^-]_{final} = \sqrt{\frac{K_{sp}}{[Zn^{2+}]_{target}}} = \sqrt{\frac{1.2 \times 10^{-17}}{7.65 \times 10^{-8}}} = 1.25 \times 10^{-5}(mol/L)$$

所需氢氧化钠质量 $= 1.25 \times 10^{-5}$ mol/L×100000L/d×40g/mol≈50g/d

通过计算，氢氧化钠用量为 50g/d。

$pOH = -\lg(1.25 \times 10^{-5}) \approx 4.90$。因此，$pH = 14 - pOH = 14 - 4.90 = 9.10$。

(2) 盐沉淀法

能够与重金属形成不溶性盐的离子很多，如 S^{2-}、PO_4^{3-}、CO_3^{2-} 等。以硫化物为例，向废水中投加硫化物沉淀剂，使废水中的重金属离子和硫离子反应，生成难溶的金属硫化物沉淀。与氢氧化物沉淀法相比，硫化物沉淀法对废水中重金属离子（如 Hg^{2+}、Ag^+、Pb^{2+}、Cu^{2+} 等）的去除更为彻底。例如向含铅废水中投加 Na_2S、H_2S 等含硫剂，使 Pb^{2+} 转化为 PbS 沉淀。由于 PbS 的溶度积（8×10^{-28}）远低于 Pb（OH）$_2$ 的溶度积（1.0×10^{-16}），故硫化物沉淀的去除效率要高于氢氧化物沉淀。

硫化物沉淀法常用的沉淀剂有 H_2S、NaHS、Na_2S、$(NH_4)_2S$ 等。采用硫化物沉淀法处理含重金属废水，去除率高，可分步沉淀，泥渣中金属品位高，便于回收利用，适用 pH 值范围大。但是过量的 S^{2-} 可以使得处理水的 COD 含量增加，当 pH 值降低时，会生成有毒的 H_2S。

相关反应方程式：

$$M_aS_b \rightleftharpoons aM^{\frac{2b}{a}+} + bS^{2-} \tag{19.41}$$

平衡公式：

$$K_{sp}=[M^{\frac{2b}{a}+}]^a[S^{2-}]^b \tag{19.42}$$

式中 K_{sp}——平衡常数（又称为溶度积常数）；

$[M^{\frac{2b}{a}+}]$——重金属物质的量浓度；

$[S^{2-}]$——S^{2-}物质的量浓度。

重金属的溶度积可查表获知，如25℃时，HgS、PbS、Ag_2S、CuS的K_{sp}分别为4.0×10^{-53}、8×10^{-28}、6.3×10^{-50}、6.3×10^{-36}。

19.6 膜分离

19.6.1 技术简介

膜分离技术是利用天然或人工合成膜对混合物中不同组分的选择渗透作用的差异，以外界能量或化学位差作为推动力，在不改变溶液中化学形态的基础上，对双组分或多组分溶质和溶剂进行分离、分级、提纯和富集的方法。

膜分离过程中物质透过膜所需的推动力主要包括三种：分子扩散作用、压力和电力。依靠压力分子自然扩散的过程称为扩散渗析法。水分子在渗透压驱动下，由盐浓度低的一侧透过半透膜渗透至盐浓度高的一侧的膜分离过程，称为正渗透法。压力驱动的膜分离技术根据驱动力大小及膜孔径不同可分为微滤法、超滤法、纳滤法和反渗透法。电力驱动的分离过程称为电渗析法。

在地下水异位处理过程中，超滤、反渗透、电渗析为最常用的膜分离方法，自然渗析和液膜技术次之。以下主要介绍超滤、反渗透和电渗析。

19.6.2 超滤法

超滤（ultrafiltration，UF）是在压力推动下进行的分离过程，膜孔径一般为1～50nm。超滤膜从结构而言通常为非对称膜，分离机制主要是皮层的孔径筛分。根据分离过程中颗粒物被截留的位置，超滤的截留作用可分为表面截留［图19.6（a）］和膜内孔道截留［图19.6（b）］。表面截留又可分为机械截留（粒径小于膜孔径的颗粒物可透过膜，大于或与膜孔径相当的颗粒物被截留在膜表面）、吸附截留和架桥截留。

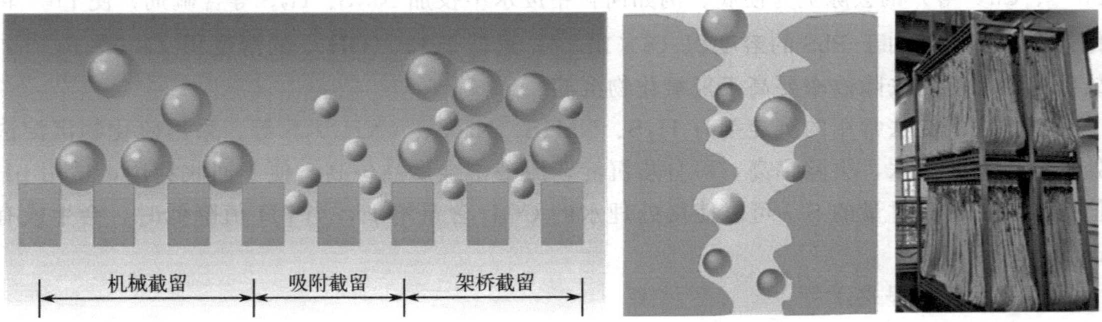

(a) 表面截留　(b) 膜内孔道截留　(c) 膜组件

图19.6 超滤膜分离原理示意图（高廷耀等，2023）

超滤法存在两种基本操作方式：死端过滤（dead-end filtration）和错流过滤（cross-flow filtration）。死端过滤为进料流体的流动方向与膜面方向垂直，而错流过滤为两者方向平行，两种过滤方式如图 19.7 所示。在错流过滤中，原料液流经膜表面时产生剪切力，固体颗粒的运动受沿膜面平行流动的剪切流和垂直膜面的过滤渗透流的共同作用，渗透流趋向于将固体颗粒拉向膜面，剪切流力图保持颗粒悬浮，将其随循环流带出膜区。

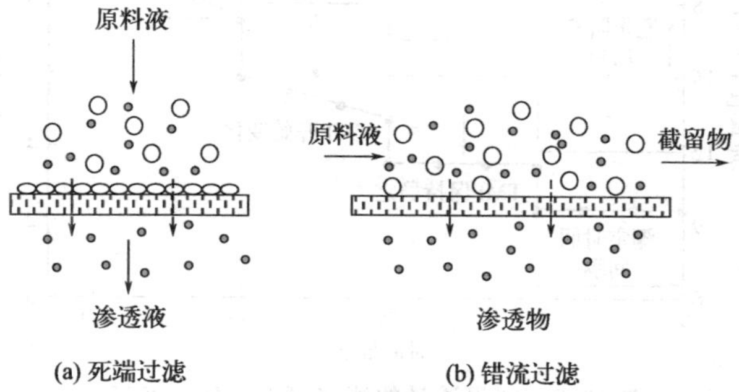

图 19.7　死端过滤和错流过滤

超滤单体处理膜组件的安装方式有两种（如图 19.8 所示）：由内向外流动式，又称内压式［图 19.8（a）］；由外向内流动式，又称外压式［图 19.8（b）］。

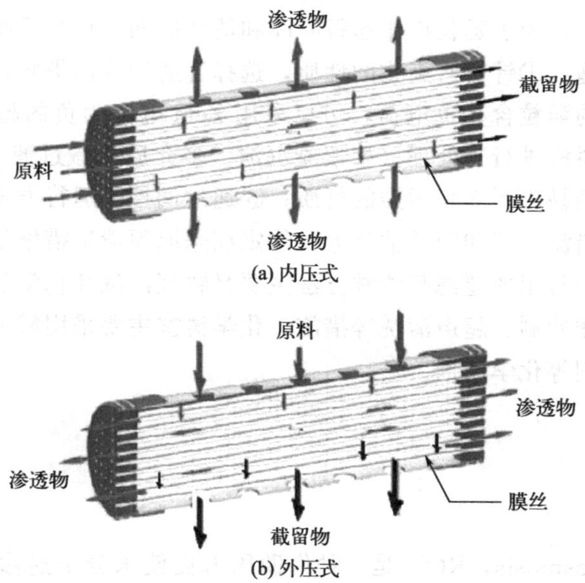

图 19.8　中空纤维膜结构示意图

设计超滤处理工艺时，为保持水量长期稳定、控制膜污染，膜通量的设计应保持在临界通量以下。临界通量的概念为：存在这样一个通量，当通量大于此值时，跨膜压力（TMP）显著增加；而当通量小于此值时，TMP 保持稳定不变。同时，将运行通量高于临界通量的操作称为超临界通量操作，将运行通量低于临界通量的操作称为次临界通量操作。

临界通量采用通量阶式递增法测定。即在一定的操作条件下，采用恒通量操作（即出水泵固定在一定的转速），测定膜生物反应器（MBR）在一段时间内（如 15min，一般多采用≥20min）TMP 的变化情况。如果 TMP 固定不变，继续增加出水泵的转速，测定 t 时间内 TMP 的变化情况。重复以上操作，直至时间内 TMP 出现明显升高，此时的膜通量为 J_{n+1}。则临界通量 J_c 介于 J_n 与 J_{n+1} 之间，其测定过程的示意图见图 19.9。

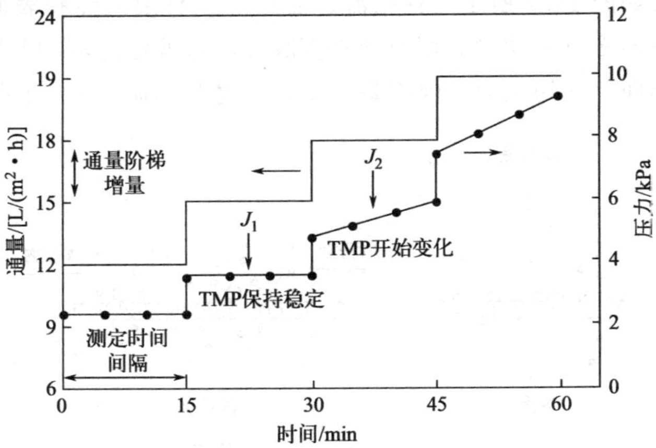

图 19.9 临界通量的测定（王志伟，2018）

对于温度变化比较大的系统，在工艺设计的时候要考虑温度校正。通常以 25℃作为基准，此时温度校正系数设定为 1，运行时实际系统的设计通量则为：

实际系统设计通量＝温度校正系数×25℃设计通量

在超滤运行过程中，为了延长操作运行时间和清洗周期，提高系统运行稳定性，应采取有效的膜污染控制措施：①针对污染物的性质，选择合适的抗污染膜材料，可以有效减少膜污染，如分离料液中的颗粒含有负电荷，可以采用 Zeta 电势为负的超滤膜减少颗粒在膜表面的吸附沉积；②对料液进行预处理（如絮凝沉淀、多介质机械过滤、热处理、pH 值调节等）能够有效去除一些易于引起膜污染的物质；③通过调控膜运行方式，也可在一定程度上减轻膜污染，如采用错流过滤和间歇抽吸等；④定期采取膜清洗措施是保证膜系统运行稳定性的重要方式，工程中常用的超滤膜清洗方法主要是物理清洗和化学清洗，物理清洗包括曝气清洗、反冲洗、机械冲刷、超声清洗等措施，化学清洗主要采用酸液、氧化剂、表面活性剂、碱液、酶、配位剂等化学药剂。

19.6.3 反渗透法

19.6.3.1 技术简介

反渗透（reverse osmosis，RO）是一种借助压力促使水分子逆渗透压反向渗透，以浓缩溶液或污水的膜分离技术。当用理想半透膜将纯水和盐水隔开时，纯水侧的水会自发地通过半透膜流入盐水侧，这是一个类似水向低处流的自发过程，此现象称为渗透，高出水面的水柱高度则是溶液的渗透压所致（水柱高度与盐水浓度相关）。一般来说，渗透压的大小取决于溶液的种类、浓度和温度，而与半透膜本身无关。渗透压可由修正的范托夫（van't Hoff）方程进行计算，即：

$$\pi = icRT \tag{19.43}$$

式中 π——渗透压，Pa；

i——校正系数，表示溶质的解离状态，其值等于或大于 1，对于海水 i 约等于 1.8；

c——溶液浓度，mol/m^3；

R——气体常数，8.314J/(mol·K)；

T——热力学温度，K。

该式是用热力学原理推导出来的，因此只适用于稀溶液。

当在膜的盐水侧施加一个大于渗透压的压力时，水的流向就会逆转，此时盐水中的水流入淡水侧，这种现象叫作反渗透。进行反渗透有两个必要条件：一是膜对透过组分（一般是水）具有选择吸附、高溶解和高透过能力；二是进料液测压力必须足够高，能克服膜两侧的渗透压差和透过膜的阻力。

19.6.3.2　系统设计

在反渗透设计和应用过程中，水通量和分离效率是衡量反渗透膜性能的重要指标。设计反渗透系统时，需要确定的参数包括：膜两侧水压力差 Δp、截留系数 σ、反渗透水通量 J_R、盐截留率 R_{obs} 和水回收率 r。

(1) 计算膜两侧水压力差 Δp

$$\Delta p = p - p_p \tag{19.44}$$

式中　p——原料液侧的压力，Pa；

p_p——透过液侧的压力，Pa。

(2) 计算截留系数 σ

反渗透水通量受压力差和渗透压差两方面作用影响，因此可由下式表示：

$$J_R = L_1 \Delta p + L_2 \Delta \pi \tag{19.45}$$

式中　J_R——通量，L/(m²·h)；

$\Delta\pi$——渗透压差，Pa；

L_1——压力差过滤的通量系数，$m^3/(m^2 \cdot s \cdot Pa)$；

L_2——渗透压差过滤的通量系数，$m^3/(m^2 \cdot s \cdot Pa)$。

当 $J_R=0$ 时有：

$$\Delta p = -(L_2/L_1)\Delta\pi \tag{19.46}$$

引入截留系数 σ 的概念：

$$\sigma = -L_2/L_1 \tag{19.47}$$

截留系数 σ 表征了膜的选择性。当 $\sigma=1$ 时，即压力差等于渗透压差，没有溶质通过膜，此时是理想膜；当 $0<\sigma<1$ 时，非完全半透膜，存在溶质传递；当 $\sigma=0$ 时，渗透压差不影响传递过程，此时膜无选择性。实际应用的反渗透膜的截留系数在 0～1 之间。

(3) 计算反渗透水通量 J_R

将式 (19.46) 和式 (19.47) 代入式 (19.45)，得到反渗透的通量公式：

$$J_R = L_p(\Delta p - \sigma\Delta\pi) \tag{19.48}$$

式中　J_R——反渗透的水通量，$L/(m^2 \cdot h)$；

L_p——水渗透率，$m^3/(m^2 \cdot h \cdot Pa)$。

(4) 计算盐截留率 R_{obs}

反渗透过程的脱盐率即为膜的截留率，一般用表观/实测截留率（R_{obs}）表示，由下式计算：

$$R_{obs} = 1 - C_p/C_f \tag{19.49}$$

式中　C_f——原料液中的溶质浓度，mg/L；

C_p——渗透液中的溶质浓度，mg/L。

（5）计算水回收率 r

$$r=Q_p/Q_f=1-Q_c/Q_f \tag{19.50}$$

式中　r——回收率，%；

Q_c——浓缩液流量，L/h；

Q_p——渗透液流量，L/h；

Q_f——原料液流量，L/h。

根据水的物料平衡（$Q_f=Q_p+Q_c$）和溶质的物料平衡（$Q_fC_f=Q_pC_p+Q_cC_c$）可将溶质浓度与 R_{obs} 和 r 关联：

$$\frac{C_c}{C_f}=\frac{1-r(1-R_{obs})}{1-r} \tag{19.51}$$

式中　C_c——浓缩液浓度，mg/L。

例题 19.5　某场地地下水受 NaCl 污染，NaCl 浓度为 1000mg/L。采用反渗透法进行处理，采用醋酸纤维素膜，膜两侧水压力差为 6.0MPa，水渗透率 L_p 为 1.2L/(m² · h · MPa)，截留系数 σ 为 0.85，校正系数 $i=2$。在水温 25℃、原料液流量 Q_f 为 0.1L/s、浓缩液流量 Q_c 为 0.025L/s 时，渗透液盐浓度为 50mg/L，求反渗透的水通量 J_R、脱盐率 R_{obs} 及回收率 r。

解：

a. 计算渗透压差 $\Delta\pi$：

根据式（19.43）得：

$$\Delta\pi=i\Delta cRT=2\times\frac{(1000-50)\text{mg/L}}{58.5\text{g/mol}}\times 8.314\text{J/(mol}\cdot\text{K)}\times(25+273.15)\text{K}=0.08\text{MPa}$$

b. 计算反渗透的水通量 J_R：

根据式（19.48）：

$$J_R=L_p(\Delta p-\sigma\Delta\pi)=1.2\text{L/(m}^2\cdot\text{h}\cdot\text{MPa)}\times(6.0\text{MPa}-0.85\times0.08\text{MPa})=7.12\text{L/(m}^2\cdot\text{h)}$$

c. 计算脱盐率 R_{obs}：

根据式（19.49）：$R_{obs}=1-C_p/C_f=1-$（50mg/L）/（1000mg/L）$=95\%$

d. 计算回收率 r：

根据式（19.50）：$r=1-Q_c/Q_f=1-$（0.025L/s）/（0.1L/s）$=75\%$

19.6.4　电渗析法

在直流电场的作用下，离子透过选择性离子交换膜迁移，从而使离子从溶液中部分分离出来的过程称为电渗析（electrodialysis，ED）。通过阳极和阴极在装置两侧施加直流电场，阴、阳离子交换膜则交替排列在阳极和阴极之间，两种膜之间用特制的隔板隔开，隔板内则有水流的通道（图 19.10）。在阴离子交换膜和阳离子交换膜之间通入含盐水，在直流电场的作用下，水中的阴阳离子会发生移动，其中阳离子向阴极方向移动，阴离子向阳极方向移动。但由于阳离子交换膜只允许阳离子通过，阴离子交换膜只允许阴离子通过，这样就会使一部分隔室内的离子浓度减小，这样的隔室称为淡室，淡室中出水为淡水；而另一部分隔室的离子浓度会增加，称为浓室，出水为浓水。

电渗析工艺对水中阴、阳离子的选择性，与所采用的离子交换膜的选择透过性密切相关。与离子交换树脂类似，离子交换膜由基膜和活性基团两大部分组成，其中基膜为立体网

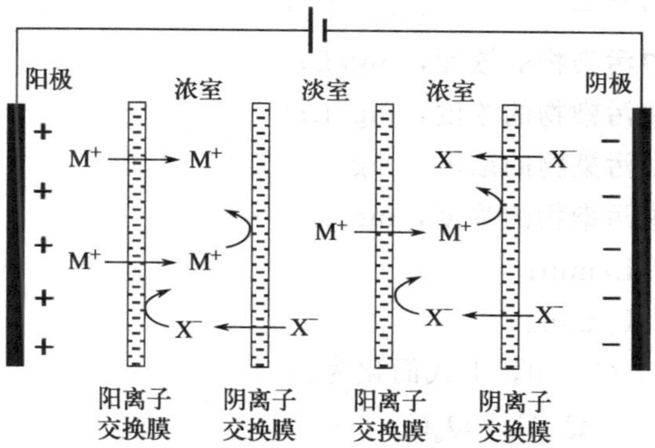

图 19.10 电渗析离子移动过程

状结构的高分子化合物，活性基团则是由具有交换作用的离子和与基膜相连的固定离子所组成的。离子交换膜根据基团带电的不同，分为阴离子交换膜和阳离子交换膜。作为离子交换膜重要的性质，其选择透过性具有特定的表征方式：

$$P_+=(t'_+-t_+)/(1-t_+)\times 100\%$$

式中 P_+——阳离子交换膜对阳离子的选择透过率，%；

t_+——阳离子在溶液中的迁移数，指通电时阳离子所迁移的电量与所有离子迁移的总电量比值；

t'_+——阳离子在阳离子交换膜内的迁移数，理想膜的 t'_+ 值应等于 1。

如果想要较高的选择透过性，那么需要 $t'_+=1$，即 $P_+=100\%$。一般来说，实际使用中阳离子交换膜对阳离子选择透过率>0.9，对阴离子的选择透过率<0.1 就可以了。

19.7 空气吹脱法

19.7.1 技术简介

空气吹脱法的基本原理在于将空气通入污水中，使水相与空气接触，根据气液传质理论，利用污水中溶解污染物的实际浓度与平衡浓度之间的差异，改变气液平衡关系，使溶解态污染物不断由液相扩散到气相中，从而达到去除溶解性污染物的目的。空气吹脱法常用于地下水修复中挥发性有机物的去除。常用的空气吹脱形式有表面曝气、分散曝气、喷雾或吹脱塔等。

19.7.2 系统设计

空气吹脱系统通过制造水、气接触界面达到增强物质在气相、液相中迁移的目的。多种成熟设备可供选用，包括板式塔、喷雾装置、扩散曝气和填料塔。吹脱系统的设计以常用的填料塔（图 19.11）为例。

19.7.2.1 确定气水比和空气流量参数

根据质量守恒原理，污染液中移除的污染物总量等于进入空气中的污染物总量，建立质量守恒表达式为：

$$Q_w(C_i-C_o)=Q_a(G_o-G_i)$$

式中 C_i——进口液相中污染物的浓度，mg/L；

C_o——流出液相中污染物的浓度，mg/L；

G_i——进口空气中污染物的浓度，mg/L；

G_o——出口空气中污染物的浓度，mg/L；

Q_a——空气流量，L/min；

Q_w——液体流量，L/min。

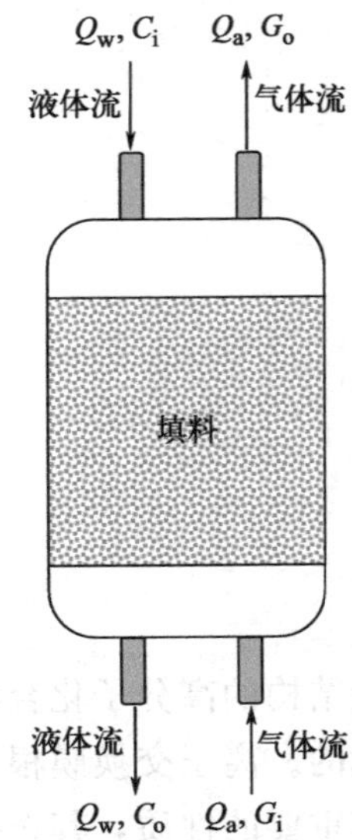

图 19.11 填料塔

理想条件下，$G_i=0$，$C_o=0$，上式简化为：

$$Q_wC_i=Q_aG_o$$

假设亨利（Henry）定律适用，且流出空气与流入液体处于平衡状态，则

$$G_o=HC_i$$

式中 H——所关注组分的 Henry 常数，无量纲。

将上式代入，得：

$$H(Q_a/Q_w)_{min}=1 \tag{19.52}$$

式中，$(Q_a/Q_w)_{min}$ 是理想情况下的最小气水比（体积比）。实际气水比通常为理想情况下的数倍。

亨利常数与气水比的乘积为吹脱因子 S：

$$S=H(Q_a/Q_w) \tag{19.53}$$

理想情况下，吹脱因子等于 1，实际取值为 2～10，过高的气水比可能发生溢流现象。

19.7.2.2 确定填料塔的参数

(1) 填料塔直径

填料塔直径大小与液体流量成正比。典型水力负荷通常为 1173m/d 或更小，吹脱塔的横截面积 A：

$$A=Q/\text{表面负荷} \tag{19.54}$$

(2) 填料高度

填料高度（Z）与去除效率成正比。通过传质单元的参数确定填料高度，即

$$Z=\mathrm{HTU}\times\mathrm{NTU} \tag{19.55}$$

式中 Z——填料高度，m；

HTU——传质单元的高度，m；

NTU——传质单元的数量。

HTU 通过公式确定：

$$\mathrm{HTU}=Q_L/K_La \tag{19.56}$$

式中 Q_L——液体水力负荷，m/d；

K_La——总液相传质系数，s^{-1}；

K_L——速度常数，m/s；

a——比表面积，m^2/m^3。

实际应用中，K_La 值由中试试验确定，也可由经验公式估算。地下水修复中吹脱填料塔的 K_La 值通常为 0.01～0.05s^{-1}。

NTU 通过下式确定：

$$\mathrm{NTU}=\frac{S}{S-1}\times\ln\left(\frac{C_i-G_i/H}{C_o-G_i/H}\times\frac{S-1}{S}+\frac{1}{S}\right)$$

$$=\frac{S}{S-1}\times\ln\left(\frac{C_i}{C_o}\times\frac{S-1}{S}+\frac{1}{S}\right)（当 G_i=0 时） \quad (19.57)$$

例题 19.6 某地下水源中含有三氯乙烯（TCE），通过吹脱填料塔处理。已知以下参数：三氯乙烯的亨利常数为 110atm；吹脱因子为 2.5；水温为 20℃；抽取地下水流量为 $6.5\times10^{-3}\mathrm{m^3/s}$；$K_La=0.015\mathrm{s^{-1}}$；水力负荷为 0.75m/min；流入空气中无污染物。要使三氯乙烯浓度从 60mg/L 降至 0.1mg/L。计算：最小气水比、设计气水比、设计空气流量、横截面积和填料高度。

解：

将亨利常数转换为无量纲值，则

$$H=H^*RT\times1000\gamma/W=H^*\times0.082\times(273+20)\times1000/18=110$$

因此得，$H=0.082$。

根据式（19.52）确定最小气水比，则

$$H(Q_a/Q_w)_{\min}=0.082(Q_a/Q_w)_{\min}=1$$

因此，得最小气水比为 12.20。

根据式（19.53）确定气水比，则

$$H(Q_a/Q_w)=0.082(Q_a/Q_w)=2.5$$

因此得气水比为 30.49。

将通过溶液流量和气水比相乘得到空气流量

$$Q_a=Q_w\times(Q_a/Q_w)=(6.5\times10^{-3}\mathrm{m^3/s})\times30.49=0.20\mathrm{m^3/s}$$

根据公式确定所需横截面积

$$A=Q/表面负荷=(6.5\times10^{-3}\mathrm{m^3/s})/(0.75\mathrm{m/min}\times1\mathrm{min}/60\mathrm{s})=0.52\mathrm{m^2}$$

吹脱柱直径为$(4A/\pi)^{\frac{1}{2}}=(4\times0.52/\pi)^{\frac{1}{2}}=0.81(\mathrm{m})$，取 $d=1\mathrm{m}$。

根据新的直径确定水力负荷，可得填料塔横截面积$=\pi d^2/4=0.79$（$\mathrm{m^2}$）。

填料塔内实际水力负荷 Q_L 为 $Q_w/A=(6.5\times10^{-3}\mathrm{m^3/s})/(0.79\mathrm{m^2})=8.23\times10^{-3}\mathrm{m/s}$。

根据公式确定 HTU 的值

$$\mathrm{HTU}=Q_L/K_La=(8.23\times10^{-3}\mathrm{m/s})/(0.01\mathrm{s^{-1}})=0.82\mathrm{m}$$

根据式（19.57）确定 NTU 的值得到

$$\mathrm{NTU}=\frac{S}{S-1}\times\ln\left(\frac{C_i}{C_o}\times\frac{S-1}{S}+\frac{1}{S}\right)=\frac{2.5}{2.5-1}\times\ln\left(\frac{60}{0.1}\times\frac{2.5-1}{2.5}+\frac{1}{2.5}\right)=9.81$$

根据填料高度公式代入数据计算得

$$Z=\mathrm{HTU}\times\mathrm{NTU}=0.82\mathrm{m}\times9.81=8.04\mathrm{m}$$

因此，填料高度为 8.1m。

习题与思考题

1. 污染场地地下水处理技术在选择上有什么要求？
2. 水处理反应器中污染物的反应过程数学模型推导的基本原理是什么？

3. 推导水处理连续流搅拌反应器、序批式反应器和活塞流反应器的零级、一级和二级反应的数学模型。

4. 如何确定活性炭吸附法工程设计中的吸附容量？

5. 分析高级氧化法在地下水异位修复和原位修复中的异同点。

6. 某多氯联苯污染地下水，多氯联苯的浓度为 2mg/L，采用抽出-处理法，地下水抽出流量为 $1\times10^{-3}m^3/s$，合理确定空床接触时间和水力负荷，计算活性炭吸附器的规格。

7. 选择芬顿试剂法去除抽出地下水中的苯酚，抽水流量为 $500m^3/d$，抽出地下水中苯酚的浓度为 0.04mg/L，处理目标为 0.01mg/L。在 pH 为 4 时 H_2O_2 投加量为 25mg/L，Fe^{2+} 投加量为 4mg/L，反应时间为 1h，温度为室温时，苯酚去除率可达到排放标准。假设反应器一天 24 小时运行，需要投加的过氧化氢的量是多少？

8. 某场地地下水受汞污染，采用抽出-处理法，抽出水量为 $200m^3/d$，抽提出的地下水中汞浓度为 5mg/L。对抽出的地下水先用石灰将 pH 值调至 8～10，保证汞的去除率最高。投入硫化钠的量一般为汞当量浓度的 10～15 倍，排放的汞离子浓度限值为 0.002mg/L，计算硫化钠的加入量为多少。

9. 某地下水中锌含量超标，采用抽出-处理，温度为 20℃。抽提出的地下水中 $ZnSO_4$ 浓度为 9mg/L，排放的废水中锌离子浓度限值为 5mg/L。试确定采用碱沉淀法的药剂投加量和 pH 值。

10. 使用反渗透技术处理 NaCl 含量为 300mg/L 的地下水，水温为 20℃，反渗透系统水回收率为 80%，试运行过程中测得浓缩液盐浓度为 1200mg/L，计算反渗透系统的盐截留率。

11. 苯的亨利系数为 300atm，吹脱因子为 3，水温为 20℃；抽取地下水流量为 $6\times10^{-3}m^3/s$，$K_La=0.01s^{-1}$，水力负荷为 0.9m/min，流入空气污染物浓度为 0。拟设计一个吹脱填料塔来降低抽出地下水的苯浓度，使其从 50mg/L 降低到 0.05mg/L。计算最小气水比、设计气水比、设计空气流量、横截面积和填料高度。

参考文献

高廷耀，等，2023. 水污染控制工程：下册[M]. 5 版. 北京：高等教育出版社.

王志伟，等，2018. 膜生物反应器污水处理理论与应用[M]. 北京：科学出版社.

JEFF K，1999. Practical design calculations for groundwater and soil remediation[M]. Boca Raton：Lewis Publishers.

第20章

场地异味控制与尾气处理技术

20.1 概述

近十几年来，随着城市快速发展和产业升级，大批工业企业搬迁后，原址场地经过修复后被开发利用。工业企业在生产过程中涉及的原辅材料、中间体及产品等，经过跑冒滴漏或泄漏事故等方式进入场地土壤及地下水环境，导致退役后的场地成为异味物质的释放源，在场地修复或利用过程中导致的异味问题比较突出。近年来，公众对场地异味投诉的比例越来越大，在我国异味投诉仅次于噪声投诉排在第二位，且呈逐年递增的趋势。

场地异味气体从产生的方式看，主要分为两类。一类是场地中挥发性或半挥发性污染物通过包气带自然挥发或通过开挖作业面暴露挥发到场地近地面大气中，这部分常称为异味气体，是无组织释放的；另一类是通过修复技术的组成部分富集而产生的有机废气或尾气，如热脱附、气相抽提、生物通风、空气注入法等收集的污染尾气，这部分含有污染物的气体需要处理达标后才能排放，是有组织排放的。这部分气体导致的异味往往发生在尾气处理系统试运行、维护、低效或发生故障期间。尽管各种修复技术不同，但是末端富集废气的处理具有相似性，本章作统一介绍。

目前对异味的控制技术研究相对比较少，实际工程中多用密封开挖（构建密封大棚）的方式控制无组织异味气体。修复系统末端收集的污染气体类似于工业废气，处理技术种类较多，也比较成熟，但在场地修复中的应用技术还比较有限，主要是活性炭吸附、热氧化、催化燃烧、洗涤、生物滤床等。在我国，主要采用催化燃烧和活性炭吸附法，其他方法极少使用。

更为详细的专业知识可以参考《大气污染控制技术》等书籍，本书参考相关文献（USEPA，1991；USEPA，1992；USEPA，2006；Jeff，1999）仅对污染场地修复过程中常用的尾气处理技术作简要介绍。

20.2 场地异味物质

20.2.1 场地异味物质的分类

（1）按行业特征分类

异味物质按产生行业特征的不同大致可分为生活异味污染源和工业企业异味污染源。具体到本书所述的场地异味物质，一般均指工业企业遗留场地的异味物质。工业企业在产过程中，由于储存、运输、生产过程中的跑冒滴漏，正常和非正常的排放及事故性排放都可能在厂区内形成异味物质的污染源和释放源。常见的可能产生异味物质污染的特征工业企业包括石化企业、农药企业、化肥企业、制药企业、焦化企业、制漆和溶剂企业等，如表 20.1 所示。

表 20.1　典型行业异味物质分类

特征行业	异味物质
石化企业	硫化氢、醇类、醛类、酯类、脂肪酸类、烃类
农药企业	苯系物、含硫化合物、卤代烃和醛类
焦化企业	硫化氢、硫醇类、酚类、吲哚类
化肥企业	氨类、硫醇类、酚类、
制药企业	硫醇类、酚类、醛类、脂肪酸类

（2）按物质特征分类

异味物质按化学结构可以大致分为无机物和挥发性有机物两类，其中异味无机物包括硫化氢、氨、氯气、二氧化硫等，挥发性异味有机物包括硫醇类、硫醚类、酰胺类、醛酮类、酚类、胺类、酯类等，这些挥发性有机物中通常含有氢硫基（—SH）、羟基（—OH）、羰基（C═O）、氨基（$—NH_2$）等产生异味的基团。表 20.2 按物质特征列出了异味物质的分类及异味性质。

表 20.2　异味物质分类及性质

分类		主要异味物质	异味性质
无机物	硫化物	硫化氢、二硫化碳、二氧化硫	臭鸡蛋刺激味
	氮化物	二氧化氮、氨、硫化铵	尿素刺激味
	氯化物	氯化氢	刺激味
有机物	烃类	苯乙烯、苯、甲苯、二甲苯	电石臭
	硫醇类	甲硫醇、乙硫醇、丙硫醇	烂洋葱味
	硫醚类	二甲基硫醚、二乙基硫醚	大蒜味
	胺类	二甲胺、三甲胺、乙二胺	烂鱼味
	醇和酚	甲醇、乙醇、苯酚、甲酚	刺激味
	氯代烃	甲基氯、二氯乙烷、氯乙烷	刺激味

20.2.2 异味物质特征指标

人体的嗅觉器官对异味很敏感，很多时候在低于仪器检出限的浓度水平下，仍能够明显感知异味，嗅阈值即用来表征引起嗅觉感知的异味物质的最小浓度，我国和日本常见异味物质的嗅阈值见表 20.3。嗅阈值分为感觉阈值和识别阈值两种，感觉阈值是指使人勉强感知异味但无法辨别异味特征时的最小浓度；识别阈值在数值上要高于感觉阈值，其被定义为使人准确辨别异味特征时的最小浓度。通常所指的嗅阈值是感觉阈值（GB/T 14675—93）。嗅阈值一般采用三点比较式臭袋法测定。由于同一物质的嗅阈值会因采用不同的测定方法和条件（实验人员、地点、时间等）而不同，在进行异味评价时应优先采用同一批实验测得的嗅阈值，未能同批次测定的再酌情使用其他测定来源的嗅阈值。

此外还可以采用气味安全级别（即异味物质的健康阈值/嗅阈值）作为异味物质的特征指标。气味安全级别可划分为 A、B、C、D、E 五个等级，A 类物质在健康阈值浓度下会发出最强烈的气味警告，而 E 类物质在健康阈值浓度下几乎是无味的。

表 20.3　常见异味物质嗅阈值（体积分数 10^{-6}）

物质	CAS 号	我国嗅阈值	日本嗅阈值
氨	7664-41-7	0.3	1.5
三甲胺	75-50-3	0.0009	0.000032
硫化氢	7783-06-4	0.0012	0.00041
甲硫醇	74-93-1	0.000067	0.00007
甲硫醚	75-18-3	0.002	0.003
二甲基二硫醚	624-92-0	0.011	0.0022
二硫化碳	75-15-0	0.17	0.21
羰基硫	463-58-1	0.46	0.055
苯乙烯	100-42-5	0.034	0.035
甲苯	108-88-3	0.098	0.33
乙苯	100-41-4	0.018	0.17
邻二甲苯	95-47-6	0.28	0.38
间二甲苯	108-38-3	0.091	0.041
对二甲苯	106-42-3	0.12	0.00039
1,2,4-三甲苯	95-63-6	0.3	0.058
丙酸	79-09-4	0.0087	0.0057
正丁酸	107-92-6	0.0013	0.00019
异丁酸	79-31-2	0.0031	0.0015
正戊酸	109-52-4	0.0025	0.000037
异戊酸	503-74-2	0.00016	0.000078

20.3　场地异味气体产生来源

20.3.1　异味物质源头扩散

石化企业、农药企业、化肥企业、制药企业、焦化企业、制漆和溶剂企业等各类型工业企业在常年的生产过程中，由于储存、运输、生产过程中的跑冒滴漏，正常和非正常的排放（填埋）及事故性排放都可能在厂区内形成异味物质的污染源和释放源。遗留场地土壤或地下水等介质中常含有各种类型的异味物质，并通过吸附、挥发、生物降解、水解作用等形成物质种类多样的稳定的异味物质扩散源。这些异味物质在场地未扰动的情况下通过扩散作用释放到近地面环境空气中，引起人的感官不适。

已有研究表明，相同土壤浓度不同种类的异味物质在相同外界条件下的释放通量有所不同。土壤含水率、土壤组成和环境温度均会对异味物质的释放产生显著影响，且部分因素具有耦合作用。砂土、黏土等矿物质含量较高的土壤对异味物质的吸附以表面吸附作用为主，有机质含量较高的土壤对异味物质的吸附以分配作用为主。

20.3.2 治理扰动过程扩散

在场地修复过程中，土壤清挖、运输、储存、修复治理或配套工程建设等环节中均可能对污染土壤造成大规模的扰动，尤其是挖掘扰动提高了空气流动性，气流夹带作用的增强使得原本处于相对稳定状态的高浓度挥发性污染物赋存条件发生改变，使其扩散能力提高、挥发速率加快，致使其在大气中的含量急剧增加。

工程实践证明，在扰动过程（开挖、钻探）开始后，环境空气中异味物质浓度明显上升到相对较高的水平，释放速率较快，但受环境扩散条件如风速风向影响，具有一定波动性。扰动过程停止后，环境空气中异味物质浓度逐渐降到初始水平，污染物浓度下降速率小于开挖开始时的污染物浓度上升速率。因此在扰动过程开始的短时间内，异味物质扩散成为场地异味物质影响环境的一个重要来源。

20.3.3 治理过程废气排放

场地治理过程中的废气主要来源于采用热脱附、气相抽提、生物通风、空气注入等技术在收集气体的过程中释放以及富集废气治理后的尾气排放。由于异味污染的评估具有很强的主观性，异味污染程度与人的感觉强度不成线性关系，即使大部分异味组分被去除，在人的嗅觉感觉中并不会感到明显的异味减轻。所以在已有的场地治理案例中，经常会出现尾气经检验已经达标排放，但仍然发生异味投诉的问题。治理过程中废气排放成为场地异味物质造成环境影响的又一个重要来源。很多时候异味问题的投诉者不是仅要求达标排放和减少异味，而是要求完全消除异味。

20.4 场地异味控制方式

20.4.1 异味物质原位源消除

常用的异味消除控制方法包括物理法、化学法、生物法和集成法等。

物理法是指利用物理手段对污染土壤进行治理修复，主要有阻隔、固化、热脱附、气相抽提、空气注入等修复技术。化学法是指利用化学氧化还原作用将土壤中的污染物分解成无毒小分子，从而达到土壤修复的目的，主要的修复技术包括化学氧化、化学还原、等离子体降解和光催化氧化降解等。生物法主要利用生物的生命代谢活动降解土壤中的污染物，包括微生物修复和植物修复技术，具有费用低、无二次污染、易操作等优点，被认为是降解有机污染物的优先方法。

集成修复技术是利用优势互补原理，将两种不同的技术相结合后提高其修复性能的一种技术。由于单一的异味物质原位源清除技术存在诸多技术难点，而同时又面临各种场地条件的客观限制，单项修复技术往往很难实现修复目标。所以和其他场地污染物的修复技术类似，异味物质的原位源清除技术也在向协同集成的综合修复技术的方向发展。目前研究较多的异味去除复合技术有电-热耦合化学清除技术、电阻加热耦合蒸汽强化抽提技术、电阻加热耦合微生物修复技术等。

20.4.2　异味物质扩散阻隔和消解

场地扰动条件下的异味物质污染，主要是通过物理、化学和生物的方法或者集成工艺对从场地中散溢的异味物质进行稀释中和、吸收、分解转化或者生物降解，达到降低或者消除场地异味的目的。

20.4.2.1　物理法

常用的物理法有覆盖封闭（覆土法、膜结构大棚）、膜阻隔、泡沫阻隔、掩蔽法、吸附法等，适用于处理浓度较低、范围较小的异味物质污染。

（1）覆盖封闭

常见的覆盖封闭技术有覆土法和膜结构大棚等。覆土法异味阻控效果差，为临时性的应急措施。目前土壤修复中，对异味较大的土壤无法及时修复时，主流是采用膜结构大棚的形式将异味物质封闭其中，形成有组织废气，再对废气进行集中处理（图 20.1）。

图 20.1　膜结构大棚

（2）膜阻隔

对异味释放通量较低或待处理异味土壤，可铺设 HDPE 膜，阻断异味持续释放（图 20.2）。但 HDPE 膜力学性能不佳，容易破损，若膜产生裂痕缝隙，异味气体很容易穿透扩散到大气中，且 HDPE 膜很难降解，容易造成土壤二次污染。目前已有相关研究聚焦于以聚乳酸型材料为基础的新型多效阻隔膜和以氨基酸型材料为基础的水凝胶阻隔材料。新型的阻隔材料和传统材料相比，具有成本低、阻隔效果好、可生物降解、无二次污染风险的显著特点。新型阻隔材料单次施用后，典型异味物质的扩散通量能降低 85%以上，且有效作用时间大于 14 天。

(a) HDPE膜　　(b) 新型聚乳酸基多效阻隔膜

图 20.2　污染场地膜铺设现场

(3) 泡沫阻隔

为阻止修复作业过程中土壤异味释放，常采用泡沫阻隔材料，在泡沫材料中添加吸附剂，可提高泡沫的异味阻控效果。一般来说，泡沫对异味物质的有效阻控时间大约为 24 小时。传统的异味抑制泡沫采用简单的掩蔽和空气隔绝机制进行气味抑制，存在暴露面逸散孔道难以高效封闭、制备成本高等技术瓶颈。目前已有相关研究聚焦于生物炭基高效阻隔泡沫和缓释氧化泡沫等新型异味阻隔泡沫材料。和传统的气味抑制剂相比，新型材料具有成本低、无毒无残留、稳定性强的显著特点。新型阻隔泡沫材料单次喷洒后，在距离暴露面 1.5m 处，空气异味物质浓度降低 95%以上，且有效时间大于 24 小时。

(4) 掩蔽剂

掩蔽剂是以更强烈的香味与臭气异味混合，遮盖异味，降低异味的感官强度，使人感官上能够接受。掩蔽剂的异味削弱效果会由于人的感官程度而有所差异。国外发明的茚满衍生物和大环酮在喷施后可以有效对抗由粪臭素、硫醚类、吲哚类、酚类产生的异味。多数掩蔽剂是天然植物提取液，经雾化后转化为气态散布在污染区间中，削弱异味的感官强度，目前已经广泛应用于污水处理厂、化工加工厂、制药厂等各种有复合异味的场所。公用设施安装使用的各种空气清新剂、雾墙（反渗透屏障）也利用了这一原理。

(5) 吸附剂

在异味控制材料中，吸附剂应用也较为广泛。其中活性炭因其整体比表面积大和表面功能化的可及性而成为空气净化的主要材料。然而，这类吸附材料主要适用于相对封闭的室内空间，在污染场地作业条件下存在使用困难、效果有限等问题，因此主要用于开挖大棚收集的污染气体的末端处理中。

20.4.2.2　化学消解法

化学消解技术即利用氧化剂和目标异味物质发生化学反应，使异味物质在释放扩散的过程中分解成无毒无味的物质。和原位源清除所采用的化学氧化技术不同，针对异味物质扩散的化学氧化消解技术，一般要求将氧化剂以气溶胶的形式进行喷施，以实现氧化剂与异味物质分子的充分接触，在较短的时间内发生氧化反应，从而起到消解并控制异味物质逸散的效果。化学消解法具有效率高，使用范围广的特点。

有研究表明，在扰动产生异味物质释放并喷施二氧化氯气溶胶后，气相环境中异味物质的浓度均降低到稳定的值，苯浓度的下降幅度为 80%，二甲苯浓度下降幅度为 54%。

20.4.2.3 生物降解法

生物降解法类似于化学消解法，把生物制剂以气溶胶的形式进行喷施，以实现生物制剂与异味物质分子充分接触进行生物降解，从而消除或减少异味物质，达到异味控制的目的。生物降解法具有无二次污染、安全等优点。

20.4.3 尾气深度处理

传统的场地治理尾气处理技术包括收集法和破坏法两大类。收集法包括冷凝法和吸附法，但并不破坏尾气中所含异味物质的结构，因此采用收集法进行尾气处理无法完全消除最终废气排放所产生的异味问题隐患。而传统的破坏法主要是指采用热力燃烧的形式对尾气中所含有的异味物质进行结构性破坏，但由于燃烧不充分等各种因素的影响，并不能保证异味物质的彻底清除，这就有可能出现即使实现了达标排放，但仍然产生异味环境影响的问题。为了从根本上实现达标排放和异味无影响的双重目标，就需要对尾气进行更深度的治理。目前常用的深度治理技术包括：多级燃烧、催化燃烧、低温等离子体处理等。

燃烧法在热处理技术章节有介绍。低温等离子体是由自由电子、正离子、激发态的原子或分子、中性粒子和自由基组成的复杂气态物质，其中电子温度可达几万摄氏度，宏观温度则与室温相似。理论上尾气中所含有的异味物质与这些具有较高能量的活性基团发生反应时，部分会发生裂解，最终转化为二氧化碳和水等物质，从而达到净化尾气的目的。常用的低温等离子体发生方式包括电子束辐射、介质阻挡放电、电晕放电和滑动弧放电等。低温等离子体技术具有去除率高、几乎不产生废气和废渣等副产物、设备简单易安装、运行费用低等优点。

20.5 活性炭吸附

20.5.1 技术简介

与活性炭水处理法相似，活性炭吸附法也是处理场地修复尾气最常用的方法。活性炭利用自身比较大的比表面积和丰富的官能团，有效吸附 VOCs 分子并将其固定在活性炭表面，实现废气的净化。场地修复技术尾气中往往含有大量水蒸气，水蒸气会与 VOCs 分子竞争吸附位点，因此尾气进入活性炭之前需要降低尾气湿度到合适的数值（一般需小于 50%）。

20.5.2 工艺设计

颗粒状活性炭吸附系统的规模设计主要确定四个参数：废气体积流量、VOCs 的浓度或者质量负荷、活性炭的吸附容量、活性炭的再生频率。气相活性炭吸附系统的设计原则与液相活性炭吸附系统基本相似，可参见 19.3 节。

（1）确定活性炭吸附容量

吸附容量确定可参见 19.3 节。理论计算法中，对 VOCs 来说，Freundlich 吸附等温线的表达形式为：

$$q=aP^{m} \tag{20.1}$$

式中 q——理论吸附平衡容量，表示单位质量活性炭能吸附 VOCs 的质量；

P——VOCs 在尾气中的气体分压，Pa；

a、m——经验常数，与具体的活性炭类型有关，不同的活性炭其经验常数不同。

实际工程中，通常取理论吸附容量的25%～50%作为设计吸附容量。

实验测试法采用实际废气进行测试，作出废气负荷与实际吸附容量（q_e）之间的关系图，再根据设计废气负荷确定设计吸附容量，并考虑一定的安全系数。

(2) 确定废气流量和流速

废气流量取决于采用的修复技术抽气系统产生的废气量，这部分废气必须完全进入尾气处理系统，否则进入大气会对空气造成污染。对活性炭吸附反应器来说，要保持废气在反应器中停留一定时间进行吸附，废气流速需要保持在合理的范围内，一般不超过0.5m/s，通常低于0.3m/s。

(3) 确定吸附器的横截面积和高度

活性炭吸附反应器的横截面积为：

$$A=Q/v \tag{20.2}$$

式中 Q——废气进气流量；

v——废气流速。

吸附设备的设计高度一般不小于0.6m。

(4) 计算反应器对污染物的去除速率

活性炭吸附器的污染物去除速率 R 用下式计算：

$$R=Q(C_i-C_o) \tag{20.3}$$

式中 C_i——污染物初始浓度；

C_o——污染物排放浓度。

(5) 活性炭更换时间

活性炭更换时间通过下式计算：

$$T=m/R \tag{20.4}$$

式中 m——活性炭对污染物的去除量，为活性炭实际吸附容量（q_e）与活性炭质量之积。

例题 20.1 某场地土壤气相抽提尾气采用活性炭吸附反应器处置，气体流速为8.0m³/min，尾气中的甲苯浓度为200.0mg/m³，甲苯的排放浓度为60.0mg/m³。厂家提供的活性炭理论吸附容量为120g/kg，活性炭堆积密度为480kg/m³。设计活性炭吸附反应器和更换周期。

解：

a. 取安全系数为0.5，则活性炭的实际吸附容量为：

$$q_e=q\times0.5=120\text{g/kg}\times0.5=60\text{g/kg}$$

b. 尾气流速 $v=0.25$m/s，使用式（20.2），则活性炭吸附器的横截面积为：

$$A=Q/(0.25\text{m/s})=(8\text{m}^3/\text{min})/(0.25\text{m/s}\times60\text{s})=0.53\text{m}^2$$

取反应器高为2m，则反应器中活性炭的质量为：

$$M=V\times\rho_b=0.53\text{m}^2\times2\text{m}\times480\text{kg/m}^3=508.8\text{kg}$$

c. 反应器中活性炭对甲苯的吸附去除质量为：

$$m=q_e\times M=60\text{g/kg}\times508.8\text{kg}=30.53\text{kg}$$

d. 甲苯的去除率为：

$$R=Q(C_i-C_o)=8\text{m}^3/\text{min}\times(200\text{mg/m}^3-60\text{mg/m}^3)=1.61\text{kg/d}$$

e. 活性炭的更换周期为：

$$T=m/R=30.53\text{kg}/(1.61\text{kg/d})=19\text{d}$$

需要19d更换一次活性炭。

20.6 热氧化

20.6.1 技术简介

热氧化法被普遍用于处理含 VOCs 废气，是利用固废或污染物的燃烧反应使污染物氧化分解的技术。化合物热氧化的化学计量反应通式（Santoleri et al.，2000）为：

$$C_aH_bO_cCl_dS_eN_f+\left(a+g+e-\frac{1}{2}c\right)O_2+\frac{79}{21}\left(a+g+e-\frac{1}{2}c\right)N_2$$

$$\longrightarrow aCO_2+2gH_2O+dHCl+eSO_2+\left[\frac{1}{2}f+\frac{79}{21}\left(a+g+e-\frac{1}{2}c\right)\right]N_2 \qquad (20.5)$$

式中，a、b、c、d、e、f 分别为混合物中 C、H、O、Cl、S、N 的摩尔数。当 $b>d$ 时，$g=1/4(b-d)$；当 $b\leqslant d$ 时，$g=0$。

热氧化按照热量回收模式的差异性可分为燃烧式、间壁式、蓄热式三种。在供氧充足条件下，氧化反应的反应程度，即 VOCs 去除率，主要取决于反应温度（temperature）、时间（time）和湍流混合情况（turbulence），即“三 T 条件”。

燃烧式热氧化器一般采用天然气、石油作为助燃剂，焚烧炉内产生的热混合区可对废气预热，并为有机废气的后续处理提供足够的空间、时间，最终实现有机废气的无害化处理。

间壁式热氧化是指在热氧化装置中加入间壁式热交换器，热交换器把从燃烧室排出的高温气体的热量传递给进口处的低温气体，预热后发生氧化反应，一般可达到 85%的热回收率。

蓄热式热氧化技术是在直接燃烧的基础上，通过使用高热容量的陶瓷蓄热体床层充分利用燃烧后烟气的热量，热回收效率达 95%以上。蓄热式热氧化炉比较适合处理 VOCs 浓度为 1～8g/m^3 的有机废气。

蓄热式热氧化是指有机废气通过一个“热的”储有热能的陶瓷蓄热体吸热升温后进入燃烧室，此时废气的温度基本上能够达到预先设定的温度（通常要求 760℃以上），如果预热后废气温度达不到设定的需要温度，则可以通过燃烧器补充燃料进行燃烧来提高炉膛的温度。如果有机废气中含有一定浓度的 VOCs，则不需要补充额外的燃料。废气在通过入口蓄热体和燃烧室的时间内，气流中的 VOCs 都被迅速地氧化分解成 CO_2 和 H_2O，生成的高温烟气通过另一个“冷的”尚未储有热能的陶瓷蓄热体回收热量后排放，冷的蓄热体升温而储存热能用于预热新进入的有机废气。蓄热式热氧化炉通过周期性有序改变气流的方向维持炉膛温度稳定、连续运行。蓄热式热氧化炉结构分为两种：双床或多床蓄热式热氧化炉。

20.6.2 工艺设计

热氧化工艺的设计主要包括热值计算、空气/氧气需求量、稀释空气、助燃空气、补充燃料、停留时间和燃烧室体积确定等内容。

(1) 气体热值

有机废气具有一定的热值．废气中的有机物含量越高，则其可提供的热值越高，相应燃烧所需的辅助燃料就越少。如果废气中没有可作为能源的有机物，则可以使用杜隆（Dulong）公式估算有机污染物的热值：

$$热值(J/g)=338.2C+1442.12(H-O/8)+95.366S \quad (20.6)$$

C、H、O、S 是有机物分子中碳、氢、氧、硫元素的质量分数，该公式用来计算固体废物的热值。气流所含有的热值可以用以下公式计算：

$$含\ VOCs\ 的气流热值(J/m^3)=VOCs\ 的热值(J/g)\times VOCs\ 的浓度(g/m^3) \quad (20.7)$$

含 VOCs 的质量气流热值（J/g）可以通过将尾气所含热值（J/m^3）除以尾气的密度计算：

$$含\ VOCs\ 的质量气流热值(J/g)=VOCs\ 的热值(J/m^3)/气流密度(g/m^3) \quad (20.8)$$

标准条件下的气体密度可以通过下式计算：

$$气流密度(g/m^3)=40.863MW \quad (20.9)$$

式中　MW——分子量。

空气主要含有 21%的氧气（MW=32）以及 79%的氮气（MW=28），因此，空气的分子量为 29。故空气的密度为 1185.03g/m^3。

例题 20.2　如果例题 20.1 中场地修复尾气采用热氧化的方法处理，考虑使用蓄热式氧化炉，废气温度接近环境温度，计算废气的热值。

解：

a. 使用 Dulong 公式计算甲苯的热值，甲苯分子式为 C_7H_8，分子量为：12×7+1×8=92。

$$碳原子的质量分数=(12\times7)/92\times100\%=91.30\%$$

$$氢原子的质量分数=(1\times8)/92\times100\%=8.70\%$$

则甲苯的热值为：

$$热值=338.2C+1442.12(H-O/8)+95.366S$$
$$=338.2\times91.30+1442.12(8.70-0/8)+95.366\times0=43424.10(J/g)$$

b. 含甲苯气体的热值为：

$$热值=43424.10J/g\times200mg/m^3=8684.82J/m^3$$

c. 将热值的单位转换成 J/g：

$$含甲苯气流的热值=(8684.82J/m^3)/(1185.03g/m^3)=7.33J/g$$

（2）空气/氧气需求量

污染物完全燃烧所需要的氧气量称为理论需氧量。焚烧炉运行时一般维持在 1.5～2.0 倍的理论需氧量水平，也即有 50%～100%的过量空气。空气中 O_2 的含量为 20.95%（体积分数），N_2 的含量为 79.05%（体积分数）。因此，算出 O_2 的体积后乘以 3.77（79.05%/20.95%）即可得到 N_2 的体积，乘以 4.77（1+3.77）即可得到空气的体积。

气体的体积大小与温度有关，空气流量与温度的关系可用查理（Charles）定律描述：

$$Q_a/Q_s=T/298 \quad (20.10)$$

式中　Q_a——实际气体流量，m^3/h；

Q_s——标准气体流量，25℃和 1 个大气压条件下；

T——实际气体温度，K；

298——标准温度，K，即 0℃。

（3）稀释空气和助燃空气

废气中污染物浓度较高时，可以维持持续燃烧，而不需额外添加辅助燃料。但是，污染物浓度过高可能会达到最低爆炸限值而引起安全问题。因此，一般在燃烧炉内将可燃性组分浓度限制在最低爆炸限值的 50%以下，通常为 25%。当废气中可燃性污染物浓度较高时，需要对废气进行稀释，稀释空气的体积可用下式计算：

$$Q_d=(H_w/H_i-1)Q_w \tag{20.11}$$

式中　Q_d——稀释空气流量，m^3/h；

Q_w——待处理的废气流量，m^3/h；

H_w——废气流热值，J/m^3（或 J/g）；

H_i——补充气流的安全热值，J/m^3（或 J/g）。

如果废气中氧气含量过低，则需要加入助燃空气以提高废气中的含氧量，确保燃烧持续稳定。根据废气组分可以计算出需要的氧气量，氧气量不足则需要添加助燃空气，实际中往往过量添加。

（4）补充燃料用量

当废气中有机污染物浓度较低、热值不足以支持持续燃烧时，需要添加补充燃料。以天然气为例，补充燃料的需求量可用下式计算：

$$Q_{sf}=\frac{\rho_a Q_w[3.24C_p(1.1T-T_h-0.1T_s)-H_w]}{\rho_{sf}[H_{sf}-3.564C_p(T-T_s)]} \tag{20.12}$$

式中　Q_{sf}——补充燃料的流量，m^3/min；

ρ_a——废气的密度，g/m^3，通常为 $1183.76g/m^3$；

ρ_{sf}——补充燃料的密度，g/m^3；

Q_w——待处理的废气流量，m^3/h；

C_p——空气在焚烧温度和基准温度间的平均比热容，J/(g·℃)；

T——焚烧温度，℃；

T_h——经过热力交换的废气温度，℃；

T_s——基准温度，25℃；

H_w——废气的热含量，J/g；

H_{sf}——补充燃料的热值，J/g。

焚烧系统一般会设置热交换器利用焚烧室尾气的余热对进气进行加热。经过热交换器之后的废气的温度可以用下式计算：

$$T_h=\mathrm{HR}\times T+(1-\mathrm{HR})T_w \tag{20.13}$$

式中　T_h——经过热力交换的废气温度，℃；

HR——热交换器的热回收率，一般为 70%；

T——焚烧温度，℃；

T_w——进入热交换器之前的废气温度，℃。

（5）停留时间

废气在燃烧室中的停留时间（θ_T）应能保证污染物氧化降解达到预设的去除率。停留时间可以通过反应速率常数（k）估算，一般假设焚烧室内污染物热氧化反应符合一级动力学，则停留时间为：

$$\theta_T=\frac{1}{k}\ln(C_0/C) \tag{20.14}$$

式中　C_0——进入燃烧室污染物的浓度；

C——二燃室出口污染物浓度。

停留时间也可以根据推荐值确定，如去除率为99%时，卤代有机物一般为1.0s，非卤代有机物一般为0.75s，有些技术规范建议停留时间为2.0s。

（6）燃料室体积

进入焚烧炉的气体由废气、稀释空气、助燃气体等组成。一般假设污染物燃烧导致的气流体积变化很小，进入燃烧室的废气流量近似于流出燃烧室的尾气流量。实际条件下尾气流量可按式（20.10）计算。燃烧室的体积按下式计算：

$$V=Q_{oa}\theta_T F \tag{20.15}$$

式中 V——燃烧室的体积，m^3；

Q_{oa}——实际尾气流量，m^3/s；

F——安全系数，一般为1.05；

θ_T——废气停留时间，s。

例题20.3 如例题20.1，采用热氧化法处理场地修复尾气，焚烧温度为980℃，气体停留时间为1.0s，热交换器的回收率为70%，原位抽气井排口废气温度为18℃。计算：①助燃气采用天然气（以甲烷计）所需的流量（甲烷的密度为653.55g/m^3，热值为55kJ/g）；②燃烧室的体积。

解：

a. 计算从热交换器排出的废气温度，根据式（20.13）有：

$$T_h=HR\times T+(1-HR)T_w=70\%\times980+(1-70\%)\times18=691.4(℃)$$

查相关资料，温度为980℃时空气的比热容为0.344J/(g·℃)。

根据例题20.2，废气的热含量为7.33J/g。

根据式（20.12）计算助燃气体流量，为：

$$Q_{sf}=\frac{\rho_a Q_w[3.24C_p(1.1T-T_h-0.1T_s)-H_w]}{\rho_{sf}[H_{sf}-3.564C_p(T-T_s)]}$$

$$=\frac{1183.76\times8\times[3.24\times0.344\times(1.1\times980-691.4-0.1\times25)-7.33]}{653.55\times[55000-3.564\times0.344\times(980-25)]}=0.1133(m^3/min)$$

b. 标准条件下热氧化器的尾气流量为流入废气、稀释空气、助燃气体之和，本例中只有流入废气和助燃气体：

$$Q_{os}=Q_w+Q_{sf}=8.0+0.1133=8.1133(m^3/min)$$

热氧化器的实际尾气流量根据式（20.10）得：

$$Q_{oa}=Q_{os}T/298=8.1133\times(980+273)/298=34.11(m^3/min)$$

c. 根据式（20.15）可得燃烧室的体积为：

$$V=Q_{oa}\theta_T F=(34.11/60)\times1.0\times1.05=0.60(m^3)$$

20.7 催化焚烧

20.7.1 技术简介

催化焚烧（也称催化氧化）是广泛用于VOCs处理的焚烧技术，是典型的气-固相催化反应，其实质是在催化剂作用下氧气参与深度氧化作用。在催化焚烧过程中，催化剂吸附VOCs提高了反应物的浓度，加快了反应速度，同时降低了反应的活化能，焚烧温度一般为250～500℃，比直接热氧化要低很多。借助催化剂可在较低的起燃温度下，将污染物分解为

CO_2 和 H_2O，并释放出大量热量。催化焚烧要求废气中不可燃的固体微粒含量少，并不含硫、砷等有害元素。

当有机废气的流量大、浓度低、温度低时，采用催化焚烧需消耗大量燃料，可先吸附浓缩，然后通过热空气吹扫. 使有机废气脱附成为浓缩的高浓度有机废气（浓缩 10 倍以上），再进行催化焚烧，此时不需要补充热源就可维持正常运行。

20.7.2 工艺设计

催化焚烧的设计基本与热氧化一致，但由于使用了催化剂，催化焚烧过程的操作参数与催化剂最高耐受温度、VOCs 浓度、预热温度等因素有关。催化焚烧的设计需要注意以下几点。

(1) 废气稀释

当 VOCs 浓度较高时催化焚烧产生大量热量，反应器内温度过高时，会使得催化剂受损，因此催化焚烧过程不能超过温度限制。因此，需要对废气进行稀释，按式（20.11）计算。

(2) 热量补充

催化焚烧一般采用电热器补热，采用天然气作为助燃气体时按式（20.12）计算气体流量。采用催化焚烧技术时，通常需要对进入催化反应器之前和之后的气体温度进行测算，确保污染物去除效率，同时也不影响催化剂的功能。可用下式进行计算：

$$T_i = T_o - 0.7455H_w \tag{20.16}$$

式中 T_i——进入催化反应器的废气温度；

T_o——催化反应器尾气温度；

H_w——废气热值。

(3) 催化剂的选择

催化剂的选择对于催化焚烧起着重要作用，常用贵金属或碱金属作为催化剂。工程上常选用负载贵金属钯（Pd）、铂（Pt）的蜂窝状陶瓷作为催化剂，具有活性高、适用范围广、起燃温度低、不易中毒、使用寿命长、能耗低等优点。

20.8 洗涤

20.8.1 技术简介

利用混合气体中各组分在液体中溶解度的不同而分离气体混合物的操作称为洗涤（吸收），这种方法已广泛用于 SO_2、NO_x、HF、H_2S 及其他气态污染物的废气净化中，成为控制气态污染物排放的重要技术之一。

吸收通常分为物理吸收和化学吸收两大类。物理吸收主要是溶解，吸收过程没有或仅有弱化学反应，过程可逆，热效应不明显。化学吸收过程存在化学反应，一般有较强的热效应。如果发生的化学反应是不可逆的，就不能解吸。化学吸收的吸收容量和吸收速率都明显高于物理吸收，所以 VOCs 净化多采用化学吸收。

VOCs 废气处理的原理涉及气液相平衡、化学平衡和双膜理论等多个方面。

（1）气液相平衡与亨利定律

气液平衡是由多个组分组成的混合物在封闭系统中达到的状态。在一定的温度和压力下，气相和液相的化学位趋于相等，形成气液平衡。在物理吸收过程中，亨利定律用来描述气液相之间的平衡关系。

（2）化学平衡

在吸收过程中，当吸收质与吸收剂发生反应时，除了满足气液相平衡外，系统还需达到化学平衡。这意味着在反应过程中，气相和液相之间的物质转移会受到化学反应的影响。

（3）双膜理论

在气相与液相的界面两侧分别存在气膜与液膜。物质在这两相之间的传递依赖于膜层中的分子扩散。气膜与液膜之间存在浓度梯度，并呈线性分布，而在两相内部的浓度梯度被认为是零。如图 20.3 所示，P 和 P_i 分别为溶质组分在气相主体与相界面处的分压；c 和 c_i 分别为溶质组分在液相主体和相界面处的浓度。该理论存在以下假设：

① 接触的气、液两流体间存在着稳定的相界面，界面两侧附近各有一层很薄的稳定的气膜或液膜，溶质以分子扩散方式通过两膜层。

② 界面上的气、液两相平衡，相界面上没有传质阻力。

③ 在膜层以外的气、液两相主体区无传质阻力，即浓度梯度（或分压梯度）为零。

通过以上假设，整个吸收过程就简化为仅由两层薄膜组成的扩散阻力。因此，气液两相间的传质速率取决于通过气膜和液膜的分子扩散速率。这一理论为理解气液界面物质传递提供了重要的框架。

20.8.2 工艺设计

污染物吸收过程的基本流程如图 20.4 所示。溶剂在吸收塔中吸收待分离的气体组分，之后再转移到再生塔，在再生塔中处理溶剂，使之能再度用于吸收塔。在吸收塔中，气体与液体彼此充分接触，达到两相间良好的物质转变，释出吸收热，使吸收塔内的温度显著升高。

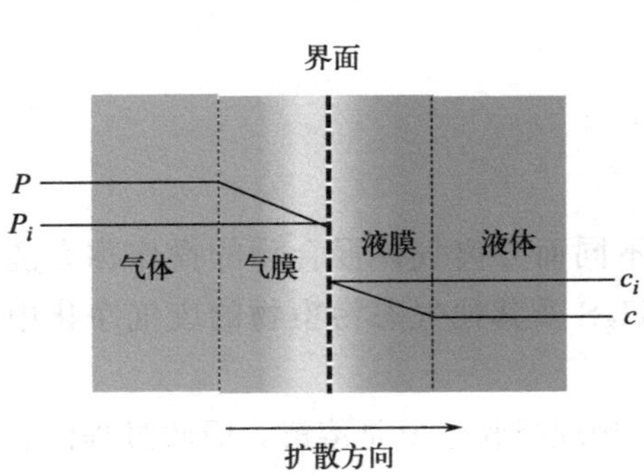

图 20.3 双膜理论图解

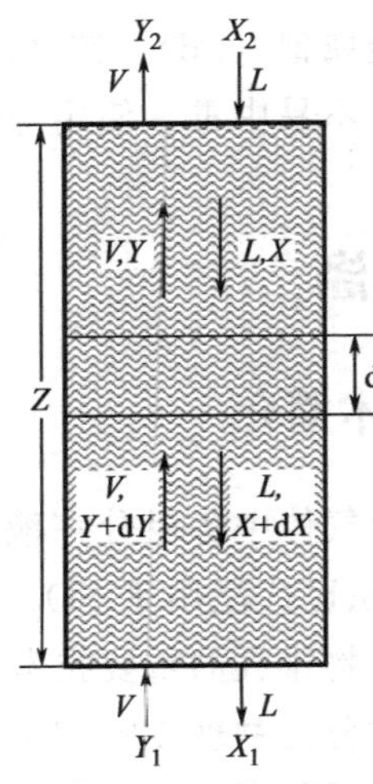

图 20.4 吸收塔的物料衡算

在物理或可逆化学吸收情况下，溶液常常可再生。再生需要使用添加剂或补充供给能量，可以使用物理分离法（如减压、用惰性气体解吸、精馏、萃取、吸收、结晶）、化学分离法（如逆反应、沉淀、电解）和生物分离法。

溶剂的选择对于工艺设计具有重要的意义。溶剂应能吸收大量的溶质，并能有选择地吸收，而且还要求溶剂能以简单的方法再生或处理。此外，溶剂还必须满足其他一些要求，例如，高可使用性、低价格、安全（不易燃和无毒）、低黏度、低蒸气压（溶剂损耗低、净化气带走的溶剂量少）、无腐蚀、热稳定等。

目前的吸收塔主要分为三类：第一类为板式塔，包括搅拌鼓泡吸收塔和鼓泡吸收塔，主要用于气体的分离；第二类为喷射器、文氏管和喷雾塔，主要用于液体的分离；第三类为填料吸收塔和降膜吸收塔，主要用于膜状物质形态的液体的分离。

图 20.4 为一逆流连续接触式吸收塔。下标“1”表示塔底截面，下标“2”表示塔顶截面。在定态条件下，单位时间进、出吸收塔的溶质量可通过全塔物料衡算确定，即：

$$VY_1+LX_2=VY_2+LX_1 \tag{20.17}$$

式中 V——单位时间通过吸收塔的惰性气体量，kmol/s；

L——单位时间通过吸收塔的溶剂量，kmol/s；

Y_1、Y_2——进塔、出塔气体中溶质组分的摩尔比，kmol/kmol；

X_1、X_2——出塔、进塔液体中溶质组分的摩尔比，kmol/kmol。

气体中溶质组分的摩尔比是气相中溶质的摩尔数 n_A 与惰性组分摩尔数 n_B（沿吸收塔高不变）之比：

$$Y=n_A/n_B=y/(1-y) \tag{20.18}$$

液体中溶质组分的摩尔比是液相中溶质的摩尔数 n_A 与惰性组分摩尔数 n_S（沿吸收塔高不变）之比：

$$X=n_A/n_S=x/(1-x) \tag{20.19}$$

在计算中，进塔混合气体的组成与流量是由吸收任务规定的，而吸收剂的初始组成和流量往往根据生产工艺要求确定。如果吸收任务又规定了溶质回收率 η_A，则气体出塔时的组成 Y 为：

$$Y_2=Y_1(1-\eta_A) \tag{20.20}$$

式中 η_A——溶质 A 的吸收率或回收率。

由此，V、Y_1、L、X_2 及 Y_2 均为已知，再通过全塔物料衡算式（20.17）便可求得塔底排出吸收液的组成 X_1。

若 G_A 为吸收塔的传质负荷，即气体通过填料塔时，单位时间内溶质被吸收剂吸收的量，则：

$$G_A=V(Y_2-Y_1)=L(X_2-X_1) \tag{20.21}$$

在填料吸收塔中，气、液两相的传质过程是在填料层内进行的，故吸收塔的有效高度是指填料层的高度。而填料塔是一种连续接触式设备，随着吸收的进行，沿填料层高度气、液两相的组成均不断变化，传质推动力也相应地改变，塔内各截面上的吸收速率并不相同。因此，为解决填料层高度的计算问题，需要对微元填料层进行物料衡算。

如图 20.4 所示，填料层高度为 Z，在填料吸收塔内任意位置上选取微元填料层高度 dZ，在此微元填料层内对组分 a 进行物料衡算，可得

$$dG_A=-VdY=-LdX \tag{20.22}$$

式中 dG_A——单位时间内由气相转入液相的溶质 A 的量，kmol/s。

在微元填料层内，因气、液两相组成变化很小，故可认为吸收速率 N_A 为定值，则

$$dG_A = N_A dA = N_A aA dZ \tag{20.23}$$

式中 dA——微元填料层内的传质面积，m^2；

N_A——吸收速率，kmol/(m^2 · s)；

a——填料的有效比表面积（单位体积填料层所提供的有效传质面积），m^2/m^3；

A——吸收塔截面积，m^2。

吸收速率方程为：

$$N_A = K_Y(Y - Y^*) = K_X(X^* - X) \tag{20.24}$$

式中 K_Y、K_X——吸收速率常数；

X、Y——任意截面上的液、气组成；

X^*、Y^*——目标情况下的液、气组成。

将上式代入式（20.23），可得：

$$dG_A = K_Y(Y - Y^*)aA dZ \tag{20.25}$$

及

$$dG_A = K_X(X^* - X)aA dZ \tag{20.26}$$

再将式（20.22）代入以上两式，可得：

$$-V dY = K_Y(Y - Y^*)aA dZ \tag{20.27}$$

及

$$-L dX = K_X(X^* - X)aA dZ \tag{20.28}$$

整理得：

$$\frac{-dY}{Y - Y^*} = \frac{K_Y aA}{V} dZ \tag{20.29}$$

及

$$\frac{-dX}{X^* - X} = \frac{K_X aA}{L} dZ \tag{20.30}$$

对于低组成吸收过程，在定态操作条件下，L、V、a 及 A 均不随时间和位置而变化，且 K_Y 及 K_X 也可视为常数。于是，对式（20.29）和式（20.30）在全塔范围内积分得：

$$\int_{Y_1}^{Y_2} \frac{-dY}{Y - Y^*} = \frac{K_Y a\Omega}{V} \int_0^Z dZ \tag{20.31}$$

$$\int_{X_1}^{X_2} \frac{-dX}{X^* - X} = \frac{K_X a\Omega}{L} \int_0^Z dZ \tag{20.32}$$

可得

$$Z = \frac{V}{K_Y a\Omega} \int_{Y_1}^{Y_2} \frac{dY}{Y - Y^*} \tag{20.33}$$

$$Z = \frac{L}{K_X a\Omega} \int_{X_1}^{X_2} \frac{dX}{X^* - X} \tag{20.34}$$

式（20.33）、式（20.34）即为填料层高度的基本计算公式。式中的 a 是指那些被液体膜层所覆盖的，能使气、液接触的有效比表面积，它小于填料的比表面积（单位体积填料层中填料的总面积）。a 值不仅与填料的类型与规格有关，而且受流体物性及流动状况的影响。一般 a 的数值很难直接测定，为此将其与吸收系数的乘积视为一体，作为一个完整的物理量来看待，称为“体积吸收系数”。式（20.33）、式（20.34）中的 K_Ya 及 K_Xa 分别称为气相总体积吸收系数及液相总体积吸收系数，其单位均为 $kmol/(m^3 \cdot s)$。体积吸收系数的物理意义为：在推动力为一个单位的情况下，单位时间单位体积填料层内所吸收溶质的量。

例题 20.4 在直径为 1m 的填料吸收塔中，用纯溶剂吸收混合气体中溶质组分 A。已知进塔混合气体的流量为 50kmol/h，组成为 5%（体积分数），吸收率为 95%，气相总体积吸收系数为 $0.65kmol/(m^3 \cdot s)$。试求所需填料层的高度。

解：进入吸收塔惰性气体的摩尔流量为

$$V=[50\times(1-0.05)]kmol/h=47.5kmol/h$$

进塔气体中溶质 A 的摩尔比为

$$Y_1=y_1/(1-y_1)=0.05/(1-0.05)=0.0526$$

出塔气体中溶质 A 的物质的量比为

$$Y_2=Y_1(1-\varphi_A)=0.0526\times(1-0.95)=0.00263$$

填料层高度为

$$Z=\frac{V}{K_Ya\Omega}\int_{Y_1}^{Y_2}\frac{dY}{Y-Y^*}$$

式中，虽然 $Y-Y^*$ 是个变量，但总能找到某一平均值 $(Y-Y^*)_m$，用来代替积分式中的 $Y-Y^*$ 而不改变积分值，于是可以将 $(Y-Y^*)_m$ 提到积分号外，即可得 $(Y-Y^*)_m=Y_1-Y_2$，则：

$$Z=\frac{V}{K_Ya\Omega}(Y_1-Y_2)=\frac{47.5}{0.65\times1^2}\times0.04997=3.65(m)$$

20.9 生物滤床

20.9.1 技术简介

生物滤床技术是一种利用微生物降解有机物的方法，将含 VOCs 的尾气通入微生物滤床中，利用滤层上生物膜中的微生物降解有机物，达到净化尾气的目的，技术原理如图 20.5 所示。生物滤床的温度、湿度、pH 以及 VOCs 浓度是该技术的重要设计参数。

生物滤床技术适用于处理水溶性好、低浓度或中浓度的 VOCs 废气，工艺简单，易于操作，而且滤料具有比表面积大、吸附性能好的特性，可大大减缓入口负荷变化引起的净化效率的波动。

20.9.2 工艺设计

生物滤床处理 VOCs 废气的工艺流程如图 20.6 所示。VOCs 废气通过增湿塔加压预湿后从底部进入过滤床，流经 0.5～1m 厚的生物活性填料层，在这个过程中，污染物从气相转移到生物膜中并被膜内的微生物降解和利用，转化为自身生物质、水、CO_2 和其他小分子物质，处理过的气体从生物滤池的顶部排出。

生物滤床适用于净化折合甲烷浓度低于 1000μL/L 的有机尾气，进气 VOCs 最大浓度一

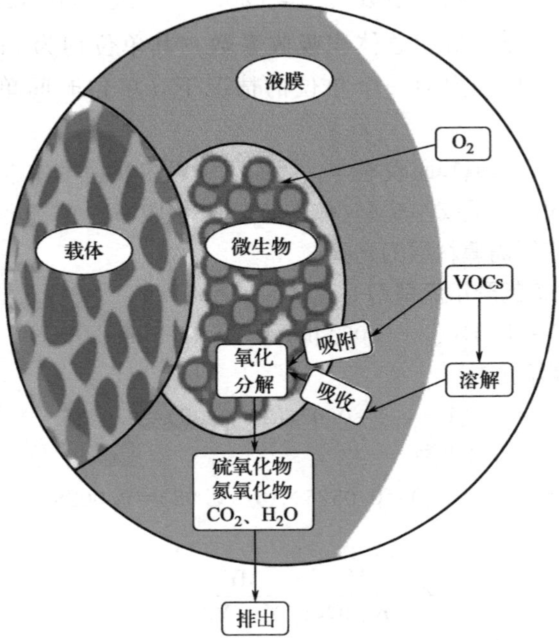

图 20.5　生物滤床净化 VOCs 原理

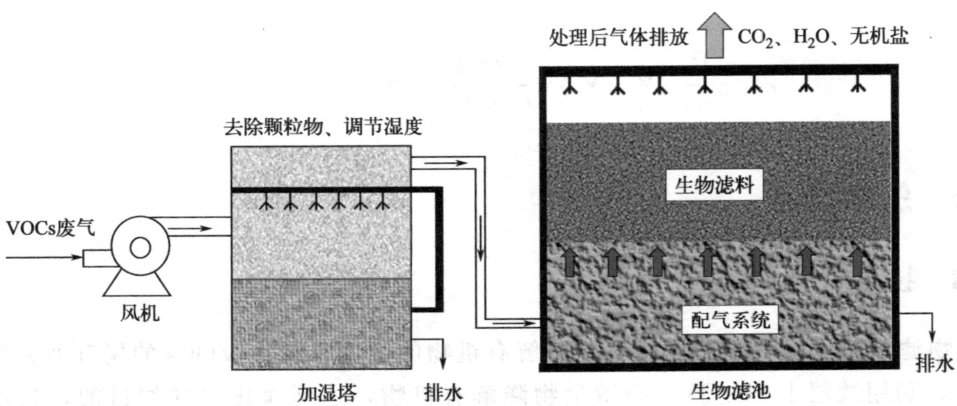

图 20.6　生物滤床工艺流程

般为 3000～4000mg/m^3，大风量下小于 200mg/m^3。为达到最佳处理效率，尾气的温度应控制在 20～40℃范围内，相对湿度控制在 95%。过滤材料的湿度应维持在其质量的 40%～60%之间，pH 应为 6.0～8.0。废气与滤层的接触时间应控制在 30～100s 之间。典型生物滤床系统的设计横截面积一般为 10～2000m^2，高度一般为 0.5～1.5m，废气处理量可达 1000～150000m^3/h。生物滤床介质的厚度一般为 1.00～1.50m。生物滤床过滤区的表面负荷率一般为 100m^3/(m^2·h)。生物滤床所需的横截面积可以使用以下公式计算：

$$A = 气流量/表面负荷 \tag{20.35}$$

例题 20.5　某工厂产生含有浓度为 1000μL/L 甲苯和 800μL/L 苯的混合尾气，尾气流量 $Q=4.50\text{m}^3/\text{min}$。若采用生物滤床处理该尾气，计算所需生物滤床的尺寸。

解：

a. 分别对甲苯和苯进行尾气浓度换算与稀释分析。尾气中甲苯浓度为 1000μL/L，换算成浓度为：

$$C=(1000\mu L/L\times 92g/mol)/22.4L/mol=4107mg/m^3$$

同理，尾气中苯浓度为 800μL/L，换算成浓度为：

$$C=(800\mu L/L\times 78g/mol)/22.4L/mol=2786mg/m^3$$

VOCs 中苯的进气浓度在合理范围内，甲苯的浓度超过了生物滤床的最大进气浓度 $4000mg/m^3$，需要对尾气进行稀释，将尾气稀释 3 倍（一般应根据中试研究结果确定），则流入生物滤床系统的气体流量为：

$$Q=4.50m^3/min\times 60min/h\times 3=810m^3/h$$

b. 计算横截面积。每平方米生物过滤系统横截面上的表面负荷率取 $100m^3/(m^2\cdot h)$，满足甲苯的横截面积一定能满足苯的，因此使用式（20.35）计算所需横截面积为：

$$A=\text{气体流量}/\text{表面负荷}=(810m^3/h)/[100m^3/(m^2\cdot h)]=8.1m^2$$

c. 生物过滤层厚度和体积。生物过滤层的厚度选用 1.0m，保险系数为 1.2，则所需生物滤床的有效体积为：

$$8.1m^2\times 1.0m\times 1.2=9.72m^3\approx 10.0m^3$$

习题与思考题

1. 场地中常见的异味物质有哪些？

2. 为何许多污染场地在修复过程中，检测的异味物质浓度不超标，但是仍有较大的味道并引起一定的投诉？

3. 阐述异味气体的产生源。

4. 异味的控制方式有哪些？在实际工程中常用哪些方法？

5. 某污染场地修复过程中产生氯乙烯尾气，采用活性炭吸附器处理，氯乙烯的分压为 90 Pa，其 Freundlich 吸附等温线常数 a 和 m 在 25℃下分别为 0.003 和 0.477。活性炭质量为 600kg，尾气流速为 $7m^3/min$，气体温度接近环境温度。根据以上信息进行设计计算：①活性炭的吸附容量；②活性炭达到饱和前所能吸附的氯乙烯的量。

6. 根据化学物质燃烧的一般化学计量反应通式，写出二氯乙烷和二甲苯的反应式。

7. 热氧化技术中燃烧室内的过量空气如何控制？

8. 在直径为 1.5m 的填料吸收塔中，用纯溶剂吸收混合气体中溶质组分 A。已知进塔混合气体的流量为 75kmol/h，组成为 5%（体积分数），吸收率为 85%，气相总体积吸收系数为 $0.45kmol/(m^3\cdot s)$。试求所需填料层的高度。

9. 长期运行的生物滤床可能会遇到哪些问题？如何通过定期维护来延长其使用寿命？

10. 假设一个工厂每小时排放的 VOCs 总量为 50kg，生物滤床的设计去除率为 90%，VOCs 的摩尔质量为 100g/mol。如果生物滤床的空床停留时间为 10min，求所需的生物滤床体积。

参考文献

宋忠贤，等，2022. 大气污染控制工程[M]. 上海：复旦大学出版社.

夏清，等，2012. 化工原理：下册[M]. 2 版. 天津：天津大学出版社.

USEPA，2006. Off-gas treatment technologies for soil vapor extraction systems：state of the practice：EPA/542/R-05/028［R］. Washington DC：Environmental Protection Agency.

USEPA，1991. Control technologies for hazardous air pollutants：EPA/6254/6-91/014［R］. Washington DC：Office of Research and Development，Environmental Protection Agency.

USEPA，1992. Control of air emissions from Superfund sites：EPA/624/R-92/012［R］. Washington DC：Office of Research and Development，Environmental Protection Agency.

JEFF K，1999. Practical design calculations for groundwater and soil remediation［M］. Boca Raton：Lewis Publishers.

SANTOLERI J J，et al，2000. Introduction to hazardous waste incineration［M］. 2ed. New York：Wiley-Interseience.